식물학의 역사

식물학의 역사

초판 1쇄 발행 2026년 2월 20일

지은이 율리우스 폰 작스
옮긴이 조형택

펴낸곳 스누북스
주소 08826 서울 관악구 관악로 1
도서주문 02-889-4424, 02-880-7995
홈페이지 www.snupress.com
페이스북 @snupress1947
인스타그램 @snupress
이메일 snubook@snu.ac.kr
출판등록 제15-3호

ISBN 978-89-521-3951-1 03480

이 연구는 2023년도 서울대학교 미래기초학문분야 기반조성사업으로
지원되는 연구비에 의하여 수행되었음(과제번호: 0409-20230269).

식물학의 역사

율리우스 폰 작스 지음
조형택 옮김

스누북스
SNUbooks

율리우스 폰 작스(1832-1897)

작스는 독일의 브레슬라우(현재 폴란드령)에서 태어나, 24세에 프라하 대학에서 '식물생리학' 박사학위를 받고, 29세에 포펠스도르프의 농업연구소 소장이 되었다. 34세에 프라이부르크 대학 식물학과 학과장이 되었고, 이듬해 뷔르츠부르크 대학으로 옮겨 식물학과 교수로 평생을 교육과 연구에 봉직하다 사망했다. 작스는 식물과학에서 식물생리학 분야를 창시한 사람으로, 주로 식물의 광합성과 생장과정에 관한 연구에 역사적 업적을 남겼으며, 실험 방법론과 과학교육에서도 큰 공헌을 했다.

초판 서문

식물과학은 형태에 근거한 분류학, 식물해부학, 그리고 식물생리학의 세 갈래로 나눌 수 있다. 세 분야 모두 식물을 완벽히 이해하는 것을 공통 목적으로 하고 있지만, 연구방법론에서는 서로 완전히 다르기 때문에 본질적으로 다른 지적능력이 필요하다. 이러한 차이는 과학의 역사에서도 드러나는데, 우리가 최근까지도 배워 왔듯이 형태학과 분류학은 독립적으로 발전해 온 분야다. 식물해부학은 생리학과 항상 어느 정도 연결되어 왔으나, 각각 고유 원리나 근본 질문에서는 역시 독립적인 길을 걸어 왔다.

식물의 생명현상 문제에 관한 깊은 개념이 이 세 분야에서 밀접한 연결성을 갖게 된 것은 현대에 이르러서다. 이러한 역사적 사실을 올바로 기술하려면 각 주제를 구성하는 부분을 분리해서 다뤄야 했지만, 저작을 적절한 분량으로 유지하기 위해 이 세 가지 역사적 기술 각각에 엄격히 제한된 지면만을 할애해야 했다. 제한된 지면에서는 가장 비중 있고 중요한 문제만이 자리를 잡게 될 것이 분명하다. 이는 절대 불행이 아니며 오히려 독자의 입장에서는 장점으로 작용할 것이다. 왜냐하면 '과학의 일반적 역사'를 기술하는 것이 목적인 본 도서는 전문가뿐 아니라 일반 독자까지를 대상으로 했기 때문이다. 그럼에도 필연적으로 소개해야만 하는 세세한 내용이 일반 독자에게는 다소 지루할지도 모른다는 우려가 있다.

식물학의 역사에 대한 앞선 연구가 있었다면 서술방식이 좀 더 자연스러울 수도 있었을 것이고, 전체 주제의 내적 연결을 반영하는 데 더 많은 지면을 할당할 수도 있었을 것이다. 하지만 실제로는 역사적 사실들을 확인하는 데 특히 큰 노력이 들었으며, 진정한 공적과 부풀려진 명성을 구분하고, 훌륭한 생각들의 시작점을 찾아 그 발달 과정을 따라가고 널리 퍼진 오류들을 상세히 논박하는 데 많은 분량을 할애했다. 제한된 지면 안에서 이러한 작업을 수행하다 보니 문체와 방식이 다소 건조해질 수밖에 없었으며, 자세한 설명이 필요한 부분에서도 스치듯 언급하는 수준에 만족해야 하는 경우가 잦았다.

주제는 과학적 진보를 가져온 발견들을 선택해 부각했다. 그리고 나는 과학적 아이디어의 탄생 시점을 찾고 이들이 어떻게 보편 이론으로 발달해 가는지 추적하는 것을 주목표로 삼았다. 이것이 진정한 과학의 역사를 말해 준다고 생각하기 때문이다. 하지만 식물학에 대한 역사가의 작업은 매우 어렵다. 막대한 관찰·실험자료에서 과학적 사고의 진정한 맥락을 뽑아내는 것은 엄청난 노력이 드는 일이다. 대다수의 연구자가 단순히 사실만을 나열해 왔다는 점이나 그것에서 이론적인 맥락을 도출하는 일도 불완전하게 수행해 왔다는 점은 식물학 발전의 주된 방해 요인이었다. 그래서 나는 새로운 사실을 발견했을 뿐 아니라 유용한 생각을 만들고 관찰·실험자료에서 과감한 가설을 제시한 사람들을 식물학 역사의 진정한 영웅으로 꼽았다. 이런 관점에서 원래 의도했던 것 이상으로 우연히 제시된 아이디어들은 취급하지 않았다. 왜냐하면 과학적 공로는 한 아이디어의 이론적 중요성을 명확히 인지하고 그것을 과학적 진보에 이용하는 사람에게만 있기 때문이다. 이런 이유에서 나는 계통이론(theory of descent)[1]의 창시자라고 말하는 일부 초기 저자들의 발언에는 거의 가치를 부여하지 않는다. 왜냐하면 계통이론은 1859년 다윈의 책이 나오기 전까지는 어떤 과학적 가치도 없었고, 가치를 부여한 사람이 다윈이라는 것은 의심할 여지 없는 사실이기 때문이다. 다른 경우와 마찬가지로, 이 문제에 관해서 이전 저자들에게 공로를 돌리지 않는 것이 정당하다고 생각한다. 아마 이들이 지금 살아 있더라도 그 공로를 자신들의 것이라 주장하지는 않을 테지만 말이다.

율리우스 폰 작스

뷔르츠부르크 1875년 7월 22일

1 [역주] '진화론'을 말함.

영문판 서문

나는 클래런던 출판사가 『식물학의 역사』를 대영제국의 세계어로 번역하기로 한 결정에 담긴 영예로운 인정을 감사하게 생각한다. 이 책이 독일에서 출판된 지 14년이 지났고, 저술 작업 후 15-18년이 흘렀는데, 과학이 빠르게 발전해 새 것이 금방 낡은 것이 되는 요즘 이 정도는 긴 세월이라 할 수 있다. 그러나 유능한 비평가들이 이 영문판을 철 지난 책으로 간주하지 않는다면, 이건 아마도 두 가지 이유 때문일 것이다. 무엇보다 내가 아는 한 1875년 이래 비슷한 책이 출판되지 않아 시간이 좀 지나긴 했어도 내 책이 여전히 가장 최근에 나온 식물학사라는 점이다. 두 번째는 내가 장기간 건강을 해치면서까지 오래된 식물학 원전들을 신중하고 비판적으로 분석해 역사적 사실들을 확인하려고 노력했다는 점이다. 특히 영국인들은 항상 알고 있는 진리이지만, 사실들은 결코 가치를 잃지 않는다.

하지만 이 책은 식물학자들의 이름과 저술을 단순히 나열한 것이 아니며, 식물학적 발견과 이론의 연대기에 대한 단순한 목록이 아니다. 이 책을 고안할 때부터 이런 것들은 전혀 고려 대상이 아니었다. 대신 나는 독자들에게 16세기 식물을 대상으로 한 과학 연구의 태동이 당대 지배 문화와 결부되어 형태를 갖추는 방식을 그리고자 했다. 애초에 식물학자도 아니었던 사람들이 모든 식물이 서로 연관되어 있다는 사실과 식물의 외부 형태와 내부구조, 그리고 이런 구조적 조건에 따른 생리적 현상에 대한 심오한 통찰력을 어떻게 얻게 되었는지를 또한 제시하려고 했다.

이런 목적으로 식물학의 추가 발전에 대해 서로 다른 저자들이 발표한 견해와 원리의 영향을 명확히 판단하는 것이 무엇보다 필요했다. 이것은 과학사가에게 있어 핵심 사항이다. 그 밖의 것들은 주변에 배치하면 된다. 이렇게 하지 않는다면 작업 전체가 의미 없는 잡동사니들의 집합체가 될 뿐이다. 이런 일은 주제에 대한 지식과 판단 능력과 공정성을 요구한다. 전문가들은 오래된 문제에 이미 대부분 결정을 내렸지만, 놀랍게도 나는 옛날 연구자들이 터무니없다고 거부했던 견해들을 수백 년 동안 존중해 왔다는 걸 알게 되었다. 이는 우리 선배들이 한 작업을 신중하게 살펴보고 비교해 볼 필요가 있음을 보여 주는 것이다. 하지만 대부분 300년 또는 심지어 100년 전에 기술된 작품들의 역사적 가치와 후세에 미치는 영향은 현재로선 논란이 되지 않는다.

그러나 역사서의 저자와 동시대에 활동하고 당대에 현저한 영향을 미치는 연구자나 전문가의 저술을 평가해야 할 때는 문제가 매우 다르다. 그 저자는 동시대 사람들의 동의를 얻기가 어렵다. 대신 사람들이 서로 다른 분파로 나뉘어 있고 자신 또한 어느 분파에 속해 있는 걸 깨닫게 될 것이다. 그러나 그가 결과적으로 자신의 관점을 바꿀지, 그리고 그가 비판해 온 대상들의 가치에 더 깊은 통찰력을 얻을 수 있을지는 여전히 중대한 고려사항이다. 연구가 계속되어 발전하게 되면 15년이나 20년 전에 무인가를 과대평가하거나 과소평가했음을 알게 되고, 잘 정립되었다고 생각했던 사실들이 잘못되었다는 것도 알게 된다.

내 경우에도 1860년 이후에 발표된 저술들의 성격에 대해 견해를 밝혀야 했다. 이 저술들은 그 직전 시기를 평가하는 나의 판단에도 어느 정도 영향을 주었다. 이것은 내가 『식물학의 역사』를 집필하기 불과 15-18년 전의 일이었다. 이 책이 번역되기 전에 당시의 주관적인 견해들을 모두 삭제해야 한다는 생각도 들었다. 몇 줄 지워서 처리할 수 있는 소수의 사례에서는 그렇게 했지만, 현시점에 맞는 다른 형태로 모든 문장을 꼼꼼히 바꾼다는 건 별로 바람직하지 않다. 왜냐하면, 내 책 자체가 역사적 사실로 여겨질 수도 있고, 관대한 독자는 평생 과학을 연구하며 과거의 과학과 새로운 과학 모두에 관심을 가진 사람이 15-18년 전에 동료 식물학자들 대부분의 견해라고 할 수 있는 당시의 지배적인 이론을 어떻게 생각했는지 알게 되어 기뻐할 수도 있다고 결론 내렸다.

이 소견은 이 책이 다루는 주제에 대한 유명한 저자 두 명에게만 해당한다. 이 책이 1860년이 아니라 1850년 즈음에 저술되었다면, 나는 이 두 사람을 그렇게 높게 평가할 필요가 없었을 것이다. 찰스 다윈과 카를 네겔리다. 나는 이 책에 담긴 찰스 다윈에 관한 내용을 읽는 독자가, 그것이 1859년 『종의 기원』이 종불변 교리로부터 우리를 구원한 이래로 참신한 열정을 여전히 엄청나게 내포하고 있다는 것을 염두에 두었으면 하는 바람이다. 다윈의 이후 저술들은 이런 정도의 영감을 주지는 않았다. 네겔리의 경우도 마찬가지다. 그는 휴고 폰 몰처럼 물리학, 화학, 천문학에서 오랫동안 우세했던 엄격한 사고 방법론을 연구에 도입한 독일 식물학자였다. 그러나 불행히도 연구자들은 지난 10년 또는 12년 사이 네겔리의 방법론이 잘못 관찰된 사실들에 적용되었다는 걸 밝혀 냈다. 다윈은 아이디어 하나를 뒷받침하기 위해 문헌들에서 무수한 사실을 모았고, 네겔리는 자신의 엄격한 논리를 부분적으로 신뢰할 수 없는 관찰들에 적용했다. 이들이 과학에 기여한 바는 여전히 인정받고 있다. 하지만 과학 발전에 있어 이들의 중요성에 대한 현재 나의 평가는 이 책에 쓴 것과는 상당히 다르다. 동시에 나는 때로 뛰어난 인물들의 공로를 과대평가했을 수 있다는 것을 기쁘게 생각하면서도, 그들을 의도적으로 과소평가한 적은 없다고 말할 수 있다.

율리우스 폰 작스 박사
영국왕립학회 외국 회원
뷔르츠부르크 1889년 3월 24일

영문판 번역자의 주

영문으로 된 식물학사가 출판된 적이 없기에, 영어권 학생들이 오랫동안 느꼈을 필요성을 충족하고자 작스 교수의 걸작을 번역한다.

헨리 에드워드 프랜시스 가른지

역자 서문

한 학문 분야를 수행하는 데 가장 기초로 참고해야 하는 것은 그 분야의 역사다. 학문의 역사는 연구의 궤적을 보여 줄 뿐 아니라, 학문이 가진 주요 개념들의 탄생 배경을 제시함으로써 현재 연구자들이 나아가야 할 방향과 창조해야 할 새로운 개념에 대한 영감을 준다. 하지만 이학 분야에서 역사와 고전의 저술과 번역이 매우 결핍되어 있음을 본 역자는 늘 느꼈다. 근대 과학의 정신이 어떻게 탄생했는지는 모른 채 소위 '첨단'의 과학을 수행하는 우리는 뿌리 없는 과학을 하는 것이나 다름없다. 우리가 매해 가을의 문턱에 들어설 때마다 탄식하는 과학 분야 노벨상의 부재는 이런 과학 정신의 근원을 살피지 않았기 때문이라는 생각을 떨칠 수가 없다.

특히 생물학에서는 통사뿐 아니라 각 분야의 역사서가 국내에 거의 전무하다는 것은 매우 충격적이다. 역자가 전공하는 식물학 분야 역시 학술 가치가 있는 역사서가 국내에 한 권도 보이지 않는다. 매우 늦었지만 식물학 관련 학문을 전공하는 교수자, 연구자, 학생들이 연구의 근원을 살필 역사서의 출간이 절실하다.

지난 십여 년에 걸쳐 식물에 관심을 보이는 대중이 크게 증가했으며, 아울러 다양한 식물 관련 서적들이 번역 또는 저술되어 출간되고 있다. 이들 중에는 개별 식물이나 작물에 대한 단편적 역사가 일부 있으나 사회학·고고학·인류학적 내용이 대부분이며, 막상 본류인 생물학에 대한 역사는 보이지 않는다.

본 역자는 근대 식물학 탄생에 중요한 역할을 했을 뿐 아니라, 근대 식물학 탄생과 발전의 역사를 최초로 비평적 시각으로 분석, 기술한 율리우스 폰 작스(Julius von Sachs)의 『식물학의 역사(*History of Botany*)』를 국문으로 소개한다. 본서는 근대 식물학이 탄생하고 정립되는 과정을 보여 줌으로써, 연구자들에게는 연구의 뿌리와 새로운 연구를 위한 영감과 전범을, 강의자와 학생들에게는 현 교재에서 배우는 내용들의 기원을, 대중들에게는 식물에 대한 생물학적 이해를 높이고 인간을 둘러싼 가장 중요한 자연의 일부인 식물에 대한 인식 변화의 역사를 이해하는 계기를 제공하게 되길 기대한다.

이 책의 원저자인 독일의 식물학자 작스는 프라하 대학에서 24세에 자신이 창시한 학문 분야인 '식물생리학' 박사학위를 받고, 29세에 포펠스도르프에 있는 농업연구소 소장이 되었다. 34세에 프라이부르크 대학 식물학과 학과장이 되었고, 이듬해 뷔르츠부르크 대학으로 옮겨 식물학과 교수로 평생을 교육과 연구에 봉직하다 사망했다. 이곳에서 그는 최초로 현대적 시설과 구성을 갖춘 생물학 연구소를 설립하여 그 자신의 학술지, 학생, 지원인력, 방문연구자들을 운용하면서 실험과학으로서 식물생리학을 정립했고, 현대 식물학의 발전을 꽃피운 수많은 저명 후배 학자들 배출했다. 작스는 34세에 최초로 현대적 의미의 식물생리학 교과서를 저술했고, 이는 곧 서구 다른 나라들에서 번역되어 교과서로 사용되었다.

작스는 그의 식물학 연구에서 세포 미세구조의 기능, 광합성 등

식물 생명현상을 분자 수준에서 규명하는 것에 초점을 맞춤으로써, 현대적 의미의 식물생리학을 출발하고 체계화한 중요 인물로 자리매김한다. 이러한 연구 방향과 방법론은 작스 이래 백 년 남짓 지난 현재까지도 연구현장에서 수행되고 있다. 이는 현대적 식물과학을 정립시킨 그의 선구자적인 역할을 보여 주는 것이다.

'식물을 자연에서 직접 관찰'함으로써 과학으로서 식물학의 씨앗을 뿌린 16세기가 이 책의 주 기점이다. 이 책은 근대 식물학의 발생과 발전의 역사를 다루었다. 고대 그리스의 자연철학자들이 기술한 약용식물을 자신들의 나라에서 찾기 위해 16세기 독일, 네덜란드 등의 채집가들은 과학 역사상 처음으로 자연으로 나가 식물을 직접 '관찰'하기 시작한다. 직접 관찰은 점차 경쟁이 되어, 방대한 식물들에 대한 수많은 지식이 축적되었다. 이렇게 축적된 지식을 바탕으로 연구자들은 자연스럽게 식물의 전반적인 형태, 부위(기관), 행태(생리), 그리고 비슷한 식물 집단을 인식하기 시작했고, 이는 이후 식물분류/계통학, 형태/해부학, 생리/발달학의 탄생을 위한 씨앗이 되었다. 본서에서는 이러한 식물학의 각 분야가 탄생한 시작점부터 수많은 관찰과 실험 그리고 추론을 통해 근대 과학으로 정립되기까지의 과정이 총 3권 12장에 걸쳐 기술되어 있다.

식물형태학과 분류학의 역사를 기술하고 있는 1권에서는, 직접 관찰에서 시작하면서 축적된 식물들의 유사성에 대한 직관적 인식이 식물들의 진정한 근연성을 체계화하는 식물계통분류 체계의 발전 과정을 그리고 있다. 2권에서는 현미경의 발명과 발전에 따라 규명된 식물의 미세구조, 그 구조들과 식물 생명현상, 즉 식물생리와의 관계, 세포의 기원과 조직, 기관의 발생에 대한 이론의 역사를 보였다. 3권에서는 당시까지 연구되어 온 대표적인 식물의 생리 현상인 성(性)의 존재와 생식과정, 식물의 영양, 식물의 생장과 운동에 관한 연구의 역사를 제시했다.

이러한 식물학 각 분야의 탄생과 발전 역사가 수많은 사실과 에피소드로 제시되지만, 저자는 이들을 단순히 나열식으로 기술 또는 설명하는 것이 아니라 객관적·과학적 사고에 근거한 엄격한 비평을 동반하고 있다. 현재 우리가 가장 위대한 식물학자로 알고 있는 린네(Linné)와 같은 거장들의 과학적 오류 역시 작스의 신랄한 비평에서 벗어나지 못한다. 이 책에서 드러나는 작스의 엄격한 과학적 비평은 열린 지식 체계로서 과학의 속성을 가장 또렷이 보여 주며, 또한 과학을 수행하는 후배 학자들이 배워야 할 교훈을 명징하게 제시한다.

이 책의 번역을 마무리할 즈음 한강 작가의 『채식주의자』를 읽었다. 나는 작가의 식물에 대한 인문적 통찰에 경탄했다. 세 번째 에피소드 「나무 불꽃」에서 주인공 영혜는 식음을 전폐하고 물구나무를 서면서 완전한 나무를 형상화한다. 사람들은 보통 나무를 사람이 두 팔 벌리고 서 있는 모습으로 생각하는데 말이다.

16세기 식물학자 체살피노(Cesalpino)는 흙에서 물과 양분을 흡수하는 식물의 뿌리를 머리로 보았고, 따라서 "식물은 머리를 땅에 박고 있는 동물에 비유되어야 한다."라고 말한다. 작스의 『식물학의 역사』를 만나지 않았다면 '영혜의 물구나무'는 위대한 작가의 알 수 없는 상상력으로만 남았을 지도 모른다.

2026년 2월 관악산 기슭에서
역자 조형택

차례

2권 식물해부학의 역사(1671-1860)

3권 식물생리학의 역사(1583-1860)

일러두기

1. 이 책은 *History of Botany(1530-1860)*(Oxford: Clarendon Press, 1890)를 우리말로 옮긴 것이다.
2. 본문에 삽입된 이미지는 모두 독자의 이해를 돕기 위해 역자가 삽입한 것이다.
3. 본문에 볼드체로 표시한 부분은 역자가 강조한 것이다.
4. 본문의 소제목 중 일부는 독자의 이해를 돕기 위해 역자가 추가한 것이다.
5. 원문과 원주에서 잘못된 내용은 확인 후 정확한 정보로 수정했다.

1권

식물형태학과 분류학의 역사 (1530-1860)

서론

가장 오랜 식물지(誌)의 저자인 16세기 브룬펠스(Brunfels), 푹스(Fuchs), 보크(Bock), 마티올리(Mattioli) 등은 식물을 주로 약용으로 생각했다. 이들에게 식물은 혼합 약제(藥劑)를 만드는 재료였기에 식물을 약제의 단순 성분을 의미하는 '약재(藥材, simplicia)'라고 불렀다. 이들의 주목적은 고대 의사들이 사용했다고 알려졌지만 사용 지식이 끊긴 식물들을 되찾는 것이었다. 테오프라스투스(Theophrastus), 디오스코리데스(Dioscorides), 플리니우스(Pliny), 갈렌(Galen)의 훼손된 저술들은 15세기부터 16세기 초 이탈리아 주석가들의 소중한 노력으로 상당 수준 복구되고 해설되었다. 그럼에도 비판으로부터 피할 수 없는 한 가지 불완전함이 여전히 남아 있었다. 그것은 고대 의사들이 대상 식물의 특징은 매우 부실하게 기술했거나 아예 기술하지 않았다는 점이다. 게다가 처음엔 이 고대 의사들이 말한 식물들이 독일이나 그 밖의 유럽지역에서도 자생할 것으로 생각했다. 하지만 식물지의 저자들이 찾아낸 식물들은 디오스코리데스나 테오프라스투스 등이 말한 식물과는 다른 자신들이 사는 지역의 토착 식물이었을 뿐이었다. 그래서 16세기 초에는 바로잡기 어려울 정도로 혼란스러운 명명법이 만들어졌다. 식물을 직접 관찰해 본 적이 없는 문헌 주석가들의 노력에 비해 대단한 진전이 독일의 첫 번째 식물지 저자들에 의해 이루어졌는데, 이들은 직접 자연으로 나가 주변에서 자라는 야생식물들을 기술하고 이들의 형태를 정교한 목판화로 남겼다. 이렇게 처음으로 식물에 대한 실질적인 과학적 탐구가 시작되었지만, 식물의 본성, 구조 체계, 또는 이들의 상호관계에 관해 어떤 질문도 제기되지 않았기 때문에 그 탐구의 목적이 아직은 진정으로 과학적이라고 할 수 없었다. 이들의 관심은 단지 개별 식물의 형태와 이들의 약효에 관한 지식을 얻는 데 있었다.

식물에 관한 기술(記述, description)은 처음엔 너무 엉성했고 체계적이지도 않았지만, 될 수 있는 한 식물에 대해 정확하고 분명하게 기술하려고 노력하는 와중에 원래 의도하지 않았던 진실을 발견하는 일이 자주 생겼다. 디오스코리데스가 그의 『약의 재료(*De Materia Medica*)』에서 기술했던 많은 식물이 독일, 프랑스, 스페인, 영국에서는 자생하지 않는다는 것, 그리고 고대 저자들이 알지 못했던 많은 식물이 이 나라들에서 자란다는 것을 알게 되었다. 동시에 약효나 농업적·미적 중요성과는 무관하게 많은 식물이 서로 유사성이 있다는 것이 명확해졌다. 개별 식물 형태들을 꼼꼼히 기술함으로써 식물에 대한 실용적 지식을 증진하려고 노력하면서, 형태나 다른 특징들에서 서로 분명한 유사성이 드러나는 다양한 자연집단을 이루는 식물들이 있다는 '인상'을 관찰자들이 가질 수밖에 없게 되었다.

식물 세계에는 아리스토텔레스와 테오프라스투스가 적용했던 교목, 관목, 초본식물의 세 가지 대분류군 말고도 또 다른 자연 동류 집단들이 관찰되었다. 이런 자연집단들에 대한 첫 번째 인식은 보크의 식물지에서 찾을 수 있고, 그 이후의 식물지들은 균류(곰팡이류), 이끼류, 양치류, 침엽수류, 미나리과, 국화과, 꿀풀과, 콩과와 같은 집단들에 속한 식물들에서 자연적인 연관성이 확실히 감지되었음을 보여준다. 하지만 그 연관성이 실제로 어떻게 표현되었는지는 명확히 이해되지 않았다. 자연근연성(自然近緣性, natural affinity)이라는 실체는 처음엔 어떤 대단한 가치가 부여되지 않은 우연하고 막연한 인상으로 의도치 않게 그 모습을 드러냈다. 이런 집단들을 인지하는 데는 기존 철학에 근거한 심사숙고나 식물을 분류하려는 의식적인 노력이 요구되지 않았다. 이 자연집단들은 동물계에서 포유류, 조류, 파충류, 어류, 벌레류 같은 집단들처럼 자연스럽고 편견 없는 눈에 인지된 것들이다. 이런 집단들에서 생물들의 진정한 유사성은 형상(idea)들의 결합을 통해 무의식적으로 받아들여졌고, 굳이 이해가 필요하지 않은 바로 이 의도치 않은 정신적 행위가 이루어진 다음에야 그 개체들(유사한 식물들)에 존재하는 명확한 형상을 얻어야겠다는 어떤 필요성이 느껴졌으며, 이런 필요성에 대한 의식이 드디어 의도적이고 체계적인 탐구로 이어지게 되었다. 브룬펠스에서 카스파 바우힌(Kaspar Bauhin)에 이르는 1530년과 1623년 사이에 독일과 네덜란드에서 출판된 일련의 식물학 저술들은 어떻게 식물 세계에서 이러한 근연관계에 의한 분류 인식이 점차 정립되어갔는지를 매우 명료하게 보여 준다. 이는 이 저자들이 단지 본능적 느낌에 따라 일을 수행했을 뿐 그들이 인지했던 연관성의 원인을 탐구하지는 않았다는 것을 드러내기도 한다.

그럼에도 진보를 향한 큰 걸음을 이렇게 내딛었다. 식물에 관해 기술하는 데 있어서 주술-의학적 또는 실용적 목적과 같은 모든 외적 문제들은 점차 부차적인 것이 되어가다가 카스파 바우힌에 이르러서 실질적으로 제거되었다. 자연근연성은 모든 식물학 연구에 생기를 불어넣는 제1원리로 자리매김했고, 서로 다른 것들을 더 정확히 구별하고 모든 비슷한 것들을 묶으려는 욕망을 일깨웠다. 식물에 자연근연성이라는 개념은 어느 한 식물학자의 발견이 아니라 식물에 관해 기술하는 작업과정에서 발생한 (어느 정도는 우연의) 산물이라고 할 수 있다.

그러나 드 로벨(de l'Obel [Lobelius])의 저술 일부와 카스파 바우힌 이후부터 자연근연성의 개념이 적용된 첫 번째 분류학이 탄생하기 이전에, 이탈리아의 식물학자 체살피노(Cesalpino, 1583)는 이미 식물계에 대해 매우 다른 분류체계를 시도했다. 독일과 네덜란드 식물학자들이 식물의 형상들을 의도치 않게 결합함으로써 깨달은 자연근연성을 분류의 기준으로 삼은 데 반해, 체살피노는 모든 식물을 철학적 숙고에 따라 특정 집단들로 구분했다. 16세기 이탈리아에서 번성했던 철학으로 무장하고 아리스토텔레스 교리의 골수 추종자로 그 학파 구석구석을 모두 학습한 체살피노는 자연이 자신의 무의식에 영향을 미치게 놔둘 사람이 아니었다. 그는 애초부터 다른 사람의 저술과 스스로 수행한 식물 형태에 대한 매서운 관찰로부터 배운 모든 것을 자신이 갖고 있던 이해의 맥락에 끼워 맞추려고 했다. 이렇게 그는 과학적 식물학이라는 과업을 드 로벨과 카스파 바우힌과는 완전히 다른 방향으로 가져갔다. 그가 식물들을 일정한 특징에 따라 집단 또는 아(亞)집단으로 분류한 배경에는 식물의 특성과 식물 부위들의 풍부한 우연적 가치에 대한 아리스토텔레스적인 개념들이 자리 잡고 있다.

체계적으로 식물학을 정립하려는 최초의 시도에서 체살피노의 생각과 드 로벨과 바우힌이 취한 태도 사이에는 아주 뚜렷한 차이점이 존재한다. 후자의 독일인들이 자연집단들의 유사성에 본능적으로 이끌렸던 반면, 체살피노는 미리 정한 기준이 엄격히 적용된 구분법에 따라 집단들을 분류했다. 바우힌 체계에 잘못이 있다면 그것은 모두 유사성을 정확히 판단하지 못한 것이겠지만, 체살피노 체계는 구분의 틀 자체가 잘못됐다는 것이 문제점이다.

사실 주요한 차이는 드 로벨과 바우힌의 체계에서는 근거 원리가 제시되지 않았다는 점이다. 그 원리에 대한 그들의 설명을 보면, 형상들의 결합이 저자 자신들에게서 일어났던 것처럼 독자의 마음에도 완벽하게 남게 된다. 드 로벨과 바우힌은 모두 예술가라고도 할 수 있는데, 이들은 식물의 관찰로부터 얻은 인상을 글이 아닌 그림으로 묘사했다. 반면 체살피노는 독자를 단번에 이해시키려 했고, 분류를 해야 하는 철학적 근거를 제시했으며, 분류의 원리를 피력했다. 그가 씨앗과 열매의 특징들을 분류의 기본으로 삼은 것 역시 철학적 근거에 따른 것이었다. 한편 독일의 식물학자들은 생식기관(꽃)에는 거의 주의를 기울이지 않고, 해당 식물이 주는 일반적인 인상, 즉 식물의 '습성(habit)'을 분류의 기준으로 삼았다.

식물학 역사가들은 여기서 언급하고 있는 사례들의 속사정을 간과하거나 충분히 강조하지 않았다. 특히 17세기에 발달하기 시작한 계통(또는 체계적, systematic) 식물학이 처음부터 두 가지 상반된 요소를 내포하고 있었다는 사실에 꼭 필요한 주의를 기울이지 않았다. 한 요소는 독일과 네덜란드의 식물학자들이 보여 준 그다지 명료하지 않은 자연근연성이라는 실체이고, 다른 하나는 명확한 인식적 방법에 따라 이해 가능한 식물 분류체계를 정립하려는 체살피노의 욕망이다. 이 두 가지 체계적 탐구 방식은 상호 비교가 완전히 불가능하다. 임의의 분류 원리를 적용하면 만족스러운 이해는 구할 수 있지만, 자연근연성에 대한 무시할 수 없는 본능적 감정을 제대로 설명할 수가 없었다. 이런 자연근연성에 근거한 분류체계와 선험적 근거에 따른 분류체계의 충돌은 체살피노와 린네의 것들을 포함해서 1736년까지 적어도 열다섯 차례는 있었다. 특히 주목해야 할 체계는 체살피노, 모리슨(Morison), 레이(Ray), 바흐만(Bachmann [Rivinus]), 투르네포르(Tournefort)의 것인데, 이런 체계들은 통상 한마디로 '인위적'[1]이라고 표현한다. 하지만 단순히 인위적이고 이미 짜여진 틀에 맞춰 나열이나 하는 식물 분류체계를 제시하는 것이 결코 이들의 의도는 아니었다. 사실 17세기 식물학자들과 린네도 하나의 체계를 만드는 데 고려해야 할 중요한 요소로 사용의 편리성을 언급하곤 했다. 실제로 새로운 체계를 제시하는 사람은 누구나 똑같은 말을 했는데, 자신의 체계가 선배들의 것보다 자연근연성을 더 잘 반영한다고 믿었기 때문이었다. 레이나 모리슨 같은 이들은 자연근연성을 하나의 체계로 보여 주려는 의지가 좀 더 강했고 투르네포르나 마그노(Magno) 같은 이들은 식물을 명료하고 편리하게 배열할 수 있는 틀을 더 고려했지만, 모든 후배 계통분류학자들이 선배들의 체계에 의문을 제기했던 것을 봤을 때, 자연근연성의 제시가 이들의 분류체계의 주요 목적이었다는 것은 분명하다. 단지 그들은 쉽게 알아볼 수 있는 임의의 특징 몇 가지만으로 자연근연성을 보여 줄 수 있다고 생각했기 때문에 그들 모두 그 목적을 성취하는 데 있어서 같은 잘못된 방법을 사용했다. 방법과 목적 사이의 이러한 상충은 1583년 체살피노부터 1736년 린네에 이르기까지 모든 계통식물학에서 일어났다.

그러나 린네가 새로운 출발을 시작했다고 할 수 있는데, 그가 처음으로 이 모든 불협화음의 존재를 명확히 인지했기 때문이다. 린네는 그동안 사용해 왔던 미리 정한 특징들로는 성립될 수 없는 자연체

---

1 린네의 성 체계가 인위적이라는 것을 뒤에서 보여 줄 것이다.

계가 식물에 존재하며, 그 체계에 틀을 제공하는 법칙들은 여전히 발견되지 않았다고 처음으로 언명했다. 1738년 그의 『자연 방법의 조각들(*Fragmenta*)』[2]에서 린네는 자연근연성이 반영된 집단이라고 잠정적으로 간주한 65개의 집단 또는 목(目, order)의 목록을 만들었지만, 이들의 특징들을 제시하지는 못했다. 카스파 바우힌의 것들보다는 더 잘 구분되었고 더 자연스럽게 배열되었지만, 이 집단들은 식물들 사이의 비교 관찰에서 도출된 상대적 유사성과 점진적 이질성에 대한 세련된 감정에만 근거한 그 자신만의 체계 같은 것이었다. 1759년 베르나르 드 쥐시외(Bernard de Jussieu)가 만들었던 자연집단 과(科, family)에 대한 목록도 마찬가지다. 그전에 명명되지 않았던 이 형태적으로 연관된 소규모 집단들에 대해 린네와 B. 드 쥐시외는 집단 고유의 특징보다는 속(屬, genus)명에 따라 이름을 부여했다. 이런 식의 명명법은 그 이후 시대의 계통식물학에서 우세했던 개념을 미리 보여 준다. 하나의 광물 결정체가 기본 단위 형태에서 유래하는 것처럼, 각 자연집단의 기반에는 개별적으로는 다르지만 그 집단 내의 모든 형태가 유추될 수 있는 공통의 유형이 있다. 1819년에 피람 드캉돌(Pyrame de Candolle) 역시 이 개념을 제시한 바 있다.

하지만 식물학자들은 자연집단에 단순히 이름을 붙이는 데 만족할 수 없었다. 린네와 B. 드 쥐시외가 자신의 집단들을 구분하는 데 동원했던 애매한 느낌을 과학 언어로 표현하기 위해서는 명확히 인식될 수 있는 특징을 부여할 필요가 있었다. 이 시대 이후 앙투안 로랑 드 쥐시외(Antoine Laurent de Jussieu)와 드캉돌에서부터 엔들리허(Endlicher)와 린들리(Lindley)에 이르기까지의 계통학자들이 그 과업을 수행했다.

---

2 [역주] 『자연 방법의 조각들(*Fragmenta Methodi Naturalis*)』

하지만 나중의 계통학자들이 체살피노와 17세기 식물학자들이 앞서 했던 것처럼 자연 근연 집단들을 인위적인 분류군으로 나누는 실수를 반복했음을 부정할 수 없다. 그럼에도 계속된 시도로 완벽한 자연 근연성을 표현하는 데 더욱 근접해갔다.

그러나 자연근연성이 점점 더 계통학자들의 마음속에 기준 개념으로 자리 잡고, 미리 정한 분류의 기준이 자연근연성을 표현할 수 없다는 교훈이 수 세기의 경험을 통해 강화되는 동안에도 근연성이라는 실체는 더욱 이해하기 어렵고 설명하기 어려운 대상이 되어 갔다. 자연체계를 발견하려는 모든 노력이 마땅히 추구해야 할 목적인 근연성이라는 개념을 명확하게 정의하는 것은 불가능해 보였다. 린네는 이 이해하기 힘든 느낌을 다음과 같이 표현했다. "형질(속을 정의하는 데 사용되는 특성)이 속을 만드는 것이 아니라, 속이 형질을 만든다." 그러나 자연체계에서 이러한 어려움을 가장 먼저 명확히 인지한 당사자가 종불변의 원리를 제시함으로써 그 어려움을 배가했다. 린네의 원리는 눈에 잘 띄지 않아서 일상 경험에서 유래하는 것 같고 조사를 더 하면 쉽게 바꿀 수 있는 것처럼 보이기도 했다. 하지만 그의 후계자들에게 이것은 신앙 구절, 즉 교리가 되어서 이를 의심한다는 건 곧 과학적 명성을 포기해야 함을 의미했다. 모든 생명체는 각자 독립적으로 창조되어 형태가 전적으로 서로 다르다는 믿음과 일정한 특징들이 불완전하게 표현되는 형태들 사이에 긴밀한 연관성이 있다는 경험적 사실은 백 년이 넘는 세월을 병존해 왔다. 모든 계통학자는 이 연관성이 감각으로 인지할 수 있는 단순한 유사성 이상이라는 것을 알고 있었던 반면, 생각이 깊은 사람들은 (종의 불변성을 의미하는) 종들 사이의 절대적으로 독립적인 기원을 전제하는 것과 근연성이라는 실체의 충돌을 깨닫게 되었다.

린네는 말년에 이 충돌을 해명하려고 애매하게 시도했고, 후계자들 역시 자신만의 방법으로 비슷하게 시도했다. 계통학자들 사이에서 린네가 선두자리를 차지한 뒤에, 16세기의 다양한 학문적 주장들은 여전히 살아남았다. 종불변 교리의 철학적 정당성은 플라톤의 잘못된 이데아론에서 왔을 것으로 보이는데, 이는 교회의 교리와 맞물려 더 쉽게 받아들여졌기 때문이다. 프리스(Elias Fries)가 1835년에 말했듯이 자연체계에 '초자연적인 것' 즉 생물들 사이의 근연성이 있다면, 그 체계를 위해 훨씬 나을 것이다. 그의 주장에 따르면 그 체계를 구성하는 각 조각은 하나의 형상(idea)을 나타내는데, 모든 형상은 이들의 이상적인 연결로 창조의 계획을 표현하는 것처럼 쉽게 설명할 수 있다. 관찰이나 이론적 고찰이 이런 견해에 반할 때 반론은 대개 고려 대상에서 제외되었으며, 자연체계의 실제 의미에 대한 고찰은 그렇게 흔하지도 않았다. 총명한 사람들은 불편한 마음에 이런 의심과 어려움을 뒤로하고 개별 형태[3]들에서 근연성을 찾는 데 시간과 노력을 쏟았다. 동시에 그 문제가 과학의 근원적 문제라는 걸 제대로 이해하게 되었다. 나중에 네겔리(Nägeli) 등이 수행한 형태학 연구는 계통식물학에서 가장 중요한 발견을 낳았으며, 한 체계에 속한 각 집단은 플라톤적 의미에서 하나의 형상을 나타낸다는 가설을 뒷받침할 결정적 사실들을 제시했다. 1851년 호프마이스터(Hofmeister)가 발견한 속씨식물, 겉씨식물, 양치식물, 이끼류 사이의 뚜렷한 발생학적 연관성이 그것이다. 생리-생물학적 특징들과 형태-계통학적 특징들이 서로 독립적이라는 사실을 계통학자들이 구상했던 창조의 계획과 조화시키기는 쉽지 않았다. 이에 따라 계통학자들에게 진정한 과학적 연

3 [역주] '개별 형태'는 개별 종(種) 또는 개별 분류군의 고유 형태를 의미함.

구와 이론적 견해의 충돌은 점점 더 심화되었고, 이 둘에 관심을 가졌던 누구도 이러한 과학의 면모에 대해 불확실성을 뼈저리게 느낄 수밖에 없었다. 이러한 느낌이 들었던 이유는 종불변 교리 때문에 근연성 개념에 과학적 정의를 부여하는 것이 불가능했기 때문이다.

이런 상황은 1859년에 다윈의 명저 『종의 기원』이 나오고 나서야 마침내 종료되었다. 새로운 것도 있고 오래전부터 잘 알려진 것도 포함되어 있지만 방대한 사실들에 근거해서 다윈은 종불변 원리가 더 이상 유지될 수 없으며, 이 원리는 정확한 관찰의 결과가 아니라 관찰에 반하는 신앙 교리였을 뿐이라는 것을 보여 주었다. 이런 진리가 성립함으로써 마땅히, 지금까지 비유적으로 근연성이라고 불려왔던 말이 진정한 개념을 얻게 되었다. 한 자연체계에서 근연성의 정도는 공통 부모에서 나온 여러 자손들의 그 정도를 의미했다. 비유적 의미였던 근연성으로부터 진정한 혈연관계가 출현했고, 자연체계는 식물계의 가계도가 되었다. 해묵은 문제를 풀 해답이 여기에 있었다.

다윈의 이론은 모호함을 명료함으로, 현학적 사고방식을 과학적 원리로 대체했다는 점에서 계통식물학과 형태학 분야의 과학사에서 특별한 의미가 있다. 다윈은 과학의 역사적 발달에 반하여 또는 그와 독립적으로 이 모든 변화를 일으킨 것이 아니다. 오히려 그는 계통식물학과 형태학의 해묵은 문제들을 근대 과학의 관점에서 정확히 인식하고 해결해 위대한 공헌을 했다.

종의 불변성이 근연성 개념과 양립할 수 없다는 것, 기관의 형태적(유전적) 성질이 그 생리적·기능적 중요성과 일치하지만은 않는다는 것은 이미 다윈 이전에 식물학과 동물학에서 알려져 왔던 사실이다. 하지만 다윈이 처음으로 생존을 위한 투쟁에서 변이와 자연선택이 이런 문제들을 해결한다는 것을 보여 주었고, 잘 알려진 원인이 필연적으로 낳는 결과물이 바로 이러한 사실이라는 것을 이해할 수 있게 해주었다. 이와 아울러, 드 로벨과 카스파 바우힌이 최초로 인지했던 자연근연성이 왜 체살피노가 시도했던 미리 정해진 분류원칙으로는 표현될 수 없었는지 역시 설명된다.

1장

독일과 네덜란드의 식물학자들: 브룬펠스에서 카스파 바우힌[1]까지

(1530-1623)

현대 식물학 문헌에 친숙한 독자가 브룬펠스(Otto Brunfels, 1530), 푹스(Leonard Fuchs, 1542), 보크(Hieronymus Bock [Tragus]), 또는 그 이후의 도든스(Rembert Dodoens [Dodonäus]), 들레클루즈(Charles de l'Écluse [Carolus Clusius]), 드 로벨(Matthias de l'Obel [Lobelius], 1576), 또는 17세기 초 바우힌(Kaspar Bauhin)의 문헌들을 처음 접한다면 놀랄 수밖에 없다. 그 이상한 양식도 그렇지만, 진기하고도 낯선 부속물들에는 유용한 정보들이 안타깝게 매장되어 있고 이 엄청나게 두껍고 거대한 이절판 책들을 쓴 저자들의 개성 있는 견해가 터무니없을 정도로 빈약하기 때문이다. 하지만 그 독자가 현시점에서 과거로 가는 대신 반대로 시간 여행을 한다면, 즉 독자가 아리스토텔레스의 식물학적 견해와 그 제자인 테오프라스투스의 방대한 식물학 업적들, 그리고 플리니우스

1 슈프렝겔(Kurt Sprengel)은 1817년 『식물학사(*Geschichte der Botanik*)』(1권)에서, 에른스트 마이어(Ernst Meyer)는 1857년 『식물학사』(4권)에서 근대 식물학의 시작과 15, 16세기 학문의 일반적인 상태 사이와의 관계를 기술했다. 발레리우스 코르두스(Valerius Cordus)가 *pen of Thilo Irmisch*에서 한 특히 흥미로운 언급을 1862년 존더스하우젠의 슈바르츠부르크 고교의 '시험프로그램'에서 찾아볼 수 있다. 본서는 철저하고, 일관되게 식물학의 발전에 대한 탐색과 기술에만 국한할 것이다.

의 자연사와 디오스코리데스의 의과학에 몰두해 온 사람이라면, 그리고 중세의 식물학 문헌에 친숙한 독자로서 식물학이 중세 내내 어떻게 쇠퇴해 갔는지를 지켜봤고, 개념 없이 장황하기만 한 마그누스(Albertus Magnus)의 저술들을 섭렵했으며, 1,500년 전후 인기 있었던 자연사 책 『건강의 정원(*Hortus Sanitatis*)』이나 그 비슷한 저술들을 봤다면, 그 독자는 분명히 브룬펠스, 보크, 그리고 푹스의 첫 번째 식물지에서조차 매우 다른 그리고 거의 압도하는 인상을 받았을 것이다. 미신들로 가득 찬 중세의 가장 마지막 책과 비교해도 이 책들은 그 독자에게 거의 현대적으로 보일 것이다. 그 독자는 자연과학의 새로운 시대가 이 저자들에 의해 시작되었으며, 그 무엇보다 이들이 현대 식물학의 기초를 세웠다는 걸 놓치기 어려웠을 것이다.

사실 이들은 단지 독일의 야생식물과 재배식물을 나눠서 기술했을 뿐이었다. 푹스는 이 식물들을 단순히 알파벳 순으로 배열했고, 보크는 초본, 관목, 교목의 세 가지 표제로 묶고 각 표제에 속한 식물들은 규칙도 없이 마구 섞어 놓았다. 이런 기술방식은 너무 초보적이고 세련되지 못해서 과학적이고 정확한 현대의 식별기록 방법과는 비교 대상이 되지 못한다. 하지만 위대한 점은 이 저자들이 바로 눈앞에서 식물들을 신중하게 관찰하고 이들을 기술했다는 것이다. 기술만으로 부족한 부분들을 보완하고, 그 이름에 해당하는 식물의 정확한 모습을 보여 주기 위해 목판화가 더해졌다. 항상 식물체 전체를 그린 이 그림들은 숙련된 화가가 직접 식물을 보고 있는 그대로의 형태를 잘 표현했기 때문에 식물학자들이 보면 어떤 식물인지를 바로 알 수 있었다. 이러한 그림과 기술(브룬펠스[2]의 저술에서는 기술이 빈약하다)은 그렇

2 Otto Brunfels. 마인츠(Mainz)에서 (1500년 이전에) 태어났다. 처음엔 신학을

게 뛰어나지 않았을지는 모르나 과학에 큰 공헌을 했다. 당시 식물학 저술들은 수준이 너무 낮아서 『건강의 정원』 같은 책의 그림들은 황당한 장식들로 왜곡되었고 때로는 완전히 상상만으로 그리기도 했다. 친숙한 식물들에 관한 기술조차도 허술했고, 자연상태에서 직접 관찰한 결과가 아니라 앞선 책들을 베끼거나 미신적인 허구들로 채워졌다. 중세 시대에는 독자적인 판단력이 억압되어 있었기 때문에 감각 활동이 너무 오랫동안 무의식 속에 매몰되어 병약해져 버렸다. 그래서 자연의 대상은 그것을 연구하는 사람의 눈에조차 기이하게 왜곡된 형태로 표현되었다. 즉, 감각으로 인지된 모든 인상은 미신적 환상에 의해 훼손되고 왜곡되었다. 이런 곡해에 비해 보크의 꾸밈없는 기술은 적절하고 진실되어 보이며 자연을 직접 접했다는 면에서 신선하다. 한편, 더 박식했던 푹스의 저술들에서는 이미 자연 대상물에 대한 실제 조사와 관련해서 다른 저자들에 대한 비평이 이루어졌음이 드러난다. 사람들이 눈을 크게 뜨고 식물들을 관찰하면서 이들의 다양함과 아름다움을 즐기기 시작했을 때 얻는 결과는 엄청났다. 한동안 식물의 본성이나 식물 생명현상의 원리에 대해 심사숙고할 필요는 없었다. 식물들의 유사성과 차이점들을 알아가면서 충분한 경험을 쌓으면 그런 숙고를 할 시간은 충분하다.

근대 식물학의 태동

독일 식물학의 창시자들은 독일의 식물들에서 고대 테오프라스투스, 디오스코리데스, 플리니우스, 그리고 갈렌이 명명한 식물들을

공부하고 수도사가 되었다가 신교로 개종한 뒤 스트라스부르에서 교사로 재직하다 나중에 의사로 활발히 활동했다. 1534년에 사망했다.

찾고자 할 때만 이들의 옛 문헌을 참조했다. 그러나 이런 시도는 많은 실수를 낳을 수밖에 없었다. 고대 식물학자들의 기술은 매우 불완전해서 해당 식물을 식별하는 데 도움이 되지 않는 경우가 빈번했기 때문이다. 이런 이유로 당시 식물지의 저자들이 따를만한 모범을 고대의 책들에서는 찾지 못했다. 고대 그리스 의사[3]들이 가지고 있던 약용식물들에 대한 지식을 복원하려고 노력하는 가운데 매우 다양한 토속 식물들을 함께 비교해야만 했고, 그에 따라 형태의 차이들을 이해할 수 있는 능력을 단련하고 완성해 나갔다. 의학을 목적으로 시작한 이런 수행 방식은 전적으로 식물의 개별 형태에 관심을 집중하게 했는데 이 또한 순수과학에 필요한 주요 요소이며, 그들이 아리스토텔레스[4]나 테오프라스투스[5]의 철학서들을 무조건 따르기만 했을 때보다 훨씬 더 많은 것을 얻게 했다. 이 고대 그리스 저자들의 식물학에 대한 철학적 기반은 매우 빈약했다. 이들은 한 식물의 모든 부분을 정확히 알고 있는 경우가 거의 없었으며, 식물에 대한 지식 대부분은 다른 사람들의 기술이나 심지어 약초 판매상들로부터 얻은 것이었다.

---

3 식물학에 관한 과학적 연구라고 할 수 있는 식물지 말고도, 식물의 용도에 대한 꽤 많은 책이 16, 17세기에 의술 또는 미신적 의술 목적으로 저술되었다. 식물의 부위와 인체의 기관의 외형적 특징에 유사성이 있으면 그 식물에 약효가 있다고 믿었다. 프리첼(Pritzel)은 1550년에서 1697년 사이에 출판된 이런 종류의 책을 24가지나 예시했다. 이 식물지는 그 용법을 소개했다. 심지어 레이도 이런 목적의 연구를 한 바가 있다.

4 우리한테 전해져 온 부분적인 아리스토텔레스의 식물학은 비머(Wimmer) 판에서 번역된 에른스트 마이어의 『식물학사』(1권 94쪽)에서 찾을 수 있다.

5 Theophrastus(기원전 371-286년). 레스보스 태생. 그에 대한 전체적인 기술은 에른스트 마이어의 『식물학사』에 있다. 테오프라스투스의 책 『식물의 탐구와 논점(*De historia et de causis plantarum*)』은 테오도르 가자(Theodor Gaza)에 의해 1483년에 출판되었다. 또한 프리첼의 『식물학 백과사전(*Thesaurus literarum botanicarum*)』 참조.

아리스토텔레스는 이런 빈약한 자료와 잡다한 미신에 의존해서 식물의 본성에 대한 철학을 형성했고, 테오프라스투스는 경험지식이 더 풍부했지만 여전히 스승의 철학적 교리 테두리 안에 갇혀 있었다. 아리스토텔레스와 테오프라스투스의 저술들에 정확한 사실이 있다고 해도, 최초의 식물지 편찬자들은 이들을 무시하고 최대한 정확하게 자신들이 작업해서 쌓아 온 개별 식물들을 기술하는 데 몰두하는 것이 옳았다. 이런 과정을 수년간 거치면 새로운 과학이 탄생할 수 있지만, 철학에 근거한 아리스토텔레스와 테오프라스투스의 식물학은 어떤 중요한 결과도 이끌어 내지 못한다는 것을 역사는 보여 준다. 더군다나 우리는 체살피노와 같이 철학적 재능과 지적능력을 겸비한 사람의 손에서 어떻게 아리스토텔레스의 교리가 식물학 연구에 퇴행적 영향을 미치게 되는지를 보게 될 것이다.

식물지 편찬자들이 관찰로부터 일반적인 결론을 얻으려고 의도하지는 않았지만, 개별 형태들에 관한 기술이 계속 축적되면서 뜻하지 않게 점차 추상적이고 포괄적인 형질을 인식하게 되었다. 특히 형태의 유사성과 차이점에 대한 인식이 발전하면서 궁극적으로 자연근연성이라는 개념에 이르렀다. 아직 이 개념은 과학적 정밀성과 거리가 멀었고 미성숙한 형태였지만 1576년의 드 로벨에서 나타나고, 좀 더 명확하게는 1623년 카스파 바우힌에서 나타난다. 그것은 높게 평가할 만한 결과였고, 고대나 중세의 학자들이 전혀 눈치채지 못했던 것이었다. 식물들 사이의 자연근연성에 대한 인식은 수천 번 반복되는 정확한 기술에서 얻어지는 것이지, 피상적 관찰에만 의존한 아리스토텔레스적인 추상 개념들에서는 결코 나올 수 있는 것이 아니다. 16세기 식물지의 과학적 가치는 식물학자들이 속한 나라의 일부 지역, 그리고 해당 식물학자의 눈에 띌 만한 식물들에 관한 기술에 국한된다. 한편, 이후의 저자들은 자기가 직접 관찰하지 않은 식물들도 인정함으로써 각 식물지에 보편적 가치를 부여하려고 노력했다. 이들은 될 수 있는 한 선배들이 관찰한 모든 것들을 모았고, 자신들이 관찰한 새로운 것들을 추가했다. 그러나 그 전 세기와는 달리, 새로운 식물지의 고유 가치는 앞선 식물지들을 베끼는 것보다 손수 관찰한 식물들을 추가했을 때 더 인정받게 되었다. 따라서 누구나 자신의 작업에 그 당시까지 알려지지 않거나 주목받지 않은 식물들을 가능한 한 많이 포함하려고 경주했다. 이렇게 개별 형태에 관한 기술의 양이 급속도로 증가했다. 1542년 푹스의 저술에는 500종이 그림과 함께 묘사되었는데, 1623년 카스파 바우힌의 저술에서는 그 숫자가 6,000종에 이르게 되었다. 바바리아와 튀빙겐의 푹스, 중부 라인 지역의 보크, 취리히의 콘라드 게스너(Konrad Gesner), 네덜란드의 도든스와 드로벨처럼 식물학자들의 활동이 독일 대부분 지역으로 확산하면서 조사는 상당히 광범위하게 이루어지게 되었다. 여행가들이 수집해서 건네준 식물들까지 더해지면서 조사지역은 더욱 넓어졌는데, 들레클루즈는 특히 독일과 헝가리, 심지어 스페인까지 이르는 광범위한 지역에서 열정적으로 채집한 식물들을 기술했다. 이 기간에 이탈리아 식물의 수도 증가했는데, 이는 마티올리와 같은 이탈리아 식물학자들과 일부 독일 여행가들이 노력한 결과였다. 탈(Thal)이 쓴 최초의 튀링겐숲(Thüringer-Wald) 식물지는 그의 사후 1588년에 출판되었다.

현재에 비하면 수수하지만, 이미 16세기에 식물원(botanic garden)들이 식물에 대한 지식을 발전시키는 데 도움이 되기 시작했다. 최초의 식물원은 이탈리아에 세워졌는데, 1545년에 파도바, 1547년에 피사, 1567년에 볼로냐에서 알드로반디(Aldrovandi)와 체살피노의 주도로 세워졌다. 북유럽에도 곧 살아 있는 식물들이 수집되었는데, 1577년에 라이든 식물원이 설립되어 들레클루즈가 오랫동안 원장을 맡았으며, 1593년에는 하이델베르크와 몽펠리에 식물원이 생겼고, 다음 세기에 걸쳐 식물원의 숫자는 엄청나게 늘어났다.

지금 우리가 식물표본이라고 부르는 건조 식물들을 수집하고 보관하는 역사도 16세기로 거슬러 올라간다. 당시에는 식물이 수집된 책, 즉 식물표본집을 'herbarium'이라고 불렀다. 이 역시 이탈리아에서 처음 시작되었다. 에른스트 마이어에 따르면, 루카 기니(Luca Ghini)가 최초로 건조 식물표본을 과학적 목적으로 이용했고, 그의 두 제자인 알드로반디와 체살피노가 현대적 의미의 식물표본집을 만들었다. 하지만 첫 번째 식물표본집은 1559년 라첸베르거(Ratzenberger)가 만들었는데, 몇 년 뒤 카셀에 있는 박물관에서 발견되었고 케슬러(Kessler)에 의해 기록되었다.

이러한 것들은 우리가 다루는 주제의 핵심은 아니지만, 16세기 후반기의 식물학에 얼마나 적극적인 관심이 쏠렸는지 그 단면을 보여 준다. 이는 식물에 대한 엄청난 양의 저술들에서 잘 드러나는데, 이런 책들에는 비싼 도판들이 다수 포함되어 있었으며 어떤 경우는 판을 거듭해서 출판되기도 했다. 그러나 식물에 관한 기술에 함께 딸린 (나중의 식물지들에서는) 수천 개에 이르는 그림들의 예술적·과학적 가치는 그만큼 높아지지 못했다. 푹스의 훌륭한 그림들은 행방을 알 수 없고, 뒤러(Dürer)의 시대에서 멀어질수록 이 목판화들은 점점 작고 초라해졌으며,[6] 때로는 정확도조차 떨어졌다. 반면 묘사하는 기술

6 L. C. 트레비라누스(Trevirannus)의 『식물 묘사를 위한 목판화의 적용(*Die Anwendung des Holzschnitts zur bildlichen Darstellung der Pflanzen*)』(라이프치히, 1855)과 콜란트(Choulant)의 『도판 초기간행본(*Graphische Incunabeln*)』(라이프치히, 1858) 참조.

은 계속 개선되어 완성도가 높아졌고, 점차 특징을 부여하고 그 특징값을 산정하는 일정한 방법이 나타나기 시작했다. 종을 판별하는 핵심 특징들의 정립, 예전에 유사하다고 생각했던 형태들의 분리 등과 같은 일들이 더 자주 일어났다. 들레클루즈의 기술들은 실제로 과학적이라고 할 만하고, 카스파 바우힌의 기술들은 간결하고 짜임새가 있다고 할 수 있다.

푹스와 보크에서 바우힌에 이르기까지의 기술들에서 가장 놀랄 만한 점은 꽃과 열매에 대한 철저한 무관심이다. 특히 보크에서처럼 가장 초기의 기술들에서는 감각적 인상을 곧바로 불러일으키는 단어들로 식물의 형태를 표현하려고 했는데, 잎의 모양, 가지치기 성질, 뿌리의 특징, 꽃의 크기와 색깔에 관심을 집중했다.

콘라드 게스너[7]는 꽃과 열매의 구성 부위에 면밀한 관심을 가졌던 유일한 사람이었다. 그는 이 부위들을 반복해서 그렸으며, 그의 서신들을 보면 그가 식물들 사이의 근연관계를 결정하는 데 이들 부위의 가치가 크다는 것을 인식하고 있었다는 걸 알 수 있다. 하지만 과로에 지친 그는 오랫동안 준비해 온 식물들에 대한 작업을 완성하기 전에 죽고 말았다. 여러 사람의 손을 거쳐 18세기에 슈미델(Schmidel)이 게스너의 그림들을 출판했을 때에는 너무 늦어서 이미 앞서 나갔던 당시의 과학에 별 도움이 되지 못했다.

앞선 단평들에 비추어 봤을 때, 식물의 부위들에 대한 비교조사에 근거해서 하나의 형태적 체계에 접근하려는 방법론, 즉 표준화된 전문용어의 사용을 이 저자들에게서 찾을 수 없다는 것을 알게 된다.

---

7 Konrad Gesner. 1516년 취리히에서 태어나 우여곡절 끝에 자연사 교수가 되었고, 1565년에 전염병으로 사망했다. 에른스트 마이어의 『식물학사』(4권) 참조.

레온하르트 푹스

이들 중 좀 더 학식이 깊은 사람들은 한 식물을 묘사하는 데 사용했던 용어들의 의미를 고정하고 그 개념을 정의할 필요성을 느꼈다. 이런 방향을 향한 초기의 노력은 미약했지만 주목받을 만하다. 16세기부터 지금까지 진행되어 온 자연 탐구의 발전이 얼마나 위대했는지를 이들이 증명하기 때문이다.

식물학 전문용어를 제정하려는 첫 번째 시도는 1542년 **푹스**[8]의 『식물의 탐구(*Historia Stirpium*)』에서 찾을 수 있다. 이 책의 처음 네 쪽에 걸쳐 이들이 등장하는데, 수많은 단어가 알파벳순으로 설명되어 있다. 푹스는 식물들도 알파벳순으로 배열했다. 몇 가지 예시만으로 식물학 용어들에 명확한 개념을 부여하는 것은 쉽지 않다. 그래도 시도를 해야 하는 이유는 나중의 과학 용어와 형태학이 어떠한 미미한 시작에서부터 발전되었는지 아는 방법은 이 방법밖에 없기 때문이다. 여기서 'Acinus(포도, 포도씨)'는 많은 사람이 포도의 씨앗만을 의미한다고 생각하지만, 통통한 과육과 그 속의 씨앗 그리고 껍질까지 포함한 열매 전체를 말한다. 다음 설명은 갈렌이 정의한 것들이다. 'Alae(날개)'는 줄기와 가지(또는 잎) 사이의 공간(각도)을

8 Leonhard Fuchs. 1501년 바바리아의 멤브딩겐에서 태어났다. 1519년에 잉골슈타트에서 로이힐린(Johann Reuchlin)의 고전학 학생이었으며, 1524년에 의학 박사가 되었다. 신교로 개종한 이유로 몇 년간 방랑 생활을 하다 1535년에 마침내 튀빙겐 대학의 의학 교수가 되었고 1566년에 사망했다. 마이어의 『식물학사』(4권) 참조.

말한다. 'Asparragi(싹)'는 먹을 수 있는 첫 번째 줄기나 잎이 나오기 전 초본식물의 어린싹을 말한다. 'Baccae(장과[漿果])'는 월계수 베리 열매처럼 식물의 본체에서 따로 떨어져 나와 보이는 작은 '배아(foetus)'를 말하는 용어로 훨씬 더 밀집해 있는 'acini(입상과[粒狀果] 또는 소핵과[小核果])와는 구별한다. 'Internodium(마디사이)'은 마디와 마디 사이의 부위를 말한다. 'Racemus(송이모양)'는 포도송이 같은 구조를 의미하는 용어로 포도뿐 아니라, 담쟁이덩굴 등 그 외 초본, 관목에서도 비슷한 모양의 열매 모임을 말한다. 여기에 보이는 용어는 대부분 줄기, 가지의 형태에 대한 것들이고, 꽃이나 뿌리에 대해서는 전혀 없다는 것이 놀랍다. 단지, 'julus(꼬리꽃차례)'라는 용어 해설에서 이것이 개암나무의 '단단하게 밀집해 있는 것'이라는 설명과 더불어, 줄기에 매달린 자루에서 열매가 생성되기 전에 생기는 긴 벌레 같은 것으로 묘사되어 있다. 꽃이라는 용어에 대한 설명은 없지만, 꽃의 몇 가지 부분들에 대한 이런 언급은 있다. "꽃의 밑에서 실이 나오듯이 꽃받침의 중앙에서 솟아난 수술들(stamina)이 있다." 열매(fructus)에 대한 설명은 다음과 같다. "과육과 씨앗으로 이루어져 있으나 종종 과피가 씨앗에 압착된 경우가 있다."

이런 방향으로의 진행은 더뎠지만, 알아볼 정도는 되었다. **도든스**[9]의 1616년 『다섯 권(*Pemptades*)』 최종판은 872쪽으로 된 이절판 책

9 Rembert Dodoens(Dodonaeus). 1517년 메헬렌에서 태어났다. 의사였으며 다양한 문화를 섭렵했다. 다수의 식물학지를 저술했으며 이들 중 일부는 플라망어로 쓰였다. 1583년엔 『식물탐구 다섯 권(*Stirpium Historiae Pemptades* vi)』(Antwerp)을 출판했다. 1574년에서 1579년 사이에는 황제인 막시밀리안 2세의 주치의였고, 1582년에는 라이든 대학의 교수가 되고 1585년에 사망했다. 마이어의 『식물학사』(4권 340쪽) 참조.

으로 이 중 한 쪽 반 정도의 분량만을 식물 부위들에 대한 설명에 할애하고 있지만, 설명된 용어의 선택과 설명의 내용은 푹스의 것보다 필요한 요점들을 더 잘 표현했다. 예를 들어 'radix(뿌리)'는 나무 등 모든 식물의 아래 부위를 지칭하는 것으로 흙 속을 헤치고 들어가 영양분을 흡수한다고 설명되어 있다. 잎과 달리 뿌리는 모든 식물에 공통적으로 나타난다. 예외적으로 뿌리가 없는 식물들에는 녹나무과 기생식물류(Cassytha), 겨우살이류(Viscum), 그리고 '기생식물(Hyphear)'이라는 식물 집단으로 취급되는 곰팡이, 이끼, 조류가 있다. 'Caudex(줄기)'는 교목과 관목의 부위로서 뿌리로부터 생겨나서 땅 위로 자라며, 이를 통해 영양분이 위쪽으로 운반된다고 기술되어 있다. 초본식물에서는 같은 부위를 'caulis(줄기)' 또는 'cauliculus(어린줄기)'라고 불렀다. 'folium(잎)'은 모든 식물에서 식물체를 덮거나 장식하고 있는 것으로 이것이 없으면 식물은 벌거숭이로 보인다. 꽃에 대한 정의는 다음과 같다. "Flos(꽃): 목본과 초본식물의 '기쁨'이라고 할 수 있으며, 장차 열매가 생성되는 부위. 꽃이 지고 난 자리에서 식물 고유의 열매를 맺는다." 꽃의 부위로는 'calyx(꽃받침)' 안쪽으로 꽃(잎)이 있고, 꽃(잎)은 그 안에 'foetus(배아)'를 둘러싸고 있으며, 'stamina(수술)'는 꽃(잎)과 꽃받침 아래 깊은 곳으로부터 실처럼 나와 있고 'apices(꽃밥)'는 수술 끝에 위치한 도톰한 부착물이다. 'julus(꼬리꽃차례)'는 호도, 개암, 뽕나무, 너도밤나무 등의 교목에서 동글고 길게 메달린 꽃이다. 'Fructus(열매)'는 씨앗이 들어 있는 곳이지만 그 자체가 씨앗인 경우도 흔하다. 이런 경우는 둘러싸인 조직이 없이 씨앗이 그대로 노출되어 있다. 이것을 겉씨식물과 혼동해서는 안 되며, A. L. 드 쥐시외와 요셉 게르트너(Joseph Gärtner, 1788)의 시대까지 모든 식물학자가 그랬듯이, 여기서 노출된 씨앗은 건폐과[10]로 이해해야 한다. 비슷한 설명들을 제시했을 법한 드 로벨은 아무것도 남기지 않았다.

식물의 부위들에 대한 더 깊이 있는 비교조사가 없었던 이유는 여기서 제시한 용어의 예들에서 보듯이, 자연근연성이 기관의 형태에 대한 정확한 비교에서 추론되지 않고, 식물 전체가 풍기는 종합적인 인상에서 곧바로 인지하게 되는 행태의 유사성으로부터 생기는 느낌의 결과였기 때문이다.

자연근연성에 대한 인식의 시작

이 시기에 독일인들이 시작한 계통식물학적 시도들을 살펴보는데 있어서 주목해야 할 주요 사항은 식물을 교목, 관목, 작은관목, 초본과 같은 주요 집단으로 분류하는 것이 보편적이었다는 것이다. 고대에서부터 그대로 이어온 이런 분류방법은 체살피노에서 18세기 초까지 특정 계통학자들이 사용해 왔다. 네 가지 분류군이 세 개나 두 개(목본, 초본)로 줄었을 때도 원칙적으로 바뀌는 것은 없다. 게다가 목본식물이 가장 완벽한 식물이라고 여기는 것이 당연시되었다. 따라서 이어지는 단평들에서 근연관계가 언급될 때 그 근연관계는 앞서 말한 분류군들 안에서만 유효하다고 이해해야 한다.

독일과 네덜란드 식물학자들의 분류는 개별 식물들을 기술하면서 성립되었을 뿐 아니라, 그것은 어떤 의미에서 원래 그 기술 자체이기도 했다. 개별 형태들을 기술하는 일에 착수할 때 첫 번째 난관은 아주 비슷한 것들을 따로따로 나누는 것이었는데, 계통적으로 묶인 식물들은 종종 서로 매우 비슷해서 구분하는 데 특히 신중한 비교와 고찰이 요구된다. 유사함은 차이점보다 더 분명하게 인지된다. 직

---

10 [역주] 乾閉果, 마른 뒤 열리지 않는 열매.

관적으로 봤을 때 매우 닮아 보여도 본질적으로는 전혀 다른 식물들이 많고, 반대의 경우도 마찬가지다. 따라서 기술하는 데 있어서 개별 형태들을 정의하고 구별하려는 시도는 곧바로 난관에 봉착하게 되어서 이에 대한 해결책으로 일종의 배열 개념을 도출하게 되었다. 푹스와 보크부터 카스파 바우힌에 이르는 식물지들을 비교해 보면, 어떻게 이러한 난관들을 점차 극복했는지, 그리고 어떻게 한 종에 대한 묘사를 묘사하는 사람의 의도와 무관하게 필연적으로 하나의 뚜렷한 계통적 형질로 귀결했는지가 잘 드러난다. 지금 우리가 속(屬) 또는 과(科)라고 하는 하나의 분류군에 포함된 종들이 형태적으로 매우 비슷할 때 그들 사이에 공유된 형태가 있다는 직관적 느낌을 갖게 된다. 애초부터 그랬듯이, 무수히 많은 이런 형태들이 의도치 않게 같은 이름으로 묶였는데, 몇 가지 예를 들자면, 보크는 'Wolfsmilk'와 'Euphorbia'라는 이름을 한 속에 포함된 종 하나만이 아니라 여러 종에 부여했고, 이들을 형용어구(공유의, 아주 작은, 가까운)를 더해 구분했다. 식물지들에서 이런 관습적 표현방식은 매우 유용해서 지금까지 구분되지 않은 식물은 두어 종밖에 없다고들 한다. 성질의 연결성과 유사성에 대한 이런 느낌은 아주 가까운 것들을 묶는 형태뿐 아니라 더 넓은 분류체계에 적용되는 형태에 대해서도 생겼다. 그래서 이끼, 지의류, 균류(곰팡이류), 조류(말류), 양치류와 같은 용어들은, 비록 이 분류군들이 실제로 논리적 정확성에 근거해 구분된 적은 없지만, 오랫동안 엄청나게 많은 식별 형태들을 수용하는 데 사용되었다.

이런 단평들이 중요한 이유는, '생물학 연구가 개별 종에 대한 인식에서부터 시작했고, 그 인식은 직접 경험으로 얻은 것이며, 그런 인식 없이 과학의 진보는 불가능했다는 주장'이 정확하지 않다는 것을 가장 결정적으로 보여 주기 때문이다. 오히려 기술(記述)적 식물학이 대체로 (아마도 대부분) 종이 아니라 속이나 과로 시작했고, 처음에는 서로 다른 형태들을 묶은 집단 전체를 한 단위체로 간주했다가 이것이 나중에 뚜렷한 목적에 의해 서로 다른 형태 단위들로 나뉘었다는 것이 역사적 사실이다. 지금까지도 계통학자들이 풀어야 할 과제 중 하나는 그전에 동일한 형태들로 간주했던 것들을 나누는 것이다. 종이 애초부터 관찰자에게 주어진 대상이며, 특정 집단의 종들이 나중에 하나의 속으로 묶인다는 개념은 린네 이후 종불변의 교리가 지배하던 때 만들어진 것이다. 속이 애초의 관찰대상이 되는 일은 빈번했고, 기술하는 사람이 해야 할 일은 그것을 다수의 종으로 나누는 것이었다. 16세기는 속이나 종의 개념이 아직 정립되지 않은 때였다. 이 시기의 식물학자들에게 있어서 속과 종은 같은 연구대상이었을 뿐이다. 그러나 계속해서 개별 식물들을 더 정확하게 기술함에 따라 그전에 나눴던 형태들을 묶기도 하고, 하나로 취급했던 것을 나누기도 했다. 결국 이런 작업에는 체계와 정립된 방법론이 요구된다는 것을 깨닫게 되었다. 이렇게 봤을 때, 누가 종, 속, 그리고 더 큰 분류군들을 정립했는지 정확히 말할 수는 없다. 16세기의 식물학자들은 의도성 없이 단지 될 수 있는 한 최대로 정확하게 개별 형태들을 기술하려는 노력 속에서 이런 분리 작업을 어느 수준까지 수행했다고 말하는 것이 더 정확하다. 그러므로 핵심적인 문제는 속, 종이라고 부르는 집단들을 우선 명확히 하는 것이었다. 사실 이미 카스파 바우힌 시대의 말기에 속은 이름 또는 형질 중 하나로, 그리고 종은 이름과 형질 모두로 구분했다는 것을 알 수 있다. 이런 규모가 작은 분류군과 함께, 지금 과라고 부르는 더 큰 범위의 분류군들이 구별되고 이름이 붙여졌는데, 이들은 아직도 사용되고 있다. 구과식물(毬果植物 또는 침엽수, Coniferae), 미나리과(Umbelliferae), 꿀풀과(Labiatae), 양치식물(Ferns) 등과 같은 분류군은 16세기에 정립되고 명명된 것들이다. 뚜렷한 식별 형질들을 갖고 이런 분류군들의 범위를 결정하려고 시도하지는 않았지만, 이런 분류군에 포함된 식물들은 해당 식물지에서 별도로 취급되거나 하나씩 차례로 배열되었다. 하지만 이런 작업은 대체로 밑그림도 없이 진행되었고 (근연)관계의 실제 의미가 아직은 인식되지 않았기 때문에, 여러 부차적인 고려사항이 책의 구성에 영향을 미쳤고 식물들의 배열 역시 자연스럽지 못했다. 자연근연성은 드 로벨에서 처음으로 다른 고려사항을 대체하기 시작해서 이후 카스파 바우힌에 이르러 훨씬 더 완벽하게 우세한 개념으로 자리 잡게 된다.

이제 그 시대의 주요 식물학적 노력의 결과를 이해할 수 있을 것이다. 하지만 당시 식물을 기술하는 방법과 계통식물학이 성립하게 된 과정을 보이려면 사례를 들 필요가 있다. 그리고 그 예는 될 수 있는 한 자연 그대로를 묘사한 그림을 자연사 논문에 포함하는 방식으로 해야 할 것이다. 진정한 이해는 이런 방법으로만 얻어지기 때문이다. 16세기 식물학 문헌과 현재 19세기 문헌은 용어의 의미가 일치하지 않아서 그 뜻이 심하게 혼동될 때가 있다.

현재 'Convolvulus arvensis(서양메꽃속)'로 알려진 식물이 푹스의 『식물의 탐구』(1542)에서는 'Helxine cissampelos'라고 불렸고, 다음과 같이 기술되어 있다.

이름: 그리스어로 Helxine cissampelus(Ἑλξινὴ κισσάμπελος), 라틴어로 Convolvulus, 약초상들은 Volubilemm mediam 또는 vitealem이라고 한다. 독일인들은 Mittelwinden(중간바람) 또는 Weingartenwinden(포도원바람)이라고 한다. 덩굴로 자라기 때문에 Cissampelos라고 부른다. Convolvulus는 관목이나 풀에 감겨 자란다.

형태: 잎은 담쟁이덩굴과 비슷하나 더 작고, 작은 가지는 무엇이든 감고 자란다. 잎은 번갈아 난다. 꽃은 처음에 백합처럼 희다가 점차 진홍색으로 변한다.

장소: 포도원에서 자란다.

시기: 여름(7-8월)에 꽃이 핀다.

히에로니무스 보크[11]는, 1560년 스트라스부르에서 출판한 그의 『식물지(*Herbal*)』 299쪽에서 Convolvulus arvensis와 Convolvulus sepium을 다음과 같이 기술했다. "하얀 풍경(風磬) 모양. 독일 어디서나 흔히 자라는 흰색 종(鍾) 모양 꽃을 피우는 두 가지 바람꽃 종류. 이 중 큰 식물은 울타리 옆에서 잘 자라며 자신을 휘감으며 자란다. 작은 식물인 바람꽃 또는 종꽃(Convolvulus arvensis)은 뿌리, 둥근 줄기, 잎과 종 모양 꽃 등에서 큰 것과 비슷하나 더 작고 가늘고 짧다. 꽃의 색깔은 꽃에 따라 흰색 또는 아름다운 살색이며 적갈색 줄무늬가 있다. 건조한 목초지나 채소밭 또는 양파밭에서 자라는데, 이들을 기어올라 덮기 때문에 작물에 해를 끼친다. 이들은 또한 가늘고 흰 잔뿌리들이 깊이 자라고 아주 멀리 퍼져서 호프처럼 계속해서 새로운 새끼 식물들을 번식시키기 때문에 박멸하기 어렵다."

그다음 그는 이름들을 길게 설명한다. 이것은 디오스코리데스

---

11 Hieronymus Bock(Tragus). 1498년 츠바이브뤼켄의 하이더바흐에서 태어났다. 수도사가 되기로 예정되어 있었으나 개신교를 받아들여 츠바이브뤼켄의 교사가 되었고, 궁중 정원의 관리자가 되었다. 이후 호른바흐에서 전도사를 하면서 의사로 일했으며 식물학 연구도 했다. 1554년에 사망했다. 마이어의 『식물학사』(4권 303쪽) 참조.

또는 플리니우스의 이름을 식물의 기술에 적용해야 한다는 다른 저자들의 주장들에 대한 비평이다. 여기서 보크는 "나는 이 꽃이 디오스코리데스 역시 colophonia, dactylion, apopleumenon, sanilum, colophonium이라고 불렀던 야생의 (그러나 해롭지 않은) Scammonia Dioscoridis라고 생각한다." 등과 같은 기술을 이어 나간다. 그다음 식물의 약효나 쓸모에 대한 장(章)이 이어진다.

보크는 자신의 책에서 567종의 식물을 세 부분으로 나누어 배열했다. 첫 번째와 두 번째 부분에는 작은 초본식물들을 포함했고, 세 번째 부분에는 관목과 교목들을 포함하고 있다. 일관적이지도 않고 일반적인 원칙을 따르지도 않았지만, 그는 책 각 부분에서 밀접하게 묶인 식물들을 대체로 더 큰 숫자나 더 작은 숫자를 붙여 연이어 기술했다. 예를 들어, 담쟁이덩굴처럼 기어오르거나 청미래덩굴속(Smilax)처럼 덩굴손으로 감는 식물들이 포함된 많은 수의 매우 이질적인 식물 집단 중에서 Convolvulus는 가운데에 위치했다. 그다음, 단순히 땅을 기어 자라는 까치수염속(Lysimachia Nummularia), 그리고 호프, 가지속(Solanum Dulcamara), 참의아리속(Clematis), 브리오니아속(Bryonia), 인동속(Lonicera), 여러 종류의 박과(Cucurbitaceae) 식물들을 나열했고, 곧바로 우엉속(Burdock), 산토끼꽃속(Teasel), 엉겅퀴류(Thistles)가 이어진 다음 산형과(Umbelliferae) 식물들을 몇 종류 나열했다. 전체적인 배열은 매우 좁은 범위 내에서의 연관성을 고려한 결과물이었다. 하지만 식물에 대한 묘사는 불완전했고, 생물학적 특성과 일치하지 않는 경우도 흔했다.

주로 관목이 언급된 세 번째 부분의 전반부가 특히 그렇다. 이 부분에는 '독일 땅에서 자생하는' 생울타리로 쓸 수 있는 관목들과 그 외 교목들이 나열되어 있다. 이 부분의 첫 번째 장에는 나무에 자라는 균류가 나오고, 두 번째 장에서는 이끼류와 겨우살이가 차례로 소개되어 있다. 이어서 진달래과의 칼루나속(Calluna)과 좀 더 작은 관목들, 그다음 마침내 큰 교목들이 출현한다. 균류에 대한 장의 '이름에서(Von den Namen)'라는 절에는 17세기까지도 자주 반복되었던 균류의 특성에 대한 소견이 다음과 같이 포함되어 있다. "버섯은 풀도 아니고 뿌리도 아니고 꽃도 씨앗도 아니다. 단지 흙과 나무에서 나오는, 즉 썩은 나무 같은 것에서 생긴 여분의 습기다. 이런 습기로부터 땅속 덩이줄기와 곰팡이가 자란다. 모든 버섯, 특히 식용 버섯은 폰타(Aqunas Ponta)가 말했듯이 천둥이 칠 때나 비가 올 때 가장 잘 자란다. 이런 이유로 인해 고대인들은 이들에 각별한 관심을 가졌는데, 땅속 덩이줄기는 씨앗에서 나오지 않기 때문에 하늘과 어떤 연관이 있다고 생각했다. 비슷한 생각을 했던 포르피리우스(Porphyrius) 역시, 곰팡이와 땅속 덩이줄기가 다른 식물들과 달리 씨앗 없이 태어나기 때문에 신의 아이들로 불린다고 말했다."

코르두스(Valerius Cordus), 콘라드 게스너, 마티올리[12] 등 별로 비중이 크지 않은 저자들은 생략하고, 도든스, 들레클루즈, 그리고 달레샹(Daléchamps)에 대해 살펴보자. 이 세 사람의 식물지에서 식물 배열의 원칙은 외적이고 우연한 요인들 그리고 무엇보다 식물과 인간의 관계에 의존하고 있지만, 체계적인 배열의 경향성이 뚜렷이 보인다. 이렇게 인위적 분류를 하면서도 자연근연성에 대한 관심이 꾸준히 증가했으나, 한편으론 하나로 묶여 있던 형태들이 인위적 분류원칙

---

12 Pierandrea Mattioli. 1501년 시에나에서 태어나 1577년에 사망했다. 오랫동안 페르디난트 1세의 궁정 의사를 지냈다. 식물학보다는 의학과 관련한 책을 주로 썼다. 원래 디오스코리데스에 대한 논평을 실었던 그의 식물지는 점차 확장되었고 60판을 넘겼으며 다른 언어로도 번역되었다. 마이어의 『식물학사』 6권 참조.

에 따라 주저 없이 다시 분리되곤 했다. 이 저자들은 자연과 일치하는 배열을 찾으려 하기보다 자신들이 관찰한 식물들에 어떤 질서를 부여하려고 했다는 것이 명백하다. 우리의 과학 언어로 이런 분류방식들을 좋은 개념으로 묘사하는 건 불가능하고, 그냥 그대로 옮겨 적겠다. 여기서는 세 사람 중 제일 뛰어난 들레클루즈[13]만 언급하기로 한다. 1576년에 나온 것으로 보이지만 실제로는 1601년에 출판된 그의 책 『희귀 식물의 탐구(*Rariorum plantarum historia*)』에서, 1권은 교목, 관목, 작은 관목을, 2권은 알뿌리(구근)식물, 3권은 향기 있는 꽃식물, 4권은 향기가 없는 꽃식물, 5권은 독성, 마약성, 그리고 쓴맛의 식물, 6권은 젖 같은 액체를 분비하는 미나리과, 양치류, 벼과, 콩과, 그리고 약간의 민꽃식물(꽃을 피우지 않는 식물)[14]을 다루고 있다.

이와 비슷한 식물 배열이 달레샹[15]의 책에서도 발견되며, 도든스의 『다섯 권』에서는 식물들의 배열이 더 복잡하고 자연스럽지 못하다. 하지만 이 둘의 얼개는 들레클루즈의 것과 거의 같다. 이 얼개는 각 책의 서론부에서 가장 잘 드러난다. 예를 들어, 들레클루즈는 그의 책 127쪽에서 다음과 같이 언급한다. "1권에서 교목, 관목, 작은 관목을 함께 다뤘고, 2권에서는 알뿌리식물과 덩이뿌리식물을 다룬다. 다양하고 우아한 이들의 꽃은 모든 사람의 눈을 즐겁게 해주

13 Charles de l'Écluse(Carolus Clusius). 1526년 아라스에서 태어났다. 가족이 프랑스에서 종교박해를 받아서 대부분의 생애를 독일과 네덜란드에서 보냈다. 1573년 막시밀리안 2세의 초청으로 비엔나로 옮겼고, 1593년 레이든 대학의 교수가 되었다. 1609년에 사망했다. 마이어의 『식물학사』 4권에 이 훌륭한 사람의 파란만장한 삶이 전부 기술되어 있다.

14 [역주] 은화식물(隱花植物, 꽃이 숨겨진 식물이란 의미, cryptogam)이라고도 함.

15 Jacques Dalechamps. 칸 출신으로 1588년에 사망했다. 자연 연구가라기보다 원래 철학자였다. 마이어의 『식물학사』(4권 395쪽) 참조.

기 때문에 화환(花環)식물 중에서 가장 낮은 위치에 놓아서는 안 된다. 꽃의 크기와 아름다움 등을 고려해서 백합류 식물부터 시작할 것이다." 도든스의 『다섯 권』 서론부는 더 해박하면서 장황하다. 이러한 책들의 저자는 진정한 자연체계의 원칙에 따라 대상을 배열할 생각은 하지 않고, 개별 식물을 기술하는 데 있어서 특정 질서를 부여하는 것에 급급했던 게 자명하다. 따라서 이들의 분류에는 계급에 따른 딸린분류[16] 체계가 없고, 단지 균등하게 나누기만 했다. 이들의 책에서 진정 체계적 가치라고 주장할 만한 것을 찾으려면 독특한 글씨체로 인쇄된 문장들에서가 아니라 식물들에 주어진 질서를 유심히 살펴봐야 한다. 그러면 일단 정립된 틀 안에서 자연스럽게 연관된 형태들이 어느 정도 서로 묶이게 된다. 예를 들어, 들레클루즈의 책 2권에는 먼저 백합과(Liliaceae), 아스포델루스과(Asphodelieae), 여로과(Melanthiaceae), 붓꽃족(Irideae)의 긴 목록이 연이어 나온다. 그리고 창포(Calamus)가 오고, 그다음 아무 설명도 없이 다수의 미나리과 식물들이 나열되어 있는데, 이 중에는 미나리속과 아네모네속이 매우 두드러진다. 하지만 그다음 시클라멘속(Cyclamen) 몇 종과 많은 난과 식물들이 등장하는데, 이 난과 식물의 중간에 초종용속(Orobanche, 열당과)과 현호색속(Corydalis, 양귀비과)이 들어 있다. 이어서 Helleborus niger(미나리과), Veratrum album(박새, 여로과), Polygonatum(둥굴레속) 등이 삽입되어 있다. 일반적으로 한 속의 종들은 함께 묶어 놓긴 했지만, 책의 다른 부분에서도 비슷한 방법으로 나열되었고, 어떤 때는 한 과의 속들조차 함께 묶이지 않는 경우도 있다. 부차적인 고려사항들로 인해 자연 근연관계가 적용될 여지가 없었기 때문에

16 [역주] subdivision, 그 당시 명칭으로 'genera majora et minora'.

이 모든 배열은 적절한 단락의 구분 없이 그저 나열의 연속일 뿐이었다. 들레클루즈의 식물에 관한 기술은 일반적으로 호평을 받는데, 이는 그의 기술이 상당히 세밀하고 꽃의 구조에 관심을 가졌기 때문이다. 하지만 드 로벨이나 도든스와 마찬가지로 그 역시 식물의 다른 어떤 부위보다 잎을 더 자세히 기술했다.

이미 살펴보았듯이, 불필요한 고려사항들을 완전히 걷어 내지는 못했지만, 드 로벨[17]에서 처음으로 자연근연성이 다른 어떤 것들보다 중요한 요소로 자리잡게 된다. 이 사실은 1576년에 출판된 그의 『식물에 대한 새로운 비평(*Stirpium adversaria nova*)』 서문에서 다음과 같은 문장으로 드러난다. "결국, 비평에 따라 새로운 식물들이 추가되었고 새로운 배열 규칙도 적용되었나. 이 배열 규칙은 단순한 것에서 복잡한 것으로 이행하며, 유사성의 정도를 기준으로 한다. 하지만 이 유사성은 식물 형태의 다양성과 방대함으로 인해 기준으로 설정하는 데 어느 정도 제약이 있음을 인정할 수밖에 없다. 이 규칙은 아주 색다른 방식으로 아리스토텔레스와 테오프라스투스가 만족스러워할 만큼 엄청난 기록과 지식을 갖게 된 한 현명한 사람의 정신에서 나온 이 세상에서 가장 아름다운 규칙이라고 할 수 있다."

드 로벨이 실제로 식물의 자연 분류체계를 만들었다고 생각해서는 안 되지만, 그의 '관찰들'은 그의 책 『비평(*Adversaria*)』보다 형태의 유사성에 따라 식물들을 배열하려는 그의 노력을 더 잘 입증해 준다. 그는 단순히 본능이나 관습을 따르는 대신 잎들의 형태에 근거한 분명

17 Matias de l'Obel(Lobelius). 도든스와 들레클루즈의 동향 친구로 1538년 릴에서 태어났고, 1616년에 영국에서 사망했다. 마이어의 책에 그의 모든 생애가 기록되어 있다.

한 체계에 따라 식물을 배열했다. 그는 좁고 긴 홑잎들을 가진 벼과식물에서 시작해서 더 넓은 잎을 가진 백합과와 난과 식물 순으로 배열했다. 그다음 쌍떡잎식물의 주요 분류군들에 속하는 꽤 많은 식물을 기술했다. 양치류는 잎의 형태 때문에 여전히 쌍떡잎식물 안에 포함했다. 한편, 십자화과, 미나리과, 콩과, 꿀풀과는 남아 있지만, (자연근연성 이외의) 다른 고려사항들로 인해 이들의 연결성이 매끄럽지 못하다.

지금까지 살펴본 시대에 진행된 식물학의 발전은 **카스파 바우힌**[18]에서 그 정점에 도달한다. 여기서 개별 식물의 기술과 명명 그리고 분류가 형태의 유사성에 따라 이루어진다. 바우힌에 이르러 모든 부차적인 고려사항은 사라졌다. 그의 업적들은 엄격한 과학적 의미에서 '식물학적'이라고 할 만하다. 이들은 기술적(記述的, descriptive) 과학이 보편적인 비교형태학 체계 없이 얼마나 발전할 수 있는지를, 그리고 형태의 유사성에 대한 단순한 인지가 식물을 자연 분류하는 충분한 근거가 된다는 것을 보여 준다. 독일과 네덜란드의 식물학자들이 추구했던 여정에서 이보다 더 큰 발전을 이루기는 불가능했을 것이다.

카스파 바우힌의 『식물학 전시장 서문(*Prodromus Theatri Botanici*)』(1620)에서는 뚜렷이 구별되는 식물의 모든 부위가 될 수 있는 한 간결하고 일정한 순서에 따라 기술되었다. 뿌리의 형태, 줄기의 키와 형태, 그리고 잎, 꽃, 열매, 씨앗의 특징들이 스무 줄 정도의 간결한 문장으로 묘사되었는데, 이는 한 종에 대한 묘사가 하나의 기술(技術, art)로

18 Caspar Bauhin. 1550년 바젤에서 태어났다. 친형 요한네스와 마찬가지로 푹스 밑에서 공부했다. 그는 스위스, 이탈리아, 프랑스의 식물들을 수집했으며 바젤 대학의 교수가 되었다. 1624년 사망했다. 할러(Haller)의 책 『스위스 식물탐구(*Historia Stirpium Helvetiae*)』(1768) 서문과 슈프렝겔의 『식물학사』(1818) 1권 364쪽에 그와 그의 형에 대한 평이 약간 있다.

발전했고, 그 종을 판별하는 하나의 표징(表徵) 기록(diagnosis)이 되었음을 의미한다.

카스파 바우힌의 작업에서 종과 속 사이의 구별이 완전하고 의식적으로 이루어졌다는 사실은 여전히 높게 평가받을 만하다. 그는 모든 식물에 속명과 종명을 함께 부여하는 이명법(二名法, binary nomenclature)을 사용했다. 흔히 린네가 이 방법을 처음 만들었다고 알고 있지만, 바우힌이 이미 완벽에 가깝게 이명법을 사용했다. 그의 『목록(*Pinax*)』[19]에서 특히 그렇다. 세 번째, 네 번째 단어가 두 번째 종명 뒤에 이어지는 경우도 없지 않지만, 추가되는 단어들은 단지 보조적일 뿐이다. 한편, 속명에 어떤 특성도 포함하지 않았다는 건 주목할 만하다. 우리가 여러 종이 하나의 속에 속한다고 알게 되는 건 단지 그 이름(속명) 때문이다. 우리는 아마도 한 속의 특성들이 속명에 이탤릭체로 덧붙여진 이상한 어원 설명 형태로 제공되도록 고안되었다고 믿고 있을 것이다. 이런 별난 어원들은 투르네포르가 이들에 대해 논쟁을 벌인 17세기 말까지 유지되었다. 이것들은 대부분 아리스토텔레스적이고 현학적인 사고방식과 한 사물의 본성은 그 원래의 이름에서 알 수 있다는 믿음으로부터 생긴 해악이다. 그가 정립한 각각의 종을 앞선 식물학자들은 어떻게 명명했는지 비교하기 위해 40년의 노력을 『목록』에 쏟았다는 사실은 바우힌이 얼마나 성실했는지를 극적으로 보여 준다.

카스파 바우힌

이미 살펴본 푹스의 사례로 16세기 중반까지 얼마나 많은 식물

19 [역주] 원제 『식물학 전시장의 목록(*Pinax theatri botanici*)』

의 이름이 붙여졌는지를 볼 수 있다. 디오스코리데스와 플리니우스에서조차 우리는 하나의 식물에 엄청나게 많은 이름이 주어졌다는 것을 찾을 수 있고, 푹스 시대의 식물학자들은 디오스코리데스나 다른 고대의 저자들이 부여한 이름들을 중앙 유럽에서 발견되는 특정한 식물들에 다시 명명하는 데 온갖 노력을 다했다는 걸 안다. 디오스코리데스, 테오프라스투스, 그리고 플리니우스는 식물의 이름에 대해 어떤 설명도 하지 않았고, 식물에 대해서도 매우 미흡한 기술만 남겼기 때문에 그 당시의 과학뿐 아니라 지금도 이 고대 저자들이 말한 식물들을 식별한다는 건 매우 어려운 일이다. 따라서 한 저자가 말한 식물이 다른 저자가 같은 이름으로 말한 식물과 같은 식물인지를 연구자가 결코 확신할 수 없는 이름상의 혼란이 발생하게 되었다. 이런 이유로, 16세기에 한 식물에 관해 기술할 때는 한 저자가 사용하는 이름이 다른 저자가 사용한 이름과 얼마나 일치하는지를 묻는 과정이 반드시 동반되었다. 카스파 바우힌은 자신의 『목록』으로 이 불확실성을 끝내려고 했다. 이 책에서 그는 그가 아는 모든 식물에 앞선 저자들이 어떤 이름을 부여했는지를 보여 주었고, 우리가 그 당시의 명명법을 헤쳐 나갈 길을 찾게 해주었다. 『목록』은 처음으로 그 당시의 동의어들을 완벽하게 총망라한 책이며, 개별 종의 역사를 이해하는 데 지금까지도 없어서는 안 될 책이다. 이는 250년도 더 된 업적에 바칠 만한 작지 않은 찬사다.

식물들을 알파벳 순으로 배열했어도 저자의 목적에 어긋나는 건 아니었을지 모른다. 하지만 우리는 여기서 자연근연성에 따른 신중한 배열을 발견하게 된다. 이것은 또한 바우힌이 그러한 배열을 가장 중요하다고 여겼던 『서문(*Prodromus*)』에서 확인했던 사항을 곧바로 증명해 준다. 이런 면에서 (다른 면에서도 그렇지만) 그는 선배들을 한참 넘어

섰다고 할 수 있다. 그는 40년 앞서 드 로벨이 추구했던 똑같은 방법을 따랐지만, 훨씬 더 철저하게 그것을 이행했다. 아울러, 선배 식물학자들처럼 특이하게도 그는 대체로 지금의 과(科)에 해당하는 더 큰 분류군들을 특정 이름이나 기술로 구분하지 않았다. 우리가 자연근연성에 대한 그의 견해를 발견할 수 있는 건 하나하나 나열된 종의 순서에서만이다. 따라서 바우힌의 저술에서 자연적인 과(科)들을 발견한다고 해도 이들 사이에는 어떤 명확한 경계도 없다고 할 수 있다. 그가 의도적으로 그런 경계를 설정하지 않았을 수도 있고, 하나의 연관성(科)에서 또 다른 연관성(科)으로 자유롭게 넘나들었을 수도 있다.

드 로벨처럼 바우힌도 식물을 가장 불완전한 형태에서 더 완벽한 형태 순으로 배열했다. 즉, 벼과, 백합과 대부분, 그리고 생강과에서 시작해서 초본 쌍떡잎식물을 거쳐 관목과 교목 순으로 배열했다.

그가 기술했던 대부분의 민꽃식물은 초본 쌍떡잎식물 중 콩과와 엉겅퀴류 사이에 위치했고, 속새과(또 다른 민꽃식물)는 벼과 식물들 속에 포함했다. 민꽃식물과 종자식물의 큰 차이점에 대한 바우힌의 견해는 대다수 선배의 견해에 비해 확실히 명료함이 부족하다. 하지만 그가 개구리밥 같은 몇몇 종자식물들을 민꽃식물에, 그리고 생이가래과(Salvineaceae)를 이끼류에 포함시키고, 산호류, 바다맨드라미류(Alcionieae),[20] 해면류를 해조류와 함께 묶은 건 이상하게 보이지는 않을 것이다. 이러한 생물들에 대한 정확한 견해는 18세기 중반이 되어서야 나왔고, 린네조차도 식충류(植蟲類, zoophyte)[21]를 식물계에서 빼서

20 [역주] 자포동물인 바다맨드라미류(Alcyonacea)를 의미하는 것으로 보임.

21 [역주] 고착생활을 하는 해면, 산호, 히드라와 같이 식물과 동물의 특성을 모두 가진 생물들.

동물에 포함해야 할지를 결정할 수 없었다. 19세기 초까지도 식물에 대한 과학적 지식은 종자식물에 한정되어 있었다. 그리고 그 이전의 기술적 식물학의 원칙과 방법론은 종자식물 또는 기껏해야 양치식물까지에만 적용되었으며, 민꽃식물에 대한 체계적 조사는 최근의 식물학 연구에서 비롯되었다. 과학으로서의 첫 번째 식물학 시대를 정점에 이르게 한 뛰어난 식물학자 카스파 바우힌의 업적들에서 우리는 그의 시대 이후 얼마나 위대한 진보가 이어져 왔는지를 가장 명징하게 알 수 있다.

2장

인위적인 체계와 식물 기관들을 지칭하는 용어: 체살피노에서 린네까지

(1583-1760)

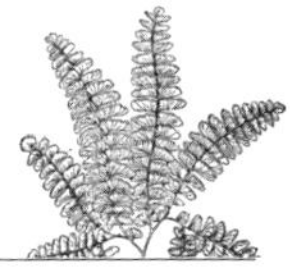

1장에서 서술했듯이 카스파 바우힌에서 정점을 찍은 독일과 네덜란드에서의 식물학 발전에 한참 앞서, 이탈리아의 안드레아 체살피노는 기술(descriptive) 식물학이 17세기와 18세기까지 추가로 발전할 수 있는 보편적인 얼개를 세우고 있었다. 17세기에 독일, 영국, 프랑스에서 형태학과 계통식물학을 발전시키려고 했던 모든 작업은, 그대로 수용했든 논박했든 상관없이, 체살피노의 원칙에 근거하고 있다. 이러한 체살피노와의 연결은 새로운 견해와 관찰 자료가 늘어나면서 점차 옅어졌다. 하지만 계통식물학의 이론적 원리와 식물의 특성에 대한 체살피노의 아이디어는 린네에게 큰 영향을 미쳐서, 린네의 『식물학의 기초(*Fundamenta Botanica*)』나 『식물학의 철학(*Philosophia Botanica*)』에는 체살피노를 연상케 하는 구절이 자주 나오며 심지어 체살피노에게서 직접 빌려 온 문장들도 심심치 않게 발견된다. 푹스에서 시작한 식물학 발전의 여정이 카스파 바우힌에서 마무리된 것처럼, 린네는 체살피노가 제시한 교리의 전당을 지어서 완성까지 했다고 할 수 있다.

체살피노에 의한 이론적 계통체계의 시작

체살피노는 독일 식물학의 아버지들이 갖고 있던 단순한 경험주의와 극명하게 대비되어 식물학의 이론가로 인식된다. 독일 식물학자들이 개별 식물에 관한 기술들을 단순히 모았던 데 비해, 체살피노는 경험에서 얻은 자료들을 진지하게 '고찰'했다. 그는 특히 개별적인 것에서 보편적인 것을, 감각적 지각에서 중요한 원리를 도출하려고 했다. 하지만 그의 사고방식은 전적으로 아리스토텔레스적이었기 때문에 사실에 대한 그의 해석은 귀납적 사실과 상충하는 많은 것을 포함할 수밖에 없었다. 체살피노는 여러모로 독일 식물학자들과 달랐다. 그는 식물에서 받은 일반적인 인상에 만족하지 않고, 구분되는 부위들을 주의 깊게 조사했고 작고 감춰진 기관들에 관심을 보였다. 최초로 '관찰'을 과학의 일부로 만든 사람이라고 할 수 있다. 이런 이유로 그에게서 귀납적 자연과학과 아리스토텔레스 철학의 뚜렷한 결합을 발견할 수 있다. 이 결합은 린네까지 이어지는 그의 후계자들의 이론적 연구에 독특한 색깔을 띠게 한다.

체살피노는 식물계를 관찰하는 방식에서 동시대를 훨씬 앞서 항상 철학적 결합과 포괄적 관점을 추구했다. 1583년에 나온 그의 저술은 당시에 눈에 띄는 영향을 미치지 못했다. 미미한 영향력을 30-40년 뒤 카스파 바우힌에서야 찾을 수 있다. 1670년까지도 바우힌을 추종했던 식물학자들의 작업은 개별 식물에 대한 지식을 늘리는 데 국한되었다. 이런 목적의 식물채집 여행이 1600년 이후 세계의 모든 곳에서 이루어졌다. 16세기에 몇 개밖에 되지 않던 식물원들이 이제 우후죽순처럼 생겨났다. 1617년에 기센, 1620년에 파리, 1629년에 예나, 1632년에 옥스퍼드, 1646년에 암스테르담, 1650년에 위트레흐트에 식물원이 세워졌다. 식물학자들은 식물계 전체를 보려는 노력 대신 개별 지역의 식물들을 조사하는 데 주력했다. 이는 첫 번째 지역 식물상(flora)을 탄생시켰으며(그러나 전 세계 식물상은 다음 세기에 린네에 의해 처음 도입되었다), 특히 독일에서 그 수는 상당히 많았다. 1615년 융게르만(Ludwig Jungermann)이 알토르프의 식물상을 출판했고, 1618년 멘젤(Albert Menzel)이 잉골슈타트의 식물상을, 1623년 융게르만이 기센의 식물상을, 1643년 웰하펜(Nicolaus Oelhafen)이 단치히의 식물상을, 1662년 셰퍼(Carl Scheffer)가 할레의 식물상을, 1675년 암만(Paul Ammann)이 라이프치히의 식물상을, 1680년 폰 프랑케나우(Frank von Frankenau)가 팔라티나테의 식물상을, 1700년 폴카메르(J. Z. Bolkamer)가 누렌베르크의 식물상을 냈다.

채집으로 지역 식물상을 정립하고 식물원에서 직접 식물들을 재배하면서 식물에 관한 다양한 지식이 늘어났지만, 종합 능력과 넓고 깊은 통찰력을 갖춘 한 저자가 식물들에 관한 방대한 기술에서 보편적인 결론을 도출하기 전까지 그러한 기술들은 여전히 꿰지 못한 진주 알갱이들로 남아 있었다. 첫 번째 시도를 17세기 말 모리슨, 레이, 바흐만, 투르네포르 등에서 볼 수 있다. 이들은 거의 백 년 가까이 방치되어 식물학자들의 기억에 거의 남아 있지 않던 체살피노의 원리들을 취했다. 수준 높은 과학적 노력이 없었던 이 시기에 단순히 식물을 기술하고 종들을 목록화하는 다소 안타까운 상황이 지속되었다. 독일 식물학의 아버지들에게 매우 유용했던 이런 식물에 관한 기술은 계속된 반복으로 일종의 기계적 노동이 되어 버렸다. 이런 식으로 읽을 수 있는 것들은 도도로벨과 바우힌이 이미 읽었다. 16세기 초의 풍요로움에 이어 나타난 이런 결핍은 일반적이어서, 독일, 이탈리아, 프랑스, 영국의 식물학자 누구도 중요한 뭔가를 만들어 내지 못했다. 매우 재능있는 사람이나 뛰어난 이론가가 당대의 대표적인 과학자가 되는 건 아니다. 식물을 수집하고 목록을 만드는 사소한 일에 만족하고, 가능한 모든 식물에 이름을 붙이려 노력하며, 다만 원래 있었을지도 모를 좀 더 까다로운 정신작용을 운용할 수 있는 능력을 사용하지 않았기 때문에 그것을 잃어버리고 말았다고 할 수 있다.

17세기 전반기에 체살피노에 앞서 그와 비슷한 생각에 근거해서 식물을 연구하던 독일인이 하나 있었는데, 그 역시 체살피노처럼 당대 식물학자들에게 어떤 영예도 얻지 못했다. 그는 바로 유명한 철학자 요하킴 융(Joachim Jung)으로 식물 부위에 대한 비교 용어를 고안했고, 종 등의 명명 체계 이론에 대한 중요한 작업을 수행했는데 그 결과물은 긴 경구로 표현했다. 다양한 재능과 잘 훈련된 마음을 지닌 융은 천재도 질릴 정도로 쌓여만 가는 개별 식물에 대한 지식에서 벗어나 식물학에서 필요로 하는 것이 무엇인지 그리고 식물학을 어떻게 발전시킬 수 있는지를 전문 식물학자들보다 더 잘 간파했다. 과학의 역사에서 이런 일이 유일한 건 아니지만, 융의 결과물들은 1693년 레이가 그의 위대한 작품에 수용하기 전까지는 융의 제자들에게만 알려졌다. 융의 용어들은 레이의 형태학적 소견들이 덧붙여져 린네에게 전달되었다. 문헌에서 쓸모 있는 거라면 무엇이든 받아들였던 린네는 이를 수용해서 개선했으나 그의 건조한 체계화 방식 때문에 원래의 정신은 실종되고 말았다.

카스파 바우힌에서 정점을 이룬 17세기 독일과 네덜란드 식물학자들의 노력은 체살피노에서 시작하는 계통식물학의 발전에 중대한 영향을 미쳤다. 체살피노가 과학에 한 획을 긋는 작품을 썼을 때 그는 아마도 드 로벨(1576)의 자연분류를 몰랐던 것 같다. 최소한 그의 책에 그것을 안 흔적은 드러나지 않는다. 심지어 그의 발견이 완전히 독립적이라고 판단하게 하는 예는, 하나의 체계로 묶인 식물들 사이에는 실질적인 관계성이 보인다는 것이다. 이런 사실은 처음부터 그의 체계의 표현이 드 로벨과 바우힌 체계의 표현과는 완전히 다르다는 걸 보여 준다. 왜냐하면 그는 유사성에 대한 불분명한 느낌에 따르지 않고 미리 결정된 기반에서 객관적 관계를 알 수 있는 특징들의 체계를 세울 수 있다고 믿었기 때문이다. 체살피노가 독일의 식물학자들보다 앞섰지만, 그는 이 독일인들이 불분명하게만 느꼈을 것을 명확하고 원리적으로 표현하려고 했기 때문에 동시에 위험한 길을 걷고 있었고, 이 길은 린네 시대에 이를 때까지 후배 식물학자들을 헤매게 만든 단초를 제공했다. 자연체계는 결코 분류의 선험적 원리 위에 놓일 수 없기 때문에 이 길은 항상 인위적 분류로 이끌 수밖에 없었다. 린네에 이르기까지 식물학자들이 성과 없이 여기저기 헤맨 미로에는 그래도 항상 목표를 가리키는 하나의 길잡이가 있었다. 이것은 자연근연성에 대한 느낌으로 독일 식물학자들이 처음으로 이해했고 분류에 어느 정도 반영되었다. 그리고 마침내 린네와 베르나르 드 쥐시외가 미약하나마 처음으로 시도한 자연 배열은 드 로벨과 바우힌에서와 마찬가지로 불명확한 견해였고 지금까지 걸어온 그 길이 자신들을 헤매게 했다는 걸 깨닫게 했다.

체살피노에서 시작해 린네에 이르는 기술 식물학 발전 시기의 특징을 요약하면, 린네가 방법론적 모순을 명확히 인지하기 전까지 식물학자들은 인위적 분류 수단에 의존해서 자연근연성을 추구해야만 했다는 것이다. 그러나 린네는 자연체계에 따르는 일을 뒤로 미루고 명백히 인위적 방법으로 식물들을 배열했기 때문에 그는 근대 식물학의 시작보다는 과거 상황의 종결을 상징한다고 할 수 있다.

지금까지 살펴본 개요는 독자에게 체살피노에서 린네에 이르는 식물과학의 역사에서 더욱 두드러진 주제들에 대한 설명으로 안내하는 실마리가 될 것이다.

체살피노[1]의 『식물에 관한 책 16권(*De plants libri XVI*)』은 자주 인용되는 작품으로 1583년 플로렌스에서 출판되었다. 당대 독일 식물학자들은 개별 식물에 관한 기술을 축적하는 데 의미를 두고 있었고, 이러한 기술이 체살피노의 저서 중 15권이나 차지하는 것도 사실이지만, 체살피노의 경우에 이 주제에 관한 일반 이론을 논의한 1권 서론부가 식물학의 역사에서 훨씬 더 중요하다. 30쪽에 이르는 이 부분은 이론 식물학 전체를 완전하고 연결성 있게 드러내고, 포괄적이고 일반적인 견해에 근거하고 있지만, 동시에 매우 간결한 형태로 전달되는 내용이 아주 풍부하다. 여러 갈래로 나뉘어 왔던 주제는 여기서 분리할 수 없는 하나의 전체로 묶인다. 형태학, 해부학, 생물학, 생리학, 계통식물학, 용어학(terminology)은 밀접하게 연결되어, 어떤 추가적인 문제에 대한 체살피노의 견해는 동시에 다른 다양한 문제를 건드리지 않고는 설명하기가 어렵다. 이 서론부에는 세 가지 특징이 있다. 첫째는 엄청나게 많은 새롭고 세세한 관찰들이다. 둘째는 체살피노가 형태를 연구하는 데 있어 생식기관들에 부여한 높은 가중치이다. 셋째는 경험으로 얻은 자료들에 아리스토텔레스적인 철학을 엄격히 부여했다는 점이다. 이러한 방식 때문에 그의 저술이 아름다운 양식을 갖춰서 독자를 끌었고 개별 사실이 더 일반적인 가치를 얻으면서도 주제 전체가 생기를 띠게 되었지만, 한편으로 체살피노는 뻔한 아리스토텔레스 철학의 요소들 때문에 자주 헤매게 되었다. 이는 과학 연

1 Andrea Cesalpino(Caesalpinus). 1519년 이탈리아 아레조에서 탄생, 기니(Ghini)의 제자였고 피사에서 교수로 재직했다. 이후 교황 클레멘트 8세의 주치의가 되었고, 1603년에 사망했다.

안드레아 체살피노

구의 목적에 반한다. 단순히 창조해 낸 생각들과 지식에서 도출한 추상 개념들이 원리라는 이름 아래 실존하는 것으로 취급되며 동력으로 작용한다. 목적인과 작용인[2]이 나란히 출현하는 것처럼 보인다. 한 생물체의 기관들과 그 기능들은 신의 은총(alicujus gratia) 때문에 또는 단순히 필요해서(ob necessitatem) 존재한다. 전체 설명은 목적론에 지배되고 있는데, 가정된 목적이 이미 인정되고 자명하다고 생각되기 때문에 이러한 방법은 퇴행적인 영향을 미친다. 예를 들어 이런 논리 아래서는 식물은 모든 면에서 불완전한 동물의 형태로 취급된다. 게다가 체살피노가 채택한 자료 취급 방식을 봤을 때, 식물의 성(性, sex)에 대한 무시와 영양기관으로서 잎의 기능에 대한 부정은 필연적으로 그가 그릇된 결론을 도출하게 했다. 곧 융에서 살펴보겠지만, 순수한 식물형태학적 고려에서는 이런 지식의 결여가 그다지 중요하지 않을지 모른다. 하지만 체살피노에게는 형태학적·생리학적 고려가 서로 섞여 있어서 한 방향에서의 실수는 반드시 다른 방향에서의 실수를 낳을 수밖에 없다.

체살피노의 방법론이 가진 이런 특징들은, 그가 얼마나 밀접히 아리스토텔레스와 연관되어 있는지, 그리고 기원을 충분히 살펴보지 않은 특정 아리스토텔레스의 개념들이 얼마나 그를 통해 이후의 식물학적 고찰에까지 영향을 미쳤는지를 보여 주는 몇 가지 예에서 드

2 [역주] '目的因(causa finalis)'과 '作用因(causa efficiens)'. 아리스토텔레스 철학에서 네 가지 원인(형상인, 질료인, 작용인, 목적인) 중 두 가지.

러난다. 본서의 '생리학의 역사' 부분에서 우리는 체살피노의 식물영양에 대한 견해와 식물의 성에 대한 그의 부정을 살펴볼 것이다.

체살피노의 책은 다음과 같이 시작한다. "식물은 본질적으로 양분을 흡수하고 생장하고 번식하는 영혼(soul)만을 갖고, 동물과 같은 감각과 운동이 결여되어 있기 때문에, 식물은 동물보다 훨씬 작은 기관 장치만을 필요로 한다." 이런 사고방식은 식물학 역사에서 반복해서 나타나는데, 18세기의 해부학자들과 생리학자들도 식물구조의 단순성을 끊임없이 설파하였다. 계속해서 체살피노는 다음과 같이 언급한다. "자양(滋養)하는 영혼의 기능은 번식하는 것이고 이는 개체의 생명 유지를 위한 양분이나 그 종을 영속시키기 위한 씨앗에서 기원하는 듯하므로, 완벽한 식물은 가장 필수적인 두 가지 부분으로 구성된다. 하나는 양분을 만들어 내는 뿌리라고 하는 부분이고, 다른 하나는 종의 영속성을 위한 태아와 같은 열매가 맺는 부분으로 작은 식물에서는 '줄기(stem; caulis)'라고 하고 목본식물에서는 '수간(樹幹, trunk; caudex)'이라고 한다."

직립 줄기에 대한 이 개념은 식물에서 씨앗을 맺는 부분을 의미하는 용어로서 대체로 맞는 말이며 오랫동안 식물학에서 사용되었다. 씨앗의 생성이 단순히 또 다른 영양 작용으로 취급되는 경우도 발견된다. 이 개념 때문에 나중에 말피기(Malpighi)는 꽃과 열매를 정확히 설명하지 못했고, 약간 수정되긴 하지만 이 개념으로 인해 1759년 볼프(Caspar Friedrich Wolff)는 성 기능의 본질에 대해 매우 잘못된 개념을 설정했다. 다음 문장에서 체살피노는 식물에 대한 아리스토텔레스적 해석의 핵심을 말한다. 이에 따르면 뿌리는 입이나 위장에 해당하기 때문에, 실제 위치는 아래에 있으나 몸체의 상부로 취급해야 한다. 따라서 식물은 머리를 땅에 박고 있는 동물에 비유되어야 하며, 몸의 위

아래도 이에 따라 구분해야 한다. "씨앗이 성숙한 뒤 줄기는 사라져도 식물은 뿌리만으로 살아 있기 때문에 뿌리 부분은 더 중요하다. 줄기는 지상부에 있지만 덜 중요하다. 분비물은 줄기를 통해 방출한다. 동물에서와 마찬가지로 식물에서도 중요 또는 덜 중요한 부위라는 표현이 적용된다. 양분섭취의 방식을 진지하게 고려한다면 위와 아래는 다른 방법으로 정의해야 한다. 식물과 동물에서 양분은 아래에서 위로 쌓여 가기 때문에(양분의 성분은 가벼워서 열에 의해 위로 이동하기 때문) 뿌리를 아래에 그리고 줄기를 위에 놓을 필요가 있다. 동물에서도 혈관은 위장의 아랫부분에 뿌리를 두고 있는 반면, 주요 줄기는 심장과 머리로 올라가기 때문이다." 이상의 주장을 살펴보면, 정통 아리스토텔레스 방식에 근거해서 이미 짜인 틀 속에 사실을 끼워 맞춘다.

식물에서 영혼이 어디에 있는지에 대한 체살피노의 논의는 그 이후의 식물학자들의 주장과 연관되어 특히 관심을 끈다. "동물의 심장처럼, 식물에서도 영혼이 어떤 한 부분에 위치하는지를 생각해 봐야 한다. 영혼은 생물체의 활동 원리(actus)이기 때문에 그것이 몸 전체에 걸쳐 있거나(tota in toto) 또는 각 부위마다 자리 잡고(tota in singulis partibus) 있을 수는 없고, 온전히 하나의 주요 부분에 위치해서 이곳에서 생명력이 다른 종속된 부위들로 퍼져 나가야 한다. 땅에서 양분을 흡수하는 뿌리의 기능과 씨앗을 맺는 줄기의 기능이 서로 맞바꿀 수 없는 것이라면 뿌리와 줄기에는 서로 다른 영혼이 있거나, 또는 하나의 영혼이 뿌리와 줄기에 서로 다른 능력을 부여해 줘야 한다. 하지만 서로 다른 영혼이 한 식물의 서로 다른 부위에 각각 있는 건 논란의 소지가 있다. 뿌리와 줄기가 마치 상대편의 영혼을 숨기고 있기라도 한 듯 잘린 뿌리에서 줄기가 나오고 잘린 가지에서 뿌리가 나오는 경우가 종종 있다. 이는 온전한 영혼 전체가 두 부분뿐 아니라 식물체 전체에 걸쳐 존재하는 것으로 여겨지게 한다. 그러나 소나무나 전나무처럼 뿌리나 줄기에서 새로운 줄기나 뿌리가 나오지 않는 많은 경우에는 그런 능력이 두 부위에 나뉘어 있을 것이라는 반론도 없지 않다.” 그의 생각에 이는 뿌리와 줄기를 합쳐서 단 하나의 영혼이 존재하나 그것이 식물의 모든 부위에 걸쳐 있지 않음을 의미한다. 뒤이은 논의에서 그는 영혼의 위치를 찾으려 한다. 그는 먼저 식물 지상부와 뿌리 사이의 해부학적 차이를 지적한다. 그에 따르면 뿌리는 껍질 부위와 안쪽 부위로 나뉘는데, 안쪽 부위는 경우에 따라 목재처럼 단단하기도 하고 부드럽기도 하다. 한편, 줄기는 세 부위로 구성되어 있다. 가장 바깥에 껍질(rind), 가장 안쪽에 속(pith), 그리고 이 둘 사이에 목질부가 위치한다. 체살피노가 만든 줄기와 뿌리 사이의 이런 구별은 전적으로 아리스토텔레스적 연역에 따른 것이다.

“그렇다면 모든 생명체에서 (이것은 생물체 절반에 대해서 아직은 증명되어야 한다는 점을 가정하고 있다는 걸 주목해야 한다) 생명의 소인(素因, principle)은 동물의 내장처럼 가장 깊숙한 곳에 감춰져 있기 때문에 식물에서도 생명의 소인이 껍질이 아닌 속 같은 더 깊은 내부에 감춰져 있다고 결론 내리는 것이 합리적이다. 이 속은 줄기에는 있지만 뿌리에는 없다. 고대인들도 이렇게 생각했다는 것을 이름에서 알 수 있다. 그들은 이 부분을 식물의 ‘심장(cor)’ 또는 ‘뇌(cerebrum 또는 matrix)’라고 불렀다. 이 부분에서 결실(foetification, 씨앗의 형성)의 소인이 유래하기 때문이다.” 체살피노에 따르면 이런 이유로 씨앗이 속에서 기원해야 한다. 이 개념은 나중에 보겠지만 린네에 의해 충실하게 계승되었다. 이 주장은 다음과 같은 긴 문장으로 끝난다. “식물에는 두 가지 주요 부위, 즉 뿌리와 지상부가 있다. 그러므로 식물의 심장이 위치할 가장 적당한 장소는 지상부(줄기)가 뿌리와 만나는 중심 지점일 것이다. 이 지점에는 줄기와 뿌리와는 다른 어떤 실체가 있을 것이다. 이것은 줄기나 뿌리의 실체보다 더 부드러운 다육질의 실체로, 이런 성질로 인해 보통 '뇌'라고 부른다. 대개 어린 식물의 이 부위는 식용으로 쓰인다." 모든 스콜라주의적(전통 고수) 장치를 동원해 어렵사리 만들어 낸 식물의 영혼이 위치한 곳이 체살피노의 체계에서 얼마나 중요한 역할을 하는지, 그리고 이런 선험적 방법으로 어떻게 자신이 만든 분류 기준인 씨앗에서 배아의 위치를 이용하게 되었는지를 살펴보자. 체살피노가 식물의 영혼이 있다고 말한 뿌리와 줄기의 접합 지점은 나중에 '뿌리의 목(root-neck, collet)'이라는 이름을 얻는다. 19세기 린네 학파 식물학자들은 체살피노가 16세기에 증명한 바를 알지 못했고 식물의 영혼을 믿지도 않았지만, 별것도 아닌 식물의 이 부위에 대해 비슷하게 미신 같은 생각을 갖고 있었다. 특히, 몇몇 프랑스 식물학자들은 이 부위에 말도 안 되는 중요성을 부여한 적도 있다. 다시 체살피노의 '심장'으로 돌아가자면 그는 식물이 절단 부위로 번식할 수 있는 현상에 대해 그다지 난감해하지 않았다. 골수 아리스토텔레스 추종자답게 그는 생명의 소인이 실제로는 단지 하나일지라도 잠재적으로는 여러 개라고 말한다. 궁극적으로 '심장'은 모든 잎의 잎겨드랑이에 있는데, 여기서 겨드랑이 눈(가지 눈)이 모체 줄기의 수에 연결되어 있다고 그는 기술한다. 그리고 뿌리의 머리가 식물 영혼이 있는 자리라는 앞선 증명과 정면으로 어긋나게도, 책 5장에서 식물의 영혼이 어떤 의미에서는 식물 전체에 퍼져 있다고 분명하게 난언한나.

체살피노가 제시한 식물 생식기관들에 관한 풍부하고도 뛰어난 의견들을 살펴보면 그의 산책법(peripatetic)[3]을 다시 접하게 된다. "식

3 [역주] 경험, 관찰, 논리적 추론을 통해 사인 세세를 탐구하는 방법론. 아리스

물은 궁극적으로 씨앗을 통해 번식하려 하기 때문에(잘린 줄기를 통한 번식이 불완전한 번식인 데 반해) 씨앗의 생성에서 식물의 아름다움이 가장 잘 드러난다. 구성 부위의 숫자와 씨방의 형태적 다양성을 봤을 때 결실기관(생식기관, 꽃)은 줄기보다 해부학적으로 훨씬 많은 구조들로 구성되어 있다. (꽃의) 경이로운 아름다움은 씨앗을 낳는 즐거움을 증명한다. 따라서 동물에서처럼 심장에서 가장 정제된 영양 성분이 (번성하게 하는) 온기와 정신작용을 통해 분비되어 나온 형태가 씨앗이다. 또한 식물에서는 자연 발열(natural heat)의 근원이 자리한 부위, 즉 속(pith)에서 씨앗의 성분이 배출되어야 한다. 따라서 씨앗의 속(즉, 떡잎과 배젖의 물질)은 양분 중에서도 더 촉촉하고 더 순수한 부위로부터 나온다. 반면에 씨앗을 보호하는 씨껍질은 좀 더 거친 부위에서 발생한다. 동물은 암수로 나뉘지만, 식물은 나머지 물질들로부터 특별한 수정 물질이 별도로 구분되어 있을 필요는 없다."

체살피노의 이 마지막 의견과 이어지는 몇 가지 긴 연역적 서술은 아리스토텔레스처럼 식물에서 성의 부재와 불가능성을 증명하기 위한 것들이다. 이에 따라 그 자신이 당대 누구보다도 잘 알고 있는 꽃의 부위들을 동물에서 알의 막 구조물들과 비교한 뒤 이것들을 보호 기관으로 간주했다. 그에게 잎이 어린싹을 보호하기 위한 수단인 것처럼, 꽃받침, 꽃잎, 수술, 암술은 단순히 어린 씨앗을 보호하기 위한 껍질에 지나지 않았다. 게다가 체살피노에게 '꽃(flos)'이라는 용어는 (꽃에서) 어린 열매(씨방)를 뺀 나머지 부위, 즉 꽃받침, 꽃잎, 수술만을 의미했다. 그의 결실에 대한 이론 그리고 특히 변태(metamorphosis)

토텔레스와 그 추종자들이 산책을 하면서 관련된 철학을 논했기 때문에 붙여진 이름.

에 대한 학설을 이해하려면 이것을 염두에 둬야 한다. 또한 그는 과피(果皮, pericarp)라는 말을 즙이 많은 열매의 먹는 부분을 지칭하는 데 한정해서 썼지만, 동시에 열매 속에 있는 종이같이 얇은 씨껍질도 과피로 취급했다. 꽃의 구성 부위들은 명백히 꽃잎을 의미하는 'folium'이지만, 어떤 경우에는 꽃받침도 포함할 때가 있다. 'stamen'은 지금의 암술대(style)이고, 'flocci'가 지금의 수술(stamen)을 의미한다. 체살피노의 'folium'은 꽃받침, 꽃잎, 그리고 보통의 잎을 다 의미했다. 체살피노와 마찬가지로 100년 뒤 말피기도 떡잎을 잎의 변태로 보았다. 사실 꽃의 덮개와 떡잎은 잎과 비슷해서 직관적으로 그 유사성을 눈치챌 수 있다. 린네 이후 이런 관점에 의심을 품기 시작했지만, 그것은 단지 모든 비교 연구를 무시한 린네식 용어학의 결과물에 지나지 않았다.

게다가 변태론(doctrine of metamorphosis)은 다윈 이전의 19세기 식물학자들보다 체살피노의 것이 더 일관되고 제대로 된 모습을 갖추고 있다. 그의 변태론은 식물 본성에 대한 철학적 견해에서 직접적으로 드러나며 어느 선까지는 아주 명료하기까지 하다. 우리는 씨앗의 요소(배아와 배젖)가 속에서 생긴다는 체살피노의 견해를 이 학설의 일부로 생각할 수 있다. 왜냐하면 속은 생기[4]를 갖고 있고 줄기의 속이 목질부와 나무껍질(수피)에 둘러싸여 보호되는 것처럼, 씨앗의 요소 역시 목질의 씨껍질 그리고 나무껍질에 해당하는 과피에 둘러싸여 있기 때문이다. 그러므로 체살피노에 따르면 발날 능력을 갖춘 씨앗

4 테오프라스투스는 포도에서 속을 제거하면 포도 열매에 씨앗이 맺지 않는다고 언급한 바가 있다. 이는 씨앗이 속에서부터 만들어진다는 가장 오래된 견해다. 슈나이더(Schneider)의 *Theophrasti quae supersunt opera*(라이프치히, 1818)에서 Decausis plantarum, 5권 5장 참조.

의 요소는 속에서 나오고, 목질로 된 씨껍질은 목재 부분에서, 과피는 줄기의 껍질 부위에서 생긴다. 이 해석은 문제를 일으키는데, 그의 이론에 따르면 꽃의 구성 부위인 꽃받침, 꽃잎, 수술 역시 줄기의 바깥 조직들에서 발생해야 한다. 그는 다음과 같은 소견을 첨부해서 이 문제를 따로 취급했다. "이러한 꽃의 부위들은 과피가 미성숙한 상태에 있을 때 형성된다. 과피는 이러한 부위들이 떨어져 나간 다음에야 완전히 발달한다. 이 부위들은 아주 얇기 때문에 이렇게 보는 게 그다지 이상하지는 않다." 우리는 체살피노의 변태론에서 분명히, 약간 변형되긴 했지만, 나중에 린네가 채택한 '꽃의 이론'을 발견하게 된다. 린네 스스로 『식물의 분류(*Classes Plantarum*)』에서 꽃의 본성에 관한 이론이 체살피노의 주장이라고 밝혔다. 린네는 체살피노의 체계를 서술하면서 다음과 같이 말한다. "그는 꽃을, 식물 내부의 일부가 터진 껍질을 통해 밖으로 나온 것으로 간주했다. 즉, 꽃잎은 안쪽의 얇은 껍질, 수술은 목질 부분의 내부 섬유질, 암술은 식물의 속으로부터 나온다." 하지만 이것은 체살피노가 말한 것과 정확히 일치하지는 않는다. 그럼에도 린네가 체살피노의 주장을 재현하려고 했던 건 분명하다. 비록 정확히 재현된 건 아니지만 둘 사이에 근본적인 차이는 없다. 단지 린네의 개념이 체살피노의 것보다 좀 더 논리적인 것 같긴 하다. 체살피노의 변태론은 다른 예에서도 분명히 드러난다. 그가 말하길 "모든 꽃에서 덮개(꽃받침, 꽃잎), 수술, 암술이 발견되는 건 아니다. 개암, 밤과 같이 꼬리모양 꽃차례를 가진 경우에는 꽃이 다른 요소로 바뀐다. 꼬리모양 꽃차례는 원래 꽃의 열매 자리에서 나온 기다란 형태다. 암술대가 꼬리모양 꽃차례의 장축을 형성하기 때문에 이런 방식에서는 열매가 꽃 없이 생성되는 것처럼 보인다. 반면에 잎 모양의 부분들과 수술은 비늘잎으로 변해 있다." 이 모든 것은 일찍이 테오프라스투스도 제시한 변태 이론이 체살피노에게 친숙해졌으며 아리스토텔레스 철학에 완벽하게 들어맞는다는 것을 보여 준다. 한편 같은 주제에 대한 괴테의 학설 역시 스콜라적이고, 현대 과학의 입장에서 보면 이질적이다. 체살피노가 꽃이라는 용어에 덮개와 수술까지만 포함했으며, 열매의 원기(原基, 장차 열매가 될 어린 부위, 씨방)를 이들과 구분했다는 건 이미 언급했다. 그는 어떤 식물은 완전히 생식능력이 없어서 열매를 만들지 않고 꼬리모양 꽃차례와 같은 형태를 만들기도 한다고 말한다. 그러나 향나무속(Oxycedrus), 주목속(Taxus), 그리고 초본 중에서 산쪽풀속(Mercurialis), 쐐기풀속(Utrica), 삼속(Cannabis)과 같은 식물들은 열매는 맺지만 꽃은 피우지 않는다. 이들 식물에서 생식능력이 없는 식물이 수컷식물, 생식능력이 있는 식물이 암컷식물이다. 이렇게 해서 그는 우리가 지금 암수딴몸이라고 부르는 식물을 앞서 언급한 암수한몸 식물들과 구분하였다(암수한몸 식물의 예로 그는 옥수수를 들었다).

이 모든 것에서 아주 불완전하나마 체살피노의 이론이 무엇인지 알게 된다. 체살피노를 제대로 평가하려면 체살피노가 잎의 위치, 열매의 형성, 열매에서 씨앗의 분포와 위치 등을 방대하고 정확하고 빈틈없이 관찰했고, 서로 다른 식물들에서 열매의 구성 부위를 비교 관찰했으며, 무엇보다 덩굴손 또는 덩굴식물 그리고 가시로 무장한 식물들을 훌륭하게 기술했다는 점을 높이 평가할 필요가 있다. 그의 기술에는 당연히 실수나 정확하지 못한 것들이 많이 있지만, 여전히 우리는 이런 주제를 다룬 장들에서 비교형태학의 시작을 볼 수 있다. 체살피노의 비교형태학은 이 주제와 관련된 아리스토텔레스와 테오프라스투스의 주장을 능가한다. 하지만 그의 일반식물학에서 가장 빛나는 부분은 12, 13, 14장에 있다. 여기서 그는 식물의 체계적 배열에 대한 견해의 얼개를 제시한다. 방법론을 갖추는 데 그는 제일 먼저 식물계를 네 집단으로 구분하는 낡은 방식을 포기하고 관목은 교목과, 작은 관목은 초본식물과 묶는 것이 더 낫다는 걸 보여 준다. 그러나 식물의 숫자가 셀 수 없이 많기 때문에 한 속에 속한 식물들을 종들로 구분하는 것은 어렵다고 말한다. '궁극적인 종(ultimae species)'이 포함된 많은 중간 속들이 있을 테지만 아직은 거의 알려진 것이 없다. 그다음 그는 인간과의 관계에 근거한 식물의 분류로 넘어간다. 이런 집단에는 '열매(fruges)'와 '요리용 초본(olera)'이라는 이름 아래 채소류와 곡물류가 포함되어 있는데, 이런 분류군들은 우리가 필요로 하는 형태의 유사성보다는 인간의 이용을 기준으로 만들어졌다. 그는 이에 대한 좋은 예들을 보여 준다. 그는 계속해서 속(큰 분류군)이 결정되지 않는 한 종들이 서로 뒤섞일 수밖에 없어서 식물들을 구분하는 일이 매우 힘들다고 말한다.[5] 이 어려움은 속의 유사성을 결정할 규칙이 불확실하기 때문에 발생한다. 식물에는 뿌리와 지상부라는 두 주요 부위가 있지만, 둘 중 어느 한 부위의 유사성 또는 이질성을 갖고 속과 종을 결정할 수는 없다. 왜냐하면 순무(turnip), 쥐방울덩굴속(Aristolochia), 시클라멘속(Cyclamen), 아룸속(Arum)과 같이 둥근 뿌리를 가진 식물들의 속을 만들면, 순무와 일치하는 유채와 무, 둥근 뿌리를 가진 식물들에 속하는 long Aristolochia[6]에서처럼 서로 상당히 일치하는 것들을 속 수준에서 분리하는 일이 발생한다. 반대로 시클라멘과 순무의 경우처럼 모든 면에서 다른 특성을 가진 상당히 이질적인 것들을 함께 묶는 일도 생긴다. 단순히 잎과 꽃의 차이에 근거한

5 이 말은 린네의 『식물학의 철학(*Philosophia Botanica*)』의 159번째 절에서 인용되었다.

6 [역주] *Aristolochia longa*. 쥐방울덩굴속의 한 종.

분류에서도 마찬가지다.

주로 종의 개념을 염두에 두고 그는 다음과 같은 명제에 도달한다. "자연의 법칙에 따르면 같은 것은 항상 같은 것을 낳는데 이들이 곧 같은 종이다."

계통적(체계적) 배열에 대해 체살피노가 언급한 것들은 주관적 분류와 식물 자체의 내적 특성에 따른 분류에 차이가 존재한다는 그의 생각을 명확하게 보여 주며, 그가 후자를 유일한 진실로 받아들였다는 것을 드러내고 있다. 예를 들어 그는 다음 장에서 "우리는 식물의 '실체(substantia)'를 보여 주는 형태의 유사성과 이질성을 찾아내고자 하지, 단순히 '우연히 주어진 것들(quae accidunt ipsis)'을 찾으려 하지는 않는다."라고 한다. 약효나 그밖의 유용한 성질들은 그런 우연한 것들에 속한다고 그는 말한다. 우리는 여기서 모든 과학적 분류가 따라야 하는 길, 즉 진정한 자연근연성을 향한 길이 열리는 것을 본다. 그러나 동시에 계통식물학을 다윈의 시대까지 봉쇄시키는 오류에 대한 경고가 이미 여기에 내포되어 있다. 앞의 문장에서 '실체(substance)'를 '이데아(idea)'로 바꿔서 자연에 대한 아리스토텔레스와 플라톤의 견해를 살펴보면, 종, 속, 과가 '어떤 형상(ideam quandam)'과 '초자연적인 것(quoddam supranaturale)'을 표현한다는 다윈 이전 근대의 학설을 떠올리게 한다.

그다음 체살피노는 자신의 연역적 방법을 충실히 따르면서, 가장 중요한 분류군인 목본식물과 초본식물은 식물의 가장 중요한 기능인 뿌리와 줄기를 통한 양분 수송 기능에 따라 분류해야 한다고 말한다. 이 분류방법은 융(Jung)의 시대에 이르기까지 난공불락의 학설로 지속되었다. 식물의 두 번째 중요한 기능은 같은 종류의 식물을 만들어 내는 번식인데, 이는 결실(fructification, 생식) 부위에서 이루어진다. 이런 부위는 좀 더 완전한 형태(식물)들에서만 발견되지만, 목본식물과 초본식물에서 하위분류(subdivisions, 'posteriora genera')는 결실기관의 유사성과 이질성에 근거해야 한다. 이렇게 해서 체살피노는 귀납이 아닌 정통 아리스토텔레스 철학의 연역적 방법을 갖고 자연분류의 원리는 결실기관들에서 도출해야 한다는 결론에 이른다. 이 결론을 평가한 린네는 체살피노를 최초의 계통학자라고 선언한 반면, 습성(habit)에만 근거해서 분류한 드 로벨과 카스파 바우힌은 거의 주목할 가치가 없다고 생각했다.

이렇게 전적으로 아리스토텔레스 철학에 의존한 체살피노는 기관의 상대적 가치에 대한 선험적 관점을 갖고 결실기관들에 근거해 하위 분류군들을 구성한 것으로 보인다. 서론 나머지 부분에 아주 흥미로운 언급이 하나 있는데, 그것은 "최고의 가치를 말하자면 식물은 결실이고, 동물은 감각과 운동, 인간은 지능이다. 그리고 인간의 지능은 어떤 특별한 신체 도구를 필요로 하지 않기 때문에 인간들 사이에 어떤 특별한 차이도 없다. 그래서 단지 하나의 인류 종이다."라는 것이다.

그의 책 14장에서 그는 결실기관에 근거한 식물 체계에 대한 포괄적인 얼개를 제시하는데 완벽성이 가장 취약한 채로 시작한다. 17, 18세기의 식물학자들을 잘 알고 있다면, 체살피노가 하등식물처럼 형태가 불분명한 경우 '자연 발생(generatio spontanea)'으로 번식한다고 생각했다는 것이 별로 놀랍지 않을 것이다. 이 학설은 아리스토텔레스에서 유래했으며, 심지어 백 년 뒤에 마리오트[7]는 고등식물에서조차 물리적 근거를 들어 자연발생설을 그럴듯하게 옹호하려고 했다.

체살피노는 다음과 같이 말한다. "어떤 식물들은 씨앗을 맺지 않

7 [역주] Edme Mariotte(1620-1684). 프랑스의 물리학자, 식물학자.

는다. 이들은 가장 불완전한 식물이며 썩은 물질에서 생겨난다. 그래서 이들은 자신만을 자양하고 생장시키며, 자신과 같은 종류를 생산하지 못한다. 이들은 식물과 무생물 사이에 있는 일종의 중간적 존재다. 이런 면에서 균류(곰팡이)는 식물과 동물의 중간인 식충류(植蟲類, zoophytes)[8]와 비슷하다. 개구리밥류(Lemnae), 지의류(Lichens), 그리고 해조류도 이와 마찬가지다."

한편 어떤 식물은 동물에서 노새의 경우처럼 불완전한 특정 상태가 지난 다음에야 씨앗을 만든다. 이들은 단순히 기형이거나 병든 식물인데, 벼과 식물에서는 알곡이 비어 있는 형태로 많이 나타난다. 여기서 체살피노는 분명히 깜부기를 말하고 있지만, 씨앗 대신 가루만을 만드는 열당과(Orobanchaceae)와 Hypocystis[9]도 포함시켰다. 그리고 그는 완벽한 식물들 중에도 불임성인 것이 있지만, 특정 개체에서만 나타나기 때문에 이 분류군에 포함되지 않는다고 말한다.

어떤 식물은 잎 표면에 (씨앗에 해당하는) 솜뭉치 같은 것을 만들어 번식한다고 하는데, 이런 식물은 줄기도 꽃도 진정한 씨앗도 없는 양치류와 같은 종류다. 체살피노의 형태학에서 바로 "진정한 씨앗을 맺지 않는 식물은 줄기가 없다."라는 결론에 주목해야 한다. 비록 그 주장의 근거가 점차 약화되었지만, 양치식물에 줄기가 없다는 견해는 이후의 식물학자들에게도 계속 이어졌다. 그리고 이 주장을 여전히 지지했던 19세기 중반의 사람들은 자신들이 아리스토텔레스 철학의 교리를 옹호하고 있다는 걸 거의 눈치채지 못했다. 앞서 말한 근두(根

---

8 [역주] 불가사리·산호·해면 따위.

9 [역주] 기생식물인 *Cytinus hypocistis*를 말하는 것으로 생각됨.

頭, root crown)[10]의 경우도 비슷하다. 체살피노는 진정한 씨앗을 만드는 다른 식물들은 모두 '완전한 식물(perfect plants)'이라는 분류군으로 취급한다. 그는 기관의 구성에는 특히 세 가지, 즉 그 부위의 개수, 위치, 그리고 모양이 중요하다고 말한다. 열매 구성의 특징은 식물마다 다르므로 서로 다른 분류군으로 나누는 기준이 된다. 그다음 그는 이러한 관계들을 체계의 얼개에 적용한다. 여기서는 그의 다양한 관점을 생략하고, 곧이어 아래에서 간결한 표로 요약하기로 하자.

뿌리, 줄기, 잎의 특징들도 작은 분류군을 나누는 데 이용될 수 있다고 그는 말한다. 마지막으로, 식물 전체 또는 열매의 구성에 기여하지 않는 특징들, 즉 색깔, 냄새, 맛과 같은 것들은 단지 우연의 산물이라서 재배 방식, 생육 장소, 기후 조건 등으로 인해 얻어지는 것이다.

체살피노의 책 16권 중 첫 번째 책에서 그는 자신의 분류체계에 대한 일반론을 피력하고, 나머지 15권은 15개 강(class)으로 구분한 개별 식물을 600쪽에 걸쳐 기술한다. 어떤 기술들은 엄청나게 상세하다. 교목류(trees)가 제일 처음에 등장하고, 근연관계에 따라 관목류(shrubs)가 그다음에 온다. 이 체계를 이해하고 받아들이는 데 방해가 되는 요소가 두 가지 있다. 하나는 본문에 앞서 일반적 견해가 제시되지 않았다는 점이고, 다른 하나는 강과 목(order) 대신 들레클루즈, 도든스, 바우힌이 했던 것처럼 이 견해가 전통적인 책과 장의 형식으로 출현한다는 점이다. 그래도 몇몇 권에서는 제목과 서론에 기술된 식물 강의 명칭과 일반 특징들을 포함하고 있긴 하다. 린네는 그의 『식물의 분류(*Classes Plantarum*)』에서 자기보다 앞선 시대에서 제기된 모든 체계에 대한 일반적 견해를 제시하는 훌륭한 공헌을 했는데, 여기서

10 [역주] 줄기와 뿌리가 만나는 지점.

그는 체살피노의 체계를 최고로 평가했다. 그는 또한 각 체계의 특징을 지적하고, 오래된 속명에 덧붙여 우리에게 친숙한 자신의 명명법을 부여했다. 체살피노에서부터 린네 자신에 이르는 계통식물학에 쏟은 노력을 이해하는 열쇠라고 할 수 있는 이 소중한 작업은 나중에 이 책에서 자주 언급될 것이다. 그리고 린네가 정확히 체계화했듯이, 체살피노의 주요 분류군은 표로 제시될 것이다. 식물들을 각 분류군의 특징에 따라 체계적으로 배열하는 첫 번째 시도를 보여 주기 때문에 이 표는 충분히 가치가 있다. 이러한 식별 표징들을 더 잘 이해하기 위해, 앞에서 말했듯이 '심장'이 체살피노의 씨앗에서 중요한 점이란 것, 그리고 그 '심장'은 배아에서 어린뿌리와 어린싹이 만나는 곳에 자리 잡고 있다는 것을 기억해야 한다. 하지만 체살피노는 그것이 떡잎이 나오는 장소라고 다소 부정확하게 말했다.

각 강의 특징들은 라틴어로 간결하게 표시한다.[11]

목본식물(교목, 관목)

I. 씨앗의 정단부에서 나오는 심장, 대개 하나의 씨앗(참나무[Quercus], 너도밤나무[Fagus], 느릅나무[Ulmus], 피나무[Tilia], 월계수[Laurus], 벚나무[Prunus])

II. 씨앗의 기저부에서 나오는 심장, 여러 개의 씨앗(무화과나무[Ficus], 선인장[Cactus], 뽕나무[Morus], 장미[Rosa], 포도[Vitis], 버드나무[Salix], 구과 또는 침엽수[Coniferae] 등)

11 [역주] 본 번역본에서는 라틴어 기술을 모두 번역했다.

12 [역주] 하나의 열매에 여러 개의 씨방이 있으며, 익으면 각 씨방이 벌어져 분

초본식물(아[亞]관목, 초본)

III. 하나의 씨앗, 열매에 하나의 씨앗(쥐오줌풀[Valeriana], 다프네[Daphne], 쐐기풀[Utrica], 방동사니[Cyperus], 벼과[Gramineae])

IV. 하나의 씨방, 육질의 열매에 여러 개의 씨앗, 장과(漿果) 또는 이과(梨果)(박과[Cucurbitaceae], 가지과[Solaneae], 아스파라거스[Asparagus], 루스쿠스[Ruscus], 강남성속[Arum])

V. 하나의 씨방, 마른 씨방에 여러 개의 씨앗(콩과[Leguminosae], 패랭이꽃류[Caryophylleae], 용담류[Gentianeae] 등)

VI. 두 개의 씨앗, 꽃 아래에 서로 붙어 있는 두 개의 씨앗은 성숙하기 전에 하나로 보임, 심장은 꽃의 윗부분에 있음, 꽃은 우산 모양(미나리과[Umbelliferae])

VII. 두 개의 씨방(산쪽풀[Mercurialis], 오이풀[Poterium], 갈퀴덩굴[Galium], 초종용[Orobanche], 사리풀[Hyoscyamus], 담배[Nicotiana], 배추과[Cruciferae])

VIII. 세 개의 씨방이 있는 비구근류, 씨앗은 세 개의 방에 나뉘어 배열, 심장은 기저부에 있음, 뿌리는 구근(알뿌리) 아님(꿩의다리[Thalictrum], 대극[Euphorbia], 서양메꽃[Convolvulus], 제비꽃[Viola])

IX. 세 개의 씨방을 가진 구근류, 씨앗은 세 개의 방에 나뉘어 배열, 심장은 기저부에 있음, 뿌리는 구근(큰 꽃의 외떡잎식물)

X. 네 개의 씨앗, 과육 없는 네 개의 씨(裸出種子)가 하나의 방에 배열(지치과[Boragineae], 꿀풀과[Labiatae])

XI. 안테미스(Anthemis)처럼 많은 씨앗을 가짐, 과육이 없는 많은 씨앗, 씨의 심장은 내부를 향함, 씨앗의 끝부분들이 모여 하나의 꽃을 이룸(국화과[Compositae]만 해당)

XII. 국화과와 쥐꼬리망초과처럼 많은 씨앗을 만듦, 과육이 없는 많은 씨앗, 씨의 심장은 내부를 향함, 씨앗의 끝부분들이 모여 하나의 꽃을 이룸(국화과[Compositae], 에린지움[Eryngium, 미나리과], 스카비오사[Scabiosa, 인동과])

XIII. 여러 개의 씨앗이 하나의 꽃을 구성함, 여러 개의 씨앗은 독립적으로 있으며, 심장은 내부에 위치함, 그리고 공통의 꽃은 열매의 아래쪽에 위치하지 않음(미나리아재비[Ranunculus], 택사[Alisma], 참반디[Sanicula], 제라늄[Geranium], 아마[Linum])

XIV. 여러 개의 씨방으로 이루어진 골돌과(骨突果, 또는 대과[袋果]),[12] 각 씨방에 여러 개의 씨앗(괭이밥[Oxalis], 목화[Gossypium], 쥐방울덩굴[Aristolochia], 카파리스[Capparis], 수련[Nymphaea], 여로[Veratrum] 등)

XV. 꽃과 열매가 없음(고사리류[Filices], 속새류[Equiseta], 이끼류[Musci], 그리고 산호류, 균류 포함)

각 표징에 내가 덧붙인 식물의 예들은 VI, X, XV 집단을 빼고는 어떤 집단도 자연집단임을 완벽히 보여 주지 못한다. 이들 대부분은 이질적인 식물들의 집합이며, 드 로벨과 바우힌이 거의 완벽하게 구분했던 쌍떡잎식물과 외떡잎식물의 구분도 매우 심하게 훼손되어 있다. IX 집단은 외떡잎식물만을 포함하고 있지만 모든 외떡잎식물이 다 포함되지는 않았다. 체살피노처럼 잘 훈련된 사람이 엄청난 노력을 기울여 만든 분류체계이지만 많은 흠이 있다. 여기에는 자연근연성에 근거해서 구성한 새로운 집단은 하나도 없는데, 이는 이전의 독일과 네덜란드의 식물지와 다를 바가 없다. 자연체계는 우리의 논리적 사고보다는 직관적인 인식을 통해 드러내기 마련이다. 체살피노는 자신의 체계에서 될 수 있는 한 자연근연성을 표현하려고 했지만, 그 결과물은 이질적인 종들로 구성된 부자연스러운 집단이 되어 버렸다. 이렇게 된 배경에는 미리 결정된 근거에 기반해서 자연근연성을 보여 줄 특징들을 확립할 수 있다는 믿음이 있었다. 체살피노의 원리 또는 그 영향력 아래에서 300년 가까이 반복되어 온 작업은 체살피노가 취한 길이 잘못되었다는 귀납적인 증거를 제시하기에 이른다. 이런 방식이 18세기 중반까지 계속되는 동안 자연집단이 점차 뚜렷

리된다.

이 인식되어 갔는데, 이는 식물학자들이 잘못된 길을 가고 있으면서도 자신이 탐색하고 있는 분야에 대한 지식이 꾸준히 발전하여 마침내 옳은 방식이 될 것이라는 예감을 얻었기 때문이다.

융에 의한 형태학적 분석과 용어의 탄생

요하킴 융[13]은 1587년에 뤼베크에서 태어나서 파란만장한 삶을 살다 1657년에 사망했다. 그는 케플러(Kepler), 갈릴레오(Galileo), 베잘(Vesal), 베이컨(Bacon), 가센디(Gassendi), 데카르트(Descartes)와 동시대에 살았다. 기센 대학의 교수가 된 뒤에도 그는 로스톡에서 의학 공부를 했고, 1618년과 1619년에는 파두아에 있었는데, 여기서 체살피노의 식물학 원리를 알게 되었을 것이다. 독일로 돌아온 뒤 융은 10년에 걸쳐 뤼베크와 헬름슈테트에서 여러 교수직을 거쳤고, 1629년에는 함부르크 대학의 요하노임(Johanneum) 소장이 되었다. 그는 당대의 철학에 심취해서 전통적인 아리스토텔레스 학풍에 반대했고 과학, 수학, 물리학, 광물학, 동물학, 식물학 등의 학문 분야에 능통했다. 융은 이 모든 분야에서 탁월한 학생이자 선생이었으며 특히 날카로운 관찰자였다. 적어도 식물학에 있어서 그는 성공적인 연구자였다. 체살피노가 이탈리아에서 그랬던 것처럼 융은 독일에서 철학적 통찰력을 식물에 대한 정확한 관찰과 처음으로 연계시켰다.

융은 생전에 많은 직책을 맡고 더 완벽한 탐구를 추구하느라 연구물들을 하나도 출판하지 못했기 때문에 융의 학생들은 그의 식물

13 Joachim Jung. 융에 대한 전기는 구라우어(Guhrauer)의 *Joachim Jungius und sein Zeitalter*(튀빙겐, 1850) 참조. 융의 철학은 위버베크(Ueberweg)의 *Geschichte der Philosophie* 3권 119쪽 참조. 여기서 융은 라이프니츠의 선구자로 여겨진다.

요하킴 융

학 연구 성과의 덕을 톡톡히 봤다. 1662년 융의 학생인 포르겔(Martin Forgel)은 『자연학에 대한 소논문(*Doxoscopiae Physicae Minores*)』을 출판했는데 이는 스승인 융이 사망할 당시 남긴 어마어마한 원고 내용을 담고 있다. 또 다른 학생 바게티우스(Johann Vagetius)는 1678년에 『식물 관찰 입문(*Isagoge Phytoscopica*)』을 출판했다. 하지만 레이에 따르면 1660년에 이미 융의 식물학 연구물들이 영국에서 발표되었다고 한다. 『자연학에 대한 소논문』에는 개별 식물의 고유 특징에 관한 엄청난 분량의 객관적 소견들과 식물학 연구의 방법론과 원리에 관한 내용이 담겨 있다. 모든 것은 그가 생각날 때마다 적어 놓은 메모 형식으로 되어 있다. 메모들의 숫자와 내용은 종을 설정하는 데 들인 엄청난 공을 말해 준다. 융은 많은 식물학자가 식물의 독특한 차이점들을 주의 깊고 논리적으로 파악해서 실질적인 속(genera)으로 묶을 생각을 하기보다는 그저 새로운 종을 찾는 데 혈안인 것이 못마땅했다. 그는 식물을 그 자연적 본질과 다르게 목본과 초본으로 나누는 전통적인 분류 방식에 반기를 든 최초의 식물학자였다. 하지만 이 낡은 학설이 얼마나 확고했는지는 레이가 자신의 식물학 이론들을 융의 『식물 관찰 입문』에 근거했음에도 불구하고 17세기 말까지도 이 분류체계를 유지했다는 사실에서 엿볼 수 있다. 융은 체살피노와 동시대 학자들보다도 앞서서 생명의 자연발생설에 꾸준히 의구심을 드러냈다.

엄격한 논리적 전개에 따른 명제 형태로 정확하게 기술된 이론 식물학 체계인 『식물 관찰 입문』은 중요한 역작으로 식물학사에 오랜 영향을 미쳤다. 이 책의 내용을 자세히 뜯어볼 필요가 있는데, 그 이유는 나중에 린네가 정립한 식물의 해부학적 용어에 대한 토대를 포함하고 있기 때문이다. 『식물 관찰 입문』의 내용이 그 출전에 대한 각별한 언급과 함께 레이의 『식물의 탐구(*Historia Plantarum*)』에 인용되었기 때문에, 1738년 이전 언젠가 청년 린네가 융의 연구 결과를 접했음이 틀림없다. 식물학 주제들에 대한 린네의 가장 일반적인 철학적 제안들이 체살피노에서 유래했다고 알려져 있듯이, 린네의 용어들이 융에 근거해서 정립됐다는 것을 인식하는 건 역사적인 맥락에서 중요하다. 게다가 성의 원리에 대한 린네의 지식이 카메라리우스(Rodolf Jacob Camerarius)에서 유래했다는 사실은 나중에 살펴볼 것이다.

『식물 관찰 입문』의 첫 장은 식물과 동물의 차이점으로 시작한다. 융은 식물을 살아 있지만 민감하지 않은 생명체로 봤다. 즉, 식물은 토양에 고착해서 그로부터 양분을 직접 얻고, 생장하고, 번식한다고 정의했다. 자연 발열이나 내적 연소로 소멸한 것을 다시 채우기 위해 자신이 획득한 양분을 몸을 구성하는 물질로 전환하는 것이 바로 식물의 먹이(영양) 활동이다. 식물은 소멸시키는 것보다 더 많은 물질을 축적할 때 생장한다. 식물의 생장이 동물과 다른 점은 식물의 부위들이 모두 동시에 자라지는 않는다는 것이다. 잎과 싹은 성숙단계에 이르자마자 생장을 멈춘다. 하지만 그다음에 새로운 잎, 싹, 꽃을 생성한다. 자신과 닮은 개체를 만들어 내는 것을 식물이 '번식한다'고 하는데, 이는 폭넓게 수용되는 생각이다. 체살피노에서처럼 종에 대한 개념을 번식의 개념과 연결한 것을 여기서도 발견할 수 있다. 두 번째 장의 제목은 '식물의 분류(Plantae Partitio)'로 식물의 외적 차이점에서 가장 중요한 형태적 관계들을 다룬다. 여기서 융은 본질적으로 체살피노의 견해를 따른다. 즉, 하등식물을 제외한 모든 식물에서 식물체 전체는 두 개의 주요 부분으로 이루어졌다고 본다. 첫째는 뿌리로 양분을 흡수하는 기관이고, 둘째는 지상부의 줄기로 열매를 맺는 역할을 한다. 융 역시 체살피노가 '심장'이라고 불렀던, 뿌리와 줄기가 만나는 지점에 주목하고, 이를 '식물의 근간(fundus plantae)'이라고 명명했다.

식물의 지상부에는 줄기, 잎, 꽃, 열매, 그리고 부차적인 털이나 가시 같은 구조들이 포함된다. 줄기(stalk)와 잎에 대한 융의 정의는 눈여겨볼 만하다. 그는 줄기를 위를 향해 자라는 지상 부위로 앞과 뒤 그리고 좌우가 구별되지 않는다고 정의했다. 잎은 그 시작점에서부터 길이 방향 또는 길이와 폭 방향 모두로 자란 기관으로 그 바깥 면과 안쪽 면은 서로 다른 구조로 되어 있는데, 잎의 안쪽은 줄기를 향해 보고 있는 잎의 윗면으로 오목하거나 덜 볼록한 모양을 하고 있다고 설명했다. 그 당시로는 획기적인 통찰 중 하나는 일반인들에게는 가지로 보일지 모르는 겹잎(복엽, compound leaf)이 홑잎(단엽, simple leaf)과 마찬가지로 쉽게 잎의 안팎이 구분되며, 가을에 (겹잎을 구성하는 낱잎이 아니라) 겹잎 전체가 줄기에서 떨어진다는 결론을 도출한 점이다. 그는 한 식물이 서로 다른 형태의 잎들을 갖는다고 언급했는데, 아래쪽의 잎들이 위쪽 잎들과 매우 다른 형태를 가짐을 지적했다. 구라우어(Guhrauer)가 언급한 구절을 보면, 괴테는 이 개념을 잘못 이해했던 것 같다.

서로 다른 형태의 줄기와 가지, 그리고 다양한 잎의 형태에 대해서도 보편적 정의가 적용되어 서로 다른 이름이 부여되었고, 이 이름들은 대부분 아직까지도 사용하고 있다. 넷째 장은 줄기를 마디 사이 단위로 나누는 것을 다루고 있다. 융에 따르면, 줄기나 가지가 프리즘으로부터 갈라져 나온 빛의 갈래라면, 가지나 잎자루가 생겨나는 지점인 마디(articulation)는 그 갈래 빛들이 갈라지기 이전의 기저부에 해당한다고 한다. 이 부분이 돌출된 형태일 때 무릎(knee, 슬膝 또는 절節)

또는 마디(node)라고 부르고, 이러한 마디와 마디 사이의 부위를 마디 사이(internode, 절간節間)라고 한다.

용어의 정의에 대한 뛰어난 세부 기술들을 여기서 모두 언급할 수는 없지만, 13장에서 27장까지 상당히 길게 이어지는 꽃에 대한 융의 이론은 살펴볼 필요가 있다. 융 역시 체살피노와 마찬가지로 식물의 성을 인지하지 못했는데, 이는 꽃이라는 개념을 만족스럽게 정의할 수 없는 원인이 되었다. 체살피노처럼 그 역시 암술을 꽃의 일부가 아닌 별도의 구조로 보았다. 융은 꽃을 정의하는 데 곤란을 겪어서인지 색깔이나 형태에 따라 또는 둘 다에 따라 구분했고, 때론 어린 암술을 포함하기도 했다. 18세기 말까지 모든 식물학자들이 그랬듯이 그 역시 체살피노의 이론을 따라 겉씨(裸子, naked seed)로 취급되었던 건폐과(閉果)[14]와 (씨를 둘러싼) 씨방 모두를 열매(fruit)에 포함시켰다. 체살피노와 달리 수술을 'stamina', 암술대를 'stilus'라고 불렀지만, 꽃잎으로 이루어진 꽃부리(corolla)[15]는 체살피노와 마찬가지로 'folium(잎)'이라고 명명했다. 융은 수술, 암술, 꽃잎 세 가지를 모두 가진 꽃만을 '다 갖춘 꽃'이라고 불렀다. 융은 나중에 꽃을 이루는 부위들의 형태와 수에 근거한 관계를 기술했고, 체살피노가 잘못 이해했던 국화과 식물의 머리모양(頭狀) 꽃차례의 본질을 처음으로 정확히 간파하기도 했다. 그리고 그는 꽃차례와 (체살피노도 이미 구분했던) 고등한 꽃과 하등한 꽃을 그 이전보다 더 세심히 관찰했다. 씨앗에 관한 이론은 체살피노를 그대로 따랐을 뿐 융 자신만의 독창성은 없었다. 형태학적인 문제를 생리학적 문제와는 가능한 한 완전히 독립해서 논의함으로써

---

14 [역주] 성숙한 다음에도 열려 벌어지지 않고 닫혀 있는 열매.

15 [역주] 꽃잎 또는 꽃잎들이 둥글게 무리 지어 이룬 구조. 화관(花冠).

합목적적 해석을 삼갔다는 방식 이외에 융이 체살피노보다 진보를 이뤘거나 독창적인 이론 식물학을 제시했다고 볼 만한 것은 없었다. 융의 관찰은 단지 형태의 관계에만 집중되어 있지만, 이런 관계를 다루는 방식은 본질적으로 비교학적이고 그가 알고 있는 모든 식물계를 포함하고 있다. 융은 분명히 체살피노로부터 많은 유산을 넘겨받았으나, 최소한 아리스토텔레스의 철학과 학문적 폐쇄성의 오류를 대부분 걷어 냄으로써 체살피노가 가졌던 선입관에서 자유로웠고 식물의 형태에 대한 더 정확한 개념을 성공적으로 정립했다. 이런 면에서 그의 수학적 재능이 큰 도움이 되었다는 게 앞서 언급한 그의 정의들에서 드러나는데, 이들은 줄기와 잎의 형태에서 뚜렷이 보이는 대칭성에서 특히 두드러진다. 더 깊이 있고 적절한 정의는 슐라이덴(Schleiden)과 네겔리가 형태학에 발달과정을 도입하고 나서야 이루어졌다.

체살피노, 카스파 바우힌, 융이 각자 서로 다른 시대에 활동했던 데 비해, 17세기 말 30년은 많은 식물학자가 동시에 활발하게 활동했다는 특징이 있다. 이 시기 물리학은 뉴턴(Newton), 철학은 로크(Locke)와 라이프니츠(Leibnitz), 식물해부학과 생리학은 말피기(Malpighi)와 그루(Grew)의 노력으로 엄청나게 진보했는데, 계통식물학은 이 정도까지는 아니지만, 모리슨, 레이, 바흐만(리비누스), 투르네포르가 상당한 발전을 성취했다. 이들과 추종자들의 연구는 연이어 또는 동시에 주장들을 주고받거나 때로는 격렬한 토론을 이끌어 냈다. 이는 식물학 영역에서는 경험해 보지 못한 일이었다. 너욱 생동감 있는 양식을 갖춘 풍부한 연구 문헌들은 소수의 전문 평방가의 범주를 벗어나 폭넓게 전파되어 지속적인 관심을 불러일으켰다. 앞서 언급한 계통학자들은 식물 각 부위에 대한 형태학과 용어들을 완성하려고 온 노력을 쏟았다. 그리고 이들은 선배들이 쌓은 연구 결과가 관찰과 아이디어로 가득 찬 보고이며, 바로 자신들의 연구를 시작할 토대임을 깨달았다. 푹스와 보크 이래로 식물에 관한 수많은 기술이 축적되었으며, 카스파 바우힌의 『목록(*Pinax*)』에서 자연근연성이라는 사실이 자연체계(계통)의 근거가 됨을 인식했다. 체살피노는 그런 체계에서 결실기관이 가장 중요하다고 지적했고, 융은 단순히 이름을 설명하는 데 그치지 않고 '비교형태학'을 향한 첫 발걸음을 내디뎠다. 17세기 마지막 30년 식물학자들은 드 로벨과 바우힌이 나열한 일련의 근연성들이 체살피노가 사용한 미리 정해진 특징들로는 정의될 수 없으며, 이런 식으로는 논리정연한 체계(계통)를 만들 수 없다는 것을 명확히 알고 있었다. 그럼에도 이들은 원칙적으로 체살피노의 작업 방식을 여전히 추종했다. 하지만 체살피노가 주로 씨앗과 열매의 구조로 작업했던 것과는 달리, 이들은 꽃의 다른 부위들에서 그들 나름의 구분의 기준을 확보하면서 방식을 수정하려고 노력했다. 이들은 계통을 세울 때 꽃잎, 꽃받침, 그리고 그 외 일반적인 구조적 다양성을 사용했다. 이는 모두 자연근연성을 드러내기 위함이었다. 이 진정한 방법을 벗어나면 그 결과 역시 명확하지도 결정적이지도 못했다. 가능한 많은 수의 개별 형태들에 대한 지식을 얻으려면 체계가 필요했다. 모든 식물학자가 기술된 모든 식물들을 알아야만 한다는 어리석은 요구로 부담감은 계속해서 커져만 갔고, 자연스럽게 체계적(계통적) 배열을 덜 엄격히 하게 되었다. 식물들을 기술하는 데 쏟은 과도한 헌신은 계통식물학의 원리를 깊게 연구하는 데 방해가 되었으며, 심지어는 과학적 토대에 진정한 자연체계를 세우는 데 절대적으로 필요한 까다로운 지적 활동 능력을 파괴하기까지 했다. 나무만 보느라 숲을 보지 못한 격이다. 무엇보다 융이 세운 형태학은 결국 인정받고 수용되긴 했지만 더욱 장대한 모습을 한 체계의 근간을 세울 만큼 충분히 발전하지 못했다. 몇몇 예외가 있으나, 이는 이후 100년간 계통학자들에게 치욕으로 남았다. 그런데 17세기의 식물학자들은 어떻게 자연근연성을 따르는 진정한 상위 분류군 개념을 세우는 데 성공했을까? 융도 이미 폐기했고 모든 형태학적 일관성에도 어긋나는 목본과 초본이라는 낡은 분류체계를 여전히 유지하면서, 그리고 씨앗과 열매의 구조에 대한 부주의로 건폐과를 겉씨식물의 씨앗으로 취급하는 등 여러 실수를 저질렀음에도 불구하고 말이다. 하지만 계통식물학에 새롭고 좋은 원칙이 도입되지 않았다면, 많은 노력을 세부사항에 투여했어야 했을 것이다. 다양한 체계를 사용해 봄으로써 자연집단의 범위를 정하는 데 허용되지 않는 특징들이 무엇인지 아는 데 도움이 되었다. 계통학자들의 방법과 목적 사이의 모순은 이런 경험으로 더 분명해졌으며, 최소한 린네는 그것을 명확히 인식할 수 있었다. 이는 의심할 여지 없이 엄청난 이득이었다.

이 시기 영국, 프랑스, 이탈리아, 독일, 네덜란드 등의 계통학자들 모두를 언급하는 건 논점을 흐릴 뿐이다. 계통식물학을 실질적으로 비옥하게 한 사람들을 다뤄야 그 역사적 중요성이 더 명확히 드러난다. 린네 이전에 출현한 모든 체계들에 관한 더 완벽한 지식을 원한다면 린네의 『식물의 분류(*Classes Plantarum*)』나 아당송(Michel Adanson)의 『식물학의 역사(*Histoire de la Botanique*)』(파리, 1864)가 좋은 참조가 될 수 있다. 지금으로서는 앞에서 언급한 네 명만으로도 충분한 목적을 달성할 수 있을 것이다.

모리슨[16]은 1620년에 애버딘에서 태어나 1683년 런던에서 사망

16 Robert Morison. 친왕 군대에서 크롬웰에 대항해서 싸웠으며, 그의 당이 패퇴하게 되자 파리로 불러나 로빈(Robin) 아래에서 식물학을 공부했다. 찰스 2세

했는데, 그는 체살피노와 바우힌 이후 처음으로 계통식물학에 헌신해서 식물의 분류체계를 세우고 완성한 사람이다. 그는 동시대 그리고 후대 사람들에게 체살피노를 도용했다는 비난을 받았지만, 이는 과장된 이야기다. 모리슨은 카스파 바우힌의 『목록』을 신중히 검토하면서 계통학을 시작했다. 여기서 그는 식물들의 자연적인 관계에 대한 개념을 얻었다. 나중에 열매의 형태에 대해 더욱 독특한 자신만의 체계를 세웠는데, 이는 체살피노의 것과는 매우 다른 방법으로 이루어졌다. 린네는 앞에서 말한 모리슨에 대한 비난과 관련해 모리슨의 방법론적 순수성이 체살피노에 미치지 못한다는 측면에서 체살피노로부터 상당히 벗어나 있다고 말한다.

1669년 모리슨은 '카스파 바우힌이 『목록』에서 드러낸 식물분류와 명명에 대한 환상'[17]이라는 독특한 제목의 글을 쓰는데, 할러[18]는 이를 '시기로 가득 찬 글'이라고 직격했다. 선임자들이 했던 모든 훌륭하고 중요한 것들은 당연하게 받아들이는 한편, 이런 위대한 개념의 창시자가 어쩌다 저지르는 실수를 악의적으로 지적하는 사람은 어느 시대에나 있다. 모리슨은 『목록』의 위대하고 명백한 공로에 대해 어떠한 인정의 말도 하지 않았다. 근연성 연구에 있는 수많은 실수를 지적하려고 벼르던 사람이라면 특히 이러한 인정이 우선되어야 하는데도 말이다. 슈프렝겔(Kurt Sprengel) 역시 『식물학사』 2권 30쪽

의 주치의를 했으며 1660년에 옥스퍼드에서 교수가 되어 10년간 봉직했다. 슈프렝겔의 『식물학사(*Geschichte der Botanik*)』 2권 30쪽 참조.

17 [역주] Hallucinationes Kaspari Bauhini in Pinace tum in digerendis quam denominandis plantis, 모리슨의 1669년 책 『식물학 예비 연구(*Praeludia Botanica*)』 중의 내용.

18 [역주] Albrecht von Haller(1708-1777). 스위스의 해부학자, 생리학자, 자연학자.

에서, 1661년 하르틀리프(Hartlieb)가 레이에게 건네준 융의 원고를 모리슨이 알았을 것이며, 이 원고에서 자신의 의도에 부합하는 많은 것을 찾았을 것이라고 의심했다. 슈프렝겔은 모리슨의 글 '환상'이 바우힌의 식물 분류체계에 대해 타당한 비평이라고 말했다. 그리고, 그는 '환상'에서 모리슨이 바우힌의 『목록』을 샅샅이 점검해 나가면서 어떤 식물들이 잘못 분류되었는지를 보여 주었고, 속과 종을 더 정확히 구분하고 더 나은 분류를 제시하는 첫 번째 기초를 다졌다고 확신했다.

모리슨의 『미나리과 식물의 새로운 분류(*Plantarum umbelliferarum distributio nova*)』(옥스퍼드, 1672)는 상당한 분류학적 진보를 보여 준다. 이 저술은 규모가 큰 단일 과(科)에서 계통의 원리를 철저히 추구한 최초의 모노그래프다. 이 책에서는 (그가 씨앗이라고 불렀지만) 열매의 외양에 전적으로 의존해서 매우 복잡한 분류체계가 만들어졌다. 책의 모든 곳에서 낡은 분류체계가 계통체계를 방해하는 일은 더 이상 없었으며, (드 로벨도 백 년 전에 살짝 시도했던) 인쇄술을 잘 활용하여 명료함도 더했다. 또한 모리슨은 일차원적 배열로 과에서의 계통 관계를 더 명료하게 보여 주려고 했는데, 이는 지금 우리가 '계통수'라고 부르는 것의 효시이며, 그가 만든 근연관계에 대한 생생한 개념을 보여 주는 증거다. 하지만 그의 근연관계에 대한 개념은 책 제목에 있는 것처럼 순전히 자연관찰에서(ex libro naturae)만 이끌어 낸 것이 아니라 근본적으로 바우힌에게서 얻은 것이라고 할 수 있다. 이 저술에서도 역시 모리슨은 선배 학자들의 업적을 인정하지 않았으며, 자신이 한 발짝 내디딜 때 그 길을 앞서간 누군가가 있다는 것을 생각하지 않았다. 이 저술의 가치 중 하나는 최초로 동판화로 식물의 각 부위를 분리해서 표현했다는 점이다.[19]

1680년부터 그의 책 『옥스포드 세계 식물 탐구(*Historia plantarum*

universalis Oxoniensis)』가 여러 권으로 출판되었다. 이 중 세 번째는 그의 사후인 1699년 보바르트(Bobart)가 출판했는데, 그때까지 알려진 대부분의 식물을 포함해서 방대한 숫자의 새로운 식물들까지 기술되어 있다. 이 책에서 보이는 계통 배열은 린네의 『식물의 분류』에 소개되어 있다. 모리슨은 바우힌을 비평하는 데 있어서 좁은 범위의 근연성에 대해서는 상당한 예리함을 보여 줬지만, 큰 규모의 근연성과 관련된 그의 일반 계통체계는 매우 허술해서 형태적 차이가 매우 이질적인 식물들이 하위 분류군에서 함께 묶여 있는 경우가 빈번하다. 마지막 강(class)인 Bacciferae에는 가지(Solanum), 삿갓나물(Paris), 포도필룸(Podophyllum), 딱총나무(Sambucus), 은방울꽃(Convallaria), 시클라멘(Cyclamen) 속들이 포함되어 있는데, 이 결과가 더욱 이상한(놀라운) 것은 모리슨이 (체살피노처럼) 단일 고정 특징들에 국한하지 않고 습성(habit)도 고려했기 때문이다. 전반적으로 봤을 때, 자연근연성을 표현한 모리슨의 분류체계는 드 로벨과 바우힌의 체계보다는 한 수 아래라고 할 수 있다.

모리슨의 공헌은 그가 수행한 일의 질적인 면보다는 그가 처음으로 광범위한 규모로 계통식물학의 양성을 부흥시켰다는 점에 있다. 그의 추종자는 항상 소수였는데, 독일에서는 라이프치히의 교수 암만(Paul Amman)이 자신의 저서 『자연 식물의 특성(*Character Plantarum Naturalis*)』(1685)에서 모리슨의 주장을 수용했고, 라이든의 교수(1679-1695) 헤르만(Paul Hermann)은 8년에 걸친 식물채집 끝에 모리슨

---

19 16세기 목판화는 쇠퇴하고 동판화가 이를 대체했다. 가장 큰 이절판에 상당한 분량의 식물 그림들이 동판화로 삽입된 *Hortus Eistäd-tensis*는 17세기 초에 출판되었다.

의 견해에 근거한 체계를 세웠지만, 더 향상된 모습이 있다고 보기 어렵다.

존 레이

존 레이[20]는 모리슨과 대조적으로 선배들이 이룬 연구 성과들에서 옳고 좋은 것은 모두 수용할 줄 알았고, 자신의 관찰에 근거해서 비평하거나 완성할 줄도 알았다. 한편, 그는 또한 다른 연구자들의 공헌을 기꺼이 인정했고, 여기에 자신의 결과를 더해 하나의 조화로운 전체로 종합했다. 그가 수많은 식물학 저술을 냈지만, 1686-1704년 사이에 도판 없이 세 권의 이절판으로 출판한 방대한 『식물의 탐구(*Historia Plantarum*)』만큼 한 인간이자 자연학자로서 그의 특징을 잘 보여 주는 저술은 없다. 이 책은 그때까지 알려진 모든 식물에 관한 기술을 담고 있다. 1권은 58쪽의 작은 책으로 보통 크기의 종이에 인쇄되었는데, 과학에 관한 일반적인 설명으로 시작해서 이론 식물학 전체를 요즘의 교과서처럼 다루고 있다. 형태학 부분은 구분할 만한데도, 형태학, 해부학, 그리고 말피기와 그루의 이론에 근거한 생리학은 엄격히 분리되어 있지 않으며, 계통식물학에 대한 그의 이론은 별도로 소개되어 있다. 형태를 다룬 장들에서는 해당 주제에 대한 융의 정의가 먼저 제시된 다음 레이 자신의 설명이 추가되는데, 여기서 그는 선임자들의 연구에 대해 비평하고, 확장하고, 추가한다. 여기서는 레이의 연구가 아닌 부분 그리고 해부학과 생리학 부분

20 John Ray(1628-1705). 에세스의 블랙 노틀리에서 탄생. 탁월한 동물학자이기도 했다. 신학을 공부했고 영국과 대륙을 여행했으며, 나중에는 윌로비(Willoughby)의 재정지원을 받으며 과학에 완전히 몰두했다. 카루스(Carus)의 *Geschichte der Zoologie* 42쪽 참조.

은 생략하고, 그의 계통에 대한 중요한 연구 결과들을 기술하려고 한다. 먼저 레이는 그루가 고안했던 개념을 받아들였지만, 그것은 매우 서툰 형태였다는 점을 지적하고 싶다. 성(sex)이 다른 (즉, 암수가 구별되는) 식물들이 많이 관찰된다는 점에서 꽃은 그의 선배들이 생각했던 것과는 다른 의미와 중요성을 가졌음이 분명한데도, 이 주제에 대한 레이의 견해는 이전과 다르지 않았다. 레이는 (체살피노보다 좀 더 명확히) 많은 씨앗들이 배아뿐 아니라 (그가 명명하길) 'pupa' 또는 'medulla'라는 (지금 우리가 '배젖'이라고 부르는) 물질을 포함하고 있으며, 배아의 떡잎이 항상 두 개가 아니라 때로는 하나 또는 아예 없다는 점을 인식했다. 우리가 지금 부르는 쌍떡잎, 외떡잎 배아의 차이를 레이가 명확히 인식하지는 못했지만, 이런 배아 형성의 차이를 갖고 자연계통을 정립한 공헌은 인정할 만하다.

그는 쥐시외 이전의 어느 계통학자보다 더 명확히 식물계에서 상위 분류군을 인지하고 그들을 일정한 특징으로 정의하는 능력을 보여 줬다. 그는 이러한 특징들을 선험적으로 부여한 것이 아니라 직접 인지한 근연관계를 갖고 결정했다. 하지만 이는 그의 계통체계의 큰 분류군들에서만 사실에 부합했다. 다음에서 그가 설정한 강의 목록을 보면, 작은 분류군들에서는 자신의 방법론에도 어긋나는 중대한 오류를 자주 범했다.

현대의 연구자들은 레이가 종의 변환을 처음으로 제시한 계통이론(진화론)의 창시자 중 한 명이라고 평가한다. 이 주장이 얼마나 맞는지 살펴보도록 하자. 레이는 같은 씨앗에서 자라나 자신과 같은 종의 식물을 거듭해서 만들어 내는 식물들은 같은 종에 속한다고 했다. 그러나 특정 형질이 영원히 반복되지 않는 경우들이 있다. 흔하지는 않지만 경험적으로 봤을 때 씨앗이 때로 모체 식물과는 다른 변형된 형태의 식물로 자랄 때가 있는데, 이는 종의 변환이라고 할 수 있다. 레이가 밀(Triticum)이 쥐보리(Lolium)로, 노란장대(Sisymbrium)가 박하(Mentha)로, 옥수수(Zea)가 밀(Triticum)로 변환되었다는 학자들의 주장을 매우 의심스럽게 여기긴 했지만, 꽤 많은 다른 변환의 경우에 대해서는 확신하고 있었다. 런던의 한 원예가가 판매한 콜리플라워의 씨앗에서 보통의 양배추만 나왔다는 법정 증거가 한 예다. 레이는 이런 종 변환은 같은 속에 포함된 종들처럼 가까운 근연 식물들 사이에서만 일어나며, 이들은 서로 다른 종이 아닐 수도 있다고 말한다. 레이의 전반적인 견해로 판단했을 때, 그의 이런 언급은 가까운 근연관계에서만 (특히 재배식물들에서는) 어느 정도의 미미한 변이가 가능하다고 주장하는 것으로 보인다. 레이는 새로운 형태의 출현을 말하는 것이 아니라, 이미 알려진 하나의 형태가 또 다른 기존의 알려진 형태로 변환하는 것을 말하고 있는데, 이는 계통이론에 상반된다.

그가 계통 원칙을 세우는 과정에서 한 실수 중 특히 큰 실수는 '자연은 갑자기 변하지 않는다(natura non facit saltus)'라는 언명을 잘못 적용한 것이다. 그는 이 언명을 모든 근연성들이 일직선상에 순차적으로 드러나야만 하는 것으로 해석했다. 이런 실수는 요즘의 계통학자들도 저지르는 것으로서 드캉돌이 처음으로 잘못됐다는 걸 인지했다. 이 언명은 근연성을 가지치기 형태로 나열할 때, 즉 계통수로 표현할 때 옳다는 사실을 레이는 간과했다. 그전에는 형태들의 차이와 유사성이 충분히 알려지지 않았기 때문에 진정한 계통의 틀을 만들 수 없다는 그의 견해는 정확했다. 그리고 자연은 정밀한 계통의 속쇄에 산히는 것을 거부한다는 그의 말은 나중에 린네가 자연계통과 인위적 계통을 확실히 구분하게 하는 지식의 여명을 열었다고 할 수 있다.

자연계통의 본질과 그 방법론에 대한 레이의 현명하고 명석한 언설에도, 그가 목본과 초본으로 나누는 분류체계를 적용했다는 건 상당히 의아하다. 그는 겨울눈 형성이 교목과 관목의 고유한 특징이라고 했는데, 이는 관련된 문제점을 개선하는 것이 아니라 단지 오류를 추가하는 데 지나지 않는다. 하지만 이런 치명적인 실수에도 어느 정도 보상받는 느낌을 주는 것은, 그가 목본과 초본 식물들을 지금의 쌍떡잎식물과 외떡잎식물에 해당하는, 배아가 두 장의 잎을 가진 식물 그리고 배아의 잎이 하나 또는 아예 없는 식물로 구분했다는 것이다. 레이의 계통체계는 의심의 여지 없이 린네 이전에 자연근연성을 가장 잘 보여 주는 체계다. 그가 구성한 강(class)들을 보여 주는 다음 표는 체살피노 이래 얼마나 발전이 있었는지를 잘 드러낸다. 린네식 이름의 몇몇 속들(genera)이 각 강에 속한 식물의 예로 제시되어 있다.

A. 눈(bud)이 없는 식물(Plantae Gemmis Carentes), 초본(Herbae)

(a) 불완전식물(Imperfectae)

I. 수중식물(Plantae submarinae): 주로 산호류(Polypes), 갈조류(Fucus)

II. 균류(Fungi)

III. 이끼류(Musci): 섬유상 민물 녹조류(Confervae), 솔이끼류(Mosses), 석송류(Lycopods)

IV. 실 모양의 식물들(Capillares): 양치류(Ferns), 개구리밥류(Lemna), 속새류(Eequisetum)

(b) 완전식물(Perfectae)

• 쌍떡잎(binis cotyledonibus)

V. 꽃잎이 없음(Apetalae)

VI. 젖을 분비하는 납작한 꽃잎(Planipetalae lactescentes)

VII. 씨에 털이 있는 원반형 꽃(Discoideae semine papposo)

VIII. 산방(繖房) 꽃차례(Corymbiferae)
IX. 두상(頭狀) 꽃차례(Capitalae)(vi-ix는 국화과 Compositae)
X. 단독 노출 씨앗(Semine nudo solitario): 쥐오줌풀속/인동과 (Valerianeae), 분꽃속/분꽃과(Mirabilis), 제비꿀속/단향과(Thesium) 등
XI. 산형(繖形, 우산모양) 꽃차례(Umbeliferae)
XII. 방사상 꽃차례(Stellatae)
XIII. 거친 잎 식물(Asperifoliae)
XIV. 윤산(輪繖) 꽃차례(Verticillatae): 꿀풀과(Labiatae)
XV. 다수의 노출된 씨앗(Semine nudo polyspermo): 미나리아재비속 (Ranunculus), 장미속(Rosa), 택사속(Alisma)
XVI. 과실류/이과(梨果)류(Pomiferae): 박과(Cucurbitaceae)
XVII. 베리류/장과(漿果)류(Bacciferae): 산딸기속(Rubus), 청미래덩굴속 (Smilax), 브리오니아속(Bryonia), 가지속(Solanum), 조름나물속 (Menyanthes)
XVIII. 디수의 장각과(長角果)를 가진 식물(Multisiliquae): 돌나물속(Sedum), 헬레보어속(Helleboreae, 미나리아재비과), 부토무스속(Butomus, 부토무스과/택사목), 아스클레피아스속(Asclepias, 협죽도과)
XIX. 합판(合瓣)화(하나의 통꽃잎)의 관다발식물(Vasculiferae monopetalae): 다양함
XX. 두 개의 꽃잎을 가진 관다발식물(Vasculiferae dipetalae): 다양함
XXI. 네 개의 꽃잎을 가진 장각과(長角果) 식물(Tetrapetalae siliquosae): 배추속(Cruciferae), 운향속(Ruta), 수정난풀속(Monotropa, 진달래과)
XXII. 콩과류(Leguminosae)
XXIII. 다섯 개의 꽃잎을 가진 관다발 속씨식물(Pentapetalae vasculiferae enangiospermae): 다양함

• 떡잎이 하나 또는 없음(singulis aut nullis cotyledonibus)
XXIV. 벼과 초본잎을 가지며 꽃이 피는 관다발식물로 씨방이 세 개인 삭과(蒴果)를 맺음(Graminifoliae floriferae vasculo tricapsulari): 백합류 (Liliaceae), 난류(Orchideae), 생강류(Zimgiberaceae)
XXV. 수술을 가진(수술이 특징인) 식물(Stamineae): 벼과류
XXVI. 분류가 불확실한 기형 식물들(Anomalae incertae sedis)

B. 눈이 있는 식물(Plantae Gemmiferae), 목본(Arbores)

(a) 외떡잎
XXVII. 갈대 모양의 목본(Arbores arundinaceae): 야자나무류(Palms), 용혈수속(Dracaena, 비짜루과)

(b) 쌍떡잎
XXVIII. 꽃에서 멀리 떨어진 과실을 가지거나 꽃잎이 없는 목본(Arbores fructu a flore remoto seu apetalae): 구과식물/침엽수(Coniferae) 등
XXIX. 배꼽 모양의 열매가 맺는 목본(Arbores fructu umbilicato: 다양함
XXX. 배꼽 모양의 열매를 맺지 않는 목본(Arbores fructu non umbilicato): 다양함
XXXI. 마른 열매를 맺는 목본(Arbores fructu sicco): 다양함
XXXII. 깍지열매(장각과 長角果)를 맺는 목본(Arbores sliquosae): 목본 콩과류(Papilionaceae)
XXXIII. 기형 목본(Arbores anomalae): 무화과나무속(Ficus, 뽕나무과)

이들 강 중에서 단지 Fungi, Capillares, Stellatae, Labiatae, Pomiferae, Tetrapetalae siliquosae, Leguminosae, Floriferae, Stamineae만이 전반적으로 또는 대체로 자연집단이 될 수 있으나, 여기에는 여전히 오류가 있고 그 오류 대부분은 오랫동안 인지되어 왔다. 각 강에 속한 식물들의 예는 논란의 여지가 많다. 한편, 융과 마찬가지로 레이는 민꽃식물들이 씨앗 없이 번식한다는 것을 의심했지만, 또 다른 한편 선배, 동시대인, 그리고 계승자들처럼 그는 산호류와 해면류가 식물이라는 생각에 반대하지 않았다. 하지만 이보다 더 큰 문제는 그의 계통에서 극단적으로 결함이 있는 종속관계(subordination)와 대등관계(coordination)다. 이끼강(Mosses)에 녹조류(Confervae), 지의류(Lichens), 우산이끼류(Liverworts), 솔이끼류(Mosses), 석송류(Clubmosses)가 포함되는데, 이는 원생생물(Infusoria), 지렁이류(Worms), 게류(Crabs), 연체동물

(Mollusks)만큼이나 서로 이질적인 생물집단들이다. 한편, 이와는 대조적으로 국화과 식물들은 별로 중요하지 않은 근거로 4개의 강으로 나뉘어 있다. 마지막으로, 레이가 배아에서 잎 형성 체계의 보편적 중요성을 인식했으면서도 여전히 모든 외떡잎식물과 쌍떡잎식물을 엄격히 구별하지 않았다.

그래도 레이의 우수한 점은 그가 어느 정도 대략적으로 자연근연성을 인지했다는 점이다. 하지만 그는 더 작은 집단들의 계통분류에 대해서는 별로 공헌하지 못했다. 모리슨처럼 그 역시 독일에 두 명의 추종자가 있었는데, 1687년에 레이의 방법에 따라 할레의 식물상을 출판한 크나우트(Christopher Knaut, 1638-1694), 헬름슈태트와 예나의 교수였던 셸함머(Christian Schellhammer, 1649-1716)다.

독일의 **바흐만**[21]은 영국의 모리슨과 레이, 프랑스의 투르네포르에 해당하는 학자다. 그는 1691년부터 라이프치히에서 식물학, 생리학, 약물학, 화학 분야의 교수를 역임했다. 이런 다방면의 열정을 천문학에도 쏟았는데, 태양의 흑점을 관찰하다 시력을 해치기도 했다. 관심 분야가 이렇게 다양했기 때문에, 그가 앞서 언급한 세 사람에 비해 식물에 대한 독창적 지식이 변변치 않은 것은 이상하지 않다. 그러나 융이 정립한 형태학의 원리들을 제대로 평가하고 이를 이용하여 계통식물학의 문제들을 해결하는 데 있어서는 이들보다 더 나았다. 식물학자들이 당대까지도 끈질기게 저질러 온 명백한 오류들을

21 Augustus Quirinus Bachmann(또는 Rivinus, 1652-1725). 할레의 의사이자 문헌학자인 Andreas Bachmann의 셋째 아들이다. 그는 500개나 되는 동판화가 더해진 자신의 저술을 출판하는 데 80,000플로린(florin, 유럽의 화폐 단위)을 썼다고 한다. 그의 생애와 연구는 Du Petit-Thouars의 〈Biographie unverselle ancienne et moderne〉에서 찾을 수 있다.

혹독하게 비평한 것이 그의 가장 큰 긍정적 공헌이지만, 근연성에 대한 인식은 높게 살 만하지는 않다. 1690년에 제일 큰 책 크기 39쪽 분량으로 출판된 그의 『식물학 개론(*Introductio universalis in rem herbariam*)』은 매우 흥미롭다. 이 책에서 그는 식물학자들이 몰두했던 수많은 불필요한 연구 결과물을 무시하고, 식물에 관한 과학적 탐구만이 식물학의 궁극적 목적이 되어야 한다고 선언했다. 그는 제일 먼저 명명법을 언급하는데, 자신은 제대로 지키지 않았지만, 나중에 린네가 일관되게 적용했던 속명과 종명에 관한 원리를 정립했다. 하지만 당시 바흐만은 이로 인해 무미건조한 명명법을 만든 식물학자라는 조롱을 받았다. 그럼에도 그는 개별 식물을 두 개의 단어로 표현하는 것이 최선의 방법이라고 분명히 선언했다. 하나는 속명이고 다른 하나는 종명이다. 그리고 그는 약초를 취급하거나 처방전을 쓸 때 이 이명법(二名法)이 아주 유용하다고 지적했다. 그는 재배 품종들을 종으로 취급하지 않았지만 투르네포르와 다른 학자들은 종으로 다뤘다.

바흐만은 자신의 계통체계에서 교목, 관목, 초본의 구분을 거부하면서 자연에 그런 구분은 존재하지 않는다는 좋은 예들을 들었다. 그의 논문에 실린 많은 주장에서 그가 자연근연성에 대한 훌륭한 느낌을 갖고 있었다고 추론할 수 있는 동시에 그가 그 중요성을 전혀 인식하지 못했다는 표현들도 볼 수 있다. 이 점에서는 투르네포르도 마찬가지였다. 바흐만은 꽃이 열매보다 먼저 형성되기 때문에 계통체계의 주요 분류군(division)들은 꽃에서 유래해야 한다고 흥미로운 논리적 비약을 한다. 이 규칙에 따라 그는 꽃부리의 특징을 사용했지만, 형태의 규칙성 또는 불규칙성을 구분하는 데 사실 꽃부리는 별로 유용하지 않다. 게다가, 자신의 계통체계를 꽃의 형태에 근거해서 세우긴 했지만, 바흐만이 뚜렷한 목적도 없이 식물 동판화를 제작하는 데는 엄청난 재력을 쏟아부으면서 자신의 계통체계를 만들기 위해서는 단지 피상적인 연구에 몰두했다는 것은 의아하다. 바흐만의 계통체계에 대한 설명은 그의 시대 전후 어떤 설명보다 수준이 낮다. 이렇게 정립된 그의 분류체계가 계통식물학에 진보를 가져왔다고 할 수는 없다. 그럼에도 추종자들이 없지 않았는데, 독일의 호이허(Heucher), 크나우트(Knaut), 루피우스(Ruppius), 헤벤슈트라이트(Hebenstreit), 루드비히(Ludwig) 등이 있었다. 영국에서는 힐(Hill) 등이 바흐만의 계통체계를 여기저기 수정해 보았지만 진정한 발전은 원천적으로 불가능했다. 그는 레이와 딜렌(Dillen)의 혹평으로부터 자신의 체계를 방어하느라 동분서주했다. 그리고 루드베크(Rudbeck)[22] 역시 바흐만의 체계를 정면으로 반박했다.

투르네포르[23] 역시 자신의 계통체계를 꽃잎의 형태에 근거해서 정립했지만 그의 견해는 바흐만의 견해와 상충하는 점이 꽤 있다. 바흐만의 것이 현저히 비평적이고 종에 대한 지식이 결여된 반면, 투르네포르는 좀 더 교조적인 경향이 있고, 동시대인들이 보기에 형태학적 통찰력의 결여를 개별 식물에 대한 폭넓은 지식으로 벌충하려고 했다. 그는 통상 식물계에서 속(genera)을 정립한 인물로 여겨진다. 하지만 식물을 기술하는 데 속과 종의 개념은 16세기에 이미 틀이 짜였고, 카스파 바우힌 역시 식물을 명명할 때 속과 종을 일관되게 구

---

22 [역주] Olof Rudbeck(1660-1740). 스웨덴의 탐험가, 과학자, 식물학자.

23 Joseph Pitton de Tournefort(1656-1708). 프로방스의 Aix에서 태어나서 예수회 대학에서 기초교육을 받았다. 교회에 매진했다가 1677년 아버지가 사망한 후 완전히 식물학에 몰두했다. 프랑스와 스페인을 여행한 후 1683년에 Jardin des Plantes의 교수가 되었다. 여기 있는 동안 그는 유럽 각지를 여행했고, 1700년에 그리스, 아시아, 아프리카를 방문해 가는 곳마다 열심히 식물들을 수집하여 기술했다.

분했다. 게다가 바흐만은, 비록 자신은 사용하지 않았지만, 1690년에 이명법이 식물의 이름을 부여하는 데 가장 적합하다고 주장했다. 투르네포르 역시 이명법을 적용했지만 바우힌과는 완전히 다른 방식이었다. 바우힌은 단지 속명만 부여하고 그에 속한 종에는 특징들을 제시했다. 투르네포르는 속에 이름과 특징을 제공하고, 종과 변종에는 특별한 기술을 더하지 않았다. 투르네포르는 속을 최초로 정립한 것이 아니라, 단지 기술식물학의 무게 중심을 속의 정의로 옮겼을 뿐이다. 하지만 이렇게 함으로써 그는 속에서 두드러지는 차이들을 부차적인 것으로 취급하는 중대한 실수를 범했다. 식물학에 대한 그의 개념들이 얼마나 얄팍했는지는 꽃에 대한 변변치 못한 이론에서 볼 수 있는데, 그가 자신의 체계를 꽃의 외부 형태에 의존해서 세웠기 때문에 바흐만과 마찬가지로 그 이론의 미숙함은 더욱 두드러져 보인다. 게다가, 그의 『식물학 역사』는 다른 상당한 가치도 있는 책이지만, 말미에서 사용한 표현은 그의 이론이 미숙하다는 것을 잘 드러내고 있다. 여기서 그는 식물과학은 히포크라테스 시대 이래 계속 발전해 왔기에 속을 정확히 정립하는 것 외에는 더 이상 필요한 것이 없다고 말한다. 모리슨, 레이, 바흐만의 연구에서 더 잘 표현됐기에 그다지 참신하지 않은 그의 주장 중 괜찮은 것들을 포함한다 해도 계통식물학에 대한 그의 주장에는 이해하기 힘든 오류들이 있다. 예를 들어 현미경으로만 볼 수 있을 정도로 꽃이나 열매가 작은 경우 꽃 또는 열매가 없는 식물로 분류했다. 즉, 기관이 작으면 없는 것으로 간주했다. 말피기와 그루가 이미 1700년에 꽃, 열매, 씨앗의 구조에 관한 탁월한 연구를 발표했고, 카메라리우스(Rudolph Jacob Camerarius)가 식물의 성(sexuality)에 대한 발견을 발표한 것을 고려하면, 꽃에 대한 투르네포르의 이론이 얼마나 미숙한지를 알 수 있다. 그럼에도 투르네포르는 식물에 대한 이러한 동시대의 학설을 명백히 부정했다. 바흐만과 A. L. 드 쥐시외 시대에 이르기까지 다른 계통학자들도 말피기와 그루의 연구 성과를 부정하는 똑같은 실수를 범했다. 여기서는 한 가지 사례만을 들었지만, 전문 계통학자들이 차이가 미묘한 형태학적 연구 결과들을 선뜻 받아들이길 꺼리고, 가능한 한 분명한 외형에만 의존해서 식물을 분류한 것을 자주 볼 수 있는데, 이는 자연계통을 정립하는 데 큰 장애가 되었다.

투르네포르의 계통체계는 완전히 인위적이다. 바흐만의 것보다 더 인위적일뿐더러 레이의 것보다 확실히 열등하다. 우리가 진정한 자연집단임을 판정하는 근거는 그 속들이 공통된 특징들로 서로 묶인 일종의 가족(科)을 형성하기 때문이다. 우리가 계통적 분류 목적으로 어떤 특징을 선택해도 마찬가지다. 투르네포르의 체계에는 레이가 정립한 꽃식물[24]과 민꽃식물의 구분도 없고, 목본과 초본식물을 외떡잎식물과 쌍떡잎식물로 나누지도 않았다. 여기서 논의할 그의 주요 저서 『식물학 원리(*Institutiones rei herbariae*)』에는 출판 연도가 적혀 있지 않지만, 레이의 『식물의 탐구』와 바흐만의 주요 저작보다 먼저 출간되었을 것으로 추정된다. 그래도 이 책에는 순전히 형식적인 가치가 한 가지 있다. 이 저작에는 계통체계에 대한 엄격한 정신이 관통해서 강(class)은 절(section)로, 절은 속으로, 그리고 속은 다시 종으로 나뉘어 있다. 그리고 책 전체에 잎과 꽃 부위를 그린 아름다운 동판화들이 명료하게 배열되어 있다. 그래서 책 전체를 쉽게 참고하고 이해할 수 있다. 하지만 그의 계통체계를 지배하고 있는 자연근연성에 관한 혼란스러운 개념은 첫 번째 강에 속한 세 개의 절만 봐도 알 수 있다. 여

24 [역주] 현화식물(顯花植物, 꽃을 피우는 식물, Phanerogam)이라고도 함.

기서 아트로파속(Atropa, 가지과)과 맨드레이크속(Mandragora, 가지과)이 첫 번째 절에 함께 속해 있고, 둥굴레속(Polygonatum, 비짜루과)과 루스쿠스속(Ruscus, 비짜루과)이 두 번째 절에, 케린테속(Cerinthe, 지치과), 용담속(Gentiana, 용담과), 솔다넬라속(Soldanella, 앵초과), 대극속(Euphorbia, 대극과), 괭이밥속(Oxalis, 괭이밥과)이 세 번째 절에 포함되어 있다. 책의 편리함, 자연근연성 문제에 관한 당시 식물학자들의 무관심, 개별 식물의 지식에 대해 지속적으로 늘어나는 열정, 이 모든 것 때문에 투르네포르는 프랑스, 영국, 이탈리아, 독일의 식물학자들을 자기편으로 만들 수 있었다. 18세기 초 30-40년 동안 수행된 계통식물학적 시도들은 거의 전적으로 그의 계통체계에 기반을 두었다. 이 이후부터는 린네의 성 계통체계가 근간이 된다. 특히 부르하버[25]가 1710년에 제시한 계통체계는 레이, 헤르만(Hermann), 투르네포르의 체계를 통합한 것으로 보이는데 지지를 받지는 못했다.

이제 여기서 17세기 계통학자들을 마무리하고 18세기 초 30년 동안의 단순한 식물 수집가들은 건너뛰고 곧바로 린네를 만나보기로 하자.

린네 또는 린네우스[26]는 1707년 스웨덴의 라숄트에서 태어났고, 그의 아버지는 목사였다. 그는 신학 공부를 시작했지만, 식물학을 좋

---

25 [역주] Herman Boerhaave(1668-1738). 네덜란드의 식물학자, 화학자, 의학자.

26 Carl von Linné(또는 1757년 이후에는 Linnaeus). 린네의 자서전 말고도 그의 생애에 대한 다양한 얘기들이 전해 오는데, 이 중 일부는 프리첼의 'Thesaurus Lit. Bot.'에 언급되어 있다. 린네의 성격과 감성에 대한 모습은 자신의 아들을 위해 쓴 『신성한 네메시스(*Nemesis divina*)』에서 발견할 수 있다. 하지만 불행하게도 프리스(Fries) 교수는 이 저술의 요약본만을 출판했는데, 이것은 *Regensburg Flora* (No. 44, 1851)에서 볼 수 있다. 동물학에 관한 린네의 연구는 카루스(Carus)의 『동물학 역사(*Geschichte der Zoologie*)』(뮌헨, 1872)를 참조.

카를 폰 린네

아해서 곧 신학을 그만뒀다. 이런 와중에 로트만(Rothmann) 박사로부터 투르네포르의 저술들을 소개받아 식물학에 대한 열정이 더욱 고무되었다. 그가 룬트에서 의학을 공부할 때 바양[27]의 논문 〈식물의 성(De sexu plantarum)〉을 접하고 생식기관에 관심을 갖게 되었다. 그가 겨우 23살이던 1730년에 노쇠한 루드베크 교수가 식물학 강좌들과 식물원의 관리를 넘겨주었다. 여기서 린네는 『식물학 총설(*Bibliotheca Botanica*)』, 『식물의 분류(*Classes Plantarum*)』, 『식물의 속(*Genera Plantarum*)』을 저술하기 시작했다. 1732년에는 라플란드로 식물채집 여행을 갔고, 1734년에는 데일러카리아로, 그리고 1735년에는 네덜란드로 가서 학위를 받았다. 네덜란드에 3년간 머물면서 앞서 말한 책들과 함께 『사연의 체계(*Systema Naturae*)』, 『식물학의 기초(*Fundamenta Botanica*)』, 그리고 여러 논문을 출판했다. 네덜란드에 있는 동안 영국과 프랑스도 방문했다. 1738년에 스톡홀름으로 돌아와서는 의사로 생계를 이어가야 했고, 1741년이 되어서야 웁살라에서 식물학 교수가 되었으며 1778년에 사망했다.

린네는 흔히 기술적(descriptive) 자연과학의 개혁가로 알려져 있으며, 새로운 천문학은 코페르니쿠스, 새로운 물리학은 갈릴레오가 시작한 것처럼 우리의 과학(생물학 또는 식물학)의 역사에 새로운 시대가 린네와 함께 시작되었다고 말한다. 최소한 그의 전문 분야인 식물학에서 린네에게 이러한 역사적 위상을 부여하는 것은 체살피노, 융, 레

27 [역주] Sébastien Vaillant(1669-1722). 프랑스 식물학자, 투르네포르의 제자.

이, 바흐만의 업적을 알지 못하거나, 린네의 이론서들에 인용된 수많은 선행 업적들을 무시하는 사람들만이 할 수 있는 말이다. 오히려 린네는 언급된 선행연구자들이 이루어 온 일련의 발전 과정에서 마지막 주자였다. 린네의 관점과 개념들은 거의 대부분 앞선 주자들의 것과 동일하다. 그는 당대까지 이어 온 근본적인 오류들로부터 한 치도 벗어나지 못한 채 그대로 19세기에 넘겨줬다는 근원적 책임을 피할 수 없다. 그러나 린네가 새로운 시대의 시작이 아니라 구시대의 결론을 대표한다고 해서 그의 노력이 후대에 영향을 미치지 않았다는 것은 아니다. 린네와 당대의 계통학자들의 관계는 카스파 바우힌과 16세기 식물학자들의 관계와 동일하다. 바우힌은 앞선 연구들에서 (체살피노의 것만 빼고) 얻을 수 있는 모든 것을 취했고, 그다음 세대의 식물학자들은 (다른 관점도 갖게 되긴 했지만) 바우힌에게서 얻었다. 린네 역시 17세기 계통학자들이 체살피노의 원리 위에 세운 모든 것을 수용하고 통일성을 부여했으며, 본질적으로 새로운 어떤 것도 도입하지 않은 채 그것을 하나의 체계로 만들었다. 체살피노에서 투르네포르에 이르기까지 발전해 온 계통식물학의 모든 것이 린네에서 정점에 달했다. 그리고 카스파 바우힌의 연구 결과들이 체살피노의 계승자들에게 도움이 되었던 것처럼, 매우 독창적인 형식과 거장다운 능력으로 종합한 린네의 결과물들 역시 식물학의 추가 발전에 헛되지 않았다.

린네의 『식물학의 기초』(1736), 『식물의 분류』(1738), 『식물학의 철학(*Philosophia Botanica*)』(1751)을 체살피노, 융, 모리슨, 레이, 바흐만, 투르네포르의 저작들과 면밀히 비교해 보면, 린네의 이론적 근거가 되는 개념들이 선행연구자들의 저작 여기저기에서 유래한 것임을 확인할 수 있다. 카메라리우스(1694) 이래 성 이론(sexual theory)의 역사를 살펴보면, 린네가 성 이론을 널리 알리는 데 크게 이바지하긴 했지만 이 이론을 발전시키지는 못했으며, 심지어 쾰로이터[28]의 연구 성과가 발표된 이후에도 린네는 계속 성 이론에 관한 매우 모호하고 신비적 관념을 품고 있었다.

그런 린네가 엄청난 가치를 인정받은 것은 모든 선행 연구를 종합한 뛰어난 방법론 덕분이었다. 흩어져 있던 과거의 지식을 융합한 것이 린네의 위대한 업적이라고 할 수 있다.

체살피노는 아리스토텔레스식 사고를 식물학에 처음으로 도입한 사람이었다. 그는 자연 계통체계를 만들려고 시도했으나, 실제로 그의 계통체계는 극단적인 부자연체계였다. 린네의 저서 곳곳에는 체살피노에게 받은 심대한 영향이 드러나는데, 린네는 선행연구자들의 중요한 견해들을 모두 따랐으나 동시에 앞서 누구도 인지하지 못한 것을 인지했다. 그것은 체살피노, 모리슨, 레이, 투르네포르, 바흐만이 취했던 방법이 자연근연성을 결코 나타낼 수 없으며, 이런 방법은 편리할지는 몰라도 인위적인 배열(분류)만 보여 주기 때문에 자연근연성을 표현하려면 다른 수단을 찾아야 한다는 것이었다.

당시 형태학이 시도했던 전부라고 할 수 있는 식물 부위의 명칭과 관련해서, 린네는 단순히 융의 『식물 관찰 입문』에 있는 모든 용어를 수용했지만, 거기에 더 명료한 형태(form)를 부여했고, 당시에는 아직 관심이 거의 없었던 수술의 생식적 중요성을 거리낌 없이 받아들임으로써 꽃에 대한 이론을 발전시켰다. 그는 꽃에 대한 더 훌륭한 보편적 개념에 도달했고, 이 개념은 편리하고 명확한 용어로 다시 결

28 [역주] Joseph Gottlieb Kölreuter(1733-1806). 독일의 식물학자. 식물의 생식 연구의 선구자로, 식물이 같은 꽃 안에서의 암수 수정을 회피하는 자가불화합성을 처음으로 발견함.

실을 맺었다. 암수한그루(그러나 암수 꽃은 따로, monoecius),[29] 암수딴그루(dioecious), 3수술(triandrous), 단성(單性, monogamous)[30] 등의 용어는 여전히 사용되고 있고, 나중에 고안된 암수이숙(異熟, dichogamous),[31] 웅성선숙(雄性先熟, protandrous), 자성선숙(雌性先熟, protogynous) 등의 용어 역시 식물의 생식과 관련된 이런 정확한 개념에서 유래한다. 하지만 이 주제와 관련해서 린네의 명성에 조금도 도움이 되지 않는 중대한 오류가 하나 있다. 수술과 심피(carpel)[32]의 숫자, 융합 양태(union), 무리 지음(grouping)에 따라 정립한 그의 인위적 계통체계를 린네는 식물의 '성 체계(sexual system)'라고 불렀다. 그 이유는 이 체계가 가장 중요한 기능을 가진 기관들에 기반을 두었다고 생각했기 때문이다. 그러나 린네의 성 체계는 수술이 번식과 아무 상관이 없거나, 수술의 생식적 중요성이 전혀 알려지지 않았더라도 식물분류에 마찬가지로 적용되었을 것이 분명하다. 린네가 분류를 위해 이용한 수술의 특징들, 즉 수술의 개수와 융합의 양태가 생식적 기능에 전혀 중요하지 않다는 것이 그것을 말해 준다.

이 인위적 계통체계가 식물의 성의 원리와 중요한 연관성이 있다는 개념은 분명히 잘못됐다. 하지만 과학이 발전하면서 린네가 사

---

29 [역주] 한 식물체에 암수가 같이 있으나 '한 꽃에 암수 생식기관이 같이 있는' 경우는 '암수한그루(monoecious)'가 아니라, '암수한꽃(bisexual 또는 hermaphrodite)'이라고 함.

30 [역주] 암수 중 한 가지 꽃만 가진 식물을 뜻하는 말로 암수딴그루(dioecious)와 같은 의미.

31 [역주] (같은 식물 개체의) 암수 생식기관이 서로 다른 시기에 성숙하여 자가수정을 방지하는 꽃. 웅성선숙은 수컷 기관이 먼저, 자성선숙은 암컷 기관이 먼저 성숙하는 경우.

32 [역주] 암술을 이루는 단위로 하나의 씨방, 암술대, 암술머리로 이루어져 있다. 하나의 암술은 하나 또는 여러 개의 심피로 구성될 수 있다.

용한 수술의 특징들이 그 기능과는 완전히 별개라는 바로 그 이유로 인해 그의 성 체계가 종종 자연집단을 구성할 수밖에 없음이 드러났다. 기관의 기능과는 완전히 또는 상당히 독립적인 이러한 특징들이 매우 큰 분류학적 가치가 있다는 사실을 얻기까지 계통학자들의 부단한 노력이 있었다. 체살피노가 결실기관 부위들의 기능적 중요성을 자신의 분류원칙으로 삼았던 오류는 린네에서 또 다른 형태로 재현되었다고 할 수 있다. 분류의 원칙을 찾기 위해 린네는 가장 중요한 기능을 가질 것으로 생각되는 결실기관에 관심을 가졌지만, 그는 생식기능과 상관없는 그 숫자와 융합의 형태를 분류의 특징으로 취했다. 이 오류를 라이프니츠(Leibnitz)와 부르크하르트[33]에서도 보게 될 텐데, 이들은 린네가 동시대 연구자들에게 지속해서 받은 공격으로부터 그를 방어한 인물들이다. 린네가 자신의 성 체계를 유지하는 데 빚을 진 대표적인 사람들이 이들이다. 이들은 그릇되게도 생식기관의 주된 생리적 중요성을 전제로 이 기관들의 차이를 계통분류의 원칙으로 삼았다. 이들은 이러한 오류를 바로잡지 않았지만, 린네는 자신의 계통체계를 수립하는 데 순전히 형태적 특징들만 적용함으로써 오류를 바로잡았다. 1701년 한 유명한 철학자[34]가 이 문제를 우연히 언급한 내용은 중요하지도 않고 명확하지도 않아서 린네가 이 언급에서 얻을 수 있는 건 별로 없었다. 반면에 부르크하르트가 라이프니츠에게 보낸 편지(1702)[35]에서 이 주제에 대해 한 말은 실제로 훨씬 낫

33 [역주] Johann Heinrich Burckhard(1676-1738). 독일의 의사, 식물학자.

34 Jessen의 *Botanik der Gegenwart und Vorzeit* 187쪽에 언급됨.

35 '고트프리트 빌헬름 라이프니츠에게 보내는 편지 등, 로렌츠 하이스터의 서문과 함께(Epistola ad Godofredum Gulielmum Leibnitzium etc. cum Laurentii Heisteri praefatione)', Helmstadii, 1750.

고 린네의 생각과도 가깝지만, 린네가 구축한 논리정연하고 매우 실질적인 계통체계의 완성과는 거리가 한참 멀다.

모리슨과 레이의 주된 연구도 그렇지만, 16세기의 식물학자들은 일방적으로 종을 구분하는 일에 주력했고, 바흐만과 투르네포르는 종은 무시하고 속의 특징들을 구축하는 데 몰두했다. 반면, 린네는 속과 종을 기술하는 데 모두 똑같은 관심과 엄청난 노련함을 보였다. 그는 바흐만이 후학들에게 남긴 제안을 실행에 옮겼다. 이런 이유만으로도 그는 이명법을 고안한 건 아니지만 적어도 이명법을 실질적으로 정립한 사람으로 대접받아야 한다.

린네가 인용한 원전들을 언급하는 건 역사가의 의무일지 몰라도, 위대한 인물을 평가절하하는 것은 옳지 않다. 린네가 했던 것처럼 모든 자연학자는 선행연구자들의 성과 중 좋은 것은 모두 취하고 또한 그것을 개선하는 것이 바람직하다. 린네는 자신이 아는 한 자신의 지식의 출처를 반복해서 언급했으며, 선행연구자들의 공헌을 (거의 대부분) 일말의 시기심도 드러내지 않고 오히려 진정한 존경심을 갖고 솔직히 인정했다. 린네의 이런 모습은 특히 『식물의 분류』에서 설명한 몇 가지 계통체계의 짧은 서론부에서 잘 드러난다. 린네는 선행 연구의 장점들을 잘 알고 있었을 뿐 아니라, 자신의 생각에 대해서 그랬던 것처럼 이들이 지닌 이론적 가치가 있다면 무엇이든 찾아내고 적용해서 다른 사람들의 사고에도 생명력과 비옥함을 가져다주었다. 그의 후계자들이 종종 린네가 홀로 모든 것을 생각해 내고 발견했다고 믿게 만든 것은 바로 이 신선함이었다.

우리는 17세기에 체살피노와 그의 후계자들의 공헌, 그리고 린네가 수행한 연구의 초창기에 카스파 바우힌의 공헌에도 감사해야 한다. 당시에는 별로 중요하지도 않았고 미완성으로 보였던 이런 오래된 연구자들의 생각을 린네가 생생한 완전체로 전환한 것을 보면 경탄이 나온다. 이런 면에서 그는 정말로 최고의 이해력과 생산성을 가진 사람이었다. 다만 그가 하나의 중대 오류에 빠지지만 않았더라면 과학 이론을 위해 훨씬 더 큰 공헌을 했을 것이다. 선행연구자나 동시대 연구자보다 린네에게 더 확연했던 이 오류는, 식물학자에게 최고이자 유일하게 의미 있는 일이 모든 식물종의 이름을 정확히 아는 것이라는 가정이었다. 린네는 이것이 자신의 견해라고 분명히 언명했으며, 독일과 영국에서 그를 추종하는 학파들 역시 이 견해를 철저히 고수함으로써 현재까지도 식물학자는 당연히 모든 식물의 이름을 명명할 목적으로 존재한다는 생각이 보편화하였다. 선행연구자들처럼 린네는 형태학과 일반 이론 식물학을, 식물을 묘사하는 기술의 향상을 위해 용어와 정의(definition)의 기준 원리를 찾는 데 필요한 단순한 수단으로만 여겼다.

지금까지는 린네가 세부적인 주제들을 다루는 방식을 주로 언급했다. 그는 본질적으로 스콜라주의자였으며 심지어 체살피노보다 더 했다. 체살피노는 엄밀한 의미에서 아리스토텔레스주의자로 불려야 한다. 린네의 사고방식이 철저히 스콜라적이라는 말은 사실 그가 현대적 의미로 자연 탐구자가 아니라는 말이다. 린네가 식물 세계의 본질을 규명할 단 하나의 핵심적인 발견도 한 적이 없다고 지적할 수 있지만, 그것만으로 그가 스콜라주의자였다는 것을 증명하는 것은 아니다.

자연에 관한 진정한 탐구는 자연현상을 정확히 비교 관찰하여 법칙을 유추하는 것뿐 아니라 인과관계, 원인과 결과가 유래하는 발생적 힘을 찾는 것이다. 이런 목적을 추구하기 위해서 기존의 개념과 이론을 끊임없이 수정해서 새로운 개념과 이론을 만들어 내고, 그럼으로써 우리의 생각을 더욱더 사물의 본질에 맞추어 나가야 한다. 이해력이 대상을 규정하는 것이 아니라 대상이 이해력을 규정한다. 아리스토텔레스 철학과 그 중세 버전인 스콜라주의는 이와는 정반대로 작용한다. 스콜라주의는 개념과 이론이 완전히 확립되었다고 생각하기 때문에 탐구를 통해 새로운 개념과 이론을 습득하는 데 관심이 없다. 경험적 사실은 기존의 사고 체계를 따라야만 한다. 기존 틀에 맞지 않는 경험은 모두 논리적으로 뒤틀어서 그 전체 체계에 맞는 것처럼 보이게 만들어야 한다. 이런 점에서 학문적 목적은 사실을 왜곡하는 일이 된다. 전체에 대한 보편적 개념이 이미 설정되어 있어 바꿀 필요가 없기 때문이다. 우리가 사물의 궁극적 원리를 모두 알고 있다고 전제하기 때문에 자연 탐구에서 더 높은 의미를 갖는 경험은 불가능하다. 그러나 이런 스콜라주의의 궁극적 원리는 근본적으로 매우 불확실한 의미를 가진 단어들일 뿐이다. 이 단어들은 일상의 경험으로부터 일련의 비약을 통해 얻은 추상적 개념으로서 과학의 도가니 속에서 시도되고 정제된 적이 없기 때문에 가치가 없다. 추상의 정도가 높아질수록 경험과는 더 멀어지고, 이러한 '추상적 개념들'은 더 숭엄해지고 중요해 보인다. 우리는 마침내 그것들에 대한 상호 이해에 도달하게 되지만, 그것은 단지 상징과 은유만을 통해서다.[36] 스콜라적 방법론에 따르면, 과학은 추상적 개념들을 가지고 노는 것이다. 최고의 놀이꾼은 그 개념들을 이리저리 잘 엮을 수 있는 사람이라서 실질적인 모순들은 교묘하게 감춰지게 마련이다. 반면에 철학에서든 자연과학에서든 진정한 탐구의 목적은 현존하는 모순들을 가차 없이 찾아내는 것이며, 개념이 명확

---

36 플라톤, 아리스토텔레스의 철학과 스콜라주의에 대한 뛰어난 설명이 Albert Lange의 『물질주의의 역사(*Geschichte des Materialismus*)』 2판에 있다.

해질 때까지 사실에 의문을 던지는 것이고, 필요하다면 이론 전체와 보편적 관점을 더 나은 것으로 대체하는 것이다. 아리스토텔레스의 철학이나 스콜라주의에서 사실이란 단지 고정된 추상 개념들의 실례에 지나지 않지만, 자연에 관한 진정한 탐구에서 사실은 새로운 개념, 새로운 생각의 조합, 새로운 이론, 그리고 보편적 관점이 생성되고 자라나는 비옥한 토양이다. 스콜라주의와 아리스토텔레스 철학의 가장 큰 해악은 단순한 개념이나 단어와 그들이 나타내는 사물의 객관적 실체 사이를 혼동하는 것이다. 사람들은 단어 원래의 의미에서 사물의 본질을 추론하는 데 희열을 느끼며, 심지어는 한 사물의 존재 또는 부재에 대한 의문도 그 사물의 개념을 갖고 해결한다. 이런 사고방식은 린네가 식물의 계통을 구성할 때나 기술할 때뿐 아니라, 식물의 본성과 그 생명현상에 대한 정보를 제공할 때도 어디서나 드러났다. 그 대표적인 린네의 저작들은 『식물학의 기초』, 『식물학의 철학』, 특히 『학문의 즐거움(*Amoenitates Academicae*)』이다.

많은 사례 중에서 여기서는 식물의 성을 증명하는 린네의 방식을 살펴보도록 하겠다. 린네는, 진정한 자연 탐구가로서 실험이라는 유일하게 가능한 방법으로 식물의 성을 증명한 카메라리우스의 연구 결과를 알고 있었고 그를 칭송했다. 하지만 린네는 이 실험적 증명을 별로 중요하게 여기지 않았다. 그는 이를 지나가듯이 언급하고, 식물의 본성일 수밖에 없는 성의 존재를 스콜라적으로 증명하는 데 그의 모든 기교를 썼다. 그는 자신의 증명을 하비(Harvey)가 불완전한 추론에 기초한 '모든 생명체는 알로부터(omne vivum ex ovo)'라는 언명과 연관지었다. 린네는 이 신험적 원리에 근거해 식물 역시 '알'에서 시작해야 한다는 결론을 도출했다. 그는 '모든 생명체는 알로부터'라는 언명에서 '모든 생명체(omne vivum)'의 절반이 식물이라는 사실을 간과했다. 그리고 그는 계속해서 "이성과 경험은 식물이 '알'에서 시작한다고 가르쳐 주는데, 떡잎이 바로 그 증거다."라고 말한다. 이성, 경험, 그리고 떡잎(배엽)! 정말 대단한 증거들이다. 그는 그다음 문장에서 먼저 배엽을 언급하는데, 동물의 배엽은 생명점이 있는 알의 노른자로부터 나온다고 한다. 계속해서 씨앗에서 '작은 심장(어린눈, corculum)'[37]을 둘러싸고 있는 식물의 떡잎이 바로 그에 해당한다고 말한다. 그러나 자손이 단순히 '알'에서만 형성되는 것도 아니고, 수컷 생식기의 수정 물질에서만 형성되는 것도 아니며, 이 둘이 결합해서 형성된다는 것은 동물, 잡종, 이성(理性), 그리고 해부학에 의해 밝혀졌다. 여기서 그가 말한 '이성'은 사물의 본질, 즉 그 개념에서 도출된 필연성이다. 동물은 그에게 비유를 제공하고, 해부학적 배열의 의도가 무엇인지 알지 못하는 이상 해부학은 아무것도 증명할 수 없다. 하지만 이 증명에서 가장 취약한 점은 잡종에 있는데, 왜냐하면 린네가 『식물학의 기초』를 썼을 당시 노새가 유일하게 알려진 잡종이었기 때문이다. 식물의 잡종은 1761년 쾰로이터가 최초로 기술했고, 린네는 어디에서도 식물의 잡종에 대해 언급한 적이 없다. 린네가 나중에 잡종이라고 생각했지만 실제로는 잡종이 아니었던 잡종 식물에서 얼마나 많은 증거를 도출할 수 있는지를 우리는 성 이론의 역사에서 알게 될 것이다. 여기서 우리는 그가 잡종화를 통해 성의 개념에 도달한 것처럼, 성의 개념을 통해 이런 잡종들의 존재에 도달했다는 것에 주목할 필요가 있다. 그는 다음과 같이 증명을 이어간다. "수정되지 않은 알

37 [역주] 씨앗의 중심부에 있는 부위로 새로운 싹으로 자랄 부분. 'corculum'은 '작은 심장'이란 의미.

이 발아하는 것은 경험상 옳지 않다. 그러므로 이 언명은 식물의 알[38]에도 적용되어야 한다. 모든 식물은 눈에 띄지 않는 경우일 때조차도 꽃과 열매를 갖고 있다." 린네는 이것을 식물 또는 알의 개념에서 논리적으로 도출했다. 그가 몇몇 관찰에 관해서도 주장했지만, 그것들은 잘못된 것이다. 그는 계속해서 "결실기관은 꽃의 생식기관들로 구성되어 있다. 수술이 수컷 생식기관이고 꽃가루가 수정 물질이라는 것은 이들의 본성으로 알 수 있으며, 나아가 꽃이 열매보다 먼저 생긴다는 사실, 이들의 위치, 꽃밥의 구조, 거세, 그리고 꽃가루의 구조에 의해 증명된다."라고 주장한다. 지금까지 언급한 구절들에서 그가 성의 학설을 정립하는 데 얼마나 노력을 기울였는지 알 수 있는 한편, 이런 궤변적 추론 양식은 『학문의 즐거움』 중 '식물의 결혼(Sponsalia Plantarum, 1권 77쪽)'에서 집중적으로 보이며, '잡종 식물(Plantae Hybridae, 3권 29쪽)'에서는 더 나쁜 형태로 나타난다.

가설적 사실의 진위 여부가 엄격한 귀납적 탐구의 원칙에 따라 어떻게 증명되는지의 개념을 린네가 전혀 갖고 있지 않았다는 사실이 이런 사례들과 이끼류의 씨앗에 대한 조사(『학문의 즐거움』 2권 266쪽)에서 드러난다. 그는 이 조사에 상당히 자부심을 느꼈지만, 실제로는 그 당시(1750)로서도 이해가 가지 않을 정도로 형편없었다. 린네는 소위 조사라고 하는 행위에 몰두하는 편은 아니었다. 그는 비판적인 관

38 식물의 씨앗을 동물의 알에 비유하는 것은 잘못된 것으로서, 아리스토텔레스가 엠페도클레스(Empedocles)에서 언급했는데, 계통학자들이 가장 좋아하는 비유였다. 여기서도 역시 린네 학설의 요점은 수컷 (생식)기관의 특징이다. 그리고 그는 앞 문단에서 꽃의 핵심은 꽃밥(anther)과 암술머리(stigma)에 있다고 말한다. 이 증명들은 거의 모두 순환논법으로 되어 있으며, 증명해야 할 대상으로부터 논쟁하는 식으로 되어 있다.

점에서 벗어나는 것은 그냥 덮어 버렸을뿐더러, 관심 있는 현상의 원인을 조사하는 일도 하지 않았다. 그는 그것들을 분류해 버리는 것으로 끝냈다. 예를 들어 같은 책 '식물의 수면(Somnus Plantarum)'에서 식물의 주기적인 운동을 언급했던 것처럼. 『식물학의 철학』이나 『학문의 즐거움』을 읽으면 모든 논쟁을 관통하고 있는 학자연하는 궤변들 때문에 마치 중세의 책을 보는 듯한 느낌을 피할 수 없다. 린네의 이런 작품들은 18세기 중반부터 저술되는데, 이 시기는 말피기, 그루, 카메라리우스, 헤일즈[39]가 이미 모범적인 조사를 수행하기 시작했고, 그 동시대의 뒤아멜,[40] 쾰로이터 등이 진정한 과학적 방법으로 실험하던 시대였다. 부폰(Buffon), 알베르트(Albert), 할러, 쾰로이터는 린네의 이런 특이점을 경멸했다. 또한 린네의 저술에 의존해 밥벌이를 하는 독일의 추종자들은 그의 추론 방식과 그의 진정한 장점을 구별하지 못하고 마침내 자연과학의 경계를 벗어나는 식물학을 만들기에 이르렀다. 현학적인 저술가 중 단연코 최악인 그의 기묘한 논리가 최고로 뛰어난 묘사력과 결합해서, 귀가 가벼운 사람들에게 린네는 사실상 위험한 멘토라고 할 수 있다. 세세한 것들까지 이르는 엄청난 지식의 스펙트럼, 그리고 무엇보다 계통식물학을 다루는 방식을 돋보이게 하는 고도의 견고함과 확실성은 한 자연과학자의 능력을 이런 재능들만으로 판단하는 사람들에게는 당연히 가장 심오한 인상을 남겼을 것이다. 린네가 가진 최고의 재능은 의심할 여지없이, 단지 몇 가지 특징을 갖고 최소의 단어만으로 동식물의 종과 속을 정밀하고도 인

---

39 [역주] Stephen Hales(1677-1761). 영국의 성직자로 식물학, 공기 화학, 생리학 등 다양한 과학 분야에 공헌함.

40 [역주] Henri-Louis Duhamel du Monceau(1700-1782). 프랑스의 자연학자, 수학자.

상적으로 묘사하는 능력이다. 이 점에서 린네는 식물학자 중 전무후무한 최고의 능력자라고 할 수 있다.

무엇보다 린네의 탁월성은 대상들을 구별하고 분류하는 타고난 재능에 있다. 분류, 통합, 상하 종속관계를 설정하는 데 린네는 거의 기계라고 해도 무방할 정도였다. 그는 자신의 저술 대상들도 모두 자연 대상물들을 취급하는 방식으로 다뤘다. 심지어 『식물의 분류』에서 계통식물학자들을 결실기관 연구자(fructist), 꽃부리 연구자(corollist), 꽃받침 연구자(calycist)로 분류했다. 그리고 식물학에 전념하는 모든 사람들을 진정한 식물학자와 단순한 식물 애호가라는 두 개의 큰 집단으로 구분했는데, 특이하게도 해부학자, 원예가, 의사는 후자에 포함했다. 진정한 식물학자는 다시 단순한 식물 채집가와 계통학자로 나눴다. 채집가는 기존의 식물들에 새로운 식물을 추가하거나, 모노그래프 또는 식물지를 쓰는 저자, 해외로 식물학적 탐험을 하는 사람들을 말한다. 요즘에는 이들도 계통학자로 대우한다. 린네에게 계통학자는 식물을 분류하고 명명하는 사람이며, 그는 이들을 이론가(philosopher), 진정한 계통학자(systematist proper), 명명자(nomenclator)로 나눴다. 이론가는 이성과 관찰을 통해 세운 원리에 근거해서 과학적 이론을 연구하는 사람들로 다시 강연가(orator), 교수자(institutor), 논쟁가(eristic), 생리학자(physiologist)로 나뉜다. 린네의 관점에서는 식물의 성을 발견한 사람들이 생리학자에 해당하고, 말피기나 헤일즈 같은 사람들은 생리학자에 포함되지 않는다. 진정한 계통학자는 다시 정통과 이단으로 나뉘는데, 정통은 전적으로 결실기관을 분류의 기준으로 삼는 데 반해, 이단은 이에 더해 다른 특징들도 취한다. 린네는 그가 언급해야 할 모든 것을, 속과 종을 기술하는 것처럼 가능한 한 짧고 일련번호가 매겨진 문장으로 다뤘다. 이러한 원칙과 특징은 그가

1736년에 『식물학의 기초』를 썼을 때 완성되었고, 이후로도 계속 이 특이한 방식을 이어갔다. 그가 아들에게 물려준 종교와 도덕에 관한 『신성한 네메시스』에서도 똑같은 방식을 볼 수 있다. 이런 특이한 방식과 표현이 적절한 곳에서는 독자들에게 좋은 인상을 주었는데, 린네의 능력이 잘 드러난 『식물의 분류』에서 여러 계통체계에 대한 짧은 설명들이 대표적 예다. 여기서 그는 각 체계의 지침 원리를 뛰어난 직관으로 추적하고, 그 장단점을 파악한 다음 이를 번호를 매긴 경구투의 짧은 문장으로 독자들에게 제시한다. 이런 방식은 『식물학의 철학』에서도 아주 잘 나타나는데, 그렇다고 해서 이런 방식 때문에 특히 순환논법과 같은 수많은 궤변이 감춰지는 것은 아니다.

비과학적 철학과 사물과 개념의 분류에 대한 뛰어난 재능의 결합, 그리고 스콜라적인 원리를 수행하는 일관성과 엄청난 사고 오류 사이의 혼합은, 본연의 참신성과 단순명쾌함 그리고 종종 그의 미문(美文)에 생기를 불어넣는 시적 감성이 더해져 그의 스타일에 더욱 인상적인 독창성을 부여한다.

과학의 발전이 린네에게 얼마나 빚졌는지를 가늠할 때 가장 중요한 것은 다음의 두 가지다. 첫째로, 세심하고 체계적인 작업을 통해 속과 종을 구분하는 데 이명법을 성공적으로 사용했다는 점이다. 그때까지 알려진 모든 식물에 적용하려 했던 이 명명체계 그리고 좁은 의미에서의 기술적(descriptive) 식물학은, 린네 덕분에 더 큰 분류군을 명명하고 정의하는 모델로 쓰이면서 자연계통(natural system)을 세우고 완성하는 데 수정 없이 적용할 수 있는 완전히 새로운 모습을 띠게 되었다. 나중에 쥐시외와 드캉돌이 하나의 과(科) 또는 과들의 집단에 관한 특징을 묘사할 때, 린네가 고유한 차이점을 찾아내 속을 구별한 방식을 거의 그대로 따라 했다. 이 뛰어난 방식은 절대적으로 린네의 공헌으로 여겨져 왔다. 린네의 두 번째 공헌은 덜 알려졌지만, 첫 번째만큼이나 중요하다. 그것은 미리 정한 특징들에 근거해서 계통체계를 세우려는 체살피노와 그 후계자들이 시도한 방식으로는 자연근연성을 뒷받침하는 계통체계를 결코 세울 수 없다는 것을 린네가 처음으로 인식했다는 것이다. 린네는 인위적인 성 계통체계를 만들었지만, 이것은 자연계통에 있어서 그 나름의 한 단편을 보여 주었다. (비록 자신은 성취하지 못했음에도) 린네는 식물학자의 주 과업은 자연체계를 발견하는 것이라고 반복해서 언명했다. 이렇게 봤을 때, 린네는 계통식물학의 토대를 닦았다고 할 수 있다. 그는 개별 식물을 기술하는 데 매우 편리했기 때문에 자신의 (인위적) 체계를 사용했지만, 모든 진정한 과학적 가치는 전적으로 자연계통체계에 있다고 했다. 그가 무엇을 성취하려고 노력했는지는 다음과 같은 사실을 통해 알 수 있다. 베르나르 드 쥐시외는 린네의 『자연 방법의 조각들』에 근거해서 더 개선된 과 목록을 만들었고, 그의 조카인 A. L. 드 쥐시외는 린네가 정립한 자연체계의 근본 원리를 그대로 받아들여 한 단계 더 발전시킬 수 있었다.

린네의 이론 식물학의 핵심은 『식물학의 철학』에서 잘 알 수 있다. 이 책은 린네가 식물학이라고 칭한 학문 분야의 교과서로서, 명료함과 정확함 그리고 자료의 풍부함에 있어서 타의 추종을 불허한다. 실제로 1781년 이래 90년 동안 이와 같은 명료함과 완성도를 갖춘 식물학 교과서는 찾아보기 힘들 것이다. 이 책에서 린네가 자신의 주제를 다루는 방식에 대한 몇 가지 아이디어를 살펴보도록 하자. 기존의 다양한 계통체계와 문헌에 대해 논하는 처음 두 장은 생략하고, 식물의 일반적인 특성과 특히 식물의 기관을 다루는 '식물(Plantae)'이라는 제목의 3장을 살펴보자. 여기서 린네는 식물계를 균류(Fungi), 주류(Algae), 이끼류(Mosses), 양치류(Ferns), 벼류(Grasses), 야자나무류(Palms), 식물류(Plants)의 7개 분류군으로 구분했다. 이들 모두 세 가지의 도관을 갖는데 수액 도관(sap-vessel)은 수액을 수송하고, 관(tube)은 수액을 보관하며, 기도관(tracheae)은 공기를 흡입한다. 린네는 이 개념들을 말피기와 그루에게서 가져왔다. 그는 균류에는 아무 특징도 부여하지 않았다. 조류에 대해서는 뿌리, 잎, 줄기가 모두 융합되었다고 말했고, 이끼류에 대해서는 수술대가 없는 꽃밥, 이와 별도로 분리된 암술 없는 암꽃, 씨껍질과 떡잎이 없는 씨앗을 갖는다고 묘사했다. 이끼류에 대한 이런 특징은 그의 『학문의 즐거움』 2권에서 '이끼의 씨앗(Semina Muscorum)'이라는 제목하에 설명되어 있다. 양치류의 특징은 엽상체(frond)의 뒷면에 결실기관이 형성되는 것이라고 봤는데, 이는 엽상체를 (고등식물의) 잎과는 구별했다는 뜻이다. 벼류는 매우 단순한 잎, 마디가 있는 줄기, 이삭,[41] 단일 씨앗이 특징이다. 야자나무류의 특징은 가지 없는 단순한 줄기, 정단 부위에 돌려난 잎, 넓은 잎 모양의 싸개[42]가 있는 꽃차례다. 이들 이외의 다른 모든 식물은 식물류(Plants)라고 불렀다. 그는 식물을 초본, 관목, 교목과 같이 관례적으로 구분하는 것을 비과학적이라는 이유로 거부했다. 이러한 식물계의 분류는 67개의 과(사실상 '목'에 해당)로 구성된 그의 자연체계의 과들과 혼동해서는 안 된다. 균류, 조류, 이끼류, 양치류는 각각 별도의 과를 구성한다. 그는 『식물학의 철학』에서 이 분류체계를 적용하는데, 이는 다음에 언급할 설명들이 식물계 전체 또는 그 일부에 얼마나 잘 적용되는지를 보기 위해서다.

---

41 [역주] calyx glumosus, 영과(穎果).

42 [역주] spathe, 불염포(佛焰苞).

초보자도 구분할 법한 식물의 부위들은 뿌리, 싹(herb),[43] 결실기관의 세 가지인데, 린네는 선행연구자들과 달리 결실기관을 싹과 하나로 묶고 뿌리와 구분했다. 식물의 가장 한가운데에는 속(髓, pith)이 있고, 그 바깥으로 목질부(wood), 목질부를 만드는 인피(靭皮, bast),[44] 겉질부(수피, rind)가 있고, 맨 바깥은 표피로 덮여 있다. 이런 해부학적 구조는 말피기가 제시한 것이다. 속이 그 자체와 주변부를 확장하면서 자란다는 말은 마리오트에서 빌려 왔다. 린네는 눈(bud)의 형성에 대한 체살피노의 견해를 가져와서, 줄기 중심에 있는 속 한 가닥이 겉질부를 뚫고 나와 눈으로 변형된다고 표현했다. 눈은 일종의 압축된 줄기로 결실기관이 출현할 때까지 무한정 자랄 수 있다. 결실기관은 꽃받침을 구성하는 잎에서 형성되는데, 여기에서 가지가 나와 (약 1년 정도 앞서) 꽃이 된다. 한편, 속의 물질로부터 형성되는 열매는 수술의 목질 물질이 암술의 액체에 흡수되어야만 발달할 수 있다.[45] 린네는 카메라리우스가 발견했던 수술의 성적 중요성을 고려해서 이런 식으로 체살피노의 꽃에 대한 이론을 수정했다. 그는 새로운 창조는 없고 단지 연속되는 발생만이 있을 뿐이라고 결론 내린다. 이에 대해 "씨앗의 작은 심장(어린눈)은 뿌리의 속으로 만들어져 있기 때문"[46]이라는 놀랍게도 철저히 체살피노적 논거를 제시한다.

양분을 흡수하고 줄기와 결실기관을 생성하는 뿌리는 수, 목질

---

43 린네는 씨방을 의미하는 고어 'germen'에 해당하는 말로 'herba'라는 단어를 사용했다. [역주] 여기서는 결실기관을 제외한 지상부의 잎과 줄기 부분을 말함.

44 [역주] 인피는 원래 체관부를 의미하지만, 인피가 목질부를 만든다는 말로 봤을 때 여기에서의 인피는 그 안팎으로 목질부와 체관부를 만들어 내는 분열조직인 부름켜와 체관부를 함께 말한다.

45 [역주] 꽃가루가 암술에 가루받이 되어야만 열매가 생성된다는 의미.

46 "cum corculum seminis constat parte radicis medullari"

부, 인피, 껍질부로 구성되어 있고, 주뿌리(1차근, caudex)와 잔뿌리(곁뿌리 또는 측근, radicula)의 두 부위로 나뉜다.

싹은 뿌리에서 자라 나오고 결실을 마치면 생을 마감한다. 싹은 줄기, 잎, 받침(fulcrum), 동면기관(hibernaculum)으로 구성된다. 그리고 줄기와 잎에 대한 추가적인 구분으로 이어진다. 일부 여전히 사용되는 용어들은 주로 융의 정의에 의존하는데, 여기서는 매우 상세하게 제시된다. 하지만 린네는, 융이 대칭성을 기반으로 정립한 줄기와 잎 사이의 현저한 차이점을 언급하지 않았다. 직관적이고 감각적인 인상에 집중했던 린네는 대체로 융보다 개념의 깊이가 얕고, 때로는 실제 차이가 없는 경우를 구분하기도 했다. 이러한 예는 '받침'에 대한 문단에서 드러난다. 그는 받침잎(탁엽, stipule), 싸갯잎(포엽, bract), 가시(spine, 잎의 변형), 가시(thorn, 가지의 변형), 덩굴손(tendril), 샘(gland), 털(hair)과 같이 부차적인 기관들을 지칭하는 데 '받침'이라는 용어를 사용했다. 여기서 린네는 잎(folium)의 개념을 받침잎과 싸갯잎으로까지 확장하지 않았고, 포도(Vitis)와 완두(Pisum)의 덩굴손이 형태학적으로 서로 차이가 있다는 것을 알지 못했다. 앞서 7개의 기관을 '받침'의 개념에 포함한 예는 린네가 용어를 만들 때 직관적으로 차이가 나는 것을 고정된 단어로 구분하려고만 했다는 것을 분명히 보여 주는데, 이는 종과 속을 묘사하는 짧은 표징 기록(diagnosis)을 얻기 위한 목적이었다. 그는 식물 형태를 비교해 좀 더 보편적인 원리를 도출함으로써 식물의 본성에 대한 더 깊은 통찰을 얻을 생각이 없었다. 똑같은 상황이 '동면기관' 개념에서도 나타난다. 그는 이것을 싸개로 보호된 배아 상태의 줄기 부위로 생각했다. 여기서 그는 비늘줄기(구근, bulb)를 목본식물의 겨울눈과 구분했다. 식물기관의 형태학적 관계와 생물학적(기능) 관계를 뒤섞는 린네의 이런 방식을 식물학자들은 19세기 말까지도 따라 해왔다.

린네는 결실기관들을 구분하고 명명하는 데 있어서는 선행연구자들을 한참 능가했는데, 이 부분은 『식물학의 철학』에서 제4장의 주제로 다루어진다. 그가 말하길, "결실은 식물이 번식을 위해 일시적으로 수행하는 과정으로서, 오래된 것에 마침표를 찍고 새로운 것을 시작하는 과정이다." 그는 다음의 일곱 가지 부위를 구분했다. (1) 꽃받침(calyx)은 싸개 또는 덮개를 의미하는 말로, 미나리과의 덮개(involucre), 싸개(spathe), 이끼류의 선태피막(callyptra), 그리고 심지어 균류의 대주머니(균포, volva)도 이 개념의 범주에 포함시켰는데, 이는 린네가 단순히 외부 형태만으로 식물 부위를 명명했음을 보여 주는 또 다른 예다. (2) 꽃부리(화관, corolla)는 속 싸개를 말한다. (3) 수술(stamen)은 꽃가루를 생성하는 부위다. (4) 암술(pistil)은 열매에 부착되어 있으며 꽃가루를 맞이한다. 여기서 처음으로 씨방, 암술대, 암술머리를 명확히 구분한다. (5) 과피(pericarp)는 씨앗을 품고 있는 씨방이다. 비늘줄기와 눈은 단순히 어린싹이 아니라 별도의 기관으로 취급했으며, 또한 성숙한 열매는 단순히 '발달한 씨방'이 아니라 별도의 기관으로 봤다. 그래도 린네는 선행연구자들보다 열매 형태의 다양성을 훨씬 잘 구분했다. (6) 씨앗(seed)은 씨방에서 방출되는 식물의 부위로, 새로운 식물의 근원이다. 씨앗은 꽃가루에 의해 생명력이 활성화된다. 하지만 린네가 씨앗과 그 구성 부위를 다루는 방식은 가장 취약했다. 그가 체살피노를 따르긴 했지만, 씨앗의 부위들에 대한 설명은 체살피노나 그 후계자들보다 완성도가 훨씬 낮았다. '작은 심장(corculum)'이라고 명명한 배아는 두 부위, 즉 어린눈(plumula)과 어린뿌리(rostellum, radicle)로 구분된다. 떡잎은 배아의 일부가 아닌 씨앗의 별도 기관으로 봤다. 떡잎은 '씨앗의 일시적인 부수 기관'[47]으로 정의했다. 1751년에, 그리고 1770년에 또다시 이런 혼란스러운 정의와 구분이 제시되다니 믿기지 않을뿐더러 최악이라고 할 수 있다. 말피기와 그루는 이미 거의 백 년 전에 씨앗의 부위들, 그 발달과정, 발아 등을 수많은 그림으로 설명했다. 린네는 배젖(endosperm)에 대해 언급하지 않았는데, 분명히 떡잎과 혼동했을 것이다. 하지만 레이는 이미 배젖을 씨앗의 다른 부위들과 명확히 구분해 놓았다. 씨앗에 대한 린네의 이러한 용어들을 보면, 그가 관찰하기 힘든 대상을 신중히 조사할 능력이 아예 없었다는 것을 거듭 확인할 수 있다. 대부분의 초기 식물학자들처럼, 린네가 단일 씨앗을 가진 폐과(indehiscent fruit)를 씨앗으로, 갓털(pappus)[48]을 씨앗의 일부로 취급한 것은 애교로 봐야 할 정도다. (7) 꽃턱(receptaculum)은 결실기관이 연결된 모든 것을 지칭하는 의미로 사용되었다. 단일꽃턱(receptaculum proprium)은 단일 꽃의 부위들을 받치고 있고, 공유꽃턱(receptaculum commune)에는 가장 다양한 형태의 꽃차례들(산형繖形꽃차례 umbel, 취산聚繖꽃차례 cyme, 육수肉穗꽃차례 spadix)을 포함시켰다.

그는 꽃의 본질은 꽃밥과 암술머리에, 열매는 씨앗에, 결실은 꽃과 열매에 있으며, 모든 식물의 본질은 결실에서 형성된다는 주장으로 결론을 맺는다. 그리고 이름이 붙여진 결실기관들의 차이에 대한 긴 목록을 덧붙였는데, 여기에는 린네가 처음 구분한 꿀샘(nectary)이 포함되어 있다.

그는 5장에서 식물에서 성의 차이에 대한 문제를 논의한다. 이 주제에 대한 그의 견해는 생각해 볼 가치도 없는 스콜라적 연역에 근

47 'corpus laterale seminis bibulum caducum'

48 [역주] 민들레와 같은 국화과 식물들의 열매(수과, 瘦果, achene)에 달린 털.

거해서 세워졌다고 이미 언급했다. 여기서는 나중에 유명해진 몇 가지 주장을 살펴보자. 그는 모든 생명체에서 서로 다른 성을 가진 개체들이 애초부터 존재했다고 봤다. “식물은 태어나고, 나이 먹고(aetas), 병들고, 죽기 때문에, 비록 감각은 없지만, 동물처럼 살아 있는 존재다. 식물도 움직이는 능력이 있고, 성적 욕망(propulsio)이 있고, 해부학적 구조가 있고, 유기적인 구조(organismus)를 갖고 있다. 이 말에 대한 간단한 설명이 있지만, 그것은 어떤 문제도 증명하지 못한다.” 그러고 나서 그는 완전히 스콜라적 논쟁에 의존한 성 이론 전체에 관해 설명한다. 이러는 와중에 난데없이 동물과 식물에서 성의 필요조건들의 유사점을 이끌어 내는 데 엄청난 분량을 할애한다. 성의 문제에 대한 앞선 문헌들을 무시한 채 린네의 스콜라적 수완에 매우 감복한 그의 추종자들이 린네를 식물의 성 이론의 창시자로 기리게 만든 것이 바로 『식물학의 철학』의 이 부분과 논문 〈식물의 혼인(Sponsalia Plantarum)〉이다. 하지만 식물학의 역사를 잘 살펴보면 린네가 이런 식으로 그 학설을 널리 퍼뜨린 데 공헌한 것은 맞지만, 그것을 만드는 데는 아무런 기여도 하지 않았다는 것이 명백히 드러난다.

우리가 지금까지 살펴본 린네의 저작들은 식물의 특징을 다루는데, 보다시피 그는 선행연구자들이 조사하고 숙고한 것들을 조합한 것 외에 더 아는 게 없었다. 그의 유별난 스콜라주의는 그가 자신의 독자들에게 전달한 귀납적 추리로 얻은 사실들과 배치된다. 하지만 그의 지적 징짐이 『식물학의 철학』이 그다음 장들에서 눈부시게 나타나는데, 이 부분은 계통식물학의 원리들을 다루고 있다. 더 이상 사실을 입증할 필요 없이 개념들을 나열하고 적소에 배치하고 요약하면 되는 이 부분에서 우리는 린네의 완전한 진면목을 보게 된다.

그는 식물과학에는 두 가지 측면, 즉 분류와 명명이 있다는 말로 시작한다. 그는 강, 목, 속을 구성하는 것은 이론적 분류이고, 종과 변종을 정하는 것이 실질적인 분류라고 한다. 체살피노, 모리슨, 투르네포르 등이 수행했던 분류 작업은 하나의 계통체계를 성립시켰다. 단순히 종을 기술하는 작업은 계통식물학을 전혀 알지 못하는 사람들도 할 수 있을 것이다. 린네의 이런 표현은 흥미롭다. 왜냐하면 그의 다른 소견들처럼 그가 더 큰 분류군을 정립하고 배열하는 것을 단순히 개별 형태(form)를 구분하는 것보다 상위에 놓았다는 것을 말해 주기 때문이다. 그의 제자들은 스승의 가르침을 까맣게 잊어버리고, 종을 수집하고 모으는 것을 계통식물학이라고 믿었다. 그는 강, 목, 속, 종, 변종과 같은 상대적 개념을 다루는 계통체계 자체를, 실용적 목적만을 위한 개괄적 관점과 대조시킨다. 그리고는 자주 인용되는 다음 문장이 나온다. "우리는 '처음에(in principio)' 창조된 서로 다른 형태들만큼의 (현재의) 종들이 있는 것으로 간주한다."[49] 이에 앞선 부분에서 그는 '처음에' 대신 '처음부터(ab initio)'라는 표현을 썼다. 시간상의 '처음' 대신에 자신의 철학적 관점과 좀 더 일치하는 이상적이고 이론적인 '처음'을 여기서 제시한 것이다. 그는 이어서, 계속되는 세대와 번식, 일상적인 관찰, 그리고 떡잎(cotyledon)을 봤을 때 새로운 종이 출현할 가능성은 없다고 단정한다.

린네 학파가 이와 같은 논란거리의 학설에 의존하면서 지금까지도 견고하게 남아 있다는 건 이해하기 힘들다. 변종에 대한 린네의 정의를 보면, 그가 근원적으로 구별되는 형태를 '종'으로 봤음을 알 수 있다. 그는 같은 종의 씨앗들에서 자라는 서로 다른 식물들만큼이나 많은 수의 변종들이 있고, 변종은 기후, 토양, 온도, 바람처럼 우연한

---

49 [역주] 현존하는 수많은 종은 애초에 창조된 그대로라는 의미.

원인으로 발생한다고 말한다. 그러나 이는 명백히 임의적 가정에 지나지 않는다. 그가 말한 모든 것들로 판단컨대, 그에게 종은 내적 본성이 다른 것이고, 변종은 외적 형태가 다른 것이다. 계통이론(진화론)이 출현하기 전까지 보편적으로 믿었던 '종불변설'이 처음으로 명확한 실체가 드러나는 이 시점에서 우리는 이 학설을 뒷받침할 증거를 요구할 필요가 있다. 하지만 하나의 법칙으로 확립된 이 학설은 어떤 증거도 제시하지 않고, 린네는 단순히 자신의 견해[50]를 다음 문장으로 피력하고 만다. "(새로운 종의 출현을 주장하는 것은) 반복되는 세대, 번식, 일상의 관찰, 떡잎을 부정하는 것이다."[51] 이 말을 새로운 종이 결코 출현하지 않는다는 주장을 '증명'하는 것으로 받아들일 수 있겠는가? 속과 그 이상의 분류군에서 근연성의 관계를 고려해야 할 때 그가 자신의 교리에 따라 어떤 놀라운 결론에 도달하는지 살펴보도록 하자. 그가 말하길, "종과 속은 자연의 산물이고, 변종은 인위적 재배의 산물이다. 강과 목은 자연적 산물인 동시에 분류 기술의 산물이기도 해서, 이런 식물의 상위 분류군은 종, 속과 같은 객관적 실체가 없고 어느 정도는 (분류학자의) 주장에 의존한다." 앞서 이 책에서 했던 것처럼, 체살피노 이후의 계통학자들과 바우힌에 이르기까지 독일 식물학의 아버지들의 공헌을 평가한 내용이 『식물학의 철학』 163번째 문단에 있는데, 여기서 그는 '습성(habit)'이라는 용어를 설명하고

50 종불변의 학설은 스콜라주의, 궁극적으로는 플라톤의 이데아론에서 유래했기 때문에, 린네가 좀 더 분명하고 의식적으로 표현하긴 했지만, 린네 이전에 이미 이 학설은 만연해 있었다. 따라서 린네가 경험 운운하는 건 설득력이 없다. 이 학설이 갖는 권력은, 최근까지도 계통학자들이 지속적으로 추종했던 플라톤-스콜라주의 철학과의 관계에 있다.

51 "negat generatio continuata, propagatio, obervationes quotidianae, cotyledones."

나서, 뛰어난 계통학자들도 놓쳐 왔던 것들을 카스파 바우힌 등 선행 연구자들이 식물의 습성으로 식물들의 근연성을 훌륭히 구분했다고 칭찬한다. 그러나 그는 식물학의 궁극적 목적인 자연 분류는 모든 강을 결정하지는 못하더라도 근대 연구자들이 발견한 결실기관에 근거해서 세워졌다고 말한다. 이런 의미에서, 속을 결정할 때 결실기관에 근거해야 하지만 중요하지 않은 특징(levi de causa)에 근거해서 부정확한 속을 만드는 것을 방지하기 위해 습성에도 주의를 기울여야 한다는 린네의 언급(168번째 문단)은 흥미롭다고 할 수 있다. 그러나 이런 습성에 대한 고려는 과학적 표징 기록을 방해하지 않게 주의해서 다뤄야 한다.

그다음 린네는 종, 속, 목, 강을 각각 구성할 때 반드시 요구되는 몇 가지 규칙을 매우 상세하게 나열하는데, 여기서 바로 누구도 필적할 수 없는 계통학자로서 린네만의 능력이 드러난다. 이러한 규칙들은 수많은 그의 기술(descriptive) 작업에서 엄격히 지켜져서 식물을 묘사하는 기법에서 질서와 명료함을 추구하는 정신을 엿볼 수 있는데, 이는 그의 선임자들이 수행했던 것들과는 확연히 다른 면모를 보인다. 『식물의 속』, 『자연의 체계(*Systema Naturae*)』 등 린네의 기술적 저작들은 모리슨, 레이, 바흐만, 투르네포르의 저작들과 비교했을 때 가히 학문적 혁명이며, 식물학이 린네의 손에 의해 하나의 과학이 되었다는 인상을 강하게 준다. 린네의 방법론과 비교해 보면, 그 이전의 모든 노력은 너무 서툴고 규칙도 없어 보인다. 린네가 식물학과 동물학 모두에 남긴 가장 위대하고 가장 오랜 영향력을 미친 공헌은 의심할 여지 없이 그가 기술의 기법에 도입한 확실성과 정확성이다.

린네가 즐겨 표현한 바대로 식물학에 개혁이 일어났을지 모르지만, 식물의 특징에 대한 지식이 그에 의해 진보했다기보다 오히려 지연되었다는 사실은 놓치지 말아야 한다. 레이, 바흐만 그리고 모리슨과 투르네포르도 부분적으로는 스콜라주의에서 꽤 탈피했으며, 이들이 진정한 자연 탐구가였다는 인상을 여전히 주고 있다. 하지만 린네는 다시 스콜라적 사고방식으로 되돌아갔고, 이것이 그의 찬란한 계통식물학적 능력과 너무나 깊이 결부되어 그의 후계자들은 이들을 분리할 수 없었다.

린네를 기술의 기법에서 개혁가로 만든 바로 그 규칙과 명료함이 스콜라주의와 결부하면서 린네는 더는 자연계통체계에 열정적 노력을 기울이지 않게 되었다. 거듭 말하지만, 1738년 초 『자연 방법의 조각들』에서 65개의 진정한 자연집단을 최초로 정립한 사람이 바로 린네였다. 그리고 자연근연성에 대한 어느 정도의 느낌이 그의 7개 분류 집단인 균류, 조류, 이끼류, 양치류, 벼류, 야자나무류, 식물류에서 보였다. 게다가 『식물학의 철학』 163번째 문단에서 그는 식물계 전체를 무(無)떡잎식물(Acotyledons), 외떡잎식물(Monocotyledons), 다(多)떡잎식물(Polycotyledons) 그리고 그 하위 집단들로 구분했는데 이는 훌륭한 성과다. 이렇게 그가 계속해서 자연분류를 향해 나아간 것은 인정되지만, 여기에는 꼭 필요한 노력과 생각이 빠져 있었다.

식물의 계통체계에 대한 두 개의 서로 다른 개념이 린네의 마음에 계속해서 공존했다. 하나는 그의 인위적 성 계통체계처럼 피상적이지만 실질적인 이용에 적합한 것이고, 다른 하나는 심오하면서 과학적 가치가 있는 것으로서 그의 『자연 방법의 조각들』과 위에서 언급한 자연집단들에 내포된 개념이다.

린네의 형태학에 대한 견해도 마찬가지라고 할 수 있는데, 여기서도 피상적인 개념과 심오한 개념이 동시에 등장한다. 그는 식물 부위들을 묘사하려는 실용적 목적으로 해당 용어들을 만들었고, 편리하긴 했지만, 용어 명명에 깊이 있는 비교형태학적 근거가 없었기 때문에 피상적으로 보였다. 그러나 저술 곳곳에서 그가 식물 형태에 대한 더 심오한 개념이 필요하다고 생각했음을 알 수 있고, 일련의 '식물의 변태(變態, metamorphosis plantarum)'에 대한 주장을 발견하게 된다. 린네의 변태론은 전적으로 우리가 이미 살펴본 체살피노의 견해에 근거했다. 하지만 린네는 원본을 단순히 베낀 게 아니고, 체살피노 방식에서 더 발전시키려고 노력했다. 예를 들어, 그는 잎과 꽃의 기관들이 줄기의 조직에서 유래했다고 생각하기도 했지만, 꽃의 기관들이 단순히 잎이 변형된 것이라고도 생각했다. 그의 『식물학의 철학』 마지막 쪽을 보면, 이 변태론은 다소 혼란스럽다. 여기서 그는 초본식물의 식물체 전체는 뿌리 골수질의 연속이라고 말한다. 체살피노가 가르쳤던 것처럼, 꽃과 잎은 둘 다 속(pith)을 둘러싼 조직층에서 발생하기 때문에 그 본질은 같다고 봤다. 눈(bud)과 잎의 본질이 같다는 그다음 주장은 체살피노와는 차별화된 것이지만, 눈이 어린잎들로 이루어져 있다는 설명 없이는 앞뒤가 맞지 않는 말이다. 게다가 이 견해는 눈의 축 부분에 대한 문제를 놓치게 한다. 그는 꽃덮개(floral envelop)[52]는 어린잎들이 합해져서 만들어진다고 말했다. 린네가 말년에 얼마나 체살피노에 심취했는지는 체살피노의 이론에서 그대로 가져온 꼬리모양 꽃차례(catkin)에 대한 설명에서 볼 수 있다. 형태에 대한 린네의 고찰에서 좀 더 피상적인 개념과 좀 더 심오한 개념이 서로 조정되지 않은 점이 『식물학의 철학』 84번째 문단에서 특히 잘 드러난다. 여기서 그는 '받침잎(stipulae)'을 '잎(folia)'이 아닌 '받침(fulcra)'의 개념에 포함시킨다. 한편, 변태에 대한 여러 문단을 함께 묶은 같은 책 말미에서,

52 [역주] 꽃받침과 꽃잎.

그는 '받침잎'을 잎의 부속지라고 말한다. 열매를 둘러싸고 있는 꽃의 부위들은 보통의 잎처럼 속을 둘러싼 조직으로부터 나온다는 체살피노의 개념은, 린네가 『학문의 즐거움』(1759) 4권의 '식물의 변태'에서 아주 이상한 방식으로 발전시켰다. 그는 꽃의 형성을 동물 특히 곤충의 변태와 비교했는데, 동물에서 일어나는 변화를 기술한 다음 370쪽에서 식물도 비슷한 변화를 겪는다고 말한다. 동물의 변태는 서로 다른 껍질을 벗어 내면서 궁극적으로 진정하고 완벽한 형태를 드러내는 과정이다. 대부분의 식물에서도 이런 변태가 관찰되는데, 식물들은 최소한 뿌리, 껍질부, 인피(부름켜+체관부), 목질, 속과 같이 진정으로 살아 있는 부위들로 이루어져 있기 때문이다. 식물의 껍질부는 곤충 애벌레의 피부에 해당한다. 애벌레가 이 피부를 벗어 내면 벌거벗은 곤충이 남게 된다. 식물에서 꽃이 만들어질 때, 껍질부가 열리고 꽃받침이 형성되고(이는 정확히 체살피노의 견해다), 여기서 식물의 내부 조직들이 꽃을 만들어 내는데, 인피, 목질, 속이 알몸으로 나와 꽃잎, 수술, 그리고 암술머리를 형성한다. 식물이 껍질부 안에 감춰져 있고 잎들에 둘러싸여 있는 한, 애벌레 상태에서 피부로 감싸져 있는 나비처럼 알아볼 수 없고 모호해 보인다.

린네가 체살피노에 근거해서 세운 이 변태론에서 눈여겨볼 점은 보통의 잎은 꽃을 구성하는 바깥 부위들과 같다는 견해인데, 왜냐하면 둘 다 줄기의 외부 조직들에서 생성되기 때문이다. 현미경 없이도 쉽게 관찰할 수 있는 사실은, 껍질부, 목질, 속이 외부에서 내부로 동심원상으로 배열해 있는 형태는 특정 꽃식물에서만 관찰되며, 외떡잎식물의 경우는 상당히 달라서 체살피노의 이론을 이 경우에 적용할 수 없다는 점이다. 독특한 사고방식을 가진 린네가 이러한 사례들까지 고려했을 것 같지는 않다.

린네에게 탄탄한 경험론적 토대가 없다는 것은 다음 사실로도 알 수 있다. 린네는 자신의 것이자 체살피노의 것이기도 한 꽃에 대한 이론을 또 다른 견해와 결합시켰다. 이 결과는 〈식물의 선행발달(prolepsis plantarum)〉이라는 제목으로 1760년과 1763년에 두 차례의 논문으로 발표되었지만, 그 두 이론은 서로 거의 양립하기 힘들 정도이다. 『식물학의 철학』 마지막 단락에서는 "꽃은 일 년 중 잎보다 먼저 발생한다."[53]라고 언급하는 한편 위 논문에서는 꽃이 곧 잎이라고 하면서 둘의 동시 발생을 주장하는데, 여기에서의 잎은 6년간에 걸쳐 형성되는 꽃눈을 구성하는 작은 잎들을 말한다. 즉, 식물의 꽃눈에서 2년차에 펼쳐질 잎은 싸갯잎(bract)이 되고, 3년차 잎은 꽃받침이, 4년차 잎은 꽃잎이, 5년차 잎은 수술이, 6년차 잎은 암술이 된다는 식이다. 린네는 '선행발달' 이론을 뒷받침할 근거를 제시하지 않았고, 우리는 또다시 린네가 정확한 관찰 없이 임의적인 가정의 틀에서 이론을 세우는 것을 보게 된다.

같은 맥락에서 우리는 린네에게서 일상 지각에 의존한 피상적 견해와 심오한 철학적 견해가 병존하는 것을 세 번째로 발견하게 된다. 이는 그가 한편으로는 종불변설을 염두에 두면서 다른 한편으로는 자연근연성과 그 점진적 변화를 설명해야 할 때 드러난다. 별로 중요하지 않은 그의 자질구레한 설명들은 차치하고, 일단 린네는 종불변을 뒷받침할 어떤 제대로 된 증거도 제시하지 않았으면서 죽을 때까지 이것을 믿었다. 단지 일상적 느낌으로 봤을 때 종이 변하지 않는다는 말만 했을 뿐이다. 그러나 린네의 주장 중 중요한 하나는 속, 목, 강은 단순히 말로 만든 것이 아니라 실재하는 근연성을 나타내는 것

53 "Flos ex gemma annuo spatio foliis praecocior est."

이라는 주장이며, 그는 이를 반복해 강조한다. 그가 난제를 해결하는 방식은 특히 유별나다. 속(pith)이 식물 생명력의 본질이라는 낡은 선험적 관념에 근거해서, 그리고 유성생식은 꽃받의 목질이 암술의 속물질(pith substance)과 결합하는 것이라는 가성에 근거해서 자신의 이론을 설명하는데, 이러한 스콜라적 사고방식은 현대 과학과 부합하지 않는다. 휴고 폰 몰(Hugo von Mohl)은 1870년에『식물학 저널(*Botanische Zeitung*)』46권에서 이 문제를 명확히 설명했다. 하지만 폰 몰이나 비간트(Wigand) 그리고 린네의 전기작가들 대부분도 린네의 이론이 모두 체살피노에서 유래한 것이라는 사실을 모르는 것 같았다. 1762년에 〈결실과정의 기초(Fundamentum Fructificationis)〉, 1764년에『식물의 속』6판에서 제시한 린네의 자연근연성에 대한 이론은 다음과 같다. 식물들이 창조될 때(in ipsa creatione), 하나의 종은 각 자연 질서를 대표하는 것으로 만들어졌으며, 바로 그 자연 질서에 상응하는 이러한 식물종들은 습성과 결실에 있어서 완전히 구별된다. 또한, 1764년의 교신에는 다음과 같은 언급이 보인다.

1. 태초에 창조주께서 식물의 골수(중심, 속)를 다양한 피질(껍질부) 요소들로 둘러싸셨고, 이로부터 자연 질서에 따라 많은 다양한 형태의 개체들이 탄생했다.
2. 전능한 자는 강(class)의 식물들을 서로 혼합하여 속(genera)과 목(orders)에 해당하는 식물들을 만들었다.
3. 자연은 속(genera)을 혼합하여 오늘날 존재하는 만큼의 관련 종들을 만들었다.
4. 우연은 종(species)을 섞어 흔히 보이는 많은 변종들을 만들었다.

현대의 진화론과 비슷한 견해가 위 문장들에 담겨 있다는 호이플러(Heufler)의 가정을 폰 몰은 단호히 거부했다. 아리스토텔레스, 테오프라스투스, 체살피노의 개념들을 알고 있는 사람이라면 누구나, 린네가 그의 관념 세계에서 '식물 골수'와 '피질'을 무엇으로 이해했는지를 명확히 알 것이다. 그는 한순간도 식물을 가장 단순한 구조체라고 여기지 않았다. 린네에 따르면, 두 가지 표현 모두 창조자가 처음부터 결합해 놓은 식물체의 원래 요소들을 가리키는 것이다. 가장 단순한 구조부터 가장 복잡한 구조의 식물들 모두 동시에 창조되었다고 그는 가정했다. 어떤 새로운 식물도 나중에 창조되지 않았으나, 창조자의 행위로 기존의 식물들이 섞이면서 새로운 형태가 만들어진 것이다. 이러한 자연적인 혼합으로 종이 탄생하는 한편, 변종은 종의 우연한 일탈로부터 만들어진다. 그러나, 이러한 혼합화 또는 잡종화에서 꽃가루를 제공하는 한 형태(종)의 목질이 또 다른 형태의 속 물질과 결합, 즉 수정된다는 것을 눈여겨볼 필요가 있다. 이 가상의 교배에서 섞이는 것은 식물의 두 가지 원소인 골수와 피질이다.

린네의 이론이 현대 진화론의 뿌리가 아니라, 오히려 그 반대라는 데 어떤 증명도 더는 필요하지 않다. 이 이론은 온전히 스콜라주의의 소산일 뿐이다. 한편, 다윈 진화론의 핵심 내용에서는 전혀 스콜라적인 요소들을 발견할 수 없다.

3장

자연체계의 발전

(1759-1850)

1750년부터 식물기관들에 대한 린네식 용어와 종을 명명하는 그의 이명법이 일반화되었다. 그때까지 어느 정도 남아 있던 린네의 학설에 대한 반대도 이제 사라졌다. 그가 가르쳤던 것들이 모두 보편적으로 받아들여지지는 않았지만, 식물을 기술하는 그의 기법은 식물학자라면 누구나 사용하는 도구가 되었다.

그러나 시간이 지나면서 두 가지 매우 다른 경향이 발전하기 시작했다. 독일, 영국, 스웨덴에서는 린네의 언명을 엄격히 지켜 얼마나 많은 종을 알고 있느냐에 따라 식물학자의 능력을 평가했다. 이들은 린네의 성 체계가 모든 면에서 식물과학을 완성시켰다고 여겼으며, 식물학이 린네에 이르러 정점에 도달했기에, 더 이상의 개선이나 추가는 그 체계의 거친 부분을 다듬거나 새로운 종을 수집하고 기술해 가면서 단지 미세한 수준에서나 이루어지면 된다고 생각했다. 이런 상황이 낳은 필연적인 결과는 식물학이 가던 과학의 길이 멈췄다는 것이다. 심지어 린네가 예술의 경지로 끌어올린 식물 묘사 기법은 후계자들의 손에서 다시 느슨해지고 소홀해졌다. 식물의 부위들에 대한 형태학적 조사 대신에, 과학적 의미의 깊이가 결여된 끝도 없는 전문용어들만 축적되어, 급기야 식물학 교과서는 과학 논문이 아니라 라틴어 사전처럼 되어 갔다. 1804년에 에르푸르트(Erfurt)에서 출판된 베른하르디(Bernhardi)의 『식물학 서설(*Handbuch der Botanik*)』을 보면 이 말이 무슨 뜻인지 알 수 있다. 베른하르디는 당시 독일 식물학 최고의 대표자였다. 린네의 권위 아래 식물학, 특히 독일의 식물학이 어떻게 점차 안이하고 무미건조한 딜레탕티즘으로 쇠퇴하게 되었는지는 『식물상(*Flora*)』이라는 식물학 정기학술지에서 잘 드러난다. 그 초기 권들은 19세기 전반 50년 대부분을 다루고 있는데, 교육을 받은 사람이라면 이런 쓸데없는 문제에 몰두하진 않았을 것이다. 그 원뜻을 완전히 왜곡하면서도 스스로를 계통학자라고 칭했던 이런 과학자들, 우둔한 식물 수집가들을 자세히 설명하는 것은 쓸데없이 힘을 낭비하는 일이 될 것이다. 이러한 린네의 신봉자들이 유럽과 지구 곳곳의 식물상을 조사함으로써 식물학에 어느 정도 공헌한 것은 사실이나, 자신들이 수집한 자료에 대한 과학적 설명은 다른 사람들에게 전가했다.

이 악덕이 아주 광범위하게 퍼지기 전에 새로운 방향의 계통식물학과 형태학이 프랑스에서 시작했다. 여기서 성 계통체계는 결코 환영받지 못했다. 린네의 심오하고도 올바른 과학적 노력을 따른 베르나르 드 쥐시외와 그의 조카 앙투안 로랑 드 쥐시외는, 린네가 식물학 최고의 목적이자 일생일대의 과업이라고 주장한 자연계통체계를 완성하기에 이른다. 여기에는 개별 식물들이 무한 반복되는 기술(description) 이상의 것이 필요했다. 더 상위의 자연집단을 구성하기 위해서, 식물 구조 특히 결실기관의 부위들에 대한 더 정확한 탐구가 요구되었다. 그것은 따라서 새로운 귀납적 탐구, 진정한 물질적 실체 기반의 과학, 생물체의 비밀을 관통하는 문제였다. 한편, 린네의 묘사 기법만을 따르던 식물학자들은 식물의 본질에 관해서는 어떤 새로운 발견도 하지 못했다. 이들이 린네의 언명을 잘 지켰고 그래서 자신들은 린네의 진정한 제자라고 여겼을지 모르지만, 자연계통체계의 창시자들은 린네의 명명법과 표징 기록 방법을 따랐기 때문이 아니라 린네가 과학의 최우선에 놓았던 자연계통체계의 구성이라는 목적을 성취하려고 애썼기 때문에 그 창시자라는 이름을 얻게 된 것이다. 이들이 바로 린네가 말한 '방법론적인(methodici)' 그리고 '체계적인(systematici)'이라는 의미를 수행한 사람들이었다. 독일, 영국, 스웨덴의 식물 채집가들은 린네의 덜 심오하고, 일상적이며, 실용적인 면을 따른 반면, 자연계통체계의 창시자들은 린네의 더 깊은 궤적을 따랐다. 이런 방향은 진정한 힘을 가지고 미래를 차지하게 되었다.

쥐시외, 게스트너(Joseph Gästner), 드캉돌, 로버트 브라운(Robert Brown)과 이들의 후계자인 엔틀리허(Endlicher)와 린들리(Lindley)는 자연계통체계에 따라 진정한 자연근연성의 점진적 변화를 보여 주는 일만 한 것이 아니다. 이들의 또 다른 공통된 특징은 린네가 정의한 종불변설을 철석같이 믿었다는 것이다. 여기서 이들의 노력은 한 번에 무너지고 만다. 자연계통체계가 전적으로 의존하는 자연근연성의 개념은 종불변성을 믿는 모든 이들에게 필연적으로 수수께끼로 남게 되었다. 어떤 과학적 의미도 이 기이한 개념과 연결될 수 없었다. 그럼에도 근연성을 탐구하면 할수록, 종, 속, 그리고 과들을 연결하는 모든 관계성은 더욱 명확해져만 갔다. 드캉돌은 비교형태학을 통해 근연성을 매우 명료하게 드러내 보였다. 하지만 종불변설이 연관된 두 생물 사이의 실질적이고 객관적인 모든 관계성을 단절시키는 한, 이러한 것들을 어떻게 이해할 수 있겠는가? 근연성이 인정되더라도 (종불변설을 신봉하는 한) 그로부터 실제로 얻을 수 있는 과학적 이해는 거의 없었다. 또한 이런 근연성을 설명하려면 임의적이고 비유적인 의미들로 이루어진 막연한 표현에 의존해야 했다. 린네가 강식물(class-plant) 또는 속 식물(generic plant)을 말할 때 '대칭 계획(plan of symmetry)' 또는 '유형(type)'이라는 표현을 사용했는데, 이는 이상적인 원형(original form)을 의미하는 말로 무수히 많은 연관된 형태가 여기서 파생될 수 있다. 이런 이상적인 형태가 실제로 존재하는지, 또는 이것이 단순히 지적 추상 개념인지는 아직 알 수 없다. 이렇게 철 지난 철학이 재등장하게 되었다. 단순한 추상 개념이자 오성(悟性, 이해)의 산물에 지나지 않지만, 플라톤의 이데아는 플라톤학파만 중시한 것이 아니라, 스콜라학파의 이른바 실재론자들도 그것을 실재하는 것으로 취급했다. 계통학자들은 추상을 통해 한 유형의 이데아를 얻은 다음, 간단하게 플라톤주의에 따라 추상의 산물에 객관적 실체를 부여하고, 그 유형을 플라톤적 이데아로 간주했다. 이것은 종불변설이 적용되는 한 유일하게 가능했던 견해였고, 그래서 프리스(Elias Fries)는 1835년 그의 『식물들(*Corpus Florarum*)』에서 자연계통체계를 말하면서 일관되게 "어떤 초자연적인 것이 있다."라고 했으며, 계통체계의 각 분류군은 "어떤 이데아(이상형)를 나타낸다."라고 주장했다. 종의 불변성을 고수하는 한, 프리스가 도출한 결론에서 벗어날 도리가 없는 동시에 계통식물학은 더 이상 자연을 과학적으로 설명하지 못한다. 그 교리를 추종함에 따라 필연적으로 이런 결론에 이르게 된 계통학자들은 자연계통체계를 통해 창조주의 생각인 창조의 계획을 표현하려고 생각했던 것 같다. 이런 식으로 흘러가면서 계통식물학은 신학적 관념과 섞이게 되었다. 그리고 진화론에 대한 초기의 미약한 시도들이 전문 계통학자들로부터 완고하다 못해 광적인 반대에 직면하게 된 것이 쉽게 이해가 간다. 이들 계통학자들은 계통체계를 자연보다 더 상위에 있는 무언가, 즉 이들이 가진 종교의 한 요소로 여겼다. 다시 되새겨

보면, 이런 견해들은 종불변설에 근거한다는 것을 알게 된다. 반면 린네의 『식물학의 철학』은 이 교리가 어떤 토대 위에 세워졌는지를 다음과 같이 가르쳐 준다. "세대의 지속성, 번식, 일상적인 관찰, 그리고 떡잎에 근거해서 봤을 때, 식물에서 새로운 종이 출현할 가능성은 부정된다."

이 모든 것에도 불구하고, 쥐시외의 후계자들은 한 가지 중요한 진보를 성취했다. 속이나 과 같은 상위 분류군은 린네가 확실하고 정확하게 정해 놓은 종과 속의 경계에 의해 정의되었으며 고유한 특징들이 부여되었다. 이들은 또한 외떡잎식물과 쌍떡잎식물처럼 자연근연성의 토대 위에 만들어진 다양한 상위 분류군을 명확히 구분하는 데도 성공했다. 민꽃식물과 꽃식물을 구분하는 판정 기준도 어느 정도 향상되었지만, 민꽃식물 전체를 꽃식물에 포함시키려고 시도했기 때문에 문젯거리로 남게 되었다. 최소한 이 시기 초기에 계통식물학의 진보를 가로막은 장애 요인은 린네의 용어로 명문화된 결함투성이의 형태학과 그의 변태론에 있었다.

위대한 진보는 19세기 초 드캉돌이 세운 '식물 대칭성의 원리'에 의해 이루어졌다. 이 원리는 이름 때문에 저평가되어 왔지만, 이것이야말로 비교형태학이고, 위대한 결과들이 나왔던 융의 시대 이래 처음으로 해당 분야에서 진지한 시도가 이루어진 사례다. 현재 모든 식물학자들이 꿰뚫고 있는 가장 중요한 일련의 형태학적 진리는 1813년 드캉돌의 대칭성 원리에 기초한다. 하지만 로버트 브라운을 제외하고, 쥐시외와 드캉돌뿐 아니라 이 시대 모든 계통식물학자들이 놓친 것이 하나 있었다. 그것은 '발달'이었다. 이 시기의 형태학과 계통식물학은 성체의 형태적 비교를 통해 매우 중요한 많은 형태학적 사실을 밝혀냈다. 하지만 다 자란 생물체만 비교하면, 비교하는 기관들이 이미 제한된 생리적 기능에 적응해 있고 이들의 진정한 형태학적 특징이 종종 완전히 모호해지는 상황이 발생해서 형태학적 고찰이 교란될 수 있다. 한편 식물의 기관이 어릴수록 이러한 난관이 덜한데, 이것이 바로 발달과정이 형태학에 중요한 진짜 이유다. 성체의 형태 연구를 통해 형태학이 진행된 것이 바로 우리가 언급하고 있는 이 시기의 특징이라고 할 수 있다. 1840년까지는 전 발달과정 또는 발달 초기의 모든 단계를 설명할 수 없었다. 발달 초기부터 기관의 생장을 추적하는 데 꼭 필요했던 현미경 기술이 이때까지는 충분히 발전하지 못했기 때문이다. 종불변성을 전제로 한 자연근연성의 성립, 발달과정 없는 비교형태학의 성장, 그리고 민꽃식물에 대한 낮은 관심이 이 시대를 대표하는 특징이고, 이제부터 이들을 자세히 살펴보도록 하자.

여기서 우리는 자연근연성을 표현할 수 있는 계통체계는 체살피노나 그 추종자들이 추구했던 방법으로는 얻을 수 없다는 것을 린네가 처음으로 인지했다는 사실을 다시 한 번 상기할 필요가 있다. 『식물의 분류』(1738) 이후 출판된 린네의 저작들을 열심히 공부한 사람이라면 누구나 옛날 방법과 린네의 방법의 차이를 알 수 있을 것이다. 이 차이는, 린네 역시 선행연구자들처럼 이미 결정된 분류원칙에 근거해서 인위적 계통체계를 세웠고 이것을 항상 실용적 목적으로 사용했다는 것이다. 한편, 앞선 책에서 자연계통체계인 『자연 방법의 조각들』을 발표하는 동시에 그 서문에서는 자연체계와 인위적 체계의 특징들을 극명한 대비를 통해 설명했다. 그는 『자연 방법의 조각들』 서문에서 말하길, "계통식물학에서 처음이자 마지막으로 요구되는 것은 '자연 방법론(natural method)'으로서, 경륜이 얕은 식물학자들은 이를 등한시하지만 명민한 사람들은 항상 이를 중요시했다. 하지만 아직 이 방법론은 발견해야 할 대상이다." 계속해서 그는 "기존의 모든 계통체계들에서 (1738년까지) 정립한 자연 목들(natural orders)을 모두 살펴봤을 때, 체계마다 이들이 '자연스럽다'고 주장하지만, 사실 여기서 진정으로 연관된 식물들은 소수에 지나지 않는다."라고 말한다. 린네 자신도 자연 방법론을 찾으려고 오랫동안 노력했으며 새로운 뭔가를 찾기도 했다. 그가 이 방법론을 완성하는 데 성공하지는 못했지만, 생을 다하는 순간까지 노력을 멈추지 않았다. 그리고 그는 다음과 같은 매우 중요한 견해를 밝혔다. "자연 방법론을 위해 필요한 선험적 분류기준인 검색표(key)는 모든 식물의 목(order)이 정해지기 전까지는 제공될 수 없다. 그래서 이 선험적 원칙은 아무 가치도 없고, 결실기관의 부위들도 마찬가지다. 하지만 단순한 대칭성(simplex symmetria)이라는 특별한 표식은 예외적으로 중요하다." 그는 자연체계의 실마리를 찾고자 하는 사람에게 (특히 씨앗과 씨앗의 생장점에서) '기관의 상대적인 위치'보다 더 보편적 가치를 갖는 것은 없다고 제안한다. 이 견해는 명백히 체살피노를 인용한 것이다. 린네는 목(order)을 구성하지 강(class)은 만들지 않는다고 했지만, 일단 목이 구성되면 강은 쉽게 찾아진다고 했다. 이 문장들보다 린네 시대 자연체계의 정수를 더 명료하게 설명할 수는 없다. 1738년에 린네는 자연 목들을 65개로 구성해서 처음에는 이들에 번호를 매겨 단순히 나열했지만, 1751년 『식물학의 철학』 초판에서는 목을 67개로 늘려 각 목에 고유 이름을 붙였다. 그리고 그는 실제로 특징적인 표식에 근거해서 이름을 부여하거나, 더 좋게는 하나의 속을 선택해서 그 분류군 전체를 대변할 수 있도록 이름을 변형했다. 분류군의 범위나 내용이 많이 바뀌긴 했지만, 다수의 이런 명칭들은 아직도 사용한다. 이런 명명 방식은 중요한데, 한 분류군에 속하는 다양한 속들이 어느 정도는 그 이름을 따온 속에서 유래된 형태라는 개념을 표현하기 때문이다. 개별 속 중에 소속이 틀린 것이 자주 발견되긴 하지만, 린네가 구성한 많은 목은 실제로 자연 근연성을 보이는 집단이다. 어쨌든, 린네의 『자연 방법의 조각들』은 1738년, 심지어 1751년까지 제시된 것 중에서도 가장 자연스러운 체계다. 분류군들이 상충하지 않고, 엄격한 경계로 정의되고, 이름에 의해 고정된다는 점에서 린네의 체계는 카스파 바우힌의 목록과는 구별된다.

린네의 목록은 외떡잎식물, 쌍떡잎식물, 민꽃식물 순으로 배열했다는 것이 특징이다. 융과 바흐만은 일찌감치 폐기했으나, 투르네포르와 레이까지도 유지되었던 목본과 초본으로 구분하는 낡은 방식이 린네의 자연체계에서 사라졌고, 그 후 이 고대의 잘못된 유산은 영원히 추방되었다.

베르나르 드 쥐시외[1]의 1759년 분류체계에서는 명명법, 집단 묶기, 계통에 몇 가지 개선점이 보이지만, 동시에 자연근연성을 거스르는 일탈도 꽤 있다. 그는 이 체계를 뒷받침하는 어떤 이론적 배경도 제시하지 않았지만, 트리아농 왕립정원(Royal Garden of Trianon) 식물들을 정리한 정원 일람표에서 식물의 근연관계에 대한 견해를 표현했다. 그의 조카는 1789년에 자신의 저술 『식물의 속(*Genera Plantarum*)』에 삼촌의 목록을 1759년도로 소급해서 출판했다. 이것과 린네의 『조각

---

1 Bernard de Jussieu. 1699년 리옹에서 태어났으며, 처음에는 의사였으나, 세바스티앵 바양(Sébastien Vaillant)의 중재로 파리에 갔고, 바양 사후 왕립정원의 교수이자 실습 시연자가 되었다. 그와 페이소넬(Jean-André Peyssonnel)은 산호가 식물이 아니라고 주장한 최초의 학자들에 포함된다. 그의 찬사(〈Histoire de l'Académie Royale des Sciences〉, 파리, 1777)에서 그는 자신의 자연 과(family)들을 린네의 『조각들(*Fragment*)』에 근거해서 세웠다고 각별히 언급했다. 1777년에 사망했다.

들』의 차이점은 특별히 언급할 정도는 아니다. 단지, 쥐시외의 목록에서는 민꽃식물로 시작해서 외떡잎식물, 쌍떡잎식물, 그리고 구과류 순으로 되어 있다는 점에 주목할 필요가 있다. 베르나르 드 쥐시외보다 앞섰다는 아당송(Adanson)의 주장은 별로 중요하지 않아서 생략하도록 한다.[2] 아당송이 자연계통체계 발전에 기여한 바는 그다지 크지 않다. 자연계통체계의 진정한 본질과 그를 위한 진정한 연구 방법론에 대한 그의 시야가 얼마나 좁았는지는 다음과 같은 사실에서 알 수 있다. 그는 단지 개별 특징들에 근거해서 겨우 65개의 인위적인 체계를 만들었다. 그리고 자연근연성은 이 체계의 궁극적 산물로서 저절로 모습을 드러낼 것이라고 생각했다. 하지만 체살피노 이래 제시된 체계들을 한 번 살펴보기만 해도 이런 방법은 별 도움이 되지 않는다는 것을 충분히 알 수 있다.

앙투안 로랑 드 쥐시외[3]는 자연계통체계의 첫 번째 위대한 진보를 가져온 사람이다. 이미 살펴봤듯이, 그나 그의 삼촌은 자연계통체계를 처음 발견하거나 창시한 사람은 아니다. 하지만 그의 진가는, 그 자신은 목이라고 불렀지만 과에 해당하는 작은 분류집단을 구분하는 데 필요한 특징들을 부여했다는 데 있다. 이 시점에서 바우힌이 어떻게 최초로 특징을 부여한 종을 구성하고 특징이 부여되지 않은 속을 명명했는지, 어떻게 투르네포르가 속의 경계를 정의했는지, 어떻게

---

2 Michel Adanson, *Histoire de la Botanique*, Paris: Masson, 1864, p. 36.

3 Antoine Laurent de Jussieu(1748-1836). 리옹에서 태어나 1765년에 파리에 있는 삼촌 베르나르에게 갔다. 1790년에 시의원이 되었고, 1792년까지 병원 원장을 지냈다. 1802년에 Annales de Muséum이 세워졌을 때 식물학 연구를 다시 시작했다. 1826년에 그의 아들 아드리앵이 그의 박물관 직을 승계했다. 브롱냐르(Alexandre-Théodore Brongniart)가 쓴 *Annales des Sciences Naturelles* 7권(1837)에서 그의 생애를 살펴볼 수 있다.

앙투안 로랑 드 쥐시외

린네가 속들을 묶었고 이 집단에 특징을 부여하지 않고 단순히 이름만 붙였는지, 그리고 마지막으로 어떻게 A. L. 드 쥐시외가 현재까지 인정받고 있는 과들에 특징을 부여했는지를 상기해 보는 건 흥미로운 일이다. 그래서 식물학자들은 어느 정도 비슷한 형태들로부터 공통 특징들을 도출(추상)해 내는 법을 배웠다. 이런 식으로 구성되는 분류집단들은 계속 확대되었고, 개별적인 것에서 보편적인 것으로 진행하는 귀납적 과정이 완성되어 갔다.

과에 특징을 부여한 것만으로 A. L. 드 쥐시외를 칭송하는 건 그의 업적을 과소평가하는 것이다. 물론 이 작업이 얼마나 어려운 일인지를 아는 사람에게는 이 칭송이 결코 작은 것이 아닐 것이다. 어떤 특징들이 한 자연집단의 공통 특성인지를 발견하려면 매우 세심하고도 긴 시간의 연구가 필요하다. 쥐시외의 수많은 모노그래프를 보면 그가 얼마나 성실하게 그 일에 매진했는지를 알 수 있다. 이에 더해, 그는 린네와 그의 삼촌이 정립한 과들, 그리고 이들이 그 과에 적용한 범위를 단순히 수용하는 데 만족하지 않고, 그 경계를 수정함으로써 많은 새로운 과들을 만들어 냈으며, 처음으로 이들을 더 큰 분류집단인 강(class)으로 묶으려고 시도했다. 하지만 이는 성공적이지 못했다. 그리고 이 강들을 식물계의 가장 큰 분류군인 문(門, division)으로 묶는 시도 역시 성공적이지 못했다. 왜냐하면 문은 명백히 인위적이었기 때문이다. 반면, 그가 최초로 식물계 전체를 세 개의 가장 큰 집단으로 나눈 무떡잎식물, 외떡잎식물, 쌍떡잎식물은 자연스럽다. 하지만 이 분류집단들은 이미 레이, 린네, 마지막으로 B. 드 쥐시외의 목록에 부분적으로 반영되어 있었다. 그럼에도 불구하고, 처음으로 식물계 전체를 더 큰 분류군과 그에 부속하는 점차 작아지는 분류군으로 만들어 최종적으로 동위의 작은 분류군의 목록을 구성하려고 시도했다는 점은 조카 쥐시외의 위대하고도 길이 남을 업적이다. 린네조차도 이런 작업은 자신의 능력 밖이라고 분명한 어조로 말한 바가 있으니 말이다. 이렇게 A. L. 드 쥐시외의 체계는 식물계의 가장 큰 분류군인 문의 근연성에 결코 만족스런 통찰력을 주지는 못했지만, 나중에 자연 방법론적 분류가 진보하는 데 기초가 된 많은 중요한 관점에 길을 터주었다. 이런 의미로 다음 표에서 A. L. 드 쥐시외의 체계를 살펴볼 필요가 있다.

레이는 민꽃식물을 불완전꽃식물(Imperfectae)에 포함했는데, 이 표에서 쥐시외는 민꽃식물(여기서 무떡잎식물)을 꽃식물 전체에 대비되는 집단으로 여기지 않았다. 오히려 그는 무떡잎식물을 외떡잎식물, 쌍떡잎식물과 동급의 강으로 취급했다. 그러나 이 오류를 비롯해 비슷한 오류들이 1840년까지 모든 계통식물학에서 지속되었다. 네겔리와 호프마이스터가 발생학적 연구를 통해 정립한 형태학에서 처음으로 민꽃식물을 외떡잎식물, 쌍떡잎식물과 동급인 여러 문으로 분리했다. 동시에, 린네의 민꽃식물이란 용어 대신 무떡잎식물이란 용어를 사용했다는 점은 쥐시외가 떡잎의 계통학적 가치를 과대평가했음을 말해 준다. 그의 『식물의 속』 서문을 보면, 그는 민꽃식물 포자와 꽃식물 씨앗의 엄청난 차이점을 알지 못했다. 생식기관에 대한 쥐시외의 개념은 본질적으로 린네와 같다. 민꽃식물을 꽃식물의 구도에서 판별하고 그들만의 특징을 인지하지 못했기 때문에, 그는 실질적으로 '없는 특징'을 기준으로 민꽃식물을 묘사할 수밖에 없었다.

A. L. 드 쥐시외의 체계(1789)

앞의 표에서 꽃식물들이 강으로 어떻게 나뉘는지 알 수 있지만, 놀라운 점은 씨방하생(-下生, hypogynous), 씨방주생(-周生, perigynous), 씨방상생(-上生, epigynous)의 삼중 구분이 최소한 네 번은 반복된다는 것이다. 이는 쥐시외가 꽃식물을 분류하는 데 이 특징들의 가치에 대해 잘못된 개념을 갖고 있었음을 보여 주는 것이다. 이 체계를 좀 더 정확히 평가하기 위해 그가 구성한 100개의 과들을 살펴볼 필요가 있다.

Class I.
1. Fungi
2. Algae
3. Hepaticae
4. Musci
5. Filices
6. Naiades

Class II.
7. Aroideae
8. Typhae
9. Cyperoideae
10. Gramineae

Class III.
11. Palmae
12. Asparagi
13. Junci
14. Lilia
15. Bromeliae
16. Asphodeli
17. Narcissi
18. Irides

Class IV.
19. Musae
20. Cannae
21. Orchides
22. Hydrocharides

Class V.
23. Aristolochiae

Class VI.
24. Elaeagni
25. Thymeleae
26. Proteae
27. Lauri
28. Polygoneae
29. Atriplices

Class VII.
30. Amaranthi
31. Plantagines
32. Nyctagines
33. Plumbagines

Class VIII.
34. Lysimachiae
35. Pediculares
36. Acanthi
37. Jasmineae
38. Vitices
39. Labiatae
40. Scrophulariae
41. Solaneae
42. Borragineae
43. Convolvuli
44. Polemonia
45. Bignoniae
46. Gentianeae
47. Apocyneae
48. Sapotae

Class IX.
49. Guajacanae
50. Rhododendra
51. Ericae
52. Campanulaceae

Class X.
53. Cichoraceae
54. Cinarocephalae
55. Corymbiferae

Class XI.
56. Dipsaceae
57. Rubiaceae
58. Caprifolia

Class XII.
59. Araliae
60. Umbelliferae

Class XIII.
61. Ranumculaceae
62. Papaveraceae
63. Cruciferae
64. Capparides
65. Sapindi
66. Acera
67. Malpighiae
68. Hyperica
69. Guttiferae
70. Aurantia
71. Meliae
72. Vites
73. Gerania
74. Malvaceae
75. Magnoliae
76. Anonae
77. Menisperma
78. Berberides
79. Tiliaceae
80. Cisti
81. Rutaceae
82. Caryophylleae

Class XIV.
83. Sempervivae
84. Saxifragae
85. Cati
86. Portulaceae
87. Ficoideae
88. Onagrae
89. Myrti
90. Melastomae
91. Salicariae
92. Rosaceae
93. Leguminosae
94. Terebinthaceae
95. Rhamni

Class XV.
96. Euphorbiae
97. Cucurbitaceae
98. Urticae
99. Amentaceae
100. Coniferae

Naiades를 제외하고 민꽃식물과 외떡잎식물에 대한 쥐시외의 구분은 상당히 만족스럽다. 반면에, 쌍떡잎식물들의 분류는 대체로 성공적이지 못하다. 이는 주로 꽃의 부위들의 상대적 위치(부착점), 즉 씨방하생, 씨방주생, 씨방상생에 너무 큰 비중을 두었기 때문이다. 이 계통체계의 약점은 바로 과들을 이런 방식에 근거해 강으로 묶은 데 있다. 이는 완전히 인위적이라고 할 수 있다. 따라서 그의 계승자들이 해온 일은 대부분 잘 정립된 이 꽃식물들, 특히 쌍떡잎식물의 과들을 더 큰 분류군으로 묶는 것이었다. 하지만 형태학이 계통식물학에 새로운 관점을 갖게 해줄 때까지 그 노력은 성공적이지 못했다. 세부적인 면에서 많은 개선을 이끌어 내긴 했지만, 앞서 언급했듯이 쥐시외는 꽃식물 생식기관의 형태에 대해서는 린네의 견해를 수용했다. 따라서 그 역시 꽃 기관들의 숫자와 상대적인 위치를 매우 중요시했다. 그가 그 계통학적 중요성을 과대평가하지만 않았더라도, 씨방하생, 씨방주생, 씨방상생이라고 지칭한 꽃의 장축을 따른 꽃 기관들의 부착점에 관한 관심은 큰 진보를 가져왔을 것이다. 쥐시외에게 열매의 형태는 매우 피상적인 것이었다. 그 잘못된 개념이 큰 혼란을 일으켰던 건 아니지만, 건폐과를 겉씨라고 정의하는 일이 되풀이되고 있었다. 작고 불확실한 생식기관(꽃)을 가진 분류군에 대해 그가 얼마나 부정확했는지는 Hippuris(질경이과의 속), Chara(쇠뜨기말속), Callitriche(별이끼속/질경이과) 등을 포함하는 Naiades를 무떡잎식물에, Lemna(좀개구리밥속)와 Cycad(소철속)를 양치류(Fern)에 포함시켰다는 사실에서 잘 알 수 있다.

쥐시외는 "지연은 도약하지 않는다(Natura non facit saltus)."라는 언명이 "자연스러운 배열의 식물계는 가장 불완전한 형태에서 가장 완전한 형태로 이행하는 일차원적인 서열을 보여야만 한다."라는 의미라고 설명한다. 그러나 그는 자연체계를 목과 강이라는 국가들로 구성된 지리적 지도에 비유한 린네의 방식을 수용할 수 있는지는 언급하지 않았다.

계통학적 관점에서 어떤 특징에 주어진 가치에 대한 그의 이론적 고찰은 매력적이지도 않고 대부분 정확하지도 않다. 그는 마치 어떤 특징들은 더 폭넓은 가치를 갖고, 어떤 것들은 그렇지 않은 것처럼 말한다. 만약 그것이 진실이라면 사실을 알아내는 것은 전적으로 귀납적 방법에 달려 있다. 즉, 자연근연성이 어느 정도까지 인지된 다음에 어떤 특징들이 더 크거나 작은 분류군에서 일관되게 남아 있는지 분명해진다. 이제 계통학사들은 지금껏 다른 분류군에 배정했던 식물들에서도 그런 일관된 특징들이 존재하는지를 조사할 수 있고, 그런 특징들이 근연성을 뒷받침하는 다른 특징들과 동반되는지도 조사하게 되었다. 쥐시외가 자신의 과들을 이런 식으로 정의했다는 데는 의심의 여지가 없지만, 이 사실을 철저히 인지하고 있지는 않았다. 모든 경우에 있어서 그는 주된 특징들을 찾는 이런 진행 방식을 더 큰 분류군 또는 강을 정립하는 데까지 확장하지 않았다. 대신 그는 이미 결정된 원리를 토대로 삼았다.

계통학자로서 쥐시외의 업적은 『식물의 속』을 출판한 데 국한되지 않는다. 그의 연구의 절정은 1802년부터 1820년까지 지속했는데, 이 결과물은 〈박물관의 기록(Mémories du Muséum)〉에 기록된 여러 과들에 대한 일련의 긴 모노그래프들에 반영되어 있다. 그는 드캉돌, 로버트 브라운, 그리고 이후의 계통학자들과 마찬가지로 자연체계를 완성하는 일은 주로 과를 정립하고 그것을 잘 정의하는 데 달려 있다고 생각했다. 그의 노력은 한 독일 학자의 저술로부터 새로운 동력을 얻게 되었다. 이 독일 학자의 저술의 첫 권은 쥐시외의 『식물의 속』이 나오기 1년 전인 1788년에 나왔고, 두 번째 권이 1791년에 나왔으며, 부록이 1805년에 출간되었다.

게르트너[4]의 『식물의 열매 및 씨앗에 관하여(*De Fruntibus et seminibus*

---

4 Joseph Gärtner. 1732년 뷔텐베르크의 칼프에서 태어나 1791년에 사망했다. 1751년 괴팅겐에서 할러(Albrecht von Haller)의 학생으로 공부를 시작했다. 유명한 자연학자들과 친분을 쌓기 위해 이탈리아 프랑스, 네덜란드, 영국을 여행했으며, 또한 물리학과 동물학 연구도 수행했다. 1760년에 튀빙겐의 해부학 교수가 되었으며, 1768년에는 상트페테르부르크에서 식물학 교수가 되었다. 그러나 이곳 기후에 적응하지 못하고 1770년에 칼프로 돌아와 그동안 저술하고 있었던 『식물의 열매 및 씨앗에 관하여』에 매진했다. 세계 일주와 일본 여행을 각각 마치고 돌아온 뱅크스(Sir Joseph Banks)와 툰베리(Carl Peter Thunberg)가 그에게 수집한 열매 표본들을 주었다. 지나치게 공부에 매진하고 현미경을 관찰해서 시력을 거의 잃게 되었다. 쇼므통(François-Pierre Chaumeton)이 *Biographie Universelle*에서 게르트너의 흥미로운 일생을 기술했다.

plantarum)』가 바로 그 저술인데, 여기에서 천 종이 넘는 식물의 열매와 씨앗이 그림과 함께 묘사되었다. 그러나 전문 계통학자들에게 풍부한 자료를 제공하는 수많은 기술보다 더 중요한 것은 처음 두 권, 특히 1788년 책의 서문이다. 여기서 그는 카메라리우스가 1694년에 시작해서 1761년 이후 쾰로이터가 상당한 발전을 이뤘지만 후속 연구가 별로 없었던 주제인 '식물의 성'에 대해 중요한 의견을 제시했다. 또한, 말피기와 그루 시대 이래 그 지식이 오히려 퇴보해 온 열매와 씨앗의 형태에 대한 설명 또한 이 서문에 포함했다. 게르트너는 이 일에 충분한 자질을 갖추고 있었는데, 그가 누구보다 뛰어난 열매의 형태에 대한 지식을 갖고 있었고, 무엇보다 그의 정신 자세가 이에 걸맞았기 때문이다. 린네의 스콜라적인 편견으로부터 자유로웠던 그는 다른 사람의 보고 내용을 정확히 알고 있었을 뿐 아니라, 선입관을 벗어 버리고 가장 다루기 힘든 식물의 기관들을 조사하려고 노력했다.

18세기에 그는 쾰로이터와 함께 그 누구보다 더 근대 과학자적인 면모를 보여 주었다. 그는 모든 연구에서 어떤 발견을 하든지 그것을 분명한 언어와 명료한 배열로 전달할 줄 알았다. 자연체계를 세우는 것이 그의 궁극적 목적이라는 것이 분명해 보이지만, 그는 이를 성취하는 데 서두르지 않았다. 열매와 씨앗에 대한 정확한 지식이 가장 중요한 결정 수단을 제시해 주는 건 맞지만, 이런 수단만으로는 자연체계가 결코 세워질 수 없다는 걸 명확히 말하면서도 자신의 열매들을 분류하는 것으로 만족해 했다. 그가 이룬 위대한 업적은 하나하나 잘 확인된 사실들로 가득한 무궁무진한 사실의 보고(寶庫)를 쌓아서, 생식기관의 형태학 그리고 계통식물학에 이를 응용하기 위한 안내서를 만들었다는 것이다. 그의 업적에서 발견되는 결함들은 단지 시대적 사정 때문이었다. 이끼류에 관한 슈미델(Schmidel)과 헤드비히

(Hedwig)의 연구가 있었지만, 민꽃식물의 생식기관에 대한 불명료함은 오래 남아 있었고, 이 때문에 씨앗과 열매의 개념에 대한 올바른 정의를 세우기가 매우 어려웠다. 그러나 게르트너는 이 문제를 해결하는 데 있어 중요한 첫걸음을 내딛었다. 그는 민꽃식물의 포자에는 배아가 없기 때문에, 포자는 그때까지 비교 대상이었던 꽃식물의 씨앗과 본질적으로 다르다는 것을 보여 주었다. 그래서 그는 포자를 씨앗이 아니라 무성아(無性芽, gemmae)라고 불렀다. 게르트너에게 있어서 열매와 씨앗의 일부 특성에 대한 진정한 개념화를 방해한 두 번째 큰 장애물은 당시 이미 광범위하게 퍼진 발달과정에 대한 완전한 무지였다. 그럼에도 우리는 여기서 게르트너가 기관들에 대한 보다 정확한 개념을 얻기 위해 기관의 어린 상태를 관찰하려고 노력했다는 데서 작으나마 진보를 엿볼 수 있다.

무엇보다 게르트너는 건폐과를 씨앗 자체로 보는 실수를 바로잡았다. 그는 과피를 성숙한 '씨방 벽'이라고 옳게 정의했다. 그것이 단단하거나 무른 구조이거나, 마르거나 육질이 있는 상태라는 점은 부차적인 문제로 보았다. 건폐과는 하위 또는 상위 씨방에서 만들어지기 때문에 꽃에 대한 전반적인 이론은 이렇게 훨씬 진보하게 되었다. 게르트너의 씨앗 이론은 그가 과학에 바친 가장 가치 있는 공헌이다. 그는 씨앗의 외피를 주의 깊게 고려한 뒤, 이들로 둘러싸인 안쪽 부분(핵, nucleus)을 비교 조사함으로써, 떡잎과 배젖을 제대로 구분했고 그 형태와 위치의 다양성을 기술했다. 그루가 이미 인지하고 이름까지 붙였던 식물 '배젖(albumen)'의 존재를 린네가 부정했기 때문에 게르트너의 관찰은 더욱 중요했다. 린네는 사실 이 부분이 씨앗에서 아무 쓸모가 없다고 생각했던 것 같다. 게르트너는 배아와 그에 결합된 떡잎이 씨앗의 핵을 구성한다고 말했지만, 여전히 떡잎을 배아 자체의 부산물(싹)로 간주했다. 게르트너조차도 씨앗의 부위들을 해석하는 데 있어서 '노른자(난황, vitellus)'라는 기이한 개념을 제시하기까지 한다. 이 개념은 사실 그가 씨앗의 내부에서 제대로 설명할 수 없는 모든 것을 포함한다. 예를 들어, 그는 벼과식물의 배반(胚盤, scutellum), 자미아(Zamia, 소철의 일종)의 떡잎처럼 생긴 구조뿐 아니라, 해조류, 이끼류, 양치류의 포자에 있는 내용물들도 노른자라고 불렀다. 그의 씨앗 이론에 있어서 이런 중대한 개념적 오류에도 불구하고, 그의 관점은 명징성과 일관성으로 이 주제에 대해 그때까지 제시되었던 모든 이론을 능가한다. 그가 씨앗에서 발달이 진행되는 부분을 '배아'라고 정의한 것은 논리적으로나 형태학적으로 진일보한 것이다. 비록 그가 떡잎이 배아에 연결되어 있다는 개념을 인정하지 않는 실수를 했지만, 이는 나중에 쉽게 바로잡을 수 있었다. 게르트너가 배아라고 명명한 이 해부학적 부위는 그때까지, 특히 린네와 쥐시외가 그랬듯이 '씨앗의 싹(corulum seminis)'이라고 불려 왔다. 이는 명백히 체살피노의 표현이 그대로 유지되어 온 것이다. 이미 살펴봤듯이, 체살피노는 씨앗에서 떡잎이 나오는 부분을 '씨앗의 심장(cor seminis)'이라고 했는데, 그는 이 부분이 뿌리와 줄기가 만나는 부분이며 식물의 영혼이 존재하는 부분으로 잘못 생각했다. 그로부터 200년이 지나 드디어 이 용어는 사라지게 되었고, 단지 식물의 영혼에 대한 체살피노의 견해가 함축된 말로 남게 되었다.

하지만 이런 게르트너의 성과는 독일에서 제대로 싹틀 수 없었다. 독일에서는 약 30년 전 쾰로이터의 훌륭한 연구도 공감을 얻지 못했고, 1793년 콘라드 슈프렝겔(Konrad Sprengel)이 수행한 꽃의 구조와 곤충 세계와의 관계에 관한 탁월한 연구도 인정받지 못했다. 게르트너는 1791년 출판된 두 번째 책에서 첫 번째 책이 3년간 200권도 팔리지 않았다고 불평했다. 하지만 식물학의 역사에서 신기원을 연 그 연구 업적은 프랑스에서 더 높게 평가되어, 프랑스 학술원은 이 업적을 과학에 가장 유익한 연구성과 목록에서 두 번째에 올려놨다. 프랑스에는 게르트너가 수행한 연구의 가치를 제대로 평가할 수 있는 사람, 즉 A. L. 드 쥐시외가 있었다. 식물에 관한 기술 작업이 아무 문제 없이 번성하고 있던 독일에서도 게르트너의 공헌과 자연계통체계의 중요성을 평가할 줄 아는 사람이 전혀 없지는 않았다. 이들 중 첫 번째 사람은 1761-1802년 예나의 교수였던 바취(August Johann Georg Karl Batsch)로 그는 말년에 과들의 특징이 포함된 『식물계의 근연관계 도표(*Tabula affinitatum regni vegetabilis*)』를 출판했다. 그다음, 1766년에 태어나 할레의 교수로 있다가 1833년에 사망한 슈프렝겔은 자연계통체계의 진정한 특성에 관한 분명한 관점을 전파했을 뿐 아니라, 수많은 저술 특히 1817년과 1818년에 출판된 『식물학의 역사(*Geschichte der Botanik*)』를 통해 과학으로서의 식물학에 크게 공헌했다. 하지만 이렇게 재능있고 뛰어난 사람도 린네파 식물학자들에 동조해서 식물을 기술하는 작업에 과도한 가치를 두었다. 그는 자신의 식물학사 책에서 옛 식물학자들이 처음으로 기술한 식물의 그림들을 제시하며 이들을 찬양했다. 한편, 바취나 슈프렝겔 같은 이들의 갸륵한 노력만으로는 자연계통체계를 직접적으로 발전시키거나 독일에서 추종자들의 수를 크게 늘릴 수 없었을 뿐 아니라, 당대 최고의 식물학자인 드캉돌과 로버트 브라운의 손에 의해 상당한 진보가 이루어지기 전까지는 독일에서 자연계통체계는 보편화되지 못했다.

드캉돌[5]은 18세기 말부터 19세기 초에 제네바를 자연과학의 화

---

5 Augustin Pyrame de Candolle(1778-1841). 종교박해를 피해 제네바로 이주

려한 중심으로 만든 뛰어난 제네바 출신 연구자 중 한 사람이었다. 드캉돌은 보셰,[6] 소쉬르,[7] 세네비에[8]와 제네바 출신의 동시대 사람이었다. 드캉돌은 당시 제네바에서 융성했던 물리학과 생리학에 특히 관심을 가졌다. 그가 젊었을 때 한 중요한 연구 중에는 식물에 미치는 빛의 영향을 다룬 것이 있는데, 이 주제에 대한 그의 위대한 식물생리학적 공헌은 나중에 살펴볼 것이다. 드캉돌은 이론과 응용식물학의 모든 분야에 관심을 가졌지만, 그의 과학사적 중요성은 주로 식물형

한 프로방스 집안에서 태어났다. 제네바는 그때나 지금이나 여전히 위대한 평가를 받는 도시다. 그는 어렸을 때 보셰와 친교를 맺었고, 1796년 데퐁텐, 돌로미외(Déodat Gratet de Dolomieu)와 함께 파리를 처음 방문했으며, 제네바로 돌아온 뒤 세네비에와 친구가 되었다. 그가 물리학 연구를 도왔던 손위의 소쉬르와 이후의 비오(Jean-Baptiste Biot)는 그가 물리학을 전공하도록 도왔다. 그는 1798년에서 1808년 사이 파리에 머물면서 자연학자들과 친밀하게 교제했다. 그의 생의 초창기는 수많은 소규모 모노그래프, 다육식물들에 관한 연구결과, 그리고 드 라마르크(Jean-Baptiste de Lamarck)의 『프랑스의 식물상(*Flore Français*)』의 새 판을 출판하면서 분주하게 보냈다. 1808년부터 1816년 사이에는 몽펠리에에서 식물학 교수를 역임했다. 이 시기에 그는 프랑스 전역과 이웃 나라에 걸쳐 식물학 여행을 했고, 수많은 모노그래프, 식물 지리학에 대한 에세이, 그리고 그의 가장 중요한 업적물인 *Théorie élémentaire*를 집필했다. 그는 1798년에 프랑스에 복속되었다 1813년에 해방된 제네바에 다시 돌아가 1816년부터 1841년 사망하기까지 살았다. 여기서 드캉돌은 정치, 사회적 문제들에 관심을 가졌으며, 믿기 힘들 정도로 식물학 연구에 몰두했다. (Auguste-Arthur de La Rive, *La Notice sur la vie et les ouvrages de A.-P. de Candolle*, Genève: Bibliothèque universelle de Genève, 1844.)

6 [역주] Jean Pierre Étienne Vaucher(1763-1841). 제네바의 개신교 목사이자 식물학자. 조류의 접합 현상이 성적 교접과정임을 관찰함.

7 [역주] Théodore de Saussure(1767-1845). 제네바의 화학자, 식물생리학자. 식물이 흡수하는 탄소는 토양이 아니라 대기 중 이산화탄소라는 것, 그리고 식물 생장에 따른 건조량 증가가 단순히 이산화탄소뿐 아니라 물 분자로부터도 온다는 것을 증명함.

8 [역주] Jean Senebier(1742-1809). 제네바의 목사이자 자연주의자. 광합성 연구의 선구자로서 식물이 이산화탄소를 소비하고 산소를 생성한다는 증거를 제시함.

오귀스탱 피람 드캉돌

태학과 식물계통학 쪽에 있는데, 이를 살펴보자.

계통학적이면서 동시에 기술적(descriptive) 식물학자로서 드캉돌이 이룬 업적의 양이나 범위는 전무후무할 정도다. 그는 거대 과를 형성하는 식물들에 관한 일련의 방대한 모노그래프들을 썼고, 드 라마르크의 방대한 『프랑스 식물상(*Flore Français*)』을 폭넓게 수정하여 새로운 확장판을 출판했다. 이런 작업에 더해, 식물의 지리적 분포에 관한 많은 저술과 논문들을 냈을 뿐 아니라, 당시까지 수행되지 않았던 기술 식물학의 가장 위대한 작업을 시작했다. 그것은 『식물의 자연계통 서문(*Prodromus Systematis Naturalis*)』으로 그는 알려진 모든 식물을 자연계통체계에 따라 배열했고 길게 기술했다. 이 작업은 미완성 상태다. 지난 세기의 수많은 기술 식물학자가 이 과업에 참여하였으나 그 누구도 드캉돌만큼 방대한 작업을 수행하지는 못했다. 그는 홀로 무려 100개가 넘는 과에 대한 작업을 완성했다. 이 정도로 엄청나게 쏟아부은 노력을 몇 마디 말로 설명하는 것은 불가능하다. 이런 작업들은 보편적 학문으로서 식물학이 발전하는 데 진정한 경험적 토대를 만들었다. 그리고 이 토대가 더 나아지고 더 주의 깊게 놓일수록 과학 전체의 기초는 더 튼튼해질 수 있다.

그러나 드캉돌의 더 위대한 공헌은, 그가 쥐시외처럼 기술적 작업의 근본 원리들과 계통체계를 정교화했을 뿐만 아니라, 자연분류의 이론과 법칙을 그 이전에 누구도 보여 주지 못한 명료함과 깊이를 갖춘 형태로 발전시켰다는 데 있다. 이 목적을 위해 그는 형태학적 연구들을 적용했다. 이런 연구들은 사고의 깊이와 풍부함에 있어서, 그리고 계통식물학의 전체 영역을 위한 그 연구 결과들의 효과에 있어서 린네와 쥐시외가 성취했던 모든 것을 한참 능가하는 것이었다. 이러한 연구성과들은, 그가 기술 식물학에 관한 훌륭한 연구를 수행했던 파리에서의 10년 동안 18세기 말 프랑스 자연학자들이 발전시켜 왔던 현대적 자연 탐구의 진정한 정신을 갖추게 되었음을 보여 주는 것이다. 쥐시외에게서도 가끔 드러났던 체살피노나 린네의 스콜라주의를 드캉돌에서는 거의 흔적도 찾아볼 수 없다. 예를 들어, 그는 형태학을 본질적으로 식물 형태의 대칭 원리로 다뤘다. 즉, 그는 형태학적 관점에서 별로 중요하지 않은 식물기관들의 물리·생리학적 성질은 무시하고 그들의 상대적 위치와 숫자를 형태학적 연구의 기본으로 삼았다. 이렇게 그는 계통학적 가치를 지닌 기관의 형태학적 특징들 사이, 그리고 생존 조건에 대한 이들의 생리학적 적응들 사이의 두드러진 부조화를 인지한 첫 번째 사람이 되었다. 하지만 아울러 그가 이 원리를 일관되게 수행하지 않았고, 자신의 계통체계를 구축하면서 그 원리를 심대하게 위반했다는 점도 명심할 필요가 있다. 드캉돌의 형태학 가설들에서 가장 흥미로운 점은, 그가 기관의 개수와 형태의 관계를 특정 원인에 결부시켜 식물의 대칭성에 있어서 가장 중요한 것을 구별해 내려고 시도했다는 것이다. 이런 시도는 기관의 생육부전(abortion)과 협착(adherence)에 대한 그의 원리에서 엿볼 수 있다. 드캉돌은 이러한 구별을 통해, 지금은 어느 정도 변형되었지만 여전히 형태학과 자연체계의 주요 요소들을 담고 있는 형태학적 관점의 기초를 만들었다. 그러나 그의 형태학 가설들은 꽃식물 영역에 국한되어 있었고, 주로 꽃에 대한 이론을 발전시켰다. 1820년 이전의 현미경 기술로는 발달과정을 적용한 형태학 이론들을 정립하기 어려웠기에 민꽃식물들의 형태학은 생각조차 할 수 없었다.

드캉돌은 1813년 『식물학의 기본 이론 혹은 자연분류의 원리 및 식물을 기술하고 연구하는 방법』[9]이라는 제목의 책에서 자신의 형태학(또는 '대칭의 원리')과 분류학 이론을 함께 발표했고, 1819년에 개선된 확장판을 다시 출판했다. 이 두 번째 판에서 그의 견해에 대한 추가 설명이 제시된다. 이 책의 2장이 지금 우리의 관심을 끄는 부분이다. 여기서 그는 한 기관의 구조가 그 기능을 결정하는 한 해부학과 생리학이 기관의 구조와 연관되어 있다는 사실을 암시한 다음, 서로 다른 식물의 기관들을 비교할 때 생리학적 관점은 별로 기여하지 못한다고 지적한다. "기관의 기능이 그 개체의 생존에 가장 중요한 것이 사실임에도 서로 다른 식물의 상동 기관을 관찰해 보면 이러한 기능이 조금씩 변화되어 있기 때문에, 자연 분류를 위해서는 전체적인 구조 체계, 즉 기관들의 대칭성[10]을 고려해야만 한다. 한 생물계에 속한 모든 생명체는 약간 수정(변형)된 동일한 기능들을 갖고 있다. 따라서 계통적으로 서로 다른 종에서 보이는 엄청나게 많은 변이는 보편적인 구조적 대칭성이 이질화되어 나타나는 것이다. 구조적 부위들의 대칭성을 발견하는 것은 자연 탐구의 가장 큰 목적이라고 할 수 있는데, 이 대칭성은 기관들의 공간적 위치 관계의 총합 그 자체다. 이러한 관계들(기관의 배치)이 동일한 원칙에 따라 통제될 때, 그 생명체들은 기관들의 세세한 형태와는 별도로 서로 보편적 유사성을 보이게 된다. 이러한 보편적 유사성이 인지되면, 그에 대한 자세한 설명이 없어도 우리는 '습성 관계(habitual relationship)'를 얻게 된다. 이런 습성의 유사성을

---

9 [원제] *Théorie Élémentaire de la botanique ou exposition des pricipes de la classification naturelle et de l'art de décrire et d'étudier les végétaux*

10 [역주] 서로 다른 생물(식물)체들 사이에서 기관들의 발생학적 상응성 또는 상동성.

구성 요소들로 환원하고 원인을 설명하는 것이 대칭성 원리의 과제다. 이런 대칭성에 대한 인식이 없으면, 서로 이질적인 두 종류의 대칭성이 상동인 것으로 취급될 수 있다. 왜냐하면 서로 다른 체계임에도 불구하고 얼핏 보기에 결정체 형태들이 비슷하여 서로 혼동되는 것처럼 우리의 감각에는 그 둘이 겉보기에 비슷해 보이기 때문이다. 핵심은 모든 분류체계의 식물들에 대해 그 대칭성의 원칙을 아는 것이며, 이는 자연근연성에 대한 모든 이론의 기초다. 그러나 이러한 대칭성을 찾는 연구가 성공하려면, 기관들을 확실하게 구분하는 게 중요하며, 이런 구분은 형태, 크기, 기능의 변이와는 무관해야 한다." 그는 이어서, 기관들의 형태학적 비교 또는 상동성(homology)을 정립하기 어려운 경우가 있는데, (기관의) 생육부전(abortion), 퇴화(degeneration), 협착(adherence)이 그런 상황을 유발한다는 걸 보여 준다. 그리고 한 분류집단이 원래 보유했던 대칭성이 변화하여 구분을 아주 모호하게 만드는 이들 세 요인에 대해 예를 곁들여 자세히 설명한다.

생육부전과 관련해서 그는 내부 요인에 의한 것과 우연한 외부 요인에 의한 것을 구분했다. 그는 칠엽수와 참나무 열매에서 두 개의 포실(胞室, loculament)의 생육부전, 몇몇 관목에서 끝눈(terminal bud)이 바로 이웃한 겨드랑이 눈(axillary bud)에 의해 생장이 억제되는 경우, 그리고 식물의 모든 기관이 비슷한 방식으로 생육부전될 수 있는 사실에 대해 언급했다. 예를 들어, 양백당나무(Viburnum opulus)의 중심화(disk-flower)에서는 생식기관들이 모두 생육부전하며, 디오이카 장구채(Lychnis dioica)의 꽃에서는 양성 중 하나가 생육부전한다. 그는 이런 경우 대칭성을 어떻게 찾을 수 있는지에 대한 답을 제시한다. 그가 발견한 방법은, 때로 원래의 대칭성을 되찾기도 하는 '기형(peloria)'으로 알려진 돌연변이들(monstrosities)을 관찰하는 것이었다. 유추나 '귀납'은 덜 확실하지만 생각을 훨씬 더 광범위하게 적용할 수 있다고 그는 말한다. 이는 전적으로 기관의 상대 위치에 대한 지식에만 근거하고 있다. 이런 방법론을 적용했을 때, 수술이 세 개가 있다는 점을 빼고는 모든 면에서 백합과(Liliaceae)의 꽃과 일치하는 알부카(Albuca)[11] 꽃은 백합과의 꽃이 된다. 왜냐하면 알부카의 꽃에는 세 개의 (온전한) 수술 사이에 각각 세 개의 (꽃밥이 없는) 수술대가 있는데, 이들은 백합과의 꽃에서 상응하는 세 개의 다른 수술의 위치와 같기 때문이다. 따라서 알부카 꽃에서 세 개의 수술대는 생육부전된 수술이라고 결론 내려야 한다.

종에 따라 그리고 기관에 따라 비슷한 결론을 유추해야 하는데, 사실 위대한 계통학자들이 실제로 이렇게 해왔다. 어떤 경우에는 생육부전이 결합에 의해 발생하고, 어떤 경우에는 그가 제시했듯이 과도한 영양 공급 때문에 일어나기도 한다. 여기서 그는 중요한 말을 한다. "모든 생명체의 내적 본질은 규칙적이지만, 다양한 방식으로 결합된 다른 형태의 생육부전이 모든 불규칙성을 일으킨다." 이런 관점에서 봤을 때, 가장 작은 불규칙성도 중요하다. 이들이 가까이 연관된 식물들에서 더 큰 불규칙성을 예측할 수 있게 하기 때문이다. 그리고 주어진 구조 체계에서 같은 이름의 기관들 사이에 이질성이 존재한다면, 그 이질성이 최고조에 이를 때 가장 작은 부위들을 소멸시키게 된다. 두 개의 수술이 있는 꿀풀과(Labiatae)에서, 완전한 생육부전이 일어나는 것은 (다른 경우와 마찬가지로) 더 작은 두 개의 수술이다. 수술의 수가 꽃잎 수의 두 배인 돌나물과(Crassulaceae)에서는 꽃잎과 교차로 위치한 수술이 더 크고 일찍 발달하는데, 이 경우 꽃잎과 마주한 수술들은 생육부전할 것으로 예상된다. 그러므로 가끔 꽃잎과 마

11 [역주] 비짜루과(Asparagaceae)의 속.

Escheveria crenulata(돌나물과)
10개의 수술 중 2개가 생육부전됨
출처: Flowering Plant Families, UH Botany (hawaii.edu)

주한 수술이 없는 돌나물(Sedum)속을 돌나물과에 포함시킬 수 있다. 하지만 꽃잎과 마주한 수술만 있다면 그렇게 할 수 없다. 그는 계속해서 기관이 부분 생육부전으로 기능이 불완전해지는 일이 일어날 수 있는데, 이 경우 그 기관은 다른 기능을 가질 수도 있다고 말한다. 예를 들어, 살갈퀴(vetch, 콩과)의 잎과 포도의 꽃대가 생육부전하게 되면 이들은 덩굴손이 된다. 하지만 많은 종류의 미발달 잎에서처럼 생육부전된 기관이 무용지물이 될 때도 있다. 드캉돌이 말하길, 이 쓸모없는 기관들은 모두 기관들의 원시적 대칭성이 드러난 결과물이라고 말한다. 마지막으로 생육부전이 아주 완벽해서 어떤 흔적도 남기지 않을 수 있는데, 여기에는 두 가지 경우가 있다. 첫째는, 참나무 열매의 생육부전된 자실(子室)에서처럼 기관이 처음에는 발달을 시작하다 나중에 사라지는 경우다. 둘째는, 금어초(Antirrhinum)의 나섯 번째 수술처럼 처음부터 생육부전 기관이 아무런 흔적도 남기지 않는 경우다.

여기서 (드캉돌이) 말한 모든 것은 진화론의 증거로 주장될 수 있지만, 드캉돌은 종불변론을 지지한 사람이다. 드캉돌이 말한 생육부전의 진정한 의미는 알기 어려운데, 그것은 제시된 생육부전의 사례가 별로 없기 때문이다. 종들이 변하지 않고 서로 다른 기원을 갖는다면 생육부전이라는 말은 성립할 수 없다. 대신, 한 종에서 존재하거나 크기가 큰 기관이 다른 종에서는 존재하지 않거나 작다고 말할 수 있을 뿐이다. 드캉돌은 생육부전이란 개념을 도입함으로써 그 중요한 단계에 관한 자신의 생각을 명확히 하지 않은 채 종불변론을 일거에 부정해 버리고 만 것이다. 그가 자신의 이론을 전개해 온 과정을 살펴보면, 자신의 의지와 무관하게 종불변론을 옹호한 사람조차도 자연이 보여 주는 진정한 사실들로 인해 오히려 그 교리에 반대되는 이론으로 이끌린다는 것을 알 수 있다. 이는 생육부전과 관련된 생장의 상관관계를 그가 인식하고 있었다는 데서 확인된다. 백당나무(Viburnum opulus)의 중심화에서 생식기관이 사라진 덕분에 꽃잎들(꽃부리)이 커진다는 사실을 그는 지적한다. Salvia horminum[12] 꽃의 생육부전된 꽃잎에서도 이런 현상을 볼 수 있다. 그는 파인애플, 바나나, 빵나무에서 씨앗이 사라지는 원인이 씨방(과육)의 확장에 있다고 생각했다.

그는 또한 안개나무(Rhus coggygria)에서 아무 장식도 없이 벌거벗은 꽃대에서는 열매가 맺히지만, 화려한 꽃 모양의 솜털 구조에서는 아무런 열매도 맺지 않는다는 사실을 놓치지 않았다. 아카시아 종(Acacia heterophylla) 잎에서 원래 잎몸(leaf blade)을 형성하지 않는 잎자루 부위에서 나중에 확장된 잎의 형태가 발생하는 것에 대해서도 생장의 상관관계를 언급한다. 그는 이런 종류의 사례 중 가장 주목할 만한 것을 꽃이 겹꽃으로 바뀌는 과정에서 발견했다. 그의 견해에 따르면, 수술에서 꽃밥이 소멸하면 수술대 말단이 확장한다. 같은 방식으로,

12 [역주] Salvia viridis의 다른 이름으로 꿀풀과 배암차즈기속의 종.

가끔 암술이 암술머리를 잃으면서 꽃잎으로 변하기도 한다. 많은 사례에서 역의 인과관계도 가능하지만, 드캉돌의 '상관관계의 원리'를 동일하게 적용할 수 있다.

대칭성이 깨지는 두 번째 원인인 '퇴화'는 식물 표면이 실처럼 길게 자라나는 가시(thorn)의 형성, 그리고 다육질 부위 또는 마른 껍질 부위의 생성 등에서 볼 수 있다.

세 번째 대칭성 파괴는 식물 부위들의 '협착'으로, 드캉돌은 이 주장의 근거를 처음에는 주로 접목(grafting) 동안 일어나는 현상에서, 나중에는 좀 더 복잡한 경우에서 찾았다. 특정 인동덩굴(honeysuckle) 종에서는 여러 씨방이 가까이 밀착하게 되는데 이것이 씨방 협착의 주원인이라고 말한다. 이는 대칭성의 설계도에 따르지 않고 우연히 일어나는 현상이긴 하지만, 이런 식물들의 구조적 특징상 그 형태가 일정하게 나타날 수 있다. 협착 현상과 관련해서 다음으로 그가 제기한 의문은, 겹씨방(compound ovary)처럼 여러 부위로 이루어진 구조가 원래는 단순 구조였다가 나중에 여러 부위로 나뉜 것인지, 아니면 그 반대인지의 문제다. 여기서 어떤 개념이 맞는지 알기 위해서는 각 경우를 모두 조사해 봐야 한다고 그는 말한다. 인동덩굴의 줄기를 둘러싼 관생엽(貫生葉, perfoliate leaf), 여러 미나리과 식물에서 무리 꽃의 밑동을 둘러싼 총포(總苞, involucre), 단일 꽃받침(monosepalous calyx), 단일 꽃부리(monopetalous corolla) 등이 협착에 의한 결과일 수 있다. 그리고 그는 여러 포실(loculament)이나 여러 부위로 구성된 씨방도 비슷한 방식으로 두 개 또는 그 이상의 심피 잎(carpellary leaf)들이 밀착하여 형성되었다는 것을 증명하고, 이런 생각들의 계통적 중요성을 지적하면서 결말을 짓는다. 나아가 그는 꽃을 구성하는 부위들의 상대적 수의 중요성을 언급하는데, 그 서두에 유용한 언급이 많지만, 그 문제를 철저히 탐구하지는 않았다. 나중에 쉼퍼(Schimper)가 '잎차례(phyllotaxis)의 원리'를 제시하고 나서야 이러한 수와 위치의 관계를 더 정확히 표현할 수 있게 되었다.

그는 근연관계를 결정하는 데 있어서 자신의 형태학을 적용하는 법칙을 다음과 같이 선언하면서 결말지었다. "자연분류의 모든 기법은 대칭성의 설계도를 구별하고 그 대칭성을 벗어나는 편차들을 찾아내는 데 있다." 이는 광물학자가 결정의 여러 파생 형태들에서 기본적인 형태를 찾는 것과 상당히 유사하다. 이 모든 가르침이 옳은 방향으로 가기 위한 위대한 진보의 발걸음이었으며, 드캉돌이 여기서 처음으로 형태학과 계통식물학의 중요한 원리를 제시했음이 명백하다. 그럼에도 그는 자신의 원리를 항상 일관되게 수행하지는 못했다. 그는 작은 집단들의 관계를 결정할 때만 이 원리를 충실히 적용했다. 식물계에서 가장 큰 분류군인 문을 구성할 때는 자신의 원리를 완전히 무시했다. 즉, 계통학적 설명을 위해 동원된 기관의 형태학적 특징이 그 기관의 생리적 특징과는 완전히 무관하고, 근연성을 결정하는 데 있어서 가장 중요한 생리적 특징이 단순히 부차적인 것이 되었다.

이런 이해하기 힘든 불일치에도 불구하고, 드캉돌은 처음으로 형태학적 특징과 생리학적 특징을 명확히 구별했고, 형태학적 근연성과 생리학적 습성의 불일치를 분명히 밝히는 데 공헌했다. 이 불일치에는 의문이 하나 잠재해 있었는데, 40년이 지나서야 다윈이 자연선택설을 제기함으로써 해답을 얻게 되었다. 드캉돌의 노력은 진정한 귀납적 과정만으로도 기관의 형태적 특징과 생리적 특징의 이런 두드러진 관계를 드러낼 수 있다는 걸 보여 준다. 그러나 선행연구자들이 근연성에 관한 수많은 사례를 정립해 놓지 않았다면, 드캉돌도 이러한 발견을 할 수 없었을 것이다. 서로 분명히 관련 있을 것으로 생각되는 형태들을 정확히 비교함으로써 그는 '대칭성의 설계도'와 나중에 '유형(type)'이라고 명명한 개념을 얻었다. 그리고 그 유형을 더 면밀히 조사하고 같은 설계도로부터 형성된 서로 다른 식물들에서 습성의 특징을 비교함으로써, 그는 파생 형태들을 설명할 특정 원인을 발견했다. 이 원인이 바로 생육부전, 퇴화, 그리고 협착이다. 그는 이 원인에 주의를 기울임으로써 그때까지 의심스럽거나 몰랐던 근연성을 발견하는 데 성공했다. 이는 모든 경우에서 계통체계를 발전시키는 진정한 귀납적 방법이었다. 이전의 계통학자들이 얻었던 소중한 결과들 역시 모두 다 사실상 똑같은 방식으로 얻은 것이다. 단지 이들은 자신의 진행 방식을 명확히 이해하지 못했을 뿐이다. 드캉돌이 명확히 이해했고 의식적으로 추구했던 방법을 그들은 무의식적으로 따랐다.

드캉돌의 계승자들 대부분은 그의 이론의 전반적인 의미와 방법론과 원리적인 측면에서의 중요성을 온전히 이해하지 못했다. 그들은 근연성을 찾는 데 있어서 명료하게 인식된 방법보다는 여전히 맹목적인 감정에 굴복했다. 식물계의 거대 분류군을 구성하는 데 있어서는 불행히도 드캉돌도 마찬가지였다. 그가 계통식물학의 진정한 방법론을 발전시켰던 저술에서도 같은 문제에 맞닥뜨리게 된다. 여기서 그는 가장 중요한 생리적 특징이 한 계통체계의 일차 분류에 적용되어야 한다고 말한다. 하지만 이 생각은 그가 한 기관이 갖고 있지도 않은 생리적 특징을 그 기관에 배정했다는 사실 때문에 신빙성이 떨어진다. 한 예로 그는 (관나벌의) 도관(vessels)이 양분 획득에 가장 중요한 기관이라고 생각했지만, 사실은 그렇지 않다. 그는 이 이중 오류를 짓고 전체 식물계에 대한 일차 분류를 '관다발식물(vascular plants)'과 '세포성 식물(cellular plants)'로 했으며, 세 번째 오류로 인해 이 일차 분류가 떡잎을 가진 식물과 그렇지 않은 식물의 분류와도 일치한다고 믿게 되었다. 주요한 형태적 특징만으로 만든 기존의 외떡잎식물과 쌍떡잎식물로의 분류는 드캉돌에서부터 데퐁텐[13]에 이르는 동안 크게 훼손되었다. 이들은 외떡잎식물과 달리 쌍떡잎식물에 부피생장의 특징을 부여했으며, (관다발 분포가) 쌍떡잎식물은 원통형(exogenous)이며 외떡잎식물은 분산형(endogenous) 특징을 갖는다고 했다. 그러나 이런 견해는 12년 뒤 폰 몰(Hugo von Mohl)이 증명하듯이 완전히 틀린 것이다. 옳았다고 해도 계통학적 관점에서는 별로 중요하지 않다. 왜냐하면, 이 견해는 형태적 중요성에 있어서 부차적이기 때문이다. 이러한 오류들이 낳은 최악의 결과는 관다발을 갖는 민꽃식물이 외떡잎식물과 같은 강에 속하게 된다는 것이다. 드캉돌의 체계와 쥐시외의 체계를 비교해 보면, 이는 결정적인 퇴보다. 식물계 전체의 일차 분류에 있어서 이와 같은 심대한 결함이 있음에도 드캉돌의 체계가 오랜 명성을 가질 만한 이유가 있다.

쥐시외 체계에 비해 드캉돌 체계가 갖는 장점은, 식물계 전체에서 가장 큰 분류군인 쌍떡잎식물강에는 거대한 아분류군이 있는데, 이 아분류군은 그 밑에 연관된 과들을 묶는 역할을 한다는 것이다. 사실 쌍떡잎식물은 제일 먼저 꽃덮개가 두 개인지 하나인지에 따라 두 개의 인위적 분류군으로 나뉜다. 이 중 규모가 훨씬 큰 첫 번째 분류군은 여러 측면에서 자연근연성이 있는 일련의 아분류군들로 나뉜다. 최근에서야 실질적으로 정리된 이 분류군들에 상당한 정도까지 자연근연성이 반영된 것은, 드캉돌이 이들을 구성하는 데 자신의 원리를 충실히 따랐기 때문이다. 반면에, 상위의 분류군들이 인위적인 것은 그가 그 원리를 무시했기 때문이다.

13 [역주] René Louiche Desfontaines(1750-1833). 프랑스의 식물학자.

드캉돌은 "자연은 도약하지 않는다(Natura non facit saltus)."라는 말이 와전된 "식물의 계통체계는 직선적인 계열을 이룬다."라는 낡은 개념을 단호히 부정했으며, 이것이 불가능하다는 것을 예를 들어 증명했다. 하지만 그는, 린네는 거부했지만 기제케(Giseke), 바르슈(Bartsch), 생피에르(Bernardin de St. Pierre), 레리티에(L'Héritier), 뒤 프티-투아르(Du Petit-Thouars) 등이 갖고 있던, "식물 왕국은 지리적 지도 위에 집단을 구성하는 것에 비교할 수 있다."라는 개념에 너무 큰 영향을 받았다. 이 지도에서 각 지역은 강(class)에 해당하고, 왕국들은 과(family)에 해당하는 등의 방식이다. 식물의 가장 불완전한 형태에서 가장 완전한 형태까지 직선적 관계에 있다는 생각이 진화론과 어느 정도 부합한다고 해도, 지도 비유는 진화론과 부합할 수 없다. 계통학적 조사가 정도를 벗어나면, 진정한 근연성의 중요성을 단순한 습성의 유사성, 우연한 상사(相似, analogy)로 취급하는 위험에 빠진다. 이 경우, 한 식물 집단이 대여섯 개의 다른 집단과 연관되는 것처럼 보일 수도 있다. 종이 위에 그의 체계를 보여 줄 때 드캉돌은 편의상 직선적인 계열을 사용했다. 왜냐하면, 진정한 과학의 과업은 각 과 안의 대칭 관계와 과들의 상호관계를 연구하는 것이므로, 그는 그런 편의성을 취하는 게 큰 문제가 되지 않는다고 생각했기 때문이다. 하지만 교육 목적에서 계통체계를 편의상 직선적으로 표현하더라도, 그 계열을 가장 단순한 식물에서 시작해서는 안 된다. 이런 식물들은 연구가 가장 안 되어 있기 때문이다. 오히려 가장 발달한 식물들부터 계열을 시작해야 한다. 따라서 드캉돌의 방법은 '지속적으로 고등화하는 형태의 발달', 즉 진화와 조화를 이루는 모든 요소를 그 분류체계에서 제거하는 방식이라고 할 수 있다. 종불변 교리에 의지한 채, 결정들이 모체 주위에서 형성되듯이 개별 형태들이 집단을 이루는 근원인 대칭성의 설계도에 따라 모든 연관된 집단이 형성된다고 가정하면서, 드캉돌은 자신의 견해를 일관되게 유지했다. 드캉돌과 동시대인이면서 종불변 교리를 똑같이 끈질기게 옹호했던 퀴비에(Cuvier)가 동물계에서 유형론(type theory)에 근거해서 썼던 표현 방식이 당시 식물계에서도 보편화 되었다. 이렇게 해서, 귀납으로 얻은 가장 훌륭한 결과들이 드캉돌의 방식에서는 '노아의 방주에서 나온 직계 종들'[14]이 변하지 않고 이어지고 있다는 헛된 교리와 결합하여 진실과 오류 사이의 끈끈한 잡종을 형성하게 되었다. 드캉돌의 많은 추종자들 역시 이 난관을 해결하지는 못했지만, 그의 체계에서 주요 오류들을 제거했고 많은 부분을 개선했다.

이 견해에 덧붙여, 1819년에 제시된 드캉돌 체계의 주요 문은 다음과 같다. 이 체계가 직선적 배열로 되어 있기에 그는 이것이 인위적 체계라는 것을 명백히 밝혔다.

I. 관다발, 떡잎이 있는 식물

1. 원통형 관다발, 쌍떡잎식물
   - A. 꽃받침, 꽃부리 모두 있음
     Thalamiflorals(다수의 꽃잎, 씨방하생[15])
     Calycifiorals(다수의 꽃잎, 씨방주생[16])
     Corolliflorals(통꽃잎[17])
   - B. 단화피(單花皮)(꽃받침, 꽃부리 구분 없이 하나의 화피)

14 [역주] 덴마크 식물학자 랑그(Johan Lange, 1818-1898)의 풍자.

15 [역주] 상위씨방, 수술이 곧바로 화탁(receptacle)에서 나옴.

16 [역주] 수술이 꽃받침에서 나옴.

17 [역주] 수술이 꽃잎에서 나옴.

2. 분산형 관다발, 외떡잎식물
    A. 꽃이 있음(진정 외떡잎)
    B. 꽃이 없거나 감춰져 있음(Naiadeae를 포함한 관다발 민꽃식물)

II. 세포성 또는 떡잎 없음

A. 잎 있음(이끼류 Muscineae)
B. 잎 없음(엽상식물 Thallophytes)

린네에서 67개, 쥐시외에서 100개였던 과는 드캉돌에 이르러 161개로 확장되었다.

독일에서는 식물학자들 사이에 세력을 떨치고 있던 철학 사조, 특히 괴테의 애매한 변태론 때문에 드캉돌이 정립한 비교형태학의 원리가 처음엔 널리 퍼지지 못했지만, 이 원리와 자연체계에 대한 그의 견해는 점차 인정받고 수용되어 갔다. 그리고 1830년 이후에는 영국과 프랑스뿐 아니라 독일의 식물학자들 역시 드캉돌의 계통체계에 관한 연구를 온당한 과학 분야로 받아들이게 되었다. 이 시기부터는 드캉돌이 준 영향이 프랑스보다 독일에서 더 강력하게 작동하게 되었다고까지 말할 수 있다.

드캉돌의 동시대인으로서 1820년에서 1840년 사이에 주로 활동한 영국인 **로버트 브라운**[10]도 드캉돌과 마찬가지로 다른 나라들보

18 Robert Brown(1773-1858). 몬트로즈의 신교 목사의 아들로 태어나 처음엔 애버딘에서 그리고 나중에 에든버러에서 의학을 공부했다. 그리고 군의관이 되어 아일랜드 북부에 배치되었다. 영국 해군본부가 1801년 플린더스 선장이 이끄는 과학탐사대를 호주로 보낼 때 조지프 뱅크스(Joseph Banks) 경의 추천

로버트 브라운

다 독일에서 더 인정을 받았다. 로버트 브라운은 1801년부터 1805년까지 호주에서 식물상을 연구했고, 다른 자연학자들이 극지와 적도를 여행하며 체득한 식물학 탐험 결과들을 무수히 많은 에세이를 통해 논했다. 훔볼트의 후원으로 그는 이런 활동을 통해 식물 지리 분야의 개념들에 자연체계 정신을 반영할 기회를 마련했다. 그는 또한 많은 과를 대상으로 그 형태와 계통적 위치를 주요 연구대상으로 삼기도 했다.

로버트 브라운의 저술들은 이러한 모노그래프에 제한되어 있다. 그가 따랐던 원리들에 관한 설명, 즉 그의 형태학과 분류 이론에 대한 설명은 어디서도 발견되지 않을뿐더러, 새로운 계통체계를 만들지도 않았다. 과학발전에 기여한 매우 생산적인 그의 연구성과들은

으로 자연학자로 탐험에 참가하게 되었으며, 이때 바우어(Ferdinand Bauer)를 식물 묘사 화가로, 굿(Peter Good)을 원예가로, 웨스톨(William Westall)을 풍경화가로 동반했다. 배의 수습 장교 중 한 명이 존 프랭클린(John Franklin)이었다. 배가 항해력을 상실하는 바람에 플린더스 선장은 호주를 떠나 더 나은 배로 돌아오려고 했으나 항해 동안 난파되어 포트 루이스에서 1810년까지 전쟁포로로 억류되었다. 이 탐험의 자연학자들은 1805년까지 호주에 남아 있었고, 브라운은 대부분이 신종인 4,000종이나 되는 식물들을 갖고 영국으로 돌아왔다. 뱅크스 경은 1810년 브라운에게 사서와 수집물 관리인을 붙여 주었다. 브라운 자신도 런던의 린네 학회의 사서였다. 그는 1823년에 뱅크스의 도서관과 소장품들을 유품으로 물려받았는데, 이 유품들은 뱅크스가 사망한 뒤 대영박물관으로 옮겨질 예정이었다. 뱅크스의 유언대로 이 유품들은 한 번에 박물관에 기증되었고, 브라운은 박물관의 관리인이 되어 죽을 때까지 복무했다. 훔볼트(Alexander von Humboldt)의 제안에 따라 필(Robert Peel) 경의 정부는 그에게 연 200파운드의 연금을 지급했고, 심지어 훔볼트는 그를 '식물학의 지도자(botanicorum facile princeps)'라고 불렀다.

자신의 모노그래프에 우연히 끼워 넣은 그저 일반적인 소견들에서 발견된다. 이런 방식으로 그는 꽃의 형태를 성공적으로 명확히 정의했고, 이 꽃의 형태를 갖고 벼과, 난과, 박주가리아과(Asclepiads), 새로 발견된 라플레시아과(Rafflesiaceae) 등과 같이 분류가 난해한 과의 계통 위치를 정리했으며, 동시에 계통체계를 확장하는 데에도 공헌했다. 바로 1820년부터 여러 탐험가들이 아프리카에서 채집한 매우 독특한 식물들의 구조와 근연성에 관한 에세이(1826)에서, 그는 꽃의 구조에 있어서 난해하면서도 놀랄만한 형태적 관계를 논했다. 특히 그는 이 에세이에서 수술의 수와 심피의 수의 관계에 대해, 그리고 쌍떡잎식물과 외떡잎식물에서 꽃덮개의 관계에 대해 언급했고, 어떻게 이런 전형적 또는 (그가 드캉돌식으로 표현했듯이) 대칭적 관계들이 생육부전에 의해 변하는지를 보여 주었다. 이와 동시에 그는 새로운 친연 관계를 찾기 위해 생육부전된 기관과 온전한 기관의 위치를 더 정확히 결정하게 되었다.

이 방면에서 그가 이룬 가장 가치 있는 업적은 1825년에 호주(New Holland)에서 발견된 Kingia속(Dasypogonaceae과)에 관한 논문이다. 이 속의 식물이 보이는 씨앗 구조 때문에 그는 꽃식물 전반, 특히 소철류와 구과류에서 수정되지 않은 밑씨에 대한 더 정확한 지식을 얻고자 했다. 게르트너와 그 이후 트레비라누스의 상당한 노력에도 불구하고, 성숙한 씨앗에서 배아의 위치에 대한 보편적인 법칙을 누구도 정립하지 못했기 때문에, 씨앗에 관한 이론에는 상당한 불확실성이 남아 있었다. 그래서 수정 이전의 밑씨를 면밀히 조사할 필요가 있었고, 바로 로버트 브라운이 이를 수행하여 성공적으로 식물발달학의 역사에 첫 발걸음을 내디뎠다. 그는 처음으로 밑씨에서 외피(integument)와 주심(珠心, nucellus)[19]을, 주심에서 배주머니

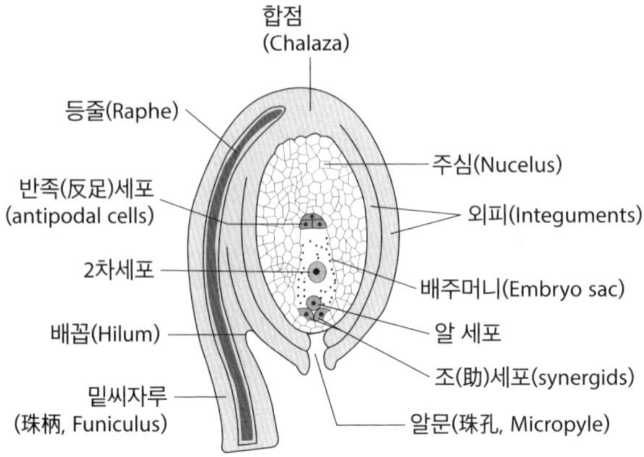

밑씨의 구조

(embryo sac)를 식별했다. 씨앗의 이러한 부위들은 말피기와 그루도 관찰했지만, 아주 명료하지는 못했다. 씨앗의 알문(珠孔, micropyle)과 배꼽(hilum)[20]은 아직 제대로 식별되지 못해 서로 혼동되었다. 로버트 브라운은 배꼽이 밑씨가 붙는 지점이라고 했고, 알문은 밑씨를 둘러싼 외피가 만든 홈(통로)으로서 주심의 정단부로 이어진다고 했다. 도생(倒生, anatropous)[21] 밑씨에서 알문은 배꼽에 가까이 위치하며, 직생(直生, orthotropous)[22] 밑씨에서는 그 반대다. 배아는 배주머니에서 항상 주공 가장 가까운 곳에서 형성되며, 배아의 어린 뿌리(radicle)는 항상 알문 쪽을 향한다. 이러한 사실들은 곧 씨앗과 열매에서 배아의 위치를 정하는 보편적인 법칙이 되었다. 그는 또한 최초로 배젖(endosperm)이 수정 후 배주머니 속에 형성된 양분이라는 것을 정확히 설명했다. 더

---

19 [역주] 원문에서는 '핵(nucleus)'으로 표현됨.

20 [역주] 밑씨가 밑씨자루와 만나는 부분.

21 [역주] 밑씨가 굽어 주공이 밑씨자루에 가까이 위치함.

22 [역주] 밑씨가 곧게 섬

나아가 그는 외배유(perisperm)가 주심 조직에서 배주머니 밖에 형성된 (영양)물질이라는 것을 처음으로 알아냈다.

로버트 브라운은 이런 식으로 외떡잎식물과 쌍떡잎식물의 씨앗 구성에 있어서 형태적 관계를 정립했는데, 이는 이 두 식물 강에서 가장 중요한 분류원칙에 해당한다. 다른 꽃식물과 비교했을 때 구과식물과 소철류 꽃의 독특한 구조를 처음 발견해 낸 사람도 로버트 브라운이었다. 이 식물들에서 그때까지 암꽃이라고 불려 왔던 부분이 실제로는 '벌거벗은 밑씨(겉씨, 裸子)'라는 것을 인식한 사람도 바로 브라운이다. 사실 뉘른베르크의 트레브(Christoph Jacob Trew)도 1767년에 이런 견해를 표명했다. 브라운은 또한 이러한 과들에서 암수 기관들의 구조가 일치한다는 점에 주의할 것을 지적했다. 식물계에서 가장 뚜렷한 사실인 구과류와 소철류의 겉씨 특성(gymnospermy)이 처음으로 정립되었다. 이는 나중에 호프마이스터의 연구들을 통해 중요한 결과로 이어졌다. 즉, 당시까지 쌍떡잎식물로 분류되었던 겉씨식물(Gymnosperm)이 쌍떡잎식물, 외떡잎식물과 동률인 세 번째 강으로 간주됨으로써, 이를 통해 고등 민꽃식물의 생식과 꽃식물에서 씨앗의 형성 사이에 놀랄만한 상동성(homology)이 빛을 보게 되었다. 비교형태학과 계통식물학 영역에서 이보다 더 중요한 발견은 없었다. 25년 뒤에 호프마이스터가 명확히 밝히긴 했지만, 로버트 브라운이 최초로 확실한 발걸음을 내디딘 것이다.

그는 호수에 자생하는 한 식물 속에서 이해하기 힘든 씨앗 구조를 관찰하면서 우연히 이 연구를 시작하게 되었다. 항상 중요한 결과로 이어지진 않았지만, 그는 비슷한 방식으로 형태학과 계통식물학에 대한 엄청나게 다양한 의문들을 고찰했다. 그는 이런 독특한 방식으로 순수한 생리학적 의문들도 제기했는데, 이들 중에는 꽃가루의 수정 물질(fertilization matter)이 어떻게 밑씨에 전달되느냐는 의문도 있었다. 배아의 위치를 봤을 때 등줄(raphe)과 배꼽이 아니라 알문을 통해 수정 물질이 전달된다는 결론에 그는 일찌감치 도달했다. 그리고 난초류의 씨방에서 그는 처음으로 밑씨에 이르는 꽃가루관의 경로를 추적했다. 이 문제는 성 이론(sexual theory)의 역사에서 더 자세히 다루게 될 것이다.

모든 인위적 체계와 비교해서 자연체계만이 가진 독보적 특징은 쥐시외와 드캉돌보다는 로버트 브라운이 다듬었다고 할 수 있다. 그리고 브라운은 순전히 형태적이고 계통적으로 가치 있는 구조적 관계들을 기관의 생리적 적응에서 분리하는 데 어느 선행연구자들보다 성공했다. 대부분의 계통학자들이 근연성을 찾을 때 (자신들이 내린 옳은 결정을 그저 본능적이고 무의식적인 인식과정의 우연한 결과라고 생각하면서) 맹목적인 느낌만을 따른 데 반해, 브라운은 그가 결정했던 관계들을 뒷받침하는 이유를 모두 설명하려고 노력했다. 미결정된 관계를 결정하는 규칙을 얻기 위해, 그는 이미 정립되어 의심할 여지가 없는 관계에서 일정한 특징의 가치를 찾아냈다. 그는 이런 작업을 통해 특정 근연 집단 범위 안에서 분류를 할 때 높은 가치를 갖는 특징들이 다른 분류군들에서는 가치가 없을 수 있다는 것을 발견했다. 이런 연구 내용이 포함된 수많은 모노그래프로 브라운은 다른 사람들이 자연체계의 방법론을 적용하고 완성하는 데 참고가 될 모델을 제시했다고 할 수 있다. 이런 이유에서 독일의 식물학자들은 브라운을 매우 높게 평가했으며, 또한 고맙게 생각했다. 1825년에서 1834년 사이의 짧은 기간 동안 독일의 여러 식물학자들이 번역한 브라운의 식물학 업적들이 에젠베크(Nees von Esenbeck)에 의해 다섯 권으로 편집되어 출간되었다는 사실만 봐도 이런 마음을 알 수 있다.

독일에서 자연체계는 브라운과 드캉돌의 노력으로 정립될 수 있었다. 그리고 풀로트[23]는 그의 1829년 저술에서 린네의 성 체계와 비교하여 브라운 체계에 대한 더 정확한 평가를 제시했다. 이 책에서 쥐시외와 드캉돌의 체계가 아가르드(Agardh), 바르슈(Bartsch), 린네의 체계와 비교되었고, 자연체계의 우수성이 명백히 드러나게 되었다. 이런 발전 방향은 1830년 바르틀링(Bartling)의 『식물의 자연 목(*Ordines naturales plantarum*)』이 출간되면서 가속화되었다. 이 책은 특히 식물계통학에 독보적인 공헌과 차별화된 진보를 가져온 저술이라고 할 수 있다. 대극과(Euphorbiaceae)와 봉선화과(Balsamineae)에 대한 뢰퍼(Roeper)의 모노그래프와 그의 논문 〈식물 기관에 관한 연구(De ogranis plantarum)〉(1828)는 형태학적·계통학적 개념들을 규명하는 데 있어서 드캉돌과 브라운이 정립한 꽃에 대한 형태학적 원리를 효율적·독자적·논리적으로 적용한 사례다. 그러나 드캉돌과 브라운이 도입한 이 새로운 연구방법은 독일에서, 그리고 어느 정도는 프랑스에서도, 린네식의 시대착오적인 견해에 더해 셸링[24]이 세운 더 심한 자연철학의 오류투성이 개념의 저항에 맞닥뜨려야만 했다. 이 철학의 모호한 교리는 이해하기 힘들 정도로 끈질기게 자연체계에 침투했고, 괴테의 '변태론'은 그 혼란을 더욱 가중시켰다. 이 역사적 현상은 다음 장에서 더 다루기로 하고, 여기서는 전문 계통학자들이 어떻게 드캉돌과 브라운이 개척한 길을 따라갔는지에 집중하도록 하자. 1830년 즈음부터 독일에서는 형태학이 계통식물학에서 독립된 주제로 분리되

23 [역주] Johann Carl Fuhlrott(1803-1877). 독일의 생물학자, 자연학자. 네안데르탈인 화석을 최초로 발견함.

24 [역주] Friedrich Wilhelm Joseph von Schelling(1775-1854). 독일의 이상주의 철학자.

기 시작했음을 주목할 필요가 있다. 계통식물학이 형태학과는 별도로 취급됨에 따라, 계통학자들이 비교 및 발생형태학에서만 얻을 수 있는 깊은 통찰력의 근원이 사라지게 되었다. 한편, 형태학은 새로운 비상을 하게 되었고, 순수 계통식물학과 별개로 자체적으로 발달했기에 그 과정은 이 책에서 나중에 따로 기술할 필요가 있다.

발표된 계통체계의 숫자만 놓고 본다면, 1825년에서 1845년 사이가 계통식물학 발전의 황금기라고 할 수 있다. 자연철학적 관념이 내포된 것들을 제외해도, 이 20년 동안 무려 24개의 계통체계가 제시되었다. 수평적으로 엄청난 성장이 일어났으나, 수직적으로는 아니었다. 분류를 위한 어떤 새로운 관점도 출현하지 않았고, 자연체계의 진정한 원리에 관한 한 진보라기보다는 오히려 퇴보의 징조가 보였다. 식물학자들이 드캉돌, 쥐시외, 브라운이 세운 원칙들을 따랐기 때문에 체계의 구체적인 면에서는 분명한 발전이 있었다. 과들은 명료해졌고 더 잘 정의되었다. 자연스러운 관계를 더 잘 드러내는 과의 집단들이 제시되었다. 방대한 쌍떡잎식물강은 집중된 관심으로 인해 계속해서 과가 늘어나서 쥐시외의 체계에서는 혼돈 그 자체였으나, 드캉돌이 어느 정도는 인위적인 방식으로 더 큰 집단으로 묶었다. 여기서 우리는 한 번 더 체계의 구성이 어떻게 특별한 것에서 점차 보편적인 것으로 진보하는지를 보게 된다. 초기 식물계통학에서는 종들을 모아 속을 구성했고, 속들로 과를 만들었다. 1820년에서 1845년 사이에는 과들이 더 광범위한 집단으로 묶였다. 하지만 상위의 목이나 강은 식물계의 가장 큰 분류군(문)이 자연스럽게 분리되는 방식으로 묶이지 않았다. 방대한 쌍떡잎식물강에서는 과의 소규모 집단들조차도 서로 만족스럽게 연결되지 못한 상태였다. 그럼에도 과로 이루어진 소규모 집단의 수가 급증했고, 특히 바르틀링과 엔틀리허는 이런 집단에 성공적으로 이름과 특징을 부여했다.

한편, 식물계의 가장 일차적인 분류를 보면 보통 거대한 자연집단들이 형성되고, 이들은 각 구성에서 제일 앞에 위치한다. 이런 자연집단에는 엽상(葉狀)식물(Thallophytes), 이끼식물(Muscineae=Bryophyta), 관다발 민꽃식물(Vascular Cryptogams), 겉씨식물(Gymnosperms), 쌍떡잎식물, 외떡잎식물이 있다. 그러나 전체 식물계를 포괄하는 거대한 분류군(문)의 등위(等位) 관계는 전혀 제대로 이해하지 못하고 있었다. 점차 이 분류군들을 일차적인 유형으로 취급하는 것이 관례가 되었다. 계통체계들 자체에서 이들은 분류군에 따라 그 중요성이 과대 또는 과소평가되기도 했고, 특징이 명확하지 않은 집단들이 이 분류군들에 포함되기도 했다. 예를 들어, 1850년 또는 그 이후까지 가장 자연스럽다고 인정받는 계통체계를 만든 바르틀링은 식물계를 세포성 식물(비관다발식물)과 관다발식물로 나눈 드캉돌을 추종했고, 세포성 식물을 엽상식물과 이끼식물(Homonemeae와 Heteromeneae)로 나눴고, 관다발식물을 관다발 민꽃식물과 꽃식물로 나눴다. 꽃식물은 외떡잎식물과 쌍떡잎식물로 나눴고, 쌍떡잎식물은 다시 네 집단으로 구분했다. 이 넷 중 하나는 배젖이 외유로 둘러싸인 난황(vitellus)을 갖는 특징이 부여되었지만, 이는 완전히 인위적인 구분이다. 나머지 세 분류군에는 민꽃잎(apetalous), 통꽃(monopetalous), 갈래꽃(polypetalous)이 있지만, 구과식물와 소철류를 민꽃잎에 포함시켰다.

엔들리허[25]가 식물계를 엽상식물과 경엽(莖葉)식물[26]로 인가 분

25 Stephen Ladislaus Endlicher. 1805년 프레스부르크에서 태어났다. 신학을 공부하다 그만두고, 1828년 빈 왕립도서관의 사서가 되었고, 1836년에는 왕립 자연사박물관 식물학 분과의 관리인이 되었다. 1840년에 대학을 졸업하고 빈 식물원의 원장이자 식물학 교수가 되었다. 24,000탈러(thaler) 가치의 그의 도서와 식물

류하고, 후자를 Acrobrya(이끼류, 관다발 민꽃식물, 소철류), Amphibrya(외떡잎식물), Acramphibrya(쌍떡잎식물, 구과식물)로 나눈 것은 별로 만족스러운 분류라고 할 수 없다. 경엽식물을 구성하는 이 세 분류군 중 Acrobrya는 아주 부자연스러운데, 이는 엔틀리허가 웅거(Unger)의 개념을 본떠 길이와 부피 생장에 관한 그릇된 가정을 전제로 만들었기 때문이다. 엔틀리허의 위대한 연구성과는 우리 시대까지 이어져 과와 속에 관한 풍부한 기술덕분에 식물학자들에게 없어서는 안 될 참고서가 되었고, 한편 프랑스에서는 1843년에 브롱냐르(Brongniart)가 제시한 체계가 일종의 공식적인 권위를 얻게 되었다. 여기서 전체 식물계는 민꽃식물과 꽃식물의 두 갈래로 나뉘었는데, 민꽃식물은 무성생식을 하는 것으로 잘못된 특징을 부여했고, 꽃식물만이 서로 다른 성을 갖는 것으로 기술했다. 꽃식물은 외떡잎식물과 쌍떡잎식물로 나뉘는데, 그 하위 분류군들의 구분은 만족스럽지 못하다. 그럼에도, 이 체계는 겉씨식물들을 모두 하나의 분류군으로 포함하는 장점이 있다. 겉씨식물을 쌍떡잎식물에 포함한 오류가 남아 있지만, 로버트 브라운이 겉씨 특징(gymnospermy)을 어느 정도 인지했다는 건 진보의 조짐이라고 할 수 있다.

존 린들리[27]의 체계는, 독일에서 바르틀링과 엔틀리허의 체계나

표본들을 국가에 기증했으며, 사비를 들여 빈 박물관 연감을 만들었고, 식물표본들과 값비싼 식물학 책들을 구입했고, 자신과 다른 연구자들의 연구성과들을 출판했다. 공식 월급이 적었음에도 이런 많은 지출을 충당하느라 지쳐 마침내 1849년 3월에 생을 마감하게 되었다. 그는 당대의 가장 뛰어난 계통학자였을 뿐 아니라 문헌학자이자 또한 뛰어난 언어학자였다. 그의 저서 중에는 중국어 문법에 관한 책도 있다. *Linnaea* 33권(1864와 1865) 583쪽을 참조하시오.

26 [역주] Cormophytes. 뿌리, 줄기, 잎의 구별이 확실한 식물.

27 John Lindley. 런던대학의 식물학 교수로 1799년에 노리치 근처 채튼에서 태

프랑스에서 브롱냐르의 체계처럼, 영국에서 중요한 위치를 차지했다. 초기에 여러 시도를 한 뒤 1845년 제안한 린들리의 체계에서는, 브롱냐르의 체계와 마찬가지로 민꽃식물은 무성생식을 하는 꽃이 없는 식물로, 꽃식물은 유성생식을 하는 꽃을 가진 식물로 정의되어 있다. 그리고 민꽃식물은 엽상식물과 정단생장식물(Acrogens)로, 꽃식물은 (1) 근(根)생식물(Rhizogens; Rafflesiaceae, Cytineae, Balanophorae 기생식물), (2) 내생식물(Endogens; 나란히 잎맥의 외떡잎식물),[28] (3) 망상맥식물(Dictyogens; 그물 잎맥의 외떡잎식물), (4) 겉씨식물(Gymnogens), (5) 외생식물(Exogens; 쌍떡잎식물)[29]의 5가지 강으로 구분했다. 이 분류법은 지금껏 시도되었던 것 중 가장 큰 문젯거리가 있다. 근생식물의 계통학적 가치가 이들의 독특한 습성 때문에 과도하게 평가되었고, 사소한 특징에 큰 비중을 둬서 외떡잎식물을 두 개의 강으로 나누었다는 점이다. 이들 분류군에 부여된 특징들은 모두 완전히 잘못된 것들이다.

많은 체계 중 언급한 체계들만을 추려서 소개하는 이유는, 이 체계를 만든 사람들이 (브롱냐르는 제외하고) 전체 식물계를 아우르는 포괄적 기술을 작성하는 상황에서 이들 체계가 광범위하게 악명을 얻는 동시에 중요성을 인정받았기 때문이고, 또한 지금 이 책의 목적이 별로 탁월하지 않은 체계들까지 자세히 고찰하고자 하는 건 아니기 때문이다. 이와 관련된 추가 정보가 필요하면 린들리의 『식물계(*Vegetable Kingdom*)』(1853)의 서론부를 참조할 만하다.

이러한 체계들에 적용된 원리와 관섬을 고찰할 때 특히 시선을

어났고 1865년 런던에서 사망했다.

28 [역주] 생장이 안쪽으로 일어나는 식물.

29 [역주] 생장이 바깥 방향으로 일어나는 식물.

끄는 점은, 바르틀링의 경우를 제외하고는 식물계를 일차 분류하는 데 있어서 형태학적 특징들과 함께 생리-해부학적 특징들이 사용되었다는 점이다. 이들 체계의 저자들은 드캉돌이 했던 오류에 빠졌고, 엔틀리허의 Acrobrya 등이라든지 린들리의 근생식물과 망상맥식물 강 같은 구성에서처럼, 바로 앞서 말한 특징들의 선택은 불행히도 부분적 또는 완전한 오해에서 비롯되었다. 더욱 안타까운 점은, 그 체계를 만드는 데 가장 중요한 가치를 지닌 믿을 만한 사실들을 이 계통학자들이 고집스럽게 거부했다는 것이다. 줄기의 내생적 생장과 외생적 생장을 구분한 1845년과 1853년 린들리의 주장은 거의 신빙성이 없다. 게다가, 데퐁텐이 주창했고 드캉돌이 수용했던 이 구분이 실재하지 않는다는 결정적인 증거를 폰 몰이 이미 1831년에 제시한 바 있다. 강 전체에 걸쳐 생식기관이 없다고 생각했던 민꽃식물도 마찬가지 오류였다. 1845년 이전에 이미 민꽃식물에서 유성생식을 뒷받침하는 다양한 사례가 알려졌다. 슈미델은 18세기 중반에 우산이끼류, 헤드비히는 1782년에 솔이끼류의 생식기관을 기술했고, 보셰(Vaucher)는 1803년에 조류인 해캄(Spirogyra)에서 접합(conjugation)을 유성생식 과정으로 간주해야 한다고 제안한 바 있다. 사실 계통학자들은 이런 발견들을 어떻게 받아들여야 할지 몰랐다.

계통학자들은 특징을 찾는 것과 그것을 이용하는 것이 별개의 문제라는 점을 빈번히 무시했는데, 이것 또한 불운이었다. 모든 가능한 특징들을 조사하고 나면, 분류를 수행하기 위해 정립된 특징들의 계통학적 중요성이나 그들의 가치를 매기는 방향으로 연구가 이어져야 한다. 연구가 완료되면, 체계를 구성할 때 두드러진 특징들만 선별하는 것으로 충분하다. 때론 단 하나의 특징만으로도 자연집단 하나를 충분히 구성할 수 있다. 이런 주요 특징은 (군대에서) 연대의 부대

깃발과 같다고 할 수 있다. 이런 특징의 중요성은 그 자체로는 대단하지 않을 수 있지만, 연관된 특징들 전체를 대표할 실질적인 목적에서는 큰 힘을 발휘하게 된다. 드캉돌 이후 어느 계통학자도 자연체계를 구성하는 데 필요한 원리들에 대한 명확한 개념을 만드는데, 그리고 연관된 형태로 이들을 체계의 이론으로 제시하는 데 노력을 기울이지 않은 것은 더욱 큰 불운이다. 학생들은 이해도 못 한 채 주어진 체계를 받아들여야만 했고, 계통학자들 자신은 통상 분류군을 형성하는 데 있어서 단지 맹목적 느낌을 따랐지, 결코 논리적 명료성으로 그 작업과정의 근간을 파헤쳐 보지 않았다.

이런 점에서 봤을 때 린들리는 예외적으로 존경할 만한데, 그는 1830년 이후 여러 차례에 걸쳐, 자연 분류의 원리에 대한 그의 견해를 제대로 보여 주었고 드캉돌처럼 계통의 이론을 만들려고 노력했다. 하지만 인정받을 가치가 있는 것은 그의 노력뿐이다. 그가 기초를 다진 원리들 자체가 상당히 부정확할 뿐 아니라 심지어 자신의 체계를 비롯해 다른 모든 자연체계들과도 상충하기 때문이다. 이론과 실제의 이러한 상충을 드캉돌보다는 린들리에서 훨씬 더 두드러지게 보게 된다. 드캉돌은 근연성을 판단하기 위한 정확한 원리들을 세워 놓고 몇몇 경우에서만 그 원리를 따르지 않은 데 반해, 린들리는 기존에 오랫동안 정립되어 온 자연근연성에서 상당히 부정확한 규칙들을 유추하여 체계에 적용했다. 1853년까지 만들어진 모든 체계를 들여다보면, 진정한 자연집단의 특징은 모두 상대적이라는 것이 발견된다. 그럼에도, 린들리는 하나의 특징 또는 (그가 잘못 말했지만) 기관은 개체의 보존과 번식을 위한 더 높은 생리적 가치를 가지는 것에 비례해서 분류에 더 중요하다는 원리를 주장했다. 이것이 맞는다면, 식물의 자연집단을 구성하는 건 매우 쉬운 일이다. 제일 먼저 식물을 엽록소가 있는 것과 없는 것으로 나누기만 해도 충분할 것이다. 엽록소의 존재는 식물의 생존에 다른 어떤 물질보다 필수적이고, 따라서 생리적 중요성은 명백하다. 이 경우, 엽록소가 없는 난초과(Orchideae), 열당과(Orobancheae), 새삼속(Cuscuta), 라플레시아(Rafflesia)같은 식물들은 당연히 균류와 같은 강에 포함시키고, 다른 식물들은 달리 분류해야 할 것이다. 식물의 구조가 물에서 또는 건조한 육상에서 또는 지하에서 자라기에 적합한지 여부는 식물의 생존에 매우 중요할 텐데, 린들리에 따르면, 조류, 뿌리포자낭류(Rhizocarps),[30] 발리스네리아(Vallisnerias),[31] 물미나리아재비류(water Ranunculuses), 개구리밥류(Lemna) 등은 같은 분류군으로 묶여야만 한다. 또한 식물이 똑바로 자라는지 또는 덩굴손이나 덩굴줄기 등을 이용해 기어올라 자라는지는 식물의 생존에 매우 중요할 테고, 여기에 린들리의 원리를 적용하면 특정 양치류, 포도류, 시계꽃(passion flower), 여러 완두 종류 등은 하나의 목으로 묶이게 된다. 린들리의 주요 계통식물학 원리가 이런 방식에 있어서 완전히 비합리적인 것은 명백하다. 그럼에도, 그는 이런 원리에 따라 배아와 배젖, 꽃잎과 수술의 해부학적 특징들에 대한 계통학적 가치를 결정한 다음 모든 면에서 이들의 생리적 중요성을 강조했지만, 이러한 부위들은 실제로 거의 계통학적 가치가 없는 부위들이다. 린들리의 체계에 중대한 오류가 있음에도 여전히 형태학적으로 자연체계인 것을 고려했을 때, 그의 작업 방식은 많은 다른 계통학자들처럼 그 역시 자신이 만든 규칙을 습관적으로 따르지 않았다는 것을 보여

---

30 [역주] 암수 딴 포자를 형성하는 이형포자 양치류(heterosporic ferns); Pilularia, Marsilea, Salvinia 등 네가래과(Marsileaceae)와 생이가래과(Salviniaceae)의 수생 양치류가 포함된 생이가래목(Salviniales) 식물.

31 [역주] 자라풀과(Hydrocharitaceae)의 수초.

주는 것이다. 그가 자신의 규칙을 따랐다면 자연체계와는 매우 다른 결과가 나왔을 것이다. 근연성을 성공적으로 판단할 수 있었던 것은 주로 식물의 형태를 꾸준히 고찰해 정확한 느낌을 형성하고 계속 다듬었기 때문이다. 따라서 자연근연성이 어느 정도 빛을 보게 된 것은, 실질적으로 드 로벨과 바우힌에서처럼 상당 부분 무의식 속에서 작동되었던 '형상의 연상(聯想) 작용(association of ideas)'이었다. 그리고 계통학자로서 매우 중요한 인물인 린들리 같은 사람들은, 앞선 예에서 보여 준 것처럼, 자신들이 작업했던 규칙에 대해 명료하지 못했다.

이런 과정에서도 자연체계는 50년 동안 상당한 발전을 이루었다. 바르틀링, 엔틀리허, 브롱냐르, 린들리의 체계와 그전의 드캉돌, 쥐시외의 체계를 비교했을 때 근연성의 수는 엄청난 속도로 증가했다. 1850년 이전에 만들어진 체계들이 식물의 분류에서 갖는 가치를 가장 설득력 있게 보여 주는 것은, 다윈같이 명료하고 체계적 사고력이 있는 사람이 그 계통체계에서 계통이론(진화론)에 대한 주요 증거들을 끌어 낼 수 있었다는 사실이다. 다윈이 형태와 계통에 반해서 또는 그때까지 알려지지 않았던 원리에 근거해서 자신의 이론을 만들지 않았다는 것은 분명하다. 반면 그는 당대까지 발전해 온 형태학과 자연체계가 보여 주는 사실 자체에서 자신의 가장 중요하고 이론의 여지가 없는 주장을 유추해 냈다. 그는 진정한 자연체계는 기관의 생리적 가치가 아닌 형태적 가치에 세워진다는 사실을 항상 지적했다. 다윈은 구조의 한 부분이 그 생명체의 특성 습성과 관련이 적을수록 분류에 더 중요하다는 사실을 법칙으로 삼아야 한다고 말한다. 로버트 브라운이나 드캉돌처럼 다윈도 부전되거나(aborted) 생리적으로 쓸모없는 기관들이 분류를 위해 매우 중요하다고 주장한다. 무수히 많은 점이 형태 또는 중간 단계에 의해 매우 달라 보이는 종들 사이에서 근연성이 발견되는 경우가 있다고 다윈은 지적한다. 동물계에서는 특히 갑각류강에서 이런 사례들이 현저하다. 한편, 엽상식물, 이끼류, 천남성과 등에서 보이는 일련의 형태들은 식물계에서 그런 사례에 해당한다. 이런 경우에는 (한 분류군 내의) 일련의 연속된 근연성들 중 가장 멀리 떨어진 두 종에서는 (이 분류군이 갖는) 공통 특징이 전혀 발견되지 않을 수도 있다.

다윈의 이러한 주장들을 봤을 때, 계통학자들이 작업할 때 사용하긴 했으나 다소 무의식적으로 관찰했지 결코 완전하고 명확하게 인식하지는 못했던 규칙들을 다윈은 실제로 기존의 식물과 동물의 자연체계에서 찾아냈다는 것을 명백히 알 수 있다. 실제로 자연을 연구할 때, 한 분류군의 범위를 정하거나 한 종을 구성하기 위해 동원되는 특징들에서 생리적 가치를 취하는 실수를 범하지 말아야 한다고 다윈은 제대로 지적했다. 다윈은 생물의 계통적 근연성과 생존 조건에 대한 적응이 일치하지 않는다는 것을 분명히 인식했고 항상 유의했다. 완벽하지는 않았지만 드캉돌 역시 이를 인지했다. 사실 자연체계의 진정한 특징을 식별하고 계통이론으로 이를 설명할 때는 이런 불일치에 대한 분명한 인식이 필요하다. 형태학자와 계통학자들이 온갖 노력으로 규명하려 했으나 그 중요성을 충분히 인식하지 못했던 사실은, 완전히 다른 두 개의 원리가 모든 개별 생명체의 본성에 결합되어 있고, 한 종이 가진 기관들의 숫자, 배열, 발달과정이 많은 다른 종들에서 상응하는 관계에 있는 반면, 종의 생존 방식과 동일한 기관의 결과론적 적응은 이렇게 묶인 종들에서 상당히 다를 수도 있다는 것이다. 이 사실은 계통이론(진화론)이 아니면 다른 어떤 것으로도 설명할 수 없다. 따라서 이 사실은 계통이론(진화론)에 대한 역사적 근거이자 가장 강력한 논리적 증거이며, 이 이론 자체는 계통학자들의 노력이 확립해 놓은 결과물에서 유추한 것이다. 린들리의 이론적 추측과 같은 충격적인 방식에서 드러나는 것처럼 계통학자들이 자신의 작업 방식을 거의 설명하지 못하는 걸 보면, 대다수 계통학자가 처음에 이 계통이론(진화론)에 반대했다는 사실이 그다지 놀랄 일도 아니다.

이러한 명확성의 결여가 종불변설과 결합했을 때 나타나는 결과는 이미 서론부에서 언급했다. 린들리, 프리스(Elias Fries) 등이 공공연히 수용했듯이, 이것은 이데아가 모든 근연 집단의 근간에 자리 잡고 있으며 자연체계는 창조의 설계도에 해당한다는 개념이다. 그러나, 생존 조건에 대한 기관들의 생리적 적응이 그들의 계통적 관계와 완전히 무관할 수 있다는 기이한 사실을 그런 창조의 설계도가 어떻게 설명할 수 있는지의 문제 제기는 조용히 무시되었다. 그리고 사실, 계통집단의 근저에 자리 잡고 있는 창조의 설계도와 이상적 형상이라는, 플라톤-아리스토텔레스 철학에서 유래한 이 개념은 형태적 특징과 생리적 특징의 이러한 불일치를 설명할 수 없다. 생리적 특징과 형태적 특징이 항상 일치하고 한 종의 생존 조건에 대해 그 종이 지닌 기관들의 적응이 완벽하다면, 자연체계가 창조의 계획을 보여 준다는 계통학자들의 주장은 지지받을 수 있을 것이다. 그러나 적응은 기껏해야 불완전하게 작동하고, 원래 다른 기능을 수행했던 기관들이 새로운 기능적 요구를 충족할 때에만 가능한 것이다.

4장
변태론과 나선 이론의 영향을 받은 형태학
(1790-1850)

쥐시외, 드캉돌, 로버트 브라운의 노력 덕분에 비교를 통해 서로 다른 식물종의 관계를 발견하게 되었다. 그리고 괴테의 변태론은 애초부터 한 식물체에 있는 서로 다른 기관들의 감춰진 관계를 밝히기 위해 고안되었다. 드캉돌의 대칭 이론이 서로 다른 식물종들을 '대칭' 또는 '유형'의 이상적인 설계도를 갖고 정의했듯이, 변태론은 한 식물이 가진 잎 모양 기관들이 유래한 이상적인 '근원 기관'을 가정했다. 줄기는 단지 잎을 가진 부위로만 인식되었고, 뿌리는 아예 존재 자체가 무시되었다. 편견 없는 관찰자의 눈에 가까운 식물종들의 유사성이 자연스럽게 드러나듯이, 하나의 식물체에서 잎의 특징을 갖는 서로 다른 기관들의 연결성도 비슷하게 관계를 드러낸다. 체살피노는 꽃잎을 단순히 '잎(folium)'이라고 불렀다. 그와 말피기는 떡잎도 잎으로 간주했다. 융은 같은 줄기의 서로 다른 높이에 위치한 다양한 잎의 형태에 주목했다. 본프는 이 주제를 처음 체계적으로 고찰한 사람으로 1766년에 식물은 궁극적으로 잎과 줄기로만 (뿌리는 줄기에 포함해서) 이루어져 있다고 말했다.[1]

괴테 한참 이전에 이미 이런 관찰 결과들을 설명하기 위한 의견이 분분했다. 속(pith)이 식물의 영혼이 위치하는 곳이라는 오래된 견해에서 시작해서, 체살피노와 린네는 씨앗을 속이 '변태'한 것으로 간주했고, 수술을 포함한 꽃덮개와 진정한 잎은 줄기의 껍질부와 목질부가 변태한 층(layer)이라고 생각했다. 변태라는 말은 이들의 관점에서 의미가 매우 명백하다. 실제로 원통 모양 속의 위쪽 끝이 씨앗으로 변하고, 피층을 이루는 물질이 보통의 잎과 꽃의 부위들을 만든다. 한편 볼프는 "줄기에서 나는 모든 부속기관은 잎"이라는 가설에 대해 분명히 이해할 수 있는 물리적 설명을 내놓았지만, 이 설명이 사실이 아니라는 데 문제가 있었다. 그는 잎의 변태가 영양 상태의 변화 때문에 일어난다고 봤고, 꽃은 특히 영양기관이 쇠약해지면서(vegetatio languescens) 만들어진다고 생각했다.

괴테의 변태론과 자연철학의 해악

이 변태 문제에 대한 괴테의 개념은 처음엔 별로 명확하지 않았는데, 주로 비정상적인 것을 정상적이거나 오름차순 변태[2]와 연결할 수 없었기 때문이었다. 괴테의 『변태론(*Doctrine of metamorphosis*)』(1790) 첫 번째 문장에서 그는, "식물의 특정 외부 부위들은 변화를 통해, 전체가 모두 또는 상당한 정도 이웃하는 부위의 모양으로 바뀌는 경우가 관찰된다."라고 말했다. 괴테가 생각하는 이 경우에는 변태라는 말에 다른 의미가 붙는다. 예를 들어, 정상적인 꽃식물의 씨앗에서 자란 식물이 원래 수술의 자리에 꽃잎을 만들거나 원래 씨방이 잎으로 변형

---

1 Albert Wingand, *Kritik und Geschichte der Lehre von der Metamorphose der Pflanze*, Leipzig: Wilhelm Engelmann, 1846, p. 38.

2 [역주] ascending metamorphosis. 예: 줄기 아래에서 위쪽으로의 잎의 형태적 변화(떡잎-어린잎-성숙한 잎-꽃받침-꽃잎-수술-암술).

된다면, 이것은 알고 있는 한 형태의 식물이 다른 형태의 식물을 탄생시키는, 즉 변화 또는 변태가 진짜로 일어나는 경우라고 할 수 있다. 그러나, 괴테가 정상 또는 오름차순 변태라고 불렀던 경우를 이런 식으로 설명할 수는 없다. 수없이 많은 세대를 거듭해 그 특징들이 일정하게 유지된 한 종에서 떡잎, 잎, 포엽(苞葉), 꽃의 부위들을 '잎'이라고 부를 때, 이는 잎이라는 개념을 일반화하는 추상 과정(abstraction)의 결과일 뿐이다. 우리가 심피, 수술, 꽃덮개, 떡잎의 생리적 특징들을 추상화하고 이들이 줄기에서 기원한다는 것만 중요시한다면, 이 부위들을 보통의 잎과 함께 하나의 보편적 개념에 포함시키는 것이 정당화되며, 이 개념에 임의로 '잎'이라는 이름을 부여하게 된다. 그러나 이는 문제의 식물체 전체가 유전되어 온 일정한 형태라고 간주하는 한, 이러한 기관들의 '변화'를 정당화하지는 못한다.

따라서 식물이 변하지 않는다면, 변태의 개념은 단지 비유적인 의미만을 가질 뿐이다. 개념으로만 존재하는 변태를 대상에 부여하는 것은 우리가 수행하는 추상화 과정이 그 대상에 이전되는 것에 지나지 않는다. 앞서 말한 비정상적인 경우뿐 아니라 식물의 수술과 그밖의 기관들이 조상 식물에서 보통의 잎이었다고 가정하면 상황은 다를 것이다. 실질적인 변화에 대한 이런 가정이 만들어지지 않는 한, 변태는 단지 하나의 개념일 뿐이다. 괴테는 이런 구별을 하지 않았다. 비정상적인 변태나 기형의 과정에서처럼, 실질적 변화가 번식 과정에서 일어난다고 가정할지라도, 괴테는 자신의 정상적인 오름차순 변태가 과학적 사실로서 의미를 가질 수 있다는 걸 분명히 알지 못했다. 변태에 대해 그가 사용했던 여러 표현을 비교해 보면, 어떤 때는 그 말뜻 그대로, 또 어떤 때는 이상적이고 비유적인 의미로 사용했다. 예를 들어, 그는 "수술은 꽃잎이 접힌 형태라고 말할 수 있다. 마치 꽃잎이 수술의 펼쳐진 상태라고 할 수 있는 것처럼"이라고 말한다. 이 말은 괴테가 특정 잎 모양을 시간상('한 식물체'의 발달 단계상) 최초의 것으로 간주하지 않고, 다른 잎 모양들이 (진화 과정상) 최초의 것으로부터 변화한 것이었다는 것을 보여 준다. 여기서 그는 변태라는 말을 순전히 이상적인 의미로 사용한다. 다른 경우에서 그의 주장을 살펴보면, 그는 '정상적인' 오름차순 변태를 마치 한 종에 변형(transmutation)이 일어나서 기관들이 변화한 것으로 생각한 듯하다. 관념(notion)과 물자체(thing), 이데아(idea)와 실제, 주관적 개념과 객관적 실체를 혼동하면서, 괴테는 소위 '자연철학(nature philosophy)'의 입장을 제대로 취했다.

괴테의 원리는 다음 방식으로 논리적 일관성과 명확성을 얻을 수 있었다. 이데아로만 비슷한 서로 다른 잎의 형태들이 실제로 그 이전 형태가 변해서 만들어진다고 가정하거나(이 개념은 시간에 따른 종의 변화를 전제로 한다), 또는 이데아와 실제가 일치하는 이상주의 철학을 통째로 받아들이는 경우다. 이 경우 시간에 따른 변화를 가정할 필요는 없고, 변태는 이상적인 것, 즉 관점의 한 방식으로만 남게 된다. 따라서 잎이라는 단어는 실제로 관찰되는 서로 다른 형태의 잎들이 유래하는 단지 이상적이고 근본적인 형태를 의미하게 된다. 마치 이상적인 유형(ideal type)에서 드캉돌의 불변종(constant species)이 생기는 것처럼.

변태론에 대한 괴테의 추가 견해들을 세심히 살펴보면,[3] 그가 실제로 결론에 도달하지 못하고, 이 둘 사이에서 끊임없이 망설였음을 알 수 있다. 몇몇 근래의 저술가들이 생각했듯이, 괴테가 한 많은

---

3 40권짜리 괴테 전집을 참고하시오(Johann Wolfgang von Goethe, *Schriften zur Literatur I*, in: *Goethe Sämtliche Werke*, Bd. 36, Stuttgart & Tübingen: J. G. Cotta'sche Buchhandlung, 1858).

말 중에는 계통이론(진화론)의 선구자적인 것으로 생각할 만한 것들이 있다. 그러나 우리를 이상주의 철학과 종불변론의 위치로 되돌리는 선택을 하는 건 꽤 쉽다. 그가 말년에 세운 물리적 변태와 종의 변화에 대한 개념은 괴테의 저술들에서 더 분명하게 나타난다. 이는 그가 1830년에 있었던 퀴비에(Georges Cuvier)[4]와 생틸레르(Geoffroy de St. Hilaire)의 논쟁에 왜 열정적인 관심을 보였는지를 설명해 준다.[5] 이러한 것들로 비춰 봤을 때, 괴테는 비록 당시 자연철학의 미몽 속을 헤맸음에도, 식물과 동물 모두에서 변태의 본질에 대한 좀 더 명확한 통찰력이 필요함을 느꼈다. 하지만 그 자신은 결코 그 길을 열 수 없었다.

이런 개선된 움직임은 식물학 역사에서 그다지 중대한 영향을 끼치지 못했다. 변태론의 추종자들은 한결같이 이 이론을 자연철학의 의미로 이해했고, 괴테는 이들이 자신의 이론을 기괴한 방식으로 왜곡하는 것에 이의를 제기하지 않았다. 이 이론은 자연철학의 원칙에 따라 추가적으로 발전한다. 이 철학은 불완전하게 관찰된 사실을 무비판적인 방식으로 순전히 관념적으로 검토한 결과물들을 적용하는 데 익숙했다. 무엇보다, 종불변 교리를 어떻게 기관의 변태 개념에 논리적으로 연결시킬 것인지에 대한 난제는 풀리지 않았다. 프리스가 자연체계에서 발견한 초자연적인 것이 식물의 기관들을 비교하는 변태론에 여전히 남아 있었다.

식물에서 나선 경향(spiral tendency)에 관한 괴테의 견해는 더 애매한데 이는 순전히 자연철학의 산물이다. 그의 에세이 『식물의 나선

4 [역주] 프랑스의 동물학자, 정치가. 동물계의 분류표를 만들고, 비교해부학과 고생물학을 창시.

5 헤켈(Haeckel)의 『자연 창조의 역사(*Natürliche Schöpfungsgeschichte*)』 4판(1873) 참조.

경향(*Spiraltendenz der Vegetation*)』 194쪽에서 그는 다음과 같이 말했다. "변태의 개념을 충분히 이해한 다음 식물의 발달을 더 자세히 알기 위해 수직 경향(vertical tendency)을 주시할 필요가 있다. 이 경향은 존재를 지탱하는 무형의 지팡이로 봐야 한다. 이런 생명의 경향은 우리가 일상에서 사용하는 실의 긴 섬유에서도 나타난다. 이는 바로 나무에서 목질을 구성하는 요소로서 일년생, 이년생 식물을 곧게 설 수 있게 하며, 기거나 감아 오르는 식물들의 마디 사이를 자라게 하기도 한다. 그다음 우리는 다른 식물을 감아 올라가는 나선 방향을 관찰해야 한다." 괴테가 즉시 '나선 경향'으로 정의한 이 나선 방향성은 식물에서 다양한 현상으로 나타난다. (관다발의) 나선형 도관, 덩굴줄기, 그리고 때로는 잎의 위치(leaf position)에서도 나타난다. 괴테는 이 에세이의 결말에서 수직 경향은 수컷의 특징이고 나선은 암컷의 경향이라고 설명하는데, 이는 그가 자연철학에 빠져 헤어나오지 못했는지를 보여 준다. 이렇게 그는 독자들을 신비주의 깊숙한 곳으로 빠뜨렸다.

자연철학과 식물학자들이 변태론을 불합리함의 극단까지 변화시키는 과정을 자세히 분석한다는 것은 피곤할 뿐 아니라 쓸모없는 일이기도 하다. 또한 이 교리의 표제어라고 할 수 있는 극성(polarity), 수축과 확장(contraction and expansion), 줄기 모양(the stem-like)과 관 모양(the fistular), 수직 생장(anaphytosis)과 생명 마디(life-node) 등과 같은 말들이 어떻게 일상적인 관찰 결과와 섞여 무의미한 혼종 개념이 되었는지를 살펴보는 것도 쓸모없기는 마찬가지다. 조야하고 모호한 느낌 그리고 막연한 상상이 개념과 원리로 간주되었다. 비간트(Wigand)의 『변태의 역사와 비평(*Geschichte und Kritik der Metamorphose*)』은 이런 믿기 어려운 일탈을 샅샅이 설명해 준다. 독일의 포이트(Voigt), 키저(Kieser), 폰 에젠베크, 슐츠(C. H. Schulz), 그리고 식물학 역사가인 마이어(Ernst

Meyer)는 이 어리석음으로 유명했고, 스웨덴 식물학자인 아가르(Agardh)와 프랑스의 튀르팽(Turpin)과 뒤 프티-투아르[6]도 이 약점에서 자유롭지 못했다. 당대 독일 최고의 식물학자인 트레비라누스(Ludolph Treviranus), 링크(Link), 비쇼프(G. W. Bischoff) 등조차도 그나마 최소한의 경험주의를 따랐을 때만 이 자연철학의 영향에서 벗어날 수 있었다. 재능있고 총명한 사람(괴테)이 변태를 이야기하자마자 그들은 미사여구에 빠져 버리고 말았던 것이다. 예를 들어, 에른스트 마이어는 위대한 식물학자는 아니었지만, 그의 『식물학사(*Geschichte der Botanik*)』를 보면 그가 영리하고 교양있는 지성인임을 알 수 있다. 이 저자들이 변태론을 다루면서 우리를 불편하게 하는 이유 중 일부는 관념철학의 깊은 의미가 이들의 손에 결코 논리적으로 표현되지 못했을 뿐 아니라 의미 없는 언어유희에 탐닉했기 때문이다. 이들은 매우 추상적인 개념들을 정말 마구잡이식의 미숙한 경험수의와 때로는 말 그대로 오류투성이의 관찰과도 결합시켰다. 오켄(Lorenz Oken)은 그나마 좀 더 정확한 관찰을 남겼고 좀 더 일관된 철학을 고수했다. 우리가 그의 견해를 수용하기 어렵더라도, 그가 자신의 견해를 제시하는 방식은 적어도 더 논리에 부합하는 긍정적인 모습을 보인다. 1840년 이전 변태론에 관한 저술들과 드캉돌, 로버트 브라운, 폰 몰, 슐라이덴, 네겔리, 웅거 등이 발전시킨 지금의 과학과 비교해 보면, 현대 식물학이 이들

---

6 Louis Marie Aubert Du Petit-Thouars. 1758년에 앙주에서 태어났다. 모리셔스, 마다가스카르, 부르봉에서 여러 해 동안 식물을 채집했다. 이후 루레의 식물원장을 역임했고, 1820년에 학술원 회원이 되었다. 1831년에 사망했다. 『세계 전기(*Biographie Universelle*)』에 실린 그의 논문은 그가 능력 있는 저술가임을 증명했다. 선입견을 품은 주장들 때문에 그의 연구가 성공하는 데 방해가 되었다. 특히, 목본 줄기의 부피생장에 대한 주장이 그랬는데, 이런 주장을 고집함으로써 자신이 관찰할 것에 대해 편견 없이 해석할 수 없었다. 『식물상』(1845) 439쪽 참조.

에게 얼마나 큰 빚을 졌는지 알게 된다(이들 중 웅거는 자연철학의 굴레에서 벗어나는 데 꽤 오랜 시간이 걸렸다).

괴테의 변태론과 드캉돌의 대칭 설계론에는 실제로 분명한 차이가 있음에도, 똑같이 종불변설에 기원을 둔 이 두 이론 모두 생리적 기능에 차이가 있는 식물 기관들에 어떤 형태적 공통점이 발견된다는 결론에 도달했다. 이 공통점은 기관들의 연속된 순서와 상대적 위치로 주로 표현된다. 변태론의 핵심은 괴테, 볼프, 심지어 린네와 체살피노에서도 바로 이러한 특성으로 표현된다. 형태학의 이 분야에서 중요한 결과를 확보하려면 변태론을 둘러싼 자연철학의 불순물을 제거하고 기관들의 위치 관계를 진지하게 연구할 필요가 있었다. 쉼퍼가 처음으로 이런 방향으로 연구를 시작했고, 알렉산더 브라운(Alexander Braun)이 그 뒤를 이었다. 둘 다 종불변설과 화합할 수 있는 형태로, 즉 순전히 관념적 의미에서 변태론의 주요 개념을 수용했다. 이들은 자연철학자들이 범했던 주요 오류들에서 벗어남으로써 식물의 형태에 대한 순전히 관념적인 형태학적 고찰을 더 논리적으로 표현했다.

쉼퍼와 A. 브라운의 잎차례론: 기하학적 식물 발달 이론

쉼퍼[7]는 1830년 이전에 자신의 이름을 딴 잎의 배열에 관한 이

7 Karl Friedrich Schimper. 1803년에 만하임에서 태어났으며, 처음에는 하이델베르크에서 신학을 공부했으나, 이후 프랑스 남부에서 전문 식물 채집자로 일했고, 의학을 공부했다. 1828년에서 1842년 사이에는 뮌헨대학의 강사로 있으면서 바바리아 왕의 명에 따라 알프스, 피레네 등을 탐험했다. 이 시기에 잎차례(phyllotaxis)에 대한 가장 중요한 저술과 빙하 시기와 빙하의 확장에 대한 에세이를 썼다. 1842년에는 팔라티나테로 돌아왔고, 바덴 대공(Grand Duke of Baden, 프리드리히 1세)으로부터 후원금을 받으며 살다 1867년에 슈베칭겐에서 죽었다.

칼 프리드리히 쉼퍼

론을 만들었고, 1834년에는 슈투트가르트의 학술회의에서 자연학자들에게 그 이론을 완벽하게 완성된 체계로서 소개했다. A. 브라운은 쉼퍼의 『식물상(*Flora*)』(1835) 해설부에 대한 평에서 그 이론에 관한 명료하고 간단한 설명을 제시했으며, 이에 앞서 같은 주제에 대해 이해력 있는 훌륭한 논문을 발표한 바 있다. 여기서 잎차례론(doctrine of phyllotaxis)은 식물학계와 수많은 청중의 관심을 끌 수밖에 없는 완성된 형태를 보여 주고 있다. 안타깝게도 식물학 분야에서는 거의 일어나지 않는 일이지만, 이 경우에 있어서 과학적 개념은 그저 우연히 제시된 것이 아니라 그 모든 결론이 완전한 구조로 고안되었다. 기하학적 구성을 의미하는 명제가 당시까지 식물학에서는 알려진 바가 없는 숫자와 공식으로 표현되었기 때문에 이 구조의 겉모습은 꽤 화려해 보였다. 이는 식물학에서 그 이전까지는 볼 수 없었던 일이다.

줄기 위에 잎들이 특정 기하학적 규칙에 따라 배열한다는 사실은 18세기 중반 체살피노와 베넷(Bennet)에 의해 인지되었지만, 그 배열의 차이점에 대해 조금 기술하는 정도 이상의 결과는 없었다. 쉼퍼의 이론은 잎의 모든 위치 관계가 단 하나의 원리에 따른다는 것인데, 이는 그의 이론의 가장 큰 장점인 동시에 가장 근원적인 오류이기도 하다. 이 원리는 줄기의 생장이 나선을 따라 위쪽 방향으로 일어나며, 잎의 생성은 이런 나선 생장이 국소적으로 상소된 것이라는 개념에 근거한 것이다. 이 나선의 방향은 같은 종 또는 같은 줄기 축에서도 바뀔 수 있으며, 심지어는 잎마다 바뀔 수도 있다. 잎 배열의 주요 차이는 줄기의 길이 축을 따른 잎들 사이의 거리가 아니라, 줄기 옆쪽

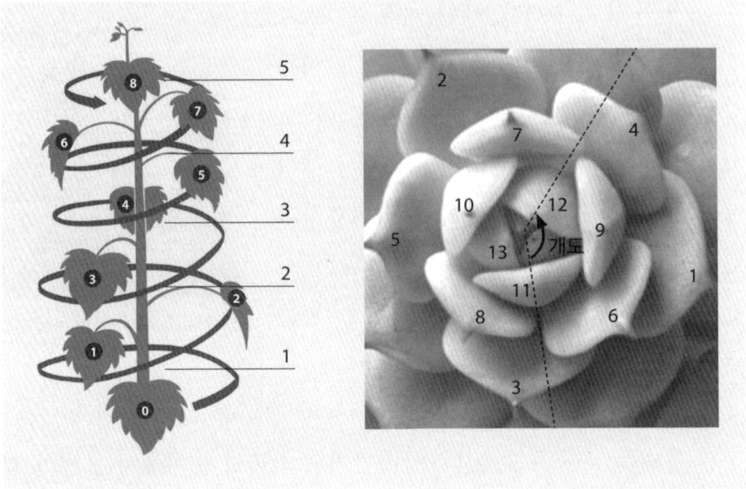

잎의 나선형 발생(오른쪽 다육식물에서 두 잎 사이의 각도, 즉 개도는 평균 137.5°≈3/8이다)

으로 잎들 사이가 얼마나 어긋나 발생하느냐 또는 인접한 '두 잎 사이의 벌어진 각도(개도[開度], lateral deviation)'에 달려 있다. 이 이론의 특이점은 줄기 축을 따라 잎들이 보이는 개도를 생각하는 방식, 즉 이 개도가 매우 보편적인 위치 결정의 법칙을 따른다는 것이다. 잎의 고유한 배열로 형성되는 잎들 사이의 개도가 곧바로 인지되지 않을 때는, 그 배열의 진정한 규칙 즉 고유의 나선을 구하기 위해 영리하게도 (개도값들의) 평균값이 이용된다. 수많은 관찰 결과, (식물마다) 잎의 배열에 놀랄만한 변이들이 있는데, 이 중 몇 가지 변이는 매우 흔하게 일어나며, 이들의 개도값은 $\frac{1}{2}$, $\frac{2}{3}$, $\frac{3}{8}$, $\frac{8}{13}$, $\frac{13}{21}$ 등과 같이 서로 놀라운 (수열) 관계를 보여 주고 있다.[8] 여기서 그다음 오는 분수의 분자와 분모는

8 [역주] 분수로 표시된 개도값은 360°를 분모로 한 값이다. 그리고 각 개도값은

앞선 두 개의 분수의 분자와 분모를 함께 더해 얻는다. 또는 각 분수는 연속하는 분수의 잇따른 수렴 값이다.[9]

모든 연속하는 분수 중 가장 단순한 이 분수에서 단일 숫자의 변경으로 일반적인 주요 수열에서 벗어난 모든 위치 측정값을 표현할 수도 있다. 흔히 보이는 잎돌려나기(leaf-whorl)라는 현상은 특이생장의 원리(principle of special growth)와 이 원리에 근거한 적소의 원리(principle of position)에 반하는 것처럼 보인다. 돌려나기에서 한 회전(a whorl)을 구성하는 모든 잎들이 동시에 발생한다는 걸 전제로 했을 때 특히 그렇다. 하지만 자신들의 기하학적 구성법에 의존한 이 원리의 창안자들은 '한 회전-동시 발생'을 주장하는 모든 이론은 잘못됐다고 천명했다. 그러나 같은 줄기에서 일어나는 서로 다른 회전 사이에도 특정한 배열이 있어서 연속된 나선형 배열을 보이는 방식을 설명하려면 새로운 기하학적 구성법이 필요하다. 즉, 잎나기 순서를 측정하는 데 있어서, 한 회전의 마지막 잎과 다음 회전의 첫 번째 잎의 연결을 인정하는 '부가적인 관계(prosenthesis)'를 설정할 필요가 있다. 이 구성법이 인위적으로 보이긴 하지만 나선론(spiral principle)을 뒷받침해 주고, 이 관계는 매우 단순한 분수들로 표현될 수 있다는 장점이 있다. 이는 꽃 구성 부위들의 상대적 위치와 앞서 난 잎들의 위치와 이들과의 관계를 고찰하는 데 엄청난 이점을 준다.

식물 전체의 형태를 분석하는 형태학적 원리의 창안자들이 보인 이런 뛰어난 기법 덕분에, 곁가지에 난 잎들의 배열 관계가 본 줄

서로 다른 식물종에서 관찰되는 각각의 고유한 값이다. 여기서 말하는 '(수열) 관계'는 '피보나치 수열'을 말한다.

9 [역주] 이 피보나치 수열의 원칙에 따랐을 때, 예로 든 일련의 분수들에서는 $\frac{1}{3}$과 $\frac{3}{8}$ 사이에 $\frac{2}{5}$가 빠져 있다. 즉, $\frac{2}{5}$의 개도를 갖는 식물이 관찰되지 않았다는 의미다.

기의 관계와 연결되어 있다는 법칙도 알게 되었고, 이는 꽃차례(화서, inflorescence)의 속성을 아주 명확하게 기하학적 수치로 나타내는 걸 가능케 했다. 표현이 풍부하고 정연한 용어는 이론 전체를 매력적으로 만들 뿐 아니라, 식물에서 가장 변이가 심한 형태를 묘사하는 데 있어서 적절·명료·정확한 어법을 제공하기에 매우 적합했다. 이 이론은 1835년 이래 꽃과 꽃차례뿐 아니라 영양기관의 줄기와 가지에 관한 비교형태학적 연구가 완성도 높게 진행되었기에 이런 장점을 갖게 되었다. 이 이론의 원리가 완전히 친숙해짐에 따라, 가장 복잡한 식물의 형태적 요소를 명료하게 설명함으로써 관찰자의 눈앞에서 형태들이 생성되는 것처럼 이들이 형성되는 법칙을 드러내 보일 수 있게 되었다. 한편, 동시에 같은 식물이나 서로 다른 식물의 기관들의 난해한 관계가 뛰어난 표현방법을 통해 명확해졌다.

이런 묘사 방식이 생육부전, 퇴화, 협착에 대한 드캉돌의 견해와 결부되고, 동시에 비늘잎(scale), 진정한 잎, 싸개잎(bract), 꽃덮개, 수술잎과 심피잎(staminal and carpellary leaves)과 같은 잎 구조들의 주요 생리적 형태가 고려되었을 때 식물의 모든 형태적 요소를 기교 있게 설명함에 따라서 식물을 하나의 전체(시스템)로 볼 수 있게 되었으며, 동시에 식물을 구성하는 형태학적 법칙을 도출할 수 있게 되었다. 자신의 다양한 기술 방법을 식물의 생물학적 관계에 대한 견해와 연결하는 법을 알았던 A. 브라운, 비들러(Wydler), 특히 이르미쉬(Thilo Irmisch, 1873년 이후)의 저술을 읽으면, 식물을 묘사하는 뛰어난 능력을 칭찬하지 않을 수 없다. 계통학자들의 무미건조한 표징 기록과 비교했을 때, 이들의 묘사법은 예술의 경지에 이르렀다고 할 수 있고 독자들에게 가장 보편적인 형태들을 새롭고 매력적으로 제공한다. 이 이론에는 다른 장점들도 있다. 이 이론은 성숙한 식물의 형태를 보여 줄 뿐 아니라 그것을 발생학적으로 다룬다. 더구나 이 이론은 사실, 식물 형태에 대한 모든 고찰의 근본이라고 할 수 있는 기저부에서 정단부에 이르는 연속성, 즉 잎들과 곁가지들의 발생적 연속성에서 보듯이 발달의 역사성을 함의하고 있다.

이 이론에도 약점이 있다. 연속된 나선 형성에만 문제를 국한했을 때, 성숙한 잎들의 연속성은 이들이 형성되는 시간의 연속성을 나타내기도 한다. 하지만 실제로 잎돌려나기에 있어서 이것은 증명되지 않았고, 여기서 이 이론을 살리려면 추가 근거도 없는 발생 관계를 전제해야만 했다. 한편, 새로운 연구들이 진행되면서 쉼퍼의 이론을 엄격히 적용하기에는 직접 관찰된 사실들과 상충하는 점들이 거듭해서 드러났다.[10] 게다가 연속된 나선의 고유 (발생학적) 개도의 측정은 성숙한 줄기에서만 이루어졌다. 하지만 네겔리가 나중에 제안했듯이,[11] 이 개도들은 처음과 달리 나중에 바뀔 수도 있다. 그리고 잎들이 정확히 90도나 180도 간격으로 돌려나는 경우가 있는데, 이 경우 수학적으로나 발달의 역사성으로나 나선 배열이 단순히 임의적 현상으로 보이게 만드는 위험에 빠진다(즉, 이 이론은 이런 예외들을 수용하지 못한다). 개도 변화의 부가적 관계에서처럼, 벼과식물에서 볼 수 있는 잎들 사이의 고유한 나선 배열이 반복되는 것으로 추정해 볼 때, 기하학적으로는 정확하나 발달과정에 있어서 그리고 역학적으로는 수긍하기 힘든 구조가 가능하긴 하다. 실제로 많은 경우에서 분명히 관찰할 수 있고 1836년에 폰 몰이 이미 훌륭한 소견을 발표했듯이, 나선

---

10 호프마이스터의 『식물의 일반형태학(*Allgemeine Morphologie*)』(1868) 471, 179쪽과 작스의 『식물학 교과서(*Lehrbuch der Botanik*, 4. Aufl.)』(1874) 195쪽 참조.

11 Nägeli, *Beiträge zur wissenschaftlichen Botanik*, 1858년, 1권 40쪽 참조.

배열을 고려할 때 식물 형태의 대칭적 관계와 이 관계가 외적 환경과 갖는 연결성을 완전히 무시한 것은 이 이론의 치명적 결함이다. 불행히도 아직도 이 결함을 충분히 이해하지 못하고 있다.

이런 반론들 그리고 발달의 시간성이 이 이론과 상충하는 경우들을 충분히 고려했다면, 식물 생장에 있어 나선 경향성에 대한 개념이 모든 경우에 적용되지는 않는다는 결론에 도달했을 것이다. 그랬다면 더 깊은 통찰력을 갖게 됨으로써, 천체가 대체로 타원운동을 한다고 해서 모든 천체가 타원운동 경향성을 보인다고 추정할 수 없듯이, 그런 보편적 나선 경향성을 추정해서는 그 현상을 실제로 설명하는 과학적 원리를 얻을 수 없다는 걸 깨닫게 되었을 것이다. 발달의 시간성에 근거해서 잎차례론을 세운 가장 근래의 연구자인 호프마이스터는 식물의 곁기관들(잎, 가지 등)이 나선 배열을 한다는 개념은 단순히 부적절한 가설이 아니라 실수라는 결론에 도달한다. 그는 무엇보다 먼저 이 가설을 가차 없이 포기해야만 식물 기관들의 다양한 상대적 위치 관계에 대한 통찰력을 얻을 수 있다고 생각했다. 하지만 그는 쉼퍼의 이론이 나온지 30년이 지나서야 이 판단을 내린다. 또 다른 견해에 근거한 역사, 그리고 한 이론의 옳고 그름을 탐구할 뿐 아니라 그 역사적 중요성을 평가해야 할 역사는 그래도 다소 긍정적으로 말한다. 여기서 주안점은 이 이론의 옳고 그름이 아니라 그것이 과학의 진보에 얼마나 공헌했는가다.

결과적으로 봤을 때, 기관의 상대적 위치에 대한 중요한 문제를 형태학 연구의 전면에 처음으로 내세웠다는 면에서 이 이론은 분명히 유용했다고 할 수 있다. 발달의 시간성에 관한 많은 연구 결과들이 이 이론의 일관된 적용을 통해 또는 이 이론을 반증하려는 노력을 통해 처음으로 진정한 빛을 보게 되었다. 그 모든 근원적인 오류에도 쉼퍼의 이론은 그 철저한 논리적 일관성 때문에 형태학 역사에 있어서 가장 흥미로운 현상으로 자리잡게 되었다. 근대 천문학이 천동설의 배경 이론이기도 한 낡은 주전원(周轉圓) 이론을 천문학 역사에서 퇴출시킨 것과 달리, 우리는 이 이론을 식물학사에서 지우고 싶지 않다. 이 두 이론 모두 그 당시에 알려진 사실들을 연결하는 역할을 했을 뿐이다.

이 이론의 근원적 오류는 생각보다 훨씬 더 심각해 보인다. 이 역시 인과관계를 완전히 무시하는 자연에 대한 이상적인 개념을 가지는데, 이는 이 이론이 불멸의 이데아를 끝없이 복제하기 위해 유기적인 형태를 취할뿐더러 이 플라톤적 사고 체계를 따름으로써 마음의 추상 작용과 사물의 객관적 존재를 구별하지 못하기 때문이다. 이런 혼동은 쉼퍼의 이론에서 드러난다. 그는 자신의 관점에서 적절했을지 모르나, 완전히 임의적인 기하학적 구조를 자신이 관찰한 식물들에 적용했다고 볼 수 있다. 왜냐하면 식물 본연의 경향성에 따라 주체적으로 잎들을 나선형으로 연결하는 것이 그 식물의 실제 특성이기 때문이다. 쉼퍼는 자신의 구조를 만들 때, 반지름의 한쪽 끝을 축으로 돌려서 원이 만들어진다고 해서, 자연에 있는 원형 표면 역시 그런 방식으로 만들어지는 게 아니란 것을 간과했다. 다시 말해, 다른 경우에는 유용할지 모르지만, 공간상의 배열에 대한 기하학적 고찰이 그 배열이 유래한 원인을 설명하지 못한다는 것을 알지 못했다.

쉼퍼의 경우에 이것이 단순한 실수라고 할 수 없다. 그는 식물의 형태를 설명하는 데 진정한 과학적 가치가 있을 법한 원인들을 거의 인정하지 않았다. 쉼퍼가 식물이 자연법칙을 따르는 시간상의 존재라는 것을 얼마나 무시했는지, 그리고 얼마나 그가 현대 자연과학의 원리를 경멸했는지는 다윈의 진화론과 현대 원자론에 대한 놀랍도록 거친 그의 평에서 찾아볼 수 있다. 이런 쉼퍼의 태도는 그가 섬세하고 시적 감성까지 가진 사람이었기 때문이었다. 그는 "내가 거듭해서 꼼꼼히 살펴볼수록, 다윈의 교배 원리는 아주 근시안적이고 어처구니없이 조악한 억지이자 현대판 광대이자 재담꾼이 우리를 즐겁게 하려 했던 '모자이크 원자(tessellated atoms)에 대한 원리'[12]보다도 더 어리석다는 느낌을 받지 않을 수 없다."라고 말했다. 여기에는 현대 과학에 여전히 만연해 있는 낡은 플라톤적 관점이 있으며, 그 풍토가 만들어 낸 가장 단호한 '거부감'이 엿보인다.

A. 브라운이 먼저 그 틀을 짜고 적용했다는 것을 고려하면 '쉼퍼와 브라운의 이론'이 더 맞는 말이지만, 어쨌든 쉼퍼의 이론은, 특히 나우만(Carl Friedrich Naumann)의 에세이 『많은 식물의 잎 배치의 기본 법칙으로서의 퀸쿵스에 대하여(*Ueber den Quincunx als Grundgesetz der Blattstellung vieler Pflanzen*)』(1845)에서 드러나듯이, 수학적이고 형식적인 방향에서만 추가적인 발전이 가능했다. 이 이론의 앞서 언급했던 단점들은 약 10년 뒤에 브라베 형제(Louis와 Auguste Bravais)가 세운 잎차례론에서 다시 등장한다. 이들은 이 이론에서 발생학적 조건들을 고려하지 않은 채 쉼퍼의 이론에서보다 수학적 공식을 더 많이 사용한다. 그리고 이론 자체도 일관성이 없는데, 하나는 직선 다른 하나는 곡선의 배열을 가진 완전히 다른 두 개의 잎차례를 제시한다. 여기서 후자의 경우 특별한 이유도 없이 순전히 이상적인 고유 개도와 줄기 둘레에 불합리한 관계를 설정하고, 이 관계에서 다른 모든 개도들이 유래한다. 이런 방식으로는 궁극적으로 이 이론이 위치 관계의 원인에 대한 더 깊은 통찰력을 허용하지 않는 단순한 숫자놀음으로 퇴락할 수밖

---

12 [역주] 이 말은 세상이 원자로 구성되었다는 유물론에 대한 쉼퍼의 (비판적인) 은유적 표현이다.

에 없다. 식물을 체계적으로 설명하는 유용성에 있어서 브라베 형제의 이론은 쉼퍼의 이론보다 수준이 훨씬 낮다.[13]

1840년경에 정립된 발생형태학은 완전히 다른 원리로 구성된 잎차례 학설과 타협해야만 했다. 이 두 학설은 1868년까지 서로 갈등 없이 자기 갈 길을 갔다. 그러나 1868년 호프마이스터는 자신의 일반형태학에서 쉼퍼 이론의 원리를 공격했고, 기관의 상대 위치에 대한 순수한 형식적 설명 대신 발생학적이고 기계적인 설명으로 대체하려고 했다. 본서가 나오기까지 이 시도는 그 현상의 본질을 밝히는 완성된 이론에 이르지는 못했지만, 앞으로 더 발전할 이 중요한 학설의 씨앗을 내포하고 있다.

A. 브라운의 '되젊어짐' 개념에서 보이는 식물 본성에 대한 직관과 이상주의

1830년대 쉼퍼와 A. 브라운의 잎차례 학설은 변태론의 일면만 분명히 보여 주었지만, 1840-1860년 사이 **A. 브라운**[14]이 이 학설에서 이론적인 설명으로 변환될 수 있는 다른 요소들을 발굴해 냈다. 이 시기 식물학 연구에서는 신선한 관점이 출현했다. 세포설의 정립, 더욱 세밀한 해부학과 발달의 시간성에 관한 연구, 그리고 민꽃식물에 관

---

13 이 두 이론의 비교와 브라베 형제의 이론이 '법칙의 단순성'을 더 잘 대변한다는 슐라이덴(Matthias Jacob Schleiden)의 주장에 대한 반박은 젠드너(Otto Sendtner)의 『식물상』(1847) 13호와 A. 브라운의 『되젊어짐(*Verjüngung*)』(1849) 126쪽에서 볼 수 있다.

14 [역주] Alexander Braun(1805-1877). 레겐스부르크 출신의 독일 식물학자. 하이델베르크, 파리, 뮌헨에서 공부하고, 프라이부르크(1846), 기센(1850), 베를린 대학(1851)의 식물학 교수를 역임했다. 식물형태학 연구를 수행했으며, 생기론의 옹호자였다. 세포론의 주요 공헌자다.

알렉산더 브라운

한 체계적인 지식의 축적을 통해 식물학 분야의 지평이 넓어졌다. 연구에 있어서는 생리-메커니즘적 방법론을 더 많이 적용했다. 식물형태학 분야의 혁명 속에 자신의 연구를 활발히 수행했던 A. 브라운은 이상주의적 견해를 유지했다. 또한 그의 이러한 견해에 근거한 새로운 연구 결과들에 대한 포괄적인 논의를 보면, 자연에 대한 이상주의적 관조가 철저한 귀납적 탐구의 결과를 결코 뒷받침하지 못한다는 것이 드러난다. A. 브라운과 핵심 귀납론자의 견해 차이는 시간이 지나면서 더욱 분명해졌다. 그러나 특히 폰 몰, 슐라이덴, 네겔리, 웅거, 호프마이스터가 추구한 식물학의 새로운 경향을 그나마 귀납적이라고 부를 수 있고, A. 브라운과 그의 학파로 대표되는 이상주의적 경향과 대비할 수 있다. 하지만 귀납법이 세부적인 문제에서 과학의 발전에 기여한 만큼 브라운 학파의 공헌이 없었다고 여겨서는 안 된다. 오히려 그는 이 정신을 적용하여 일련의 중요한 저술들을 발표했다. 여기서 이 새로운 방법을 귀납적이라고 지칭할 때, 이 말이 일반적인 의미보다 더 고차원적인 의미로 사용되고 있다는 것을 확실히 이해해야 한다. 그것이 플라톤주의로, 아리스토텔레스 논리로, 스콜라 철학으로, 현대 이상주의로 나타나든 간에, 모든 시대의 이상주의적 자연관에는 공통점이 있다. 그것은 인간이 얻을 수 있는 최고의 지식은 이미 얻었고 확립했다고 여긴다는 것이다. 최고의 공리, 가장 포괄적인 진리는 이미 알려져 있으며, 귀납적 탐구가 해야 할 과제는 단지 그것들을 검증하는 것이다. 관찰 결과는 이미 받아들여진 견해를 설명하고, 이미 알려진 진실을 명확하게 하는 데 사용된다. 그리고 귀납적 탐구는 개별 사실들을 정립하기만 하면 된다. 그러나 베이컨(Francis Bacon), 로크(John Locke), 흄(David Hume), 칸트(Immanuel Kant), 랑게(Friedrich Albert Lange) 등이 이해한 귀납적 탐구의 과제는 본질적으로 이보다는 더 나아간 것을 말한다. 개별 사실을 확립하는 것에 만족해서는 안 되며, 이를 이용하여 우리에게 전해 내려온 가장 일반적인 개념을 비판적으로 검토하고, 전통적인 견해와 완전히 상반되더라도 새롭고 포괄적 이론을 도출해 내도록 최선을 다해야 한다. 그 결과들을 지속적으로 수정하고 개선해야 한다는 것이 이 탐구방법의 핵심 본질 중 하나이기도 하다. 보편적인 개별 진리의 가치는 일시적이지만 새로운 사실에 의해 반증되지 않는 한 지속된다. 따라서 자연과학 영역에서 이상주의는 새로운 사실을 기존 개념의 틀에 맞추고, 귀납적 방법은 새로운 사실에서 새로운 개념을 도출한다는 점에서 차이가 있다. 전자는 본질적으로 독단적이고 편협하며 보수적이고 철학적 사유에 기우는 경향이 있는 반면, 후자는 비판적이고 핵심적이며, 항상 전진하는 경향이 있으며 활기차고 생산적인 탐구에 더 많은 노력을 기울인다. 한 가지 중요한 점을 덧붙이자면, 이상주의적 자연관은 인과성을 거부하고 설계라는 개념을 바탕으로 자연을 설명하며, 합목적론적이다. 이로써 윤리적이고 심지어 신학적인 요소가 자연과학에 도입된다.

A. 브라운이 대표하는 이상주의적인 시각과 현대적인 귀납적 형태학의 차이는 이런 식으로 드러난다. 본 역사서의 목적이 단지 새로운 사실의 발견을 기록하는 것이라면, 굳이 이러한 차이를 언급할 필요는 없을 것이다. 하지만 그렇게 되면 A. 브라운의 오랜 과학적 노력을 올바로 평가하는 것도 불가능해진다. 특히 그 노력 중에서도, 역사적 관점에서 가장 독창적이고 흥미로운 부분이 그렇고, 그의 많은 기

술적(descriptive)이고 모노그래프적 업적에서는 보이지 않지만 형태학 영역에서 드러나는 철학적 노력이 더욱 그렇다. 이러한 노력들은 괴테가 설명을 못다 한 개념을 최대한 다듬어 내고, 그 이전 자연철학의 근본이 되는 이상주의를 더욱 순수한 형태로 표현하기 때문에 살펴볼 가치가 있다. 체살피노 이래, A. 브라운 말고 어떤 식물학자도 이상주의 철학의 원칙을 귀납적 조사의 전체 결과물에 철저히 접목하고 그에 근거해서 그 결과들을 설명하려 노력한 사람은 없다.

A. 브라운의 철학적 견해는 사실에 대한 지식을 전달할 뿐 아니라, 어디에나 스며들어 색깔을 드러내고 있다. 다양한 주제에 대한 저술, 기고문, 모노그래프에서 사실들이 그의 철학적 시각에서 조명되고 있다. 1849-1850년에 출간된 유명한 책 『식물 발달에 있어서 되젊어짐 현상에 대한 고찰, 특히 식물의 생장 및 발달과정에서』[15]에서는 그의 철학적 원칙에 대한 개괄적 견해를 제공하고, 이를 광범위한 사실들을 동원해 설명하고 있다. 서문 10쪽에서 그는 자신의 견해와 현대적 귀납주의 사이의 대립을 스스로 부각하면서, 자신의 아이디어가 구식으로 여겨질 수 있다는 명백한 이의에 다음과 같이 말한다. "여기에서 시도하는 것처럼, 자연의 창조물들에서 죽은(물리적) 힘의 작용뿐 아니라 살아 있는 사실의 표징을 찾는, 보다 생생한 자연에 대한 사유는 허무한 망상으로 귀결되지 않는다. 왜냐하면, 생명에 대한 지식을 얻는 데 있어서 현상으로 드러나는 것만을 탐구하기 때문이다." 이러한 인식은 본문 13쪽에서 더 분명하게 드러난다. "인간이 없는 외부 자연은 안내자 하나 없는 미로의 장관만을 우리에게 보

---

15 [원제] *Betrachtungen über die Erscheinung der Verjüngung in der Natur, insbesondere in der Lebens-und Bildungsgeschichte der Pflanze*

여 줄 뿐이다. 마찬가지로, 자연에서 내면적인 영적 원리를 부인하고 자연과 영혼(informing spirit)의 긴밀한 연결을 부인하는 과학적 사유는 정신에서 이탈되어 인식할 수 없는 물질과 힘의 혼돈으로 이끌며, 더 정확하게 말하면 설명할 수 없는 방식으로 작동하는 알 수 없는 원인들의 혼돈에 불과하다." 이 구절에 대한 주석에서는 "과학의 개념과 언어에서 인간 중심적으로 보이는 것을 모두 제거해야만 하는 실체 없는 자연관의 허무한 특성"이라고 명확히 언급하며, 식물학적 연구에 있어서 부드러운 윤리적 요소를 반드시 포함할 것을 요구한다.

이 책의 주요 목적은 생명체의 모든 것이 '되젊어짐(Verjüngung, Rejuvenescence)'으로 풀어낼 수 있다는 것을 증명하는 것이다. 이 개념에 대한 정의를 실질적으로 제시하지는 않았지만, 책 전체 내용은 이 정의에 대한 탐색 자체라고 할 수 있다. 우리는 A. 브라운이 제시한 되젊어짐의 개념을 변태 개념의 연장선으로 간주할 수 있으며, 이는 세포이론, 발달학, 그리고 이상주의적인 관점에서 민꽃식물에 관한 현대 지식의 결과들을 포함할 수 있다. 그가 자기 견해를 설명하는 방식에서 기이한 점 중 하나는, 이 책에서 '되젊어짐'이라는 용어라든지, 후속 저작에서 '개체(individual)'와 같은 용어에 대해 정확한 정의를 제공하지 않았다는 것이다. 외려 그는 현상에 대한 숙고로 인지하고 규명할 수 있는 단어의 심오하거나 신비한 의미를 찾고자 했다. 그는 5쪽에서 다음과 같이 말한다. "이렇게 하면 한 개체의 발달과정에서 젊음과 늙음이 번갈아 출현하는 것을 보게 된다. 즉, 우리는 젊음이 늙음을 뚫고 나오는 것을 볼 수 있고, 생장이나 변형(transformation)을 통해 발달과정의 도중에 돌입하는 것도 볼 수 있다. 이것이 '되젊어짐' 현상인데, 이는 모든 생명현상에서 끊임없이 다양하게 반복되지만, 식물계에서만큼 명확하게 드러나는 것은 없다. 되젊어짐이 없으면 발달과정도 없다고 할 수 있다." "그다음 되젊어짐 현상의 원인을 묻는다면(7쪽), 특별한 생명이 다양한 모습으로 표현되는 본성이 몇 년 또는 겨우 며칠간의 영향으로 자극되고 깨어나서 작용한다는 것을 인정해야 할 것이다. 그러나 진정한 내적 원인은 동일한 종인 각 개체가 지닌 완성을 향한 욕구에서만 찾을 수 있는데, 이 욕구는 그 개체로 하여금 생소한 외부 세계를 점점 더 완벽하게 자신에 복속시키며, 그 안에서 자신의 고유한 본성이 허용하는 한 독립적으로 자신을 형성하게 한다." 또한, 그는 17쪽에서 "마찬가지로 각 생명체의 발달에 대한 충동은 뜬금없이 주어진 활동이 아니라 내면에서 주어진 것으로서, 내적 본성 깊은 곳에서 나오는 내적 결정과 힘으로 작용한다."라고 말한다. 1860년 출판된 다배아성(polyembryony)에 관한 그의 논문[16] 111쪽의 구절 또한 소개할 만하다. "생명체가 자신의 생명현상을 구현하는 과정에서 물리적 조건에 영향을 받기는 하지만, 그 형태학적·생물학적 특성을 결정짓는 원인이 이런 조건에 있는 것은 아니다. 그 배경 법칙들은 그 생명체의 더 높은 발달 단계에 속하며, 자기 결정 능력이 뚜렷하게 나타나는 영역에 속한다. 이렇다면 생명체의 법칙들은 부과된 작업으로 나타나며, 그 작업의 이행은 절대적으로 필요한 것이 아니라 명확한 목표를 달성하기 위한 관계에서만 필요하다고 볼 수 있고, 엄격한 순종이 반드시 지켜지지 않을 수도 있는 규정으로 볼 수 있다." 다시 한 번 '되젊어짐의 개념'으로 돌아와서, 18쪽에서는 다음과 같이 말한다. "되젊어짐의 개념에 관해 말하자면, 이미 이룬 생장을 멈추고 새로운 시작인 되젊어짐의 시작으로

---

16 Alexander Braun, "Ueber Polyembryonie und Keimung von Caelebogyne," *Abhandlugen der Preussischen Akademie der Wissenschaften*, 1860, pp. 109-263.

돌아간다는 것은 이 과정의 외적인 측면을 표현한 것에 지나지 않는다. 그 개념의 핵심은 생명의 개별 원리에서 나오는 힘이 내적으로 축적되어 드러나는 새로운 창조라는 것이다. 되젊어짐은 발달과 고착 관계를 이런 방법으로 유지한다. 여기서 발달은 점진적으로 완벽성을 표현할 수 있고 표현해야만 하는 그 생명체의 본성과 밀접하게 관련되어 있다." 그리고 이 작업의 결론에서(347쪽) 그는 "되젊어짐 현상에서, 생명의 내면적·영적 본성이 드러나는 방식은 '회상(reminiscence)'이라는 용어로 정의할 수 있다. 이는 통상적인 이탈(alienation)과 쇠퇴(decay)와 대비되는, 생명의 내적 목적을 현상에서 새롭게 파악하고 새로운 힘으로 외부 세계에 적용하는 능력이다."라고 말한다.

이 개념은 식물 생명현상 전체에 적용되어, 잎의 변태, 싹의 생성과 가지치기, 그리고 다양한 종류의 세포 생성뿐만 아니라, 고생물학적(화석상의) 사실들에서조차도 되젊어짐 현상이 나타난다고 한다. 이는 추상적 개념의 형태로 바뀌면서, 8쪽의 '되젊어짐 활동'이라는 표현에서처럼 적극적인 성격으로 구체화된다.

A. 브라운의 견해는 종의 불변성 문제와 관련이 없어 보일 수도 있다. 그의 몇몇 발언은 시간의 흐름에 따른 종의 변형을 인정하는 것으로 해석할 수도 있지만, 그 외의 이상주의 입장의 말들은 외려 정반대다. 예를 들어, 9쪽에서 "현재에서 과거로 거슬러 올라가 보면, 자연에서는 유사한 것이 항상 반복되어 나타나는 것처럼 보인다. 여기서 우리는 식물과 동물계의 종과 속, 심지어 목과 강의 실질적인 첫 시작을 발견할 수 있다. 동시에 우리는 더 고등한 형태의 꽤 완성된 변형들을 보게 되는데, 이는 오래된 종과 속이 사라지고 새로운 종과 속이 그 자리를 대신 차지하게 되는 과정이다. 이 모든 변화는 생명체의 번성을 위한 터전을 파괴하면서 동시에 준비하는 단순한

우연적 변화가 아니라, 생명체 발달의 모든 세세한 부분들에 영향을 미치는 확실한 법칙을 보여 준다."라고 말한다. 한편, 다윈의 기념비적인 작품이 나오기 직전 A. 브라운이 쓴 다중 배아 발생에 관한 논문의 결론에는 종의 변형을 가정하는 것을 회의적으로 보는 문장이 있다. 그는 257쪽에서 다음과 같이 말한다. "식물 형태의 발달과정에서 유기적 연결이 흔하다고 가정하면, 이끼류와 양치류의 형태가 조류에서 왔거나, 반대로 조류 형태가 이끼류와 양치류에서 비롯되었다고 상상할 수 있을까?"

이 문장들은 A. 브라운의 철학적 입장을 보이려고 인용했지만, 그가 경험적 자료로 사실을 제시하는 방식에 이러한 원칙이 어떤 영향을 미치는지는 보여 주지 않는다. 이는 간단히 설명할 수 있는 사항이 아니다. 그의 개념은 1852-1853년에 출판된 논문 〈식물의 개체와 종, 세대 순서, 세대 교번, 그리고 세대 분열 사이의 관계〉[17]에서 더욱 분명하게 드러난다. 이전 작품에서 되젊어짐을 정의하려고 했던 것과 마찬가지로 여기서는 '개체(individual)'라는 용어를 정의하려고 했다. 이 용어에 부여된 수많은 기존의 의미를 고려해 봤을 때 그것은 정말로 어려운 일이다. 에피쿠로스(Epicurus)가 말한 개별자(individuals)나 원자(atoms), 라이프니츠(Leibnitz)의 개별자(individuals) 또는 단자(單子, monads), 현대 화학의 원자(atoms), 그리고 '개별화의 원리(principium individuationis)'에 대한 중세 학자들의 추론 등에서처럼 '개체'의 의미는 보편적 개념에 부여된 실체와 상반되기도 한다. 그리고 한 사람이나 하나의 나무처럼 하나의 개체로 취급되는 일상 언어에 적용할 때는

17 [원제] *Das Individuum der Pflanze in seinem Verhältniss zur Species, Generationsfolge, Generationswechsel und Generationstheilung der Pflanze*

여러 세대에 걸쳐 보편적 견해를 갖는데, 이는 옛 단어의 의미가 변해서 때론 완전히 반대 의미가 될 수도 있다는 것을 보여 준다. 현대 자연과학의 명목론적(nominalist) 입장에서는 이것이 큰 문제가 되지 않는다. 이들은 단어와 개념을 상호 이해를 위한 단순한 도구로 취급하며, 미리 의도적으로 할당된 의미 이외의 다른 의미를 찾지 않기 때문이다. A. 브라운의 접근 방식은 이와는 전혀 다른데, 그는 식물의 다양한 현상을 비교하고, 개별 식물의 주제에 대한 이전의 견해를 검토함으로써, 개체라는 단어와 연관된 보다 깊은 의미를 입증하려고 한다.

그는 개체에 대한 탐구를 자신의 생각들을 엮는 한 가닥의 실로 삼았다. 이 과정에서 그는 한 번 더 목적론적 자연철학의 원리를 설명하고 이것이 현대과학에 반한다는 것을 지적하며, 이 현대과학이 물질주의로 잘못 표현되어서 원자는 죽은 것으로, 힘은 맹목적인 것으로 취급된다고 주장한다. A. 브라운의 설명을 보면 철학의 역사는 아리스토텔레스뿐만 아니라 베이컨, 로크, 칸트까지 거론되었다는 것을 짐작할 수 없고, 심지어 이미 중세 학자들이 개별자에 대한 문제를 다뤘다는 것도 알 수가 없다. 저자가 논문 시작에서 '개체에 대한 원리'는 식물학의 기본 요소에 속한다는 의견을 표현한 만큼, 다른 관점을 고려하는 게 더 나을 수도 있다. 또는 개체에 대한 원리가 완전히 불필요하다고 주장할 수도 있다.

그는 식물계에서 '개체'라고 불려야 할 것을 찾기 위한 사고의 흐름을 간략하게 다음과 같이 서술한다. 우리가 식물 개체의 개념을 '형태적 전체' 또는 '형태 형성 주기의 단위'로 취급할 때, 주된 어려움은 유기적인 식물 구조의 서로 다른 단계에서 나타나는 '부분으로의 분할과 분할 가능성(Getheiltheit und Theilbarkeit)'이다. 따라서 우리는 위에서 아래까지 전체를 분해하는 개별 식물체의 형태학적인 고려와 상향으로 무제한 확장하는 생리학적 고려 사이에서 중간 길을 찾아야 한다. 독립적인 식물로 발달할 수 있는 잎을 지니는 줄기, 마찬가지 능력이 있는 줄기의 부분들, 단일 세포들, 그 안에 있는 세포소기관들, 맹목적인 힘이 작용하는 죽은 물질의 원자들 모두 식물에서 개체라는 개념에 부합하지 못한다. 따라서 한 종의 발달 주기에서 보이는 여러 단계 중 어떤 것이 '개체'라는 이름에 가장 걸맞은지를 결정해야 한다(48쪽). 그렇게 타협이 이루어진다. 식물의 한 부분을 충분히 찾아낼 수 있는데, 이 부분은 다른 모든 부분보다 개체의 개념에 가장 부합해야 한다. 이 개념에는 다양성과 통일성이라는 두 가지 발생학적 힘이 있어야 하기 때문이다. 그는 그런 다음 싹(shoot)이나 눈(bud)을 선택한다. 그리고 다음과 같이 말한다. "통상적으로 가지를 친 식물 줄기, 특히 많은 가지가 있는 나무를 볼 때, 그것이 개별 동물 또는 개별 인간처럼 하나의 생명체가 아니라, 연속적인 세대를 거쳐 서로로부터 발생한 개체들의 연합 체계임을 직관적으로 의심하게 된다." 그는 합리적이고 자연스런 느낌에서 나온 이런 개념이 과학적 연구로 확인된다는 것을 보여 주기로 한다. 그러나 식물의 생장에 있어서 많은 현상이 이 직관과 잘 맞아떨어지지만은 않는다. 그래서 그는 69쪽에서 "만약 우리가 (식물의) 가지를 하나의 개체로 간주할 만한 다른 충분한 근거가 있다면, 겉보기에 그렇지 않더라도 모든 가지를 개체라고 정의해야 한다."라고 말한다.

따라서 싹은 식물에서 형태적인 개체에 해당하며 동물의 개체와도 비견된다. 당연히 다음과 같은 반박이 있을 수 있다. 즉, 슐라이덴의 주장처럼 식물에서는 세포가 개체라고 단순하게 결론지을 수 있다. 이런 방식을 취하면, 개별 원자 또는 다른 극단으로 자가영양하는 식물체 전체를 개체로 취급할 수 있다. 왜냐하면 이런 견해에 대해 똑같이 강력한 근거가 제시될 수 있기 때문이다. 이 모든 것은 우리가 이러한 추측에서 채택하는 관점과, 과학적 개념을 확립하는 데 있어서 본능적인 감정에 부여하는 중요성에 따라 달라진다.

39쪽에서 A. 브라운은 보이지 않는 '개별체(individua)' 또는 생명이 없는 물질의 원자는 식물에서 개체를 정의하는 데 고려할 수 없다고 매우 단호하게 반대한다. 식물은 상호 인력과 반발력을 가진 원자들의 단순한 혼합체가 아니기 때문이다. 그는 다음과 같이 말한다. "우리가 개체라는 용어를 절대적으로 나눌 수 없는 것이라고 정의한다면, 우리는 식물에서 개체를 정의할 수 없을 것이다. 더욱이, 누구도 이런 원자들을 본 적이 없다. 이런 원자들에 대한 전제는 단순한 가설일 뿐이며, 이는 물질의 연속성과 투과성에 대한 다른 가설과 상반될 수 있다. 따라서 문제는 식물에서 개체를 말할 수 있는지 여부이며, 이 문제는 또 다른 문제인 식물이 단순히 물질이 활동한 결과물이며 일반적인 자연순환 속에 드러나는 비물질적 현상 또는 맹목적 작용의 산물인지, 아니면 그것이 특별하고 독립적인 존재를 갖고 있는지에 대한 문제와도 통한다."

생리학자들은 생기(生氣, vital force)를 거부하고 생명현상을 물리적·화학적 법칙으로 설명함으로써 생명체로부터 신비한 작동 원리를 빼앗고, 유기적(organic) 성질과 무기적(inorganic) 성질 사이의 강력한 벽을 붕괴시켰다. 그는 계속해서 "물질 세계 어디서나 작용하는 물리적 힘들은 엄격한 법칙을 따르기 때문에, 원래의 물질이 맹목적인 필연의 법칙, 즉 무한히 작동하는 자연 메커니즘에 따른 일정한 힘과 함께 작동한 결과물이 자연현상의 총합이라고 사람들은 생각했다."라고 말한다. 하지만 그는 영원히 필연적인 것은 단지 영원에 걸쳐 성취되는 것으로 여길 수 있으며, 그에 따라 이 물리적 관점이 모든 가능성을 상상할 수 없게 만든다고 이의를 제기한다.

또한 이러한 맹목적 체계에서 자연의 운동 목적은 해결할 수 없는 수수께끼로 남게 된다고 주장한다. 그는 "자연에 대한 물리학적 관점이 목적론적 관점과 비교해서 부족한 점은, 특히 생명현상 특유의 목적성이 두드러지게 나타나는 생명체에서 가장 크게 느껴진다."라고 말하는데, 이 마지막 언급은 우리가 종의 불변성이나 발달의 내재적 법칙을 계속 유지하는 한 반박이 불가능하다. 이 수수께끼의 해결책은 몇 년 뒤 다윈의 이론에서 제시되었다. 다윈은 생존을 유지할 수단이 충분히 공급되는지 여부에 따라 변이들이 유지되느냐 또는 축소되느냐로 생명체의 적응을 설명한다. 이 이후로 생물학에서 목적론을 반박하거나 설명하려는 시도는 없었다. 계통식물학은 근연성의 실체를 확립함으로써 결국 이 실체를 이해하려면 특정 형태의 불변성을 포기해야 한다는 것을 알게 되었다. 여기서 우리는, 변이를 통해 형성된 형태가 주변 조건에 충분히 적응했을 때 자신을 유지할 수 있다는 걸 전제하지 않는다면 생물체의 적응 개념이 인과성과 충돌한다는 것을 알 수 있다.

괴테 그리고 자연철학과 함께 시작된 사조는 쉼퍼와 A. 브라운에서 더 명확한 형태를 갖추었고, 가장 깊이 감춰진 보물이 드러났다. 이러한 견해들 중 중요성이 덜한 것은 여기서 검토하지 않겠다.

우리는 이상주의 철학과 상상의 영역, 되젊어짐, 변태의 파동(wave-pulse), 나선 생장, 그리고 식물의 개체성을 뒤로하고 계통식물학과 형태학 역사의 마지막 장으로 옮겨갈 것이다. 여기서는 덜 교조적이고 덜 시(詩)적이지만, 기대와 달리 많은 새로운 발견과 식물의 본성에 대한 보다 깊은 통찰력이 탄생할 더 견고한 기초가 마련된다.

5장
발달과정과 민꽃식물 연구에 근거한 형태학과 계통식물학 (1840-1860)

1840년 전후로 해부학, 생리학, 형태학 등 식물학 연구 전반에 새로운 생명이 움트기 시작했다. 이때 형태학은 특히 식물의 성(性, sexuality) 및 발생학에 관한 새로운 연구와 연관되었다. 또한 종자식물뿐 아니라, 나중에는 하등 계통의 민꽃식물(은화식물, Cryptogams)까지 관심이 확장되었다. 이 발달학적 연구는 폰 몰이 해부학 연구를 재건하고, 네겔리가 1845년경에 세포 형성 이론을 제창하면서 가능해졌다. 이 두 연구자의 성공은 앞서 현미경 기술이 발전한 덕분이었다. 현미경은 새로운 연구의 기반이 되는 사실들을 밝히는 역할을 했으며, 동시에 이 현미경 옹호자들은 이전의 식물학자들이 추종했던 것과는 다른 철학적 원리를 갖고 연구에 임했다.

현미경을 이용한 연구는 관찰자에게 관찰대상에 대한 매우 높은 집중력을 요구하는 동시에, 관찰을 통해 결정될 질문이 마음속에 항상 명확해야 한다. 모든 면에서 발생할 수 있는 오류를 피해야 하며, 잘못 판단할 가능성도 고려해야 한다. 현미경 관찰로 사실을 확보하기 위해서는 관찰자의 총체적 능력이 요구된다. 따라서 최고의 관찰자들은 현미경에 대한 진지한 관심을 통해 귀납적인 연구를 실천했으며, 그런 연구의 본질을 이해할 통찰력을 얻었다. 이러한 연구의 실제 결과가 나타나기 시작하고 몇 년 뒤 특히 민꽃식물에서 완전히 새로운 사실들을 발견했을 때, 이전의 교조적 철학이 그 장구한 힘을 시험해 볼 문제가 제기되었다. 이 사실과 문제들은 누구도 건드려 보지 않은 새로운 것이었으며, 이전 3세기 동안 고대 철학 그리고 스콜라주의 원리들과 혼합되었던 것보다 더욱 순수한 형태로 편견 없이 관찰 그대로 표현되었다.

형태학적 문제에 가끔 몰두했던 폰 몰은 귀납적 방법론의 충실한 추종자로서 보편적 원리보다는 개별 사실들을 확립하려고 했다. 새로운 형태학을 창시한 슐라이덴과 네겔리는 서로 다른 철학적 시각에서 출발했지만, 두 사람 모두 엄격한 귀납적 연구를 모든 과학의 기초로 삼을 것을 요구했고, 현상을 설명하는 데 있어 목적론적 태도를 철저히 거부했다. 이 후자의 관점에 선 이들은 이상주의적 자연철학파에 대해 분명한 반대를 표명했다. 이들은 형태의 불변성을 믿었다는 점에서 자연철학파와 매우 중요한 연결점이 있었지만, 이 믿음은 플라톤의 이데아 학설과 연결되어서가 아니고 일상적인 관찰에 근거하는 데 그쳤기 때문에 그다지 중요하다고 볼 수는 없고, 단지 과학적으로 불편한 요소였을 뿐이다. 이러한 방식으로 문제를 처리하면서 또한 새로운 연구 결과에 영향을 받아 그들은 다윈의 위대한 작품이 나오기에 앞서 진화론적인 개념을 품을 수 있었고, 이 새로운 이론의 원칙에 쉽게 동의하면서도 세부 사항에 대해 일부 의심을 표명하기도 했다.

호프마이스터의 형태학 및 발생학 연구인 1851년의 『비교 연구(*Vergleichende Untersuchungen*)』[1]는 식물계의 대그룹 간 근연관계에 대한 새로운 시각을 제시했으며, 점차 형태의 불변성 문제에 새로운 관점을 가져왔다. 그러나 식물계에서 진화의 개념이 더욱 뚜렷해진 것은 고생물학 연구들로 인해서다. 슈테른베르크(Sternberg, 1820-1838), 브롱냐르(Brongniart, 1828-1837), 괴페르트(Goeppert, 1837-1845), 코르다(Corda, 1845) 등이 과거 시대의 식물상을 세심하게 연구하고 화석 식물과 유사 형태의 현존 식물을 비교했다. 세포구조학과 식물 해부생리학을 진보시킨 웅거는 새로운 식물학의 발전에 중요한 역할을 두루 했으며, 그런 연구 결과를 고식물의 연구에 적용하여 과거와 현재 식물상의 형태학적·계통학적 관계를 보여 주었다. 20년간의 기초 연구 뒤, 1852년에 종불변 개념은 환상이라고 선언하면서, 지질 시대에 출현한 새로운 종들이 유기적으로 연결되어 있다는 것, 즉 젊은 종은 오래된 종에서 발생했다고 밝혔다.[2] 이전 장에서 비슷한 시기에 이상주의적 견해의 주요 대표자인 A. 브라운이 불명확한 형태이긴 하지만 어떻게 식물에 대한 진화 가설로 이끌렸는지를 보여 줬다. 그리고 다윈의 『종의 기원』이 나오던 해에 네겔리는 다음과 같이 썼다(*Beiträge*[3] 2권 34쪽). "연속되는 지질 시대의 식물상 비교를 통해 획득한 외적 이유와, 발달의 생리학·형태학적 법칙 및 종의 가변성을 고려한 내적 이유로 고려했을 때, 하나의 종이 또 다른 종에서 유래했다는 것을 의심할 여지가 거의 없다."

비록 이 언급들이 곧바로 과학적으로 적용 가능한 진화(계통) 이

---

1 Wilhelm Hofmeister, *Vergleichende Untersuchungen der Keimeng, Entfaltung und Fruchtbildung höherer Kryptogamen und der Samenbildung der Coniferen*, Leipzig: Friedrich Hofmeister, 1851.

2 Anton Bayer, *Leben und Wirken des Naturhistorikers Dr. Franz Unger*, Graz: Leuschner & Lubensky, 1872, p. 52.

3 [역주] 네겔리의 『과학적 식물학에 대한 기여(*Beiträge zur wissenschaftlichen Botanik*)』(1858).

론을 포함하지는 않을지라도, 최신의 연구와 공정한 사실 평가를 보여 줌으로써 당시 가장 뛰어난 식물학의 대표자들이 형태 불변의 개념을 포기하게 했다. 1844년 이래 주로 네겔리의 주도로 발전해 온 발생형태학과 더불어 호프마이스터의 손에서 체계적으로 아주 중요한 결과들이 도출되고 있던 발생학에는, 핵심적인 측면에서 다윈의 진화론을 교정하고 확장할 수 있는 유용한 요소가 있었다. 다윈 진화론은 끊임없는 변이 발생과 생존투쟁의 결과로서의 선택이 결부되어 생물의 점진적 개선이 일어난다는 것을 보여 주고자 했지만,[4] 1865년 네겔리는 독일의 형태학 연구 결과에 의존하여 단순히 선택적 교배만으로는 설명하기 힘든 일부 (특히 식물계의 대규모 분류군 사이에) 형태학적 관계가 존재한다고 지적했다. 네겔리는 다윈의 선택이론이 환경에 대한 생물체의 적응과 그들의 구조, 생리학적 특성의 적합성을 충분히 설명한다는 데에는 동의했다. 하지만, 그는 식물 자체에는 본성적으로 변이의 법칙(laws of variation)과 관련된 특성이 있어서, 이것이 형태의 완성과 점진적 분화를 유발하는데, 이는 생존을 위한 경쟁이나 자연선택과는 독립적이라고 지적했다. 이후 다윈은 이런 형태학적 연구 결과의 중요성을 인정했다. 이에 따라 네겔리는 기존의 계통학자들이 이미 인식하고 있던 문제, 즉 한 계통에서 종간의 형태학적 근연성이 그들의 환경 적응을 위한 생리적 적합성과 어떻게 전혀 무관해 보일 수 있는지를 설명함으로써 진화론의 부족한 부분을 채워 주었다.

현대의 식물 세포학, 해부학과 형태학, 그리고 발전된 자연선택 이론은 1840년 이후 귀납적 탐구의 산물이다. 이들 모두에 대한 중요

---

4 『종의 기원』 6판 421쪽에서 다윈이 이 언급을 부인했음을 참고하시오.

성은 이 역사책의 다음 부분에서 다룰 것이다. 여기서는 형태학과 계통학적 결과에만 초점을 맞출 것이기에, 본 장에서 언급할 식물학자들의 다양한 연구 중 일부만 다룰 것이다. 나머지는 식물의 해부학과 생리학 역사를 포함한 이후의 부분에서 다룰 것이다.

이 시기 식물학의 특징 중 하나는 형태학이 세포론, 해부학, 발생학과 밀접한 연관성을 가지며, 특히 수정 과정과 배아 형성에 관한 연구가 형태학과 계통학 연구의 핵심 요소가 된다는 점이다. 이러한 다양한 연구들은 모두 궁극적으로 계통식물학의 목적에 수렴하고 있기 때문에 이들을 엄격히 분리하기는 어려우며, 하등 민꽃식물을 다룰 때 특히 그렇다.

1840년경 식물학 관련 문헌의 상황은 매우 만족스럽지 못했다. 이때 계통식물학, 형태학, 해부학, 생리학 등의 분야에서 뛰어난 업적이 이루어졌고, 폰 몰이 여러 훌륭한 작품들을 선보인 것은 분명한 사실이다. 또한 마이엔(Meyen), 뒤트로셰(Dutrochet), 트레비라누스 등이 식물해부학과 생리학을 연구하고 있었으며, 이전 몇 년 동안 형태학과 계통식물학에서 좋은 저술들을 발표한 것으로 알려져 있다. 그러나 이 모든 과학 분야의 지식을 모으고 비판하고 활용할 사람이 없었다. 얼마나 중요한 사실들이 발견되었는지 당시에는 아무도 정확히 알지 못했고 교과서를 통해서도 이에 관한 판단을 내릴 수 없었다. 이들 교과서에는 개념과 사실이 부족했으며, 불필요한 용어로 가득 차 있었다. 이들이 문제를 다루는 방식은 사소하고도 무미건조했으며, 학생들이 알아야 할 중요한 것들을 포함하지도 않았다. 실질적 과학 연구를 수행하는 사람들은 스스로를 린네 학파의 구체계를 추종하는 사람들과 구분했다. 그래서는 안 될 일이었지만 식물학 교육과 지식의 전파는 거의 모든 곳에서 린네 학파의 손으로 이루어졌다. 결과적으로 대부분의 학생들에게 식물학이라는 이름으로 제공되는 교육은 생동감이 없는 문구 덩어리였으며, 이로 인해 뛰어난 자질을 가진 사람들이 식물학 연구로부터 멀어지게 되었다. 이것은 낡고 어리석은 개념이 낳은 악영향의 결과였다. 당시 모든 식물학자의 유일한 주요 과제는 숲과 들에서 식물을 채집하고 식물표본들을 샅샅이 뒤지며 시간을 낭비하는 것이었다. 이러한 자세는 린네 학파가 말하는 계통식물학에도 도움이 되지 않았다. 심지어 그나마 더 뛰어난 식물학자들조차도 이런 방식으로 식물과 관련된 일에 몰두하면서 높은 지적 감각을 잃었다. 시간이 지나면서 정신력은 낙후될 수밖에 없었으며, 그 시대의 모든 교과서에서 이러한 낙후의 증거를 찾을 수 있다.

식물발달학에 대한 슐라이덴의 공헌

이러한 상황은 과학을 위험에 빠트린다. 전체를 조망할 수 있는 통합된 관점이 부족할뿐더러 초보자로서 최고의 연구 대상들을 그 상호관계와 연관지어 연구할 여건도 갖추지 못한 상황에서, 한 뛰어난 개인이 과학의 이런저런 부분을 발전시킨다고 어떤 이익이 있을지 의문이다. 그러나 적절한 시기에 딱 맞는 사람이 나타나 무기력에서 벗어나게 하는 데 도움이 되었다. 그는 독일뿐만 아니라 식물학을 연구하는 모든 국가의 동시대 연구자들에게 이 구태의연한 방법으로는 진보할 수 없다는 것을 보여 주었다. 이 사람은 1804년에 함부르크에서 태어난 **슐라이덴**(Matthias Jacob Schleiden)으로, 여러 해 동안 예나에서 교수로 활동했다. 슐라이덴은 당시 식물학이 처한 상황에 정확히 필요한 사람이었다. 그는 논쟁을 지나치게 사랑해서 고통스러운 상처쯤은 개의치 않고 필력으로 무장해 언제든 공격할 태세를 갖추고 있었고 또한 과장하는 것을 좋아했다. 그의 등장은 이후 과학의 진

마티아스 야콥 슐라이덴

정한 발전에 기여한 최고의 인재들에게 열렬한 환영을 받았다. 이들은 나중에 과학의 재건 시대가 도래했을 때 심각한 분열을 맞게 된다. 슐라이덴의 공로를 그가 발견한 사실만으로 평가한다면 그가 다른 식물학자보다 뛰어나다고 할 수는 없다. 하지만 우리는 그가 성취한 우수한 모노그래프와 오래된 오류들에 대한 수많은 반박을 헤아려 평가해야 한다. 그가 제안한 가장 중요한 이론 중에는 많은 식물학자 사이에서 여러 해 동안 격렬한 논쟁이 벌어졌지만 오래 전에 폐기했던 것도 있다. 식물학에서 그의 진정한 역사적 중요성은 이미 암시되었다. 식물학자로서 그의 가장 큰 공로는 현장 연구자로서 그가 성취한 일차적인 연구결과물이 아니라, 연구에 대한 추진력, 그 자신과 다른 사람들을 위해 세운 연구목표와 목적, 그리고 하찮은 것들을 다루는 교과서에 대한 강력한 비판이다. 그는 정말로 큰 업적을 이룰 능력이 있고 또 그럴 의지가 있는 사람들에게 길을 터주었다. 이를테면, 그는 처음으로 청중을 과학으로서 식물학에 귀 기울이게 해 그들이 경박한 아마추어 작업과 과학적 연구를 구별할 수 있게 했다. 이때부터 식물학에 관한 토론에 참여하려는 사람은 누구나 자신의 모든 능력을 그 일에 쏟아부어야 했으며, 그는 지금까지 통용되었던 기준이 아닌 다른 기준으로 평가받게 되었다.

슐라이덴은 해부학과 발달과정에 관한 몇 가지 중요 과제로 식물학 연구를 시작했는데, 그중 가장 가치 있는 것은 수정 전 밑씨(ovule)의 발달에 관한 연구(1837)였다. 그는 또한 개괄적인 일반 식물학 교과서를 저술해서 1842-1843년에 초판, 1845년과 1846년에 개정판을 냈고, 이후 두 해에 걸쳐 출간했다. 슐라이덴의 교과서는 이전의 교과서들과 낮과 밤처럼 차이가 났다. 무심한 태만함과 개념의 부재가 이전 교과서의 특징이라면, 슐라이덴의 교과서는 외려 완성되지 않고 아직 발효가 진행 중인 내용들이 있어서 풍부한 생명력과 생각으로 젊은 마음에 더 큰 영향을 미칠 수 있었다. 이 놀라운 작품의 모든 페이지에는 정말 알아야 할 사실들과 흥미로운 성찰, 생동감이 있으면서 대체로 거친 논쟁, 그리고 다른 사람들에 대한 칭찬과 비난이 함께 있다. 이 책은 조용하고 편안하게 공부할 수 있는 책은 아니지만, 독자가 찬성이나 반대 중 한쪽을 선택하고 추가적인 지식을 찾도록 부추기는 책이었다.

『과학적 식물학의 기본 원칙(*Grundzüge der wissenschaftlichen Botanik*)』으로 흔히 인용되는 작품의 원래 제목은 『식물학을 귀납적 과학으로(*Die Botanik als inductive Wissenschaft*)』인데, 슐라이덴이 가장 강조했던 점이 이 작품에 나타난다. 그의 주요 목표는 교과서에서 자연과학의 모습을 거의 갖추지 못할 정도로 왜곡되었던 식물학 연구를, 바로 그 몇 해 앞서 자연철학에 반해 진정한 귀납적 자연 탐구 정신을 주장해 오던 물리학이나 화학과 같은 반열에 올려놓는 것이었다. 식물학 교과서 서문에서 131쪽에 이르는 귀납적 연구방법에 대한 공식 평론, 그리고 책 자체에 포함된 다양한 주제와 관련하여 귀납의 원리가 반복해서 제시된다는 것은 지금의 우리로서는 생소할 수도 있다. 이런 서문에 대해 많은 이의가 제기될 수 있는데, 그것은 많은 철학적 언명들이 잘못 이해되었기 때문이라고 말할 수 있다. 슐라이덴은 기존의 규칙들을 자주 파기했는데, 예를 들어, 그가 '생기'라는 용어에 거부감을 갖고 이를 '형태생성 욕구(nisus formativus)'로 대체했지만, 이는 생기를 또 다른 이름으로 포장하는 것에 지나지 않았다. 발달학은 자연스럽게 귀납적 연구로 흐르도록 해야지, 칸트의 용어로 말하자면 '격률(格率, maxim)'[5]로 그것을 표현할 필요는 없다. 그렇다고 이 철학적 서문의 역사적 중요성이 줄어드는 건 아니다. 당시 기술적(descriptive) 식물학이 학생들을 교육하는 전통 방식은 너무 교조적이고 스콜라적이며 사소하고 무비판적이었기에, 이런 방식이 자연에 관한 진정한 연구 방법이 아니라는 것을 학생들에게 장문의 말로 강조할 필요가 있었을 것이다.

식물 연구에서 좀 더 특별한 문제로 넘어가서, 슐라이덴이 발달과정을 형태학의 기초로 여겼지만, 드캉돌의 손에서 상당한 결과를 낳았고 쉼퍼와 A. 브라운의 잎차례론에서 유용했던 간단한 비교학적 방법론을 그가 무익하다고 거부한 건 너무 지나쳤다고 할 수 있다. 그럼에도 슐라이덴은 식물의 발달과정 연구에 적극적으로 참여했고, 발생학을 각별하게 중히 여겼다. 그는 또한 발달과정의 관점에서 변태론을 논했고, 볼프가 괴테보다 훨씬 명확하게 변태론을 다뤘다고 지적했다. 마지막으로, 슐라이덴이 자연계를 다루는 방식은 그가 방법론에 바친 훌륭한 공헌 중 하나로 봐야 한다. 이는 그의 식물분류가 특별히 흥미로운 특징을 보여 주거나 새로운 근연관계를 밝혀내서가 아니라, 형태학과 발달학을 통해 얻은 상세한 특징들을 일차적인 분류에 적용하려는 시도를 최초로 했기 때문이다. 이 덕분에 처음으로 민꽃식물들의 뚜렷한 특징이 명확하게 드러났다. 마치 세상에 꽃식물만 존재하는 양 민꽃식물을 나눌 때는 의미 없는 ' ' 부호('없음'을 표시)만 사용했던 옛날 방식의 형태학은 이로 인해 폐기되었고, 얼마 안

5 [역주] 칸트 윤리학에서 '행위의 주관적 원칙 또는 근거'를 말함. 여기서는 자연에 관한 연구에서 주관성을 배제해야 한다는 의미로 사용함.

가 민꽃식물에 대한 관심이 고조되었다.

그러나 슐라이덴은 민꽃식물의 발달과정을 뒷받침할 형태학의 확고한 기반을 마련하지는 못했다. 꽃식물의 형태학적 연구가 더 성공적이었다. 태좌(胎座, placenta)의 자루(stalk) 특성을 포함해서 그 외 몇 가지 개념들은 납득하기 어렵지만, 꽃과 열매에 대한 그의 이론은 당시로선 대단한 업적이었다. 로버트 브라운이 밑씨의 발달과정을 정립한 것처럼 슐라이덴은 꽃의 발달과정을 정립했고, 그의 사례는 다른 식물학자들에게도 영향을 미쳤다. 곧 형태학자들은 꽃의 발생에 관한 연구를 주요 과제에 포함했고, 발달과정의 연구 결과는 꽃식물의 계통분류에 엄청난 가치를 발휘하게 되었다. 꽃대에 있는 (꽃) 기관들의 발달 순서 그리고 수술의 생육부전, 숫자 증가, 가지치기 등의 특징들이 특히 유용했다. 뒤샤르트르(Duchartre), 비간트, 겔레스노프(Gelesnoff) 등 많은 사람들이 이 방향의 연구에서 성공을 거두었다. 페이에(Payer)는 『꽃의 기관 발생(*Organogénie de la fleur*)』(1857)에서 모든 주요 과에서 꽃의 발달을 조사하는 데 엄청난 인내력을 보여 주어 특별히 언급할 만하다. 그의 이 작품은 확실한 관찰, 관찰된 것에 대한 간결하고 편견 없는 해석, 그리고 아름답고 풍부한 도판으로 다른 비슷한 작품들보다 탁월하여 꽃의 형태학에 관련해서는 매년 그 책의 중요성이 높아졌다.

슐라이덴의 교과서는 세심한 관찰에 기반한 정말 좋은 그림을 학생들에게 제공하는 최초의 교재였다. 눈에 띄는 결점도 많아서 아주 높게 평가할 건 아니지만, 이 교재는 그래도 한 가지 장점이 있다. 이 책의 출현과 함께 식물학은 현대적인 의미에서 자연과학의 기반 위에 올랐으며, 관점을 높임으로써 영역을 확장시켰다. 식물학은 한 순간에 주제가 풍부한 과학으로 탈바꿈했다. 슐라이덴은 스스로 많은 조사를 수행하여 새로운 이론을 제시했을 뿐만 아니라, 이미 세상에 알려진 중요한 것들에 대한 시선을 끌어내기도 했다. 훌륭한 과학 문헌이 나오려면 좋은 연구자들만으로는 충분하지 않다. 과학 대중, 특히 떠오르는 신세대 전공 학생들이 중요한 과학적 발견과 그렇지 않은 것을 구별하는 방법을 제대로 교육받아야 한다. 이 지점에서 명확하게 강조해야 할 것은, 슐라이덴의 세포 형성 이론, 꽃식물의 발생학에 관한 기이한 개념 등은 짧은 수명을 뒤로하고 사라졌지만, 이런 것들이 여기서 지적한 의미에서 그의 교재가 가진 역사적 중요성에는 전혀 영향을 주지 않는다는 점이다.

1840년 이후 슐라이덴 외에도 다른 사람들이 식물학이 더는 낡은 생각에 안주해선 안 된다는 것을 강하게 느꼈다는 징조가 있다. 그 시기에 있던 학술지 『식물상』에 더해 새로운 정기 간행 학술지들의 출현이 그것이다. 『식물학 저널(Botanische Zeitung)』은 1843년에 폰 몰과 슐레히텐달(Schlechtendal)이 창간했고, 『과학적 식물학 전문지(Zeitschrift für wissenschaftliche Botanik)』는 슐라이덴과 네겔리가 창간했다. 그러나 후자는 1844년부터 1846년까지만 존속하였으며, 거의 네겔리의 기고만으로 채워져 있다. 두 출판물 모두 새로운 과학적 목표를 대표하겠다고 천명했다. 그 즉각적인 결과로 『식물상』은 이런 노력을 위한 에너지를 북돋우려 했고, 현대 정신에 더 많은 정의를 세우려고 노력했다. 이제 퓌른로르(Fürnrohr)의 독점적인 관리하에 탁월한 식물학 연구에 관한 소식들이 『식물상』에 게재되고 있다.

슐라이덴은 과학적 식물학의 기본 요소들을 정립하는 데 그의 모든 노력을 쏟아부었다. 그의 후기 작품은 다소 산만했고 과학을 발전시키는 데 큰 영향을 미치지는 못했다. 그가 과학적 식물학이라는 큰 그림을 그리기 위해 세운 이상은, 단 한 사람이 아니라 수 세대에 걸친 수많은 관찰자와 이론가의 끈기 있는 노력으로 실현될 수 있었을 뿐, 그 자신은 이 높은 목표를 이루기 위해 고통스럽고 끊임없는 열정을 쏟지는 않았다.

네겔리의 발달학 연구원칙

슐라이덴의 『원칙(*Grundzüge*)』이 과학계를 뒤흔들자마자, 성격이 아주 다른 한 사람이 그 위대한 과제에 동참했다. 그는 바로 **네겔리**(Carl Nägeli)로, 그의 연구는 이후 식물학의 모든 부문에서 기초가 되었다. 그는 가장 즉각적으로 성취할 수 있는 것들이 무엇인지를 보여 주었고, 귀납적 연구방법을 완성하고 발달학을 발전시키는 데 도움을 주었다. 그는 두서없이 이런저런 발견을 한 것이 아니라, 그가 다뤘던 모든 문제에 진지한 인내로 일하며 긍정적인 결과를 얻을 때까지 노력했다. 이러한 결과는 기존 지식을 확장했을 뿐 아니라 다른 사람들의 연구 토대와 많은 연구가 발전할 새로운 기반을 제공했다.

네겔리 역시 자연 탐구의 철학적 원리에 대해 입장을 결정해야 할 필요성을 느꼈지만, 귀납적 방법론을 이상주의 학파의 독단주의에 대항하기 위해 전개하지는 않았다. 그는 대신, 생명체 특히 식물의 가장 보편적인 문제에 귀납적 법칙을 곧바로 적용했다. 정확한 관찰을 통해 얻은 경험적 사실에서 개념과 법칙을 도출하는 것이 자연과학의 사명이라고 말하기는 쉽다. 그러나 이 요구를 충족시키려고 시도하자마자 많은 고려사항이 제기된다. 개별 사실을 단순히 쌓아 가는 것만으로는 충분하지 않으며, 귀납적 탐구가 이끌어야 할 지향점을 언제나 명확히 인식해야 한다. 네겔리는 이 방식을 통해서만 사실과 관찰이 과학적 가치를 갖는다고 주장했다. 그는 귀납법으로 얻은 모든 개념을 우리의 모든 지식 체계에 자리 잡게 하는 것이 중요하다고 강조했다. 슐라이덴보다 일관된 논리와 이상주의 학파와의 단호한

카를 네겔리

대립에서 진정한 자연 탐구의 명목론적 견해에 완전히 부합하는 방식으로, 네겔리의 첫 번째 원칙은 현상 관찰로부터 개념을 도출하고, 분류하고, 그 종속관계를 확립하는 것뿐만 아니라 이러한 개념을 단지 오성(悟性, 이해력)의 주관적 산물로 취급하고, 사고와 의사소통의 도구로 사용하며, 귀납적 탐구 결과에 따라 수정이 필요하면 언제나 수정할 준비가 되어 있어야 한다는 것이다. 이렇게 될 때까지, 한 번 확립되어 하나의 단어와 결부된 개념은 엄격하게 지켜져야 하며, 임의로 변경하거나 다른 개념과 혼동하는 것은 엄격히 금지되어야 한다. 자연에 있는 모든 것은 변하며, 모든 현상은 일시적이며, 특히 발달과정을 겪는 생명체에서 과학적 개념을 형성할 때 이런 끊임없는 변화의 조건을 충분히 고려해야 한다.

발달학은 단지 여러 연구 수단 중 하나로 취급해서는 안 되며 생명에 관한 연구 자체로 다뤄야 한다. 이러한 견해는 슐라이덴과 함께 1844년과 1855년에 발행한 저널의 첫 번째와 두 번째 권에 나온 네겔리의 방법론에 대한 자세한 관찰에서 드러난다. 여기에서는 이들을 완전하고 지속해서 실행하는 데 장애가 되는 점도 발견할 수 있다. 당시 네겔리는 다른 동시대인들처럼 종의 불변성을 믿었고, 이런 관점에서 자연계통을 개념의 틀로 여겼다. 그러나 그는 이상주의 학파의 계통학자들처럼 이데아의 형태를 플라톤식으로 취하지는 않았다. 괴테와 A. 브라운의 '변태의 개념'이 네겔리의 과학적 관찰 분야에 없다는 사실은 개념의 변화를 사물 자체의 변화로 간주하지 않는 그의 철학적 입장과 일치한다. 이미 이전 장에서, 괴테가 제시한 일반적 또는 상향 변태의 개념이 종의 가변성을 가정하지 않는 한 과학적 의미가 없음을 밝혔다. 더욱이, 네겔리도 연구했던 민꽃식물에서 이른바 잎의 변태는 부차적인 중요성이 있는 현상이며, 꽃식물에서만이 그 온전한 중요성이 있다. 슐라이덴이 자신의 견해에 따라 불합리하게도 변태를 발달의 원리로 간주한 반면, 네겔리는 대조적으로 그 용어를 거의 사용하지 않았다. 네겔리는 발달과정을 기관의 생장법칙으로 보았고, 물리학과 화학의 자연법칙처럼, 종의 불변성 원리에 따라 모든 종과 모든 기관의 생장법칙 역시 변하지 않는다고 생각했다. 한마디로 앞서 언급한 작품에서 네겔리의 '자연사의 당면 과제'에 대한 고려사항들은 귀납적 방법의 원칙과 논리적으로 완전히 일관되기도 하지만, 종불변설로 인해 사람들이 비논리적 결론에 빠지게 되는 곳에서도 일관되게 작동하는 문제가 있다.

민꽃식물의 발생학

네겔리는 귀납적 연구의 요구조건들을 충족시키기 위해 진지하게 노력했다. 식물해부학의 역사에서 어떻게 그가 슐라이덴의 세포 이론을 반박하면서 자신의 이론을 수립하였으며, 후에 분자 구조 이론과 조직체의 생장 이론을 구성하는 과정에서 어떻게 이러한 요구들을 충족시켰는지, 그리고 어떻게 이러한 연구들을 진정한 귀납적 연구의 표본으로 만들었는지를 자세히 살펴보도록 하자. 여기서는 네겔리가 형태학과 계통식물학에 미친 영향에 초점을 맞추도록 한다. 이 분야와 관련해서 그는 조사의 목표와 방법에 매우 중요한 두 가지 혁신을 도입했다. 그는 자신의 형태학적 연구를 가능한 한 하등 민꽃식물과 연결하려고 했고, 그다음 고등 민꽃식물과 꽃식물로 확장했다. 즉, 단순하고 명확한 사실에서 시작해 더 어려운 것으로 진행했다. 그는 민꽃식물을 계통적 연구 분야에 포함시켰을 뿐만 아니라, 계통 연구의 시작점으로 만들었다. 이렇게 형태학은 발전의 토대를 다졌을 뿐만 아니라, 꽃식물에서 얻은 형태학적 개념이 민꽃식물의 발달과 비교 고찰되었기 때문에 다른 면모의 형태학이 출현하게 되었다. 이것이 첫 번째 혁신이었고, 이와 밀접히 연결된 두 번째 혁신은 네겔리가 새로운 세포 이론을 갖고 형태학의 출발점으로 만드는 방식이었다. 기관 발생의 시작과 이후의 생장 모두 개별 세포의 형성으로 환원되었다. 특히 생장이 세포분열과 밀접하게 연관된 민꽃식물에서 분열하는 세포벽의 연속성과 방향이 정확한 법칙을 따르며, 모든 기관의 기원과 이후 생장은 절대적으로 고정된 시원 세포들에 의해 이루어진다는 놀라운 결과를 보여 주었다.

가장 놀라운 점은, 모든 줄기와 가지, 잎 등의 기관이 정단부에 단일 세포를 가지고, 이 세포가 일정한 법칙으로 분열하여 나머지 모든 세포를 형성하기 때문에 모든 세포와 조직의 기원이 하나의 정단 세포로 환원될 수 있다는 것이다. 네겔리는 1845년과 1846년에 이미 『과학적 식물학 전문지(*Zeitschrift für wissenschaftliche Botanik*)』에서 이 정단 세포의 분할이 한 줄, 두 줄, 세 줄(Delesseria,[6] Echinomitrium,[7] Phascum,[8] Jungermannia,[9] 솔이끼류의 잎)의 주요 형태로 진행한다고 기술했다. 이러한 방식으로 민꽃식물의 생장과정의 여러 문제점이 놀랄 정도로 명료하게 밝혀졌다. 한편, 네겔리는 1844년에 녹조류 Caulerpa(옥덩굴)의 번식 세포가 세포분열을 멈춘 이후의 생장과정에서 축(줄기), 잎, 뿌리

6 [역주] Delesseriaceae과에 속하는 홍조류의 속.

7 [역주] Metzgeriaceae(리본이끼과)에 속하는 우산이끼류 속(Metzgeria의 이명).

8 [역주] Pottiaceae(침꼬마이끼과)의 솔이끼류 속.

9 [역주] Jungermanniaceae과에 속하는 우산이끼류 속.

로 형태적 분화가 일어남을 보여 주었다. 그리고 1847년에 Valonia, Udotea, Acetabularia[10]에서도 비슷한 현상을 입증했다. 이러한 사실들로부터 생장과정에서의 형태적 분화를 세포분열의 결과로 간주해서는 안 된다는 사실이 정립되었다. 이런 사례를 통해 세포에 대한 개념은 눈에 띄게 확장되었다.

네겔리는 하등 민꽃식물에서 보편적인 형태학 원리를 세우는 데 도움이 될 사례를 찾는 데에만 만족하지 않았다. 그는 계통학적·기술적(descriptive) 목적을 위해 조류에 관한 특별한 연구도 했다. 그의 『새로운 조류 계통(*Neuen Algensysteme*)』(1847)과 『단세포 조류의 속들(*Gattungen einzelliger Algen*)』(1849)은 조류 수집가들의 단순한 열정을 진지한 연구로 전환한 최초의 성공적인 작업이었다. 보셰[11] 이래로 조류에 대한 계통적 작업이 없지는 않았지만 소홀히 다루어졌다. 이와 같은 정신으로 A. 브라운도 그의 『되젊어짐(*Verjüngung*)』에서 조류의 생활 방식과 그와 관련된 형태적 상황에 대한 풍부하고 새로운 관찰자료를 제공했다. 그의 노력은 그 후 몇 년 동안 튀레,[12] 프링스하임,[13] 드 바리[14] 등의 중요한 연구로 이어졌으며, 이 부분은 뒤에서 다시 다룰 것이다.

하지만 조류와 이어진 균류 연구에서 중요한 결과가 나오기에 앞서, 이끼류와 관다발 민꽃식물의 발생학을 체계적으로 연구함으로써 고등식물의 계통분류학은 중요한 변화를 겪었다. 지난 세기 이래 뛰어난 관찰자들이 이 분류군들을 꽤 세밀히 연구해 왔으며, 이 식물

10 [역주] 셋 모두 녹조류의 속.

11 [역주] Jean Pierre Étienne Vaucher(1763-1841). 스위스의 성직자이자 식물학자.

12 [역주] Gustave Adolphe Thuret(1817-1875). 프랑스의 식물학자.

13 [역주] Nathanael Pringsheim(1823-1894). 독일의 식물학자.

14 [역주] Heinrich Anton de Bary(1831-1888). 독일의 의사, 식물학자.

들의 구성적 특성을 깊이 파고들지 않은 계통학자들은 종, 속, 과 그리고 상위 분류군을 꽤 양호한 순서로 정리했다. 포괄적이고 체계적으로 배열된 이 식물들의 목록을 작성했으며, 꽃식물의 형태학에 근거해서 이들의 형태학을 정립하려고 시도했다. 1750년에 슈미델[15]이 우산이끼류에 대한 소중한 관찰을 발표했고, 1782년에는 헤드비히가 솔이끼류에 대한 관찰을 발표했다. 이러한 작업들은 1835년에 미르벨[16]의 우산이끼속(Marchantia)에 대한 철저한 연구, 비쇼프[17]의 우산이끼류(Marchantieae)와 둥근이끼류(Riccieae)에 관한 연구, 1850년 쉼퍼의 솔이끼류 연구, 1847년 란치우스-베닝가[18]의 솔이끼류 캡슐 구조에 관한 연구로 이어졌다. 관다발 민꽃식물의 구조와 발아는 1828년부터 비쇼프의 연구를 통해 더 잘 이해하게 되었다. 웅거[19]는 1837년에 다양한 솔이끼류의 수(컷)생식기의 정자를 기술했고, 네겔리는 당시 고사리류의 떡잎[20]으로 여겨졌던 기관에서 정자를 발견했다. 같은 기

---

15 Casimir Christoph Schmidel(1718-1792). 에를랑겐(Erlangen) 대학의 의학 교수. 우산이끼류에서 최초로 생식기관을 기술했다.

16 [역주] Charles-François Brisseau de Mirbel(1776-1854). 프랑스의 식물학자

17 Gottlieb Wilhelm Bischoff(1797-1854). 바트의 뒤르크하임에서 태어나 하이델베르크의 교수로 재직하다 1854년 사망함. 세심하고 꼼꼼한 내용의 다양한 편람과 교과서를 집필했는데 이들은 슐라이덴 이전의 시대정신을 반영하는 것들로서 지금은 시대에 뒤진 것으로 취급된다. 하지만 매우 아름다운 그림으로 보여준 우산이끼류(Hepaticae), 차축조류(Characeae), 관다발 민꽃식물에 대한 조사는 여전히 가치가 있다. 많은 그림이 포함된 『식물학 용어 및 계통학 핸드북(*Handbuch der botanischen Terminologie und Systemkunde*)』도 그렇다.

18 동프리슬란드(Ostfriesland)에서 1815년에 태어나 괴팅겐(Göttingen) 대학의 교수로 재직하다 1871년에 사망함.

19 [역주] Franz Joseph Andreas Nicolaus Unger(1800-1870). 오스트리아의 식물학자.

20 [역주] 고사리류의 배우체.

관에서 수민스키[21]는 1848년에 정자가 암(컷)생식기로 들어오는 것을 관찰했다. 슐라이덴이 자신의 문제투성이 수정 이론(fertilisation theory)을 입증했다고 과신했던 뿌리포자낭류(Rhizocarps)의 발아에 관한 연구는 이미 몇 년 앞서 네겔리와 메테니우스[22]가 매우 상세히 연구했다. 네겔리는 이 식물들에서도 정자를 발견했다. 이렇게 이들 식물의 생명현상과 구조에 관한 중요한 단편들이 1848년까지 기술되어 왔으나, 이러한 단편적인 사실들은 서로 연결되어 이해되기 전까지는 그 과학적 가치가 미약했을 것이다. 아마도 동물에서처럼 정자에 의해 수정이 일어나는 민꽃식물이 예외적인 사례일 것이다.

발생과정에 대한 완벽한 이해는 슐라이덴의 이론에 따라, 특히 꽃식물의 발생학이 정립되면서 가능해졌다. 슐라이덴의 이론에 따르면, 꽃가루관이 배주머니에 들어가 배아로 발달하기 때문에, 배주머니를 품고 있는 밑씨는 암생식기가 아니라 단지 배아의 부화 장소로만 여겨졌다. 즉, 배아는 무성생식으로 만들어진다는 말이다. 이 중요한 문제는 1849년에 발표된 호프마이스터의 저서 『꽃식물의 배발생(*Die Entstehung des Embryos der Phanerogamen*)』으로 해결되었다. 이 작품과 연이은 논문들에서, 호프마이스터는 수정에 앞서 배주머니 안에 난자가 만들어지며, 꽃가루관의 출현으로 이후 발달이 자극되고 배아를 생성하는 주체가 바로 난자라는 것을 보여 주었다. 그는 난자의 구조, 배주머니와 꽃가루의 특성, 그리고 수정된 난자에서 단계별로 세포분열을 통해 배아가 형성되는 과정을 관찰했다. 그가 이러한 과정을 설명하는 근거에는 네겔리의 세포 이론 그리고 발생의 모든 과정

---

21 [역주] Michał Hieronim Leszczyc-Sumiński(1820-1898). 폴란드의 식물학자.

22 [역주] Georg Heinrich Mettenius(1823-1866). 독일의 식물학자.

을 세포 생성과정으로 환원시킨다는 관점이 있다. 그는 이후 이끼류와 관다발 민꽃식물의 발생과정을 같은 방법으로 연구하고, 많은 종에서 생식기관의 발달을 세포 수준에서 추적했다. 그는 장차 수정될 난자세포의 유래와 정자의 생성을 관찰했으며, 무엇보다 중요한 점은 수정란에서 일어나는 세포분열과 이렇게 형성된 배아의 각 부위가 이후 배아의 발달과 어떻게 연관되는지를 보여 주었다는 것이다. 이와 같은 이끼류와 관다발 민꽃식물의 발생과정에서, 각각의 새로운 발달 단계의 시작점으로서 단일 세포로의 반환이 두 번 반복됨이 드러났다. 무성생식을 통해 생성된 포자, 이로부터 형성된 생식세포(정자, 난자), 그리고 유성생식을 통해 생성된 배아 사이의 진정한 관계, 그리고 이들이 발달과정에서 어떤 의미를 지니는지가 호프마이스터의 연구로 명확하게 밝혀졌다. 한편, 그의 정밀한 방법론 덕분에 이 주제에 대한 논의는 간결해졌다. 호프마이스터는 이러한 발생과정, 특히 두 종류의 포자가 있다는 사실이 처음으로 밝혀진 뿌리포자낭류와 부처손속(Selaginellae)의 발생과정을 구과류(겉씨식물)의 발생과 비교했으며, 이를 속씨식물의 발생과 비교하는 데도 이용했다.

호프마이스터가 정립한 세대교번: 모든 육상식물을 관통하는 통일성

1849년과 1851년에 『비교 연구(*Vergleichende Untersuchungen*)』에 발표된 호프마이스터[23]의 연구 결과는 기술(descriptive) 식물학 분야에서 전무후무할 정도로 훌륭했다. 한편, 세포 이론과 형태학의 매우 다양한 문제 해결에 새로운 통찰력을 제공할 수 있는 그의 많은 소중한 세부 발견들이 이 찬란한 전체 결과의 그림자에 가려 사라졌다. 이 결과에서 개별 기술의 명료함은 그가 결론에 이르기도 전에 이미 드러났고, 간

호프마이스터

결하고 단순한 스타일의 몇 마디만으로 전체를 훌륭하게 요약했다. 식물학의 모든 주요 측면에서 이 결과를 간략하게 설명하는 것은 어려운 일이다. 이로 인해 식물의 발달이 무엇인지에 대한 생각은 갑자기 완전히 바뀌었다. 우산이끼류, 솔이끼류, 양치류, 속새류, 땅속꽃식물류, 부처손류, 구과식물, 외떡잎식물, 쌍떡잎식물 같은 서로 다른 식물들의 밀접한 연결성을 이제는 전례 없이 명확하게 관찰할 수 있다.

동물계에서는 완전히 다른 형태로 존재하는 것으로 최근에 밝혀진 '세대교번(alteration of generation)'은 발달의 최고 법칙이며, 앞서 말한

---

23 [역주] Wilhelm Hofmeister. 1824년 독일 라이프치히에서 음악 출판사업을 하는 Friedrich Hofmeister의 아들로 태어났다. 15세까지 다닌 고등학교에 해당하는 교육이 그가 받은 정규교육의 모든 것으로, 그가 이룬 생물학 업적은 모두 독학으로 성취한 것이다. 17세부터 아버지 회사에서 일하기 시작해서 (나중에 식물학 교수가 되고 나서도) 평생 음악 출판업을 전업으로 삼았다. 따라서 그는 회사에 출근하기 전 새벽 4시에서 6시 사이에 식물학 연구를 수행했다. 아마추어 식물학자로서 자신만의 식물표본관과 식물원을 갖고 있던 아버지의 영향으로 그는 자연스럽게 식물에 대한 관심을 갖게 되었다. 그의 식물학은 폰 몰과 슐라이덴의 저작들에 큰 영향을 받았다. 그의 많은 천재적인 연구 중에서도 27세 때 성취한 '세대교번의 정립'은 전체 육상식물의 발달과 진화를 하나의 원리로 관통하는 통일이론이라 할 수 있다. 39세에 하이델베르크의 식물학 교수가 되고, 10년 뒤 튀빙겐으로 옮겨 폰 몰의 자리를 이었다. 하지만 곧 가족의 잇따른 사망이 있었고, 그 역시 1877년 52세의 나이에 뇌졸중으로 사망했다. 생물학에 대한 그의 천재적인 기여는 그를 린네, 다윈, 멘델과 같은 거인의 반열에 들게 했다고 평가한다 (Kaplan DR and Cooke TJ, 1996, The genius of Wilhelm Hofmeister: The origin of causal-analytical research in plant development. *Amer. J. Bot.* 83:1647-1660; Morton AG, 1981, *History of Botanical Science*. London: Academic Press 참조).

매우 폭넓은 스펙트럼의 이질적인 식물들에서도 단순한 체계로 작동한다는 것이 증명되었다. 세대교번은 약간의 차이는 있었지만 양치류와 이끼류에서 가장 명확하게 나타났다. 양치류와 관련된 민꽃식물들에서는 무성(無性)으로 생성된 포자에서 눈에 잘 띄지 않는 작은 몸체가 자라서 생식기관들을 즉시 형성한다. 이러한 생식기가 수정되면 뿌리를 내리고 잎이 무성한 고사리 줄기가 나오며, 이 줄기는 다시 무성 포자만을 생성한다. 반면 이끼류에서는 양치류보다 훨씬 더 분화된 구조의 수명이 긴 식물이 포자에서 발달하며, 이 식물은 일정 기간이 지난 후 다시 생식기관을 형성하게 된다. 소위 이끼 식물체라는 것은 바로 이 생식기관들의 산물인 것이다. 이끼류에서는 포자에서 발생한 일차 세대가 유성 세대로서 하나의 식물체를 형성하지만, 양치류에서는 모든 생명현상과 형태학적 분화가 유성생식의 결과인 이차 세대에서 펼쳐진다. 이렇게 모든 것이 명확해졌다.

게다가 호프마이스터의 연구는 이러한 발달 체계가 두 종류의 포자를 생성하는 뿌리포자낭류와 부처손류에서도 유효하다는 것을 보여 주었다. 이러한 사례를 통해 포자 생성과 생식기관의 진정한 관계를 인식하는 것이 형태학적 해석에 필요함이 드러났다. 민꽃식물에서 가장 완벽하게 형성된 큰 암컷 포자에서 이런 과정들을 알게 되었을 때, 구과식물의 씨앗 생성이 즉시 이해되었다. 구과식물의 배주머니는 바로 이 큰 포자에 해당하며, 그 배젖은 전엽체(前葉體, prothallium), 꽃가루는 수컷 포자(microspore)에 해당한다. 양치류와 이끼류에서 뚜렷한 세대교번의 마지막 흔적은 꽃식물의 씨앗 형성에서도 볼 수 있었다. 이끼류에서 꽃식물까지 세대교번 양태의 변화는 세대교번 그 자체보다 훨씬 더 경이롭다.

호프마이스터의 『비교 연구』에는 민꽃식물과 꽃식물의 발생학적 근연성에 대한 큰 그림이 드러나는데, 이것은 당시 지배했던 종의 불변성에 대한 믿음과 화합할 수 없었다. 그는 가장 이질적인 것들을 밀접히 연관된 것으로 보이게 하는 발달의 연결성을 인식함으로써 가장 단순한 이끼류를 야자류, 구과식물, 목본 속씨식물과 연관시켰는데, 이것은 원형(original type) 이론과 양립할 수 없는 것이었다. 모든 개별 자연집단이 하나의 이데아에 해당한다는 가정은 적합하지 않았다. 당시까지 통했던 자연계통의 의미를 완전히 바꿔야 했다. 그것은 플라톤의 이데아들 집합체도, 개념들의 단순한 틀도 아니었다. 그러나 이 저작은 식물의 계통학에 큰 영향력을 미쳤다. 민꽃식물은 형태학 연구에서 가장 중요한 대상이 되었고, 이끼류는 하등 민꽃식물에 관한 연구의 기준이 되었으며, 양치류는 꽃식물에 대한 척도가 되었다. 발생학은 비교형태학과 발생형태학의 미로를 안내하는 실마리였다. 모든 기관들을 그 조상 형태로 환원함으로써 변태는 진정한 의미를 갖게 되었다. 예를 들어, 꽃식물에서 수술이나 암술을 가진 잎은 관다발 민꽃식물에서 포자낭을 가진 잎으로 환원되었다. 다윈의 책이 나온 후에 헤켈이 계통학적 방법이라고 불렀던 것은, 호프마이스터가 이미 오래전에 실제로 수행해서 화려한 성공을 거둔 것이었다. 호프마이스터의 연구 결과가 발표된 지 8년이 지나 다윈의 이론이 세상에 나왔을 때 식물계의 큰 분류군들의 근연관계는 이미 잘 확립되고 명백했기 때문에, 진화론은 발생형태학이 실제로 보여 주는 것을 받아들이기만 하면 됐다.

(엽상식물을 제외한) 식물계의 발생학적 연결을 보여 주는 호프마이스터의 훌륭한 그림은 모든 분류 계통에서 완전히 완벽·정확할 수는 없었다. 아직 채워야 할 많은 간극이 있었고, 어떤 관찰은 수정할 필요가 있었다. 호프마이스터는 노력을 멈추지 않았다. 그는 그

후 몇 년에 걸쳐 특이한 양치류 속인 물부추속(Isoetes)과 고사리삼속(Botrychium)을 더 깊이 연구했고, 속새과(Equisetaceae)와 나도고사리삼속(Ophioglossum)의 수정 및 발생은 각각 그와 밀데(Milde), 그리고 메테니우스가 연구했는데, 이들 모두 계통체계에 잘 들어맞았다. 지금까지도 서로 다른 형태의 이끼류, 관다발 민꽃식물 및 겉씨식물을 정확히 연구하여 이들의 세부적인 모든 발달과정, 배아 형성, 정단 부위에서의 세포 계열, 곁기관들의 발생 및 추가 생장 등을 확인하는 것은 항상 쓸모 있는 작업이다. 더욱 주의 깊게 관찰할수록, 호프마이스터가 주장한 세대교번의 정확성이 모든 곳에서 더욱 명확하게 나타난다. 본서의 범주를 넘어서기 때문에 이 주제에 관해서는 더 이상 언급하지 않겠다. 세대교번의 원리와 민꽃식물의 형태학적 지식은 나중에 속새과를 연구한 크래머(Cramer), 생이가래속(Salvinia)을 연구한 프링스하임(Pringsheim, 1862), 민꽃식물의 뿌리 발생을 연구한 네겔리와 라이트게프,[24] 뿌리포자낭류의 발아를 연구한 한슈타인(Hanstein) 등에 의해 더 발전한다.

엽상식물(葉狀植物, Thallophytes)[25]

수정 전후의 배아 형성 첫 단계에서 최종 배아 식물이 완성될 때까지 전 발달 단계에 걸쳐 일어나는 분화와 생장을 조사함으로써 1850년부터 이끼류, 관다발 민꽃식물 및 꽃식물의 기관을 형태학적으로 확실하게 설명하게 되었으며, 근연성을 결정하는 데도 임의성

24 [역주] Hubert Leitgeb(1835-1888). 오스트리아의 식물학자.

25 [역주] 여기서는 조류, 균류, 지의류의 세 분류군을 포함하는 문(Division). Tallus는 세포가 잎 모양처럼 확상된 형대를 의미함.

과 불확실성이 사라지게 되었다. 민꽃식물의 속이나 꽃식물 상위 분류군들의 근연성을 확립하려 할 때 원하는 결과를 끌어낼 수 있는 길이 열린 것이다. 기발한 추측과 시도의 시절은 끝났다. 이제 유일하게 해야 할 일은 끈기 있는 연구를 통해 오랜 가치로 남을 결과를 얻는 것이다.

1850년까지만 해도 엽상식물의 상황은 전혀 달랐다. 이들에 대해 확실히 밝혀진 것도 있었지만, 모르는 것들이 태반이었다. 조류(Algae), 균류(Fungi) 및 지의류(Lichens)는 이끼류와 관다발식물의 잘 정리된 지식과 대비되는 불명확한 형태들의 혼돈 자체였다. 이끼류와 양치류에서는 종의 테두리 내에서 일련의 발달과정이 몇 단계에 걸쳐 이루어지므로 진행하는 생장의 모든 중요한 지점을 명확하게 확인할 수 있고, 세대교번으로 발달의 주요 단계들을 뚜렷이 구분하고 또한 연결했다. 반면, 조류와 균류의 발달은 나타났다 사라지는 무질서하고 잡다한 형태들로 분할되어 보였기에, 이들의 규칙적인 발생학적 연결을 발견하기는 거의 불가능했다. 여기서 중요한 것은 알려진 형태들 중 어떤 것이 동일한 발달 주기에 속하는지를 결정하는 것이었다. 이 식물들은 매우 다양한 발달 단계들에서 단일 세포 형태로 되돌아가며, 이 단일 세포는 새로운 발달의 시작점이 되거나 이전의 발달을 반복하게 된다. 아주 다른 조류 종들의 발달 개시가 하나의 물방울에서 뒤섞여 일어나며, 완전히 다른 균류 종들도 같은 기질에서 함께 자라거나 서로 겹쳐 자라기도 한다. 심지어 지의류에서는 균류와 조류가 결합되어 있다. 이러한 사례는 현미경적인 종들의 경우였다. 큰 해조류, 버섯류 및 큰 지의류는 구체적으로 구별하기가 더 쉽지만, 이들의 발달과정은 미세 엽상식물보다도 덜 알려져 있다.

그럼에도 이러한 생물들의 개별 형태에 관한 지식은 1850년 이전에 이미 상당히 확장되었다. 수집가와 애호가들은 당장 눈앞에 보이는 것을 파악하는 데만 몰두했고 기원과 근연성에 관해서는 깊이 탐구하지 않았다. 하지만 그들은 채집표본을 끈질기게 늘려 나갔고 목록을 만들었으며, 외부적인 특징에 기반하여 여러 계통체계를 제안했다. 수천 개의 종을 명명했고, 이들의 특징을 두꺼운 책들에 채웠으며, 그림들은 가장 큰 이절판으로 인쇄했다. 엽상식물의 형태는 너무 다양해서 수많은 식물학자가 몰두했는데, 이들은 조류, 균류, 지의류 각각을 전문화하여 수집하고 기술했다. 이런 방식으로는 이 식물들의 형태 사이에 있는 깊은 연관성 그리고 다른 식물들과의 연관성을 이해할 수 없었지만, 17세기 식물지들이 만들어지면서 꽃식물에서 성취했던 것처럼, 민꽃식물에 관한 지식을 얻기 위한 경험적 기반이 마련되었다. 관찰 가능한 모든 형태를 여러 방법으로 명명하고 정렬했으며, 어떤 형태를 말하는지, 언제 명명했는지를 이해하는 데 아무 어려움이 없었다. 그리고 표와 그림들은 다양한 서적에서 인용되었다. 이러한 작품 중에서 조류에 관한 아가르드,[26] 하비(Harvey) 및 퀴칭(Kützing)의 작품과 균류에 관한 폰 에젠베크,[27] 프리스,[28] 레베유[29] 및 버클리(Berkeley)의 작품, 특히 균류에 관한 코르다[30]의 공들인 작품

26 Karl Adolf Agardh(1785-1859). 1835년까지 Lund의 교수를 역임했으며, 이후에는 Wermland와 Dalsland의 주교였다. Jacob Georg Agardh(1813-1901)은 Lund의 교수였다. William Henry Harvery(1811-1866)는 더블린의 식물학 교수였다. Friedrich Traugott Kützing(1807-1893)은 Nordhausen Polytechnic School의 교수였다.

27 C. G. Nees von Esenbeck(1776-1858). 1816년 『버섯과 해면의 계통체계(*System der Pilze und Schwämme*)』를 출간했고, F. L. Nees von Esenbeck(1787-1837)는 A. Henry(1801-1875)와 함께 1837년에 『버섯의 계통체계(*System der Pilze*)』를 공동 집필했다. 형 에젠베크는 Leopoldina의 총장, Breslau의 식물학 교수를 역임했으며 자연철학의 대표 인물 중 한 명이다.

이 가장 가치 있다고 할 수 있다.

1850년까지 하등 민꽃식물의 발달과 생식에 대한 견해는 매우 불확실하고 불안정했다. 조류, 균류 및 지의류에서 증식기관 또는 생식기관은 일부에서만 알려져 있었다. 어떤 형태의 생식기관은 특정 장소나 상황에서 나타났는데, 이는 자연 발생(spontaneous generation)을 가정하지 않고는 설명할 수 없는 것처럼 보였다. 1827년 마이엔[31]은 프리슬리 물질(Priestley's matter)이라고 알려진 작은 조류가 고인 물이나 닫힌 용기 안에서도 자연 발생하며, 1833년 퀴칭이 이를 실험으로 보여 주려 했다고 주장했다. 어떤 균류는 다른 생물체의 병든 부위에서 자라는 것으로 간주했고, 많은 균류가 포자로도 번식할 수 있지만 기본적으로 자연 발생한다고 생각했다. 최고의 식물학자들은 1850년까지 가장 단순한 균류에 대해서도 이런 견해를 공유했다. 그러나 17세기 꽃식물의 경우에서 그랬던 것처럼, 1850년 이후 조류와 균류의 체계적인 연구가 진행되면서, 자연 발생 개념은 사라져 갔다. 엽상식물의 자연 발생 개념은 1821년 호른슈흐(Hornschuch)와 1833년 퀴칭이 최초로 제시했다. 이들은 프로토코쿠스(Protococcus)와 파멜라(Palmella)

---

28 [역주] Elias Fries(1794-1878). 스웨덴의 균류학자이자 식물학자. Uppsala의 식물학 교수.

29 [역주] Joseph-Henri Léveillé(1796-1870). 프랑스의 의사, 식물학자.

30 August Carl Joseph Corda(1809-1849). 체코의 의사, 균학자. 보헤미아의 Reichenberg에서 태어나 1835년에 프라하 국립박물관 관장이 됨. 1848년에 텍사스에 갔다가 해상 난파로 1849년에 사망. Weitenweber의 『보헤미안 과학협회 논문집(*Abhandlungen der Böhmischen Gesellschaft der Wissenschaft*), Bd. 7, Prag, 1852』에 자세히 소개되어 있다. 그는 당시 알려진 모든 균류, 특히 소형 균류를 최초로 현미경으로 관찰해 그리고 기술했다. 그의 『지금까지 알려진 균류의 형상(*Icones Fungorum hucusque cognitorum*)』(1837-1854)은 지금까지도 필수 균학 지침서다.

31 [역주] Franz Julius Ferdinand Meyen(1804-1840). 프러시아의 의사, 식물학자.

와 같은 가장 단순한 조류 세포가 일단 자연 발생하면 조류, 지의류, 이끼류 등 다양한 종으로 발달할 수 있다고 주장했다. 일부 관찰자들은 아직도 페니실리움(Penicillium)과 미크로코쿠스(Micrococcus)를 서로 매우 다른 균류들의 시작점으로 간주하고 있다. 하등동물과 식물의 경계선을 긋는 것 역시 어려웠는데, 이 문제는 독립적 운동이 가능한 모든 생명체를 동물로 분류하는 식으로 해결했다. 이에 따라 동물학자들은 좁쌀공말과(Volvocineae), 돌말과(Bacilariaceae) 등 조류의 과들을 통째로 요구했고, 진정한 조류에서 유주자(군집 포자)가 방출되는 과정이 처음 관찰되었을 때, 이 현상은 식물이 동물로 변하는 것으로 묘사했다. 1807년 트렌테폴(Trentepohl)과 1830년 웅거가 바우케리아(Vaucheria)에서 동물성 포자가 이런 방식으로 탈출한다고 설명했다. 그런데 놀라운 점은 이러한 견해가 통했다는 사실이 아니라, 대다수 식물학자가 이를 종불변에 대한 믿음과 결부시켰다는 것이다. 종불변설은 이 분야에 긍정적인 영향을 미쳤는데, 그 이유는 나중에 식물학자들이 조류와 균류를 체계적으로 연구하면서 이들 개별 종의 발달과정이 이끼류나 고등식물에서처럼 일관성을 보일 것으로 믿었기 때문이다.

비판적 해석이 없는 일회성 관찰 결과는 아주 불분명하고 의심스럽지만, 이 주제에 관한 문헌들에는 본격적 연구의 정확한 출발점으로 사용할 수 있는 몇 가지 중요한 사실이 잘 확립되어 있었다. 조류 중에서 특히 해캄과 바우케리아는 놀라운 현상들을 제공했다. 1788년 게르트너(Joseph Gärtner)는 해캄에서 접합포자의 형성을 관찰했고, 헤드비히는 1798년에 이들의 생성 방식에서 적어도 유성생식의 기미를 보였다. 그리고 시대를 앞선 작품인 『담수 수생식물의 탐구(*Histoire de Conferves d'eau douce*)』(1803)에서 보셰[32]는 접합을 명확히 유성생식 과정이라고 불렀다. 그가 생식기관을 정확히 묘사는 했지만, 당시의 현미경 기술로는 그의 이름을 딴 바우케리아(Vaucheria, Ectosperma)에서 수정 과정을 관찰할 수는 없었다. 보셰는 이 속의 동물성 포자를 관찰하지는 못했지만, 1807년 트렌테폴이 처음으로 이들이 방출되어 무리를 짓는 것을 관찰했다.[33] 보셰는 또한 물망(water net, Hydrodictyon)의 오래된 세포에서 새로운 그물이 형성되는 것을 관찰했으며, 1842년 아레슈그(Areschoug)[34] 역시 오래된 세포에서 새로운 세포들이 떼 지어 나오는 것을 관찰했다. 1828년 비쇼프는 쇠뜨기말속(Chara)의 정자를 보긴 했지만 그게 무엇인지는 알지 못했다. 접합조류에 대한 관찰이 늘어나, 1834년 에렌베르크(Ehrenberg)는 클로스테리움(Closterium)에서 같은 현상을 보았고, 1836년 모렌(Morren)은 이를 더 정확히 묘사했다. 1820년에서 1830년 사이에 담수 및 해수 조류에서 유주자의 형성이 자주 관찰되었으며, 1839년에 출간된 『새로운 체계(*Neues System*)』 3권에서 마이엔은 그 당시까지 조류의 번식에 대해 알려진 모든 것을 정리했다. 그러나 1844년에서 1849년 사이에 이미 언급된 바 있는 네겔리의 연구로 조류에 대한 새로운 측면의 지식이 추가되었는데, 이는 보셰의 시대 이후 최초의 계통학적 연구라고 할 수 있다. 네겔리는 유성생식 및 생장에서 특히 세포분열의 법칙을 연구했지만, 그는 진정홍조류(Florideae)만이 유성생식을 하는 조류라고 여겼으며, 나머지는 무성으로 구분했다. A. 브라운은 『되젊어짐(*Verjüngung*)』(1850)을 통해 담수 조류의 생물학에 상당히 기여했으며,

---

32 Jean Pierre Étienne Vaucher. 제네바의 장관이자 교수. 드캉돌의 친구.

33 트렌테폴의 교신은 A. W. Roth의 『식물학적 주석 및 정정(*Botanische Bemerkungen und Berichtigungen*)』(Leipzig, 1807)에서 볼 수 있다.

34 [역주] Johann Erhard Areschoug(1811-1887). 스웨덴의 식물학자.

아직 이해 못한 이러한 형태들의 관계를 해석할 흥미로운 시야를 제공했다. 그리고 1852년에 그는 차축조과(Characeae)의 생장과정에 대한 설명을 제공했는데, 이는 네겔리의 정신이 깃든 작품으로 과학 연구의 모델이었다. 여기에는 줄기 정단 세포에서 모든 세포가 갈라져 나오는 방식이 나타나 있고, 생식기관이 세밀하게 조사되었으며, 세포 내용물의 '흐름' 방향과 생식기관의 형태 사이의 관계가 수립되어 있다. 그리고 튀레 역시 이미 조류의 동물성 포자를 상세히 연구하고 있었다.

1850년경 조류에 관한 연구 상황이 이러할 때, 호프마이스터는 꽃식물, 관다발 민꽃식물, 이끼류의 배발생을 형태학적·계통학적 식물학 연구의 중심으로 가져왔다. 또한 그는 식물의 전체 발달 주기와 그것의 근연성에 대한 완벽한 통찰력을 얻을 수 있는 것은 식물의 유성 번식과 배발생의 개시를 연구의 출발점으로 삼을 때만 가능하다는 것을 명확히 했다. 고등식물의 경우처럼 조류의 발생학에서도 좋은 결과를 기대할 수 있게 되었다. 따라서 관찰자들은 이제 조류의 유성 번식에 대한 지식만으로 만족하지 않고, 조류의 무성 번식도 연구함으로써 조류의 완전한 발달과정을 밝히고자 했다. 이전의 관찰들은 여기에서도 유성 번식이 지배적으로 작용할 가능성을 시사했지만, 일련의 발달과정을 밝혀 내는 데에는 큰 노력이 들 거라는 건 쉽사리 예상할 수 있었다. 스스로 계통학자라고 부르는 수집가들은 결코 이런 작업의 개념조차 만들지 못하고 있었다. 그러나 네겔리의 호프마이스터의 연구 덕분에 식물학자들은 가장 시급한 이런 종류의 요구사항에 익숙해졌고, 진짜 과학의 새로운 정복자들이 이미 1850년에 이런 작업에 착수하고 있었다.

1853년에 튀레가 (갈조류) 푸쿠스(Fucus)의 수정과정을 설명한 것은 놀라운 성과였다. 이는 단순한 발생학적 과정이지만, 유성생식 과정이 명확했고 심지어 실험도 가능해서, 관찰하기 어려운 다른 경우에도 곧바로 도움이 되었다. 이에 따라 유성생식 과정에 대한 발견들이 빠른 속도로 이어졌다. 프링스하임은 1855년에 바우케리아에서 오랜 유성생식의 난제를 해결했고, 1856년부터 1858년 사이에 붓뚜껑말속(Oedogonieae),[35] 물곰팡이속(Saprolegnieae)[36] 및 콜레오카이테속(Coleochaetae)[37]에서 유성생식을 발견했다. 1855년에 콘[38]은 스파에로플레아속(Sphaeroplea)[39]에서 유성생식에 의한 포자 형성을 관찰했다. 프링스하임은 유성생식 과정을 세심하게 관찰하는 데 만족하지 않고, 같은 과에 속하는 식물들의 세포 수준의 생장과정, 생식기관의 형성, 그리고 유성생식 결과물의 발달과정에 대한 자세한 설명 또한 제공했다. 영양생장(vegetation)과 배발생과정 중에 끼어들어 가 있는 무성번식의 연결성을 제대로 이해했다. 이끼류의 세대교번을 연상케 하는 과정들이 발견되었는데, 조류에서 매우 다양한 유형의 유성생식과 발달 행태가 밝혀지면서 수집가들의 피상적 관찰에 근거한 것과는 전혀 다른 계통 집단들을 형성하기에 이르렀다.

조류에서 제일 먼저, 그리고 나중에는 균류와 지의류에서도 특별한 연구를 통해 계통체계에 새로운 기초를 놓아야 함이 분명해졌

---

35 [역주] 녹조식물(Chlorophyta)/녹조강(Chlorophyceae)/붓뚜껑말목(Oedogoniales)/붓뚜껑말과(Oedogoniaceae).

36 [역주] 유색조식물(Chromista)/Oomycota/Saprolegniales/Saprolegniaceae.

37 [역주] 스트렙토식물(Streptophyta)/격벽형성식물(Phragmoplastophyta)/콜레오카이테강(Coleochaetophyceae)/콜레오카이테목(Coleochaetales).

38 [역주] Ferdinand Julius Cohn(1828-1898). 독일/폴란드의 식물학자.

39 [역주] 녹조식물(Chlorophyta)/녹조강(Chlorophyceae)/스파에로플레아목(Sphaeropleales).

다. 프링스하임은 이전에 이해되지 않았던 형태들의 혼란스러운 집합에서 일련의 특징적인 집단들을 도출해 냈는데, 그는 이들을 철저히 검토했고 문장과 그림으로 능숙하게 설명했다. 이 업적은 아직 연구되지 않은 형태들로 가득한 혼돈의 바다에서 섬처럼 돋보였으며, 이 분야의 발전에 등대 역할을 했다. 같은 방식으로 1860년 이전에 드바리는 접합조류(Conjugatae)[40]의 형태를 철저히 연구했다. 튀레는 조류의 발생과정에 대한 단편들을 추가했고, 그와 보네[41]는 1867년에 진정홍조류(Florideae)의 놀라운 배발생을 밝혀냈다. 한편 프링스하임은 1869년에 좁쌀공말과(Volvocineae) 유주자(군집 포자)의 짝짓기를 확립했다. 현재 조류는 다른 식물류보다 발달과정에서 더 큰 다양성을 제공하며, 유성 및 무성 번식과 생장과정은 식물계의 본성을 밝히는데 완전히 새로운 시야를 열어 준다.

호프마이스터가 발견한 세대교번 현상으로 꽃식물의 종자 형성과정을 설명하게 됨으로써 식물의 본성에 대한 오래된 관념들이 크게 수정되었다. 마찬가지로 식물계의 시작점인 조류의 가장 단순한 형태들이 보여 주는 현상을 관찰하게 됨으로써, 우리가 전체 식물계에 대한 계통적 시각을 제공하려면 형태학의 기본 개념을 수정해야 했다.

1850년 이후 균류에 관한 체계적인 연구는 그전과 별 차이 없지만 좀 더 포괄적인 결과를 가져왔다. 균류는 처음부터 경이로움과 미신의 대상이었다. 첫 번째 장에서 이야기한 히로니무스 보크의 균류에 관한 언급을 카스파 마우린도 반복했고, 비슷한 관념이 현재까지 이어지고 있다. 17세기 중반 폰 뮌하우젠(Otto Von Münchausen)은 버섯

40 [역주] Conjugatophyceae(Zygnematophyceae, 별해캄과)의 속.

41 [역주] Jean-Baptiste Édouard Bornet(1828-1911). 프랑스의 식물학자.

이 폴립(Polyps)의 거주지라고 생각했고, 린네도 이 견해에 동의했다. 예를 들어 폰 에젠베크 같은 자연철학자들이 균류의 특성에 대해 말한 내용은 여기서 또 언급할 필요는 없겠다.

이 주제에 대한 일부 유용한 관찰들이 이미 오랫동안 축적되어 왔다. 1729년에 이미 미첼리[42]가 다양한 균류의 포자를 수집하여 이로부터 균사체와 포자체를 얻었고, 글레디치(Gleditsch)는 1753년에 이러한 관찰을 재확인했다. 1762년경에 셰퍼[43]는 바이에른과 팔라티나테의 모든 균류에 대한 매우 우수한 그림을 출판했고 많은 종의 포자를 수집했다. 그러나 19세기 초 루돌피(Rudolphi)와 링크는 균류 포자의 발아를 부인했고, 1818년에 페르준(Persoon)은 일부 균류는 포자에서 발생하며, 다른 균류는 자연 발생한다고 생각했다. 1820년 이후 균류에 관한 지식이 크게 발전하는데, 이는 그해 레오폴디나(Leopoldina)에서 발표된 에렌베르크가 공을 들인 논문 〈균류의 발생(De Mycetogenesi)〉 덕분이었다. 이 논문 작업에서 그는 당시 균류의 특성과 번식에 대해 알려진 모든 것을 수집했고, 포자와 그 발아에 대한 관찰을 보고했다. 그는 또한 커다란 포자체나 그 이외의 부위에서 균사가 뻗어 나는 경로를 그림으로 보여 줬다. 그러나 그의 가장 중요한 업적은 사상균(mould)에서 최초로 유성생식을 관찰하여 기록한 것이었는데, 이것은 시지기테스(Syzygites)[44]의 가지가 접합하는 것이었

42 Pier Antonio Micheli. 1679년 플로렌스에서 태어나 그곳의 식물원 원장을 역임하다 1737년 사망. Jahann Jacob Dillen(Dillenius)는 1687년 다름슈타트에서 태어나 옥스퍼드 교수를 역임하다 1747년에 사망. 이 두 식물학자는 처음으로 솔이끼류와 하등 민꽃식물을 관찰하고 이들 식물에 생식기관이 있음을 증명했다.

43 Jacob Christian Schaeffer(1718-1790). 레겐스부르크의 총관리관.

44 [역주] 접합균류(Zygomycota)의 속.

다. 같은 해에 폰 에젠베크는 빵에 빵곰팡이(Mucor stolonifer)[45]를 뿌려 3일 만에 익은 포자주머니를 얻었다(『식물상』, 1820년, 528쪽). 뒤트로셰는 1834년에 (버섯처럼) 큰 균류는 대개 땅속이나 유기물 틈에서 실 모양으로 가지쳐 자라는 식물(균류)의 포자체일 뿐이라는 것을 증명했는데(『논문집(Mém.)』 2권 173쪽), 이는 당시까지는 비서스(Byssus)[46]라는 이름의 독특한 균류 형태로 간주되어 왔다. 이어서, 트록(Trog)은 이러한 관찰을 더 발전시켰다(『식물상』, 1837년, 609쪽). 그는 균사체와 포자체를 구별했고 전자가 종종 몇 년씩 지속되며, 포자가 발아해서 만드는 첫 번째 형태임을 지적했다. 그는 큰 포자체의 형태 연구를 시도했고, 버섯의 포자를 종이 위에 모을 수 있다는 것과 주발버섯(Peziza)과 안정버섯(Helvella)의 포자가 먼지구름처럼 방출됨을 보였다. 또한 그는 곰팡이 포자가 공기를 통해 어디든지 퍼져나간다는 글레디치의 주장을 뒷받침하는 새로운 증거를 제시했다. 슈미츠(Schmitz)는 1842년과 1845년 사이에 몇몇 큰 균류의 생장과 생활사에 대한 탁월한 관찰을 『식물상(*Linnaea*)』에 발표했다. 당시에는 균류의 포자가 자신의 종을 정확하게 재생산한다는 것을 명확히 이해시킬 필요는 없었다.

하지만 하등의 작고 단순한 균류들, 특히 식물과 동물에 기생하는 것들은 균학 전체 분야에서 가장 매력적인 대상이었다. 여기에는 수많은 난제가 있었으며, 식물학 역사상 가장 풀기 힘든 수수께끼가 있었고, 극도의 과학적 신중함과 선견지명으로 천천히 정복해야 할 새로운 땅이 있었다. 이러한 형태(균류)에서는, 조류에서 그랬던 것처

---

45 [역주] Rhizopus stolonifer와 동명.

46 [역주] Byssitheca, Byssocallis, Byssocaulon 속 등이 포함된 자낭균류(Ascomycota)를 말하는 것으로 보임.

럼 먼저 몇 가지 종에서 완전한 발달과정을 파악할 필요가 있었다. 그러나 조류에 비해 균류에서는 제대로 된 하나의 발달 주기를 발견하는 것이나, 이것을 다른 연관된 균류에서 보이는 우연한 발달 단계와 구별하는 것은 훨씬 더 어려웠다. 이 방향에서 처음으로 파격적 공을 세운 인물은 1850년 이전에 깜부기병균(Smuts)과 녹병균(Rusts)에 대한 매우 정확한 연구를 최초로 발표한 툴라슨(Tulasne) 형제였다. 이 형제의 연구에 뒤이어, 특히 땅속 균류를 포함한 다양한 균류 형태에 관한 뛰어난 연구들이 속속 발표되었는데, 이 연구들에서는 균류의 생활 방식과 해부학이 멋진 그림과 함께 설명되었다. 그러나 호밀 맥각균(Ergot)의 발달과정에 대한 설명(1853), 흰가루녹병균속(Cystopus), 푸치니아속(Puccinia), 틸레티아속(Tilletia), 깜부기병균속(Ustilago)의 포자 형성과 발아에 대한 추가 조사, 그리고 1861년 이전에 페로노스포라속(Peronospora)의 생식기관을 발견한 것이 이들의 업적 중에서 이론적으로 더욱 중요하다고 할 수 있다. 1861년에서 1865년 사이에 출판된 세 권의 『선별된 균류의 생식학(*Selecta Fungorum Carpologia*)』은 발달과정을 보여 주는 뛰어난 그림들을 포함하여, 균학의 발전에 크게 기여했다. 한편, 체사티(Cesati)는 누에나방 애벌레의 곰팡이병균(Muscardine)에 관한 연구를, 콘(Cohn)은 놀라운 곰팡이인 필로볼루스(Pilobolus)에 관한 연구를 발표했다.

그러나 균학이 현재의 모습을 갖추게 된 것은 드 바리(Anton de Bary)의 공이 가장 큰데, 그의 저작들은 20년간의 노력의 결실로 일일이 열거하기에는 너무 많은 공간이 필요할 정도다. 이런 까다로운 연구 분야에서 확실한 결과를 이끌어 낼 수 있는 유일한 수단을 정확하게 이해한 드 바리는 관찰 방법을 완성하는 것을 첫 번째 목표로 삼았고, 하등균류의 발달 단계를 자연 서식지에서 찾았을 뿐 아니라, 모든 주의를 기울여 가며 이들을 직접 배양까지 한 끝에 이들의 완전한 발달과정을 얻었다. 이런 방법을 통해 그는 기생균이 건강한 식물과 동물 내부로 침투하며, 이것이 균류가 손상되지 않은 다른 생명체의 조직에서 살아가는 놀라운 사실이라는 것을 증명하는 데 성공했다. 이전까지는 이러한 균류의 기원이 자연 발생 또는 이들의 숙주 세포의 살아 있는 내용물에 기인한다고 추측했다. 프링스하임은 이미 1858년에 매우 단순한 물곰팡이(Pythium)에서 이런 현상을 관찰했다. 드 바리는 침입한 기생균체가 숙주인 식물이나 동물 내부에서 생장하다가 나중에 번식기관을 밖으로 내보내며, 일정 시간이 지나면 균류에게 공격당한 생물체가 병들거나 죽게 된다는 것을 보여 주었다. 그의 이러한 연구들은 생물학자들의 높은 과학적 관심을 끌었을 뿐만 아니라, 농업과 삼림, 심지어 의학에도 매우 중요한 일련의 결과를 가져왔다.

균류가 조류의 경우보다 한 종의 완전한 발달과정을 파악하기가 어려운 주요 이유는 그 발달과정에 무성 번식 과정이 자주 삽입되어 있고, 심지어 어떤 경우에는 발달 단계 일부가 다른 기질(먹이)에서만 완료될 수 있기 때문이었다. 가장 중요한 과제는 다양한 유사 형태로 모습을 드러낼 것으로 생각되는 생식기관을 찾는 것이었다. 드 바리는 1861년에 페로노스포라(Peronosporeae)의 생식기관을 관찰한 후, 1863년에 처음으로 자낭균류(Ascomycete)의 과실체 전체가 균사체의 균사에서 발생하는 유성생식의 결과물임을 증명하는 데 성공했다.

1860년 이후에도 다른 연구자들이 다양한 방향에서 드 바리의 관찰 방법과 그 실제 결과에 기반해 풍부한 균학 문헌들을 쏟아 냈다. 조류의 경우와 마찬가지로, 균류 연구가 궁극적으로 어떤 결과로 이어질지 아직 알 수 없었다. 그러나 엄격한 귀납법의 가장 공정한 결과는, 연구자를 잘못된 방향으로 이끌 수 있는 험난하고 위험한 길을 안전하게 만드는 데 항상 성공함으로써 과학의 가장 엄격한 요구를 충족한다는 것이다. 형태학과 계통식물학에 중요한 결론들은 이미 도출되었으며, 이 중 큰 포자체의 특성과 균류에서 고등 민꽃식물의 세대교번과 유사한 과정의 확립이 특별히 언급될 필요가 있다. 그러나 언급해야 할 가장 중요한 결과가 남아 있다. 그것은 지금까지 엄격하게 구분됐던 조류와 균류 두 분류군이 이제는 분명히 통합되어야 하며, 조류와 균류는 단지 습성만 다른 유형으로 드러나는 것으로 보는 완전히 새로운 분류 방법을 채택해야 한다는 것이다.[47]

여기서 지의류에 대해 몇 가지 언급할 사항이 있다. 지의류는 엽상식물 중에서도 그 특성의 규명이 가장 늦어 현대에 이르러서야 가능했던 분류집단이다. 1850년 이후까지만 해도 지의류의 구조에 관한 지식은 발로트[48]의 1825년 발견에서 별로 진보하지 못했다. 발로트의 발견은, 고니디아(gonidia, 무성생식세포)로 알려진 녹색 세포들이 엽상체를 구성하는 곰팡이 같은 균사 조직 속에 흩어져 있다는 것이다. 1833년 폰 몰의 연구 이후, (자유로운) 포자가 자실체인 자낭반(apothecia)의 관 속에서 형성되며, 엽상체에서 고니디아와 균사가 혼합된 먼지가루가 방출되어 지의류를 번식시킨다는 것이 알려졌다. 엽록소를 지닌 고니디아와 곰팡이 같은 균사의 발생 관계는 오랫동안 불분명했다가, 마침내 1868년 이후 고니디아는 진정한 조류이고 균사 조직은 진정한 균류임이 밝혀짐에 따라, 지의류는 조류, 균류

---

47 작스의 『식물학 교과서(*Lehrbuch der Botanik*)』 4판(1874) 245쪽 참조.

48 Karl Friedrich Wilhelm Wallroth(1792-1857). 하르츠에서 태어남. 노르트하우젠의 지역 의사. 『식물상』(1857) 336쪽 참조.

와 대등한 분류군이 아니라, 먹이인 식물(조류)을 균사로 둘러싸고 있는 자낭균류의 한 분류임이 밝혀졌다. 이 설명을 드 바리가 처음 제안하긴 했지만, 이를 주저 없이 받아들여서 공표한 사람은 슈벤데너(Schwendener)였다. 이는 곧바로 지의류학사들을 곤혹에 빠트렸지만, 편견 없는 사람들이라면 이미 의심의 여지가 없는 사실의 무게가 이들의 반대를 무력화할 것이라고 충분히 예상할 수 있다.

따라서 지난 20년에 걸쳐 엽상식물 분야에서 이루어진 연구는 엽상식물의 본질에 대한 견해에 완전한 혁명을 가져왔으며, 일련의 놀라운 업적들로 식물학을 풍성하게 했다. 이런 움직임은 끝이 나려면 아직도 멀었다. 하등 또는 고등 민꽃식물을 연구해 형태학과 계통식물학이 오래된 편견에서 벗어났고, 관찰에 편견이 없어졌고, 연구 방법들이 더 확실해졌고, 문제를 더 명확하게 인식하고 더 명확한 형태로 제기하게 되었다는 것을 과학 전체의 측면에서 중요한 결과로 여겨야 한다.

2권

식물해부학의 역사 (1671-1860)

서론

고대 시대에 가장 미숙한 관찰자라도 서로 구성이 다른 여러 층으로 이루어진 식물을 그렇지 않은 식물보다 더 완벽한 몸체로 여겼을 것이다. 고대 언어에도 식물의 가장 분명한 해부학적 구성요소, 즉 껍질부(rind), 목질부(wood) 및 속(pith)을 지칭하는 단어가 있다. 속은 보기에 균질하고 물기가 많은 물질로 구성되고, 목질부는 섬유질 물질로 구성되어 있다는 것을 쉽게 인식할 수 있다. 나무류의 껍질은 일부는 막 형태의 층, 일부는 섬유질 및 속과 같은 조직으로 구성되어 있다. 예를 들어 고대에 아마(또는 삼, flax) 줄기의 껍질에서 실을 얻는 과정을 보면, 분리한 껍질을 썩히거나 두들기면 섬유질이 분리된다는 것을 알 수 있다. 아리스토텔레스와 테오프라스투스는 식물체의 이러한 구성요소를 자연스럽게 동물체의 상응하는 구성요소와 비교했는데, 1권에서 이미 말했듯이 체살피노는 스승을 따라 속이 식물에서 정밀고 살이 있는 부분이며 식물 영혼이 자리한 곳으로 간주하고 이 개념을 자신의 형태학과 생리학에 적용했다. 그는 대체로 뿌리에는 속이 없다고 지적했고, 줄기의 목질부에 해당하는 뿌리의 부분은 종종 부드럽고 다육질이라고 말했다. 녹색의 물기 많은 물질과 섬유

띠로 이루어진 잎의 구성은 한눈에 보아도 줄기의 녹색 껍질부와 유사하다고 말했다. 그래서 그는 잎뿐 아니라 꽃덮개(꽃받침, 꽃잎) 또한 줄기의 껍질에서 기원한 것으로 간주했다. 미성숙한 씨앗과 씨방의 부드럽고 물컹한 상태는 이들이 속과의 동질성을 시사하는 것처럼 보였다. 식물에 수액이 있고 또 이것이 식물체 안에서 이동해야 한다는 것은 너무나도 당연했다. 게다가 포도나무의 수액 배출, (고무나무와 같은) 수지성 나무에서의 고무 진액의 배출, 특정 식물의 상처에서 우유 같은 즙이 솟아 나오는 것은 동물 몸의 상처에서의 출혈과 놀랄 만한 유사성을 보여 주기 때문에, 자연스럽게 동물의 혈관처럼 식물 내부도 관을 통해 이러한 즙이 움직일 것으로 생각되었다. 씨앗이 열매에 둘러싸여 있고, 그다음 배아와 떡잎, 배젖이 씨앗에 둘러싸여 있다는 것까지가, 대략 17세기 중반까지의 식물해부학적 지식의 전부라고 할 수 있다.

신중한 시료준비와 숙련된 해부를 통해 적절한 식물 부분을 분석하고, 부식으로 생기는 식물 조직의 변화를 주의 깊게 살펴보았다면, 해부학적 지식은 이전보다 상당히 확장될 수 있었을 것이다. 그러나 '본다는 것'은 배워야 하고 길러져야 하는 기술이다. 명확한 목표와 목적이 있어야 관찰자는 정확하게 볼 수 있고, 본 것들을 정확하게 구별하고 또 서로 연관 짓는 데 도움이 된다. 그러나 이러한 보는 기술은 17세기 중반까지는 크게 발전하지 않았다. 아직 잎이나 줄기의 형태처럼 겉으로 드러난 기관을 구별하는 수준을 넘지 못했다. 1권에서 우리는 꽃과 열매를 구성하는 더 작은 부분을 구별하는 시도가 얼마나 성공적이지 못했는지 보았다.

현미경의 발명은 작은 것을 크게 보이게 했고, 너무 작아서 볼 수 없는 것을 볼 수 있게 했다. 확대경 사용을 통해 다른 이점도 얻었다. 즉, 사람들이 과학적이고 정확하게 보는 법을 깨달았다. 보는 능력이 이렇게 향상되면 객체의 명확한 지점에 주의가 집중된다. 보여지는 것은 분명하지 못할 때가 있고 항상 객체의 일부다. 확대경으로 객체의 일부를 관찰한 뒤 그것을 정신적 시각을 통해 부분과 전체와의 명확한 관계를 구성하기 위해서는, 시신경을 통한 인식에 더해 의식적이고 강도 높은 성찰이 동반되어야 했다. 따라서 현미경으로 무장한 눈은 더 이상 가볍게 객체를 훑는 것이 아니라, 관찰자의 마음에 의해 엄격한 훈련을 받고 체계적인 작업에 종사하는 과학적 도구가 되었다. 철학자 크리스티안 볼프(Christian Wolff)는 1721년에 현미경으로 한번 본 대상은 나중에 맨눈으로도 구별할 수 있다고 말했는데, 정확한 지적이다. 이것은 모든 현미경 사용자의 경험이며, 도구가 눈을 교육하고 훈련시키는 데 효과가 있다는 좋은 예다.

이 놀라운 사실은 다른 방식으로도 나타난다. 우리는 형태학과 계통식물학의 역사에서 식물학자들이 100년 동안 과학적 의미에서 식물 형태의 외형상 명백한 관계를 이해하려는 시도를 거의 하지 않았으며, 더 일반적인 관점에서 고려하지 않았다는 것을 보았다. 융(Jung)은 처음으로 그의 눈앞에 펼쳐진 식물의 형태학적 관계를 체계적으로 성찰한 사람이었고, 이 분야의 식물학이 과학적이고 체계적인 방식으로 다시 다뤄지기 시작한 것은 우리 시대 후반기였다. 계속 식물학에 종사해 온 사람들이 식물의 외부 형태에 대한 숙련된 통찰력을 얻기까지 진전이 더뎠던 이유는 (현미경의 도움이 없었던) 눈이 객체의 형태를 너무 성급하게 훑어보면서 관찰자의 주의력이 해방 만났기 때문이다. 이와는 대조적으로, 17세기 후반에 현미경을 처음으로 사용한 로버트 후크(Robert Hooke), 말피기(Malpighi), 그루(Grew), 레이우엔훅(Leeuwenhoek)은 관찰한 대상에 성찰력을 진지하게 적용하려 노력했으며, 그 진정한 본질을 밝혀내어 그들의 구성 비밀을 설명하려고 했다. 이 시기 계통학자들이 식물 형태의 관계에 대해 한 말과 저술을 비교하면, 이들의 관찰 내용이 얼마나 우월한 지적 가치를 갖는지 알 수 있다. 이런 차이는 말피기와 그루가 꽃과 열매의 구조에 관해 말한 것들을 같은 주제에 대해 투르네포르, 바흐만, 린네가 기술한 것들과 비교해 볼 때 가장 두드러진다.

하지만 관찰자가 현미경으로 정신 능력을 향상시키려면 오랜 연습이 필요하다. 최고의 현미경도 손이 미숙하면 곧 지루한 장난감이 된다. 식물해부학 연구의 진보가 단순히 현미경의 완성에 의존했다고 생각하면 큰 오해다. 현미경의 확대 능력이 향상되고 시야가 밝고 명료해짐에 따라 해부학적 대상에 대한 인식이 더욱 명확해지는 것은 분명하지만, 이들 자체만으로는 실제 지식에 큰 도움이 되지 않는다. 모든 과학에서 그러하듯 식물의 구조를 조사하는 것은 감각의 눈으로 본 대상에 대해 마음으로 작업해야 하며, 중요한 것과 중요하지 않은 것을 구분하고, 여러 인식 간의 논리적 연결을 발견하고, 조사에 뚜렷한 목표를 설정해야 한다. 식물해부학자의 목표는, 식물의 내부 구조에 대한 개념을 그 모든 관계와 함께 명확하게 이해함으로써 완전한 상세함과 완벽하게 명료한 감각 인식을 갖고 상상력을 통해 언제든지 재현할 수 있는 것이어야 한다. 이 목표를 달성하는 것은 쉽지 않다. 왜냐하면 현미경의 배율이 높아질수록 전체 대상에서 보여 주는 부분이 작아지기 때문이다. 숙련되고 사려 깊은 시료의 준비, 다양한 조합의 서로 다른 관찰대상, 그리고 오랜 연습이 필요하다. 식물해부학의 역사는 독립적인 관찰들을 서로 묶고, 조각조각 본 것을 명확하고 연결된 결과물로 만드는 것이 얼마나 어려운 작업인지를 보여 준다.

현미경이 점차 개선되는 것만으로 식물해부학이 발전하지는 않았다. 불완전한 현미경 사용을 통해 현미경 해부학의 진보가 점차 이루어지면서 현미경 성능을 개선하려는 동기가 더욱 강해졌다. 현미경을 실제 사용하는 사람들만이 어디에 기존 기구의 결함이 있는지 알 수 있었다. 그들은 현미경 사용의 난해함과 나쁜 광학적 성능에 대한 불만을 끊임없이 표출했다. 특히 지난 세기말에서 현 세기초 사이에 이러한 불만이 격해짐에 따라 광학사들이 더 완벽한 현미경을 만들려고 노력하게 되었다. 게다가 현미경 사용자들 스스로가 기기를 본질적으로 개선하기도 했다. 예를 들어, 로버트 후크는 1760년에 과학적 관찰에 편리한 형태의 복합현미경을 처음으로 개발했고, 레이우엔훅은 단순현미경의 능력을 최고 수준까지 발전시켰다. 아미치(Amici)는 현대 현미경의 완성도를 높이는 데 큰 공헌을 했다. 또한 폰 몰(von Mohl)의 이름도 여기서 빼놓을 수 없다. 그는 개선된 현미경 측정 방법을 발명했으며, 그의 작품 『미세조직학(*Mikrographie*)』(1846)에서 광학사들에게 현미경 구조에 관한 많은 실용적인 조언을 제공했다.

그러므로 식물해부학의 가장 중요한 발전이 현미경의 역사와 수동적으로 연결되어 있다고 보는 것은 적절하지 않다. 식물해부학의 발전은 식물학의 다른 분야에서처럼 이 분야의 논리적 필요성에 의해 결정되었다. 마찬가지로 우리는 일련의 연구자들이 추구한 대상에 초점을 맞춰야 한다. 이를 위해 식물해부학의 역사를 돌아보면, 17세기 후반의 창시자인 말피기와 그루는 주로 식물의 구조에 있어서 세포와 섬유성 요소 간의 연결성을 결정하는 데 주력했다. 처음부터 두 가지 기본 조직 형태가 전제되었다. 즉, 하나는 방 또는 관 모양의 물기 많은 세포 조직이고 다른 하나는 이와 대조되는 길게 뻗은 보통 섬유성 또는 관성의 기본 기관인데, 양 끝이 열린 관 모양과 닫힌 섬유를 구별하는 건 애매했다. 이 시기의 특징은, 보다 섬세한 구조에 대한 관찰이 기본 기관의 기능에 대한 고찰과 밀접하게 얽혀 해부학과 생리학이 서로 도움을 주면서도, 둘 다 불완전함으로 인해 서로 피해를 주기도 했다는 것이다. 그러나 최초의 식물해부학자들에게는 생리학적 이해가 해부학적 이해보다 훨씬 더 중요했으며, 그들은 생리학의 목적을 위해 해부학적 연구를 이용했다.

18세기에는 현미경의 불완전함으로 인해 해부학 연구는 그 동력이 약해졌고, 결국 생리학에 보조적인 것으로 간주되었다. 생리학은 헤일즈(Hales)의 손에서 해부학의 도움 없이 중요한 발전을 이루었고, 18세기 말에는 잉엔하우스(Ingenhousz)와 세네비에(Senebier)의 연구를 통해 더욱 발전했다. 이로 인해 식물해부학에 대한 관심이 거의 사라졌다. 18세기에는 말피기와 그루의 연구성과에서 더 나아가질 못했을 뿐만 아니라, 외려 이들의 연구를 제대로 이해하지도 못 하는 상황이었다.

그렇지만 18세기 말에 현미경이 다시 유행했고, 복합 현미경이 좀 더 편리해지면서 조작하기 쉬워졌다. 헤드비히(Hedwig)는 이끼류와 같은 작은 식물의 구조를 현미경으로 밝혔으며, 고등식물에서 세포 조직과 관다발의 구조를 조사하기도 했다. 그러다 금세기 초에 식물해부학에 대한 관심이 갑자기 다시 높아졌다. 프랑스의 미르벨(Mirbel)과 독일의 슈프렝겔(Kurt Sprengel)은 식물의 현미경적 구조를 다시 한 번 진지한 조사 대상으로 삼았다. 처음에 이 두 사람의 연구성과는 매우 미약했고 모순투성이였다. 그 후 몇 년 동안 세포, 섬유 및 도관의 본질에 대한 논쟁이 격렬해지면서, 많은 독일 식물학자들이 이에 참여하게 되었다. 1804년에 괴팅겐 학술원이 이 논쟁에 대한 최우수 논문에 상금을 걸면서 식물해부학 전반에 다시 생명력이 불어

넣어졌다. 링크(Link), 루돌피(Rudolphi)와 트레비라누스(Treviranus)가 이 경쟁에 참여했으며, 베른하르디(Bernhardi)는 식물에서 도관(vessels)의 특성에 관한 개인 연구를 수행했다. 이로 인해 식물해부학에 관한 관심이 새로운 역동성을 얻었고, 이 분야의 연구가 활발해졌다.

하지만 이런 방식으로 얻은 것은 그리 많지 않았다. 사람들은 다시 처음부터 시작했고, 130년이 지난 후에도 모든 사람이 여전히 말피기와 그루의 권위에 의존하고 있었다. 그러나 이때부터 논의되는 문제들은 대체로 이전 것들과는 다른 것들이었다. 말피기, 그루 및 레이우엔훅은 주로 서로 다른 조직들의 연결성을 연구하고자 한 반면, 현대의 연구자들은 주로 다양한 조직 자체의 더 섬세한 구조를 더 명확히 이해하려 했으며, 유조직의 진정한 세포 구조와 도관과 섬유의 본질을 알고자 했다. 이런 노력은 처음에 진전이 매우 느렸는데, 이는 현미경의 불완전함과 더불어 매우 서툴게 준비된 시료, 다양한 편견의 영향, 그리고 지적 노력의 부족 때문이었다. 그러나 1812년에 젊은 몰덴하버(Moldenhawer)가 쓴 포괄적인 작품은 상당한 진전을 이루어 냈다. 관찰대상을 세심히 제대로 준비했다는 것과 저자 자신의 관찰과 다른 사람들이 쓴 것을 비판적으로 검토했다는 것이 이 작품의 특징이다. 사실 이 작품은 식물해부학을 엄격한 과학적 기준으로 새롭게 시작한 것이라고 할 수 있다. 이로 인해 식물해부학 연구가 발전하기 시작했고, 그 후로도 지속적인 발전을 이어갔다. 1828년 이후 폰 몰이 몰덴하버의 작업을 이어나갔고, 마이엔(Meyen) 역시 이때 식물해부학에 몰두했다. 그러나 1840년까지 이어진 식물해부학 연구에서는 주로 폰 몰의 기여가 결정적이었다고 할 수 있다. 폰 몰의 성과는 초기(1800-1840)엔 미약했다가 나중에 중요한 발전을 이뤘지만, 연구주제들은 본질적으로 같았기 때문에 한꺼번에 살펴보도록 하자. 미르벨과 트레비라누스처럼, 몰덴하버와 마이엔, 폰 몰은 1840년까지 주로 성숙한 식물에서 단단한 셀룰로스(cellulose) 골격의 본질이 무엇인지, 두 개의 세포 사이에 세포막(벽)이 하나인지 또는 둘인지, 벽공(壁孔, pit)과 구멍(pore)은 정확히 무엇인지, 그리고 다양한 형태의 섬유와 도관을 연구했다. 이러한 노력이 가져온 중대한 결과는 식물의 모든 기본 기관들이 닫힌 (즉, 세포벽과 세포막으로 둘러싸인) 세포라는 한 기본 형태에서 유래한다는 사실을 확립했다는 것이며, 섬유는 단지 길게 자란 세포일 뿐이지만, 진정한 도관은 열을 지어 배열하여 서로 자유롭게 통하는 세포들로 이루어져 있다는 발견이다.

1840년 이전의 식물해부학자들, 특히 폰 몰은 발달과정과 관련된 여러 상황에 주목했고, 1830년과 1840년 사이에 폰 몰과 미르벨이 다양한 세포의 형성에 관한 개별 사례들을 기술했다. 이들은 성숙한 조직의 구조를 제대로 이해하는 데 더 큰 관심이 있었고, 해부학의 핵심과제가 아니더라도 기능이 해부학적 구조와 관련되는 한 생리학적 질문들도 여전히 중요했다. 그러나 슐라이덴과 네겔리(Nägeli)의 연구를 거치면서 발달과정에 관한 문제와 순수 형태학적 조사가 식물해부학에서 압도적으로 중요해졌다. 특히 식물세포의 첫 시작점과 생장이 이제부터 논의할 주제다. 슐라이덴은 이미 1840년 이전에 세포 형성에 관한 이론을 제시했는데, 그는 너무 적은 수의 부정확한 관찰에 기반함으로써 식물계에서 모든 세포 형성 과정을 단일 형태로 환원시키는 오류를 범했다. 이 이론은 식물학계에서 많은 관심을 끌었지만, 이미 알려진 사실들과 쉽게 화합할 수 없었다. 그러다 1846년에 네겔리가 이 이론을 완전히 반박하는데, 여기서 네겔리는 심오하고 광범위한 조사에 기반하여 다양한 종류의 식물세포 형성 과정을 제시했다.

이러한 세포 형성에 관한 연구는 세포-조직이라는 고정 틀에만 몰두하던 관찰자들의 관심을 자연스럽게 세포의 내용물로 돌렸다. 로버트 브라운은 이미 세포핵을 발견했다. 슐라이덴은 핵이 세포 안에 항상 존재한다는 것을 인식했지만, 세포 형성과의 관계를 잘못 이해했다. 이어서 네겔리와 폰 몰은 식물세포의 가장 중요한 구성요소인 원형질의 고유한 특성을 보여 주었는데, 특히 세포의 기원에서 원형질이 차지하는 중요한 부분을 입증했다. 1855년 웅거는 식물세포의 원형질과 단순한 동물의 원형질(sarkode=flesh-like)의 큰 유사성에 주목했다.

이 발견은 이후 변형균류(Myxomycetes)의 행동을 관찰하면서 주목받았고, 1860년 이후 동물학자들과 식물해부학자들은 원형질이 식물과 동물을 포함한 모든 생물의 발달에서 근간이 된다는 결론에 이르렀다. 그러나 식물해부학자에 의한 발달과정 연구가 새로운 관점과 결과로 이어지는 또 다른 계기가 있었다. 1권 끝에서 네겔리가 1844년 이후 기관의 생장에서 세포분열의 연속성을 형태학의 기초로 삼았으며, 이를 토대로 민꽃식물들의 내부 구조를 어떻게 밝혀냈는지를 이미 살펴봤다. 또한 호프마이스터가 배아 발달 연구를 통해 거둔 탁월한 결과도 언급했다. 여기서는 1850년 이후에 다양한 조직 형태, 특히 관다발의 발달과정이 어떻게 연구되었는지, 그리고 식물학이 어떻게 잎과 줄기, 새로운 싹과 모체 싹, 일차 및 이차 뿌리의 내부 조직학적 연결을 성공적으로 설명했는지 보여 줄 것이다. 그리고 무엇보다 두께 방향으로의 후속 생장(이차 또는 부피생장)을 올바르게 이해하고, 이로 인해 목질부와 이차 껍질의 진정한 형성 방식을 배우게 될 것이다.

따라서 이번 장의 과제는 지금까지 언급된 주요 내용들을 포함한 식물해부학의 역사에 대한 보다 상세한 설명을 제공하는 것이다.

1장

말피기와 그루의 식물해부학
(1671-1682)

식물의 물질적 구조를 이해하는 것이 목표인 식물해부학을 뒷받침하는 것은 세포 구조에 관한 지식이다. 이 사실을 처음 인식한 사람은 **로버트 후크**[1]로 그가 런던에서 출간한 방대한 작품 『미세조직학 또는 확대경으로 관찰한 미세한 물체들의 생리학적 설명』[2]에서 그런 인식을 볼 수 있다. 이 놀라운 책을 쓴 후크는 식물학자가 아니라, 17세기의 전형적인 자연탐색가(박물학자)였다. 그는 수학자, 화학자, 물리학자이자 훌륭한 기계공학자였으며, 나중에는 건축가이기도 했고, 또한 당시 떠오르고 있던 새로운 학파의 철학자였다. 그는 다방면의 많은 발견을 한 것 외에도 복합현미경을 상당히 개선하여 1660년부터는 고배율의 꽤 명확한 상을 얻는 것이 가능해졌다. 이 현미경으로

---

1 Robert Hooke. 1635년 와이트섬의 프레시워터에서 태어남. 연약한 체질에도 불구하고 엄청나게 근면했으며 다양한 지식을 갖춘 인물이었다. 1662년에 왕립학회 회원이 되었고, 나중에 이 학회의 사무총장 및 그레샴 대학의 교수를 역임하다 1703년에 사망했다. de l'Aulnaye의 『세계 전기(*Biographie Universelle*)』에 그에 관한 자세한 소개가 있다.

2 [원제] *Micrographia or some physiological descriptions of minute bodies made by magnifying glasses*

1661년 헨쇼(Henshaw)가 호두나무의 목질부에서 도관을 발견했다고 하지만, 이는 여기서 다룰 만큼 중요한 사실은 아니다. 후크는 자신이 개선한 현미경이 얼마나 많은 것을 보여 줄 수 있는지 기대가 컸다. 귀납법의 추종자로서 그는 모든 지식의 근간인 감각적 인식을 완벽하게 만들고 싶어 했다. 이러한 마음으로 그는 모든 종류의 물체를 그의 현미경으로 들여다봤고, 맨눈으로 인식할 수 없는 것이 얼마나 많은지를 알게 되었다. 후크의 『미세조직학』은 당시 다양한 논란거리에 대한 관찰을 기록한 것이기 때문에 식물해부학에 초점을 맞춘 책은 아니다. 식물의 물질적 구조는 잎에 기생하는 곰팡이의 발견이나 다른 비슷한 문제와 마찬가지로 부수적으로 언급되었다. 후크가 식물의 구조에 대해서는 그리 많이 본 것은 아니지만, 그가 관찰한 것들은 참신했고 전체적으로 봤을 때 긍정적으로 평가되었다.

후크에 의한 세포의 발견

그는 현미경으로 숯을 관찰하다 식물의 세포 구조를 발견했는데, 이후에 코르크나 기타 조직도 관찰을 시도했다. 그는 얇은 코르크 조각이 직사광에 따른 검은 배경에서 벌집처럼 보인다고 말했다. 그는 빈 공간(구멍)과 이들을 나누는 벽(세포벽)을 구별한 다음, 그 빈 공간을 '세포(cell)'라고 불렀다. 코르크의 세포들이 열을 지어 배열해 있었기 때문에 그는 길게 자란 빈 공간이 분할된 다음 격막으로 각각 분리된 것으로 생각했다. 그는 이것들이 최초로 관찰된 (현미경적) 미세 구멍이며, 식물의 세포 공간을 (최근의 물리학 교과서들에서 말하는) 물질이 지닌 다공성의 예로 간주했다. 후크는 자신의 발견을 코르크의 물리적 특성을 설명하는 데 사용했다. 그는 1제곱 인치에 대략 12억 개의 구멍이 있다고 추정했다. 그는 이 관찰에서 또 다른 식물학적 결론도 도출해 냈다. 그는 코르크의 구조가 나무껍질에서 자라난 것이어야 함을 추론하고, 이를 뒷받침하는 증거로 존스턴(Johnston)의 말을 인용했다. 이런 걸 보면, 영국의 지식인들은 코르크가 나무껍질의 일부라는 사실을 알지 못했던 것 같다. 이후 후크는 이러한 방식의 구조가 코르크에만 국한되지 않는다고 말한다. 그는 다른 나무들의 속(pith)과 회향(fennel), 산토끼꽃(teasel), 갈대(reed)와 같은 식물에서 속 빈 줄기의 살을 관찰했을 때, 코르크에서처럼 세포가 가로로 배열되지 않고 세로 방향으로 배열된 유사한 구조를 발견했다. 그는 세포 사이에 교통이 일어나는 통로를 관찰하진 못했지만 이들이 존재해야만 한다고 말하는데, 그 명백한 이유는 영양액이 한 세포에서 다른 세포로 흘러가야 하기 때문이다. 나무의 긴 구멍이 그런 것처럼 살아 있는 식물의 세포가 수액으로 채워져 있다는 발견도 또 다른 이유였다. 반면 숯이 된 목재에서는 이들이 수액 대신 공기로 채워져 있다.

분명한 것은 후크가 자신이 개선한 현미경으로 관찰한 것이 많지 않다는 것이다. 그 당시 정원에서 흔히 자라던 봉숭아나 조롱박 줄기의 얇은 단편에서 맨눈으로도 많은 식물 구조를 볼 수 있었을 것이다. 흥미로운 점은 현미경 관찰이 맨눈을 이용한 관찰에도 영향을 미쳤다는 것이다. 즉 새로운 현미경의 성능이 향상됨에 따라 그전에 관찰해 본 적이 없지만 현미경 없이도 볼 수 있는 것들에 관심이 가게 되었다.

식물해부학의 창시자들, 말피기와 그루

후크의 『미세조직학』이 발간되던 즈음에 말피기와 그루가 식물의 구조를 자세하고 체계적으로 조사한 결과를 1671년 거의 동시에 런던 왕립학회에 제출했다. 제출의 우선순위는 논란이 거듭되었지만 사실은 분명해 보인다. 말피기의 방대한 작품 『식물해부학의 개념(*Anatomes plantarum idea*)』의 첫 부분은 나중에 출간되었지만, 날짜 표시가 1671년 11월 1일 볼로냐로 되어 있다. 그리고 1677년부터 왕립학회 사무총장으로 근무한 그루는 자신의 1682년 해부학 작품의 서론에서 말피기가 1671년 12월 7일에 학회에 그의 작품을 제출했다고 말하고 있는데, 같은 날짜에 그루가 그해 5월 11일 투고한 논문인 〈식물해부학 기초(The Anatomy of plantes begun)〉가 출판되었다.

그러나 이러한 날짜들은 두 사람의 더 큰 작품들이 출간된 날짜가 아니라, 그들이 그때까지 수행한 연구의 요약이 포함된 예비 교신이 발표된 날짜들에 불과하다. 더욱 상세하고 완성도 있는 논문들은 이후에 출간되었으며, 예비 교신들은 나중 작품의 첫 부분과 서론 일부를 구성했다. 말피기는 더 긴 논문을 1674년에 학회에 제출했고, 그루는 1672년부터 1682년 사이에 식물해부학의 다양한 부분에 관한 일련의 논문을 발표했다. 이러한 논문들은 그의 첫 번째 교신과 함께 1682년에 『식물의 해부(*The anatomie of plantes*)』라는 제목의 2절판 책으로 출간되었다. 따라서 그루는 나중의 작품에서 말피기의 아이디어를 활용할 기회가 있었던 것으로 보인다. 그루는 실제로 그렇게 했는데, 우선순위 문제와 관련해서 중요한 점은 그루가 말피기의 작품을 활용할 때 명확히 인용했다는 것이다. 이것만으로도 슐라이덴이 『기초(*Grundzüge*)』(1845) 1권 207쪽에서 그루를 심하게 비난한 것은 철회되어야 마땅하다.

말피기와 그루의 역작을 직접 읽지 않고 나중의 식물해부학자들의 인용문을 통해서만 알고 있는 사람들은 이러한 식물해부학의 창시자들이 지금 우리가 알고 있는 세포 이론을 발견했다고 쉽게 상상할 수 있으나 실제론 그렇지 않다. 이들의 작품은 현대의 식물해부학

서술과는 매우 다르다. 현대의 해부학자들은 식물 구조를 설명할 때 세포 개념에서 시작하여 세포가 조직 덩어리로 연결되는 것을 다룬다. 반대로 식물해부학의 창시자들은 자연스럽게 먼저 포괄적인 해부학적 요소를 고려하는데, 그들은 주로 쌍떡잎 목본식물의 껍질부, 인피,[3] 목질부를 설명하고, 뿌리, 줄기, 잎, 열매의 조직학적 차이를 더 넓은 관계에서 다루며, 맨눈에 보이는 한도 내에서 싹, 꽃, 열매, 씨앗의 세부구조 대부분을 조사한다. 이런 덜 상세한 해부학을 보충해서 섬세한 구조들이 뒤이어 논의되는데 이들은 항상 서로 밀접한 연관성이 있다. 섬유성 조직이 즙이 많은 유조직과 어떻게 연결되는지가 중요한 고려사항이며, 세포, 섬유, 도관의 특성과 같은 문제들은 우연히 언급되거나 논의가 전개되는 과정에서 좀 더 길게 다룬다.

조사하거나 설명하는 방식에 있어서, 이들은 주로 분석적이지만 현대 식물해부학 개요서에서는 기본적으로 통합적이다. 이런 해부학 창시자들의 방식을 따르면 지금 우리가 근본적으로 중요하다고 여기는 문제들은 다소 중요하지 않게 다루어지거나 외면당하기 십상이다. 따라서 이들의 업적을 판단할 때, 더 발전한 현재의 과학 지식이 요구하는 관점에서 그들의 작품을 바라보면 안 된다. 그들의 작품 가치를 현대 세포 이론과 얼마나 일치하는지를 기준으로 평가하는 것도 완전히 잘못된 생각이다. 두 사람 모두 현미경이 드러낸 새로운 세계에서 해야 할 일을 충분히 했다. 지금은 사소해 보이는 많은 문제가 그때 처음으로 해결됐어야 했고, 두 사람의 주요 업적은 바로 식물의 해부학적 구조의 대략적인 관계를 최초로 이해하려는 노력에 있다. 현대 식물해부학 서적들이 이러한 부분에서 대체로 매우 미흡하기

3 [역주] 韌皮, bast, 체관부.

때문에, 초보자들은 이들의 작품을 공부할 필요가 있다. 한편, 우리는 말피기와 그루가 더 세부적인 해부학, 특히 식물세포막(벽)[4]의 고형 구조 특성에 관해 말한 것을 과소평가해서는 안 된다. 비록 미흡하고 거칠지만, 그들의 견해는 이후 100년 이상 세포 구조에 관해 알려진 모든 것의 기초가 되었다. 금세기 초 식물해부학이 새로운 길을 열어 갈 때, 말피기와 그루가 세포 사이의 연결과 섬유 및 도관의 구조에 관해 산발적으로 언급한 것들이 후기 식물해부학자들에 의해 받아들여지고 이들의 연구로 이어졌다.

여기서 언급된 말피기와 그루의 견해는 대체로 일치했지만, 두 사람의 스타일과 방식은 매우 달랐다. 말피기는 직접 관찰할 수 있는 대상에 더 집중한 반면, 그루는 관찰에 다양한 이론적 논의를 덧붙이길 좋아했으며, 특히 현미경으로 볼 수 있는 한계를 넘어 추론하는 방식을 추구했다. 말피기의 설명은 거장의 스케치처럼 읽히고, 그루의 설명은 과할 정도로 엄청난 주의를 기울인 정교한 작품처럼 보인다. 말피기는 더 뛰어난 형식적 세련미를 보여 주고, 문제들을 가볍고 암시적이며 거의 대화투로 다룬다. 한편, 그루는 새로운 과학을 철저히 연구된 학문체계로 환원하고, 화학, 물리학, 그리고 무엇보다도 데카르트 철학과 연결하려고 노력했다. 말피기는 당대 가장 유명한 의사, 동물해부학자 중 한 명이었으며, 앞선 동물해부학의 관점에서 식물해부학을 다루었다. 그루 역시 동물해부학에 가끔 관심을 기울였지만 그는 전문적인 식물해부학자였으며, 특히 1688년 이후에는 완전히 식물 구조 연구에만 몰두했다. 이 노력은 미르벨과 폰 몰 이전에 누구하고도 비교할 수 없는 공헌이었다.

---

4 [역주] 원문에서 'cell-membrane'으로 표기되었지만, 'cell wall(세포벽)'을 의미함.

17세기 의학에서 인체해부학은 생리학과 밀접하게 연관되어 있었으며 후자는 아직 별개의 학문으로 다루어지지 않았기 때문에, 식물해부학의 창시자들은 자연스럽게 기관의 구조 연구를 그 기능에 대한 생리학적 생각과 결부시켰다. 따라서 수액의 움직임과 영양분에 대한 고려가 모든 해부학적 연구의 최전선에 나타난다. 현미경으로 볼 수 없는 구조의 관계는 생리학적 근거에 따라 가설적으로 가정되었지만, 당시 식물기관의 기능에 관해 알려진 지식은 희박했다. 따라서 식물과 동물의 유사점에 의지하면서 처음으로 식물생리학이 큰 동력을 얻었지만, 동시에 해부학자를 종종 오도하는 많은 오류가 발생하기도 했다. 식물해부학이 생리학, 즉 기관의 기능 연구로부터 분리된 바람직하지 않은 현재의 상황에서, 과학의 역사에서 획기적 변화를 가져온 두 책의 내용을 간단하게 설명한다는 것은 불가능에 가깝다. 여기서는 그 뒤 식물해부학의 발전과 연관된 몇 가지 주요 관점만을 언급할 수밖에 없다. 하지만 이 중 일부는 말피기와 그루의 주요 관심사가 아니라서 논제로 삼는 게 그들에게 다소 부당할지도 모르겠다. 본서 3권에서 그들의 생리학적 연구를 다시 언급하겠지만, 여기서는 식물의 구조적 관계에 관한 것만 다루겠다.

말피기의 식물해부학

마르첼로 말피기[5]의 식물해부학 작품은 『식물의 해부학(*Anatome*

---

5 Marcello Malpighi. 1628년 볼로나 근처의 크레바쿠오레에서 태어나 1653년에 의학박사가 되었고, 1656년 이후부터 볼로냐, 피사, 메시나, 그리고 다시 볼로냐에서 교수를 역임했다. 1691년에 이노센트 7세의 주치의가 되었다. 비교해부학과 인체해부학에 관한 그의 업적에 대해서는 『세계의 전기(*Biographie Universelle*)』와 Carus의 *Geschichte der Zoologie* 395쪽을 참고하시오.

마르첼로 말피기

Plantarum)』이라는 제목으로 출판되었는데, 여기에는 부화 과정 중인 계란에 관한 논문도 함께 실렸다(1675). 책의 식물해부학 부분은 두 개의 주요 부분으로 나뉜다. 첫 번째 부분인 '식물해부학의 개념(Anatomes Plantarum idea)'은 앞서 언급한 바와 같이 1671년에 완성되었으며, 2절지 14쪽 반에 걸쳐 식물기관의 구조와 기능에 관한 말피기의 견해를 요약, 개괄하고 있다. 두 번째 부분은 첫 번째 부분에서 제시된 견해를 수많은 예시와 동판화로 상세하게 설명한다. 저자의 견해를 첫 번째 부분 위주로 살펴보는 것이 이 책의 목적에 가장 적합할 것이다.

그는 줄기의 해부학에 대한 언급으로 시작하며, 가장 먼저 눈에 띄는 껍질부터 다룬다. 맨 바깥 부분인 외피[6]는 수평으로 배열된 소포(세포)[7]들로 구성되어 있다. 이것들은 시간이 지남에 따라 죽고 삭아서 때로는 건조한 표피를 형성한다. 표피를 제거하면 목질의 섬유층이 하나씩 드러나며, 이 층들은 보통 망 형태를 이루어 서로 겹쳐 있고 줄기의 길이 방향으로 배열한다. 이 섬유 다발은 수많은 섬유로 구성되어 있으며, 각각의 단일 섬유 관은 서로 연결되어 있다(quaelibet fibra insignis fistulis invicem hiantibus constat). 이러한 망 구조 사이의 공간은 대개 목질부 쪽으로 수평 방향으로 배열한 원형의 관으로 채워져 있다. 나무껍질을 제거하면 주로 길게 뻗은 섬유들과 관들로 구성된 목

6 [역주] 말피기는 'cuticle'이라고 부름.

7 [역주] 작은 세포들을 '소포(utricles 또는 sacs)'로 표현함.

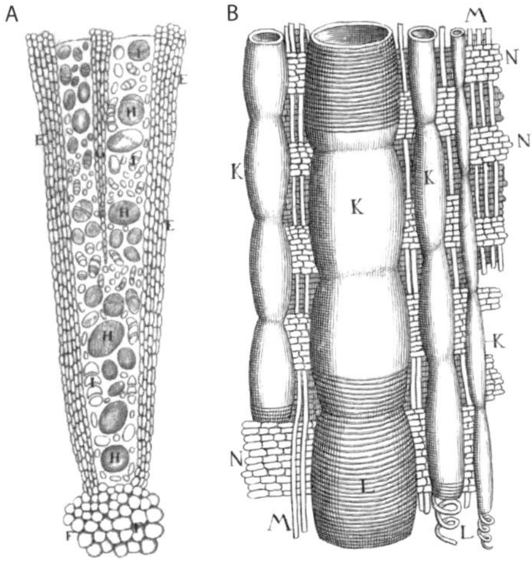

나무 줄기의 횡단면(A)과 종단면(B)에서 보이는 도관의 배열과 구조. E, 섬유 다발; F, 속; H, 나선형 도관; I, 타원형 또는 각진 가도관, K, 다른 크기의 나선형 도관; L, (은접시처럼) 나선이 쌓이거나 풀린 모양; M, 목질 섬유; N, 가로로 배열한 세포들 (말피기, *Anatome Plantarum*, 1675, Tab. v, 19[A], 21[B])

질부가 나타나며, 서로 인접한 고리 또는 소포들이 줄기의 길이 방향으로 배열된다. 목질부의 섬유들도 서로 나란히 배열하지 않고, 서로 어긋나게 그물 모양으로 연결된 공간을 형성한다. 이 공간에서 큰 것들은 나무껍질에서부터 이 공간을 거쳐 중심의 속(pith)까지 뻗어 있는 관다발들로 채워져 있다. 목질부에서 섬유들과 관다발 사이에는 '나선형 관(spirales fistulae)'이 있다. 이들은 수는 적지만 크기가 더 크기 때문에 줄기의 단면에서 열린 구멍으로 보인다. 이들은 목질부의 다양한 위치에 존재하지만, 대부분은 동심원을 이루고 있다. 말피기는 10년간의 조사(1661년부터)를 통해 모든 식물에서 이러한 나선형 관을 발견했다고 말한다. 그루는 그의 책 서론에서 이 발견의 우선권이 말피기에게 있다고 인정했다. 그러나 이 관에 대한 말피기의 생각은 매우 불분명했고,[8] 이는 후대 연구자들의 오해와 중대한 오류를 초래

8 그의 책 3쪽에 다음과 같이 기술되어 있다. "열린 나선형 관들(나선)은 얇고

했다. 말피기는 이 관에서 연동운동을 관찰했다고 생각했는데, 이는 금세기 초에 자연철학자들이 특히 좋아하는 착각 중 하나였다.

말피기는 무화과나무(Ficus), 쿠프레수스(Cupressus, 측백나무과의 속) 등의 식물에서 섬유 다발, 가도관 외에도 우윳빛 수액이 나오는 여러 관들을 관찰하고 나서, 다른 식물 줄기의 목질부에서도 마찬가지로 우윳빛 수액, 테르펜, 고무액 같은 물질이 지나가는 특수한 관이 존재할 수 있다고 결론지었다.

이런 것들이 말피기가 관찰한 식물의 기본 기관이다. 말피기는 이어서 줄기의 조직학을 언급하는데, 한 실수가 곧바로 눈에 띈다. 이는 말피기를 추종한 18세기와 19세기 초 식물해부학자들에까지 영향을 미친 이론이었다. 즉, 줄기 목질부의 어린 층은 나무껍질의 가장 안쪽 층(2차 인피층)이 주기적으로 변형하면서 발생한다는 이론이다. (목질부의) 변재(邊材)[9] 부분이 밝은 색조의 부드러운 섬유질로 보이기 때문에 말피기는 이런 실수를 범한 것 같다. 이 부분에서 점차 나선형 관이 형성되고, 재질이 더 단단하고 조밀해지면 나중에 진정한 목재가 된다.

줄기의 중심에는 속이 자리 잡고 있는데, 말피기에 따르면 속은 '길이 방향으로 배열한 구형들(multiplici globulorum ordine)'로 구성되며, 호두, 양딱총나무 등의 나무에서는 막으로 싸인 관으로 구성된다. 그는 또한 양딱총나무의 속에서 우유빛 수액 도관을 언급한다. 다양한

투명하며, 마치 은색처럼 보이는 넓지 않은 판으로 구성되어 있으며, 나선형으로 배치되어 양쪽 끝이 연결되어 내부와 외부가 다소 거친 관을 형성한다. 게다가 이 나선형 띠를 떼어 내도 (동물의) 기관지에서처럼 수많은 별개의 고리로 해체되지 않고, 하나의 띠가 길게 풀리고 늘어나는 방식으로 추출된다."

9 [역주] 물의 수송이 일어나는 목질부의 가장 바깥층(= sapwood).

사항들이 있지만 생략하고, 말피기가 어린싹의 조직층과 모체 줄기와의 연결을 인지했으며, 잎과 줄기 축의 동일한 구조적 연속성도 매우 명백히 주목했음을 알아둘 필요가 있다. 그다음에 그는 열매와 종자의 해부학적 관계, 종자 안에 있는 배아의 존재 및 구조를 간략하게 언급한 다음 뿌리로 넘어간다. "나무의 뿌리는 줄기의 일부인데 가지를 쳐나가다가 결국 가는 실 모양으로 끝난다. 따라서 나무는 땅속에서는 서로 떨어져 있다가 점차 다발로 모이는 세밀한 관들의 집합체라고 할 수 있다. 이러한 다발은 이후에 다른 더 큰 다발과 합쳐지고 끝내 모두 하나로 합쳐져 줄기를 형성한다. 이제 줄기의 반대쪽 끝에서 다시 관이 분리되어 가지로 뻗어 나가고, 점차 큰 것에서 작은 것으로 계속 나뉘어 결국 잎으로 끝이 난다." 이 모든 설명의 결론은 다양한 조직이 식물의 영양 공급에서 하는 역할과 주로 관련되어 있다.

1674년에 출판된 두 번째 부분에서는 다양한 종류의 줄기 조직들이 더 자세히 논의된다. 여기에는 정말 좋은 내용도 많지만, 동시에 당시 현미경 성능이 좋지 않았다는 것만으로는 설명할 수 없는 부족한 부분도 많다. 껍질부, 목질부, 속의 더 분명한 해부학적 관계를 알아내려고 노력하는 방식은 매우 탁월했으며, 껍질부와 목질부에서 세로 방향으로 배열한 도관과 목질 섬유를 가로 방향으로 배열한 1기 방사조직(medullary rays)[10] 그리고 '은빛 입자'와 연결한 것도 훌륭했다. 그의 그림을 보면 상당히 높은 배율을 사용했을 것 같다. 그림에서 완전하지 못한 부분이 시야의 불분명함 때문인지, 정확하지 않은 관찰 때문인지는 알 수 없다. 예를 들어, 그는 침엽수 목질부의 테누리(유

10 [역주] 식물의 줄기에서 속(pith)으로부터 관다발조직의 바깥 가장자리까지 방사상으로 늘어선 유조직(헨디슨 생물학사전, 15판).

연)벽공[11]을 관찰할 때 벽공 중앙의 공극(pore)을 인식하지 못하고, 이를 목질부 세포의 외부에 있는 거친 알갱이로 표현했다. 말피기와 후임자들이 가장 관심을 기울였던 쌍떡잎식물 목질부의 큰 도관들에는 종종 이차조직인 전충체[12]가 가득 차 있었으며, 말피기는 (Tab. vi, fig. 21에) 그것을 묘사하기까지 했지만, 불행히도 그 진정한 특성은 150년 후에야 알게 되었다. 1830년까지의 후속 식물해부학자들과 마찬가지로 말피기는 나선형 도관 또는 가도관의 구조에 큰 중요성을 부여하며, 특히 이들이 목질 섬유질로 둘러싸여 있다고 언급했다. 그루를 비롯한 여러 식물해부학자들이 이러한 도관의 성질과 관련하여 기이한 개념에 빠졌지만, 말피기는 그렇지 않았다.

동화작용과 수액의 움직임에 대한 수많은 견해는 굳이 지금 언급할 필요는 없지만, 눈(bud)의 구성 부위와 식물의 여러 부위에서 관다발의 경로에 대한 설명과 그림, 그리고 특히 당시로서는 매우 세심하게 행해진 꽃과 열매에 대한 분석과 씨앗과 배아에 대한 조사는 살펴볼 가치가 있다. 하지만 이런 주제는 우리가 다룰 주요 주제와는 다소 거리가 있다.

그루의 식물해부학

말피기의 작업이 식물의 구조를 개략적으로 설명하려는 저자의 의도가 담긴 걸작 스케치라면, **네헤미야 그루**[13]의 훨씬 더 포괄적인 저

---

11 [역주] 有緣壁孔, bordered pit. 이차 세포벽의 테두리가 아치 모양을 이루는, 물관부 물관의 벽에 발달하는 벽공의 한 종류(헨더슨 생물학사전, 15판).

12 [역주] 塡充體, tylosis. 특히 2기 물관에서 막공을 통해 유조직이 밀고 들어간 것(헨더슨 생물학사전, 15판).

13 Nehemiah Grew. 코번트리 출신 성직자의 아들로, 1628년에 태어난 것으로

네헤미야 그루

서인 『식물의 해부학(*The anatomy of plants*)』(1682)은 주제를 철저하게 세부적으로 다룬 교과서라고 할 수 있다. 말피기의 우아한 맛 대신 여기서는 종종 지나치게 산만하기까지 한 엄청난 세부 사항들로 채워져 있다. 말피기에게서는 가끔 그 시대의 철학적 편견이 실수로 이어지는 경우가 있지만, 그루의 논문은 당시 영국의 철학적·신학적 개념이 곳곳에 얽혀 있다. 하지만 그루가 사고의 흐름을 더욱 체계적으로 추구하고, 특히 그가 관찰한 것을 가능한 한 명확하게 표현하려고 끊임없이 노력했다는 점은 높이 사야 한다. 그 역시 해부학적 조사에 생리학적 고찰을 도입했지만, 후계자들이 식물해부학에 도입한 많은 선입견에서 벗어나 있다. 예를 들어, 나중에 널리 퍼진 잘못된 개념, 즉 세포벽에 수액의 이동을 위한 구멍이 있어야 한다는 생각을 받아들이지 않았다. 이 잘못된 개념은 1828년 폰 몰에 의해 처음으로 확실히 제거되었다.

그루의 작업은 두 개의 주요 부분으로 나눌 수 있다. 첫 번째, 1671년에 출판된 『식물해부학의 시작, 이에 기초한 일반적인 식물 생장 설명(*The anatomy of plants begun, with a general account of vegetation founded thereupon*)』은 2절판 크기 49쪽 분량으로 식물의 일반적인 해부학과 생리학을 간략하고 속도감 있게 설명한다. 그리고 1682년까지는 뿌리, 줄기,

---

보인다. 외국 대학에서 박사학위를 취득한 후, 고향에서 의사로 활동하며 동시에 식물해부학 연구를 진행했다. 1677년에 영국왕립학회의 비서가 되었으며, 1701년에 그의 저서 『거룩한 우주론(*Cosmographia Sacra*)』을 출판했다. 1711년에 사망했다. 『세계의 전기(*Biographie Universelle*)』를 참조하시오.

잎, 꽃, 열매 및 씨앗에 대한 해부학이 별도의 논문으로 발표된다. 이 작업에 포함된 화학적 연구와 식물의 색, 맛, 냄새에 관한 연구, 그리고 1672년 왕립학회에 처음 투고된 〈식물 철학사에 대한 개념(An idea of a philosophical history of plants)〉이라는 논문은 굳이 언급할 필요는 없다. 이 논문은 말피기의 '식물해부학의 개념'에 상응하는 것이라고 할 수 있지만, 성격이 매우 다르며 식물해부학과 생리학에 부합하지 않는 내용이 많다.

그루와 말피기 모두에서 주요 연구 대상은 개별 세포가 아니라 조직학이다. 그루는 말피기가 했던 것처럼 우선 유조직, 기다란 섬유 형태들, 진정한 도관과 수액 전도관을 구분한 후, 이 조직들이 식물의 다양한 기관에서 어떤 식으로 구성되어 있는지를 설명하는 데 주력한다. 여기서 그루의 신중한 묘사와 아름다운 도면은 말피기보다 우수하다고 할 수 있다. 그의 수많은 동판화는 말피기의 것보다 더 정교했는데, 특히 뿌리와 줄기의 구조에 대한 명확한 개념을 제공했기 때문에 초보자들에게도 아주 유용했다. 36번과 40번, 그리고 그 밖의 그림들을 보면 그가 많은 고찰을 거쳐 관찰한 것을 명확하게 표현하는 방법을 알고 있었음을 알 수 있다. 다양한 형태의 도관과 세포들의 더 섬세한 구조에서는 많은 오류가 있었다.

말피기는 유조직의 세포(유조직이라는 용어는 그루가 처음 사용함)가 완전히 닫혀 있는지 또는 구멍이 있는지, 그리고 그것들이 어떻게 결합하는지에 대해서 언급하지는 않았다. 반면, 그루는 이 점에 대해 의심의 여지를 남기지 않는다. 그는 61쪽에서 유조직의 세포는 닫혀 있으며, 그 세포벽에는 어떤 구멍도 보이지 않아서 유조직(세포)을 맥주 거품에 비유할 수 있다고 명확하게 말한다. 그는 목질부의 도관에 관한 말피기의 견해를 인용하며, 나선형 띠가 항상 단일한 것이 아니며, 서로 완전히 분리된 두 개 이상의 띠가 도관의 벽을 형성할 수 있고, 또한 나선형 실이 평평한 것이 아니라 철사처럼 둥글며, 식물의 부위에 따라 감김이 더 또는 덜 조밀할 수 있다고 보완한다.

그는 또한 나선형 관이 절대 분기하지 않는다고 했는데, 물대(Arundo donax)의 경우에는 곧게 뻗은 나선 관이 상당히 길게 자라 있는 것을 볼 수 있다고 말한다. 나선형 도관의 구조에 대한 견해는 말피기에서 시작되어 18세기 내내 유지되었는데, 그루는 이 견해를 말피기보다 더 명확하게 표현한다(117쪽). 그러나 이 두 사람 모두 분리 가능한 나선형 실을 가진 진정한 나선형 도관과 2차 목질부에서 발견되는 찢어졌을 때만 나선형 구조를 보이는 도관을 명확하게 구분하지 않았다. 그루는 실이 엮이는 방식 때문에 도관이 종종 납작한 리본 줄 모양으로 풀린다고 말한다. 이때의 도관은 마치 폭 좁은 리본을 둥근 막대에 나선형으로 감아서 가장자리가 서로 맞닿아 있는 것처럼 상상할 수 있다. 막대가 빠져나가면 그렇게 감긴 리본이 관 형태로 남는데, 이는 식물의 통기관(air-vessel)에 해당한다.

그루의 지식은 18세기의 식물해부학자들보다 더 나은데, 나무의 도관이 물을 운반할 뿐만 아니라 공기의 통로로도 사용된다고 여겼다는 점을 특히 주목해야 한다. 그는 도관의 벽에 관한 설명을 이어나간다. 도관이 풀리면서 드러나는 납작한 리본의 표면은 나란히 배열한 수많은 실로 구성되어 있으며, 인조 리본처럼 나선형으로 감긴 실은 인조 직물의 날실에 해당하고, 가로 실에 의해 함께 고정된다고 한다. 그루의 관점에서 나선형 도관의 매우 독특한 구조를 이해하기 위해 우리는 모든 세포벽, 심지어 유조직의 세포벽조차도 매우 미세한 망으로 구성되어 있다고 생각해야 한다. 그가 이전의 비교에서 세포-조직을 거품에 비유한 것은 독자를 더 명확히 이해시키기 위함이

도관의 미세구조. 각 도관의 벽을 구성하는 실 같은 미세 섬유들이 묘사되어 있다(그루, *The Anatomy of Plants*, 1682, Tab. 39)

었을 뿐, 그의 실제 생각은 도관과 세포의 벽 재질이 극도로 미세한 실로 이루어진 망이라는 것이다. 그는 76쪽과 77쪽에서 이를 암시하고, 120쪽에서 다시 이 개념으로 돌아와 이를 길게 설명한다. 우리가 식물 전체를 가장 정확하게 비교할 수 있는 것은 여성들이 쿠션 위에 만드는 고운 레이스 조직과 같다. 속, 1기방사조직, 그리고 껍질부의 유조직은 매우 섬세하고 완벽한 실 조직이다. 속의 실은 직물의 실처럼 수평으로 배열되어 있으며, 속과 껍질의 수많은 세포의 경계를 형성한다. 그러나 목질부 섬유와 통기관은 이 조직에 수직으로 놓여 있어서 유조직을 둘러싼 수평 실과 직각을 이룬다. 이는 쿠션 위에 놓인 레이스를 짤 때 바늘이 실에 수직인 것과 같다. 좀 더 완벽하게 비교하자면, 이 바늘 속은 비어 있고 실 레이스 조직이 수천 겹으로 쌓여 있다고 상상해야 한다. 그루는 뭉친 조직 덩어리를 보다가 자연스럽게 주름과 접힘을 실로 잘못 보게 되면서 이 개념을 떠올렸다고 한다. 이 외에도 시료를 준비할 때 그가 무딘 칼을 사용했을 것으로 보이는데, 이는 세포벽을 낱 실로 찢어 놓을 수 있다. 40번 도판의 세포벽에서 실 조직으로 생각되는 것이 명확히 묘사된 것에서 이를 알 수 있다. 마지막으로, 망상으로 비후화된 도관과 교차된 줄무늬가 있는 유조직 세포에 대한 관찰 또한 그의 견해 형성에 기여했을 수 있다.

여기에서 주목할 점은, 그루의 매우 섬세한 세포벽 구조에 관한 생각이 식물과 동물을 논할 때 일반적으로 사용되는 '세포-조직(cell-tissue, contextus cellulosus)'이라는 표현을 불러일으켰다는 것이다. 이 표현은 현미경학에서 자연스럽게 자리 잡았으며, 비록 우리가 더 이상 그루의 세포 구조를 인조 레이스에 비유하지 않더라도 여전히 사용되고 있다. 그러나 '조직'이라는 단어는 후대의 연구자들을 종종 오도하여, 식물의 구조가 실과 천으로 만든 직물과 비슷하다고 생각하게 했다.

그루는 말피기처럼 줄기의 어린 목질층이 껍질의 가장 안쪽 층에서 유래한다고 봤다. 그는 114쪽에서 진정한 목질은 전적으로 껍질의 안쪽에 위치한 오래된 림프관들(lymph vessels), 즉 섬유들로 구성되어 있다고 말한다. 그러나 그는 통기관을 제외한 목질의 섬유 요소들만 진정한 목질 구성물질을 이룬다고 이해한다. 그가 말하는 림프관은 인피섬유 같은 것이다. 그는 통기관이 1기방사조직 및 진정한 목질부와 함께 일반적으로 나무의 목재라고 불리는 부위를 구성한다고 말한다. 그가 통기관이란 용어를 쓰는 이유는 이 도관이 수액을 전혀 포함하지 않아서가 아니라, 적절한 식물 생장 기간 동안 껍질부의 도관들이 수액으로 가득 차 있을 때조차 이 통기관들은 공기로 채워져 있기 때문이다.

이는 그루의 식물해부학에 있어서 매우 불완전한 설명이다. 그는 주로 더 큰 그림의 조직학적 관계를 밝히는 데 집중했고, 여기서 강조한 내용은 이에 대한 부차적인 것으로 취급했기 때문이다

말피기와 그루의 두 작품은 식물학뿐만 아니라 자연과학 전반에 있어 매우 중요한데, 그 이후 120년 동안 이들에 견줄 만한 수준의 작품은 단 하나도 나오지 않았다. 이 긴 시간은 진보가 아닌 꾸준한 퇴보의 시기였다. 그러나 18세기 초에 **안토니 판 레이우엔훅**[14]은 비록 식

안토니 판 레이우엔훅

물해부학의 중요한 문제를 해결하지는 않았지만, 식물해부학의 세부사항에 대한 지식을 제공했다. 그는 런던 왕립학회에 동물 및 식물해부학에 관한 수많은 편지를 보냈고, 이 편지들은 1695년 델프트에서 『자연의 비밀(*Arcana naturae*)』이라는 제목으로 처음 모음집 형태로 출판되었다. 레이우엔훅의 산발적인 진술로 그의 식물해부학적 지식을 명확히 이해하기는 쉽지 않다. 그 역시 열매, 씨앗, 배아에 대한 거친 해부학을 논했고, 발아에 대한 관찰과 다양한 목재의 구조에 관한 많은 관찰을 했다. 그러나 모든 것이 식물에 관한 단편적인 연구의 흔적을 띠고 있다. 그의 관찰은 당시 유행하던 자연철학의 문제들, 특히 전성설(前成說)과 관련된 문제들에 영향을 받았다. 단순한 호기심과 일반인이 접근할 수 없는 것들에 대한 즐거움을 위해 관찰하는 경우가 대부분이라, 그는 식물 구조에 대한 보편적 개념을 얻지는 못했다. 하지만 이러한 관찰 과정에서 그는 단순 확대경을 개선하는 데 있

---

14 Antonie van Leeuwenhoek. 레이우엔훅이 식물해부학보다 동물해부학에서 한 관찰이 더 중요할 수 있다. Carus는 *Geschichte der Zoologie* 399쪽에서 다음과 같이 기술했다. "말피기가 현미경을 체계적이고 탐구목적으로 사용한 데 반해, 17세기의 다른 유명한 현미경 사용자들은 그때까지 볼 수 없었던 미시세계의 경이에 대한 호기심을 채우기 위해 현미경을 사용했다. 그래도 50년이 넘는 꾸준한 현미경 관찰을 통해 수많은 분야에서 중요한 발견이 이루어졌고, 상당한 영향을 미쳤다. 레이우엔훅은 1632년 네덜란드 델프트에서 태어났다. 무역상 교육을 받았기 때문에 학문적인 교육을 받지 못했으며, 라틴어조차도 알지 못했다고 한다. 그의 주요 취미는 우수한 렌즈를 만드는 것이었으며, 그는 과학적인 계획 없이 끊임없이 새로운 대상을 조사했다. 그는 런던 왕립학회에 자신의 관찰을 전달했으며, 학회는 그를 회원으로 받아들었다. 1723년에 고향에서 90세의 나이로 사망했다."

어 의심할 여지 없는 공헌을 했다. 그는 수많은 확대경을 직접 제작했는데, 이들은 말피기나 그루가 경험해 보지 못한 확대 능력을 가지고 있었다. 그는 이러한 확대경을 이용해 나선형으로 비후화되지 않으면서 벽공이 있는 이차 목질부의 도관을 발견했으나, 그 진정한 특성은 조사하지 않았다. 더불어 그는 최초로 식물 조직, 즉 독일붓꽃(Iris florentina)의 땅속줄기와 청미래덩굴속(Smilax) 식물에서 결정체들을 발견했는데, 이는 고배율 확대경 없이는 불가능했을 것이다. 레이우엔훅은 다른 문제들에 관해서는 말피기와 그루의 조직학적 견해를 반복했으며, 전체적으로 그의 수많은 보고서는 말피기의 우아함과 명료함, 그리고 그루의 체계적인 철저함에 비해 매우 단편적이고 비과학적으로 보인다. 그의 그림들 또한 일부 예외를 제외하고는 그의 위대한 동시대인들의 것보다 열등하다.

2장
18세기의 식물해부학

말피기 이후 이탈리아에서는 주목할 만한 후계자가 없었으며, 영국은 후크와 그루 이래 거의 오늘날까지도 그 상태로 남아 있다. 네덜란드에서도 레이우엔훅에 견줄 후계자가 나타나지 않았고, 독일에서 1770년까지 이루어진 연구는 상상할 수 없을 정도로 비참했다. 사실 1700년대 첫 50-60년 동안 근원적인 식물해부학 연구는 없었다고 봐야 한다. 이 시기의 연구자들은 식물 구조에 관한 설명은 모두 말피기, 그루, 레이우엔훅에게서 얻었으며, 스스로 관찰할 능력이 없어서 이 선임자들을 이해하지 못했고, 이들의 글에 없는 것들을 주장했다. 희한하게도 옛 연구자들의 취약하고 모호한 개념들이 선호되어 보존되었는데, 세포벽의 망 구조에 관한 그루의 복잡한 개념이 이들에게 가장 큰 인상을 남겼다. 이러한 쇠락상태는 단순히 현미경의 불완전함 때문만은 아니다. 현미경이 좋지 않았고, 더욱이 조작이 편리하지도 않았다는 것은 사실이다. 그러나 맨눈이나 아주 저배율로 볼 수 있는 것조차 아무도 명확히 보고 묘사하지 않았다. 최악은 아무도 자신이 본 것이나 이전 작업에서 찾을 수 있는 관찰을 완전히 이해하려고 노력하지 않았고, 깊이 있는 성찰이 부족하여 식물 내부 구조에 관한 매우 흐릿한 개념에 만족했다는 것이다. 18세기 전반기 식물해부학 쇠퇴의 원인을 찾는 건 쉽지 않다. 하지만 가장 중요한 원인은 당시 식물학자들이 말피기와 그루의 선례를 따라 구조에 관한 지식을 해부학적 연구의 유일한 목표로 삼지 않고, 주로 생리학적 과정을 설명하기 위해 추구했다는 점에 있다. 식물의 양분과 수액의 순환이 점점 더 중요한 질문이 되었고, 헤일즈는 현미경 없이도 이 방향으로 얼마나 많은 일을 할 수 있는지 보여 주었다. 따라서 보네(Bonnet)와 뒤아멜(Duhamel)처럼 식물생리학에 전념한 소수의 관심은 실험연구에만 집중되었다.

현미경 사용법을 알았던 글라이헨-루스보름(Gleichen-Russworm) 남작과 쾰로이터(Koelreuter) 같은 사람들도 수정과 특히 번식 과정에 관심이 쏠리면서 식물기관 구조에 관한 연구에서 멀어졌다. 당시의 관념에 따르면, 특히 린네 학파에 속한 진정한 식물학자들은 생리학적 및 해부학적 연구의 중요성을 대체로 부차적인 것으로 여기거나, 진지한 수집가가 신경 쓸 필요 없는 단순한 장난으로 생각했다. 린네 자신이 현미경적 미세 식물해부학을 별로 중요하게 여기지 않았다는 것은 1권에서 언급된 내용만으로 충분히 알 수 있다.

1760년경에 발표된 몇 안 되는 작은 논문들은 새로운 내용이 없기 때문에 일일이 주목할 필요는 없다. 몇 가지 예시만 봐도 이 시기 식물해부학이 대체로 어떤 상태였는지 알 수 있다.

무엇보다 이 당시 식물해부학자 중에 유명한 철학자 크리스티안 바론 폰 볼프(Christian Baron von Wolff)를 꼽을 수 있는데, 그의 두 저서 『자연의 작용에 대한 이성적 생각(*Vernünftige Gedanken von den Wirkungen der Natur*)』(마그데부르크, 1723)과 『다양한 유용한 실험(*Allerhand nützliche Versuche*)』(할레, 1721)에서 현미경의 설명과 식물해부학과 관련된 주제들을 곳곳에서 논의한다. 특히 후자의 저서에서 그는 대물렌즈와 접안렌즈 사이에 초점 렌즈가 있지만, 거울은 없는 복합현미경을 묘사한다. 이 현미경은 불투명한 표면 위에서 위쪽의 빛을 관찰하는 데 사용되었을 것이다. 대물렌즈는 단순 렌즈였다. 그러나 물체를 더 고배율로 확대하기 위해 그는 당시의 관습에 따라 이 복합 도구 대신 단순 도구를 사용했다고 말한다. 진정한 아마추어처럼 폰 볼프는 모든 종류의 작고 섬세한 물체를 그의 유리 렌즈를 통해 관찰했지만, 이들을 철저하고 지속적으로 조사하지는 않았다. 그의 식물해부학적 성과는 미미했다. 예를 들어, 그는 녹말가루가 알갱이로 구성되어 있다는 것을 관찰했지만, 이것들이 빛을 굴절시키는 방식으로 보아 작은 액체가 들어 있는 소포라고 믿었다. 그러나 그는 이 알갱이가 호밀의 알곡 안에 이미 존재하며, 따라서 분쇄 과정에서 생성되는 것이 아니라는 것을 확인했다. 그는 식물의 얇은 절편을 제대로 닦지 않은 렌즈를 통해 관찰했기 때문에 어떤 것도 명확히 볼 수 없었다. 그의 제자인 튀미히(Thümmig)는 『메레테마타(*Meletemata*)』(1736)에서 더 수준 낮은 기술을 갖고 이 주제를 다루었다.

이 두 사람의 사례에서 우리는 현미경의 불완전함보다 미숙한 관리와 부적절한 준비가 관찰의 성공률을 낮춘다는 것을 명확히 알 수 있다. 그래도 폰 볼프와 튀미히는 최소한 식물 구조의 일부를 직접 보려고 노력했다.

당시의 유명한 식물학자인 루드비히(Ludwig)는 비슷한 시도조차 하지 않은 것으로 보인다. 『식물의 구조(*Institutiones regni vegetabilis*)』(1742)에서 그는 식물의 내부 구조에 대해 다음과 같이 말한다. "판 또는 막피막은 작은 공동 또는 작은 세포를 형성하도록 서로 연결되어 있으며, 송송 가는 실들로 얽힌 그물 모양을 이루어 식물의 모든 부분에

펴져 있는 세포-조직을 형성한다. 이것이 바로 말피기 등이 관(tube)이라고 부르는 것들인데, 서로 연결된 소포(세포)들이 열을 지은 형태로 식물의 다양한 부분에서 나타나기 때문이다!"

보머(Boehmer)의 〈세포성 조직에 관한 논문(Dissertatio de celluloso contextu)〉(1785)은 더 형편없다. "탄력성 있는 두껍거나 얇은 흰색 섬유와 실들이 서로 다른 모양과 크기로 짜여 공동이나 세포 또는 동굴을 형성하는데, 이는 보통 세포-조직이라고 부른다." 그루가 제시한 세포벽의 섬유 구조에 대한 이론이 얼마나 큰 해악을 끼쳤는지, 그리고 세포-조직이라는 표현이 문자 그대로 해석되어 여기 언급된 식물학자들과 다른 사람들을 얼마나 완전히 잘못된 생각으로 이끌었는지 알 수 있다. 뒤아멜, 콤파레티(Comparetti), 세네비에(Senebier)의 작품들은 그러한 오해가 독일에만 국한되지 않았음을 보여 주며, 폰 몰의 설명에 따르면, 그루의 동료였던 힐은 세포들을 아래쪽이 닫히고 위쪽이 열려 있는 컵들이 쌓여 있는 것으로 상상했다.

안스파흐 변경 책임자의 비밀 고문이었던 글라이헨-루스보름 남작(Baron von Gleichen-Russworm, 1717-1783)은 현미경의 기계적 배열을 개선하는 데 높은 관심을 가졌으나, 그가 그린 도판들을 봤을 때 이러한 배열이 얼마나 부적절했는지 알 수 있다. 그가 현미경을 사용하여 관찰한 많은 결과가 두 권의 방대한 저서인 『최신 식물학 소식(*Das Neueste aus dem Reich der Pflanzen*)』(1764)과 『현미경적 발견 엄선(*Auserlesene mikroskopische Entdeckungen*)』(1777-1781)에 기록되어 있다. 그러나 이들 저서는 현미경 해부학이나 식물세포의 구조에 관해 거의 언급하지 않는다. 그의 현미경 관찰은 주로 수정 과정과 정자가 꽃가루에 포함되어 있다는 것을 증명하는 데 집중되어 있다. 이러한 주제와 관련하여 그는 많은 작은 꽃들의 확대 그림을 제공했으며, 그중 일부는 아름답게 묘사했다. 그의 저서들은 이런 그림들로 인해 당시 사람들에게 매우 교육적이었을 것이다. 그 역시 그루가 이미 발견했던 양치식물 잎의 기공을 보았지만 이를 수정을 위한 남성 기관으로 오인했는데, 이는 그가 속씨식물에서 기공의 존재를 알지 못했음을 말해 준다.

볼프의 세포 생성 이론

카스파르 프리드리히 볼프[1]의 식물해부학은 동시대인들 중에서 독보적이다. 그가 말피기와 그루 이후 처음으로 식물해부학 연구에 노력을 기울인 인물일 뿐만 아니라, 성숙한 식물기관의 구조가 거의 잊힌 주제였던 시기에 이 구조의 발달과정과 세포 조직의 형성을 탐구하려 했기 때문이다. 불행히도 그는 식물해부학 자체에 관한 관심이 아니라, 식물 해부를 통해 해결하고자 했던 더 일반적인 질문 때문에 식물해부학을 하게 되었다. 그는 식물기관의 발달과정을 통해 전성설(前成說)을 반박하고, 자신의 후생설(後生說, epigenesis)에 대한 귀납적 근거를 얻고자 했다. 비록 이러한 이유로 인해 순수한 식물해부학적 질문에서 종종 벗어나긴 했지만, 그의 유명한 저서 『발생 이론(*Theoria Generationis*)』(1759)은 식물해부학의 역사에서 중요한 위치를 차

---

1 Caspar Friedrich Wolff. 1733년 베를린에서 태어났다. 베를린의 의과대학(Collegium Medico-chirurgicum)에서 Mechel에게 해부학을, Gleditsch 아래서 식물학을 공부했다. 이후 그는 할레 대학으로 가서 라이프니츠와 볼프의 철학을 접하게 되었고, 이 철학은 그의 학위논문 〈발생 이론(Theoria Generationis)〉(1759)에 많이 반영되었다. 이 논문이 겨냥한 진화론의 대표자인 Haller는 친절한 마음으로 짧은 서사와 서신을 주고받았다. 브레슬라우에서 의학 강의를 한 후, 그는 베를린의 의과대학에서 생리학 및 기타 과목을 가르쳤지만, 교수직 임명에서는 두 번이나 탈락했다. 1766년 황제 Catherine 2세에게 상트페테르부르크 아카데미의 임명을 받았고, 여기서 1794년에 사망했다. Alf. Kirchhoff의 『식물 변태의 개념(*Idee der Pflanzenmetamorphose*)』(베를린, 1867)을 참조하시오.

카스파 프리드리히 볼프

지한다. 비록 그 후 40년 동안 식물학자들에 의해 무시되거나, 적어도 눈에 띄는 영향을 미치지 않았지만, 볼프의 식물세포 구조 형성 이론의 핵심은 금세기 초 미르벨(Mirbel)에 의해 채택되었고, 이에 대한 반론 역시 식물해부학의 진전에 본질적인 기여를 했다. 볼프의 저작이 비록 늦은 감이 있지만 지속적으로 영향을 미친 이유는 그의 관찰이 정확했기 때문이라기보다, 그의 관찰에 담긴 사려 깊음과 식물세포 구조의 본질을 탐구하고 물리적·철학적 근거로 이를 설명하려는 진지한 열망 때문이었다. 그의 관찰은 매우 부정확하고 선입견에 영향을 받았으며, 불완전한 조사 결과를 즉시 철학적으로 설명하려는 그의 열망으로 인해 그의 설명은 모호하고 종종 받아들일 수 없었다. 세포-조직 형성의 초기 과정을 따라가려는 그의 노력은 성숙한 기관의 구조에 대한 충분한 지식이 부족하여 뒷받침되지 않았고, 그의 그림과 이론적 고찰을 봤을 때 그의 현미경은 배율이 낮았고 해상력도 불완전했던 것 같다. 이러한 모든 결점에도 볼프의 논문은 그루와 미르벨 사이의 기간에 등장한 식물해부학에 관한 가장 중요한 저작임이 틀림없다. 이는 관찰이 각별히 뛰어났기 때문이 아니라, 저자가 자신이 관찰한 것을 활용하여 그 위에 이론을 세울 수 있었기 때문이다.

볼프에 따르면, 식물의 가장 어린 부분들, 즉 줄기의 생장점(punctum vegetationis), 가장 어린 잎과 꽃 부분은 투명한 젤라틴 물질로 구성되어 있다. 이 젤라틴 물질은 영양 수액으로 가득 차 있으며, 처음에는 매우 작은 방울로 분비된다. 이 방울들의 둘레가 커짐에 따라 중간물질(intermediate substance)을 확장시켜 커다란 세포 공간을 형성한다. 여기서 중간물질은 현재 우리가 세포벽이라고 부르는 것에 해당하는데, 처음에는 훨씬 두껍고 세포 공간이 커짐에 따라 점점 얇아진다. 볼프가 상상한 어린 식물의 조직은 공기 구멍들이 가득한 발효 중인 반죽에 비교할 수 있는데, 다만 조직의 공동들은 가스로 채워져 있는 것이 아니라 액체로 채워져 있다. 위의 설명에서 볼 수 있듯이, 볼프가 세포라고 부르는 소포나 구멍은 처음부터 중간물질로 연결되어 있으며, 인접한 두 세포 사이에는 한 층의 세포막만이 존재한다는 것은 후속 식물해부학자들이 오랜 시간 동안 결정하지 못했던 점이다. 세포는 처음에는 균질한 기본 물질(fundamental substance)에서 수액 방울의 분비로 형성되며, 따라서 볼프에 따르면 도관은 점액 내의 방울이 길게 늘어나 관을 형성함으로써 생성된다. 따라서 연결된 도관 사이는 한 층의 기본 물질에 의해 서로 분리된다. 볼프는 세포와 도관 사이의 견고한 점액질 내에서 수액의 이동을 명확히 언급했는데, 이는 오늘날 확산이라고 불린다. 그는 수액이 세포에서 세포로, 도관에서 도관으로 이동하기 위해 세포와 도관의 경계벽에 구멍이 있어야 한다고 생각했다. 그러나 그는 잘 익은 열매에서 유일하게 분리된 세포를 얻을 수 있었는데 이 세포들의 벽은 닫혀 있다는 것을 인정할 수밖에 없었다.

볼프에 따르면, 식물 각 부위의 생장은 기존 세포와 도관의 확장, 그리고 그들 사이에 새로운 세포와 도관이 형성되는 방식으로 이루어진다. 이는 아주 어린 기관의 점액 물질에서 최초의 소포가 형성되는 것과 같은 방식이다. 즉, 조직의 통로와 공동 사이의 고체 물질에 포화된 수액이 방울 형태로 분리되어 크기가 커지면 세포와 도관으로 나타나 기존 세포와 도관 사이에 삽입된다. 통로와 공동 사이의 물질은 처음에는 부드럽고 신축성 있다가 나이가 들면서 굳어 딱딱해지며, 동시에 세포 공동에 있던 수액과 도관을 통해 이동하는 수액에서 나온 경화 물질이 여기 침착되어 막(벽)으로 나타난다.

이것이 볼프 이론의 핵심이다. 이제 생장점에서 잎의 최초 형성과 꽃 부위들의 발달에 관한 그의 설명, 그리고 오랫동안 관심을 받지 못한 그의 영양과 성에 관한 생리학적 견해를 생략하고, 줄기의 두께 생장에 관한 그의 이론만 다루도록 하자. 줄기는 원래 모든 잎자루가 결합된 연장선이다. 발달한 줄기에는 생장 축에서 나오는 잎의 수만큼 많은 관다발이 형성되며, 각각의 잎은 줄기에 단일 관다발을 갖고 있으며, 이는 현대 용어로는 내부 잎흔적(inner leaf-trace)이다. 이러한 다발들이 서로 결합하여 줄기의 껍질을 형성하지만, 잎이 매우 많으면 그 하강하는 다발들이 (줄기 중앙에 모인) 닫힌 원통을 형성한다. 나무와 같이 여러해살이 식물의 줄기에서는 매년 새로운 잎이 생기면서 이러한 유형의 새로운 목질층을 매년 형성하게 된다. 줄기 두께 생장에 관한 볼프의 이 견해는 이후 뒤 프티-투아르(Du Petit-Thouars)가 제안한 이론, 즉 싹에서 자라 내려오는 뿌리가 줄기의 두께를 증가시키는 역할을 한다는 이론과 매우 비슷하다.

19세기 초 미르벨과 그의 독일인 적수들 사이의 논쟁은 우리를 다시 볼프의 세포 이론의 더 중요한 지점으로 돌아가게 한다. 당시의 식물학자들은 세포 형성에 관한 것이 아니라 성숙한 조직의 구조에 관한 헤드비히의 식물해부학적 견해에 더 관심을 가졌다. **헤드비히**[2]는 그의 『이끼 탐구의 기초(*Fundamentum Historiae Muscorum*)』(1782)와 이

---

2 Johannes Hedwig. 과학적인 이끼 학문의 창시자. 1730년에 지벤뷔르겐의 크론슈타트에서 태어났다. 라이프치히에서 학업을 마친 후 고향으로 돌아왔지만, 오

후 『발생 이론(*Theoria Generationis*)』(1784)에서 다양한 식물해부학적 주제에 관한 그림과 설명을 제시했지만, 이러한 주제들을 더 자세히 다룬 것은 1789년에 출판된 〈식물 및 동물 섬유의 기원에 관하여(De fibrae vegetabilis et animalis ortu)〉라는 논문에서였다. 이 논문은 내가 후대 작가들이 인용한 내용을 통해 간접적으로 접했다는 한계가 있다. 헤드비히의 조직학적 도판들은 선행자들의 것보다 더 나아 보이는데, 이는 그가 높은 배율과 명확한 시야의 현미경 렌즈를 사용했다는 것을 말해 준다. 하지만 선입견에 사로잡혀 관찰한 것을 성급하게 해석했다는 것은 그의 결점으로 남는다. 그는 양치식물의 기공에 관한 글라이헨(Gleichen)의 견해를 반박하기 위해 많은 속씨식물에서 이 기관의 존재를 증명하고, '숨구멍(spiracula)'이라고 이름 붙인 틈새 구멍을 관찰했다. 이러한 관찰을 위해 제거한 표피에서 그는 표피 세포를 경계 짓는 이중 윤곽선을 명확히 보았고, 따라서 표피 세포벽이 표면에 직각으로 놓여 있다는 것을 알았다. 그는 이를 특정 형태의 도관으로 착각하고 '되돌림 도관(vasa reducentia)' 또는 '림프관(lymphatica)'이라고 불렀으며, 나중에는 '배출관(vasa exhalantia)'이라고 불렀다. 그는 이러한 구조를 유조직 내부에서도 발견했다고 생각했으며, 이는 분명히 세 벽면이 만나는 곳을 도관으로 착각한 것이다. 그는 이러한 도관을 1779년 몰덴하버(Moldenhawer)가 묘사한 박주가리류(Asclepias)의 유즙 세포(milk

---

스트리아에서 학위를 취득하지 않았다는 이유로 그곳에서 의사로 일할 수 없었다. 이에 따라 작센으로 돌아가 처음에는 켐니츠에 정착하였고, 1701년에는 라이프치히에 정착하였다. 여기서 1784년에 군 병원에 임명되었고, 1786년에는 의학의 특별 교수, 1789년에는 식물학의 정교수가 되었다. 1799년에 사망했다. 그는 대학에서 학생으로서 식물학 공부를 시작했으며, 어려운 상황 속에서도 켐니츠에서 계속해서 연구를 진행하다가 교수가 된 후에야 연구에 전념할 수 있었다.

cells)에서도 보았으며, 몰덴하버 자신도 장미에서 속(pith)의 세포 사이 공간을 이러한 유즙 세포와 동일시한 것으로 보인다. 18세기에도 '도관(vessel)'이라는 단어가 너무 불명확하게 사용되어, 목질부의 넓은 통기관(air tube)뿐 아니라 가장 가는 섬유도 도관으로 불렸다. 헤드비히의 나선형 도관 구조에 대한 개념은 아주 이상했다. 그는 나선형 띠 자체를 도관으로 착각했고, 그것이 염색약을 빨아들였기 때문에 속이 비어 있다고 생각했다. 그는 사실 나선형 도관의 회전하는 띠와 띠 사이에서 섬세한 막 구조를 보았지만, 그는 이 막이 나선형 띠 내부에 있고 띠가 이 막을 밖에서 감아 돌고 있다고 생각했다. 『이끼 탐구』 2판에서 그는 인접한 세포들이 나선형 도관의 벽에 남긴 두꺼운 그물 모양의 패턴을 묘사하기도 했으나, 이를 탈수로 인해 생긴 주름으로 설명했다.

헤드비히는 의심할 여지 없는 매우 숙련된 현미경 사용자였다. 그는 현미경이 보여 주는 모든 것을 해석할 때는 항상 극도의 주의를 기울일 것을 권장했다. 하지만 고배율 렌즈를 사용했던 신중하고 숙련된 관찰자조차도 이런 큰 실수를 저질렀으니, 슈랑크(P. Schrank), 메디쿠스(Medicus), 브룬(Brunn), 세네비에(Senebier) 같은 사람들이 하찮은 성과를 남긴 것이 놀랍지도 않다. 중요한 성과가 없는 것이 18세기 말의 특징이다.

3장

세포벽[1] 구조에 관한 연구

(1800-1840)

18세기와 19세기 사이에는 뚜렷한 구분이 없다. 새로운 세기 첫해에 등장한 식물해부학자들은 헤드비히와 볼프를 능가하지는 못했다. 다른 사람의 관찰뿐 아니라 자신의 관찰 결과를 신중하고 사려 깊게 해석하는 일은 여전히 드물었으며, 종종 선입견 때문에 잘못된 길로 빠지기도 했다.

하지만 19세기 초에 한 가지 측면에서 큰 개선이 나타났다. 이 당시 식물해부학자의 수가 갑자기 크게 증가하여 서로를 검증하고 비판했다. 그전까지는 식물해부학 저작 2개가 나오는 데 10-20년이 걸렸으나, 1800년 이후엔 12년 만에 거의 그만큼의 출판물이 잇따라 나왔고, 과학적 논의가 탐구를 촉발시켰다. 이제 우리는 식물해부학 분야에서 처음으로 프랑스인 미르벨(Brisseau Mirbel)을 만난다. 그는 1802년에 출판한 『식물해부학 및 생리학 논문(*Traité d'Anatomie et de Physiologie Végétale*)』을 통해 일련의 의문들을 제기하면서 독일의 슈프렝겔(1802), 베른하르디(1805), 트레비라누스(1806), 링크와 루돌피(1807)

1 [역주] 원문에 cell-membrane으로 표기되어 있으나 세포벽(cell-wall)을 의미함.

같은 식물학자들이 그 논의에 즉시 참여하게 했다. 이들도 헤드비히처럼 전문 식물학자였기에 식물학 연구를 진보시키는 데 이바지했다. 린네식 패턴에 따라 식물을 설명하는 것과 마찬가지로, 마침내 식물의 내부 구조를 조사하는 것이 식물학적 탐구의 일부분이라는 인식이 생겨났다. 동시에 이들 관찰자들의 식물학적 지식이 그들의 식물해부학 연구에 유용하게 작용하여 처음부터 그들의 연구가 중요한 지식을 낳도록 이끌었으며, 우선적으로 주목해야 할 대상에 집중하도록 방향을 잡아 주었다는 점 또한 사실이다. 이 말은 위에서 언급한 식물학자들보다 젊은 몰덴하버(Moldenhawer)에게 더 적합한 말이다. 1812년에 출판된 그의 『기여(*Beiträge*)』는 19세기의 첫 번째 부분을 마무리하는 것으로 볼 수 있다. 이 기간 동안 그는 관찰 방법을 개선하고, 예리한 판단력으로 자신과 다른 사람들의 관찰을 비교했으며, 당시의 현미경으로 할 수 있는 모든 일을 수행했다.

현미경 관찰 기법의 발전

1812년부터 1828년까지 몰덴하버 이후 16년 동안 식물해부학에는 중요한 성과가 없었다. 반면, 이 기간에 복합현미경이 발명된 이후 현미경에 가장 중요한 개선이 일어났다.

1784년에 이미 에피누스(Aepinus)는 플린트(flint) 유리와 크라운(crown) 유리[2]로 대물렌즈를 제작했고, 1807년 반 데일(Van Deyl)[3]은 두 개의 색지움 렌즈(achromatic lens)로 그와 비슷한 렌즈를 만들었다. 하지만 식물해부학자들은 여전히 이런 현미경 성능에 만족하지 못했

---

2 [역주] 렌즈의 색수차를 줄이거나 보정하는 데 함께 사용되는 유리.

3 P. Harting의 *Das Mikroskop*, 433, 434쪽 참조.

다. 이들의 그림은 확대력이 높지 않음에도 대상을 선명하게 보지 못했음을 보여 준다. 링크는 1807년 수상한 논문 서문에서 자신이 보통 180배 확대 렌즈로 관찰했다고 말했다. 몰덴하버는 1812년에 그가 사용한 모든 현미경 중에서 라이트(Wright)의 현미경을 선호했는데, 이는 400배 확대력이 가능했던 반면, 독일 현미경, 특히 바이케르트(Weickert) 현미경은 170-300배의 확대력이 최대였다.

현미경의 개선이 식물해부학에 반영되기까지는 일정 시간이 걸렸다. 예를 들어, 1824년에 셀리그(Selligue)는 파리 학회에서 여러 개의 이중 렌즈를 서로 나사로 조일 수 있는 우수한 현미경을 전시했는데, 이는 보통의 자연광을 이용해 500배의 확대력을 얻을 수 있었다. 1827년에는 아미치(Amici)가 세 개의 이중 렌즈를 나사로 고정한 최초의 색지움 구면수차제거(achromatic, aplanatic) 대물렌즈를 제작했는데, 이 렌즈는 평평한 면이 시료를 향해 있다. 그래도 마이엔 같은 숙련된 식물해부학자는 1836년에 여전히 당대의 기기에 불만을 표현했으며, 제임스 만(James Man)이 만든 오래된 영국 현미경을 선호했다. 사실 그는 플뢰슬(Ploessl)이 만든 최신 기기가 이보다 약간 더 낫다고 인정했다. 그가 1830년에 출판한 식물해부학 연구에서는 모든 그림이 220배 배율이었고, 그의 1836년 수상 논문의 매우 아름다운 그림들도 마찬가지였다. 그러나 그의 「새로운 체계(Neues System)」(1837)에서는 이미 500배 이상의 렌즈를 사용했다. 1827년의 폰 몰의 덩굴식물에 관한 연구에 있는 구식 삽화와 1831년과 1833년의 출판물을 비교해 보면 1830년 전후의 빠른 발전을 알 수 있으며, 후자의 그림은 완전히 현대적인 모습을 하고 있다.

현미경의 개선과 함께 관찰 시료를 준비하는 기술도 점진적으로 발전했다. 저자들의 텍스트와 그림으로 판단할 때, 세기 초까지는 매우 발전된 상태는 아니었다. 1812년에 젊은 몰덴하버가 조직을 적당히 갈고 물에 담가 부드럽게 하여 세포를 분리했으며, 이렇게 함으로써 세포와 도관을 모든 면에서 완벽한 상태로 관찰할 수 있게 되는 큰 진전을 이뤘다. 이렇게 그는 세포와 도관의 실제 형태를 볼 수 있었고, 그들의 구성 방식을 이전보다 더 정확하게 조사할 수 있었다. 그러나 몰덴하버조차도 여전히 섬세한 시료를 건조 상태에서 관찰하는 실수를 저질렀다. 1807년에 루돌피와 링크는 시료의 모든 부분, 특히 대물렌즈를 향한 쪽의 표면을 항상 습하게 유지할 필요가 있다고 주장했는데, 이는 당시에 덮개 유리를 사용하지 않았음을 말해 준다. 또한, 현재 거의 누구나 사용하는 면도날 같이 적절한 형태의 예리한 칼을 사용하지도, 시료의 종단 절편을 섬세하게 만들지도 않았다. 이러한 두 사항은 나중에 마이엔과 폰 몰의 실천 사례를 통해 식물해부학의 필수 요소로 인식되었다. 이들의 시대에도 관찰자들은 시료를 부수고 찢어서 준비하는 데 만족했다.

현미경 관찰 그림은 시료준비 기술의 향상과 기기의 개선으로 전반적으로 발전했다. 세기 초 미르벨과 슈프렝겔의 그림, 1807년의 링크와 트레비라누스의 그림, 1812년의 몰덴하버의 그림, 그리고 1827년에서 1840년 사이의 마이엔과 폰 몰의 그림을 비교해 보면, 이 40년 동안의 식물해부학 역사에 대한 개요를 즉시 파악할 수 있다. 이 그림들은 확대력의 꾸준한 증가, 더 높은 시야의 명확성, 그리고 시료준비 및 관찰 기술의 지속적인 향상을 보여 준다. 그러나 이 시기에 식물해부학자들 사이에 이상한 오해가 퍼졌다. 관찰자와 저자가 직접 그림을 그리지 않고 다른 사람의 눈과 손을 이용하면 더 정확하고 신뢰할 수 있는 그림을 얻을 수 있다는 믿음이었다. 이렇게 함으로써 그림에서 모든 종류의 편견과 선입견이 제거될 거라고 생각했다. 그래서 미르벨과 몰덴하버 모두 그들의 그림을 한 여성에게 그리게 했고, 많은 후대의 식물해부학자들은 그들의 그림을 고용된 화가에게 맡겼다. 레이우엔훅도 이전에 이렇게 했다. 다른 자연 대상의 사본과 마찬가지로 현미경 관찰을 통해 그린 그림 역시 원본을 대신할 수 없지만, 관찰자가 인지한 것을 정확하고 명확하게 표현하여 구두 설명을 보충하는 데 그 목적이 있다. 그림은 관찰자의 눈이 익숙해지고 형태를 해석하는 마음이 숙련됨에 비례해서 완벽해진다. 이렇게 자연의 사본은 관찰자의 마음을 거치고 나서 남에게 보여 주어야만 상호 이해의 목적을 달성할 수 있다. 또 다른 점을 고려해야 한다. 현미경 관찰대상을 그리는 과정에서 눈은 개별 선과 점에 집중하고, 모든 공간 차원에서 그것들의 진정한 연결을 파악한다. 이 과정에서 이전에 놓쳤던 관계들이 인식될 수 있는데, 이는 당장 연구 중인 문제에 결정적일 수도 있고, 심지어 새로운 문제를 열어 줄 수도 있다. 현미경이 눈을 과학적 시각으로 훈련시키는 것처럼, 관찰대상을 신중하게 그리는 작업은 훈련된 눈이 탐구 정신을 돕는 일이다. 따라서 자신의 그림을 다른 사람이 그리게 하면 이 이점을 잃게 된다. 폰 몰의 공로 중 하나는 이런 관점 아래 현미경 그림을 연습함으로써 그의 그림을 대상의 단순한 복사본으로 두는 것이 아니라 그림을 통해 그에 대한 자신의 견해를 표현하려고 노력했다는 점이다.

지금까지 식물해부학 역사의 중요한 시기가 이 기간(1800-1840)이라는 것을 충분히 살펴보았다. 19세기 초에 가졌던 식물 조직 구조에 관한 지식과 1840년 마이엔과 폰 몰이 같은 주제에 대해 가지고 있던 지식의 차이는 엄청나다. 한쪽이 불확실한 개념들 사이를 더듬는 것이라면, 다른 쪽은 성숙한 식물의 내부 구조를 완전히 설명하고 있다. 하지만 이 기간의 시작과 끝 사이의 이런 큰 차이에도 불구하고, 이 40년간의 노력을 연속된 역사적 발전 과정으로 검토할 필요가 있다. 또한, 1812년 몰덴하버의 기여와 1840년경 마이엔과 폰 몰의 연구 사이에 큰 간격이 있지만, 후자를 세기 초에 제기된 질문들을 해결한 것으로 보는 것이 옳다. 더욱이 1840년 이후, 슐라이덴과 네겔리가 등장하면서 돌연 새로운 관점이 드러났고, 식물해부학 연구에 새로운 목표가 제시되었다. 폰 몰의 가장 생산적인 연구는 그다음 20년에 걸쳐 이루어졌지만, 그는 이전 연구 경향에도 일관되게 중요한 기여를 했으며, 새로운 경향에 뒤처지지 않고 동등하게 참여했다. 1845년까지 폰 몰이 성취한 발견들은 구시대 식물해부학의 정점을 이루었다. 그의 발견들로 미르벨, 링크, 트레비라누스, 몰덴하버가 시작한 작업이 마침내 마무리되었다.

이 기간 최고의 목표는 성숙한 식물기관의 내부 구조에 관한 진실된 도식을 세우는 것이었다. 세포와 조직 형태의 다양성을 올바르게 이해하고, 그것들을 분류하고 이름을 붙이며, 이 이름들에 대한 잘 구상된 정의를 확보하는 것이 필요했다. 따라서 주로 성숙한 상태에서 세포막(벽)의 견고한 구조, 여러 기본 기관의 형태와 조직 구조, 벽 표면의 형태, 그리고 세포 공간들 사이의 구멍을 통한 연결 또는 닫힌 벽에 의한 분리에 관심이 집중되었다. 특히 처음에는 도관과 세포의 내용물에 대해, 그리고 해부학으로부터 유추할 수 있는 수액의 이동에 대해 활발히 논의했지만, 세포 내용물에 관한 신중한 후속 연구는 없었다. 세포벽으로 둘러싸인 내용물 중 특정 부분만이 식물세포에서 진정으로 살아 있는 몸체라는 것을 인식하지 못했다. 단단한 벽, 즉 전체 구조의 뼈대가 세포 구조에서 가장 중요한 것으로 여겨졌다. 그다음 시기가 되어서야, 역사적 발전으로 또 다른 관점이 등장했다. 그것은 식물 조직의 견고한 뼈대가 그 모든 중요성에도 불구하고 발생학적 의미에서 식물 생명현상의 부차적인 산물일 뿐이며, 진정한 세포 몸체, 즉 세포 원형질이 시간과 개념 면에서 우선하며 더 높은 지위를 차지한다는 관점이다.

미르벨은 1801년에 카스파르 프리드리히 볼프의 이론과 대체로 일치하는 세포 형성 이론을 세웠다. 그는 볼프와 마찬가지로 각 세포 공간이 단일 벽으로 이웃 세포와 분리된다고 생각했고, 새로운 관찰에 의존하여 유조직과 도관을 나누는 벽에 구멍들이 관찰된다고 주장했으며, 도관의 특성과 형성에 대한 몇 가지 새로운 견해를 제시했다. 이 이론의 핵심 사항들은 독일의 저명한 식물학 역사가이자 당대 가장 다재다능한 식물학자 중 한 사람인 슈프렝겔의 반대에 부딪혔다. 그는 1802년에 『식물의 이해를 위한 안내서(*Anleitung zur Kenntniss der Gewächse*)』라는 제목으로 장황하면서 친숙한 스타일의 저서를 출판했다. 그는 직접 현미경 관찰을 했지만, 이는 낮은 배율, 흐린 시야, 미흡한 시료준비를 드러낸 관찰이었다. 슈프렝겔은 세포-조직이 서로 소통하는 매우 다양한 형태의 공동으로 구성되어 있으며, 분할 벽이 일부는 뚫려 있고 일부는 존재하지 않는다고 말한다. 그는 콩 등의 식물의 떡잎에서 관찰한 녹말 입자를 물의 흡수로 팽창하면서 새로운 조직을 형성하는 소포(세포)로 간주했지만, 이러한 방식의 세포 형성으로 기관의 생장을 어떻게 이해해야 하는지는 설명하지 않았다. 슈프렝겔의 도관에 대한 설명은 매우 모호한데, 헤드비히보다 더 심하다. 그는 표피조직에 되돌이 도관이 있다는 헤드비히의 이상한 이론을 반박한 공로가 있다. 또한 그는 부수적이긴 하나 나선형 통로와 도관이 세포-조직에서 발생할 수 있다고 제안했다. 세포-조직[4]이 식물

4 [역주] 이 책 전반에 걸쳐 '세포-조직(cell-tissue)'이라는 용어가 사용되는데,

체에서 가장 어린 부분이기 때문이다. 그러나 그는 이 과정이 어떻게 또는 어디서 일어나는지 설명하려 하지는 않았다. 그는 말피기와 그루처럼 나선형 도관이 자체 벽이 없다고 생각했지만, 밀접하게 말린 나선형 실이 벽을 형성한다고 생각했다. 굵고 짧은 도관에서 일어나는 수축은 일종의 연동운동을 통해 나선형 실이 더 강하게 조여짐으로써 발생한 실제 수축으로 보았다. 이 잘못된 개념은 세기 초에 괴테를 포함한 많은 사람이 갖고 있었으며, 당시 유행했던 생기 개념과도 연결되어 있었다. 슈프렝겔이 명명한 기공(stomata)의 경우 두 개의 공변세포가 아니라 그루, 글라이헨, 헤드비히처럼 둥근 쿠션으로 이루어졌다고 보았다. 그는 이 구멍이 아침에 활짝 열리고 저녁에 닫힌다는 콤파레티(Comparetti)의 최초 관찰을 언급했다. 그러나 그는 기공을 흡수 기관으로 간주했다.

줄기와 도관에 관한 베른하르디의 해부학

슈프렝겔은 자신의 세포 형성 이론을 제시하면서 미르벨이 세포 내의 녹말 알갱이를 세포벽의 벽공으로 착각했다고 비난했다. 세포 이론과 생리학에서 특히 중요한 이 점에 대해, 1805년 베른하르디가 미르벨의 견해를 옹호하면서 미르벨처럼 숙련된 관찰자가 그렇게 큰 오류를 범할 가능성은 매우 적다고 지적했음에도 불구하고, 괴팅겐 상에 도전한 세 명의 후보들은 슈프렝겔을 따랐다. **베른하르디**[5]의 짧은 논문 〈식물 도관에 관한 관찰(Beobachtungen über Pflanzengefässe)〉(1805)

이는 세포 이론이 정립되지 않은 당시에 개별 '세포'와 그 집합인 '조직'의 구별이 확실치 않았기 때문이다. 특히 이런 구별의 애매함은 생장 중인 어린 부분에서 주로 관찰된 것으로 보인다.

5 Johann Jakob Bernhardi(1774-1850). 독일 에르푸르트 대학의 식물학 교수.

은 대체로 다양하면서 새롭고 정확한 관찰이 돋보이며, 선입견에 휘둘리지 않고 눈에 보이는 대로 사물을 받아들이는 단순하고 솔직한 설명으로 이루어진 작업이다. 그의 관찰은 말피기와 그루에서 젊은 몰덴하버까지의 전 기간 중 가장 뛰어났다. 그가 식물해부학 문제를 다루는 방법은 괴팅겐 상의 세 경쟁자보다 훨씬 더 목적에 부합했다.

앞서 언급한 작업에서 베른하르디는 도관뿐만 아니라 다른 형태의 조직도 다루며, 그것들을 이전보다 더 정확하게 구별하고 분류하려고 노력한다. 그가 동시대인들보다 잘한 점은 자신이 사용한 조직학 용어를 가능한 한 정확하게 정의하려고 했다는 점이다. 이는 식물해부학적 개념이 매우 모호한 상태였던 당시에는 큰 진전이었다. 그는 식물 조직의 세 가지 주요 형태인 속, 인피, 도관을 구별했다.

속(pith)은 그루가 명명한 유조직(parenchyma)을 의미하며, 아직도 그렇게 불린다. 그는 속 세포가 가시적인 구멍으로 뚫려 있는지 여부를 의문으로 남겼다. 인피(bast)라는 단어는 껍질부의 섬유뿐 아니라 목질부의 섬유 요소도 포함하며, 대체로 지금의 방추조직(prosenchyma)으로 알려진 것에 해당한다. 이는 베른하르디와 그의 동시대인들이 채택한 말피기의 견해와 매우 잘 일치한다. 즉, 인피의 내부 층이 나무줄기의 두께 증가를 위해 목질부의 외부 층으로 변한다는 것이다. 그러나 그는 목질부의 가장 안쪽 부분도 그런 식으로 형성되지는 않는다고 생각했다. 왜냐하면 이 부분은 어린싹에서 처음부터 형성되며, 이 새싹은 이미 실로 감긴 신성한 나선형 도관을 포함하고 있기 때문이다.

베른하르디는 도관을 통기관(air vessel)과 진정한 도관(vessel proper)의 두 가지 주요 그룹으로 구분했다. 그가 첫 번째 그룹을 통기관이라고 부른 이유는 그루가 그렇게 이름 붙인 이유와 같은데, 식물 생장기에 잠시라도 이들이 공기로 채워지기 때문이다. 이들은 목질부에서 발견되며, 닫힌 목질체가 없는 곳의 목질 다발은 도관과 이를 둘러싼 인피섬유로 구성된다. 베른하르디는 다음으로 이 도관들을 세 가지 주요 유형으로 나눈다. 그가 처음 발견한 고리형 도관(annular vessel), 풀어지는 띠를 가진 진정한 나선형 도관, 그리고 사다리꼴 도관(scalariform vessel)이 그것이다. 여기서 그는 양치류에서 발견되는 넓은 틈을 가진 도관뿐만 아니라 이차 목질부에서 벽공이 있는 도관도 포함했다. 베른하르디의 고리형 도관과 나선형 도관에 대한 개념은 완벽히 정확했으며, 그는 앞선 헤드비히의 개념을 언급하고 나서 이 개념과 정반대로 나선형 띠가 외부 막으로 둘러싸여 있다는 사실을 보여 준다. 하지만 이 사실은 이후에 링크, 슈프렝겔, 몰덴하버에 의해 부정되었다. 반면에 베른하르디는 사다리꼴 도관의 형태를 이해하지 못했다. 그는 점무늬 도관의 벽공을 진정한 사다리꼴 도관의 틈 사이의 가로 돌움에서 볼 수 있는 것처럼 벽의 두꺼워진 부분으로 여겼고, 틈은 닫혀 있다고 생각했다.

이러한 견해에는 많은 오류가 있었지만, 베른하르디는 통기관의 다양한 형태를 구별하려는 노력과 특히 나선형 도관이나 고리형 도관이 이차 목질부에서는 발견되지 않는다는 사실에 주목함으로써 이 주제를 명확히 하는 데 근원적으로 기여했다. 다양한 형태의 도관에서 보이는 유사성 때문에 많은 동시대인들은 이런 다양성이 진정한 나선형 도관의 변형이라고 오인했다. 베른하르디는 도관 하나의 내부에서 다양한 벽 형태가 발견되지만, 이는 나이가 들면서 변형되는 것이 아니라는 걸 보여 주었다. 관찰에 따르면 오히려 모든 종류의 도관은 어린 상태에서 그 특성을 부여받으며, 특히 가장 어린 사다리꼴 도관은 나선형 도관의 형태를 보이지 않는다.

베른하르디는 진정한 도관 아래에 독특한 액체로 채워진 모든 관 모양 형태, 즉 유즙 세포와 진정한 유즙 도관, 그리고 수지 도관 등을 포함시켰고, 그들의 분포와 수액 내용물에 대해 유익하고 여전히 가치 있는 많은 관찰을 했다. 그는 낮은 배율에서 다양한 액체 운반 도관의 구조 차이를 볼 수 없었고, 따라서 그는 주로 큰 수지 도관의 구조에 주목했으며 전반적으로 올바르게 이해했다.

식물에 이미 언급된 형태 이외의 다른 도관이 있는지 여부에 대한 의문을 가짐으로써, 베른하르디는 도관을 더 잘 정의하게 되었다. 즉, 끊어지지 않은 관 또는 통로를 도관으로 정의했으며, 동시에 인피 섬유가 도관인지 여부를 고려해야 했다. 그러나 그는 이 질문에 명확한 답을 내리지 않았다. 그는 슈프렝겔처럼 헤드비히의 표피조직의 되돌이 도관에 분명히 반대 입장을 밝혔으며, 후속 관찰자들이 어려움을 겪었던 유조직에서 세로 벽 세 개가 만나는 모서리의 진정한 특성을 이해했다는 점은 인정할 만하다.

도관 해부학 문제를 제시한 괴팅겐 상

베른하르디의 연구가 발표되기 전, 1804년 괴팅겐 왕립 과학 학회가 제안한 상의 주제는 당시 식물해부학의 문제점들이 내포한 불확실성을 매우 명확히 보여 준다. 따라서 루돌피의 『식물해부학(*Anatomie der Pflanzen*)』(1807) 서문으로 이를 자세히 소개하는 것이 좋겠다. "일부 현대 생리학자들이 다른 연구자 특히 구시대 관찰자들이 식물에 부여한 독특한 도관 구조를 부정하기 때문에, 새로운 현미경 조사를 수행하여 말피기, 그루, 뒤아멜, 뮈스텔, 헤드비히의 관찰을 확인하거나, 식물이 단순하고 독특한 섬유와 실(메디쿠스[Medicus]) 또는 세포와 관 조직(미르벨의 세포-조직)에서 기원하듯이 동물보다 더 단순한 고유 조직을 가진다는 것을 증명하는 것이 좋을 것이다. 그리고 다음과 같은 부차적인 질문에도 관심을 가져야 한다. (1) 발달 초기에 확실히 구별할 수 있는 도관의 종류는 몇 가지인가? (2) 나선형 도관(vasa spiralia)이라 불리는 꼬인 섬유의 속이 비어 있는가, 이들이 도관을 형성하는가, 아니면 이들이 닫힌 관을 만들 때 회전하는가, 한다면 어떻게 하는가? (3) 이러한 빈 관으로 액체 말고 기체도 이동하는가? (4) 사다리꼴 관은 꼬인 실들의 협착으로 생기는가(슈프렝겔), 아니면 이 실들이 관에서 기원하는가(미르벨)? 변재(alburnum)와 목질 섬유는 사다리꼴 관에서 기원하는가, 아니면 진정한 도관 또는 관 조직에서 기원하는가?"

유사한 많은 경우와 마찬가지로 이 경우에서도 그들은 문제를 잘 파악하지 못했을뿐더러 그 문제에 대해 논의해 온 내력도 이해하지 못한 채 주제를 던지고 있다는 것을 알 수 있다. 그렇지 않았다면 어떻게 뮈스텔과 메디쿠스의 의견을 말피기와 그루의 의견과 나란히 놓을 수 있겠는가? 만약 베른하르디나 미르벨이 문제를 설정했다면 더 잘 구성되었을 것이다. 앞서 언급한 베른하르디의 작업보다도 열등한 논문 세 개가 핵심 사항에서 서로 모순됨에도 모두 수상작으로 선정되었다. 2등을 차지한 트레비라누스의 논문은 그래도 다른 두 논문보다 확실히 더 나았는데, 루돌피의 논문보다는 훨씬 괜찮았다. 이 수상 소동은 당시의 식물해부학자들을 자극했고, 세 개의 수상 논문, 특히 트레비라누스의 논문을 미르벨이 철저히 비판하는 긍정적 효과를 가져왔다. 전문적 통찰력을 갖춘 미르벨은 그래도 트레비라누스의 논문이 가장 낫다고 인정했다. 링크의 논문은 1807년에 『식물해부학 및 생리학의 기본 교훈(*Grundlehren der Anatomie und Physiologie der Pflanzen*)』이라는 제목으로 출판되었고, 루돌피의 논문 역시 1807년에 『식물해부학(*Anatomie der Pflanzen*)』으로 출판되었는데, 모두 멋진 8절판 책으로 나왔다. 트레비라누스의 작업은 이미 1806년에 『식물의 내부 구조에 관하여(*Vom inwendigen Bau der Gewächse*)』라는 제목으로 출판되었다.

링크[6]와 루돌피[7]의 작업을 비교해 보면, 둘 다 상을 받았고 일반 식물해부학 및 생리학 교과서의 외양을 갖추고 있었지만, 두 작업 모두 사용된 단어와 관련된 개념을 명확하게 설명하지 않았고, 따라서 생각의 흐름이 항상 모호하고 흔들렸다. 하지만 두 사람이 모든 중요한 점에서 서로 반대 입장에 서 있다는 것, 그리고 대체로 링크가 옳거나 적어도 더 옳은 견해를 갖고 있다는 것을 쉽게 알 수 있다. 예를 들어, 루돌피는 균류와 지의류의 균사가 식물세포 조직과 닮지 않았기 때문에 균류와 지의류의 식물적 본성을 완전히 부인했고, 그들이 자연발생한다고 추정했다. 심지어 그는 Confervae(녹조류의 속)의 현미경 관찰에서조차 식물 구조와 일치하는 것을 볼 수 없다고 주장했는데, 이는 분명히 관찰을 잘못했거나 본 것을 제대로 이해하지 못했음을 말해 준다. 반면에 링크는 모든 엽상식물(Thallophyte)을 식물로 간

---

6 Heinrich Friedrich Link. 1767년 힐데샤임에서 태어나 1788년 괴팅겐에서 의학박사가 되었다. 1792년 로스톡에서 동물학, 식물학, 화학 교수, 1811년 브레슬라우에서 그리고 1815년 베를린에서 식물학 교수로 재직하다 1851년에 사망했다. 매우 다양한 분야에서 성공한 명석한 사람이었으나, 세부적인 관찰에 있어서는 정확성이 떨어졌기 때문에 주로 훌륭한 강사이자 자연과학에 관한 대중서의 저자로 평가된다. 식물에 관한 일반적 지식을 추구하여 해부학 및 생리학 연구를 식물계통학과 긴밀히 결합시킨 금세기 초 몇 안 되는 독일인이었다. 식물학, 동물학, 물리학, 화학 및 다양한 분야에 대한 수많은 논문 중에서도 그의 괴팅겐 수상 논문은 과학 발전에 가장 큰 공헌을 했다고 평가될 만하다. 폰 마르티우스(Von Martius)는 그의 *Gelehrte Anzeigen*(뮌헨, 1851) 58-69쪽의 'Denkrede auf H. F. Link' 부분에서 링크의 과학적 중요성을 다소 과대평가했다.

7 Karl Asmus Rudolphi. 1771년 스톡홀름에서 태어나 베를린에서 해부학 및 생리학 교수로 재직하다 1832년 사망함.

주했으며, 지의류와 균류의 균사가 세포로 구성되어 있고, 적어도 많은 조류에서 세포가 발생한다고 봤다. 루돌피는 볼프와 슈프렝겔의 세포-조직에 견해가 서로 정반대임에도 동시에 칭찬했고, 슈프렝겔의 이상한 세포 형성 이론을 수정 없이 채택했다. 반면 링크는 슈프렝겔의 이론에 반대하며, 슈프렝겔이 어린 세포로 착각한 소포가 녹말알갱이라는 근거를 보여 줬다. 동시에 그는 새로운 세포가 기존 세포들 사이에서 형성된다고 주장했다. 루돌피는 염색액이 세포들 사이에 퍼지는 것으로 보아 세포가 서로 연결되어 있다고 주장한 반면, 링크는 염색액을 머금은 세포들이 그렇지 않은 조직의 한 가운데 생기기 때문에 세포가 닫힌 구조라고 주장했다. 루돌피는 기공의 구멍이 둥근 테두리로 둘러싸여 있고, 그 구멍의 크기가 커지거나 줄어들기 때문에 주저 없이 이 테두리를 '닫는 근육(closing muscle)'으로 간주했다. 한편, 링크는 이 구멍을 둘러싸고 있는 부분을 세포 또는 세포군으로 간주하는 것이 더 적절하다고 봤다. 루돌피는 속이 빈 줄기와 수생 식물 조직의 큰 공동을 식물의 유일한 공기 통로로 간주했다. 링크는 이러한 공동을 세포 조직이 불규칙하게 생장해서 생긴 틈으로 설명했다. 루돌피에게 도관이라는 단어는 목질부의 도관 형태뿐만 아니라 유즙관과 수지관도 포함시켰으며, 목질부 도관을 설명하는 데 있어 말피기의 나선형 도관 구조에 대한 견해를 적용했다. 링크는 목질부의 관만을 도관이라고 지정하고, 다양한 도관 형태들을 나선형 도관이라는 용어 안에 포함했다. 그는 유즙관, 수지관 등을 도관의 개념에서 제외하면서도, 루돌피와 함께 식물에서 도관이 영양액을 운반하는 관이라고 가정했기 때문에 다소 일관성이 없다.

이 모든 모순에도 두 논문은 모두 줄기의 두께 생장을 설명할 때 오래된 말피기의 견해를 채택하고 있다. 이 견해에 따르면, 새로운 목질층은 인피의 내부 층에서 형성되며, 인피세포(여기서는 목질 섬유와 동일시됨) 사이에서 새로운 나선형 도관이 동시다발적으로 생기며, 링크가 분명히 말하듯이 인피세포들 사이에서 흘러나오는 수액에서 비롯된다.

이렇게 상충하는 두 논문이 어떻게 동시에 상을 받을 수 있었는지, 그리고 링크의 명확하고 잘 정리된 주제 설명과 자신의 관찰보다 오랜 권위에 더 의존한 루돌피의 무비판적 주장 사이의 큰 차이를 어떻게 간과할 수 있었는지 이해하기 어렵다. 링크의 훌륭한 작업도 베른하르디의 논문보다는 분명히 열등하다. 풍부한 세부 사항, 관찰의 수, 그리고 주제와 관련된 문헌 지식은 링크가 더 낫다고 할 수 있긴 하지만 말이다. 그리고 링크와 루돌피의 그림들은 베른하르디의 것만큼 우수하지 않다.

트레비라누스의 도관 벽공 형성 관찰

괴팅겐에서 심사위원들이 2등을 준 **트레비라누스**[8]의 작업은 경

8 Ludolf Christian Treviranus. 1779년 브레멘에서 태어나, 1801년에 예나에서 의학박사 학위를 받았고, 처음에는 고향에서 진료를 했으며, 1807년에는 라이세움에서 교사가 되었다. 1812년에는 링크가 떠난 로스톡의 교수직을 받아들였고, 브레슬라우에서도 그의 후임이 되었다. 1830년에는 본의 교수였던 C. G. 네스 폰 에젠베크와 직위를 교환했으며, 1864년에 그곳에서 사망했다. 초기에는 주로 식물 해부학과 생리학에 몰두했으며, 이후에는 종의 결정과 교정에 집중했다. 그의 첫 작품들은 본문에서 언급했는데, 1815년에서 1828년 사이에 출판된 꽃식물의 생기 생식에 관한 논문들은 역사적으로 가장 중요하다. 그의 두 권으로 된 『식물의 생리학(*Physiologie der Gewächse*)』(1835-1838)은 이 주제에 대한 정확한 문헌 정보를 제공한다는 면에서 여전히 가치가 있지만, 새로운 개념이 이미 주장되고 있는 시점에 낡은 견해와 특히 생기 개념에 집착했기 때문에 생리학의 발전에 기여했다고 말하기는 어렵다. 1864년 『식물학 저널(*Botanische Zeitung*)』 176쪽에 그의 생애에 대한 공지가 있다.

루돌프 트레비라누스

쟁자들의 것보다 훨씬 덜 포괄적이다. 스타일은 링크의 것보다 열등하며, 심지어 어색하다고 할 수 있다. 그러나 훨씬 뛰어난 그림으로 봤을 때, 트레비라누스가 더 정확한 관찰자였음을 즉시 알 수 있다. 그의 작업은 스타일은 열등하지만 발달과정에 주목한 덕분에 훨씬 더 높은 가치를 지닌다. 트레비라누스는 링크나 루돌피보다 이런 방식을 더 중요시했으며, 이는 나중에 폰 몰이 이론의 싹을 완성하는 데 필요했던 몇 가지 근본적인 식물해부학 문제에 대한 견해를 형성하게 했다. 트레비라누스의 세포-조직 형성에 관한 설명은 불행히도 주로 슈프렝겔을 따랐지만, 목질부의 구성과 도관의 특징에 대한 그의 관찰은 당시 현미경 수준에서 기대할 수 있는 만큼 훌륭하고 정확했다. 그는 유조직의 세포 간 공간이라는 가치 있는 발견을 했지만, 이 통로를 수액으로 채우고 그 이동까지 묘사하는 실수를 범했다.

트레비라누스는 목질 섬유가 소포들의 강력한 세로 방향 신장으로 생긴다고 생각했다. 그는 나선형 도관에서, 분리 가능한 나선형 실이 막으로 싸인 관 주위를 감고 있는 것이 아니라, 오히려 막이 이를 둘러싸고 있다는 베른하르디의 견해를 지지했다. 한편, 그는 베른하르디에 반대하여, 반점이 있는 도관 또는 구멍들이 있는 목질 관이 가짜 기관지(가도관) 또는 사다리꼴 도관과 구별된다고 주장했으며, 양치류에서 후자의 발생을 더 정확하게 설명했다. 그는 반점이 있는 도관의 벽공이 도톰한 샘물 테두리 모양에 둘러싸인 함몰부라는 미르벨의 견해를 거부하고, 이를 알갱이나 작은 구체로 설명했다. 이 실수에도 우리는 매우 중요한 진전을 발견할 수 있다. 그는 목질부에서 벽공이 있는 도관이 앞서 분열한 세포들에서 형성된다고 추측했을 뿐만 아니라, 그러한 도관들이 처음에는 사실 경사진 벽으로 나뉘어 있다가 나중에 이 벽이 사라진다는 것을 관찰을 통해 입증했다. 하지만 안타깝게도 그의 이 정확한 관찰은 목질부가 인피의 변형 결과이며, 곧 목질부의 도관은 연이어 배열한 뒤 상당한 길이 생장을 하는 인피섬유라는 낡은 생각에 동조함으로써 훼손되고 말았다. 도관 조직에서 경사진 접합 부위들이 점차 사라져도 각 도관 요소의 경계에는 경사진 자국이 남는다. 이 지점에 남아 있던 원래의 분리 벽들은 관이 넓어짐에 따라 사라져서 결국 서로 다른 도관 요소들이 연결된 관을 형성한다. 트레비라누스는 인접한 두 세포 사이의 벽이 사라지는 것을 설명하기 위해, 놀랍게도 해캄(Spirogyra)에서 접합관이 형성되는 것을 예로 들었다.

트레비라누스는 슈프렝겔, 링크, 루돌피가 주장한 다양한 종류의 도관이 진정한 나선형 도관에서 형성된다는 견해를 베른하르디와 마찬가지로 거부했다. 그는 양치류의 사다리꼴 관이 초기 단계에서는 나선형 도관이 아니라고 주장했으며, 가짜 나선형 도관(사다리꼴 관)의 특징적인 가로띠와 점박이 도관의 구멍들은 막으로 싸인 섬유 관의 벽 위에서 형성될 가능성이 크다고 생각했다. 마찬가지로, 그는 진정한 나선형 도관이 길고 얇은 벽으로 싸인 세포에서 기원하며, 그 안쪽 면에 나선형 띠가 형성된다고 보고, 어린 나선형 도관의 구성요소를 Jungermanniaceae(우산이끼류의 과) 포자 배출관(elaters)과 비교했다. 여기서 우리는 세포벽 두께 생장 이론의 첫 번째 명확한 실마리를 찾을 수 있다. 이 이론은 도관이 열 지은 세포들에서 유래한다는 이론과 마찬가지로 나중에 폰 몰이 더 발전시킨다. 논문의 끝에서, 트레비라누스는 민꽃식물, 외떡잎식물, 쌍떡잎식물의 조직학을 비교하는데,

그의 경쟁자들보다 더 잘 그리고 명료하게 다뤘다.

미르벨의 도관에 관한 설명

트레비라누스의 식물 조직에 관한 설명에서 발달과 관련된 부분은 전체적으로 미약했다. 그러나 **미르벨**[9]은 트레비라누스를 자신의 이론에 대한 가장 위험한 반대자로 인식했기 때문에, 독일 내의 다른 적수들인 슈프렝겔, 링크, 루돌피보다 트레비라누스에게 공개 서신을 보내어 자신의 견해를 방어했다. 이 서신은 1808년에 출판된 더 큰 작품의 첫 번째 부분인 '나의 식물 조직 이론에 대한 설명과 방어(Exposition et défense de ma théorie de l'organisation végétale)'로, 미르벨은 뛰어난 관찰 결과와 세련된 문체로 반대자들의 반박에 대응하고, 자신의 식물 조직 이론에 새로운 주장을 추가하려고 노력했다. 그는 자신의 이전 논문들에 많은 결함이 있음을 인정하면서도, 비평가들이 자신의 단편적인 표현에 불쾌해하지 말고 그의 체계를 전체적으로 논의해 주기를 요구했다.

---

9 Charles François Mirbel(Brisseau-Mirbel). 1776년 파리에서 태어나 1854년에 사망했다. 화가로 인생을 시작했으나, 데퐁텐(Desfontaines)에 의해 식물학 연구를 접한 후, 1808년에 프랑스 학술원 회원이 되었고, 곧이어 파리 대학 교수로 임명되었다. 1816년부터 1825년까지 행정 업무를 맡아 식물학 연구에서 멀어졌지만, 1829년에 국립 자연사 박물관(Museum of Natural History)에서 농업 교수로 재개했다. 미르벨은 프랑스에서 현미경을 이용한 식물해부학의 창시자였다. 그 이전에 프랑스에서 이루어진 연구는 독일에서 이루어진 작업보다 더 중요하지 않았다. 그의 저작물은 많은 논쟁을 불러일으켰고, 그는 교사로서 체계적인 식물학에 당시 부여된 중요성을 인정하지 않고, 학생들을 식물의 구조와 생명현상 연구로 이끌어 적을 만들었다. 밀느-에드워즈(Milne-Edwards)에 따르면, 그는 그에게 가해진 맹렬한 공격으로 많은 고통을 겪었으며, 결국 쇠약하고 무기력에 빠졌고, 사망하기 전에는 연구나 공식 업무를 계속할 수 없었다고 한다(『식물학 저널』, 1855년, 343쪽).

샤를 프랑수아 미르벨

미르벨의 식물 내부 구조에 관한 생각은 기본적으로 C. F. 볼프가 제시한 것과 같다. 가장 기본적인 생각은 모든 식물 조직이 동일한 조직에서 다르게 변형된다는 것이다. 세포 공동은 균질한 원래 물질(original matter)이 다양한 형태와 길이로 변형된 빈 공간일 뿐이며, 그루가 가정한 것처럼 이들을 결합시키기 위한 섬유 시스템이 필요하지 않다. 유일한 예외가 가도관인데, 트레비라누스의 훨씬 더 옳은 견해와 극명하게 대조되게도 미르벨은 가도관을 양 끝에서만 연결된 좁은 나선형 관으로서 조직 속에 삽입되어 있다고 생각했다. 이러한 세포-조직에서 수액의 교환이 어떻게 이루어지는지 묻는다면, 식물(세포)의 막(membranous)을 이루는 물질에 보이지 않는 수많은 구멍이 있어야 하며, 이를 통해 액체가 통과한다고 가정해야 한다고 했다. 그러나 실제로는 현미경으로 관찰할 수 있는 더 큰 구멍이 있는데, 이는 더 빠르고 강력한 통로가 된다. 미르벨은 식물의 액체가 어떻게 움직이는지에 대한 문제는 논의하지 않았으며, 당시 흔히 그랬던 것처럼 이러한 기계적 설명의 어려움을 무시하고 움직임의 요인으로 항상 생기력을 이용했다. 그는 자신이 구멍과 입자를 혼동했다고 한 슈프렝겔의 비난을 자신의 그림을 인용하여 강력하게 반박했다. 그는 빈 껍이 있는 도관이 벽 바깥쪽 돌출부에 각각의 구멍이 있다고 묘사했으며, 그의 반대자들은 단순히 이를 보지 못했다고 말했다. 이러한 돌출부가 도관 벽의 내부에 있는지 외부에 있는지는, 미르벨의 가정대로 분할 벽이 단일하다고 전제하면 의미가 없다. 그는 오로지 관통된 돌출부가 벽의 어느 쪽에 있는지에만 관심이 있었다. 그는 구멍의 존재를 부정한 트레비라누스에게 그가 직접 구멍에 해당하는 틈을 보았던 사다리꼴 도관에 대한 자신의 설명을 참조하라고 했다.

세부 사항에 관한 미르벨의 설명은 여기서 다루는 근본적인 질문들과 비교할 때 그다지 중요하지 않다. 그는 자신의 조직 이론 전체에 대한 견해를 잠언 형태로 제공했으며, 이는 그의 책에서 두 번째 부분을 차지한다. 그가 다섯 종류로 구분한 도관에 관한 모든 설명 중 가장 흥미로운 것은, 구멍이 많은 체와 같은 격막이 그가 제시한 '구슬 모양' 도관 요소들을 서로 분리한다는 진술이다. 그의 반대자들과 마찬가지로, 미르벨 식물해부학의 가장 취약한 부분은 진정한 도관(vasa propria)에 관한 설명이다. 그는 여기에 대극속(Euphorbiae)의 유즙세포와 구과식물(Coniferae)의 수지관(resin duct)을 포함했지만, 후자는 명확히 수지관 조직층 자체에 둘러싸인 통로로 보았다. 그는 책의 세 번째 부분을 이런 종류의 조직들에 할애했는데, 그는 많은 종류의 체세포(sieve cell) 다발뿐만 아니라 쐐기풀과 삼(대마)의 진정한 인피섬유도 자신의 진정한 도관 다발에 포함했다. 그의 반대자들과 마찬가지로, 그는 목본식물 줄기의 두께 생장이 인피 내부 층의 변형으로 인한 것이라고 했지만, 그는 이를 좀 더 현대적 이론에 가깝게 만들었다. 쌍떡잎식물의 생장 동안 목질부와 껍질의 경계에서 큰 도관이 있는 섬세한 조직이 발달하여 목질부의 질량을 증가시키는 한편, 그 반대편에 형성되는 느슨한 세포 조직층은 벗겨져 나가는 껍질 부위를 보충한다. '캠비움(cambium)'이라는 단어를 목질부와 나무껍질을 계속 생성하는 얇은 조직층(부름켜)이라는 의미로 알고 있는 나중의 식물해부학자들에게 미르벨의 모호한 두께 생장 개념은 그가 사용한 캠비움이라는 용어 때문에 더욱 모호해졌다. 그는 캠비움이라는 단어를 우리가 아는 그런 뜻이 아닌, 식물의 영양과 관련하여 고도로 '정제되고 정화된 수액'을 의미하는 데 사용했으며, 이 캠비움은 어떤 막이든 통과하여 자신의 길을 찾아간다고 한다. 그리고 캠비움 수액은 볼프의 이론에 따라 새로운 관과 세포를 생성하는 장소에 나타난다고 한다. 이때 세포는 처음에 작은 구체로, 관은 매우 가느다란 선으로 나타나며, 둘 다 확장하면서 점차 구멍, 틈 등이 나타난다. 이는 본질적으로 볼프의 이론인데, 미르벨은 나중에 더 강력한 현미경을 사용하여 대추야자 씨앗의 발아에서 그의 독일인 반대자들에게 이를 증명해 보이려 했다.

미르벨은 모든 형태의 식물 조직이 젊은 세포-조직에서 발달한다고 당대 독일인 식물해부학자 누구보다 더 강력하게 믿었는데, 이는 슈프렝겔이 제안한 아이디어이자 볼프의 이론이 미르벨에게 자연스럽게 스며든 결과다. 미르벨과 볼프 모두 끈기 있게 관찰하지 않았고, 관찰 결과를 해석하는 데 이론에 지나치게 의존해서 오랜 기간 지속적인 관찰을 요구하는 현상에 대해 너무 성급한 설명을 내놨다.

트레비라누스는 『식물생리학에 대한 기여(*Beiträge zur Pflanzenphysiologie*)』(1811)라는 책에 포함된 〈식물생리학에서 몇 가지 논란이 있는 문제에 관한 관찰(Beobachtungen im Betreff einiger streitigen Puncte der Pflanzenphysiologie)〉이라는 논문을 통해 미르벨의 논쟁에 다소 늦은 답변을 했다. 이 논문에서 그는 자신과 미르벨, 링크 등의 논쟁을 다시 한 번 다루고, 새로운 조사 결과를 갖고 자신의 견해를 뒷받침했다. 이 짧은 논문에서 트레비라누스는 몇 가지 중요한 의문들을 결정하는 데 한 걸음 더 나아갔다고 할 수 있다. 그는 테두리(유연)벽공(bordered pit)에 관한 많은 사실을 추가했으며, 이 주제에 관한 그의 견해는 이제 미르벨의 견해에 더 가까워졌다. 그는 식물세포가 종종 서로 분리될 수 있는 소낭 구조임을 지적했고, 구과식물에서도 속 근처에 진정한 나선형 도관이 존재함을 발견했으며, 이끼 포자 캡슐에서 기공을 발견하는 등 여러 새로운 것들을 발견했다. 그가 슈프렝겔에게 빌린 세포 형성 이론과 관련해서, 그는 콩의 떡잎에 있는 녹말 입자가 새로운 세포를 생성하지 않고 사라지지만, 이들이 용해되어 발아하는 식물의 다른 부분에서 새로운 세포를 형성하기 위한 유동 물질로 사용된다고 지적하며 슈프렝겔의 이론을 포기하면서도, 이 이론의 직접적인 증거로 Hydrodictyon[10]에서 고니디아(gonidia, 무성생식세포)의 기원과 새로운 그물 구조의 발달을 인용했다.

몰덴하버의 옥수수, 도관 관찰을 위한 모델 식물

미르벨과 그의 독일인 반대자들은 대부분 말피기, 그루, 헤드비히, 볼프의 추론적 아이디어 안에서 움직인 반면, 트레비라누스의 관찰은 새로운 시각을 열었음을 인정해야 한다. 그러나 몰덴하버[11]는 이미 1812년에 그의 중요한 저서 『식물해부학에 대한 기여(*Beiträge zur Anatomie der Pflanzen*)』에서 이러한 오래된 견해를 훨씬 뛰어넘었다. 그는 처음부터 이전의 의견들에 비해 더 독립적인 입장을 취했다. 그는 확실히 성능이 좋은 도구로 매우 상세하고 다양한 체계적인 관찰을 했으며, 자신이 본 것에 따라 관점을 정했고, 명백한 우월감으로 이전 견해를 세밀하게 비판하면서 관련 문헌과 다양한 식물해부학적 경험에 관한 면밀한 지식을 드러냈다. 그는 문제의 요점을 단단히 잡

---

10 [역주] 그물 모양의 녹조류.

11 Johann Jakob Paul Moldenhawer. 킬 대학의 식물학 교수. 1766년 함부르크에서 태어나 1827에 사망.

고, 각 문제를 진지한 조사와 풍부하고 명확한 논의로 다루었다. 그의 도해는 그가 수행한 조사와 사용한 도구가 우수했음을 입증하며, 1812년까지 그려진 최고의 도해임이 분명하다. 그가 주제를 다루는 방식과 그의 도해는 그가 직접 실행하지 않았음에도 불구하고 여러 면에서 폰 몰을 상기시킨다. 사실, 폰 몰의 방식에서 몰덴하버가 보인다고 말하는 것이 더 정확하다. 특히 폰 몰의 초기 저작에서 몰덴하버에 대한 큰 존경심을 보인 것을 볼 때, 폰 몰이 몰덴하버의 『기여』를 통해 식물해부학 작업에 요구되는 진지함과 신중함을 처음 배웠음을 부인할 수 없다.

몰덴하버의 식물생리학 연구는 중요한 실용적 개선을 가져온 것으로 평가받는다. 그는 처음으로 식물 부위를 물에 담가 부패시킨 후 이를 분쇄하고 해부하여 세포와 도관을 분리한 사람이다. 이런 방법은 현대에 많이 사용하지는 않지만, 여전히 몰덴하버가 보였던 신중함과 주의 깊은 접근 방식을 유지한다면, 특히 슐체 용액(Schulze's solution)과 함께 사용할 때 유리하다. 물에 갈아서 식물의 기본 기관(조직)[12]을 분리하는 몰덴하버의 방식은 두 세포의 분할이 단일 벽이라고 가정한 미르벨과 직접적인 대립을 가져왔다. 몰덴하버는 추출 후 세포와 도관이 닫힌 관과 주머니로 남아 있음을 관찰함으로써 살아있는 식물에서 모든 세포 공간 사이의 벽은 막 층 두 개로 구성되어야 함을 발견했다. 그는 이것이 매우 얇은 벽을 가진 유조직 세포에서도 마찬가지라고 분명히 언급한다. 이 결과는 누군가 세포-조직 발달 과정에서 그 벽이 원래 한 층이었다는 결론을 내리거나 높은 확대율

12 [역주] 이 책이 쓰인 시기에는 아직 '세포-조직-기관'의 구조적 계층 개념이 명확하지 않았던 것으로 보인다. '조직'을 의미하는 용어로 '기관'을 주로 사용하고 있다.

을 통해 벽 한 층이 나중에 분리되는 과정을 증명하지 않는 한 불가침으로 남을 것이다. 식물체를 갈아서 얻은 결과에 근거한 견해가 참된 견해는 아니지만, 볼프와 미라벨의 견해보다 성숙한 상태의 세포벽에 더 가까운 것이었고, 기본 기관의 형태와 벽의 형상을 더 정확하게 연구할 수 있게 되었다. 1809년 링크는 종종 끓여서 세포를 분리했으며, 1811년 트레비라누스는 자연 상태에서 유세포를 분리할 수 있다고 지적했지만, 그들 중 누구도 이러한 관찰을 체계적으로 활용하지 않았고, 몰덴하버는 도관과 목질 세포를 처음으로 분리한 공로를 독점했다. 그러나 대개 그렇듯이 그는 자신의 시료준비 방법으로 원하는 결과를 항상 얻지는 못했다.

몰덴하버의 연구는 사실 식물해부학의 모든 것을 포함하지만, 그는 한 종, 즉 옥수수를 지속적으로 사용했다. 이것이 논의할 모든 문제의 출발점이 된다. 옥수수에서 얻은 결과는 많은 다양한 식물을 비교할 때 탄탄한 근거를 제공한다. 이러한 접근 방식은 연구와 교육 모두에 적합했는데, 옥수수 식물을 그의 연구 목적으로 선택한 것은 특히 월등한 아이디어였다. 이전의 식물해부학자들은 일반적으로 쌍떡잎식물의 줄기를 주 대상으로 삼았으며, 단단한 나무와 복잡한 껍질을 선호했지만, 이런 식물을 연구하는 데는 현대의 숙련된 관찰자도 많은 어려움을 겪는다. 가끔 관찰자들은 낮은 배율에 적합한 큰 세포와 도관이 있는 조롱박 줄기를 선택했지만, 많은 어려움으로 유의미한 결론을 얻지 못했다. 외떡잎식물과 관다발 민꽃식물은 상대적으로 무시되었다. 몰덴하버가 빨리 자랄 뿐 아니라 단순한 구조의 매우 큰 세포-조직을 가진 외떡잎식물인 옥수수를 주요 연구 대상으로 삼음으로써, 그는 이전보다 더 많은 것을 더 명확히 이해할 수 있었다. 그는 이 식물에서 섬유성 기본 기관(조직)이 도관 다발과 결합해 있으며, 이를 둘러싸고 있는 큰 세포들로 구성된 유조직과 명확히 구분된다는 중요한 사실을 발견했다.

이로 인해 도관 다발의 독특한 특성이 다른 조직 형태와 대비되어 두드러지게 나타났다. 이는 이전 식물해부학자들이 조직학적 연구에서 기본적으로 껍질, 목질, 속으로 구분한 데 비해, 주로 관다발과 유조직의 대조를 강조한 것으로, 식물해부학자들이 고등식물의 조직학을 이해하는 데 큰 도움이 되었다. 성숙한 쌍떡잎식물 줄기의 껍질, 목질, 속을 조사하는 사람들에게는 외떡잎식물과 양치식물의 구조가 비정상적이고 독특하게 보일 수 있지만, 몰덴하버와 같이 외떡잎식물의 관다발에서 특별한 조직학적 체계를 인지한 사람들에게는 유사한 체계를 쌍떡잎식물에서도 찾을 수 있는 길이 열리기 마련이며, 목질부와 껍질부의 이차 생장 현상을 관다발의 일차적인 존재로 귀결시킬 수 있다. 몰덴하버가 실제로 이 길을 열었으며, 그는 추출한 관다발의 구조와 위치로 쌍떡잎식물 줄기의 생장을 설명할 수 있었다(『기여』 49쪽 등). 그러나 그는 그루에서 미르벨까지 받아들였던 말피기의 목본 줄기의 두께 생장 이론을 거부했다. 베른하르디와 트레비라누스도 의심하려 했지만, 몰덴하버야말로 목질부의 바깥층이 인피의 안쪽에서 유래하지 않는다는 것을 명확히 거부한 첫 번째 인물이었으며, 그는 또한 나중에 정확한 이차 두께 생장 이론을 뒷받침하는 실질적인 기반을 제안했다(35쪽). 이 오래된 오류를 제거한 것은 매우 중요한 업적으로서, 그의 다른 보는 기여와 무관하게 식물학 역사에서 명예로운 위치를 보장해야 한다.

하지만 빛에는 그림자가 따르기 마련이며, 그의 세심한 관찰과 신중한 판단에도 그는 한 가지 편견과 그로 인한 악영향을 겪었다. 몰덴하버는 마쇄해서 추출한 식물의 기본 기관(조직)을 갖고, 살아 있는 식물에서 이들이 어떻게 단단히 결합하는지를 이해해야 하는 난제에 직면했다. 그 이후에 폰 몰과 샤흐트(Schacht) 등도 그랬듯이, 그는 특별한 연결 매개체가 있어야 한다는 결론에 도달했다. 하지만 그는 세포를 감싸고 있는 매질 또는 세포들을 연결하는 결합물질에 대한 개념을 제시하지 못한 채, 잘못된 관찰에 근거해서 그루의 실 조직을 곧바로 상기시키는 아주 이상한 이론을 제시했다. 이러한 이론은 너무 성급하게 수용되어서 나중의 관찰을 방해한다. 그는 세포와 도관이 매우 섬세한 섬유의 네트워크로 둘러싸여 결합되어 있다고 생각했다. 일부 경우에서는 실제로 이러한 섬유를 보았다고 믿었으며, 물이끼(Sphagnum)의 세포에서 두꺼워진 띠를 이런 방식으로 해석했다. 더 이상한 것은 그가 세포와 도관에서 두꺼워진 세로 및 가로 모서리를 이러한 실로 여겼다는 것이다. 그가 세포와 도관을 감싸는 그물 모양 실로 구성된 이런 상상의 구조물에 오랫동안 다른 의미로 사용된 '세포-조직'이라는 용어를 부여함으로써, 그 이론이 초래한 부정적 인상은 더욱 강화되었다. 한편, 그는 유조직 자체를 '세포 물질'이라고 불렀는데, 다행히도 아무도 이를 인정하지 않았다. 이는 몰덴하버가 식물해부학에 기여한 큰 공로에 흠이 되었다.

몰덴하버의 『식물해부학에 대한 기여』는 두 부분으로 나뉜다. 첫 번째 부분은 나선형 도관을 둘러싼 부분을 다루고, 두 번째 부분은 나선형 도관 자체를 다룬다.

옥수수 줄기에서 관다발 구성요소의 위치와 전체적인 형태는 그의 책 첫 번째 부분이 잘 설명하고 있다. 관다발 전체는 매우 두꺼운 섬유세포들의 외피로 둘러싸여 있고, 각 세포는 자체 막으로 완전히 닫혀 있으며, 이들은 쌍떡잎식물의 인피 그리고 목질부의 섬유 요소와 유사하다고 정확하게 기술되어 있다. 분할된 목질 세포와 목질부의 유조직 세포가 열 지어 배열한 것도 간단히 언급했다. 그는 많은 관다발에서 후벽조직(sclerenchyma)의 외피 세포와 진정한 인피 및 목질 섬유를 섬유관이라는 이름 아래 포함했으며, 구과식물에서는 후자가 없다고 말했다. 그는 포도나무 새싹을 예로 들어 껍질부와 인피의 이차 두께 생장을 설명했으며, 이 예에서 그는 속의 외피와 나선형 도관을 정확히 구분했다. 초본 쌍떡잎식물에서는 관다발이 인피 부분과 목질 부분으로 구성되어 있으며, 진정한 목본식물에서 단단한 목질부의 형성은 이러한 개별 관다발의 목질 부분이 결합한 것이라고 설명했다.

몰덴하버는 유조직성 세포-조직을 논하면서, 슈프렝겔과 트레비라누스의 견해인 '오래된 세포의 과립성 내용물에서 새로운 세포가 기원한다'는 언명을 강력하고 정당한 근거로 거부했다. 그는 또한 볼프와 미르벨의 이론도 반대했는데, 특히 미르벨에 반대하여 횡단면상에서 그들 사이에 분할 선이 보이지 않더라도 섬유관들의 분리가 가능하다고 주장했다. 그는 얇은 벽을 가진 유조직이나 두꺼운 벽의 유조직 모두에서 분할 벽이 이중이며, 세포막(벽)이 완전히 닫혀 있다고 생각했다. 그는 86쪽에서 계속해서 "이러한 관찰에서 세포 물질(cellular substances)은 서로 밀폐된 원형, 타원형, 또는 더 길쭉하거나 거의 원통형인 닫힌 관들로 구성되며, 이들은 상호 압력에 의해 벌집의 방들처럼 규칙적이거나 다소 불규칙한 각진 형태와 평평한 형태를 취한다는 것을 알 수 있다. 이러한 분리된 세포의 집합체는 (이것 그가 분명히 옳나) 조직과는 아무런 공통점이 없으며, 따라서 세포-조직이라는 단어는 세포 모양의 관으로 구성된 세포 물질이라는 용어보다 덜 적합해 보인다."라고 말했다. 그는 또한 세포벽(막) 구멍의 존재에 대한 미르벨의 생각을 거부하면서, 수액의 이동에 그런 것들이 필요하지 않다고 지적했다. 세포벽(막)의 다공성에 대한 미르벨과 반대자들의 논쟁은 동시에 표피의 기공에까지 확장되었다.[13] 이 표피의 틈은 단순한 막으로 생각되는 표피에 나 있는 구멍으로 여겨져 왔다. 몰덴하버는 기공의 구조를 더 면밀히 조사해서 이 기관에 대해 최초로 정확한 설명과 도해를 제시했는데, 특히 구멍이 이전 관찰자들이 믿었던 것처럼 단순한 경계로 둘러싸여 있는 것이 아니라 두 세포 사이에 위치하며, 따라서 미르벨이 상상한 것처럼 세포벽에 그냥 구멍이 나 있는 것이 아님을 보여 주었다. 여기서 덧붙여 말하자면, 미르벨은 나중에 기공을 짧고 넓은 털로 간주했지만, 아미치는 1824년에, 트레비라누스는 1821년에 횡단면을 관찰해서 실제 구조를 입증했으며, 폰 몰은 나중에 이를 철저히 조사했다. 몰덴하버는 또한 이때 기공이 교대로 열리고 닫히는 기능을 연구했는데, 이는 사실 콤파레티가 처음 관찰한 것이며, 당시 독일 식물해부학자들 사이에서 많이 논의되었고, 현대에도 반복적으로 연구되고 있는 주제다. 이 모든 논의는 세포벽의 함몰 문제와 관련이 있지만, 몰덴하버는 그 진정한 본질을 명확히 이해하지는 못했다.

몰덴하버에게, 그리고 그의 선배와 많은 후배 연구자들에게도 '특이 도관(vasa propria)'으로 알려진 독특한 도관들은 일종의 난관이었다. 단지 내용물의 유사성만을 보고 매우 다른 종류의 형태들을 이 이름 아래 포함시킨 것이 잘못이었다. 옥수수 식물의 관다발에 있는 부드러운 인피는 매우 잘 설명하고 나서 파초속(Musa)의 유즙관을 언급한 다음, 박주가리류의 유즙세포는 제대로 설명하지 못한 채 애기

13 기공에 대해 1812년 이후까지 제기된 의문점들에 대해서는 폰 몰의 『덩굴식물과 기어오르는 식물들(*Ranken und Schlingpflanzen*)』(1827) 9쪽을 참조하시오.

똥풀속(Chelidonium)의 유즙관에 대한 좀 더 나은 설명이 이어진다. 그는 이 모든 '특이 도관'을 관들의 끝과 끝이 서로 연결된 세포성 도관(cellular vessels)으로 간주했지만, 그는 이들에서 테레빈유(turpentine) 관을 명확히 구분하고, 소나무에서 테레빈유 관의 정확한 그림을 제공했다. 그러나 그는 (관)세포 열 내부에 어떤 막이 있어서 그 관들이 만드는 통로 안쪽을 덮고 있다고 가정했다. 마지막으로 그는 파초속과 수련속(Nymphaea)의 예시에서 세포 물질의 틈이라고 여겨지는 세포 간극으로 넘어간다. 그는 트레비라누스가 유조직을 가로지르는 좁은 간극을 관찰한 것은 특별히 언급하지 않았다.

몰덴하버의 작업 두 번째 부분에서는 옥수수 식물의 관다발에서 발견되는 모든 도관을 나선형 도관이라는 용어에 포함했지만, 그는 이들의 다양한 형태를 잘 구분했고, 특히 베른하르디가 이미 보여 준 것처럼, 하나로 연결된 같은 도관이라도 서로 다른 부위에서 고리와 나선형이 나타난다는 것을 강조했다. 도관을 분리하여 관찰함으로써 그는 그것들이 서로 다른 길이의 관들로 구성되어 있다는 것을 이전의 관찰자들보다 더 잘 볼 수 있었다. 또한 그는 도관을 형성하는 얇은 닫힌 막의 존재를 상당히 길게 설명했지만, 헤드비히와 마찬가지로 그는 여기서 두꺼운 부분을 바깥쪽에 위치시켰다. 그는 폰 몰과 슐라이덴이 그 후에도 그랬던 것처럼 테두리(유연)벽공의 난제를 극복하지 못했다. 다른 경우와 마찬가지로, 이러한 구조들의 진정한 특성을 처음 파악한 것은 (도관의) 발달학 덕분이었다(샤흐트, 1860).

서론에서 언급했듯이, 몰덴하버는 1800년부터 1840년까지의 기간 중 첫 번째 부분을 마무리한 인물로 볼 수 있다. 이는 그가 그때까지 제기된 대부분의 의문들을 어느 정도 해결했기 때문만이 아니라, 그의 작업이 1812년에 출판된 후 몇 년 동안 식물해부학에서 기록할 만한 실질적인 진보가 없어서이기도 하다. 키저(Kieser)가 그의 『식물해부학의 기초(*Grundzüge der Anatomie der Pflanzen*)』(1815)에서 식물해부학 전체 주제에 대한 체계적인 설명을 시도했지만, 이는 단지 당시 자연철학의 무의미한 문구를 논하는 것이었고, 표피조직에 림프관이 존재한다는 헤드비히의 학설과 같은 중대한 오류를 부활시켰으며, 이끼가 녹조류 가닥들로 구성되어 있다는 황당한 주장을 했다. 반면에, 1821년에 출판된 트레비라누스의 다양한 저서들은 특히 표피와 관련된 질문들에 있어서 식물해부학의 내용을 풍성하게 했고, 1823년에 아미치는 식물의 세포 간극에 수액이 아니라 공기가 들어 있으며, 도관도 주로 공기를 운반한다는 발견을 했다. 1812년에서 1830년 사이에 발표된 미르벨, 슐체, 링크, 투르핀(Turpin) 등의 후속 저작들은 생략하기로 한다. 우리의 관심은 이 주제를 다룬 문헌들에 대한 설명이 아니라 실질적인 진보의 증거에 있기 때문이다.

마이엔과 폰 몰은 1830년부터 연구를 시작했다고 할 수 있으며, 이후 10년 동안 식물해부학의 주요 권위자로 자리 잡았다. 미르벨이 1835년에 발표한 우산이끼(Marchantia polymorpha)와 호박속(Cucurbita)의 꽃가루 형성에 관한 연구결과도 훌륭하긴 했지만 말이다. 트레비라누스의 『식물생리학(*Physiologie der Gewächse*)』(1835-1838)처럼 정교한 연구도 두 사람의 연구에 비하면 권위가 낮다고 할 수 있다. 트레비라누스의 작업은 전체 식물해부학을 포괄한 동시에 세부사항을 잘 다뤘음에도 1812년 이전의 관점에서 주제를 제시하고 있기 때문이다. 이 작업은 주제에 충실하면서도 다른 관찰자들의 많은 유용한 작업들을 참고하고 있지만, 새로운 정신으로 무장한 폰 몰의 식물해부학 연구가 1828년부터 발표되면서 시대에 뒤떨어지게 되었다.

마이엔과 폰 몰은 모두 1830년부터 1840년까지 식물해부학의 주요 대표자라고 할 수 있지만, 과학사에서 이 둘의 중요성은 매우 다르다. 현시점에서 봤을 때 마이엔의 작업은 역사적 의미 이상의 가치를 부여하기는 어렵지만, 1828년부터 1840년 사이 폰 몰의 초기 연구는 구식이 아니라 현재 지식의 원천이며 식물해부학을 연구하고자 하는 사람은 아직도 여기서 영감을 얻어야 한다. 마이엔은 스스로 많은 연구를 수행했으며, 그의 관찰은 괴팅겐 수상자들뿐 아니라 심지어 몰덴하버보다도 더 뛰어나지만, 그의 견해는 괴팅겐 수상자들로 대표되는 사고 범위 안에 완전히 갇혀 있었다. 한편, 폰 몰에게 이러한 사람들의 식물해부학적 견해는 처음부터 따라야 할 모범이 아니었다. 폰 몰은 몰덴하버, 트레비라누스와는 완전히 독립적인 입장을 취했지만, 미르벨의 권위에서 완전히 벗어나는 데는 확실히 더 오랜 시간이 걸렸다. 이러한 이유로, 그리고 마이엔의 연구가 1840년 그의 이른 죽음으로 중단된 반면, 폰 몰은 식물해부학을 발전시키는 데 30년을 더 기여했기 때문에, 먼저 마이엔의 해부학 연구를 살펴보도록 하겠다.

마이엔의 식물해부학

마이엔[14]은 엄청난 수의 저작물로 주목받는다. 1826년, 그는 22세의 젊은 나이에 〈액체를 통한 생명현상의 초기 단계에 관하여(De

14 Franz Julius Ferdinand Meyen. 1804년 틸지트에서 태어나 1840년 베를린에서 교수로 있다 사망했다. 그는 처음에 약학을, 그 후에는 의학을 공부했으며, 1826년에 학위를 취득한 후 몇 년 동안 의사로 활동했다. 1830년에 A. 폰 훔볼트의 지시를 받아 세계 일주를 떠났고, 1832년에 많은 수집물을 가지고 돌아왔다. 그는 1834년에 베를린에서 교수가 되었다. 그의 생애에 관한 기사는 1845년 『식물상』 618쪽에 실려 있다.

프란츠 마이엔

primis vitae phenomenis in fluidis)〉라는 논문을 썼고, 2년 뒤에는 식물세포의 내용물에 관한 해부학적 및 생리학적 연구를 출판했다. 그는 1830년 『식물해부학 교과서(*Lehrbuch der Phytotomie*)』를 출판했는데, 모든 주제를 자신의 연구를 기반으로 작성했으며, 당시로서는 매우 아름답게 구현된 동판 13개에 많은 도해를 포함했다. 그의 저술 작업은 1830년과 1832년 사이 세계 일주 항해로 잠시 중단되었지만, 생애 마지막 4년(1836-1840)은 다시 놀랍도록 생산적이었다. 그 많은 작업에 어떻게 시간을 할애했는지 이해하기조차 어려운데, 1836년에 그는 식물해부학과 생리학의 최신 발전에 관한 논문을 출판했다. 이 논문은 319쪽 분량에 도해 22개가 있는 4절판 책으로, 하를럼의 테일러 학회(Teyler society in Haarlem)에서 상을 받았다. 잘 그린 도해에 스타일은 숙련되었지만, 작업의 내용은 다소 피상적이었다. 1년 뒤(1837년)에는 그의 『식물생리학의 새로운 체계(*Neues System der Pflanzenphysiologie*)』 1권이 나왔고, 1839년까지 두 권이 더 나왔다. 이 책들 또한 새로운 관찰과 도해가 풍부하다. 이 당시(1836-1839) 그는 식물생리학 분야의 연구결과에 대한 상세한 연례보고서를 작성했으며, 1837년에 분비기관에 관한 논문으로 상을 받았고, 1836년에는 식물지리학의 개요를 출판했다. 1840년에는 결실과 다중 배 발생에 관한 논문이, 1841년에는 식물병리학에 관한 유작이 나왔다. 이렇게 1836년과 1840년 사이에 세상에 선보인 작업의 수는 부분적으로 그 이전에 준비되었더라도 전례가 없을 정도로 많아 그가 사실들 자체뿐 아니라 이들의 연관성을 숙고할 시간이 분명히 없었을 것이다.

마이엔의 저작을 연구하면 그가 종종 새로운 견해를 제안하거나 다른 사람의 주장을 거부하거나 수용하는 데 있어 너무 성급했음을 알 수 있다. 스타일은 명확하고 유창하며, 진정한 과학 정신이 활기차지만, 표현은 종종 부정확하고, 아이디어도 종종 미성숙하며, 근본적으로 중요한 점들이 때때로 중요하지 않거나 부차적인 문제들로 인해 간과된다. 이러한 결점들은 성급한 생산의 결과이기에, 다른 눈에 띄는 공로만큼은 인정해야 한다. 마이엔은 식물해부학의 모든 질문을 열린 마음으로 대했고 어떤 것도 놓치지 않았으며, 자신의 주제를 전체적으로 연결된 명확한 일반적 관점으로 제공하고, 독자가 모든 방향에서 길을 볼 수 있게 하여 식물해부학과 식물생리학을 더 광범위한 과학자 집단이 접근할 수 있게 만드는 것을 목표로 삼았다. 그의 아름다운 도해도 마찬가지로 칭찬을 받을 만하다. 이 도해들은 이전 식물해부학 작업에서처럼 일부가 아닌 조직 전체를 보여 주어, 다양한 조직 체계의 배치와 상호 관계에 대한 통찰을 얻을 수 있게 했다. 마이엔의 1830년 도해와 비교했을 때 1836년 도해의 우수성은 매우 두드러지는데, 사실 두 경우 모두 같은 현미경과 220배의 동일한 배율을 사용했다.

마이엔이 식물해부학 발전에 독자적으로 기여한 바를 알아보기 위해서는 그의 1830년 저서 『식물해부학(*Phytotomie*)』을 참조해야 한다. 이후 저서, 특히 1837년에 출간된 『식물생리학의 새로운 체계』에서는 폰 몰의 초기 세밀한 연구들을 참조했을 수 있기 때문이다. 이러한 폰 몰의 연구는 실제로 그의 견해에 영향을 미쳤으나, 마이엔은 폰 몰을 경쟁자이자 반대자로 간주했고, 자신을 트레비라누스와 링크뿐만 아니라 키저와 같은 사람들과 동등한 위치로 보았다. 그리고 그의 후기 서서들에서는 폰 몰의 과학적 공로를 인정하지 않으려 했으며,

근본적인 중요성을 간과했다. 이는 1830년 저서에서도 마찬가지로 나타나는데, 마이엔은 종종 몰덴하버를 비판하면서 동시에 몰덴하버에 반대하는 링크의 권위를 추켜세우려 했다. 『새로운 체계』 1권 첫 페이지에서 링크를 '독일 식물생리학의 창시자'로 헌정한 것을 보고 놀라지 않을 수 없다. 한 과학자의 과학 전반에 관한 입장은 동시대인과 선배들의 공로에 대해 그가 해온 평가로 가장 간단하고 명확하게 정의할 수 있다. 지금까지 언급한 내용으로 마이엔이 괴팅겐 수상 논문의 아이디어 범위에서 활동했고, 몰덴하버와 폰 몰이 열어 놓은 관점의 중요성을 명확하게 인식하지 못했음을 알 수 있다. 그러나 독자적으로 작업한 마이엔이 자신의 연구 방향에서 링크보다 훨씬 앞서 나갔다는 것은 인정해야 한다.

우리가 마이엔의 전기를 작성한다면, 그의 작품들로 그의 견해가 명확하고 정확하게 발전해 나가는 과정을 보여 주어야 한다. 하지만 본 식물학 역사책에서는 식물해부학의 문제들에 관한 그의 개념이 얼마나 독창적이었는지를 보여 주는 것으로 충분하다. 이는 1830년에 출간된 그의 『식물해부학』에서 가장 명확히 드러나며, 우리는 이 저서를 기반으로 역사적 조사를 할 수 있다. 왜냐하면 이 책에서의 견해가 7년 후에 나온 『새로운 체계』 1권의 견해와 대체로 일치하고, 후속 출판물의 자세한 검토는 마이엔과 폰 몰의 과학적 관계에 대한 장황한 논의로 이어질 수 있기 때문이다. 여기서 중요한 것은 과학자로서 마이엔의 성격을 평가하는 것보다, 1830년 당시 폰 몰이 식물해부학에 적용하기 시작했으나 아직 큰 영향을 미치지 못했던 시기에, 열정과 능력으로 식물 구조에 대한 견해를 형성한 한 인물이 어떻게 연구했는지를 보여 주는 것이다. 이를 통해 우리는 주로 폰 몰과 부분적으로는 미르벨이 지난 10년 동안 이룬 진보를 평가하는 기준을 얻을 수 있을 것이다. 마이엔의 책을 평가할 때, 그가 겨우 25세에서 26세 사이에 이 책을 썼다는 점을 잊지 말아야 하며, 젊은 나이에 이룬 뛰어난 업적이라는 점을 기억해야 한다.

마이엔은 식물의 기본 기관 형태를 세 가지로 구분했다. 세포, 나선형 관, 수액 도관이다. 그는 유사한 기본 기관들이 결합하여 체계를 형성한다고 했으며, 따라서 세포 체계, 나선형 관 체계, 수액 도관 체계(도관 체계)가 있다고 말했다. 이러한 분류에서 마이엔이 몰덴하버 이전에 형성된 아이디어를 얼마나 긴밀하게 따르고 있는지 바로 알 수 있다. 이 세 체계의 확립은 퇴보로 볼 수 있는데, 몰덴하버는 이미 관다발과 세포-조직을 명확히 구분했기 때문이다. 마이엔은 각 체계를 자세히 논의하면서 이들이 어떻게 함께 묶였는지 보여 준다. 그는 세포-조직의 특성 형태 차이에 큰 비중을 두었고, 이를 위해 특이조직(merenchyma), 유조직(parenchyma), 전조직(prosenchyma), 측조직(pleurenchyma)이라는 이름을 도입했다. 그는 이러한 것을 규칙적인 세포-조직이라 불렀으며, 세포의 형태가 기하학적 몸체와 같다고 보았다. 이것은 Fuci(갈조류의 속), 지의류, 균류의 불규칙한 조직과 대조되는 것이다.

마이엔은 고형의 세포 구조물과 관련하여 세포 내용물을 별도의 장에서 논의했는데, 이는 그의 후속 작업에서 볼 수 있는 확실히 진보한 모습이다. 여기서 제일 먼저 용액에 포함된 물질을, 그다음에 조직화한 구조의 과립체를 설명했는데, 이 과립체에는 녹말 알갱이, 엽록체 같은 것뿐만 아니라 꽃가루의 정자 세포와 세포벽 내부에 돌출된 두꺼워진 물질 층, 예를 들어 Jungermannieae(우산이끼류)의 나선형 띠와 여러 유사한 형성물도 포함했다. 그는 식물세포 내의 결정체를 상세히 설명하고, 최종적으로는 세포 내용물(즙)의 움직임을 논의하며, 코르티(Corti)가 관찰한 Characeae(녹조류 차축조과)의 (세포질) 회전 운동과 다른 수생 식물에서의 비슷한 움직임을 언급했다. 세포 간극(intercellular spaces)을 언급한 장에서도 1812년에 비해 상당한 진보를 보여 준다. 마이엔은 이것을 세포-조직에서 세포의 결합으로 인해 형성된 공간이라고 불렀다. 여기서 진정한 세포 간 공기 통로는 분비물 저장소, 수지 통로, 고무 통로, 기름 통로와 구별된다. 수생 식물에서 발생하는 큰 공기 통로와 간극은 세 번째 형태의 세포 간극이다. 참나무의 목질부에서 세포-조직으로 채워진 공기 통로는 분명히 전충체(塡充體, thylosis)로 알려진 물질로 채워진 도관이다. 그는 조직 내 세포의 형태가 상호 압력으로 결정된 것이 아니라고 생각하면서, 세포의 이상적인 기본 형태가 마름모십이면체여야 한다는 키저의 견해를 거부하지만, 세포의 형태와 현무암 기둥 형태(주상절리) 사이에 중요한 유사성이 있다고 생각했다.

나선형 관 체계를 언급할 때 마이엔은 가장 먼저 나선형 섬유에 대해 논의하는데, 그는 이 섬유가 세포 사이에 분리되어 나타나거나 세포 내부에도 나타난다고 말한다. 이는 베른하르디와 트레비라누스의 설명보다 수준이 명백히 낮다. 마이엔은 225쪽에서 나선형 관은 나선형 섬유가 원통형 또는 원뿔형의 몸체를 형성한 뒤 이를 얇은 막이 둘러싸면서 완성된다고 언급한다. 그는 고리 모양, 그물 모양, 그리고 점선 모양의 도관을 변형된 나선형 관으로 함께 묶는다. 이러한 형태에 대한 그의 설명은 이들이 시간에 따라 변태가 일어난다고 가정한 루돌피와 링크의 견해를 따르지 않는 한 이해하기 어렵다. 그가 나중에 자신의 『새로운 체계』 1권 140쪽에서 이것이 오해라고 해명하지만, 그의 진정한 의도는 여전히 불분명하다. 변태론이 초래한 불명확성은 기관의 형태학에서 그랬던 것처럼 식물해부학에서도 오해를 일으켰다. 마이엔은 목질부에서 줄무늬가 있거나 벽공이 있는 도관만이 공기를 운반하며, 진정한 나선형 도관은 수액을 운반한다고 말한다. 미르벨이 이미 주장했고 트레비라누스가 일부 관찰했듯이, 마이엔은 도관이 세포에서 형성된다는 것을 암시하지만 완전히 확신하지는 않았다.

마이엔은 '식물의 순환계' 항목에서 다양한 형태의 유액기관(laticiferous organs)을 다룬다. 그는 이 체계가 식물의 가장 수준 높은 산물이라고 보고, 슐츠와 함께 유액(젖) 또는 생명 수액이 혈관 내의 혈액처럼 지속적으로 순환한다고 확신했다. 그는 유액기관의 경로를 간략하게 설명하지만, 유액의 특성과 이를 함유하는 용기의 구조에 더 많은 관심을 가졌다. 이들 일부는 세포 융합으로 형성되고, 다른 일부는 세포 간극을 말하며, 또 다른 일부는 길고 분지된 세포라는 사실을 마이엔, 그리고 심지어 1860년까지의 식물해부학자들도 알지 못했다.

이처럼 마이엔의 『식물해부학』의 요약 내용을 보면, 그의 시대 이전에 달성한 것과 비교했을 때 놀랍게도 진보와 후퇴가 혼합되어 있음을 알게 된다. 표피가 단일 막이 아니라 세포층으로 구성되어 있다는 트레비라누스의 견해에 동의하면서도, 마이엔은 기공을 이루는 공변세포를 큐티클 샘으로 오인하는 큰 실수를 저지르며, 기공의 구멍은 부차적인 중요성을 가진다고 여겼다. 더욱 놀라운 것은, 이미 2년 전 폰 몰이 유조직의 구멍이 실제로는 얇은 점이라고 밝힌 사실을 마이엔은 그의 책 120쪽에서 대놓고 거부했고, 외려 세포벽이 여러 구멍들을 표면의 융기로 취급했다는 것이다.

마이엔은 후기 저서인 『새로운 체계』 1권에서 식물해부학에 대한 상세한 설명을 제공하는데, 이는 우리가 지금까지 검토해 온 책에서 전개된 체계와 대체로 일치하며, 예상대로 많은 오류를 수정하고,

많은 새로운 관찰을 제시하며, 이전 지식보다 많은 진보과정을 소개한다. 우리는 그의 이러한 후기 견해를 더 자세히 다룰 예정인데, 여기서 마이엔이 그의 동시대인들보다 세포 내용물에 더 많은 관심을 가졌고, 특히 유동 운동에 관한 여러 관찰을 했다는 점을 주목할 필요가 있다. 그러나 그는 그 기저를 이루는 원형질의 특수한 성질을 인식하지 못했다. 그는 한때 균질하다고 여겼던 세포벽이 나중에는 미세한 섬유로 구성되어 있다고 믿었는데, 이는 정확하지만 불충분한 관찰에 근거한 견해였으며, 나중에 폰 몰과 네겔리가 수정했다.

마이엔과 그의 중요한 동시대인인 폰 몰처럼 동일한 과학을 추구하는 두 사람 사이에 이보다 더 뚜렷한 대조는 상상하기 어렵다. 마이엔은 연구자보다는 작가에 더 가까웠던 반면, 폰 몰은 오랜 연구 생애에 비해 글을 적게 썼고, 신중한 조사를 마친 뒤에만 글을 썼다. 마이엔은 현미경 관찰대상이 주는 전체적인 인상에 더 주의를 기울였으나, 폰 몰은 이를 거의 신경 쓰지 않고 항상 기본적인 구조적 관계와 진정한 내적 연관성에 집중했다. 마이엔은 빠른 판단을 내렸지만, 폰 몰은 오랜 조사 후에도 종종 판단을 미뤘다. 마이엔은 비판적이지 않으면서도 항상 반대하는 경향이 있었으나, 폰 몰은 그의 창의성에 비해 비판 능력이 훨씬 더 강했다. 마이엔은 중요한 문제를 결정적으로 해결하기보다는 다양한 현상을 밝혀내려고 했는데, 말하자면 원자료를 축적했다. 반면 폰 몰은 처음부터 식물세포 구조를 가능한 한 깊이 파고들고, 모든 해부학적 사실을 동원해 일관된 체계를 구성하려고 했다.

폰 몰의 식물해부학

우리는 이미 이 시기와 이후의 시기에서 **휴고 폰 몰**[15]이 이룬 탁월한 업적을 살펴봤다. 주로 이미 연구된 식물해부학적 문제들에 몰두하면서, 그는 셀룰로오스(cellulose)의 고형 체제(즉, 세포벽)를 특히 철저히 조사하여 이 주제에 대한 선구자들의 작업을 완성했다. 그는 이후 네겔리가 착수한 발달 연구를 위한 견고한 기초도 마련했다. 폰 몰은 이전의 식물해부학자들처럼 구조적 관계에 관한 연구를 생리학적 질문과 연결했지만, 크고 명확한 차이점이 한 가지 있다. 그는 가시적 구조에 대한 해석이 생리학적 관점에 의해 방해받지 말아야 한다는 것을 결코 잊지 않았다. 따라서 그는 완벽한 생리학적 지식을 주로 해부학적 연구에 구체적인 방향을 제시하고, 기관의 구조와 기능의 연관성을 설명하는 데 이용했다. 다른 어떤 식물해부학자도 생리학적 연구와 해부학적 연구의 진정한 관계를 폰 몰만큼 잘 이해하고 실질

---

15 Hugo Mohl(나중에 von Mohl로 불림). 1805년 슈투트가르트에서 태어나 1872년 튀빙겐에서 식물학 교수로서 생을 마감했다. 그의 아버지는 뷔르템베르크 정부에서 중요한 공직을 맡고 있었다. 정부에서 일한 로버트 몰, 동양학자 율리우스 몰, 정치경제학자 모리츠 몰이 그의 형제들이다. 그는 12년 동안 다닌 슈투트가르트 김나지움에서 고대 언어를 주로 공부했지만, 일찍이 자연사, 물리학, 기계학에 관심을 보였고, 이러한 주제에 개인적으로 몰두했다. 1823년 튀빙겐에서 의학을 공부하기 시작하여 1828년에 학위를 취득했다. 이후 그는 뮌헨에서 슈랑크, 마르티우스, 주카리니, 슈타인하일과 교류하며 몇 년을 보내며 야자수, 양치식물, 소철에 관한 연구를 위한 풍부한 자료를 얻었다. 1832년 베른에서 생리학 교수가 되었고, 1835년 슈뵐러의 사후 튀빙겐에서 식물학 교수가 되어, 다양한 초청을 거절하고 죽을 때까지 그곳에 머물렀다. 그는 결혼하지 않고 과학에 헌신한 다소 고독한 삶을 살았으며, 그의 삶은 단순하고 평온한 편이었다. 그는 식물학의 모든 부분에 정통했으며, 많은 다른 주제에 대한 철저한 지식을 가지고 있었다. 그는 진정한 자연의 연구자이자 능숙한 조사자였다. 그의 삶에 대한 드 바리의 매우 유쾌한 스케치는 1872년 『식물학 저널(*Botanische Zeitung*)』 31호에서 찾아볼 수 있다.

휴고 폰 몰

적으로 활용하지 못했다. 폰 몰은 그의 선구자들 특히 마이엔을 오해에 빠지게 했던 것처럼 식물해부학을 생리학과 완전히 분리하거나, 둘을 과도하게 혼합하는 것을 똑같이 반대했다.

현미경에 대한 폰 몰의 비범한 기술적 지식은 그의 해부학 연구에 많은 도움을 주었다. 그는 자신이 직접 렌즈를 연마하고 조립했는데, 이는 당시 최고의 렌즈와 비교할 만한 수준이었다. 1830년과 1850년 사이에는 식물학자 대부분이 그러한 지식이 거의 없었던 반면, 폰 몰은 특정 현미경의 실질적인 장점을 간단한 논문으로 설명하면서 편견을 제거하고, 급기야는 1846년 『미크로그라피(*Mikrographie*)』에서 현미경 관리에 관한 자세한 지침을 제공하기까지 했다.

그의 정신적 자질은 더 중요한데, 1830년부터 1850년까지의 식물해부학 연구가 필요로 하는 요구에 더 잘 맞는 인물을 상상하기 어려울 정도다. 사람들이 부정확한 관찰에 기초해서 공상적인 이론을 세우던 시기에, 고디쇼(Gaudichaud)는 볼프와 뒤 프티-투아르 방식으로 식물의 목질 부분의 두께 증가를 다시 설명했고, 데퐁텐(Desfontaines)의 내생 및 외생 줄기 생장에 관한 설명이 여전히 통용되었다. 미르벨은 새로운 관찰과 아름다운 그림으로 자신의 오래된 세포 형성 이론을 뒷받침하려 했으며, 슐츠 슐젠슈타인(Schulz Schulzenstein)의 가장 황당한 유액관(laticiferous vessels) 관련 이론들이 파리 아카데미에서 상을 받았다. 슐라이덴의 세포와 수정에 대한 성급한 견해가 큰 외적 성공과 함께 등장했을 때, 폰 몰은 정확한 관찰로 돌아갔고, 신중하게 작성한 모노그래프에서 사려 깊지 못한 이론들의 근원을 제거했으며, 동시에 진지한 후속 연구를 도출할 확실한 사실들을 대량으로 밝혀냈다. 이러한 이론들은 이제 역사적 관심만을 가질 뿐이지만, 폰 몰의 동시대 작업들은 여전히 유용한 관찰의 풍부한 보고서이며 명확한 설명의 진성한 보범이 되고 있다.

그의 저작들은 모든 분야의 식물학 지식과 그 보조 분야에 관한 철저한 탐구의 산물이었다. 그는 단지 이 방법으로 지식을 습득했을 뿐만 아니라, 이해력도 단련했다는 것을 그의 첫 연구에 대한 놀라울 정도로 정밀하고 명확한 설명에서 알 수 있다. 자연철학과 그 왜곡된 형태로서 괴테의 변태론이 여전히 번창하던 시기에, 폰 몰은 어린 나이에도 놀라운 평정심과 선입견 없는 태도로 연구주제에 접근했다. 이는 그의 친구 웅거(Unger)가 처음에는 그 흐름에 완전히 휩쓸렸다가 나중에야 진정한 귀납적 탐구의 견고한 기초에 도달한 것과 비교할 때 더욱 주목된다.

그가 젊은 시절 경험했던 자연철학의 터무니없음과 정도를 벗어나는 특이성으로 인해, 폰 몰은 모든 철학에 반감을 가졌다. 이는 그가 튀빙겐에서 자신이 주도해 철학부와 분리한 자연사 학부를 개설하는 연설에서 보여 주듯이, 그는 셸링과 헤겔의 교리에서 나오는 형체 없는 산물이 곧 철학이라고 생각한 것으로 보인다. 철학적 추상에 대한 폰 몰의 반감은, 정확한 관찰에서 도출된 신중한 결론일지라도 그것이 광범위하게 조합된 포괄적 이론이면 혐오감을 드러냈던 그의 경향과 분명히 연결되어 있다. 폰 몰은 일반적으로 개별 사실의 확립에 만족했으며, 추상적 결론을 도출해도 실제로 본 것에만 국한했다. 예를 들어, 세포벽의 두께 증가 이론에서 자신의 정확한 관찰 결과로 새로운 이론을 주장할 수 있음에도, 그는 신중하게 자제하고 더 대담한 이론가들이 나중에 조사해야 할 문제를 암시하는 데 그쳤다. 그 대표적인 사례는 편광된 빛으로 세포막(벽)을 연구할 때였다. 폰 몰의 과학적 연구는 상상력이 좀 부족하지만, 확고한 발판을 제공하기 때문에 부족함은 충분히 보상된다. 1844년 이전 식물해부학자들의 저술에서 폰 몰의 저술로 넘어가면, 우리는 한 가지 지배적인 인상, 즉 안전성이라는 인상을 받는다. 그의 설명이 매우 자연스럽고 거의 필연적으로 진실처럼 보이기 때문에 관찰자가 정확하게 보았을 것이라는 느낌이 들며, 그가 가능한 모든 의문을 스스로 언급하고, 제거할 수 없는 의문은 그대로 두는 점에서 더욱 그렇다. 이러한 점에서 폰 몰의 스타일은 몰덴하버의 스타일과 유사하지만, 폰 몰은 몰덴하버에게 부족했던 점에서는 장인 수준에 도달했다.

폰 몰이 관찰 결과에 대한 포괄적인 추상화와 철학적 사색에 가졌던 반감은, 그가 40년 이상 식물해부학에 전념했으면서도 자신의 연구주제를 관통하는 보편적 이론을 제시하지 않았다는 사실과 명백히 연관되어 있다. 저술가로서 그의 노력은 주로 당대의 문제나 문헌들에서 제안된 질문과 관련된 모노그래프에 국한했다. 이런 작업에서 그는 어떤 문제에 대해 발표된 모든 것을 수집하고 비판적으로 검토한 다음, 질문의 핵심에 도달하여 자신의 관찰로 그 문제에 답하려고 했다.

관찰을 위해 그는 이전의 식물해부학자들, 특히 몰덴하버를 제외하고는 별로 주목하지 않았던 가장 적합한 관찰대상을 찾아냈다. 그는 이러한 대상을 철저히 연구한 다음, 더 큰 난제를 내포하는 다른 연구를 위한 길을 닦았다. 이런 종류의 모든 모노그래프들은 이후 더 많은 관찰 결과를 모을 수 있는 핵이 되었다. 그는 이러한 긴 여정의 견고한 연구로 식물해부학의 중요한 질문들에 해답을 제시했다.

그가 비상한 신중함을 갖춘 차분한 관찰자였음에도, 폰 몰 역시 적어도 초기 몇 년 동안 몇 가지 심각한 실수를 피할 수 없었다. 예를 들어 1836년 그의 첫 번째 세포 간 물질 이론과 1834년 꽃가루 세포막(벽)의 특성에 대한 초기 견해에서 나타난 실수들이다. 재능 있고 진정으로 귀납적인 탐구자도 범하는 이런 오류들을 보면, 이론적 기초작업 없는 관찰은 불가능하다는 심리학적 사실을 보여 주기 때문에 교훈적이다. 관찰자가 어떤 현상을 사진 용지에 그림을 찍듯이 관찰할 수 있다고 생각하는 것은 환상이다. 감각적 인식은 이미 관찰자가 형성한 견해, 즉 선입견과 무의식적으로 연결된다. 이러한 오류를 피할 수 있는 유일한 방법은 이러한 선입견을 뚜렷이 의식하는 것이며, 그들의 논리적 적용 가능성을 테스트하고 명확히 정의하는 것이다. 폰 몰이 세포 간 물질 이론을 세웠을 때, 그의 마음속에는 볼프와 미르벨이 식물세포 구조에 대해 가지고 있던 종류의 막연하고 약간은 의식적인 생각들이 떠돌고 있었다. 그리고 꽃가루 세포막(벽)이 세포층으로 구성되어 있다고 여겼기 때문에, 그는 그것의 불분명한 구조적 관계를 당시 매우 불분명한 세포 개념으로 요약했다. 항상 추가 관찰의 결과를 추구하고 그 도움으로 자신의 생각을 명확히 하며 모든 견해에 상대적 가치를 부여하는 진정한 자연 연구자로서, 폰 몰은 곧 이러한 오류에서 벗어나 자신의 이전 의견이 부정확했음을 입증했다. 그는 매우 많은 조사에 참여했음에도 그의 작품에서 실제로 잘못된 진술의 수는 놀랄 만큼 적다.

폰 몰이 식물해부학의 발전에 기여한 부분을 살펴보면, 그의 과학 경력을 두 시기로 나눌 수 있다. 첫 번째 시기는 1827년부터 1845년경까지다. 1845년 이전까지는 폰 몰이 모든 경쟁자들보다 뛰어난 식물해부학자로 인정받았으며, 그의 권위는 매년 커져만 갔다. 이 시기는 1845년 그의 『잡문집(*Vermischte Schriften*)』 출판으로 끝났다고 할 수 있다. 그때까지 세포막(벽)의 고형 체제에 관한 연구가 식물해부학자들의 주된 관심사였으며, 이 분야에서는 폰 몰과 견줄 수 있는 사람이 없었다. 그러나 그는 1830년 이후 곧 식물 발달을 연구하기 시작했다. 1833년 그는 다양한 민꽃식물에서 포자의 발달을 설명했고, 1835년에는 조류에서 세포분열에 의한 세포 증식을, 1838년에는 기공 형성에서 세포분열을 설명했다. 이 시기에는 미르벨의 꽃가루 세포 형성에 대한 첫 번째 관찰(1833)이 등장했다. 폰 몰도 1806년과 1811년 트레비라누스의 도관의 기원에 대한 다소 불완전한 기록을 제외하면, 이러한 기관의 발달을 설명한 최초의 인물이었고, 그의 세포막(벽) 비후화 이론은 1828년 세포-조직의 구멍에 대한 논문에서 세운 원리였다. 이것은 세포막(벽) 구조를 발달의 관점에서 이해하는 방식이라고 할 수 있다.

1838년 이후 슐라이덴은 식물 발달 연구에 집중했지만 세포 형성에 대한 완전히 잘못된 이론을 제안했는데, 폰 몰은 이전의 훨씬 더 나은 관찰에도 최소한 처음에는 이 이론에 동조했다. 이러다 1842년 이후에야 네겔리가 식물세포 및 조직 체계와 외부 기관의 발달 연구에서 더 완성도 있는 결과를 얻게 되었다. 그가 식물해부학 연구에 새로운 요소를 도입하면서 기존에 조사한 질문들조차도 다른 방식으로 다루어야 한다는 것이 곧 명백해졌다. 폰 몰은 이런 새로운 방향을 무시하지 않았으며, 세포 형성 이론의 새로운 질문과 관련된 일련의 훌륭한 연구를 완료했다. 그중 가장 중요한 것은 아직도 인용하고 있는 그가 명명한 원형질의 특성에 대한 연구였다. 1851년 바그너의 생리학 사전에 실린 그의 논문 〈식물세포(Die Vegetabilische Zelle)〉에서 폰 몰은 현대 세포 형성 이론을 훌륭하게 설명했다. 그러나 이 모든 것, 그리고 그가 계속 누려 왔던 큰 권위에도 불구하고, 그는

1845년 이전처럼 식물해부학 분야를 이끄는 지도자는 더 이상 아니었다. 관찰자로서 그의 열정은 일관되게 성숙한 식물의 구조에서 보이는 그 고형 체제에 매료되었지만, 그의 가장 중요한 연구들 대부분은 세포 내용물에 관한 연구였다.

폰 몰은 1831년에 출간한 『야자나무의 해부학(*Anatomic der Palmen*)』에서 조직의 일반적인 모습을 묘사하는 데 많은 시간과 필요 이상의 공을 들였으나, 그의 현미경 도면은 전체적인 인상보다는 개별 세포의 미세 구조와 이들의 구성을 쉽게 이해시키기 위해 가능한 한 단순한 선을 사용하여 그렸다. 그는 이후 샤흐트가 도입한 현미경 그림, 즉 원본을 예술적으로 복원해서 과학에 장난치는 것 같은 그림들을 항상 경멸했다. 그의 후반부 출판물에서는 어려운 구조도 말로 명확히 설명하는 능력이 향상되면서 삽화를 더 적게 사용하거나 아예 생략하기도 했다.

폰 몰의 과학적 활동은 너무나 광범위해서 독자에게 모두를 명확히 설명하기가 쉽지 않다. 여기서는 그의 과학사적 중요성을 이해하는 데 필요한 주요 연구결과들을 요약하는데, 주요 식물해부학적 질문과 무관한 논문은 생략하고 식물의 고형 체제와 관련된 그의 해부학적 논문들만 다루겠다. 역시 중요한 그의 발달학 연구는 다음 장에서 다룰 질문들과 연관 지어 살펴보도록 한다. 그리고 1845년 이전뿐 아니라 그 이후 거의 현재에 해당하는 연구들도 다루도록 한다.

❶ 도관은 세포에서 유래하다. 세포가 식물 구소의 유일한 기본 요소라는 관점은 이미 슈프렝겔과 미르벨이 주장했지만, 정확한 관찰로 뒷받침되지는 않았다. 트레비라누스도 목질부의 도관이 세포와 유사한 관의 나열로 형성된다는 것을 보여 주었지만, 명확한 개념을

얻지는 못했다. 한쪽에서는 식물이 전적으로 세포로 구성되어 있다는 이론이 있었고, 다른 한쪽에서는 오랫동안 유지되어 온 이상한 견해, 즉 나선형 실이 식물 구조에서 독립적인 기본 기관이라는 견해가 있었다. 이는 마이엔이 1830년까지도 여전히 유지했던 견해다. 폰 몰은 인피와 목질부에 있는 섬유 요소뿐만 아니라 그동안 길게 자란 세포로 여겼던 목질부의 도관도 세포에서 형성된다는 매우 중요한 입장을 처음으로 밝힌 사람으로 봐야 한다. 이 점에서 나열한 닫힌 세포에서 도관이 형성되는 것을 처음 관찰한 사람이 폰 몰 자신이라는 주장을 인정할 만하다. 그는 자신의 야자나무 줄기의 구조에 관한 논문(1831)에서 이 결정적인 관찰을 명확히 설명하고 있다. 도관의 수축 지점에서 그는 이전의 모든 식물해부학자들이 부정했던 분할 벽(dividing walls)을 보았다. 그는 "이 분할 벽들은 식물의 다른 막(벽)과 완전히 다르며, 섬유 그물망으로 형성되어 있고, 그 사이에 구멍이 있다."라고 말한다. 그는 야자나무와 쌍떡잎식물에서 이러한 도관의 발달을 연구했다. "어린싹에는 나중에 큰 도관이 형성될 부분에 투명하고 매우 섬세한 막으로 구성된 완전히 닫힌 큰 원통형 관이 있다."라고 그는 말한다. 그는 그 후 이러한 관의 내부에서 도관 벽에 점차 고유한 구조가 형성되는 과정을 보여 준다. 그리고 트레비라누스와 베른하르디도 주장했듯이, 시간에 따라 한 형태의 도관에서 다른 형태로 변환되는 것은 전혀 문제되지 않는다고 말한다. "분할 벽(가로 격막)은 도관의 측면 벽과 정확히 같은 방식으로 형성된다. 단지 원래의 섬세한 격막은 일반적으로 섬유 그물망에서는 사라진다."라고 그는 계속한다. 이 이후로 제대로 된 식물해부학자는 목질부의 도관 형성에 관한 이 견해를 의심하지 않았다. 하지만 폰 몰이 세포가 식물 구조의 유일한 근본이라는 생각을 중요하게 여기면서, 한편으로는 유즙관(milk vessel)과 다른 분비관들이 세포에서 어떻게 형성되는지로 연구를 확장하지 않은 것은 상당히 의외다. 폰 몰은 1851년에 출간한 식물세포에 관한 논문에서 여전히 유즙관이 서로 융합한 세포의 열에서 형성된다는 웅거의 주장을 의심하며, 오히려 1846년 『식물학 저널』 833쪽에 있는 익명 저자의 견해, 즉 이들 도관이 세포 조직의 틈을 따라 형성된 막이라는 견해를 따랐다. 슐츠 슐첸슈타인(Schultz Schultzenstein)이 1824년 이후에 작성한 이른바 생기 액(vital sap)과 그에 따른 순환에 관한 여러 논문의 주장을 반박하는 과정에서 폰 몰은 이와 유사한 기관들을 검토할 흥미를 잃었을 것이다. 슐츠의 1833년 에세이 『생명 수액의 순환에 관하여(*Über die Circulation des Lebenssafter*)』는 터무니없는 내용으로 가득한데도 파리 아카데미에서 상을 받았다.

❷ 세포벽의 구조 세포막(벽)의 비후화와 이로 인한 벽 구조물 형성은 폰 몰 저작에서 다루는 주요 주제였다. 그는 1828년 그의 첫 번째 저서 『식물 조직의 구멍들(*Die Poren des Pflanzengewebes*)』에서 이론의 주요 핵심 요소들을 발전시켰다. 그가 세포벽의 비후화를 어떻게 표현했는지를 다음과 같이 정리할 수 있다. 식물의 모든 기본 기관은 원래 매우 얇은 벽으로 완전히 닫혀 있는 세포인데, 조직 내에서는 이들이 두 층으로 이루어진 벽으로 분리된다.[16] 이러한 기본 세포벽의 둘레 확장이 멈춘 뒤에는, 새로운 벽 물질 층이 내부에 형성되며, 이들은 서로 겹쳐져서 밀착하여 선체직으로 이차 두께 생장 층을 구성한다. 이렇게 두께가 증가한 벽의 내부에는 보통 다른 성질을 가진 심

16 그러나 폰 몰은 『식물학 저널』(1844) 340쪽에서 이를 의심했다.

차 층이 관찰될 수 있다.[17]

하지만 원래 세포벽에는 두께 생장이 일어나지 않는 명확히 정의된 특정 지점이 있다. 이러한 지점에서 세포는 여전히 기본 벽에 의해 경계가 형성된다. 이 얇은 지점들은 벽공(pits)이라 부르며, 미르벨 그리고 때로 몰덴하버가 (그냥 뚫린) 구멍으로 착각했던 곳이다. 하지만 폰 몰은 벽공의 얇은 기본 벽이 재흡수되는 매우 예외적인 경우에만 실제 구멍으로 변한다고 보았다. 이 이론에 따르면 나선형, 고리형, 그리고 그물 모양의 도관은 원래 부드럽고 얇은 세포벽의 내부에 각 경우에 적합한 형태로 두께 물질이 침착됨으로써 생성된다. 그러나 슐라이덴이나 다른 식물해부학자들과 마찬가지로, 폰 몰도 성숙한 테두리(유연)벽공의 기원이나 형성 방식에 대해 완전히 명확한 견해를 갖지는 못했다. 그는 두 층의 분할 벽이 특정 지점에서 서로 분리하면 그들 사이에 렌즈 모양의 공간이 형성되는데, 이 공간이 벽공의 외부 테두리에 해당하고, 내부 테두리는 일반적인 벽공 형성의 결과라고 가정했다. 하지만 이러한 견해는 발달과정의 측면에서 봤을 때 실제로 부정확한 관찰에서 비롯된 것이었다. 이런 실수는 폰 몰에게는 드문 경우다. 테두리벽공의 실제 형성 과정은 1860년 샤흐트에 의해 처음으로 설명되었다.

앞서 언급했듯이, 마이엔은 그의 1837년 『생리학의 새로운 체계』 1권 45쪽에서 세포벽은 나선형으로 감긴 섬유로 구성된다고 말했다. 폰 몰은 1836년에 빈카(Vinca)와 협죽도(Nerium) 식물에서 특정한 긴 섬유세포의 구조적 관계를 기술한 적이 있는데, 이 경우는 일

17 처음에 하르티히(Theodor Hartig)는 이 삼차 층이 흔히 발생하는 것으로 생각했다. 하지만 폰 몰은 1844년에 그것이 특정 경우에만 존재한다고 생각했다.

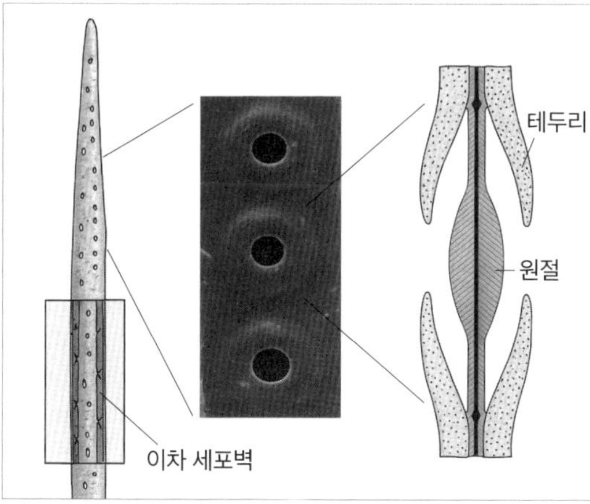

가도관(tracheid)의
테두리(유연)벽공

단 이 방식으로 설명할 수 있었다. 그는 1837년에 마이엔의 생각에 따라 세포벽의 더 섬세한 구조를 다시 세밀하게 조사했다. 그는 먼저 문제를 명확히 정리하기 위해, 벽의 내부에 실제 나선형 비후화가 있는 경우와 외부는 매끈하지만 내부에 미세한 나선형 선 구조를 보여주는 경우를 구분했다. 이러한 경우에 그는 셀룰로스 분자의 특수한 배열을 가정하고, 결정체의 쪼개짐 현상으로 이러한 배열이 가능함을 설명하려고 했다(『잡문집』 329쪽). 하지만 그는 이러한 매우 섬세한 구조적 조건, 즉 세포벽의 줄무늬를 명확히 설명하지는 못했다. 이는 나중에 네겔리가 분자 이론과 관련하여 명확하게 설명한다.

❸ 세포벽 구성물질 세포벽의 구성물질과 그 화학적 성질에 관한 문제는 폰 몰의 두께 증가 이론과 밀접하게 연결되어 있었다. 그는 1840년에 다양한 조건에서 요오드 용액과 반응하는 여러 세포벽을 면밀히 연구하고 있었는데, 당시 슐라이덴과 마이엔은 이 문제에 대해 의견이 달라 대립하고 있었다. 폰 몰은 요오드가 흡수되는 양에

따라 식물세포벽이 매우 다양한 색을 띤다는 결론에 도달했다. 소량의 요오드는 노란색 또는 갈색을, 더 많은 양은 보라색을, 그보다 더 많은 양은 파란색을 띠게 한다. 이는 부분적으로 막(벽)이 확장될 수 있는 정도에 달려 있는데, 특히 파란색은 충분한 양의 요오드 흡수로 나타난다. 1844년에 파옌[18]의 매우 중요한 연구가 더 큰 관심을 불러일으켰는데, 그것은 식물체를 이루는 고형 체제(세포벽)의 화학적 성질에 관한 문제였다. 외적인 요소를 제거했을 때 모든 세포벽의 물질은 유사한 화학적 구성을 가진다는 것을 이 연구는 밝혔다. 셀룰로오스라는 이 물질은 어린 세포의 벽에서는 상당히 순수한 형태로 존재하지만, 나이 든 세포에서는 물리적·화학적 성질을 다양한 방식으로 변화시키는 '침착(沈着) 물질'에 의해 덜 순수해진다고 파옌은 생각했다. 이러한 침착 물질은 세포벽을 산, 알칼리, 알코올 및 에테르 처리했을 때 제거할 수 있으며, 다른 무기 물질은 연소 후 재로 남는다. 이어 뮐더르[19]는 세포벽을 구성하는 대부분의 층이 처음부터 셀룰로오스가 아닌 다른 결합체로 구성된다고 주장했다. 그는 또한 이 견해에서 세포벽의 비후화에 대한 나름의 결론을 도출해 냈다. 그는 하르티히와 함께 현미경 관찰을 통해 두꺼워진 벽의 가장 안쪽 삼차 층이 가장 오래되었고, 다른 층이 이차 층의 바깥쪽에 침착되어 있으며, 셀룰로오스로 구성되지 않았다고 주장했다. 폰 몰은 1847년 『식물학 저널』에서 이 견해에 단호히 반대했고 성공적으로 반박했다. 그는 또한

---

18 Anselm Payen(1795-1871). 파리에서 태어나 파리의 École des Arts et Métiers에서 산업 화학 교수로 재직했다. 그의 가장 중요한 식물학 저작은 『녹말에 대한 논문(*Mémoire sur l'amidon*)』(파리, 1839)과 파리 아카데미 회보에 발표된 『식물 발달에 대한 논문(*Mémoire sur le développement des Végétaux*)』이다.

19 [역주] Gerardus Johannes Mulder. 네덜란드의 화학자.

자신의 식물세포 연구(192쪽)에서 슐라이덴이 일부 불분명한 화학적 근거에 따라 세운 세포벽의 다양한 물질에 대한 견해를 반박했다.

이 과학적 논쟁의 세부사항에 너무 깊이 들어가지는 않겠다. 폰 몰이 채택하고 발전시킨 파옌의 식물세포벽의 화학적 성질에 대한 견해는 오늘날까지 유지되고 있으며 대체로 옳은 것으로 간주되고 있다. 한편, 폰 몰의 두께 증가 이론의 근거는 1858년 네겔리의 관찰로 흔들렸으며, 전반적으로 영원히 대체되었다고 볼 수 있다. 그럼에도 이 이론은 식물세포 구조를 이해하는 데 크게 기여했다. 직접 관찰한 사실에 기반한 이 이론은 세포벽 구조물 형성조건의 거의 모든 상태를 하나의 관점에서 설명하고, 그 형성을 하나의 일반적이고 매우 단순한 계획으로 이해하는 데 도움이 되었다. 모든 이러한 종류의 이론은 상호 이해를 촉진하기 때문에 과학을 진보시키는 데 도움이 된다. 일례로, 네겔리가 제안한 더 심오한 섭취작용(intussusception) 이론[20]을 이해하는 데에 폰 몰 이론의 원리와 결과에 관한 정확한 지식이 근본적인 도움이 되었다. 마지막으로 폰 몰이 세포벽에서 규소의 발생을 조사하면서 세포벽의 더 섬세한 구조와 침착 물질이 그 안에 침착되는 방식을 이해하는 데 크게 기여했다는 점을 여기에서 언급할 만하다(『식물학 저널』, 1861).

❹ 세포 간 물질 1836년과 1856년 사이 20년 동안 소위 세포 간 물질에 대한 식물해부학자들의 견해는 세포 형성에 대한 오래된 이론들과 밀접하게 연결되어 있었으며, 1846년 네겔리에 의해 창시

20 [역주] 새로운 물질이 벽 전체에 걸쳐 균등하게 추가되는 방식으로 세포벽의 두께가 증가한다는 이론.

된 현대 세포 이론과는 상반되는 것이었다. 1836년 폰 몰은 중요도가 낮은 그의 초기 에세이 〈식물 물질의 구조에 대한 설명(Erläuterung meiner Ansicht von der Structur der Pflanzensubstanz)〉에서 처음으로 이 개념을 도입했는데, 이는 오히려 그의 세포벽 생장과 구조 이론과는 상반되는 것이었다. 일부 이해하기 어렵고 몇 가지 측면에서 독특한 특성을 지닌 조류에서 세포벽의 형성 방식을 출발점으로 삼아, 폰 몰은 고등식물에서도 세포 (내부)공간을 구분하는, 즉 세포를 둘러싼 뚜렷한 세포벽 구조물을 발견했다고 믿었다. 그러한 구조물은 크게 발달했을 때는 그렇게 보였지만, 세포가 밀접하게 맞닿아 있을 때는 얇은 접합층처럼 보였다. 1837년에 마이엔이 그의 『새로운 체계』 162쪽과 174쪽에서 이 견해에 반대하면서 폰 몰도 이 견해를 점차 포기했다. 이후 많은 경우 세포벽의 일차 층 사이에 이차 두께층만을 보게 되면서 세포 간 물질의 발생을 특정 사례로 제한했다. 세포 간 물질 이론은 다른 식물해부학자들, 특히 1847년 『식물학 저널』 289쪽에서 웅거에 의해, 그리고 이후에는 주로 샤흐트에 의해 채택되고 발전했다. 1854년에 비간트(Wigand)는 그의 『식물학 연구(*Botanische Untersuchungen*)』 65쪽에서 이에 반대했고, 논리적으로 폰 몰의 세포벽 이론을 따르면서 세포 간 물질의 얇은 층과 폰 몰이 처음으로 정확하게 구분한 큐티클을 일차 세포벽 층으로 선언하면서 그 물질이 심각한 화학적 변화를 겪었다고 주장했다. 이 세포 간 물질과 큐티클에 대한 견해도 네겔리가 그의 섭취작용 이론을 도입하면서 완전히 다른 양상을 띠게 되었다.

세포벽 구조에 관한 세포 이론를 정립하는 데 폰 몰의 역할을 이 정도 설명만으로 만족해야 하는 것이 본 역사책의 한계다. 우리는 개별 세포의 형성에 대한 그의 관찰을 다시 살펴볼 것이다.

❺ 조직 형태와 비교 해부학 1830년까지의 식물해부학은 조직의 분류, 조직 배열에 대한 개념, 그리고 결과적으로 조직학 용어에서 약점을 보였다. 이러한 조직학적 개념과 용어는 서로 다른 식물군, 즉 민꽃식물, 구과식물, 외떡잎식물, 쌍떡잎식물의 구조를 비교하여 그들의 실제 차이와 공통점을 확립해야 할 때 가장 필요했다. 1837년 마이엔의 『새로운 체계』에 기술된 조직에 관한 설명은 이 점에서 식물해부학이 얼마나 발전하지 못했는지를 명확히 보여 준다. 과학 경력 초기의 폰 몰은 다양한 조직 형태의 자연스러운 분류와 이들의 상대적 배열을 제대로 알아야 할 필요성을 인식한 공로가 있다. 그는 이를 통해 고등식물의 일반적 구조를 이해하는 길을 제시했으며, 다양한 식물군의 구조를 과학적으로 비교할 수 있게 했다.

줄기 두께 생장에 대한 폰 몰의 견해

훨씬 이전의 몰덴하버와 마찬가지로 폰 몰은 다른 조직에 비해 관다발의 고유 특성을 처음부터 제대로 이해했다. 그 역시 외떡잎식물에서 처음으로 관다발을 조사했고, 1831년 야자수 구조에 관한 논문과 나중에 목본 양치식물, 소철, 침엽수의 줄기와 물부추(Isoëtes) 및 귀갑용(Tamus elephantipes)[21]의 독특한 줄기 형태에 관한 논문에서 관다발을 설명했다. 그의 『잡문집』 1845년 판에서 이들에 관한 내용을 볼 수 있다. 그는 관다발이 다양한 형태의 조직으로 구성된 특수 체계라고 제대로 이해했기 때문에 그의 설명은 명확하고 이해하기 쉬우며, 그가 이 주제를 다루는 전반적인 방식은 몰덴하버를 제외한 이전의

21 Dioscorea elephantipes의 다른 이름. 남아프리카 산의 마과(외떡잎) 식물. 줄기가 거북 등껍질을 닮아 귀갑용(龜甲龍)이라 부름.

모든 연구자에 비해 새로워 보인다. 이후의 식물 발달 연구가 폰 몰의 이러한 성과를 능가했을지라도, 그의 이런 성과는 나중에 줄기의 특성을 추가로 연구하는 데 중심 역할을 했다. 몰덴하버와 마찬가지로, 폰 몰은 관다발에서 목질부 부분과 인피 부분을 구별하고 두 가지 모두를 진정한 관다발의 필수 구성요소로 간주함으로써 줄기 구조에 대한 올바른 통찰력을 얻는 데 크게 기여했다. 그는 또한 줄기와 잎에서 관다발이 길이 방향으로 뻗는 구조를 연구하여, 속씨식물에서 줄기 안에 있는 관다발은 잎으로 나가는 관다발의 하단 부분에 불과하며 이는 외떡잎식물과 쌍떡잎식물 모두에서 동일하다는 중요한 결론을 얻었다. 그는 1831년 야자수 줄기 연구에서도 중요한 결과를 얻었는데, 이는 데퐁텐이 제시하고 드캉돌이 수용한 줄기 두께 생장에 있어 내생 생장과 외생 생장의 구별이 잘못되었음을 입증한 것이다. 데퐁텐에 따르면, 외떡잎식물의 목질부는 흩어진 관다발들의 집합체이며, 이 관다발들 중 잎으로 뻗어 나가는 것들은 줄기의 중심에서 나온다. 이 매우 불완전한 관찰에서 그는 외떡잎식물에서는 관다발이 줄기의 중심에서 기원하며, 그 주변부의 오래되고 단단해진 다발들이 더 어린 다발의 압력을 견딜 수 있는 견고한 싸개를 형성할 때까지 그곳에서 계속 형성된다고 생각했다. 그러면 모든 두께 생장은 중단되고, 따라서 외떡잎식물 줄기의 기둥 모양이 된다. 이 이론은 대체로 받아들여졌으며, 드캉돌은 이를 해부학적 특성으로 인식해 관다발식물을 크게 내생식물(Endogens)과 외생식물(Exogens)로 나누는 데 사용했다. 뒤 프티-투아르는 이미 일부 외떡잎식물의 줄기가 무제한으로 두께 생장한다는 것을 보여 주었으나, 그의 관찰이나 이후 미르벨의 관찰도 이 이론을 반박하는 데 성공하지 못했다. 이 이론의 지지자들은 이러한 경우를 중심부 생장뿐 아니라 주변부 생장도 있다

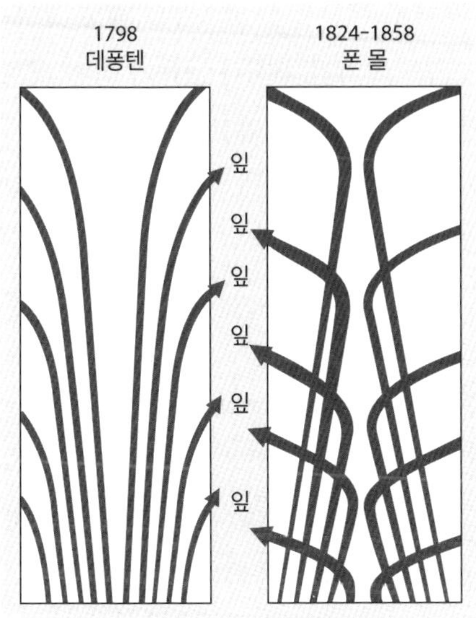

야자수 줄기에서 잎으로의 관다발 파생 방식에 대한 데퐁텐과 폰 몰의 이론

출처: MONOYER, A. 1925. Anatomie du Cocos botryophora Mart. *Acad. Roy. Belg., Mem.* (*Sciences*) 8:1-64.

는 가정으로 설명했다. 그 뒤 폰 몰은 앞서 언급한 논문에서 외떡잎식물 줄기에서 관다발의 진정한 경로를 밝힘으로써, 내생 생장 이론 전체를 한 번에 무너뜨렸다. 그래도 일부 저명한 계통학자들은 오랫동안 이 오류를 따랐다. 폰 몰이 줄기의 비교해부학 연구에서 얻은 결과는 주로 성숙한 조직체를 면밀히 관찰한 데 기반했지, 발달 연구에서는 중요한 초기 발달 단계를 살펴보지는 않았다. 따라서 그는 나무고사리와 다른 관다발 민꽃식물 및 꽃식물의 구조적 일치점과 차이점을 충분히 설명하지 못했고, 마찬가지로 쌍떡잎식물 줄기 관다발의 특성과 부름켜(cambium) 형성에 관한 설명도 미완으로 남겼다. 그가 1845년 『잡문집』 153쪽에서 제시한 줄기 두께 생장에 관한 설명은 이론적 틀에 비해 관찰 기반이 취약해서 매우 불명확하다. 그리고 1858년 『식물학 저널』에 꽃식물 줄기의 부름켜에 관한 논문을 발표하면서 슐라이덴과 샤흐트의 새로운 이론들을 비판했을 때도 그 문제는 완전히 해명되지 않았다. 물론 여기서 제시한 견해가 이전 것보다 확실히 뛰어나긴 하지만 말이다. 목질부와 껍질부의 두께 생장에 대한 만족스러운 결론은 식물조직학에서 발달에 관한 연구가 더 철저히 이루어진 다음에야 얻어졌다.

표피를 포함한 외부 조직의 해부학

폰 몰은 처음부터 여러 조직 체계 중에서도 관다발의 특성을 특히 강조했는데, 표피를 비롯한 다양한 형태의 외부 조직의 구조도 매우 독특하다는 것을 인식했고, 이 경우에는 다른 조직들보다 더 명확히 연구했다. 그가 이 주제를 다루기 전까지는 매우 혼란스러운 개념들이 만연해 있었는데, 이와 관련된 현재의 핵심 지식은 모두 그에게서 비롯되었다고 할 수 있다. 특히 중요한 것은 기공의 기원과 진정한 형태에 관한 그의 연구(1838년과 1856년), 그리고 큐티클과 표피와의 관계에 관한 연구(1842년과 1845년)다. 그는 1836년 코르크와 외부 껍질의 발달에 관한 연구를 통해 완전히 새로운 사실들을 밝혀냈다. 이 조직들은 그때까지 거의 주의 깊게 연구되지 않았고, 이들의 형성과 표피 및 피층 조직과의 관계는 전혀 알려지지 않았다. 그의 가장 뛰어난 논문 중 하나인 후자의 논문에서, 코르크성 주피(periderm)와 진정한 표피의 차이가 처음으로 밝혀졌고, 주피의 다양한 형태가 설명되었으며, 코르크의 얇은 층이 형성되면서 껍질의 탈피가 발생한다는 놀라운 사실이 확립되었다. 이 얇은 코르크층은 서서히 피층으로 침투하면서 피질 일부를 점점 다른 살아 있는 조직과 분리하고, 이 코르크층은 죽어 가면서 쌓이고, 이렇게 쌓인 코르크층들이 결국 대부분의 두꺼운 나무줄기를 감싸는 거친 외부 껍질을 형성한다. 이 연구는 매우 철저하고 광범위해서, 1860년 사니오(Sanio)를 비롯한 후속 관찰자들은 이 과정에서 약간의 더 섬세한 특징을 추가했을 뿐이다. 같은 해(1836)에 폰 몰은 피목(lenticel)에 관한 연구도 발표했는데, 이 연구에서 그는 이 구조가 기공 밑에서 발생한다는 같은 해 웅거의 발견(『식물상』, 1836)을 보지 못했다. 그러나 그는 웅거가 피목이 Jungermannieae(우산이끼류) 잎의 무성아(無性芽, gemma)와 유사한 형태라고 한 위험한 가정을 바로 수정했다. 웅거 또한 피목이 코르크의 국부적 형성체라는 폰 몰의 설명을 곧바로 채택했다.

폰 몰이 관다발과 다양한 표피조직의 특성을 명확하게 규명했음에도, 그가 이전의 식물해부학자들과 마찬가지로 모든 조직을 고유한 그룹별로 나누거나, 이를 특수한 체계로 분류하고 적절히 명명할 필요성을 느끼지 못했다는 것은 놀라운 일이다. 그는 나무고사리를 연구하면서 그럴 기회를 가졌을 법도 하지만, 그도 동시대인들처럼 표피, 코르크 또는 관다발 이외의 모든 것을 '유조직(parenchyma)'이라고 불렀고 이 말을 명확히 정의하지도 않았다.

여기서 우리는 일단 폰 몰과 그의 연구에 관한 설명을 마치지만, 다음 장에서 그가 식물해부학의 진보에 기여한 부분으로 다시 돌아올 것이다. 지금까지 폰 몰이 기여한 이 모든 일이 아직 이루어지지 않았다고 상상해 본다면, 그가 과학 역사에서 갖는 중요성을 가장 잘 알 수 있을 것이다. 이 모든 것이 없었다면 현대 식물해부학 문헌에는 거대한 공백이 생길 것이며, 세포와 조직의 발달사를 기반으로 한 지식이 더해지기 전에 다른 사람들이 이를 채워야만 했을 것이다. 지금 우리가 누리는 식물해부학의 발전이 폰 몰의 발견 없이, 마이엔, 링크, 트레비라누스와 같은 사람들의 아이디어만으로 이루어졌다는 것은 도저히 상상할 수가 없다.

4장

세포와 조직의 발생 과정과 세포벽의 분자 구조 (1840-1860)

1830년에서 1840년 사이에, 볼프, 슈프렝겔, 미르벨 등이 제시한 세포 형성 이론은 직접적이고 정확한 관찰이 아닌 모호한 인식에 기초하고 있어서, 세포 형성에 대한 대략적인 아이디어만 제공할 수 있었다. 하지만 이 기간에 미르벨, 특히 폰 몰이 또 다른 세포 형성의 사례들을 정확하게 관찰했는데, 폰 몰은 다른 방식의 포자 형성도 묘사했을뿐더러 1835년에는 최초로 식물세포분열 사례도 기술했다. 불행히도 이러한 훌륭한 관찰들은 생장 중인 보통의 식물기관에서 일어나는 세포 형성이 아니라 생식세포와 실 모양의 조류에서 일어나는 세포 형성에서 이루어졌기 때문에, 폰 몰은 자신의 관찰에 기초하여 세포 형성의 일반 이론을 세우길 꺼렸다. 미르벨 역시 꽃가루 세포의 형성과 포자 발아 과정은 특수한 사례로 간주하여 신중히 다뤘으며, 일반 조직 세포의 기원에 대해서는 그의 오래된 이론을 고수했다.

슐라이덴은 달랐다. 그는 1838년 꽃식물의 배주머니에서 '자유 세포 형성(free cell-formation)'[1]을 다소 성급하게 관찰한 후, 이 관찰을

1 [역주] 기존 세포에서가 아닌 독자적으로 새로운 세포가 형성된다는 개념으로

모든 세포 형성 사례, 특히 생장 중인 기관에서의 세포 형성에 적용하는 이론을 즉시 세웠다. 그가 이론을 발표할 때 보였던 매우 확고한 태도와 이론에 대한 모든 반대를 일축한 점, 그리고 당시 그의 큰 명성 덕분에 이 이론은 즉시 대부분의 식물학자들에게 받아들여졌다. 당시 식물해부학의 가장 중요한 대표자들과 초기에는 폰 몰까지도 어느 정도 이를 인정했다. 세포 형성 문제는 이론적으로 해결할 문제가 아니라, 강력한 배율의 현미경을 갖고 정교하게 준비한 대상물을 직접적이고 다양하게 관찰해야만 해결할 수 있는 문제였다. 웅거는 이러한 방법으로 줄기의 생장점에서 일어나는 과정이 슐라이덴의 이론과 일치하지 않는다는 것을 보여 주었고, 영국 식물학자 헨프리(Henfrey)도 이 견해를 지지했다.

그러나 네겔리야말로 생식 또는 생장하는 식물기관에서 세포가 어떻게 형성되는지, 그리고 이러한 과정이 하등 민꽃식물과 꽃식물에서 동일한지에 대한 질문을 열정과 논리로 다루기 시작한 최초의 인물이었다. 그는 슐라이덴의 이론이 옳다는 가정하에 연구를 시작했지만, 오랜 연구결과 이 이론이 완전히 폐기되어야 한다고 확신했고, 현재 우리가 수용하는 세포 형성 이론의 개요를 제안했다. 이전의 형태학적 질문에서와 마찬가지로, 네겔리는 처음에 하등 민꽃식물 연구에서 큰 성공을 거두었고, 알렉산더 브라운의 매우 간단한 조류에 대한 몇몇 관찰은 세포 이론을 추가로 발전시키고, 특히 세포 개념을 확장하고 수정하는 데 크게 기여했다.

호프마이스터(Hofmeister)의 배아 발생학 연구는 형태학에 큰 성과를 가져왔을 뿐만 아니라, 네겔리의 견해를 완성하는 데 필요한 다양

'세포분열'에 의한 세포 형성과 대비된다.

한 사실들을 제공했다. 이 연구가 진행될수록 세포 형성 과정에서 외적 환경이 매우 다양하게 작용할 수 있다는 점이 분명해졌고, 특히 폰 몰의 초기 관찰이 특수한 개별 사례 또는 전형적인 사례 모두에서 옳았다는 것이 밝혀졌다. 그러나 결과보다 더 중요한 것은 1846년 네겔리가 선언한 바와 같이, 이러한 다양한 세포 형성 방식에서 외적이고 부차적인 요소만 차이가 나지 과정의 본질적인 부분은 모든 경우에서 동일하다는 사실이었다. 그리고 동물계의 세포 형성이 식물계의 세포 형성과 본질적으로 일치한다는 것을 인식했다. 이는 슈반(Schwann)과 쾰리커(Kölliker)가 각각 1839년과 1845년에 이미 암시했다.

하르티히(Theodor Hartig)와 카르스텐(Karsten)이 거의 같은 시기에 제안한 완전히 다른 이론들은 여기서 언급하지 않겠다. 이 이론들은 신중한 관찰에 기초하지 않았으며, 더 뛰어난 관찰자들 모두가 수용을 거부했기에 생략할 수 있다. 이 이론들은 세포 형성 이론의 발전에 아무런 영향을 미치지 않았기 때문에 역사적 관심을 끌지 못한다.

세포의 기원과 증식에 관한 연구가 진행되면서 자연스럽게 관찰자들의 관심이 점점 더 세포의 살아 있는 내용물로 쏠렸다. 이들이 새로운 세포 형성에 적극적이고 직접적으로 관여한다는 관찰이 늘어났기 때문이다. 1840년 이전에도 세포 내용물의 다양한 과립, 결정질, 점액질 부분이 반복적으로 관찰되었으며, 슐라이덴과 마이엔은 특히 '세포액의 움직임'을 연구했다. 그러나 1840년과 1850년 사이의 발달 과정에 대한 관찰을 통해 처음으로, 새로운 세포 형성에 일정하게 관여하고, 로버트 브라운이 발견한 세포핵을 둘러싸고 있으며, 세포가 자라면서 가장 중요한 변화를 겪고, 유주포자[2] 물질 전체를 형성하며,

2 [역주] 遊走胞子, swarmspores. 특정 조류나 균류에서 무성생식으로 생성되는

그 물질이 사라진 후에는 세포막(벽)의 죽은 골격을 남기는 그런 물질이 주목받았다. 이 물질은 세포벽보다 생명 과정을 유지하는 데 훨씬 더 직접적으로 관여하며, 슐라이덴이 이미 1838년에 관찰했으나 점액으로 오인했던 그것이다. 네겔리는 1842년과 1846년 사이에 이를 더 신중하게 연구하여 질소가 포함된 물질임을 인지했다. 폰 몰은 1844년과 1846년에 이를 새로운 관점에서 기술하고, 지금도 사용하는 이름인 '원형질(protoplasm)'이라고 명명했으며, 이것이야말로 코르티가 이전 세기에 발견하고 트레비라누스가 1811년에 다시 관찰한 세포 내 회전과 순환 운동을 수행하는 물질임을 보여 주었다. 조류는 이 놀라운 물질을 연구하는 데도 매우 유익했다. 알렉산더 브라운, 투레, 네겔리, 프링스하임, 드 바리가 관찰한 조류와 균류의 유주포자에서 원형질이 그 생명력을 세포막(벽)에 의존하지 않으며, 내부 힘으로 형태를 바꾸고 심지어 공간에서 이동할 수 있음을 보여 주었다. 1855년 웅거는 그의 『교과서(*Lehrbuch*)』에서 이 물질이 하등 동물 형태에서 알려진 물질인 사르코드(sarcode)[3]와 유사하다고 지적했는데, 1859년 드 바리의 점균류 연구로 이러한 형태의 물질이 세포막(벽) 형성 전 상당한 시간 동안 종종 큰 덩어리로 살아남는 원형질임이 증명되면서 유사성이 더욱 명확해졌다. 동물해부학자들도 이제 식물의 연구결과에 관심을 가지기 시작했다. 막스 슐체(Max Schulze), 브뤼케(Brücke), 그리고 퀴네(Kühne)는 동물과 식물 원형질을 다 연구했으며, 1860년에서 1870년 사이에 원형질이 식물과 동물 모두에 있어서 생명의 직접적

운동성 포자체.

3 [역주] 원생동물의 세포질과 같은 젤 상태의 물질로 원형질(protoplasm)이나 세포질(cytoplasm)과 유사한 개념.

인 원리라는 확신이 점점 더 확산되었다. 이 발견은 현대 자연과학 연구의 가장 중요한 결과 중 하나다.

세포 내의 다른 유기 내용물에 관한 연구에서 얻은 결과도 중요했다. 폰 몰은 식물에서 가장 중요한 영양기관인 엽록체가 원형질의 주요 요소라는 것을 증명했으며, 하르티히는 그의 세포 이론이 잘못되었음에도 씨앗에서 호분립[4]과 때때로 이 입자에서 관찰되는 결정체를 발견하는 큰 공헌을 했다. 이것들 역시 원형질을 구성하며 또한 원형질에서 재생된다. 라디코퍼(Radikofer), 네겔리 등 다른 연구자들은 이러한 호분립의 형태와 화학적 조성에 관한 지식을 추가했다. 파옌이 특히 자주 조사했던 녹말 입자에 대해서는 네겔리가 포괄적이고 심도 있는 연구를 수행하여 매우 가치 있는 결과를 얻었다. 이 결과는 1858년에 『녹말 입자(*Die Stärkekörner*)』라는 제목의 종합적인 저서로 세상에 발표되었으며, 이는 식물해부학뿐만 아니라 유기 구조체에 관한 일반 지식에서도 하나의 획을 그은 중요한 업적이다. 네겔리는 이전에 현미경학에서는 알려지지 않았던 연구 방법을 적용하여 녹말 입자의 분자 구조에 대한 개념과 새로운 분자가 기존 분자에 흡수되어 생장이 일어난다는 개념을 제시했다. 녹말 입자의 관찰에 기반한 이 '흡수 이론'은 세포막(벽)의 생장 과정을 직접적으로 설명하고, 유기물 구조의 형성과 변화를 분자적 과정으로 환원할 수 있으며, 특히 유기 구조체가 편광된 빛에서 보이는 행동을 설명하는 데 큰 중요성을 지닌다. 네겔리의 분자 이론은 생명현상을 설명하기 위해 기계적·물리적 고려를 처음 성공적으로 적용한 시도다.

4 [역주] 糊粉粒, aleurone grains. 씨앗의 배젖이나 떡잎 세포에서 발견되는 단백질 등 저장 물질을 포함한 액포가 건조된 형태.

최고 지성들이 이런 난제 해결에 헌신하고 있던 1840년 이후에도 식물 조직에 관한 연구는 소홀히 되지 않았다. 여기서도 네겔리가 주요 자극을 주고 발전 방향을 제시했다. 그는 슐라이덴과 함께 출판한 정기간행물(1844-1846)에서 이미 균질한 기본 조직에서 관다발의 형성 초기 과정에 관한 몇 가지 철저한 연구결과를 발표했다. 그는 민꽃식물의 줄기 정단 세포에서 전체 식물 조직이 만들어지는 것을 관찰했는데, 특히 호프마이스터가 더욱 발전시킨 이 발견은 지난 20년 동안 많은 문헌 발표를 이끌어 조직 형성 이론, 형태학, 따라서 계통식물학에도 기여했다. 호프마이스터, 네겔리, 한슈타인, 사니오 등의 연구는 어린 기관의 기본 조직에서 관다발이 최초로 형성되는 과정에 대한 중요한 결과를 낳았다. 따라서 이제 해부학적·조직학적 관계가 보여 주는 형태학적 가치를 판단할 수 있게 되었다. 식물생리학의 중요 문제였던 목본식물의 두께 생장은 관다발의 형성과 관다발과 부름켜 사이의 진정한 관계를 발견함으로써 처음으로 그 과정을 이해할 수 있게 되었다. 한슈타인과 네겔리 그리고 나중에 사니오 등이 1860년 전후로 두께 생장에 관련된 주요 문제들을 명확히 해명했다.

앞서 언급한 위대한 성과들이 어떻게 달성되었는지를 보여 주는 데는 몇 가지 어려움이 있다. 1840년 이후로 식물학 문헌이 이전과는 비교도 할 수 없을 정도로 급증했기 때문에, 식물해부학의 개별 주제에 대한 정교한 모노그래프들, 몇몇 교과서, 그리고 특히 식물학 저널에 실린 작은 에세이들에서 과학적 사고의 발전에 대한 설명을 찾아야 한다. 과학 저널들이 창간되면서 전문 식물학자들 간의 소통이 촉진되었지만, 이전 시대의 작업을 명확히 이해하고 과학의 역사적 연결성을 발견하는 것은 더 어려워졌고, 경험이 부족한 젊은 학생들에게는 이런 방식이 대개 해를 끼쳤다.

이러한 정보 출처의 특성으로 인해, 이전 장들에서 취했던 방식에서 벗어나, 주요 인물들을 직접 다루기보다는 더 중요한 질문들을 그 역사적 발전 과정에 따라 살펴봄으로써 전체 주제를 더 잘 조망할 필요가 있다. 1840년 이후 현대 학설을 발전시킨 대부분의 사람들이 아직 살아 있기 때문에, 우리는 이제 더 이상 순수한 역사적 토대에 있지 않다는 사실이 이러한 주제 처리 방식을 취하는 이유이기도 하다. 여기서 시도한 설명은 어떤 이유에서든 반박될 수 있다. 과학의 가장 일반적인 질문들에 대해서도 식물학자들 사이에 존재하는 극도로 다양한 의견 때문에 무엇이 공통 의견인지 확인하기가 매우 어렵다. 이러한 불행한 상황은 다른 어떤 과학보다도 식물학에서 더 심하다고 할 수 있다.

우리가 다룰 시대에 개별 식물학자들이 식물해부학의 발전에 기여한 정도는 다음 서술에서 모습이 드러날 것이다. 그리고 우리가 독일인 위주로 언급한다면, 이는 단순히 그루 이후로 지금까지 영국인들이 식물해부학 지식에 추가한 것이 거의 없기 때문이다. 그리고 말피기에 의해 한때 영광스럽게 대표되었던 이탈리아인들도 이제 다룰 질문들에서 거의 고려 대상이 되지 않으며, 이전에 미르벨로 대표되었던 프랑스 식물학자들은 그 이후로 많은 식물해부학 작품을 발표했지만 현대 과학의 근본적인 질문을 결정하는 데 중요한 역할을 하지 않았기 때문이다.

이전 시기에는 식물 구조에 대한 이해를 증진시키기 위해 현미경을 지속적으로 개선할 필요가 있었지만, 1840년 이후로는 그럴 필요성이 거의 없어졌다. 이 이후로 모든 식물해부학자가 강력한 배율과 해상도를 가진 좋은 현미경을 사용할 수 있었다. 성능 개선은 지속되었지만, 1840년과 1860년 사이 숙련된 관찰자들이 사용했던 현미경은 이미 제기된 새로운 문제들을 해결하는 데 완전히 적합했다. 이 시기에 이루어진 현미경의 주요 개선 사항은 편광 장치와 사용 편리를 위한 장치가 장착된 정도다. 우리는 네겔리가 분자 이론을 완성하는 데 현미경의 개선이 어떤 영향을 미쳤는지 곧 살펴볼 것이다. 현미경이 개선되고 해결해야 할 문제들이 더 어려워지자, 시료준비에 더 많은 주의를 기울일 필요가 생겼다. 더 이상 깔끔하게 자르거나 해부하는 것만으로는 식물 구조에서 고형 부분의 형태를 알기에 충분하지 않았다. 세포의 부드러운 내용물을 명확하게 보기 위해 다양한 종류의 사전 조치와 보조 조치가 필요했으며, 가능한 한 살아 있는 상태에서 세포질을 관찰하고 방해 요인으로부터 보호해야 했다. 물체를 더 투명하게 하거나 물리적·화학적 특성을 보여 주기 위해 모든 종류의 화학적 시약이 사용되었다. 프란츠 슐체(Franz Schulze)가 1851년 이전에 발명한 방법을 특별히 언급할 가치가 있다. 이는 질산과 염소산칼륨 혼합물로 몇 분 동안 끓여 세포를 분리하는 방법으로, 몰덴하버의 마쇄 과정을 단축하거나 완전히 대체하는 것이었다. 한마디로, 슐라이덴, 폰 몰, 네겔리, 웅거, 샤흐트, 호프마이스터, 프링스하임, 드 바리, 사니오 등 여러 사람이 현미경 기술을 다양한 방식으로 완성했고, 현미경 기술은 다른 기술들처럼 배우고 연습해야 하는 기술로 자리 잡았다. 1850년 이후 젊은 현미경 학자들은 선배들의 실험실에서 이 기술을 배우고, 그들의 기술적 경험과 과학적 조언을 얻는 혜택을 받을 수 있었다. 적어도 독일 대학에서는 식물해부학 학부가 형성되었지만, 다른 곳에서는 여전히 모든 사람이 처음부터 스스로 해결해야 했던 이전의 상태에 머물렀다.

현미경이 보편화되면서 현미경 소묘에 높은 표준이 요구되었는데, 특히 폰 몰 이후 수준이 더욱 높아졌다. 또한 석판 인쇄의 발명과 목판화의 부활은 과학이 요구하는 바를 충족시켜 주었고, 이는 오랫동안 사용해 온 비싼 동판 인쇄를 대체했다. 따라서 과학 논문에서 아름다운 도면들이 늘었고, 교과서도 그림들이 많아지면서 관찰자의 렌즈에서만 볼 수 있었던 것들을 일반적으로 이해하는 데 크게 기여했다. 16세기 말부터 목판화 사용은 점차 줄면서 동판으로 대체되었다. 하지만 1840년 이후 목판화가 다시 돌아왔고, 특히 교과서의 그림 설명에 더 편리한 방법으로 여겨졌다. 그래서 1842년의 슐라이덴의 『과학적 식물학의 기초(*Grundzüge der wissenschaftlichen Botanik*)』, 1851년의 폰 몰의 『식물세포(*Vegetabilische Zelle*)』, 그리고 웅거와 샤흐트의 교과서에는 매우 아름다운 목판화가 많이 첨부되었다. 석판화는 일반적으로 정기간행물과 논문에 사용되었으며, 폰 몰과 슐레흐텐달(Schlechtendal)이 1843년에 창간한 『식물학 저널(*Botanische Zeitung*)』은 짧은 식물해부학적 소통을 위한 주요 저널로, 1860년 이후까지도 베를린의 석판 인쇄소인 슈미트의 아름다운 인쇄물로 삽화가 채워졌다.

세포 형성 이론의 발전(1838-1851)

여기서 우리는 식물학의 한 분과뿐 아니라 전체 식물학 및 자연과학의 다른 부분에서도 근본적으로 중요한 질문을 다루고 있기 때문에, 세포 이론의 설립과 완성을 가능한 한 단계별로 따라가는 것이 필수적이다. 성 이론도 나중에 비슷한 방식으로 다룰 것이다.

귀납적 과학에서 일반적이듯이, 세포 형성에 대한 엄밀한 귀납적 연구가 이루어지기 전까지는 불완전한 관찰에 의존한 이론을 제시하던 시기가 오랫동안 지속되었다. 우리는 1759년 볼프가 제시한 균질한 젤리에서 액포 형태로 세포가 기원한다는 견해를 18세기 후반 미르벨이 핵심 내용으로 채택하는 과정을 이미 보았다. 그리고 역시 살펴봤듯이, 슈프렝겔을 비롯한 많은 식물해부학자들, 심지어 트레비라누스조차 1830년까지도 세포 내용물의 과립과 소포에서 세포가 형성된다고 생각했다. 링크는 1807년에 이를 반박했지만, 나중에는 어느 정도 받아들였다. 몰덴하버는 1812년에(『기여(*Beiträge*)』 70쪽) 이미 이 이론을 명확히 거부했고, 만약 연구를 계속했더라면 제대로 된 방향으로 갔을 (미완성) 관찰 결과를 발표했지만, 앞서 언급한 식물학자들과 그 외의 많은 사람들은 오랫동안 그 초기 견해를 고수했다. 예를 들어 키저(Kieser)는 『식물조직에 관한 논문(*Mémoire sur l'organisation des plantes*)』(1812)에서 트레비라누스의 이론을 더욱 발전시켜 식물의 유액(latex)에 있는 미세한 과립들이 '세포 배아(cell germs)'이며, 이후 세포간극에서 부화한다고 주장했다. 슐츠-슐첸슈타인(Schultz-Schultzenstein)은 그의 저서 『살아 있는 식물의 특성(*Die Natur der lebenden Pflanze*)』(1823-1828) 607쪽에서 이 견해를 거부하고 볼프와 미르벨의 견해를 채택했다. 슈프렝겔, 트레비라누스, 키저가 제시한 세포 배아 개념보다 약간 나은 이론을 1840년 직후 카르스텐이 제시했으며, 프랑스 식물학자 라스파이(Raspail)와 튀르팽(Turpin, 1820-1830)의 이론[5]은 다른 용어로 전달되었지만, 주요 요점에서는 슈프렝겔의 견해와 일치했다.

미르벨은 19세기 초와 그 30년 후에 중요한 관찰을 통해 식물해부학의 발전을 촉진하는 행운을 누렸다. 비록 그가 일부를 잘못 해석했지만 말이다. 같은 일이 다시 30년 후에 일어났고, 독일 연구자인 폰 몰이 두 번에 걸쳐 그의 관찰과 견해를 수정했다.

미르벨은 1835년에 프랑스 아카데미 회보에 발표된 우산이끼(Marchantia polymorpha)에 관한 유명한 논문에서 세포 형성을 세 방식으

5 이 점에 대해서는 폰 몰의 『식물상』(1827) 13쪽의 인용을 참조하시오.

로 구분했다. 그는 우산이끼의 포자가 발아하는 동안, 발아관에서 새로운 세포가 형성되고, 이들에서 다시 유사한 과정으로 새로운 세포가 형성된다는 것을 관찰했다. 이는 사실 효모균이 발아할 때 일어나는 과정과 매우 유사하다. 그는 우산이끼의 무성아(gemmae)가 생성될 때 두 번째 방식의 세포 형성을 관찰했는데, 이 경우 연속적으로 나타나는 분할 벽을 명확히 관찰하긴 했지만, 전체적으로는 개념을 잘못 잡았다. 초창기 이론에서 그는 무성아의 추가 생장과 다른 생장 사례에서 새로운 세포가 기존 세포 사이에서 생성된다고 생각했다.

1835년에 발표되었고 1837년 『식물상』에 재출판된 폰 몰의 '식물의 세포분열에 의한 증식'에 관한 논문은 이러한 과정이 당시에 얼마나 이상하게 여겨졌는지를 보여 준다. 이 논문에서 폰 몰은 미르벨의 주장을 의심했으면서도 전반적으로는 수용했다. 그는 포자 발달에 관한 많은 관찰을 통해(『식물상』, 1833) 몇 가지 세포분열과 자유 세포 형성 사례를 비교적 명확히 보았다. 아돌프 브롱냐르도 『자연과학 연보(*Annales des sciences naturelles*)』(1827)에서 코베아(Cobaea scandens)[6]의 화분모세포에서 꽃가루 입자의 형성을 불완전하게나마 관찰했으며, 미르벨은 앞서 언급한 저서의 부록에서 꽃가루 세포 형성에 대한 정확한 설명과 좋은 그림을 제공했다. 그러나 폰 몰은 이러한 중요한 관찰들을 자신의 것과 비교하는 것을 간과했다. 심지어 1845년에 그의 관찰을 개정된 형태로 『잡문집』에 출판할 때도 대마디말(Cladophora)[7]에서 꽃가루 입자 그리고 포자의 형성과 세포분열 사이의 밀접한 관계를 간과했다. 그럼에도 폰 몰의 이 논문은 세포 형성 이론의 역사에서 매우

6 [역주] 쌍떡잎 꽃고비과(Polemoniaceae) 식물.

7 [역주] 그물섬유 모양의 녹조류.

중요하다. 왜냐하면 이 논문은 세포분열 과정을 처음으로 단계별로 기술하고 모든 핵심 사항들을 부각시켰기 때문이다. 뒤모르티에[8]는 이미 1832년에 세포분열을 관찰했고,[9] 모렌[10]은 1836년에 클로스테리움(Closterium)[11]에서 세포분열을 관찰했으나 필요한 세부사항을 제공하지 않았다. 마지막으로 폰 몰은 대마디말에서 얻은 경험을 다른 사상성 조류에 적용하여 이 과정들이 규조류의 분열과 유사하다는 점을 지적했으며, 따라서 에렌베르크(Ehrenberg)가 규조류를 동물로 간주한 것에 반대하여 식물로 주장했다(『식물상』, 1836, 492쪽).

다음으로 마이엔은 폰 몰의 대마디말에 대한 관찰 결과를 바탕으로 자신의 『새로운 체계』 2권에서 세포분열이 조류, 사상균, 그리고 차축조과(Characeae) 식물에서 매우 일반적인 현상이라고 언급했으나, 분열의 시작에서 완료되기까지 과정에 관한 자세한 연구는 소홀히 했다. 그는 이런 세포 형성의 사례들을 포자, 꽃가루 입자, 배젖 세포의 형성과 비교했는데, 이는 세포분열과 자유 세포 형성을 구분하려는 첫 시도로 주목할 만하다. 이러한 구분이 없었기에 그동안 이 분야 전체를 아우르는 보편적 이론이 오랫동안 나오지 못했다. 이미 이루어진 관찰 사례를 그냥 따르기만 해도 이 두 가지 세포 형성 방식을 구분하기는 쉬웠을 것이고, 그렇게 했었더라면 1838년 이후 슐라이덴이 꽃식물의 배주머니에서 관찰했다고 믿은 자유 세포 형성 방식을 식물 생장 기관의 세포 증식에 적용하거나 이를 유일한 세포 형성 방식으로 간주하는 일은 없었을 것이다. 하물며 폰 몰이 같은 해에

8 [역주] Barthélemy Charles Joseph Dumortier. 벨기에의 정치가, 식물학자.

9 마이엔의 『새로운 체계』 344쪽 참조.

10 [역주] Edouard Morren. 벨기에의 식물학자.

11 [역주] 미세 담수 녹조류.

어린 표피 세포의 분열과 이후 분열 벽이 두 층으로 분리되는 과정을 훌륭하게 설명했기 때문에, 그렇게 하기가 더욱 어려웠을 것이다. 그러나 폰 몰은 바로 다음 몇 년간에 걸쳐 명백히 드러난 사례들에 대한 모든 추론을 과도하게 자제했기에, 그의 견해는 1845년에도 여전히 미결정 상태였으며, 이때 이미 웅거와 네겔리는 생장 중인 기관에서 조직 세포 형성에 관한 좋은 관찰을 했다(『잡문집』, 1845, 336쪽).

슐라이덴의 세포 형성 이론은 모호한 관찰과 선입견이 뒤섞인 기묘한 혼합 상태에서 비롯되었으며, 실제로 슈프렝겔과 트레비라누스의 옛 개념을 강하게 떠올리게 한다. 그는 이들의 견해를 명확히 거부했으면서도, 새로운 세포가 매우 작은 과립에서 생긴다고 했으며, 자신의 이론도 철저한 관찰에 기반하지 않았다.

로버트 브라운[12]은 1831년에 난초 식물의 표피 세포에서 핵을 발견하고, 그것이 꽃식물의 조직 세포에 매우 일반적으로 존재한다는 것을 보여 주었으나, 그의 발견에서 아무런 결과를 얻지 못했다. 세포핵에 관한 관심은 이 상태로 있다가, 슐라이덴이 갑자기 세포핵을 그의 이론의 영혼이자 모든 세포 형성의 출발점으로 삼았다. 그는 핵이 세포의 점액질 내용물에서 형성된다고 생각했으며, 충분한 근거 없이 고무와 같은 성질을 지닌 것으로 추정했다. 그는 이 내용물을 세포 배아질(cytoblastem)이라고 불렀고, 핵 자체는 세포 배아(cytoblast)라고 불렀다. 그는 이 세포 배아질이 요오드 용액에서 노란 과립 상태가 된다고 주장했으며, 우리는 이것을 현재의 원형질(protoplasm)로 인식할 수 있다.

슐라이덴이 제시한 세포 형성 이론의 원형을 이해하기 위해서는

12 베넷(T. T. Bennett)이 편집한 로버트 브라운의 논문집 참조.

그의 논문 〈식물 발생에 대한 기여(Beiträge zur Phytogenesis)〉[13]를 참조해야 한다. 이 논문은 인간 이성의 일반적이고 근본적인 법칙에 관한 몇 가지 언급으로 시작하여 세포 형성에 관한 문헌을 몇 줄로 논의하고, 폰 몰의 수많은 관찰은 생략한 채, 핵의 일반적인 발생을 언급하면서 여기서 핵에 새로운 이름을 부여한다. 그런 다음 고무, 설탕, 녹말에 대해 다루다가 마침내 핵심 주제로 넘어간다. 슐라이덴은 가장 쉽고 확실하게 새로운 조직의 형성을 관찰할 수 있는 두 곳은 배주머니와 꽃가루관 말단부위라고 말한다. 그의 수정 이론은 꽃가루관 말단에서 배의 첫 번째 세포가 형성된다고 가정하지만 실제로는 그렇지 않다. 이 두 곳에서는 균질했던 고무질 점액에 작은 과립이 나타나면서 혼탁해지고, 그 후 단일하고 더 크고 뚜렷한 과립인 핵소체가 나타난다. 곧이어 세포핵이 과립 응고물 형태로 과립체에서 출현한다. 이들은 자유 상태에서 상당히 커지지만, 완전한 크기에 도달하면 이 위에 섬세한 투명 소포가 형성된다. 이것이 처음에 매우 납작한 구체 조각 모양을 한 어린 세포인데 납작 평면에 세포핵이 자리 잡고 볼록한 쪽은 손목시계의 덮개 유리가 시계 위에 놓이듯이 세포의 세포막(벽)이 세포핵 위에 놓인다. 이 소포(어린 세포)는 점차 커지고 단단해지며, 세포핵이 차지한 일부분을 제외한 벽 전체가 젤리로 구성된다. 시간이 지나면서 세포는 세포핵의 테두리를 넘어 빠르게 커지면서 핵은 나중에 세포벽의 한쪽 벽면에 둘러싸인 작은 몸체로만 나타난다. 세포의 모양은 생장이 진행되고 인접한 세포의 압력을 받으면서 더욱 규칙적으로 변하며, 키저가 자연철학에 근거해 가정한 마름모십이면체

---

13 요하네스 뮐러(von Johannes Müller)의 『해부학, 생리학 등의 문서집(*Archiv für Anatomie, Physiologie etc*)』(1838) 참조.

의 기본 형태로 변한다. 세포핵이 사라진 뒤에야 세포벽의 내부 표면에 이차 침전물이 형성되기 시작한다고 슐라이덴은 설명한다. 슐라이덴은 이런 과정이 꽃식물에서 식물세포 조직 형성의 일반 법칙이라고 생각한다. 그는 특히 세포핵이 세포 내부에서 자유롭게 있을 수 없으며, 항상 이중 세포막에 둘러싸여 있다고 덧붙인다. 또한 모든 세포는 (부름켜가 예외적일 수 있으나) 형성 초기에는 작은 소포로 시작해 성숙한 상태의 크기로 자라는 것이 절대 법칙이라고 생각한다. 이 견해가 슈프렝겔과 트레비라누스의 견해와 비슷하다는 것을 더 많은 사례에서 확인할 수 있다. 슐라이덴의 이론에서, 우산이끼 포자에서 세포 발아체의 형성은 일반적으로 2-4개의 세포만 기여하고 나머지는 엽록소로 덮여 생명력을 상실한다는 것이 한 예다. 나중에 수많은 신중한 연구로 얻은 자유 세포 형성 과정에 대한 현대적 견해에 친숙한 사람은 슐라이덴의 이론에서 단 하나의 정확한 관찰도 찾지 못할 것이다.

곧이어 폰 몰은 1839년 『린네(*Linnaea*)』 272쪽에 뿔이끼(Anthoceros)의 포자 모세포의 분열에 관한 관찰을 발표했다. 이 관찰은 모든 주된 사항에 대해 신중하게 이루어졌으며 정확했다. 또한 미르벨의 이전 주장을 반박하여, 이 세포분열은 세포의 점액질 내용물에 의해 이루어지며, 결과적으로 이는 세포벽 돌출부의 생장에 의해 모세포 내용물이 수동적으로 나뉘는 것이 아님을 확립했다. 웅거는 슐라이덴의 이론에 명확한 반대 의견을 처음으로 표명했으며, 그의 생장점(punctum vegetationis)에 대한 관찰은 1841년 『린네』 389쪽에 실렸다. 그는 세포의 크기와 위치를 관찰해 조직-세포들이 슐라이덴이 주장한 방식이 아니라 분열에 의해 형성된다고 결론지었다. 곧이어 네겔리도 뿌리의 끝부분에서 세포 형성 과정을 관찰했지만(『린네』, 1842, 252쪽), 그는 그것들을 분열의 사례로 간주하지 않았다. 그는 각 모세포에서 핵 두 개가 형성되고, 각 핵 주위에 새로운 세포가 형성되며, 분할 벽은 두 새로운 세포가 만나면서 발생한다고 설명했다. 그는 유사한 과정이 기공과 꽃가루 모세포에서도 일어난다고 생각했다. 이 개념은 슐라이덴의 이론과 완전히 상반되지는 않는데, 네겔리의 차이점은 그가 본질적인 과정들을 정확하게 관찰했으나 잘못 해석한 점이 있다는 것이다. 같은 해 슐라이덴의 『과학적 식물학의 기초』 첫판이 나왔고, 그의 세포 형성 이론은 더 정확한 형태로 반복되었다. 그가 이 이론을 유지하려는 의지가 철저했음을 보여 주는 사실은, 그가 1844년 『식물학에 대한 기여』에서 이 이론의 또 다른 설명을 제공했으며, 그의 세포 형성 방식이 일반적이지만 명확하게 밝혀진 것은 꽃식물에서만이라고 주장했다는 것이다. 그러나 관찰자가 선입견에 얼마나 사로잡힐 수 있는지를 슐라이덴의 제안에서 알 수 있다. 그는 해캄(Spirogyra)[14]에서 접합포자 형성이 자신의 견해에 부합한다고 주장했으나, 이 사례는 세포 형성에 관한 관찰이 더 쉬운 경우도 아니고 슐라이덴 자신의 이론과도 잘 맞지 않는다. 우리 책 1권에서 언급했듯이, 헤드비히와 보셔는 해캄속의 조류에서 접합포자 형성의 놀라운 과정을 알고 있었다. 하지만 이것은 슐라이덴 시대까지도 세포 형성의 사례로 간주되지 않았기에, 슐라이덴의 견해는 실제로는 한 걸음 진전된 것이긴 하다. 왜냐하면 당시의 개념으로는 매우 특이한 과정임에도 슐라이덴이 세포 형성의 일반 개념 아래에 두었기 때문이다.

신중한 관찰과 고찰에 기초하여 세포 이론이 체계화되기 시작한 것은 1844년부터였다. 이 해에 세포핵의 존재와 세포분열에 관한 네겔리의 상세한 연구, 시원 소포(primordial utricle)와 그것이 어린 조직에

14 [역주] 실 모양의 민물 녹조류.

서 세포분열 과정 동안 어떻게 작용하는지에 관한 폰 몰의 관찰, 마지막으로 기관 생장에서 일반적인 방법으로서 분열 세포 형성(세포분열)에 관한 웅거의 연구가 거의 동시에 발표되었다. 이 관찰자들은 주로 슐라이덴 이론의 정확성과 일반적 적용 가능성을 시험하는 데 관심을 가졌기 때문에, 그들은 세포핵의 일반적인 존재와 그것이 세포벽 옆에 위치하는 것에 각별한 주의를 기울였다. 이러한 점들이 관찰과 비판에 가장 접근하기 쉬운 지점이었기 때문이다. 이 관찰들을 논의하면서 현재 사용하는 용어의 결함이 드러났다. '세포'라는 단어는 일반적으로 세포막(벽)만을 의미하는 것으로 이해되었지만, 때로는 세포에 포함된 모든 것을 의미하기도 했다. 더구나 지금까지도 세포의 원형질이 나미지 세포 내용물과 충분히 구별되지 않고 있다.

네겔리와 폰 몰은 동시에 이 점들을 더 명확히 이해했다. 폰 몰(1844)은 시원 소포를 세포벽이 아닌 세포 내용물의 구성요소로 인식하고, 세포분열에서 그 역할을 설명했다. 1846년에는 원형질이 세포의 다른 내용물과 구별되는 특수한 물질이라는 명확한 개념에 도달하여 지금도 사용하는 이름(원형질)을 부여했다. 이와 동시에 네겔리도 원형질을 세포 내의 다른 모든 것으로부터 구별하고, 세포 형성에서 원형질의 압도적 중요성과 질소 함유 특성을 주목했다.

세포 형성 과정에 관한 연구를 수행하는 관찰자들은 자연스럽게 세포 형성이 실제로 일어나는 장소를 찾았다. 그 결과, 세포의 탄생은 식물의 모든 부분, 심지어 생장 부위라고 해서 모두 발견되는 것이 아니며, 줄기와 뿌리의 소위 생장점, 매우 어린 잎기관, 그리고 목본 식물에서는 목질부와 껍질 사이와 같은 제한된 부위에서만 찾을 수 있다는 사실이 확인되었다. 원래 미르벨이 식물을 채우는 영양액이라는 의미로 사용했던 캠비움(cambium)이라는 용어가 이 시기부터 새로운 개념으로 전환되기 시작했다. 즉 이 용어는 새로운 세포가 형성되는 조직체, 특히 목질부와 껍질 사이에 위치한 매우 얇은 조직층(부름켜)에 적용되었는데, 이 층에서 목본식물의 새로운 목질부와 껍질층이 형성된다. 원래 미르벨의 이론에 따르면 이 층은 새로운 세포가 액포 형태로 발생하는 즙이 많은 물질 덩어리였다.

웅거는 줄기 마디 사이의 생장에 관한 연구(『식물학 저널』, 1844)에서 다시 한 번 슐라이덴의 이론에 반대했다. 그는 분열이 일어나는 조직에서는 일반적으로 세포핵이 발생하지 않는다는 잘못된 주장을 제기하기도 했지만, 세포의 위치, 세포벽의 두께 차이, 세포의 상대적인 크기 등의 측면은 분할 벽의 형성에 의한 세포 증식을 뒷받침한다는 옳은 주장을 펼쳤다. 그는 세포 증식에서 세포 내용물이 하는 역할을 주목하고, 분열에 의한 세포 형성(merismatic cell-formation), 즉 세포분열이 식물기관의 생장에서 일반적인 규칙임을 주장하면서, 세포-조직 형성이 일어나는 장소에서 실제로 보이는 모든 것을 슐라이덴의 이론과 일치시키는 것은 불가능하다고 명백히 선언했다. 하지만 웅거는 세포분열 과정에서 일어나는 단계를 하나하나 관찰하지는 않았다. 그의 관찰은 슐라이덴의 이론이 불가능함을 입증하기에는 충분했지만, 새로운 이론을 위한 충분한 기초를 제공하지는 못했으며, 슐라이덴은 1845년 그의 『기초(*Grundzüge*)』 2판에서 웅거의 반대에 답하는 것을 잊지 않았다.

같은 해 초에 폰 몰은 이미 언급한 『식물학 저널』에서 시원 소포에 관한 논문을 발표했다. 그의 시원 소포라는 용어는 큰 세포의 세포벽 안쪽을 덮고 있는 매우 얇은 층의 원형질 부분, 그리고 여전히 그 물질로 채워진 어린 세포의 외부 층을 의미했다. 시원 소포를 구분하는 것은 매우 중요한 문제는 아니었지만, 폰 몰은 평소의 철저한 접근 방식으로 세포 형성을 더 잘 이해하기 위해 이를 적용하면서, 껍질과 목질부 사이의 부름켜 세포들은 서로 완전히 맞물려 있어서 세포 간 공간을 남기지 않는다는 점에 주목했다(289쪽). 여기서 폰 몰은 세포 증식이 가능한 방식 두 가지, 즉 분할 벽의 형성을 통한 세포분열 또는 세포 내에서의 세포 형성을 제시했다. 어린 세포들에는 각각의 시원 소포가 있으며, 이들의 기원은 적어도 세포(세포벽)의 기원과 동시에 일어나야 한다고 보았다. "세포가 증식하는 과정에서 시원 소포 두 개가 나란히 존재하는 것이 명확히 보인다면, 부름켜와 줄기 및 뿌리의 정단부에서 시원 소포의 형성이 세포 형성에 앞선다는 것이 분명해질 것이다." 폰 몰은 이 과정을 보았다고 믿었지만, 자신의 관찰이 정확한지에 대해서는 확신하지 못했다. 그러나 그는 계속해서 "모든 어린 세포에는 시원 소포가 포함되어 있으므로, 세포 증식이 시작되기 전에 이 시원 소포가 흡수되고 그 자리에 새로운 시원 소포 두 개가 형성되거나, 기존의 시원 소포가 두 개로 분리되어야 한다."라고 했다. 그는 첫 번째 가정이 더 가능하다고 생각하면서, 분열 후 핵이 형성된다고 한 웅거의 주장을 거부했다. 그럼에도 폰 몰이 자신의 관찰이 슐라이덴의 세포 형성 이론을 필연적으로 확증한다고 생각했다는 것은 놀랍다. 특히 이 이론의 핵심인 핵이 결코 세포벽의 일부도 되지 않는다는 점을 폰 몰이 알고 있었음에도 말이다. 그러나 사실 폰 몰은 슐라이덴을 따라 핵에서 분리된 막을 시원 소포로 잘못 이해했다. 그러나 이런 일련의 실수는 곧 시원 소포의 물질이 일반적으로 핵을 둘러싸고 있는 점액질 덩어리일 수 있으며, 따라서 폰 몰이 2년 뒤 명명한 원형질 자체일 수 있다는 올바른 추측으로 이어졌다. 이 후속 논문(『식물학 저널』, 1846)에서 그는 잘 알려진 세포 내부의 움직임이 물기 많은 세포액으로 만들어지는 것이 아니라 원형질로 만들어진다는 것을 증명했다. 여기서 그는 원형질이 핵을 생성하며, 핵의 조직화가 새로운 세포의 형성을 예고하고, 슐라이덴의 이론과 달리 원형질이 핵을 완전히 둘러싸고 있다고 말했다(75쪽). 특히 슐라이덴이 관찰한 배젖 세포에서는 핵이 어린 세포의 중심을 항상 차지하고 있다. 그는 이어서 어린 세포의 원형질이 처음에는 고체였다가 나중에 수액 공동을 형성하고 이 사이를 벽, 띠 또는 실 모양으로 뻗어 나가며, 그 물질이 흐름 운동으로 나타난다고 설명한다. 폰 몰은 이 경우 그의 포자 기원과 조류의 세포분열에 대한 앞선 관찰을 신중하게 비교하여 본질적인 유사점을 찾는 것을 이상하게도 간과했다. 반대로 그는 대마디말(Cladophora)의 세포분열이 아마도 고등식물의 조직-세포 증식과는 전혀 다른 과정일 것이라고 강조했다.

웅거와 폰 몰이 1846년까지 성취한 발견은 슐라이덴의 이론을 반박하기에는 충분했지만, 세포 형성 과정에 대한 명확하고 보편적인 관점을 제공하기에는 부족했다. 또한 다양한 세포 형성의 방식은 서로 조심스럽게 구분되지 않았고, 공통된 원리로 설명되지도 않았다. 그러나 이 두 관찰자는 특정 데이터를 바탕으로 사건의 진행 과정을 추측하려고 노력했으며, 직접 관찰하지 못한 부분은 추론으로 보충했다.

거의 같은 시기에 네겔리도 슐라이덴의 이론에 반대 입장을 표명했다. 1844년에 자신과 슐라이덴이 창간한 정기간행물에 발표된 세포핵, 세포 형성, 그리고 식물에서 세포 생장에 관한 포괄적인 논문에서 그는 지금까지 자신과 다른 사람들이 다양한 관점에서 관찰한 모든 것을 종합했다. 식물의 모든 부분을 세포핵의 발생과 다양한 세포 형성 종류의 관점에서 체계적으로 다시 조사했다. 세포 형성과 관련해서는 조사한 모든 경우에서 유사점과 차이점을 신중하게 비교하여 본질적이고 보편적인 것을 도출하려 했다. 그 첫 번째 결과로, 슐라이덴은 1845년에 발행된 그의 『기초』 2판에서 네겔리가 조류와 꽃가루의 모세포에서 확립한 세포분열을 두 번째 종류의 세포 형성으로 받아들여야 했다. 이렇게 해서 슐라이덴의 이론이 다음 해에 패퇴로 끝나게 될 퇴각 움직임이 시작되었다. 이 패퇴는 1846년 정기간행물 3권에서도 네겔리의 논문이 계속 발표됨으로써 마무리되었다.

네겔리는 그의 연구 첫 번째 부분에서 슐라이덴의 주장이 옳다고 전제했지만, 사실상 그것을 상당히 수정해야만 했다. 그러다 그의 두 번째 연구 부분에서는 추가 관찰의 결과로 슐라이덴의 이론이 완전히 잘못되었음을 명백히 선언하고 하나하나 반박했다. 그렇다고 네겔리의 성과가 이렇게 슐라이덴을 부정하는 결과만 있는 것은 아니다. 그의 포괄적 연구는 동시에 새로운 세포 형성 이론을 구성하기 위한 자료를 제공했고, 이어서 모든 경우를 포괄하는 근본 원리를 제시했다. 네겔리 논문의 두 번째 부분을 1833년부터 1846년까지의 폰 몰의 출판물과 비교해 보면 폰 몰이 많은 중요한 사실들을 정확히 관찰한 것은 사실이지만, 네겔리는 여기에 더 많은 것을 추가했고, 무엇보다 중요한 점은 모든 종류의 세포 형성을 포함하는 포괄적인 이론으로 이를 정리했다는 것을 알 수 있다.

세포 이론을 완성하는 데 세포 내용물과 원형질의 정확한 구분이 얼마나 중요한지는 네겔리의 선언에서 볼 수 있다. 그는 슐라이덴을 따른 자신의 이전 견해를 철회한다고 밝혔는데, 이는 점액층(원형질)의 중요성을 알지 못했을 때 제시했던 견해였기 때문이다. 네겔리는 동시에 슐라이덴의 이론을 최종적으로 기각하는 다른 관점과 새로운 고려사항을 제시한다. 다양한 자유 세포 형성 방식을 조사하고 그 과정이 슐라이덴의 설명과 상당히 다르다는 것을 발견한 후, 그는 슐라이덴이 항상 발생한다고 주장했던 고등식물에서 생장 중인 영양기관[15]에서 자유 세포 형성을 찾고자 했다. 하지만 조사 결과 모든 영양세포의 형성이 진정한 세포분열에 의해 이루어진다는 결론에 이르렀으며, 일부 조류와 균류에서조차 생식세포 형성이 분열에 의해 이루어진다고 결론 내렸다. 대부분의 식물에서 생식세포는 자유 세포 형성의 결과이지만, 여기서 자유 세포 형성이라는 용어는 현대적인 의미와 정확히 일치하지 않으며, 네겔리는 포자와 꽃가루에서 4분립(tetrads)의 형성을 이 개념에 포함했다. 이전의 관찰자들이 세포분열과 자유 세포 형성의 구분을 여러 번 제안한 적이 있지만, 네겔리가 처음으로 이를 명확하게 정의했다. 하지만 그의 정의는 현재의 정의와 아주 똑같지는 않다. "세포분열 동안 모세포의 내용물은 두 개 이상의 부분으로 나뉜다. 각 부분 주위에는 완벽한 막이 형성되며, 이 막은 나타나는 순간부터 일부는 모세포의 벽에 다른 일부는 인접한 자매 세포의 벽에 얹혀 있다. 자유 세포 형성에서는 세포 내용물의 일부 또는 전체가 분리된다. 세포 표면에는 완벽한 막이 형성되며, 이 막은 외부 표면으로부터 완전히 떨어져 있다. 세포 형성은 두 과정을 거친다. 첫 번째는 모세포 내용물의 일부를 분리시키거나 개별화하는 과정이고, 두 번째는 개별화된 부분 주위에 막을 형성하는 것이다." 그는 이어서 세포벽이 질소질 점액(원형질)에서 비질소 분자들이 분리되면서 형성된다고 설명한다. 이 말은 비생식(영양)세포의 형성에 관한 일반적이고 본질적인 설명을 모두 포함한다. 이어서 그는 세포 형성 과정의 특이성을 언급한다. 그는 세포 내용물이 나뉘어 개별화하는

15 [역주] 꽃과 같은 생식기관을 제외한 뿌리, 줄기, 잎 등의 기관들(vegetative organs).

데는 네 방식이 있다고 말한다. 첫째, 작게 나뉜 각각의 내용물이 세포 내부에서 서로 분리되는데, 이는 조류, 균류, 지의류에서 자유 생식세포 형성 및 꽃식물의 배젖 세포 형성에서 발생한다. 둘째, 하나의 세포 또는 결합된 세포의 전체 내용물이 자유로운 구형 또는 타원형 덩어리로 모이는데, 이는 접합조류(Conjugatae)의 생식세포 형성에서 발생한다. 셋째, 세포의 전체 내용물이 두 개 이상의 부분으로 나뉘는 방식으로, 이는 현재 세포분열이라고 불린다. 네 번째 형태는 여러 조류와 균류의 생식세포 형성에서 발생하는 절단(Abschnürung) 과정이다.

슐라이덴은 식물에서 세포는 모세포 내부에서만 형성된다는 일반 법칙을 선언했었다. 그러나 최근에 마이엔, 엔틀리허(Endlicher), 웅거는 새로운 세포가 오래된 세포 사이에서 형성된다고 가정했다. 네겔리는 모든 정상적인 세포 형성, 즉 영양세포 및 생식세포 형성이 오직 모세포 내에서만 이루어진다고 주장했다.

일반적이고 근본적인 세포 형태 하나가 있어야 한다는 오랜 개념에 반대하여, 네겔리는 세포가 형성될 때 매우 다양한 세포 형태가 나타난다는 사실을 지적했다. 자유 세포 형성으로 생긴 세포는 처음에는 항상 구형이나 타원형이며, 세포분열로 생긴 세포는 모세포의 형태와 분열 방식에 따라 필연적으로 특정 형태를 갖는다. 그는 또한 세포가 생장함에 따라 모양이 변하는 것은 주로 세포 둘레의 모든 부분이 균등하게 확장되는지 여부에 따라 달라진다는 것을 보여 주었다. 이렇게 분명히 고려해야 할 사항들이 이제 처음으로 제기되고 충분히 평가받게 되었다.

이미 우리가 다루는 주제에 익숙한 독자는 네겔리의 이 문구들을 더 이상의 설명 없이도 현대 세포 이론의 핵심 원칙으로 알고 있을 것이다. 특히 이를 동시대나 이전 시대의 슐라이덴, 웅거, 폰 몰이 제시한 견해와 비교해 볼 때 그렇다. 그러나 예상할 수 있듯이, 이후 20년 동안 열정적으로 진행한 추가 연구들은 많은 세부사항에서 네겔리의 이론을 확장하고 완성했으며, 일부 사소한 점들을 수정했을 뿐이다. 이 이론은 특히 특정 문제를 연구할 때 참조할 수 있는 체계를 제공함으로써 그 연구 과정이 쉽게 진행될 수 있게 했다. 핵이 고체인지 소포인지, 모세포를 구획으로 나누는 분할 벽이 항상 외부에서 내부로 자라는지 또는 전체 표면에서 동시에 형성되는지, 원래 두 개의 층으로 구성되었는지 또는 나중에 분화된 한 개의 층인지 등의 많은 질문들이 시간이 지나면서 해결되었다.

이제 슐라이덴의 이론이 완전히 배제되었고, 세포의 본질에 대한 더 깊은 통찰을 얻었으며, 세포라는 용어와 관련된 개념이 더욱 넓고 깊어졌다. 세포 형성에 대한 지식은 지금까지 중요하다고 여겨졌던 세포벽이 단지 이차적인 산물에 불과하다는 것을 보여 주었고, 세포의 진정한 살아 있는 몸체는 그 내용물, 특히 원형질이라는 것을 보여 주었다. 알렉산더 브라운은 하등 조류에 관한 많은 연구를 바탕으로 1850년에 세포라는 단어를 때로는 세포벽을 포함한 세포를, 때로는 세포벽이 없는 세포를, 혹은 다시 세포벽만을 가리키는 데 사용하는 것은 문제가 있다고 지적했다(『되젊어짐(*Verjüngung*)』, 244쪽). 내용물이야말로 세포의 본질적인 부분이고, 셀룰로오스 벽의 분비 이전에 자체의 막(벽) 경계가 있는 별개의 독립적인 전체, 즉 시원 소포를 형성하기 때문에, 우리는 세포라는 용어를 둘러싸고 있는 막(벽)이나 그것이 형성하는 내부 공간을 지칭할 때만 적용해야 하며, 내용물의 몸체는 다른 이름으로 부르거나, 아니면 이 내용물 자체를 진정한 세포라고 불러야 한다. 이 주장은 조류와 균류에서의 유주포자 형성 및 많은 다른 세포 형성 사례를 관찰하는 사람이라면 누구나 즉시 옳은 개념으로 인식했으며, 이 시점부터 세포 이론의 중요한 부분이 되었다. 브라운은 1850년까지 그에게 알려진 모든 세포 형성의 다양성을 체계적으로 한눈에 모아 분류하고, 특히 접합 방식을 더 깊이 연구해 식물학자들의 개념을 정리하는 데 이바지했다. 헨프리(Henfrey)의 기여(『식물상』 1846년 및 1847년)는 전적으로 독일 식물학자들의 관찰에 의존했지, 독립적이고 본질적으로 새로운 것을 밝혀내지는 못했다. 반면에 호프마이스터의 꽃가루 발달에 관한 새로운 관찰(1848)과 1851년에 배발생학에 대한 그의 획기적인 연구에서의 여러 세포 형성에 대한 언급은 핵의 행동과 세포 형성 및 분할 벽의 생성에서 의심스러운 점을 해소하는 데 잇따라 기여했다. 1846년까지도 슐라이덴의 이론에 대해 다소 불확실한 태도를 유지했던 폰 몰은 1851년에 그의 논문 〈식물세포(Die vegetabilische Zelle)〉에서 지금까지 얻은 결과들을 훌륭하게 요약했다. 그는 세포분열을 설명하면서, 새로운 핵이 내용물의 분열이 시작되기 전에 미래의 딸세포의 중심에 위치한다는 점을 각별히 언급했지만, 여전히 대마디말에서처럼 분할 벽이 외부에서 내부로 점진적으로 형성되어야 한다는 자신의 오래된 견해를 고수했으며, 네겔리와 호프마이스터의 정확한 진술에 반해 분할 벽 표면의 모든 점에서 동시에 벽이 형성되는 경우도 발생한다고 주장했다. 그러나 폰 몰은 늘 그렇듯이 좋은 관찰에 근거하여 반대를 주장했는데, 쌍떡잎식물의 꽃가루가 형성되는 사례에서, 분열 과정의 작용으로 모세포의 벽이 디짐으로써 이미 네 부분으로 깊게 나뉘어 분할 벽이 반쯤 형성되어 있는 곳으로 원형질을 방출할 수 있음을 보여주었다. 그러나 이런 현상은 꽃가루 형성 과정에만 해당하며, 다른 경우에는 분할 벽의 형성이 동시에 일어난다. 여기서 언급할 만한 것은, 1842년 네겔리에 의해 도입된 꽃가루 형성에서 '특이 모세포'의 개념이 그 당시 과학적 상식과 완전히 일치했다는 점이다. 네겔리의 이 용어는 모세포의 연속적인 분열 동안 형성된 '막의 층'을 의미했다. 현대 식물해부학자들 중 일부가 여전히 이들을 특이 모세포라고 부르는 것은 전혀 맞지 않는데, 왜냐하면 1846년 이후 네겔리가 주장한 이론에서는 세포라는 단어가 더 이상 단순한 막을 의미하는 것이 아니라 세포 전체를 의미하기 때문이다. 특이 모세포라는 표현은 '세포'라는 말이 '세포막'을 의미하던 오래된 용어에 근거하고 있다.

1851년 이전 10년 동안 이룬 거대한 발전에 비해 이후 20년 동안은 세포 형성 이론에 그다지 중요한 내용이 추가되지 않았다. 이 10년은 모든 식물학 연구 분야에서 최고의 활기와 결과가 넘쳐 흘렀다. 웅거, 폰 몰, 네겔리, 브라운, 호프마이스터의 노력으로 진정한 세포 이론의 기초가 마련되었을 뿐만 아니라, 세부사항이 정리되고 관련 개념들이 최종적으로 명확해졌다. 교과서들은 이제 광범위하면서 새로운 가르침을 전파할 수 있게 되었다. 여기에는 이미 언급한 식물 세포에 관한 폰 몰의 논문도 포함되는데, 이는 나중에 특별판으로 많이 사용되었고, 많은 식물학 강사들이 강의에서 이를 기초로 사용하고 지침으로 삼았다. 일반 식물학 교과서가 아닌 해부학 및 생리학 개요서를 집필하는 것은 유행이 되었고, 이로 인해 형태학 및 계통식물학은 직전 슐라이덴 시대에 해부학과 생리학이 그랬던 것처럼 소홀히 다뤄졌다. 따라서 일반 식물학의 완전한 교본이 필요한 사람들은 한동안 슐라이덴의 『기초』에 만족해야 했고, 따라서 일반 독자들 사이에서 그의 잘못된 세포 및 수정 이론이 계속 살아남았다. 반면에 전문 식물학자들은 오래전부터 더 현대적이고 정확한 견해에 동조해 왔다. 식물학에 좋은 교과서가 매우 부족한 것은 불행한 일이며, 이런 상황은 현재 연구 상태에 시사하는 바가 있다. 이로 인해 최근까지도 식물학의 대표 연구자들 사이에 방법론과 확립된 주요 주제가 무엇이며 의심점이 무엇인지에 대한 기본 견해에 괴리가 커서 상호 이해가 불가능해 보이는 경우가 종종 있다. 동물학, 물리학, 화학 분야의 상황이 더 나은 것은 확실히 좋은 개요서와 교과서가 많은 덕분으로, 이런 저작물들은 매년 이들 과학 분야의 발전을 반영하려고 노력하고 있다.

그러다 1850년과 1870년 사이에 샤흐트[16]와 웅거가 교과서를 통해 현대 식물해부학 연구의 결과를 일반 독자들에게 알리기 시작했다. 샤흐트의 저서 『식물세포(*Die Pflanzenzelle*)』는 1852년에 출판된 책으로, 저자의 관찰을 바탕으로 식물해부학의 모든 부분을 설명하려고 시도했으며, 가끔 다른 저술을 포함하기도 했다. 그러나 이미 다른 식물학자들의 노력으로 본질적인 사항들은 충분히 해명되어 있었다. 그럼에도 이 책은 저자의 많은 훌륭한 원본 그림들로 독자들의 주의를 끌었고, 이런 저자 자신의 독자적 관찰 결과물들은 스타일을 생동감 있게 유지했다. 한편, 이용 가능한 문헌을 충분히 활용하지 않아서 저자의 견해가 종종 기존의 지식 수준에 미치지 못했다. 그러나 더 나쁜 것은 특정 지식의 결여로 저자가 자기모순에 빠지고 사실을 잘못 분류한 것이었다. 본질적으로 중요한 것들이 중요하지 않은 세부사항들 때문에 무시되기도 했고, 저작 전체에서 고찰 없는 경험주의가 드러났는데, 이는 폰 몰, 네겔리, 호프마이스터의 논리적 정확성과 현저한 대조를 이룬다. 1856년에 『식물의 해부학 및 생리학 교과서(*Lehrbuch der Anatomie und Physiologie der Gewächse*)』라는 제목으로 출판된 이 저서 2판에서는 많은 세부사항을 개선했으나, 전반적으로 여전히 동일한 형

16 Hermann Schacht. 1824년에 옥센베르더에서 태어나, 1864년에 본에서 사망했다. 1859년부터 본에서 식물학 교수로 재직했다.

식적 결합이 남아 있었다. 역사적 관점에서 샤흐트의 저작물의 이러한 특성을 주목하는 것은 중요하다. 왜냐하면 이 기간 대부분의 젊은 식물학자들은 주로 그로부터 식물해부학과 세포의 본질에 관한 지식을 얻었기 때문이다. 그의 책들은 과학의 상황을 제대로 반영하지 못했고, 그의 논리적 결함은 젊은 독자들의 마음에 해로운 영향을 미쳤으며, 이들은 식물해부학과 식물생리학에 소화되지 않은 사실을 축적하는 습관을 가져왔다. 형태학과 계통식물학은 한동안 이런 영향 아래 놓였다.

웅거의 교과서 『식물의 해부학과 생리학(*Anatomie und Physiologie der Pflanzen*)』(1855)은 개념과 실용 면에서 뛰어났다. 이 책은 세포 이론에 대해 알려진 모든 것을 신중하게 다루면서 초심자에게 소개했으며, 때로는 다소 성급한 결론을 내리기도 했지만 중요한 점들을 두드러지게 강조하고 일반적인 명제를 설명하기 위해 개별 사실들을 사용했다. 이는 학습자를 위한 교재가 항상 취해야 할 방식이다. 이 외에도 웅거의 책에는 실제로 새롭고 가치 있는 내용이 많이 포함되어 있었는데, 특히 원형질의 생리학적 특성에 관한 매우 중요한 언급이 있다. 또한 처음으로 식물의 원형질과 슐체(Max Schultze)가 이전에 신중히 기술한 근족충류(Rhizopods)[17]의 원형질(sarcode) 사이의 유사성을 지적했다. 같은 해에 네겔리는 그의 『식물생리학적 연구(*Pflanzenphysiologische Untersuchungen*)』 1권에서 시원 소포와 유주포자 형성에 관한 연구를 발표하여 원형질의 물리적·생리학적 특성에 대한 새로운 통찰을 제공했다. 앞서 언급했듯이, 1859년 드 바리의 점균류(Myxomycetes)에 관한 연구는 원형질을 새로이 조명했고, 이와 관련된

17 [역주] 아메바와 같이 위족을 이용해 움직이는 단세포 원생동물류.

생명현상에 관심을 이끌었다. 이전에 관찰된 것들과 비슷하지만, 이 연구결과는 원형질이 단단한 세포벽으로 둘러싸인 미세한 작은 분할들이 아니라 큰 덩어리로서 자유롭게 움직이며 형태도 변화하는 특징이 있다고 밝힌 점에서 관심을 끌었다. 이런 연구는 원형질을 더 잘 알고, 그것이 식물과 동물의 모든 생명 활동의 직접적인 근원임을 인식하는 데 결정적인 공헌을 했다. 이후 몇 년 동안 동물해부학자 및 생리학자 슐체, 브뤼케(Brücke), 퀴네(Kühne) 등은 동물의 세포 형성의 기초를 이루는 물질이 식물세포의 원형질과 핵심 특성에서 서로 일치한다는 사실을 확립했다. 호프마이스터의 1867년 저서 『식물세포 이론(*Die Lehre von der Pflanzenzelle*)』을 포함한 현대 연구에 관한 자세한 설명은 본 역사서의 범위에 포함되지 않는다.

1845년 이후 식물 세포벽에 관한 이론의 발전

1840년에서 1850년 사이에 식물해부학의 가장 저명한 대표자들은 주로 식물세포의 형성을 관찰하고 귀납 과정을 통해 이 주제에 대한 진정한 이론을 구성하는 데 몰두했다. 이러한 노력이 해마다 새로운 사실들을 밝혀내면서 세포 형성에 대한 의견이 계속 바뀌고 있는 가운데, 폰 몰이 세운 '세포벽의 고형 체제(solid framework)' 이론이 크게 발전하리라고는 기대할 수는 없었다. 오히려 이 시기는 세포와 세포의 연결, 격벽의 구성 및 두께 증가에 대한 그의 견해가 가장 큰 영향력을 발휘하고 있던 때였다. 세포의 기원에 대한 의견이 불확실한 상태에서도 그의 이론은 확고하고 완전한 것처럼 보였으며, 그 이론이 세포 형성 과정에 대한 새로운 관찰과 얼마나 일치하는지에 대한 문제는 거의 제기되지 않았다. 이 주제에 대한 의견이 대립하는 가운데 1845년에 폰 몰이 『잡문집』이 등장했으며, 여기서 성숙한 식물조직의 구조에 대한 그의 견해가 일련의 논문 형식으로 명백한 관찰 결과와 함께 제시되었다. 실제로 1860년까지의 식물해부학 연구는 폰 몰이 시작한 사고의 흐름을 따랐으며, 이 흐름은 1858년과 1863년 사이에 네겔리의 '침착에 의한 생장 이론(Theory of growth by intussusception)'과 세포 형성의 본질에 대한 더 깊은 통찰로 폰 몰의 견해가 명백히 부정될 때까지 이어졌다.

세포 간 물질과 큐티클에 대한 견해가 추가로 발전하면서 이러한 소견들이 정확하다는 것이 충분히 입증되었다. 이러한 견해는 1850년 이전에 새로운 세포 이론을 수용할 수 있었음에도 1845년 이전의 개념에 매몰되어 있었다. 이전 장에서 보여 준 바와 같이 폰 몰은 1836년에 제안한 '세포 간 물질 이론'을 점차 축소했고, 1850년에는 대부분 경우 이 물질을 세포벽 사이에 존재할 수 있는 접합제로 간주했다. 여기서 덧붙여야 할 점은, 슐라이덴이 그의 세포 이론과 관련하여 세포 간 물질과 큐티클을 세포에서 분비하는 보충 물질로 간주했으며, 전자는 세포 간 공간을 채우는 역할을 했다는 것이다. 이는 유액 통로와 수지 통로가 인접한 세포에서 분비되는 물질로 채워지는 것과 유사하다(1845). 웅거 역시 1855년 그의 저서 『식물의 해부학 및 생리학』에서 세포들이 분리되는 것을 방지하기 위해 세포 사이에 접합제가 존재해야 한다고 생각했다. 샤흐트는 1852년 그의 저서 『식물세포』에서 슐라이덴을 따라 세포 간 물질과 큐티클을 식물세포의 분비물이나 배출물로 설명했으며, 1858년에도 이러한 견해를 대체로 유지했지만, 중요한 몇 가지 사항을 수정했다. 이 슐라이덴과 샤흐트의 이론은 비간트가 1850년과 1861년 사이에 발표한 일련의 논문에서 처음으로 반격을 받았다. 비간트는 폰 몰의 축적 이론을 엄격히 따르면서, 목질 세포에서 격벽의 중간층으로 보이는 층들이 인접한 세포 사이의 접합제, 즉 세포 간 물질이 아니라 세포분열 과정에서 형성된 얇은 1차 막 층이며, 이후 화학적 변화를 겪은 것이라는 것을 증명하려 했다. 폰 몰에 따르면 여기서 이차 비후 층은 일차 막 층의 양쪽에 놓여 있다. 표피의 큐티클도 이에 상응하는 방식으로 설명되었다. 비록 사니오가 1863년에 비간트의 견해에 여러 반론을 제기했지만, 비간트는 여전히 원칙적으로 이를 고수했으며, 외부 혼합물에서 분리된 목질 세포의 세포 간 물질에서 잘 알려진 셀룰로오스 반응[18]이 성공적으로 관찰된다는 사실에서 강한 확증을 찾았다.

비간트와 사니오의 연구는 폰 몰의 세포 간 물질 및 큐티클에 대한 설명을 뒤집기에 충분했지만, 그들은 중간층이 실제로는 폰 몰의 이차 비후 층이 그 양쪽에 퇴적하게 되는 일차 격벽을 말하는지는 증명하지 못했다. 여기서 세포 간 물질의 경우는 양쪽, 큐티클의 경우는 한쪽에 해당한다. 네겔리의 침착 이론으로는 중간층과 큐티클의 존재를 완전히 다른 방식으로 설명할 수 있었다. 이 설명에서는 두꺼워진 막이 화학적·물리적으로 분화해 이런 층들이 형성될 수 있기 때문에, 이 층들을 분비물이나 일차 세포벽으로 볼 필요가 없었다. 식물해부학자들이 이 견해에 대해 아직 합의하지 않았기 때문에, 여기서는 큐티클과 세포 간 물질 문제에 있어서 폰 몰의 초기 축적 이론에 대한 의문이 포함되어 있음을 확인하는 데 만족해야 한다. 이 역사책의 목적은 1860년 이후 주장된 더 현대적인 견해를 제공하는 것이 아니며, 질문이 여전히 논쟁 중인 경우에는 특히 그렇다.

폰 몰이 세포-조직에 관한 개념의 일부로서 1828년부터 굳게 고수해 온 것은, 진정한 목질부 도관의 가로벽과 몇몇 매우 특이한 경

18 [역주] 셀룰로스의 존재를 확인할 수 있는 요오드, 황산을 이용한 화학 반응.

우의 가로벽을 제외하고는 세포-조직의 격벽에 결코 구멍이 존재하지 않는다는 것이었다. 단순벽공과 테두리(유연)벽공 모두 항상 매우 얇은 셀룰로오스 일차 층으로 닫힌 상태로 남아 있다. 그러나 1850년과 1860년 사이에 여러 예외 사례가 발견되었는데, 이는 폰 몰의 원칙을 벗어나는 것이기도 하면서 생리학적으로도 매우 중요했다. 하르티히는 그의 저서 『독일의 산림 재배 식물의 자연사(*Naturgeschichte der forstlichen Kulturpflanzen Deutschlands*)』(1851)에서 인피계(bast system)에서 관찰되는 특이한 세포 열을 설명했다. 이 세포들의 가로벽에는 (때로는 세로벽도) 체처럼 수많은 작은 구멍이 뚫린 것처럼 보였으며, 그는 이 세포들을 '체관(sieve tube)'이라고 불렀다. 폰 몰(1855)은 다른 관점에서 하르티히의 발견을 확인하고 확장하면서도, 세포벽의 관통에 반대하여 이것이 단지 세포벽이 격자 모양으로 두꺼워져서 생긴 것이라고 믿었다. 그는 따라서 하르티히의 체관을 격자 세포(latticed cells)라고 부를 것을 제안했다. 그 후 1861년에 네겔리는 적어도 일부 경우에는 세포벽이 실제로 관통되며, (체관의 가로벽인) 체판(sieve plates)이 인피 조직에서 점액질 물질의 통로 역할을 한다는 것을 명확히 보여 주었다. 본서의 저자도 1863년에 지나가는 말로 이 사실을 언급했으며, 한슈타인(Hanstein)은 1864년에 하르티히의 체판이 관통되어 있다는 것을 확인할 수 있는 확실한 방법을 제시했다. 한편 많은 유액 기관들이 폰 몰의 의미에서 도관의 형태로 인식되었고, 이러한 관들이 인접한 세포의 격벽이 용해됨으로써 생성된다는 것이 발견되었다. 그러나 유액 기관에 대한 지식은 1865년경까지 매우 불확실하고 불완전한 상태로 남아 있었으며, 수지 통로에 관한 연구, 그리고 단순히 세포 분리로 이들이 형성된다는 발견은 현대 식물해부학에서 이루어졌다. 한슈타인, 디펠(Dippel), 뮐러(Müller), 프랭크(Frank) 등은 1860년 이후 이러한 조직 형태에 대한 우리의 지식을 확장시켰다. 샤흐트는 1860년에 앞서 언급한 폰 몰의 견해에 예외가 되는 중요한 사실을 확립했다. 그는 발달과정에서 구과식물 목질부의 테두리벽공과 속씨식물 점박이 도관의 형성과 실제 형태를 규명하고, 더 나아가 격벽 양쪽에 테두리 벽공이 형성되며, 인접 세포가 공기를 전달하는 모든 경우에, 테두리 벽공의 매우 얇은 원래 격벽이 사라지면서 인접 세포와 도관이 소통하는 여러 개의 열린 구멍이 만들어진다는 것을 보여 주었다. 동시에 설명할 수 없었던 또 다른 현상이 설명되었다. 말피기와 19세기 초의 식물해부학자들은 목질부의 큰 도관이 종종 유세포 조직으로 채워지는 현상을 관찰했지만, 그 기원을 설명할 수 없었다. 그러나 샤흐트의 발견 이후 이 현상은 매우 간단하게 설명되었다. 도관 속의 전충체(tylosis) 형성은 이러한 도관이 목질부의 유세포와 인접해 있을 때만 발생한다. 이 경우, 테두리벽공에서 인접한 세포를 구분하는 얇은 막(벽)은 흡수되어 사라지지는 않지만, 이웃 유세포의 수액의 압력에 의해 도관의 내부 공동으로 밀리면서 주머니처럼 부풀어 올라 전충체 구조가 생성된다. 이 현상이 여러 벽공에서 진행될 경우, 전충체가 도관의 내부 공간을 모두 채우게 된다.

조직의 발달과 조직의 분류

이미 언급했듯이, 고등식물의 전체적인 구조를 실질적으로 이해하기 위한 첫 번째 단계는 몰덴하버에 의해 이루어졌다. 그는 먼저 외떡잎식물을 갖고, 다양한 조직으로 이루어진 하나의 독립된 구성체로서의 관다발이라는 개념을 형성했고, 이 개념을 쌍떡잎식물의 줄기 구조를 설명하는 데 적용함으로써 말피기의 초기 줄기 두께 생장 이론을 뒤집었다. 폰 몰도 표피와 그와 관련된 조직에 대한 더 정확한 설명을 제공하고, 이를 분류하여 실질적인 연구에 기초한 용어를 도입했으나, 주제를 완전히 만족스럽게 결론짓는 데는 성공하지 못했다. 이런 결론은 발달과정에 관한 연구를 통해서만 얻을 수 있다. 세포와 그 하위 구조의 특징 또는 식물 구조의 고형 체제를 규명하는 것이 목적이든, 또는 조직의 형태를 구분하고 분류하는 것을 목적으로 하든, 그 결정적인 조사 방법은 발달과정을 들여다보는 것이다. 성숙했을 때의 생리적 기능에 도달하기 이전 발달 상태의 조직을 조사해야만 식물의 내부 구조를 이해하는 데 필요한 형태학적 관점을 얻을 수 있다. 사실을 결정하는 데 형태학적 관점과 생리학적 관점의 결합은 다른 어떤 분야보다 식물학 분야에서 오랫동안 유지되었다. 여기에서도 현대 발달학 연구의 영향으로 생각과 의견이 점차 정제되고 명확해졌다. 하지만 세포 형성 이론의 핵심 사항들이 규명됨으로써 선도적 식물해부학자들이 조직학적 문제에 전념할 수 있게 된 것은 1850년 이후의 일이었다.

1850년 이전까지 고등식물의 다양한 조직 형태를 제대로 이해할 수 없었다는 것은 1845년 슐라이덴의 『기초』 232쪽에 나오는 조직에 관한 설명에서 알 수 있다. 이 책에서 유조직, 세포 간 물질, 도관, 관다발, 인피 조직, 협죽도과(Apocyneae)와 박주가리과(Asclepiadeae)의 인피 세포, 유액 도관, 섬유질 조직, 표피 조직이 순서대로 본문의 각 단락에서 논의되고 있다. 이러한 방식으로는 고등식물의 전체 세포 구조에 대한 잘 정리된 관점을 결코 얻을 수 없다. 같은 저서에서 슐라이덴이 관다발의 분류를 시도하면서 닫힌 관다발과 열린 관다발을 구분하고, 후자를 쌍떡잎식물의 특징으로 결정했을 때, 우리는 이 열린 관다발의 외곽 경계로서 부름켜가 언급되는 것을 보게 된다. 부름켜 바깥에 있는 인피는 이에 따라 열린 관다발의 일부에 포함되지 않게 되는데, 이렇게 됨으로써 외떡잎식물과 쌍떡잎식물을 비교할 수 있는 유용한 특징을 배제하는 결과가 발생했다. 같은 맥락에서 이미 언급한 1852년의 샤흐트의 저서 『식물세포』에서 '식물세포의 종류'라는 제목 아래 조직학이 다음과 같은 동등한 단락으로 나뉘어 논의된다. 민꽃식물의 유주포자, 민꽃식물의 포자, 꽃가루 입자, 균류와 지의류의 세포와 조직, 조류의 세포와 조직, 유조직과 그 세포, 식물의 도관, 목질부와 그 세포, 인피 세포, 기공, 표피의 부속 기관, 코르크. 그다음에는 두꺼워지는 고리에 대한 단락이 나오고, 놀랍게도 그 다음에 관다발에 대한 설명이 나온다. 도관, 목질부, 인피 세포가 언급된 다음에 말이다. 주제를 이런 식으로 제시한다는 것은 저자가 식물 전체 구조에 대한 통찰력을 갖고 있지 않다는 것을 말해 주는 것으로, 그의 1856년 교과서에서도 유사한 혼란스러운 개념이 발견된다.

웅거는 1855년 『식물의 해부학과 생리학』에서 조직들을 훨씬 잘 분류했다. 세포에 대한 설명은 세포 집합체(cell complexes)에 대한 설명 다음에 나온다. 세포 집합체는 책의 주요 부분 중 하나로, 여기에는 세포 군(families), 세포 조직(tissues), 세포 융합(fusions)이 포함된다. 또 다른 주요 단락은 세포 집단(groups)을 다루며, 여기에서 표피 형성, 통기 간극(air-spaces), 수액 저장소(sap-receptacles), 샘(glands) 및 관다발이 언급된다. 여기서는 관다발을 표피 형성과 같은 수준으로 취급할 수 있지만, 통기 간극, 수액 저장소, 샘은 그렇지 않다는 사실을 간과한 것이 분명하다. 마지막 주요 단락은 조직 체계에 대한 설명과 서로 다른 식물에서 관다발이 어떻게 분포하는지에 대한 설명이며, 이차 두께 생장 및 부름켜의 활동도 옳게 연관지어 설명한다.

기본 개념을 확립하고, 광범위한 관점에서 사실을 조사하며, 발달과정을 통해 필요한 원칙을 찾는 것이 기본적인 과학적 방법인데,

네겔리가 이런 방식으로 이 분야의 길을 열고 기초를 다졌다. 그는 1858년 『과학적 식물학에 대한 기여(*Beiträge zur wissenschaftlichen Botanik*)』에서 순수한 형태학적 관점에서 조직을 분류할 것을 제안했다. 그의 첫 번째 구분에서는 생성(generating) 조직과 영구(permanent) 조직으로 나눈다. 이 각 구분에서 그는 두 형태, 즉 방추조직(紡錘, prosenchyma)과 유조직(parenchyma)을 구별했다. 모든 어린 기관의 원 구성요소인 유조직성 생성 조직을 그는 '일차 분열조직'이라고 불렀으며, 층과 층의 형태로 차별화된 방추조직성 생성 조직은 일반적으로 '부름켜'라고 한다. 이는 분명히 만족스러운 구분은 아니었는데, 네겔리의 부름켜는 결코 방추조직만으로 구성되지 않기 때문이다. 네겔리는 오래된 부위의 영구 조직들 사이에 형성된 조직 가닥이나 조직층을 '이차 분열조직'이라고 불렀다. 그는 부름켜를 일차 분열조직의 첫 번째 산물로 간주했다. 두 번째 주요 형태인 영구 조직은 세포의 형태나 생리적 관계에 따라 구분되는 것이 아니라 그 기원에 따라 두 가지로 나뉜다. 모든 영구 조직 중 일차 분열조직에서 직접 유래한 것은 전생조직(protenchyma), 부름켜에서 직접 또는 간접적으로 유래한 것은 후생조직(epenchyma)이다. 그리고 베른하르디가 1805년에 보여 준 바와 같이, 그때까지 관다발로 알려진 조직 가닥은 단지 관다발뿐 아니라 항상 섬유 요소도 포함하고 있었기 때문에, 네겔리는 이들을 섬유관다발 가닥(fibrovascular strands)이라고 불러야 한다고 생각했다. 표피조직과 다른 조직 간의 명백한 구분이 이 분류에서 적절하게 표현되지 않았고, 오늘날에는 조직의 발생적 배열에 대해 다른 관점이 제시될 수 있지만, 네겔리의 조직 분류와 용어는 포괄적이고 발생학적인 원칙에 따라 처음으로 식물의 보편적 조직학을 보여 준 공로가 있다. 이는 식물의 전체 구조를 더 잘 이해하는 데 크게 기여했다.

관다발 또는 섬유관다발은 발생 및 형태학적 관점에서 추가 조사가 특히 필요하다. 식물해부학에서 이 조직계의 기원과 후속 변형에 대한 올바른 통찰을 얻는 것은 척추동물 해부학에서 골격계에 관한 지식만큼 중요하기 때문이다. 특히 관다발과 줄기 내에서 관다발의 경로에 대한 지식은 진정한 목본식물에서 이차 생장에 의한 두께 증가를 이해하는 유일한 방법이기 때문에 식물해부학에서 특별한 중요성을 가진다.

앞서 언급했듯이 폰 몰은 1831년에 줄기에서 뻗어 나와 잎으로 나가는 관다발의 특징을 조사함으로써, 식물체 전체의 관다발 체계를 이해할 수 있었는데, 처음 형성될 때는 서로 단일 다발들이었다가 이후 이들이 서로 연결된다는 것이다. 네겔리는 1846년에 관다발 민꽃식물의 관다발 체계를 조사했으며, 샤흐트는 식물 내 관다발 체계가 분리된 다발의 융합이 아닌 반복적인 가지치기를 통해 기원한다는 퇴행적인 주장을 폈다. 폰 몰은 1858년에 이 오류를 주저 없이 반박했지만, 1857년 한슈타인과 1858년 네겔리가 더 구체적이고 명확하게 반박했다. 한슈타인은 쌍떡잎식물의 목환(木環)[19] 구조에 관한 논문에서 네겔리의 이전 주장을 확인하고, 쌍떡잎식물과 구과식물에서 줄기의 첫 번째 목환이 많은 관다발들로 구성되어 있다는 것을 입증했다. 그는 잎의 관다발과 동일한 이 관다발들이 싹 정단부의 일차 분열조직에서 유래하며, 이런 시원 다발들이 제각각 분리된 상태로 줄기의 마디 여러 개를 아래 방향으로 통과한 끝에 더 낮은 곳에서 기원한 인접 다발과 결합한다는 것을 증명했다. 한슈타인은 잎의

19 [역주] 'ring of wood' 쌍떡잎식물 줄기 단면에서 관다발들이 둥글게 배열한 모양.

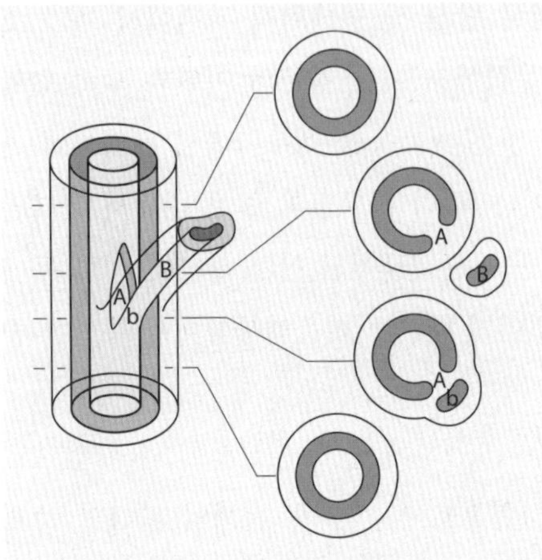

줄기에서 잎으로의 관다발 파생.
A, 엽극(葉隙, leaf gap);
B, 잎다발;
b, 엽적

기저부에서 줄기로 들어가 아래쪽으로 일정 부분을 관통하는 관다발 부분을 엽적(葉跡, leaf traces)이라고 옳게 명명했다. 따라서 쌍떡잎식물과 구과식물의 일차 목환은 엽적의 합으로 구성된다고 간단히 설명할 수 있다.

네겔리의 관찰은 더 포괄적이었고, 우리가 보았듯이 조직에 대한 용어들을 제공했다. 그는 관다발의 경로에 따라 관다발을 세 가지 유형으로 구분했다. 줄기 내의 엽적을 나타내며 잎으로 굽어 나가는 '일반 다발(common bundles)', 잎을 향해 굽어 나가지 않고 줄기의 생장점을 향해 뻗어 있는 '줄기 다발(cauline bundles)', 잎에만 있는 '잎 다발(leaf bundles)'이 그것이다. 네겔리는 쌍떡잎식물과 구과식물에서 일반 다발이 그 경로가 상승 및 하강하는 중간 지점, 즉 잎으로 구부러지는 지점에서 형성되기 시작하며, 적절한 조직 분화 과정을 거치면서 줄기 아래로 내려가고 또 잎으로 올라가면서 계속 형성된다는 일반 원칙을 정립했다. 이러한 일반 다발의 특성을 봤을 때, 그들의 경로와 기원을 더 철저히 이해하기 위해서는 줄기 끝에서 잎이 형성되는 순서와 생장 과정에서 잎 배열의 변화에 관한 더 정확한 지식이 전제되어야 한다. 네겔리는 이러한 관계를 상세히 고려했으며, 이를 통해 잎의 발생학적 배열을 조사하기 위한 새로운 관점을 도출하고, 동시에 쉼퍼와 브라운이 제안한 이론의 원칙들이 만족스럽지 못하다는 것을 지적했다. 네겔리는 또한 뿌리의 해부학적 구조를 줄기와 비교하고, 이러한 기관들에서 섬유관다발 조직의 독특한 특성에 주목한 최초의 인물이었다.

이전에 정단세포와 그 분열에 대한 네겔리의 발견이 추가 연구를 자극했던 것처럼, 그의 섬유관다발에 관한 논문 역시 여러 곳에서 많은 후속 논문을 촉발했다. 그중 칼 사니오의 목질부 구성에 관한 논문(『식물학 저널』, 1863)은 최초이자 가장 중요한 논문 중 하나로 언급될 만하며, 한슈타인과 네겔리의 연구와 함께 줄기의 두께 생장 과정을 밝히는 데 기여했다. 앞서 말했듯이, 폰 몰, 슐라이덴, 샤흐트, 웅거도 두께 생장 과정을 궁극적으로 설명하지는 못했다. 그들이 그렇게 할 수 없었던 이유는 두께 생장이 시작되기 전의 관다발의 기원과 진정한 경로 및 구성을 충분히 알지 못했기 때문이다. 이 주제에 관한 연구는 완전히 별개의 것들에 대한 용어와 개념을 혼동하면서 매우 혼란스러워졌다. 줄기 꼭대기 바로 아래에서 첫 번째 관다발이 형성되는 곳인 이른바 '두꺼워지는 테(목환)'를, 발달과정에 있어서 나중에 형성되는 신성 목본식물의 '부름켜'와 혼동했다. 또한 나무 백합과에서 지속적으로 새로운 관다발이 생산되어 특이한 줄기 확대를 일으키는 매우 늦게 형성되는 분열 조직층과도 혼동했다.[20] 사니오의 논

20 작스, 『식물학 교과서(*Lehrbuch der Botanik*)』 4판, 1874, 129쪽 참조.

문이 발표된 뒤 폰 몰 자신도 이 혼란에서 벗어나게 되어, 줄기 끝 아래에서 관다발이 형성되기 시작하는 두꺼워지는 테와 나중에 관다발 내에서 형성되어 이차 목질부와 껍질층을 생산하는 진정한 부름켜를 명확히 구분했다. 사니오는 또한 목질부의 다양한 요소를 더 신중하게 조사하여 더 나은 분류체계와 용어를 제공하는 데 주력했다. 폰 몰과 샤흐트를 혼란에 빠트렸던 나무 백합과에서 이차 두께 생장이라는 특이한 사례는 1865년 A. 밀라르데(Millardet)가 완벽히 설명했다. 비정상적인 목질부 형성에 관한 네겔리, 라들코퍼(Radlkofer), 아이흘러(Eichler) 등의 후속 연구는 소재 측면에서 정상적인 생장에 관한 지식을 크게 확장했지만, 이러한 연구는 1860년 이후에 나왔으며, 꽃식물 줄기 정단부에서 일어나는 조직 분화에 관한 한슈타인의 후속 연구도 이 역사책의 범위에서 벗어난다.

네겔리의 분자 구조 이론과 침착 생장 이론

식물해부학과 식물생리학의 발전에 큰 영향을 미친 이 이론은 우리의 식물해부학 역사의 결론이 된다. 동물해부학에도 영향을 미친 생명체의 형태에 관한 이 분자 이론이 1860년경 다윈이 진화론을 처음 발표한 시기와 거의 동시에 완성된 것은 주목할 만한 우연이다. 언뜻 보기에 이 두 이론은 서로 아무런 관련이 없는 것 같고, 시간상의 일치는 단지 우연일 수도 있다. 그러나 더 깊이 들어가 보면 두 이론은 역사적으로 중요한 유사성을 가진다. 두 이론 모두 그 당시까지 지배적이었던 생명체에 대한 순전히 형태적 접근에서 원인을 규명하는 방식으로 전환하고 있다. 다윈의 이론이 유리하거나 불리한 외부 환경요건에 영향을 받는 유전과 변이의 원칙으로 동물과 식물의 특정 형태를 설명하려고 시도하는 것처럼, 네겔리 이론의 목적은 생명체의 생장과 내부 구조를 화학적 및 기계적 과정으로 설명하려고 한다. 언젠가 네겔리의 관점들이 유전과 변이의 원칙에 아직 남아 있는 불확실한 개념에 확실성을 더함으로써 진화론에 더 깊은 기초를 제공할지도 모른다.

최초의 시작은 흔히 그렇듯이 작고 인지할 수 없으며, 문제의 대상들을 처음 관찰했을 때부터 궁극적인 결론을 예견하는 사람은 아무도 없다. 앞서 언급했듯이, 폰 몰은 1836년에 이미 특정 세포벽의 줄무늬를 관찰했고, 이는 이어서 관찰이 좀 부정확하긴 했어도 마이엔이 식물 세포벽이 나선형으로 꼬인 실로 구성되어 있다고 생각하게 했다. 또한 폰 몰이 진정한 줄무늬와 나선형 비후화를 구별했으며(1837), 두 가지를 마이엔이 혼동했음을 언급했고, 세포벽의 분자 구조에 대한 몇 가지 개념을 형성했으나 만족스러운 결론에는 이르지 못했다. 아가드(Agardh) 또한 몇 가지 새로운 세포 줄무늬 사례를 발견했으나 그의 추론은 여전히 성공적이지 못했다. 폰 몰은 1853년 『식물학 저널』에서 이 주제를 다시 다루면서, 줄무늬나 섬유로 보이는 것들을 기계적 또는 화학적 방법으로 분리할 수 없다는 사실을 강조했지만, 표면상에서 교차하는 선들이 같은 벽의 층에 속하는지 다른 층에 속하는지는 여전히 미결로 남겨 두었다. 이후 크뤼거(Crüger)와 샤흐트의 보고는 이 문제를 진전시키지 못했고, 비간트는 1856년에 이 논의에 참여했으나 교차 줄무늬가 다른 벽 층에 속한다고 가정함으로써 곧바로 잘못된 길로 빠졌다. 식물학자들이 새로운 층이 침착으로 세포벽의 동심형 층화(concentric stratification)가 발생한다는 폰 몰의 이론을 고수하는 한, 줄무늬에 대해 올바른 결정을 내리는 것은 거의 불가능했다. 그러다 곧 네겔리는 대작 『녹말 입자(*Die Stärkekörner*)』(1858)에서 이에 대한 가능한 설명을 제시했다. 즉, 녹말 입자와 세포벽에서 보이는 동심 층화는 유사한 층이 단순히 서로 위에 놓여 있는 것이 아니라, 물이 적고 밀도가 높은 층과 물이 많고 밀도가 낮은 층이 교대로 나타나는 것이며, 이 층화를 폰 몰의 침착 이론으로는 설명할 수 없고 새로운 분자가 기존의 것들 사이에 끼워지고 물의 양이 변화하는 것으로 설명할 수 있다는 것이다. 세포벽의 표면 확장도 이러한 종류의 침착으로 발생한다고 웅거가 제안했으며, 세포벽의 줄무늬로 알려진 현상도 이제는 물이 더 많거나 적은 물질이 규칙적으로 교대로 끼워지는 동일한 원리로 설명할 수 있었다. 그리고 네겔리는 다른 관찰자들이 놓친 사실을 지적했는데, 그것은 보통 표면상 이중 교차 줄무늬로 나타나는 구조가 층이 있는 세포벽 전체 두께를 관통해 있다는 것이었다. 이렇게 네겔리는 세포벽의 모든 미세 부분의 물질이 세 방향, 즉 입체적으로 분화한다는 결론에 도달했다. 그리고 그는 폰 몰이 제안한 비교, 즉 줄무늬와 동시에 동심 층화된 세포벽의 구조가 삼차원으로 절단되는 결정 구조와 유사하다는 비교를 보다 잘 활용했다. 그는 1862년에 그의 『식물학적 조사(*Botanische Untersuchungen*)』 1권 187쪽에서 처음으로 이 세포벽 구조에 대한 개념을 발표했으며, 같은 책 2권 147쪽에서 이를 더욱 발전시켰다.

그러나 네겔리의 분자 구조 이론의 진정한 출발점은 1858년 녹말 입자의 구성에 대한 그의 철저한 연구에서 찾을 수 있다. 그는 녹말 입자가 압력, 건조, 팽창, 일부 물질의 제거 등의 효과에 견디는 방식을 연구한 결과, 녹말 입자를 이루는 전체 물질이 구형이 아닌 다면체 분자들로 구성되어 있다는 결론에 도달했다. 이 분자들은 정상 상태에서 물의 막에 의해 서로 분리되어 있고, 층상 물질에 있는 물의 양은 이 분자들의 크기에 따라 달라지며, 분자가 클수록 물이 적다는 것이다. 이 견해는 세포벽의 구조에도 적용할 수 있으며, 세포벽의 생장은 기존 분자들 사이에 새로운 작은 분자들이 삽입됨으로써 기존 분자들의 크기가 증가하는 것으로 설명할 수 있다. 네겔리의 이 분자들은 그 자체로 매우 복합적인 물질로, 가장 작은 분자들도 수많은 탄소, 수소, 산소 원자로 구성되어 있으며, 일반적으로 분자 하나는 수천 개의 원자로 구성된다.

녹말 입자를 조사하는 과정에서, 네겔리는 화학적 성질이 다른 분자들이 모든 가시적인 지점에 함께 모여 있다는 결론에 도달했다. 여기서 요오드와 반응하여 파란색을 띠는 물질인 그라뉼로스(granulose)를 녹말 입자에서 제거할 수 있었고, 그러면 원래의 층상을 정확히 보여 주지만, 요오드와 반응하여 파란색을 띠지 않는 매우 적은 물질의 녹말 입자 골격이 남는다. 이를 네겔리는 녹말-셀룰로오스라고 명명했다. 이 반응에서 화학적으로 다른 두 분자가 녹말 입자 어디서나 나란히 놓여 있다는 것이 밝혀졌으며, 이는 마치 빨간 벽돌과 노란 벽돌로 지은 집에서 나중에 노란 벽돌을 모두 제거했을 때 빨간 벽돌만으로도 원래 집의 형태는 그대로 남아 있지만, 더 느슨한 상태로 존재하는 것과 비슷하다. 네겔리는 하르티히가 발견하고, 라들코퍼가 결정학적으로, 마쉬케(Maschke)가 화학적으로 조사한 결정질 단백질에서도 유사한 결과를 도출했다. 세포벽에서 소위 '침착 물질'을 같은 방식으로 추출할 수 있는데, 본질적으로 형태를 변화시키지 않으면서도 구조의 모든 섬세함을 부여하는 '재 골격(ash skeletons)'을 얻을 수 있기 때문에, 잎의 비교는 이러한 세포벽의 분자 구조에도 더 복잡한 방식이 되겠지만 적용할 수 있다. 실제로 다양한 사항들을 고려해 봤을 때, 네겔리가 녹말 입자에서 얻은 개념은 약간 수정만 하면 원형질의 구조에도 적용할 수 있을 것 같다.

녹말 입자에서 나타나는 현상에서 네겔리가 녹말 입자의 분자를 구형이 아닌 다면체로 가정했다고 말했는데, 따라서 그 분자들이 실제로 결정질인지에 대한 의문이 자연스럽게 생긴다. 이 점은 편광을 사용하여 해결할 수 있었는데, 이에 대해서는 이미 여러 관찰자가 관심을 보였다. 1847년 엘라흐(Erlach)와 1849년 에렌베르크(Ehrenberg)는 편광을 미세 시료 관찰에 사용했으나, 분자 구조에 대한 결론에 도달하지는 못했다. 샤흐트는 나중에 이러한 관찰이 재밋거리에 지나지 않으며, 과학적 가치는 없다고 지적했다. 하지만 곧이어 다시 한 번 폰 몰의 신중하고 탄탄한 연구가 등장했다. 1858년 『식물학 저널』에서 그는 현미경의 기술적 개선을 통해 세포벽, 녹말 입자 등의 특성과 구성물질에 대한 결론에 도달했으며, 편광이 단순한 장난감이 아니라 자연의 비밀을 깊이 파헤치는 유용한 수단임을 보여 줬다. 그러나 폰 몰이 20년 전 세포 형성에 관해 깊고 광범위한 관찰을 했음에도 결정적인 이론을 세우지 못했던 그 성격상의 특징이 이번에도 드러났다. 그는 또다시 철저하고 정확하게 관찰하고, 관찰한 것을 신중하게 기술하고, 이를 물리적 원리와 연관지었으나, 결국 현상을 분류했을 뿐 문제의 본질에 대한 새롭고 깊은 통찰을 제시하지는 않았다. 분석을 통해 연구결과의 궁극적 의미를 찾고, 조직화된 구조체의 내부 구조에 대한 명확한 표상을 세우려는 창의적 사고와 강렬한 정신적 노력이 그에겐 부족했다. 폰 몰은 이번 경우에도 귀납에서 멈추고 그 앞에 놓인 문제에 대한 연역적이고 구조적 정교화로 나아가지 않았다. 이는 네겔리에게 맡겨졌으며, 우리는 곧 그 결과를 보게 될 것이다.

한편 1861년에 식물과 동물의 조직을 편광으로 조사한 발렌틴(Gabriel Gustav Valentin)의 훨씬 철저한 연구가 발표되었는데, 저자는 주제 자체와 관련 문헌에 대한 해박한 지식을 갖추고 편광 현상을 자세히 연구하고, 기기와 사용법에 대한 좋은 설명을 제공했으며, 이와 같은 종류의 조사에 대한 이론과 실습을 개략적으로 설명했다. 그러나 그는 폰 몰이 주목한 한 가지 사실, 즉 편광 광선이 표면에 수직으로 통과할 때 식물 세포벽이 간섭 색을 나타낸다는 사실을 간과했으며, 이는 그의 내부 구조에 대한 잘못된 설명으로 이어질 수밖에 없었다.

네겔리는 1859년부터 편광 현상을 실질적이고 이론적으로 오랜 기간 연구했고, 그 결과를 1863년 그의 『과학적 식물학에 대한 기여』 3권에 발표했다. 그러나 그는 이전 해에 이 연구결과 중 세포벽과 녹말 입자의 분자 구조와 관련된 부분을 『식물학 소식(*Botanische Mittheilungen*)』(1862)에 발표했다. 네겔리는 편광 현상을 통해 식물세포의 조직화된 구조들이 액체로 둘러싸인 독립 분자들로 구성되어 있나고 생각하게 되었다. 이 현상을 다시 조사하면서 그는 이러한 분자의 특성에 대한 보다 명확한 개념을 갖게 되었다. 그는 조사한 시료의 광학적 행동에서 이러한 분자들이 다면체일 뿐만 아니라 결정체라는 결론을 얻었다. 실제로 네겔리에 따르면, 식물에서 조직화된 구조물을 구성하는 물질의 분자는 광축 두 개를 가진 결정처럼 행동하며, 따라서 세 가지 다른 탄성 축(굴절률)을 가진다. 녹말 입자와 세포벽에서는 이러한 결정질 분자가 그 하나의 축이 층화에 항상 수직이 되도록 배열하고, 다른 두 축은 층화의 평면에 놓인다. 세포의 조직화된 구조체가 편광 광선에 미치는 영향은 단일 분자들의 효과의 합이다. 한편, 이들 사이에 있는 액체는 광학적으로 비활성 상태이지만, 그 양에 따라 분자들이 서로 더 멀리 떨어지거나 더 가까이 접근하기 때문에 고려 대상이 된다.

3권

식물생리학의 역사 (1583-1860)

서론

식물의 생명현상에 대해 16세기와 17세기 초반까지 알려진 것은 인류 문명 초기에 농업, 원예 및 기타 식물 등을 실질적으로 다루면서 배워 온 것이 거의 다였다. 예를 들어 뿌리는 식물을 토양에 고정시키고 양분을 공급하는 역할을 한다는 것, 재라든지 특정 염류와 같은 비료가 식물의 생장을 촉진한다는 것, 싹눈이 새싹으로 발달한다는 것, 꽃이 씨앗과 열매를 생성하기에 앞서 나타난다는 것 등이 알려져 있었을 뿐이다. 이러한 여러 소소한 생리적 현상들은 원예 기술을 통해 밝혀졌다. 반면에 잎이 식물의 영양 공급에 있어서 생리적으로 중요한 역할을 한다는 것은 전혀 알지 못했으며, 수술과 씨앗 생성의 연관성에 대해서도 매우 희미한 인식만이 있었다. 토양에서 흡수된 영양물질이 식물 내부를 이동하여 지상부를 부양해야 한다는 것은 명백히 인지했으나, 이를 동물의 혈액 순환과 비교하여 설명하려고 시도했다. 17세기 말까지의 연구자들은 빛과 온도가 식물의 유지와 생장에 미치는 영향에 대해 거의 언급하지 않았지만, 다른 것들과 마찬가지로 이러한 요인들이 식물 재배에 미치는 영향은 일찍이 인식하고는 있었을 것이다.

17세기 후반 식물생리학의 창시자들이 손에 쥔 지식은 이렇게 빈약했다. 인체를 비롯한 동물의 다양한 기관들의 생리학적 중요성은, 적어도 특징이 명백한 것들에 관해서는 모든 사람이 알고 있었지만, 식물의 생명현상에 관한 연구는 힘든 탐사부터 시작해야 했다. 그것은 대체로 식물의 여러 부위들이 식물의 유지 및 번식에 필요한지, 식물체 전체를 위해 개별 부위는 어떤 기능을 부여받아야 하는지 등이었다. 이런 질문을 연구하기 위해 첫걸음을 내딛기는 쉽지 않았다. 동물에서 각 부분의 기능에 대해서는 직접 관찰해서 무언가를 배울 수 있지만, 식물의 경우 관찰만으로는 거의 아무것도 배울 수 없었다. 식물학자들이 뿌리를 영양 제공 기관으로, 열매와 씨앗을 식물 생명의 궁극적인 목적으로 여기는 개념을 넘어서려고 모험을 시도할 때 체살피노(Cesalpino)의 저서와 16세기의 식물지들을 들여다보면, 이들이 식물 기관의 생리학적 의미에 대한 질문에 아무 대답도 하지 못한다는 무력감을 느꼈다. 식물 기관의 생리학적 기능은 눈에 명확하게 드러나지 않는다. 기껏해야 특정한 부수적 상황에서 결론을 도출하거나 실험 결과에서 논리적으로 추론해야만 한다. 그러나 실험은 가설에 기반해서 명확한 질문을 제기하는 것을 전제로 한다. 질문과 가설은 이전의 지식에서만 생길 수 있다.

이 주제를 기존 지식과 연결하려는 초기 시도는 식물의 생명현상을 동물의 생명현상과 비교하는 데서 나왔다. 아리스토텔레스도 이 비교를 사용했지만 큰 성과를 거두지는 못했다. 체살피노는 더 많은 식물학·동물학적 지식을 바탕으로 식물 내 영양액의 움직임에 대한 보다 명확한 개념을 얻으려고 했다. 17세기 초 하비(Harvey)가 혈액 순환을 발견했을 때, 식물에서도 유사한 수액 순환이 있을 것이라는 생각이 즉시 떠올랐다. 이렇게 첫 번째 가설이자 명확한 질문이 만들어졌고, 더 정확한 관찰과 실험을 통해 이를 규명하려는 시도가 진행됐다. 거의 백 년 동안 지속된 논쟁 끝에 동물의 혈액 순환에 해당하는 식물의 수액 순환은 없다는 결론이 나왔다. 잎이 식물의 영양에 중요한 역할을 한다는 중요한 발견은 앞선 질문들에 관한 연구를 진행하다 부수적으로 나온 것으로서, 식물의 녹색 부분이 이산화탄소를 분해한다는 발견보다 백 년 이상 앞섰다. 또 다른 예를 들자면, 특정한 식물 생명현상을 동물의 번식과 비교함으로써 식물에서 성의 발견이 가능했다. 카메라리우스(Camerarius)가 발아 가능한 씨앗을 생산하는 데 꽃가루가 필요하다는 결정적인 실험(1691-1694)을 하기 오래전부터, 식물에도 동물의 성관계에 해당하는 행위가 있을 수 있다는 생각이 존재했다. 그러나 그 생각은 매우 불분명하고 다양한 선입견으로 왜곡되었다. 마찬가지로 17세기에 미모사(Mimosae)에서 민감성 운동의 발견과 이후에 다른 식물에서 비슷한 운동 현상이 발견되면서 생긴 관심은 주로 동물과 식물 사이의 두드러진 유사성에서 비롯되었다. 따라서 이 주제에 관한 초기 연구는 식물의 운동이 동물에서와 유사한 조직적 조건으로 일어나는지 여부를 밝히는 데 목적이 있었다. 이러한 모든 경우에서, 성 문제에서처럼 오랜 연구 끝에 유사성이 확인되었는지, 아니면 수액 순환 문제처럼 유사성이 반박되었는지는 중요하지 않았다. 결과보다는 일단 연구의 출발점을 확보하는 것이 더 중요했다.

동물과 식물의 실제 또는 겉보기에 비슷한 점을 일단 받아들이고, 명백히 비활동적인 식물 기관에 대해 특정 기능을 가정하며 그 기능의 정보를 얻어내는 것이 이 목적에 맞는 시작점이었다. 연구는 시작되었고, 결과는 중요하지 않았다. 생명현상과 관련된 모든 질문에서, 우리가 목표로 삼은 생명현상 자체가 출발점이자 개념의 기준이다. 무생물에 반대되는 생물의 본질을 우리는 다른 대상과 우리의 존재를 비교함으로써 처음 알게 된다. 우리의 생명 활동에서 고등동물의 활동을 추론하고, 그들의 행동을 통해 즉시 본능적으로 이해하게 된다. 이러한 이해를 바탕으로 하등동물의 운동도 이해하게 되고, 추가적인 유추를 통해 식물에까지 도달하게 된다. 식물의 생명성은 오직 이 방법으로 알 수 있다. 식물이 고대부터 살아 있는 생물로 간주되고 동물과 유사하다고 여겨졌을 때, 추가적인 고찰은 자연스럽게 동물 생명현상의 세부사항도 식물에서 재현될 것이라는 생각으로 이어졌다. 아리스토텔레스의 식물학 단편에서 이러한 방식으로 식물 생리학의 첫 번째 질문이 발생했음을 알 수 있다. 이는 체살피노를 통해 더 구체적인 형태를 띠게 되었고, 이후 생리학자들은 반복해서 비슷한 유추를 사용했다. 이 분야의 식물학 역사가들이라면 다른 출발점을 찾을 필요도 없는데, 이는 본질적으로 다른 출발점이 존재하지 않고, 존재할 수도 없기 때문이다. 식물과 동물의 미리 정해진 유사성이 종종 기만적이고 방해가 되는 것으로 판명되었지만, 연구가 계속되면서 두 생물계의 더 중요하고 본질적인 공통점이 점차 밝혀졌다. 오늘날에는 식물과 동물의 물질적 기초가 대체로 동일하다는 것, 영양, 수액 이동, 성적 및 무성 번식과 관련된 과정이 이 두 생물계에서 매우 놀라운 유사성을 보인다는 것이 점점 더 명백해지고 있다.

과학으로서 식물생리학의 창시자들이 철저하게 목적론적 관점에 자신을 맡겼다면, 이는 그 시대의 상황 때문이며 실제로 과학의 첫 발전을 촉진하는 데 기여했다. 17세기와 18세기에는 생리학적 연구에서 모든 부분이 의도와 의도적 설계에 따른 것이라고 전제하는 데 꼭 아리스토텔레스주의자까지 될 필요는 없었다. 이는 어디서나 항상 모든 철학 이전의 원초적인 관점이다. 그러나 진보한 과학의 역할은 이 입장을 버리는 것이다. 17세기 초 철학자들은 목적론적 방식이 비과학적이라는 사실을 인식했다. 그러나 초기 식물생리학자들은 엄밀한 의미에서 철학자들이 아니었고, 그들의 연구에서 생명체의 자연에 대한 목적론적 개념을 의문 없이 받아들였다. 왜냐하면 그들은 모든 기관이 전체 생명체의 생존을 위해 필요한 기능을 수행할 수 있는 상태로 정확하게 만들어져야 한다는 것을 자명한 사실로 여겼기 때문이다. 이 개념은 당시의 보편적 견해와 일치했으며, 실제로 유용했다. 식물의 기관을 면밀히 조사해야 한다는 강력한 동기가 되었기 때문에, 과학의 초기 단계에서 목적론이 단점은 아니었다. 말피기(Malpighi), 그루(Grew), 헤일즈(Hales)의 연구가 그랬으며, 17세기 말에 슈프렝겔(Konrad Sprengel)이 그의 목적론적 원칙을 엄격히 실행하면서 꽃 구조와 곤충 세계의 관계에 대한 훌륭한 발견을 한 것에서도 그 예를 찾아볼 수 있다. 목적론적 관점은 처음부터 형태학의 발전에 방해가 되었는데, 계통식물학의 역사는 식물학자들이 그러한 개념에서 벗어나는 것이 얼마나 어려웠는지를 말해 준다. 생리학의 경우는 달랐다. 기관의 기능을 발견하고 생명현상의 연관성을 배우는 것이 과제일 때에는 목적론이 연구의 원칙으로서 매우 유용했다. 그러나 원인을 조사하고 식물의 현상을 인과적 연관성으로 파악해야 할 때는 목적론적 관점이 부적절해졌고, 적응의 차원에서 생명체의 구조를 설명해야 하는 상황에서는 목적론을 폐기해야 할 필요가 생겼다. 이 어려움은 (다윈의) 선택이론으로 만족스럽게 해결되었다. 계통이론이 계통식물학과 형태학에 중요한 만큼, 이 선택이론은 생리학에서 중요해졌다. 계통이론이 궁극적으로 생명체의 형태학적 연구를 스콜라 철학의 영향에서 해방시켰다면, 선택이론은 생리학이 목적론에서 벗어날 수 있게 했다. 이것을 보고 목적론으로 회귀했다고 비난하는 사람이 있다면 다윈의 이론을 완전히 잘못 이해했다고 할 수 있다. 과거의 철학적 반대에도 자연학자들에게 필수라고 여겨졌던 목적론을 불필요하게 만든 것은 다윈 이론의 가장 큰 공로다.

식물의 생리학적 연구를 위한 최초의 시도들이 동물과 식물의 비교 및 생물체의 목적론적 개념으로 촉진되었다면, 기능의 원인과 조건을 이해하고 설명하려고 시도할 때는 다른 요인들이 결정적으로 작용했다. 여기서는 식물해부학이 그 주요 자원이었다. 식물의 내부 구조를 더 잘 알게 되고 다양한 종류의 조직을 더 잘 구별함에 따라, 실험을 통해 밝힌 기관의 기능을 그들의 미세 구조와 연결할 수 있게 되었다. 식물해부학이 살아 있는 기계를 구성요소로 분해해 놓으면, 생리학이 이어서 조직의 구조와 내용물이 특정 기능을 수행하는 데 얼마나 적합한지를 밝혀냈다. 이는 식물의 생명현상 자체를 미리 탐구했을 때만 가능했다. 예를 들어 수정 과정에서 일어나는 미세한 과정을 현미경으로 조사해서 결론을 도출하려면, 열매 속의 씨앗 생성에 꽃가루가 필요한지, 즉 성(sexuality) 자체를 실험으로 먼저 증명해야만 한다. 마찬가지로 목질부의 해부학적 연구는 물이 상승하는 방식을 설명할 수 있는데, 이는 먼저 오직 목질부에서만 물이 상승한다는 현상을 실험으로 확인했을 때 가능하다.

생리학과 물리, 화학의 관계에서도 비슷하게 고려해야 할 사항이 있다. 이 관계를 설명하기 위해 몇 가지 사전 설명이 필요하다. 특히 현대에 들어서 식물생리학이 사실상 응용물리학이나 응용화학과 마찬가지라는 말을 자주 듣게 되는데, 이 말은 생명현상을 물리학이나 화학 이론으로부터 단순히 연역할 수 있다는 말처럼 들린다. 물리학과 화학이 자기 영역에서 더 이상 해결할 문제가 없다면 이것이 가능할지도 모르겠다. 하지만 사실 두 분야 모두 할 일이 너무 많고, 생리학 또한 마찬가지다. 초기의 생리학이 알려진 원인의 작용과 관련해 정의된 생명현상을 개념화할 때 당시의 물리학과 화학의 도움에 의존해야 했던 것과 마찬가지로, 현대 식물생리학이 현대 물리학과 화학 없이는 불가능하다는 것은 사실이다. 하지만 반대로, 물리학과 화학이 식물해부학의 도움을 받았다 해도 그들이 식물생리학이라는 학문체계를 만들어 낼 수는 없었을 것이다. 물리학과 화학이 생리학자에게 어떤 종류의 설명도 제공할 수 없었던 17세기와 18세기에도 사람들은 식물에서 일련의 생명현상을 인식했다는 것을 역사는 보여 준다. 모든 생리학의 진정한 기초는 생명현상을 직접 관찰하는 것이다. 이런 생명현상을 물리적·화학적 원인으로 환원시키기에 앞서서, 이 현상들은 먼저 실험을 거쳐 실체를 확인하고 연결성을 드러내야만 한다. 따라서 식물생리학이 물리학이나 화학의 도움 없이, 심지어는 그 분야의 잘못된 이론에도 불구하고 어느 정도까지 발전하는 것은 충분히 가능한 일이다. 말피기, 헤일즈, 그리고 뒤아멜(Duhamel)이 이룩한 것은 실제로 식물생리학이었으며, 그들의 지식은 살아 있는 식물에 대한 관찰에서 유래한 것이지, 당시의 화학 및 물리학 이론에서 나온 것이 아니었다. 녹색 잎만이 새로운 기관의 생장과 형성에 필요한 적절한 양분을 생성할 수 있다는 중요한 발견조차, 화학이 이산화탄소와 산소에 대해 아무것도 알지 못했던 시기에, 식물의 녹색 부분이 이산화탄소를 분해한다는 발견보다 백 년이나 전에 이루어졌다. 물리학이나 화학 이론과 명백히 반대되는 일련의 생리학적 발견들도 들 수 있는데, 이런 발견은 심지어 물리, 화학 이론을 바로잡는 데에 기여했다. 예를 들어, 뿌리가 물과 영양소를 흡수는 하면서 내놓지는 않는다는 사실은 초기 물리학 이론인 삼투평형 이론으로는 전혀 이해할 수 없었으며, 물리학자들이 말하는 이른바 화학적 광선

[1]은 식물의 동화작용에서 부차적인 중요성만 가질 뿐, 물리학자와 화학자들의 지배적인 생각과는 반대로 스펙트럼의 노란 부분과 그 인접 부분이 이산화탄소의 분해를 활발히 촉진한다는 것이 사실로 밝혀졌다. 1806년 나이트(Knight)가 살아 있는 식물을 갖고 실험으로 증명했듯이, 뿌리가 아래로 자라고 줄기가 위로 자라는 것이 중력 때문이라는 결론을 어떤 물리학 이론에서 도출할 수 있었을까? 또는 빛이 식물의 생장을 억제하고, 생장 부위가 빛을 향해 굽는다는 것을 물리학의 광학이 예견할 수 있었을까? 식물의 생명현상에 관한 우리의 최고의 지식은 화학적·물리적 이론에서 유추한 것이 아니라, 직접 관찰해서 얻은 것이다. 다음에 요약된 사전 검토 항목들은 식물생리학의 발전을 조망하는 데 도움이 될 것이다.

❶ 식물생리학의 시작이 화학과 물리학이 자연과학으로 자리를 잡기 시작한 시기와 일치한다고 해서, 이들이 식물생리학을 탄생시켰다는 증거가 되는 건 아니다. 식물생리학은 일반 생리학, 광물학, 천문학, 지리학과 마찬가지로, 16세기와 17세기에 스콜라 철학의 공허함을 느끼고 모든 분야에서 관찰을 통해 가치 있는 지식을 수집하려는 탐구 정신이 폭발하면서 생겨났다. 이러한 감정의 영향으로 이탈리아, 영국, 독일, 프랑스에서 자연과학 연구를 위한 학회나 학술원이 17세기 후반에 설립되었다. 최초의 식물생리학 연구들은 이런 기관들의 학술지에 매우 중요한 부분을 차지했다. 특히 1660년에서 1690년 사이에 런던 왕립학회는 말피기와 그루의 기념비적인 작품들을 출판했다. 성(性) 이론의 역사에서 중요한 시기를 형성하는 카메라

1 [역주] 화학 반응을 일으키는 자외선 영역의 빛을 말함.

리우스의 최초의 논문은 '독일 자연 호기심 학회'의 학술지에 실렸으며, 프랑스 아카데미는 같은 시기에 도다르(Dodart)의 지도 아래 식물생리학에 관한 체계적인 연구를 조직하려 했지만, 의도만큼 좋은 결과가 나오지 않았다. 과학의 모든 분야에서 가장 큰 발견들이 놀라운 속도로 연이어 일어난 이 과학 운동의 시기는 식물생리학에서도 중요한 첫 발전을 가져왔다. 영국에서 이루어진 상승 및 하강 수액에 관한 첫 연구, 잎을 영양기관으로 지정한 말피기의 이론, 빛이 식물의 색깔에 미치는 영향에 대한 레이(Ray)의 첫 논문, 무엇보다도 꽃가루의 수정력을 입증한 카메라리우스의 실험 등이 바로 그것이다. 이때는 첫 발견의 시기라서 설명이 분명히 빈약했다. 이제 막 시작된 식물해부학은 처음부터 생리학을 도왔으나, 물리학과 화학은 거의 아무것도 할 수 없었다. 반면, 뉴턴 시대의 역학과 생물학적 과정을 기계적으로 설명하려는 경향에 따라 헤일즈는 식물 내 수액 운동에 관한 연구에서 좋은 결실을 맺었다. 1727년 그의 〈정역학 에세이(Statical Essays)〉[2]는 앞서 언급한 과학의 기초를 다진 작업들과 밀접하게 연결되며, 식물생리학의 첫 번째 역사를 돋보이게 장식했다.

이 활기찬 발전기가 지나고 여러 해 동안 뚜렷한 작업이 수행되지도 큰 발견이 이루어지지도 않았다. 이미 밝혀진 것에 대한 활발한 논쟁이 있었지만, 이는 문제들에 대한 더 깊은 개념이나 새로운 실험적 증명으로 이어지지 못했다.

② 1760년경, 식물생리학의 여러 분야에 새로운 활기가 일었다. 뒤아멜의 『나무의 물리학(*Physique des arbres*)』(1758)은 이전의 지식

2 [역주] 식물에서 물질 이동에 관한 정역학적 연구(Vegetable Staticks).

을 요약하고 새로운 관찰을 다수 추가했다. 그때부터 현 세기 초까지 일련의 중요한 발견이 이어졌다. 카메라리우스 이래 거의 진전이 없다가 전성설[3]에 의해 왜곡되었던 성적 번식설은, 인위적 잡종 형성 실험을 통해 성의 본질에 새 빛을 비춘 일급 관찰자인 쾰로이터(Koelreuter, 1760-1770)를 만나게 되었다. 그는 식물의 꽃가루받이 과정을 최초로 진지하게 연구한 사람이었으며, 가루받이와 곤충의 생활사 사이의 주목할 만한 연관성을 지적했다. 이러한 관계를 이후 1793년 슈프렝겔이 더욱 상세히 연구했고, 그는 동시대 사람들이 이해하지 못한 놀랍고 광범위한 결과를 성취했으며, 그 중요성은 근대적 이론과 진화론과 관련하여 비로소 완전히 인정받게 되었다.

식물의 영양 이론에서도 중요한 진전이 있었다. 1780년에서 1790년 사이에 잉엔하우스(Ingenhousz)는 식물의 녹색 부분이 빛의 영향을 받아 이산화탄소를 흡수하고 산소를 배출하여 유기 화합물에 축적하는 탄소를 얻지만, 식물의 모든 부분은 항상 소량의 산소를 흡수하고 이산화탄소를 배출하여 동물과 정확히 일치하는 호흡 과정도 수행한다는 것을 증명했다. 이후 소쉬르(Theodore de Saussure)는 이런 과정을 더 철저히 연구하여, 지금까지 생각했던 것과 달리 식물의 재를 구성하는 요소가 우연히 생긴 하찮은 영양 첨가물이 아니라는 증거를 제시했다(1804). 또한 보편적인 물리적 힘이 식물 생장에 미치는 영향도 몇 가지 주요 측면에서 입증되었지만, 아직도 철저히 연구되지는 않았다. 이렇게 해서 세네비에(Senebier)는 1780년에서 1790년 사이에 빛이 식물의 생장과 녹색 색소 형성에 미치는 지대한 영향을 보

3 [역주] 前成說, theory of preformation. 원문에는 'theory of evolution'으로 되어 있으나, 그 의미로 봤을 때 전성설로 번역함.

여 주었고, 드캉돌(De Candolle)은 나중에 주기적 운동을 보이는 잎과 꽃의 경우에서도 빛이 작용한다는 사실을 발견했다. 더 중요한 것은 1806년 나이트가 줄기의 수직 상향 생장과 주뿌리의 하향 생장이 중력에 의해 결정된다는 것을 발견했다는 것이다.

❸ 이 두 번째 중요한 발견의 시기도 다시 퇴보를 맞게 되었으며, 가장 잘 확립된 사실들에 대해서도 다시 의문이 제기되었다. 선입견의 영향을 받아 이러한 사실들을 무효화하거나 무시하려는 시도가 이루어졌고, 철학의 외양을 띤 이론들이 그 자리를 대신했다. 오랫동안 형태학에 큰 방해가 되었던 이른바 자연철학은 식물생리학에도 해를 끼쳤다. 특히 생기(生氣)론은, 생명현상을 기본적 과정들로 분해해서 그것들을 원인과 결과의 연쇄로 인식하려는 모든 시도에 장애가 되었다. 식물의 재 성분과 심지어 식물의 탄소도 생기로 설명되었으며, 극성(polarity)이라는 용어와 관련된 모호한 개념들이 생장 방향을 설명하는 데 사용되었다. 마찬가지로 자연철학은 성 이론에서 확립된 결과에도 영향을 미쳐 모든 논리성을 파괴함으로써, 쾰로이터의 연구에도 불구하고 식물의 성에 대한 의문이 다시 제기되었다. 이러한 상태는 1820년 이후에도 계속되었지만, 그 후 상황은 다시 개선되기 시작했다. 트레비라누스(Treviranus)는 1822년에 쉘버(Schelwer)와 헨셸(Henschel)의 오류를 조사하고 반박했다. 영국에서는 허버트(Herbert)가 잡종화에 관한 새롭고 매우 귀중한 연구를 수행했다. 그리고 이 시기에 게르트너(Karl Friedrich Gärtner)는 정상적인 수정과 잡종 생성에 대해 20년 넘게 연구하고 실험했으며, 그의 결론은 1844년과 1849년에 출간된 역작들에서 중요한 성 이론과 관련된 문제들을 최종적으로 해결했다. 같은 시기에 호프마이스터(Hofmeister)는 꽃식물의

미세 발생학을 확고한 기초 위에 올려놓았다.

기타 식물생리학의 부분들도 1840년 이전에 상당히 발전했다. 소쉬르는 1822년에 꽃에서의 열 발생과 그 열이 호흡에 의존함을 관찰했다. 10년 후 괴페르트(Göppert)는 발아 중이거나 생장 중인 식물 기관에서 온도가 상승함을 증명했다. 뒤트로셰(Dutrochet)는 1820년에서 1840년 사이에 다양한 과학 분야에서 연구를 촉진시켰다. 그는 처음으로 삼투현상을 식물에서의 수액 이동 설명에 적용하여 생리학의 향후 발전에 지속적인 영향을 미쳤다. 화학적 연구에서는 결과가 적었으나, 이후 이론적으로 활용할 수 있는 다수의 단편적 사실들을 얻는 데 기여했다.

이 시기의 연구는 아무 도움이 되지 않는 의심으로 시작했으나, 이 시기의 말미에는 많은 것들이 준비되어 1840년 이후 더 발전할 수 있게 되었을뿐더러 식물생리학에서 지금까지 성취한 모든 것들이 종합된 형태로 제시된 몇몇 중요한 편찬물이 출판되었다. 뒤트로셰의 모음집들(1837) 외에도 종합적인 식물생리학 개론서 세 가지가 출판되었으며, 하나는 드캉돌의 것으로 1833년과 1835년에 뢰퍼(Roeper)가 많은 부분을 개선하고 추가한 독일어 번역본이 출판되었다. 이어서 1835년에서 1838년에 걸쳐 트레비라누스의 식물생리학에 관한 작품이 나왔으며, 마지막으로 1837년에서 1839년에 걸쳐 마이엔(Meyen)의 『식물생리학의 새로운 체계(*Neues System der Pflanzenphysiologie*)』가 출판되었다. 이 작품들은 생리학이 아직 식물해부학의 강력한 지지를 얻지 못한 가운데, 더 정확한 물리화학적 식물 생장 과정의 설명이 기존의 생기론적 관점과 맞대면하고 있는 시대적 특징을 잘 보여 준다.

❹ 우리는 이미 1840년경 형태학과 식물해부학, 발생학 및 세포 연구에 큰 자극이 있었다는 것을 알고 있다. 또한 이 자극이 자연철학과 생기론의 오류를 버리고, 그러한 추측 대신 정확한 관찰과 체계적인 귀납을 요구하도록 큰 영향을 미쳤으며, 1840년 이후 슐라이덴의 『기초(*Grundzüge*)』가 이러한 요구를 크게 충족시키긴 했지만, 완전히 만족할 만한 긍정적 결과로 이어지지 못했음을 보여 주었다. 폰 몰과 네겔리의 손에서 식물해부학과 세포 이론이 급속히 발전하면서 식물생리학에도 특히 유리하게 작용하여 밑씨 내부에서 수정 과정을 추적할 수 있게 됐다. 꽃가루관이 꽃가루 알갱이에서 형성된다는 것은 1840년 이전에 이미 관찰되었고, 슐라이덴은 1837년에 꽃식물에서 꽃가루관이 배주머니에 들어간 후 꽃가루관 끝부분에서 자유 세포 형성에 의해 배아가 형성된다고 제안했다. 그러나 아미치(Amici)는 1846년에, 호프마이스터는 1849년에 이 견해가 잘못되었음을 보여 주었고, 배주머니 안에 있는 배아의 원기가 꽃가루관이 도착하기 전에 이미 존재하며, 단지 꽃가루관에 의해 자극을 받아 배아가 더 발달한다고 밝혔다. 마찬가지로 호프마이스터의 관다발 민꽃식물과 이끼류의 발생에 대한 추가 관찰은 이 그룹의 식물에서 웅거와 네겔리가 발견한 정자가 암컷 기관 내에서 미리 형성된 생식세포나 난세포를 수정하고 이를 자극하여 더 발전하게 한다는 것을 의심의 여지 없이 보여 주었다(1849, 1851). 곧 다양한 조류에서 성행위가 관찰되면서, 현미경의 도움으로 미결 상태의 문제들을 해결할 수 있는 최고의 기회가 제공되었다. 튀레(Thuret)는 1854년에 Fucus 종에서 큰 난세포가 정자에 둘러싸여 수정되는 과정을 보여 주었고, 한 종의 난세포를 다른 종의 정자로 수정시켜 잡종을 생산하는 데에도 성공했다. 그러나 단순히 수컷과 암컷 기관의 접촉만으로 충분한지, 아니면 정자와 난

세포의 물질이 섞여야만 수정이 일어나는지는 여전히 불확실했다. 이 문제는 1855년 프링스하임(Pringsheim)이 해결했다. 그는 민물 조류의 수컷 수정 기관이 난세포의 물질에 침투하여 그 안에서 용해되는 과정을 보았다. 이 수정 과정은 이후 고등 민꽃식물에서도 관찰되어 드 바리(De Bary)가 1858년에 이를 상세하게 설명했고, 보셔(Vaucher)가 성적 과정으로 간주했던 접합조류(Conjugatae)의 성행위에서 가장 단순한 형태로 나타났다.

1840년 이후 최고의 식물학자들이 식물의 미세 해부학, 세포 형성, 발생학 및 기관 발달과정에 관한 길고 어려운 관찰에 얼마나 많은 시간과 연구력을 할애했는지를 생각해 보면, 실험이 동반되어야 하는 식물 생장 문제와 같은 다른 식물생리학 분야가 거의 개발되지 않거나 부수적으로만 연구된 것은 그리 놀랄 일이 아니다. 그러나 이러한 연구들도 식물해부학의 발전에 힘입어 더 확고한 기반을 마련했으며, 이는 생리학자에게 식물의 생장 현상에 대한 더 명확한 개념을 제공했다.

식물영양 화학은 성 이론처럼 1840년부터 1860년까지 지속적으로 상당한 성공을 거둔 순수 생리학 주제 중 하나였지만, 주로 소쉬르의 결과와 관련된 영양 과정을 조사하는 화학자들이 연구했다. 농업 화학자들은 1860년경까지 주로 식물 재의 모든 또는 특정 성분이 식물영양소의 필수 부분인지, 이러한 성분이 어디에서 유래하는지, 그리고 경작에 의한 토양 고갈과 적절한 시비에 의한 보충 등에 관심을 가졌다. 프랑스의 부싱고(Boussingault)는 1840년 이전에 이러한 주제에 관한 실험과 분석을 수행했으며, 다음 20년에 걸친 가장 가치 있는 생리학적 발견도 그가 했다. 이 중 가장 중요한 것은, 식물이 대기 중 자유 질소를 영양소로 사용하지 않고 질소 화합물을 흡수한다는 사실이었다. 독일에서는 리비히(Justus Liebig)의 도움으로 이러한 문제들에 큰 관심을 갖게 되었다. 리비히는 1840년까지 축적된 지식을 바탕으로 기본적이고 실제로 중요한 것을 모두 모으고, 농업 및 산림 관리에서 식물영양 이론의 큰 실용적 가치에 관한 관심을 끌어냈다. 이 연구에 상당한 국가적 지원이 곧 마련되었지만, 이런 연구는 대개 실용적 목적으로 설계되어 있기 마련이어서 모든 생명현상의 내적 연결을 추구하는 올바른 길에서 벗어났다. 그래도 많은 사실이 축적되었으며, 신중한 선별을 통해 순수과학에 유용하게 활용할 수 있었다. 최고의 농업 화학자 중 일부는 순수과학적·실용적 관점을 옹호한 공로가 있으며, 포괄적인 저서에서 식물의 구조에 깊이 들어가지 않고도 어느 정도 식물영양의 일반 주제를 설명했다. 여기에는 부싱고와 독일의 에밀 볼프(Emil Wolff) 및 프란츠 슐체(Franz Schulze)가 포함된다. 그러나 식물 내에서 동화 및 대사와 관련된 식물영양 문제는 여전히 미결 상태였으며, 이 점에 대한 가치 있는 예비 연구는 이 시기에 시작되었다.

성 이론과 식물영양학 이론에서 중요한 발전이 있었던 데 비해, 여기서 언급되지 않은 다른 식물생리학 분야에서는 거의 진전이 없었으며, 그나마 있던 진전도 단편적이고 연결되지 않은 상태로 나타났다. 여러 관찰자들이 식물의 발열과 산소 호흡의 연관성을 확립했으며, 뿌리의 하향 굽힘과 관련하여 새로운 단편적 사실들이 밝혀졌다. 브뤼케(Brücke)는 1848년에 미모사 잎의 움직임에 관한 훌륭한 연구를 발표했고, 호프마이스터는 1857년에 포도나무와 다른 나무들에서 당시 '출혈'이라고 알려진 현상이 모든 목본식물에서 일어나며, 봄뿐만 아니라 적절한 조건이 갖추어진 모든 시기에 일어난다는 것을 보여 주었다. 이러한 많은 독자적인 관찰들은 나중을 위해 소중한 자료가 되었으나, 당시에는 보편적 이론을 도출하는 데 이용되지 못했다. 이런 어려운 주제를 연구하는 데 있어서, 확실한 결과와 현상의 내적 연결에 대한 깊은 통찰력을 얻기 위해 끈기 있게 전념하는 사람이 없었기 때문이다. 수액의 이동에 관한 지식은 놀라울 정도로 적었고, 생장 과정과 이와 관련된 식물 운동의 외적(환경) 조건에 관한 연구는 더욱 적었다. 식물의 생리 현상이 온도에 의존한다는 중요한 질문은 완전히 무시되지는 않았지만, 식물의 전체 생육 기간을 일일 평균 온도로 곱하여 특정 식물이 필요로 하는 총온도를 표현하려는 잘못된 시도가 있었다. 이 실수는 특히 식물지리학 연구를 오도했다.

1851년까지 수집된 더 중요한 연구 결과들은 폰 몰의 식물세포에 관한 저서에서 명확하고 간결하게 정리되었고, 그 견해들 역시 잘 평가되었다. 식물생리학 일반은 웅거의 1855년 교과서에서 더 상세히 설명되었지만, 비판적인 내용 선별이 부족했다. 이 두 책은 1860년까지 식물생리학에 관한 지식을 전파하는 데 가장 크게 기여했으며, 그 역할을 훌륭하게 수행했다. 1852년 이후 식물생리학이라는 제목이 붙은 샤흐트의 책들은 불완전한 지식에 기반하고 있어, 그 평판을 오히려 떨어뜨리는 결과를 낳았다.

이 예비 검토를 넘어 주제를 더 자세히 설명하기 위해 성 이론의 역사를 식물생리학의 다른 문제들과 구분하여 다루는 것이 필요할 것이다. 그 이유는 성 이론의 결정적인 지점을 확립하고 추가 설명하는 과정이 다른 생리학과 독립적으로 이루어졌기 때문이다. 따라서 이 이론의 발전을 다른 주제와 연대순으로 연결하려는 시도는 역사적 연속성을 방해하고 설명을 모호하게 만들 것이다. 이와 마찬가지로 식물의 영양 이론과 수액 이동 이론도 다른 생리학적 문제와 독립적으로 지속해서 발전했다. 따라서 이 주제들에도 별도의 장을 할애하는 것이 바람직하다. 식물 부위의 운동과 생장의 역학에 관한 초기 발견들은 세 번째 장에서 간략히 서술할 것이다.

1장

성 이론의 역사: 아리스토텔레스부터 카메라리우스까지

17세기 말 카메라리우스와 그의 후계자들이 발견한 식물의 성적 관계에 관한 사실들을 올바르게 평가하려면, 먼저 아리스토텔레스부터 지금까지 이 문제에 대해 알려진 모든 것을 숙지할 필요가 있다. 아울러, 우리는 귀납적 연구만이 해결할 수 있는 문제에 옛 철학에 근거한 피상적 관찰이 개입하게 될 때 얼마나 비생산적인 일이 벌어지는지를 배우게 될 것이다.

아리스토텔레스[1]는 그 후 많은 사람들도 마찬가지지만 성적 수정 과정을 영양 과정의 하나로 여겼고, 따라서 영양 과정의 구체적이고 독특한 특성 역시 인식하지 못했다는 점은 영양력과 생식력이 동일하다는 그의 주장에서 명백하게 드러난다. 이러한 성급한 일반화는 아리스토텔레스의 매우 잘못된 경험에서 비롯된 또 다른 오류와 관련이 있는데, 이는 생명체의 성적 특성이 운동과 연관되어 있다는 것이다. 그는 자신의 식물학 단편들에서, 운동 능력이 있는 모든 동물에서 암컷과 수컷이 구별되는데, 암컷과 수컷 개체 모두 같은 종에 속

1 마이어(Ernst Meyer)의 『식물학사』 1권 98쪽 참소.

한다고 설명한다. 그러나 식물에서는 이런 것이 결합되어 수컷과 암컷이 구별되지 않기 때문에 각 식물은 스스로 번식할 뿐 수정 물질을 방출하지 않는다고 말한다. 그는 또한 이동하지 않는 동물, 예를 들어 껍질이 있는 동물과 다른 물질에 부착된 상태로 사는 동물에서는 암수가 구별되지 않는데, 이는 그들의 생활 방식이 식물과 유사하기 때문이라고 덧붙인다. 이들 역시 그런 유사점 또는 그냥 비유로 암컷과 수컷으로 불리며, 암수 사이에 약간의 차이가 있긴 하다. 이와 마찬가지로 일부 나무는 열매를 맺지만, 어떤 나무는 자신은 열매를 맺지 않으면서도 다른 나무가 열매를 맺는 것을 돕는다고 말하며, 무화과나무(fig)와 숫무화과나무(caprifig)를 예로 든다.

아리스토텔레스의 이러한 견해에 비해 그의 제자인 테오프라스투스[2]의 견해는 어느 정도 계몽적이며 더 많은 경험에 기초한 것으로 보이지만, 그의 관찰에서도 이 주제와 관련해서 흥미로운 점은 찾을 수 없다. 그는 '말리 메디카에(mali medicae)'[3]의 일부 꽃이 열매를 맺고 일부는 맺지 않는다고 말하면서, 다른 식물에서도 같은 일이 발생하는지 관찰해야 한다고 언급하지만, 이는 자신의 정원에서 쉽게 확인하면 되는 일이었다. 그는 식물에 성이 있는지에 대한 질문에 답하는 것보다 자신의 지식을 논리적으로 정리하는 데 더 신경을 썼다. 그는 확실히 같은 종의 식물 내에서도 일부는 꽃을 피우고 일부는 그렇지

---

2 여기 사용된 판본은 고트롭 슈나이더(Gottlob Schneider)의 『에레소스의 테오프라스토스의 남아 있는 작품들(*Theophrasti Eresii quæ supersunt opera*)』 1818년 라이프치히 출판본이다. 본문에서 언급된 구절들 외에도 『원인에 대하여(*De Causis*)』 I권 13장 4절 및 IV권 4장, 그리고 『식물학 역사(*Historia Plantarum*)』 2권 8장을 참조하시오.

3 [역주] 사과나무로 추정되는 식물.

않다고 말한다. 예를 들어 수컷 야자나무는 꽃을 피우고 암컷은 열매만 맺는다고 한다.[4] 그는 이 식물들과 열매를 맺지 않는 식물들의 차이점이 여기 있으며, 분명히 꽃에 큰 차이가 있어야 한다고 결론 짓는다. 그의 세 번째 책 『원인에 대하여(*De Causis*)』 15장 3질에서는 테레빈나무(terebinth)가 일부는 수컷이고 일부는 암컷이며, 전자는 불임이므로 수컷이라 불린다고 한다. 테오프라스투스의 이 모든 설명이 다른 사람들로부터 전해 들은 이야기임을 보여 주는 부분이 같은 책 18장 1절에 보인다. 그는 "사람들이 말하기를 암컷 대추야자의 열매는 수컷의 꽃가루를 암꽃 위에 털어 주지 않으면 맺지 않는다고 하는데, 이는 정말 놀랍지만 무화과의 가루받이와 비슷하며, 암컷 식물만으로는 태아를 완성할 수 없다고 결론지을 수도 있다. 그러나 이는 한두 종류의 식물에만 해당하는 것이 아니라, 모든 또는 많은 종류에도 해당할 수 있다."라고 말한다. 우리는 여기서 그리스 철학자가 이 중요한 질문을 처리하는 거창한 방식을 볼 수 있으며, 그가 스스로 관찰하는 것을 얼마나 꺼렸는지를 알 수 있다.

로마의 플리니우스 시대에는 식물에 성적 차이가 있다는 가설이 글을 쓰는 사람들의 마음속에는 아니더라도 자연을 다루는 사람들의 마음속에 생겨났고 확고했던 것으로 보인다. 플리니우스는 그의 『자연사(*Historia Mundi*)』에서 수컷과 암컷 대추야자의 관계를 설명하며 꽃가루를 수정의 재료라고 부르고, 자연학자들이 모든 나무와 심지어 초본식물에도 두 가지 성이 있다고 밝힌다고 한다.[5] 이 주제가 철

4 테오프라스투스와 16세기 및 17세기의 식물학자들 모두 열매의 눈을 꽃의 일부로 간주하지 않았다는 점을 이해해야 한다. 이는 계통식물학의 역사에서 지적된 바 있으며, 마이어의 『식물학사』 1권 164쪽에서는 간과된 것으로 보인다.

5 이 구절은 드캉돌의 『식물생리학(*Physiologie végétale*)』 1835년판 2권 44쪽에

학자들을 반성시키지는 못했지만, 시인들의 상상력을 자극하는 데는 실패하지 않았다. 드캉돌은 이와 관련된 오비드(Ovid)와 클라우디아누스(Claudian)의 시 구절을 인용한 다음, 세기를 훌쩍 넘겨 1505년 폰타누스(Jovianus Pontanus)가 브린디시와 오트란토에 있는 두 대추야자를 생동감 있게 시로 묘사했던 것을 언급했다. 그러나 이러한 방식은 자연과학에 아무런 도움이 되지 않았다.

트레비라누스는 그의 저서 『식물의 생리학(*Physiologie der Gewächse*)』(1838) 2권 371쪽에서 16세기 독일과 네덜란드의 식물학자들 사이에서 이 주제에 대한 지식수준을 잘 설명하고 있다. "쑥속(Abrotanum), 아스포델루스속(Asphodelus), 양치류(Filix),[6] 여뀌속 암·수(Polygonum mas et femina)와 같은 식물에서 수컷이라는 개념은 오직 습성의 차이에 근거한 것이지, 수컷에 필수적인 구조에 근거한 것이 아니다." 그러나 주목할 점은, 옛 식물학자 중에서도 푹스, 마티올리, 타베르나에몬탄(Tabernaemontan)처럼 지식이 부족한 사람들이 이런 식으로 식물을 구분하는 경우가 더 빈번했다는 것이다. 콘라드 게스너, 들레클루즈, J. 바우힌 같이 학식이 있는 사람들은 이미 알려진 식물의 경우에만 이 방식을 사용한다. 들레클루즈는 사실 그가 발견한 식물들을 묘사할 때 자주 꽃술의 형태, 색깔, 심지어 개수까지 기록하지만, 파파야(Carica Papaya)에서 그는 꽃술이 있는 개체를 수컷으로, 암술이 있는 개체를 암컷으로 불렀으며, 둘이 같은 종이지만 다른 성에 속한다고 보았다. 그러나 그는 수컷이 암컷과 큰 거리를 두고 떨어져 있으면 암

전체가 인용되어 있다. 그곳에서 꽃가루에 대해 "꽃가루 먼지 자체로 암컷을 수정시킨다(Ipso et pulvere etiam feminas maritare)."라고 말하고 있다.

6 [역주] 현재 관중과(Dryopteridaceae)의 드리오프테리스속(Dryopteris)을 비롯한 속들에 포함된 양치식물의 오래된 분류군 명칭.

컷이 열매를 맺지 않는다는 것을 언급하는 것으로 만족했다(『후속 연구(*Curae posteriores*)』 42쪽).

앞서 언급한 식물학자들의 경우는 단순한 무지의 사례일 뿐이다. 반면 아리스토텔레스의 영향을 받은 식물 철학자인 체살피노는 식물에 별개의 성 기관이 있다는 가설이 그들의 본성에 반한다며 명확히 이를 거부했다. 따라서 드캉돌이 그의 『식물생리학(*Physiologie végétale*)』 48쪽에서 체살피노가 식물에서 성의 존재를 인정했다고 언급한 것은 오류다. 체살피노는 식물의 씨앗이 동물의 수컷 씨앗과 유사하다고 볼 정도로 식물의 성에 완전히 무지했다. 또한 그는 씨앗이 식물에서 생명력의 근원인 속(pith)에서 유래한다고 생각했으며, 이와 관련하여 그의 책 16권 중 첫 번째 책 11쪽에서 다음과 같이 말한다. “식물에서는 동물처럼 수컷과 암컷으로 구분되는 생식기관이 물리적으로 별개로 나뉠 필요가 없다.” 그는 꽃에서 수술을 포함하여 씨방을 둘러싸고 있는 모든 다른 부위들을 태아(씨앗)의 단순한 외피로 보았다. 이미 살펴본 것처럼, 그는 일부 식물, 즉 개암나무, 밤나무, 피마자, 주목나무, 산쪽풀속(Mercurialis), 쐐기풀속(Urtica), 대마속(Cannabis), 옥수수에서 꽃이 열매와 별개라는 것을 알고 있었으며, 심지어 불임 개체들을 수컷, 열매를 맺는 개체를 암컷으로 부른다는 것도 언급했다. 그러나 그는 이를 단순히 대중적 표현으로 이해했을 뿐, 식물에서 성적 관계를 진정으로 인정하지는 않았다. 수컷과 암컷이라는 단어에 대해 그는 15쪽에서 다음과 같이 말한다. “이것은 아마도 암컷의 물질이 더 차분하고, 수컷의 물질이 더 뜨겁기 때문인 것으로 보인다. 수컷에서는 열매로 변했어야 할 것이 열로 증발하여 꽃이 된 것이다. 그러나 이런 경우에 암컷이 더 잘 자라고 더 다산이 되려면 수컷 옆에 심는 것이 좋다고 한다. 이는 특히 야자나무에서 관찰한 바와 같이, 아마도 수컷에서 나오는 어떤 기운이 암컷의 부족한 열기를 보충해 열매를 맺게 하는 것 같다."

여기서 꽃가루에 대해서는 언급하지 않았으며, 더군다나 암수 딴몸 식물에서 관찰한 것을 한 꽃에 암술과 수술이 같이 있는 식물의 경우에 적용하려는 시도도 없었다. 47쪽에서 인용된 씨앗(seed)과 싹(shoot)의 관계에 대한 그의 견해는 씨앗 형성을 눈(bud) 형성보다 고귀한 형태의 번식으로만 간주했지, 이 둘에 본질적으로 차이가 없다고 생각했다. 사실 아리스토텔레스를 따른 체살피노의 해석은 식물의 성 개념과 화합할 수 없었다.

알피노(Prosper Alpino)의 대추야자 가루받이에 대한 설명(1592)은 자신이 이집트에서 직접 본 것 외에는 새로운 내용이 없다.[7]

보헤미아의 식물학자 잘루지안스키(Adam Zaluziansky)[8]는 직접 관찰하지는 않았지만, 1592년에 이 주제에 대한 전통 지식을 일종의 이론으로 정리했다. 그는 태아(씨앗)는 식물 본성의 일부로서 식물의 본질 그 자체에서 만들어 내는 것이지만, 싹은 식물체의 부분에서 자라나는 것이라고 말한다. 그는 플리니우스의 말을 거의 그대로 인용하여, 모든 식물이 양성을 지녔으나 일부에서는 성이 결합되어 있고 다른 일부에서는 분리되어 있다는 관찰자들의 주장을 말한다. 많은 식물에서 수컷과 암컷이 결합해 있어서 암수한몸 동물처럼 스스로 번식할 수 있는 능력이 있다고 설명한다. 그리고 그는 이것을 아리스토텔레스보다 더 명확하게, 식물은 스스로 움직일 수 있는 능력이 없기

---

7 드캉돌의 『식물생리학(*Physiologie végétale*)』 참조.

8 『식물학 방법론(*Methodus Herbaria*)』은 1592년에 출판된 것으로 알려져 있다. 본문의 내용은 드캉돌 『식물생리학』의 뢰퍼 번역본(1604년판) 2권 49쪽에 있는 긴 인용문이다.

때문에 그렇다고 한다. 대추야자의 경우는 수컷과 암컷이 분리되어 있는데, 수컷 없이 암컷은 열매를 맺지 못하며, 수컷의 먼지(꽃가루)가 자연적인 방법으로 암컷 식물에 도달하지 못할 때 인간이 대신 할 수 있다고 한다. 잘루지안스키는 다른 성의 식물을 다른 종으로 오인해서는 안 된다고 강조했는데, 이는 다른 사람들도 주장했던 말이다. 그는 또한 외부 특성에 따라 식물들을 수컷과 암컷으로 구별하는 대중적인 구별법에 대해서도 언급한다.

융(Jung)은 당대에 유행하던 사실과 견해들을 확실히 알고 있었지만, 그의 식물학 저술에서 식물에 실제 성이 있다는 개념, 즉 번식 작업에 두 성의 협력이 필요하다는 개념을 받아들였다는 것을 뒷받침하는 내용은 없다. 가장 학식 있고 진지한 사람들, 예를 들어 체살피노와 융 같은 사람들이 식물의 성 개념을 터무니없다고 여기고 받아들이길 꺼렸다는 인상을 받을 수 있다. 이러한 인상은 말피기의 『식물해부학(*Anatomie des Plantes*)』에서도 전달된다. 말피기는 최초로 씨앗의 발달을 주의 깊게 설명했고 배주머니에서 배아의 초기 생장을 연구한 사람이지만, 그는 꽃가루가 배아 형성에 기여한다는 언급을 전혀 하지 않았고, 이전 작가들의 견해도 언급하지 않았다. 말피기는 체살피노처럼 씨앗의 형성을 단순히 일반적인 싹 형성의 또 다른 형태로 봤고, 번식을 단순히 또 다른 형태의 영양 과정으로 여겼다. 그는 열매를 맺지 않는 꽃을 가진 식물들을 수컷으로 지칭할 때가 있음을 우연히 언급했지만(52쪽), 이를 단지 대중적인 표현으로 취급하고, 궁극적으로는 수술과 꽃덮개(꽃잎+꽃받침)가 꽃에서 수액의 일부를 제거함으로써 씨앗 생산을 위한 수액을 정화한다는 이론을 제시했다(56쪽).

식물의 성 이론과 관련해서 역사적으로 잘 알려지지 않은 식물학자이지만, 토마스 밀링턴 경(Sir Thomas Millington)이 수술을 남성 생식기관으로 처음 주장한 사람으로 언급된다. 그러나 이 사실은 유일하게 그루의 『식물해부학(*Anatomy of Plants*)』(1682) 5장 3절 171쪽에 기록된 다음과 같은 언급이 전부다. "이 문제(즉, 그루가 'attire'[9]라고 부른 수술과 씨앗 형성과의 연관성)에 관해 새빌 교수직[10]을 갖고 있던 박식한 토마스 밀링턴 경과 대화 중에, 밀링턴 경이 나에게 수술이 씨앗 생성에서 남성 기관으로 작용한다고 생각한다고 말했다. 나도 즉시 같은 생각이라고 답하고, 몇 가지 이유를 설명하면서, 동시에 제기될 수 있는 몇 가지 반론도 제시했다." 그루는 172쪽에서 그의 아이디어를 요약했는데,[11] 그는 씨앗 생성의 준비 과정으로서 수액의 일부 과잉 부분을 수술이 제거하는 역할을 하며, 꽃덮개가 휘발성 황과 염 상태의 황을 제거하는 것처럼, 수술은 기체 상태의 황을 줄이고 조절하여 씨앗이 더 기름지고 그 생기가 더 잘 자리 잡게 한다고 말한다. 여기서 우리는 황, 염분, 기름이 주로 작용하는 당시 화학의 기반을 보게 된다. 따라서 그루는 암술이 일반적으로 수술보다 더 강한 냄새를 가진다고 계속 말하는데, 이는 염 상태의 황이 가스 상태보다 더 강하기 때문이라고 설명한다. 그는 말피기의 견해에 충실히 따르며, 이 과정을 동물 난소에서의 과정과 비교하여, 씨앗 형성에 앞서 씨방의 수액을 정제하는 과정이라고 설명한다. 그는 개화하기 전 초기의 어린 수

---

9 국화과(Compositae)에서, 그루는 단일 꽃을 '화려한 수술(florid attire)'이라고 불렀다. 37쪽을 참조하시오(역주: 'sattire'는 원래 '장식'을 의미함).

10 [역주] Savilian Professor. 옥스퍼드 대학의 교수 헨리 새빌 경(Sir Henry Savile)을 기리는 저명 교수직의 명칭.

11 이와 대비되게 그루는 1671년에 출판된 저작의 첫 부분 38쪽과 39쪽에서 수술에 성적 의미를 부여하지 않았다.

술은 여성 기관의 과잉 부분을 포함하고 있다가, 개화 후에는 남성의 역할을 한다고 말한다. 그러나 그의 생각이 이 점에서 여전히 얼마나 혼란스러웠는지는 그의 책 7절 172쪽에서 볼 수 있다. 여기서 그는 국화과(Compositae)의 꽃차례에서 개별꽃에 대해 말하면서, 꽃의 암술대와 암술머리로 이루어진 암술 부위도 남성 기관의 일부로 여겼고, 수술의 꽃밥뿐 아니라 암술머리 위에 있는 꽃가루 알갱이를 식물의 정자로 생각해서 이들이 적절히 성숙한 뒤 씨방 위에 떨어지면 번식력을 부여한다고 보았다.

그는 같은 식물이 양쪽성을 모두 가진다는 견해를 반대하는 주장에 대해, 달팽이나 다른 동물들도 비슷하게 구성되어 있다는 사실로 대응했다. 꽃가루가 단순히 씨방(자궁)이나 그 액체에 떨어져서 번식력을 전달하는 것은, 많은 동물의 수정 과정과 비교해 볼 때 가능성이 크다고 그는 생각했다. 여기서 그루는 한 가지 흥미로운 언급을 했다. 그는 "식물과 동물의 완전한 유사성을 기대한다는 것은 식물이 단순히 동물과 비슷하다는 것에 그치는 것이 아니라, 식물이 실제로 동물이어야 한다고 요구하는 것과 같다."라는 말로 책의 이 부분을 마무리한다.

이제 우리가 밀링턴과 그루로부터 실제로 무엇을 얻었는지를 자문해 보면, 그것은 단순히 수술이 수정에 필요한 남성 요소를 생성한다는 추측이며, 이 견해는 가장 희한한 화학 이론 그리고 동물 생활사에서의 유사성과 밀접하게 연결되어 있다는 것을 알 수 있다. 과학이 때때로 얼마나 간접적인 방법으로 진보하는지 주목할 만하다. 만약 그루가 식물에 성을 부여할 준비가 되어 있었다면, 그는 단순히 수천 년 전의 테오프라스투스의 진술, 즉 수정을 위해 수꽃 야자나무의 꽃가루를 암꽃에 흔든다는 진술을 받아들였을 것이다. 그리고 그루와 말피기가 수술의 꽃가루를 관찰했으므로, 그들은 바로 이천 년 전의 실험을 신뢰하여 수술이 남성 기관이라는 결론에 도달했을지도 모른다. 그러나 그루는 고대의 견해와 경험을 전혀 언급하지 않았다. 카메라리우스 이전의 다른 저자들처럼 그는 실험을 통해 질문에 답하려고 하지 않았다. 레이가 그의 『식물의 탐구(*Historia Plantarum*)』(1693) 1권 10장 17쪽과 2권 1250쪽에서 그루의 매우 모호한 추론 과정을 밝히고, 그것을 올바른 길로 이끌기 위해 양성 식물의 경우와 옛날 야자나무의 경험을 언급한 것은 일종의 진보였다. 그러나 그 역시 이 문제를 실험으로 해결하려 하지는 않았다. 식물에서 진정한 성 발견자인 카메라리우스는 레이의 『식물의 탐구』가 출간되기 2년 전에 이미 이 문제의 실험적 해결에 착수하고 있었다. 레이가 그의 『식물 모음집(*Sylloge Stirpium*)』(1694) 서문에서 이 주제에 대해 언급한 것은 실험적 기반이 없는 주장일 뿐이다. 그루와 레이의 주장과 카메라리우스의 연구를 비교해 보면, 카메라리우스가 실험적 접근을 통해 식물의 성 이론을 발전시켰으며, 의심할 여지 없이 이 주제에 대해 최초로 실험을 수행한 인물이라는 것을 알 수 있다. 린네는 그의 『즐거움(*Amoenitates*)』(1749) 1권 62쪽에서 카메라리우스가 식물의 성과 그들의 번식 방식을 최초로 명확히 입증했다고 제대로 평가했다.

카메라리우스에 의한 성 이론의 확립(1691-1694)

우리는 테오프라스투스가 대추야자나무, 테레빈나무, '말루스 메디카'에 관해 이야기한 사실과 밀링턴, 그루, 레이의 추측, 그리고 이후기 저자들에 반대한 말피기의 견해가 1691년까지 식물의 성에 대해 알려진 모든 것이라는 것을 보았다. 식물의 성은 오직 실험이라는 방법을 통해 과학적 사실의 지위를 얻을 수 있으며, 이는 꽃가루의 협력 없이는 발아 가능한 씨앗이 형성되지 않는다는 것을 보여 주어야 했다. 모든 역사적 기록에 따르면 카메라리우스가 처음으로 이 문제를 해결하려고 시도했고, 이 시도는 많은 다른 실험들로 이어졌다. 수정 물질이 어떻게 생식세포에 도달하는지는 전혀 다른 문제이며, 꽃가루가 수정에 절대 필수적이라는 사실이 실험으로 입증된 후에야 풀릴 수 있는 문제였다.

루돌프 카메라리우스

프라하의 식물학 교수 미칸(Johann Christian Mikan)은 뿔뿔이 흩어져 거의 잊힌 **카메라리우스**[12]의 글들을 모아 1797년에 프라하에서 『카메라리우스의 논문집(*R. J. Camerarii Opuscula Botanici Argumenti*)』으로 출판했다. 잘 알려지지 않은 이 책은 다음 논의를 하는 데 있어서 주요 참고가 될 것이다. 짧은 예비 통신들은 레오폴디나(Leopoldina)의 『에페메리데스(*Ephemerides*)』 10년 주기 연보 2권의 9년 차와 10년 차, 그리고 3권의 5년 차와 6년 차에서 수정 없이 인쇄되었으며, 발렌틴(Michael Bernhard Valentin)에게 보낸 편지와 그 요약 및 발렌틴의 답변은 1749년

---

12 Rudolph Jacob Camerarius. 튀빙겐에서 1665년 태어나 1721년 사망했다. 철학과 의학 과정을 마친 후, 1685년부터 1687년까지 독일, 네덜란드, 영국, 프랑스, 이탈리아를 여행했다. 1688년 튀빙겐의 식물원 원장 및 특임 교수로 임명되었고, 1689년 자연철학 교수가 되었다. 그리고 마침내 1695년, 아버지 엘리아스 루돌프 카메라리우스의 뒤를 이어 대학의 주임 교수로 임명되었다. 이후 그의 열 명의 자녀 중 한 명인 아들 알렉산더가 뒤를 이었다. 카메라리우스에 관한 기사는 뒤 프티-투아르가 쓴 『세계 전기』에 있다. 식물의 성에 관한 문제뿐만 아니라 다른 주제에 대한 그의 저서들은 창의적인 개념과 명확한 설명이 특징이다

그멜린(Gmelin) 판에 제공되었다.

카메라리우스는 수꽃나무(amentaceis floribus)가 근처에 없는데도 열매를 맺은 암컷 뽕나무를 관찰했으며, 그 열매 속 씨앗은 모두 불완전하고 비어 있는 것을 발견했다. 그는 이 씨앗들을 새의 무정란에 비유했다. 불현듯 관심이 깨어나 그는 또 다른 암수딴몸 식물인 Mercurialis annua(대극과 산쪽풀속)에서 첫 실험을 했다. 5월 말에 야생 암컷 식물 두 개체(이들은 보통 수컷으로 불렸지만, 카메라리우스는 이들이 암컷임을 제대로 알고 있었다)를 가져와 다른 식물과 떨어진 화분에 심었다. 식물들은 잘 자랐고 열매도 많고 충실해 보였으나, 열매가 반쯤 익었을 때 말라가기 시작했고, 완전한 씨앗이 하나도 생산되지 않았다. 이 주제에 관한 그의 편지는 1691년 12월 28일에 작성되었다. 레이가 Urtica romana(쐐기풀속)에서 관찰한 것처럼 카메라리우스는 시금치에서 암수한몸과 암수딴몸의 식물을 모두 발견했다고 『에페메리데스』 3권 5년 차에 기록했으며, 그는 세 가지 다른 종에서도 같은 관찰을 했다. 이 사실을 무시한 것이 나중에 실험 해석의 오류와 성에 대한 의심의 원인이 되었다.

자주 언급되면서도 실제로는 거의 읽히지 않는 '식물의 성(De sexu Plantarum)'이라는 제목의 편지가 식물의 성에 관한 카메라리우스의 핵심 저작이다. 이 편지는 1694년 8월 25일에 기센의 교수인 발렌틴에게 보낸 것이다. 이는 18세기 중반 이전에 이 주제와 관련해서 작성된 가장 정교한 논문으로, 쾰로이터 이전의 다른 어떤 식물학자보다 더 깊이 있는 관찰내용을 담고 있다. 글의 스타일은 당시 저자들의 것보다 훨씬 뛰어나며, 현대 자연과학의 스타일과 완전히 일치한다. 또한 그의 완벽한 지식이 관련 문헌에 대한 신중한 비평에 잘 반영되어 있다. 또한 성에 관한 실험의 의미를 이해시키기 위해 꽃의 구조는 이전 어느 때보다도 더 명확하게 설명되었다. 편지 전체의 톤에서 카메라리우스가 이 질문의 엄청난 중요성을 깊이 인식하고 있었으며, 성의 존재를 가능한 모든 방법으로 확립하려고 노력했음이 드러난다.

꽃의 부위들, 수술과 꽃가루, 수정 전후 밑씨의 행동, 중복 꽃 등 비슷한 현상들을 자세히 조사한 뒤, 그는 수술의 의미를 신중하게 추론한다. 그는 "같은 식물에서 수꽃과 암꽃이 분리된 두 번째 부류의 식물에서, 나는 수술을 제거했을 때 발생하는 나쁜 효과를 두 가지 예를 통해 배웠다. 내가 피마자(Ricinus)에서 수술의 꽃밥이 성숙하기 전에 수꽃(globulos)들을 모두 제거했을 때 암꽃들의 씨방에서 완전한 씨앗을 얻지 못했으며, 이 빈 씨방들은 결국 말라 떨어져 버렸다. 마찬가지로 늘어져 있는 옥수수의 암술(옥수수 수염)을 잘라 냈을 때 두 개의 이삭은 씨앗 없이 남아 있었지만, 많은 수의 빈(유산된) 껍질들(vesicularum)을 관찰했다." 그런 다음 그는 암수딴몸 식물에 관한 이전 『에페메리데스』에의 통신을 언급하고, 시금치에서 이 결과를 확인했다고 말한다. 동물에서의 유사한 관계를 언급한 후, 그는 계속해서, "식물에서 종 유지를 위한 수단으로 자연이 준 가장 완벽한 선물인 씨앗이 생산되려면, 앞서 수술이 씨앗 속에 어린 식물을 제대로 준비해 놔야 한다. 그러므로 이러한 수술에 더 고귀한 이름을 부여하고, 그것을 남성 생식기관의 의미로 여기는 것이 정당하다고 본다. 왜냐하면 수술이 바로 꽃가루(식물의 가장 미세한 부분인 가루)를 만들고 모아서 이후에 씨앗 형성을 위해 제공하는 장소이기 때문이다. 마찬가지로, 씨방과 그 암술은 식물의 여성 생식기관을 나타낸다." 그는 이어서 아리스토텔레스의 식물에서의 양성 이론에 동의하고, 스바머담(Swammerdam)[13]의 발견인 달팽이에서의 암수한몸을 언급하면서, 이것이 동물에서는 드문 사례일 터이지만 식물에서는 기본 원칙에 해당한다고 말한다. 한 세기 뒤 슈프렝겔이 오류로 판명한 잘못된 생각 중 하나는, 암수한몸인 꽃이 스스로 수정한다고 믿었다는 것이었다. 카메라리우스는 이것이 달팽이와 비교했을 때 이상하다고 생각했지만, 쾰로이터와 슈프렝겔이 제대로 지적했음에도 불구하고 대부분의 식물학자들은 최근까지지도 이를 이상하게 여기지 않았다. 17세기 말에 이르러서 레이를 제외한 식물학자들은 식물의 성을 비유적으로나마 인정했지만, 카메라리우스는 동물에서처럼 이를 구체적으로 인식하고 이 개념을 널리 퍼뜨리려고 했다. 이는 암수딴몸 식물에서 수컷과 암컷의 구별을 비유적으로 이해하면 안 된다고 강하게 표현한 데서도 분명히 드러난다. 그는 씨앗 속에 담긴 어린 식물인 새로운 배아가 식물이 꽃을 피운 후 씨앗의 껍질 내부에서 형성된다고 주장했으며, 이는 정확히 동물에서 새로운 태아가 형성되는 방식과 같다. 당시에는 고대의 권위가 여전히 강했기 때문에 카메라리우스는 아리스토텔레스, 엠페도클레스, 테오프라스투스의 견해가 자신의 성 이론과 상반되지 않는다고 주장할 필요가 있었다. 카메라리우스는 동물에서 이미 제기되었던 난자 또는 정자(vermis)가 태아를 생성하는지 여부에 대한 질문을 일단은 무시함으로써 자연 탐구자로서의 진정한 식견을 보여 주었는데, 이는 왜냐하면 그가 우선적으로 해야 할 작업으로 태아가 생성되는 방식이 아니라 성적 차이가 존재하는지의 사실 확립을 택했기 때문이다. 그는 꽃가루 알갱이가 무엇을 포함하고 있는지, 그것들이 암술 부분 얼마나 깊은 곳까지 침투하는지, 씨앗에 도달하기 전에 터지면 무엇을 방출하는지 등을 조사할 필요성을 분명히 밝혔다. 그리고 그는 꽃가루와 그 기능에 관한 그루의 공로를 충분히 인

13 [역주] Jan Swammerdam(1637-1680). 네덜란드의 곤충학자.

정했다.

카메라리우스의 과학 정신을 높이 평가할 수 있는 점은 그가 자신의 이론에 대해 여러 반론을 스스로 제기했다는 것이다. 그중 하나는 석송류(Lycopods)와 속새류(Equisetaceae)가 꽃가루에서 어린 식물을 생성하지 않는다는 것이었다. 그는 이들이 씨앗이 없다고 생각했다. 이 두 식물군의 발아 과정은 19세기까지도 관찰되지 않았음을 기억해야 한다. 당시 자신의 이론에 대한 더 중요한 반론은, 거세된 옥수수 식물의 세 번째 이삭에 열한 개의 생식 가능한 씨앗이 포함되어 있었지만 그 기원을 설명할 수 없다는 것이었다. 그는 들에서 채취하여 정원에서 재배한 삼(hemp) 세 그루가 생식 가능한 씨앗을 생성하는 것을 발견하고, 가루받이가 어떻게 해서든 이루어졌을 가능성을 추측했다. 이로 인해 그는 새로운 실험을 하게 되었다. 다음 해 그는 밀폐된 방에 삼 묘목 수컷 세 그루와 암컷 세 그루를 키웠다. 세 수컷의 꽃은 피기 전에 (본인이 아닌 다른 사람에 의해) 잘렸다. 암컷은 매우 많은 불임 씨앗과 그래도 적지 않은 생식 가능한 씨앗을 생산했다. 그의 반대자들과 공로를 차지하려는 사람들은 보통 그렇듯이 이 실패에 집중했지만, 그가 이룬 성공적인 실험을 반박할 도리가 없었다. 실패에 대한 솔직한 진술은 그의 관찰이 얼마나 정확했는지를 보여 주는 최고의 증거다. 그가 자신의 관찰에서 원인을 찾아냈지만, 설명하지 않았다는 것을 우리는 지금 알고 있다. 그는 조용한 시기에 자신의 훌륭한 연구에서 이 점을 밝혔을 것이라고 추정할 수 있다. 편지 끝에서 그는 당시 루이 14세의 약탈 전쟁을 비난했다. 그의 편지에 26개의 연으로 된 라틴어 송가가 첨부되어 있다. 이는 아마 그의 제자 중 한 명이 쓴 것으로 보인다. 이 송가는 '식물의 성에 관한 편지(Epistola de sexu Plantarum)'의 개요로서, 그의 번데른 교리의 주요 내용을 포함한 괴테의 잘 알려진 시와 형식 면에서 비슷하지만, 내용은 괴테의 작품과 다르다. 송가는 다음과 같이 시작한다.

> 우리는 새로운 사랑의 왕국을 노래하리라,
> 식물에서 이제껏 듣지 못했던 새로운 사랑과 기쁨을,
> 숨겨진 작은 불꽃들과 놀라운 사랑을.[14]

새로운 학설의 전파, 지지자와 반대자들(1700-1760)

식물의 성에 관한 학설만큼 역사학자의 관심을 많이 끄는 식물학 분야는 없을 것이다. 하지만 대부분의 식물학 역사학자들은 원본 자료를 참고하지 않아서, 실제 창시자와 촉진자의 공로가 종종 다른 사람들의 그림자에 가려지는 일이 벌어져 왔다. 독일 식물학자들조차 카메라리우스의 공로를 프랑스인과 영국인에게 돌렸다. 이는 그들이 그의 저작을 알지 못했거나, 문제와 해결책을 판단할 능력이 없었기 때문이다. 우리는 여기서 18세기의 기록을 통해 쾰로이터 이전에 누가 성 이론의 확립에 진정으로 기여했는지 보여 주려고 한다. 과학의 위대한 혁명에서 흔히 그렇듯이, 일부는 새로운 이론을 단순히 부정했고, 많은 이들은 질문을 이해하지도 못한 채 수용했으며, 다른 이들은 지배적인 편견의 영향으로 이를 왜곡하고 잘못된 개념으로 받아들였고, 또 다른 이들은 진정한 발견자의 공로를 가로채기까지 했다. 문제를 제대로 이해하고 새로운 연구를 통해 이를 발전시킨 사람은 극소수였다.

---

14 (라틴 원문) Novi canamus regna cupidinis, / Novos amores, gaudia non prius / Audita plantarum, latentes / Igniculos, veneremque miram.

문제를 자신의 관찰로 해결하려 했던 식물학자들에는 꽃가루가 씨앗 형성에 절대적으로 필요한지를 조사하는 것이 중요하다고 여겼던 브래들리(Bradley), 로건(Logan), 밀러(Miller), 글레디치(Gleditsch)와 같은 사람들이 있고, 조프루아(Geoffroy)와 몰랜드(Morland)처럼 성이 더 이상 열린 질문이 아니라고 생각하고 꽃가루가 밑씨에서 수정에 어떤 영향을 미치는지를 관찰하려 했던 사람들이 있다. 그러나 또 다른 부류의 작가들은 관찰과 실험을 하지 않고도 이 문제를 다룰 수 있다고 믿었던 라이프니츠(Leibnitz), 부르크하르트(Bruckhard), 바이양(Vaillant) 같은 사람들로, 다른 사람들의 관찰 결과를 단순히 받아들였거나, 린네와 그의 제자들처럼 철학적 원리에서 새로운 증거를 얻으려 했거나, 투르네포르와 폰테데라(Pontedera)처럼 식물의 성 개념을 단순히 거부했던 사람들이다. 마지막으로 스스로는 아무것도 하지 않고 단지 카메라리우스의 관찰 결과를 일반적으로 도용한 블레어(Patrick Blair) 같은 사람을 언급할 수 있는데, 독일 학자들조차 그를 성 이론의 창시자 중 한 명으로 인용해 왔다.[15]

우리는 이제 실제로 실험과 관찰을 통해 밝혀진 것들을 살펴보아야 한다. 브래들리는 최초로 식물의 성별을 입증하기 위해 암수한몸 꽃에 대해 실험한 것으로 보인다(『원예의 신기술(*New improvements in Gardening*)』, 1717, 1권, 20쪽). 그는 자신의 정원 외딴곳에 튤립 12개를 심고 꽃이 피기 시작하자마자 수술을 제거했다. 그 결과, 이들 중 하나도 씨앗을 생산하지 못했지만, 같은 정원의 다른 곳에 있던 400개의 정상 튤립은 풍부한 씨앗을 생산했다.

---

15 패트릭 블레어의 『식물학 에세이(*Botanic Essays*)』(1720) 242-276쪽을 참조하시오. 두 부분으로 나뉘어 있다. 심지어 라틴어 송가도 인용 언급 없이 차용했다.

20년이 지나서야 또 다른 실험이 이루어진다. 펜실베니아 주지사였던 아일랜드 태생의 로건(James Logan)[16]은 너비 40피트, 길이 약 80피트의 구획에 옥수수를 심고 여러 방법으로 실험했다. 10월에 그는 다음과 같은 결과를 기록했다. 수염(암술)이 이미 나와 있을 때 수꽃 이삭을 제거한 식물의 옥수수는 겉보기에 좋은 모습을 보였으나, 더 자세히 관찰해 보니 다른 식물에서 바람을 타고 날아온 꽃가루로 가루받이된 것으로 보이는 하나를 제외하고는 모두 수정되지 않았다. 일부 수염을 제거한 옥수수에서는 정확히 남겨 둔 수염만큼의 낟알이 있었다. 수염이 나오기 전에 모슬린 천으로 싸놓은 옥수수는 빈 껍질만 생산했다.

쾰로이터가 『원예 사전(*Gardener's Dictionary*)』 2부[17]에서 발췌한 1751년 밀러의 실험은 특히 흥미롭다. 이는 곤충이 가루받이를 매개하는 것을 처음 관찰한 실험이었기 때문이다. 밀러는 12개의 튤립을 심고 꽃이 피기 시작하자마자 수술을 제거했다. 그는 이렇게 하면 가루받이를 완전히 막을 수 있을 것으로 생각했다. 며칠 후, 그는 벌들이 다른 튤립밭에서 꽃가루를 모아 거세한 꽃으로 날아가는 것을 보았고, 벌들이 수정에 충분할 정도의 꽃가루를 암술머리에 남긴 것을 관찰했다. 이 튤립들은 실제로 씨앗을 생산했다. 밀러는 또한 암컷 시금치 식물을 수컷과 분리하여 키웠을 때, 이들이 배아가 없는 큰 씨

---

16 본문의 내용은 쾰로이터의 『식물의 성별에 관한 실험의 역사(*Historie der Versuche über das Geschlechte der Pflanzen*)』에 따른 것이며, 미칸(Mikan)의 『식물학적 주제에 관한 소논문들(*Opuscula Botanici Argumenti*)』의 188쪽에 실려 있다. 로건의 저작 『식물의 생성에 관한 실험 및 논고(*Experimenta et Meletamata de Plantarum Generatione*)』는 본 저자가 모르는 책으로, 프리첼(Pritzel)에 따르면 1739년에 헤이그에서 출판되었다고 한다. 쾰로이터는 1747년 런던판에서 인용하고 있다.

17 앞의 쾰로이터 보고서를 참고하시오.

앗을 생산하는 것을 발견했다.

글레디치 교수는 베를린 식물원 원장으로, 1749년에 인공 가루받이 실험을 설명했다(『1749년 왕립 과학 및 문학 아카데미 역사』는 1751년에 베를린에서 출판됨). 그는 부채꼴 대추야자(Palma dactylifera folio flabelliformi)를 갖고 실험했다고 했는데, 이는 부채야자(Chamaerops humilis)를 말하는 것이 틀림없다고 생각되는 것이, 자신이 105쪽에서 이것이 '린네의 Chamaerops'라고 말했으며, 쾰로이터가 그의 보고서에서 이 식물을 그렇게 부른다고 말했기 때문이다. 이 논문은 과학적 톤과 학문적 처리 면에서 카메라리우스와 쾰로이터 시기 사이에 나온 가장 뛰어난 논문이다. 서문에서 우리는 1749년에 식물의 성 존재를 의심하는 사람이 거의 없었다는 것을 알 수 있다. 저자는 여러 해 동안 다양한 종류의 식물로 많은 실험을 해서 완벽한 확신에 도달하려고 노력했다고 말한다. 최근 몇 년 동안 그는 주로 암수딴몸 식물, 즉 Ceratonia(콩과의 속), Terebinthus(옻나무과의 속), Lentiscus(옻나무과의 속), 그리고 일반적으로 부채야자(Chamaerops)라고 불리는 종려나무 종을 연구했다. 그는 인공 가루받이를 통한 테레빈나무(Terebinth)와 매스틱나무(Lentiscus)에서 생식능력이 있는 씨앗의 형성을 이야기한 후 부채야자로 전환한다. 이 종은 유진(Eugene) 왕자가 여러 번에 걸쳐 아프리카에서 상당한 크기의 표본을 가져오게 했다. 한 표본은 100피스토레[18]에 달할 만큼 비쌌지만, 꽃을 피우지 않고 죽었다. "베를린의 종려나무는 암컷이며, 약 80년 된 것으로 보인다. 정원사는 그것이 결코 열매를 맺지 않았다고 주장했는데, 나 자신도 15년 동안 생식 가능한 씨앗을 본 적이 없다." 베를린에는 같은 종류의 수컷 나무가 없었기 때문

18 [역주] Pistole. 스페인과 프랑스의 금화 이름.

에, 글레디치는 라이프치히의 카스파르 보제(Caspar Bose) 정원에서 일부 꽃가루를 구했다. 9일의 여정 동안 대부분의 꽃가루가 꽃밥에서 빠져나가는 바람에 글레디치는 좌절했지만, 알제리와 튀니지에서 경험이 있는 라이프치히의 식물학자 루드비히가 그를 안심시켰다. 아프리카인들은 가루받이를 위해 보통 일정 기간 보관된 마른 꽃가루를 사용한다고 했다. 암컷 나무의 꽃이 거의 다 졌지만, 그는 부슬부슬한 꽃가루를 그 꽃들에 뿌렸고, 말라 버린 수컷 식물의 꽃차례를 암컷 식물의 어린 가지에 묶었다. 그 결과, 다음 겨울에 열매가 익었고, 1750년 봄에 씨앗이 발아했다. 비슷한 방식으로 수행된 두 번째 시도에서도 똑같이 좋은 결과를 얻었다.[19]

쾰로이터는 그의 『역사적인 실험들(*Versuche der Historie*)』에서 이 설명을 반복하며, 1691년과 1752년 사이에 식물의 성을 증명하기 위해 행해진 모든 시도를 기록했다. 그는 자신의 이야기를 다음과 같은 말로 마쳤다. "이것들은 1691년 이후로 식물에서 성의 존재를 증명하기 위해 행해지고 설명된 모든 시도다." 쾰로이터가 이 책을 쓴 이유는 식물에서 성의 문제를 결정할 수 있는 것은 실험뿐이며, 1752년까지 카메라리우스, 브래들리, 로건, 밀러, 글레디치 외에는 이 방법을 추구한 사람이 없었다는 것을 보여 주기 위해서였다.

이 식물학자들이 식물에 성 구분이 있는지에 대해 몰두하고 있을 때인 18세기 초반에, 성 구분이 입증된 것으로 간주하고 꽃가루가 배아 형성을 어떻게 유발하는지에 대한 질문을 던진 두 연구자

---

19 쾰로이터는 1766년에 부채야자의 꽃가루를 상트페테르부르크와 베를린으로 보냈다고 말하며, 그곳에서 에클레벤(Eckleben)과 글레디치가 성공적으로 사용했다고 한다. 그는 꽃가루가 얼마나 오랫동안 효력을 유지하는지 시험해 보고 싶어 했다.

가 있었다. 두 사람 모두 전성설의 지지자였으며, 관찰 능력이 부족하고 해당 주제의 문헌에 익숙하지 않았다. 첫 번째 사람은 몰랜드(Samuel Morland)였다. 1702년과 1703년의 『철학회 논문집(*Philosophical Transactions*)』 1474쪽에서 그는 꽃가루가 남성의 정자에 해당한다는 것을 관찰한 사람으로 그루를 지명하지만, 당시까지 이루어진 유일한 실험인 카메라리우스의 실험에 대해서는 전혀 언급하지 않았다. 그는 미성숙한 씨앗이 수정되지 않은 난자에 해당하며, 꽃가루 먼지(farina)는 그 안에 배아 식물을 포함하고 있어서 수정하려면 씨방(ovum)으로 들어가야 한다고 제안했다. 만약 그렇다면 암술대는 배아가 씨방으로 들어가는 통로여야 한다. 그는 Fritillaria imperialis(백합과 패모속)의 꽃가루가 바람과 비에 의해 암술머리에서 씨방으로 씻겨 내려간다고 추정했지만, 원래 거꾸로 매달려서 피는 이 꽃의 특성을 고려하면 그가 말하는 꽃가루의 이동은 오히려 위로 향해야 한다. 그가 수정되지 않은 씨앗에서 배아가 절대 형성되지 않는다는 것을 보여 주면 이것이 증명될 것이라고 말했지만, 그는 성공하지 못했다. 그는 카메라리우스가 10년 전에 이미 이것을 증명했다는 사실을 언급하지도 않았을뿐더러, 자신의 추측에 대한 주된 논거로 콩의 배아가 씨앗 껍질의 알문(micropyle) 근처에 있다는 점을 들었지만, 이는 그의 동료 그루와 레이가 이미 지적했던 사실인 콩의 씨앗의 떡잎이 배아에 속한다는 것을 모르고 있었다는 것을 보여 준다. 따라서 몰랜드는 수정이 어떻게 이루어지는지에 대한 질문에 답을 제시하지 못했으며, 그의 논문에는 배아가 이미 꽃가루 알갱이에 포함되어 있고, 그것이 속이 빈 암술대를 통해 씨앗에 도달해 거기서 발달한다는 주장만 담겨 있는데, 이는 완전히 잘못된 것이며, 당시 유행했던 전성설의 산물일 뿐 독창적인 아이디어조차 아니었다.

조프루아(Geoffroy)의 논문 〈왕립 과학원의 역사(Histoire de l'Académie royale des sciences)〉(파리, 1714) 210쪽에는 몇 가지 추가 사실이 포함되어 있다. 그는 그루, 카메라리우스, 심지어 몰랜드조차 언급하지 않으면서, 1711년에 자신이 꽃의 중요 부분의 구조와 목적에 대해 관찰한 내용을 단호한 식물의 성 이론 반대자인 투르네포르의 관찰과 연결 짓고 있다. 꽃의 부분들을 간단히 설명하고, 몇 가지 형태의 꽃가루 알갱이에 대한 그림을 제공한 다음, 백합의 암술대가 물을 끌어 올릴 수 있다는 실험을 통해 암술대가 일종의 관이라는 개념에 대한 약간의 확증을 얻는다. 투르네포르와 말피기가 주장했던 것처럼 꽃가루가 배설물이 아니라는 견해를 방어하기 위해, 아무 증거도 되지 않는, 예를 들어 암술의 끝이 항상 수술의 꽃가루를 받아들일 수 있도록 수술이 배치되어야 한다는 잘못된 주장을 한다. 씨앗이 꽃가루의 협력 없이는 불임이 된다는 사실을 뒷받침하기 위해 제시한 유일한 증거는 옥수수와 산쪽풀속을 갖고 한 몇 가지 실험 결과의 매우 성급한 해석뿐이다. 이를 포함해 조프루아의 다른 몇 가지 언급은 카메라리우스의 편지의 내용을 연상시키는데, 이는 단순한 우연으로는 설명되지 않는다. 조프루아 자신이 정말로 이 실험을 했다 하더라도, 카메라리우스는 이미 15년 전에 같은 실험을 했으며 설명도 더 잘했다. 그다음 조프루아는 꽃가루가 어떻게 수정을 일으키는지 보여 주기 위해 두 의견을 제시한다. 첫 번째는, 꽃가루는 많은 황을 포함하고 있으며, 암술에서 분해되고, 더 미세한 부분들이 씨방으로 들어가 발효를 일으키고 배아 형성을 유발한다는 것이다. 두 번째는 꽃가루 알갱이가 이미 배아를 포함하고 있으며, 이들이 씨앗에 들어가 그곳에서 부화한다는 것이다. 이는 몰랜드의 아이디어이지만 그를 언급하지 않는다. 조프루아는 수정 이전에 밑씨에서 배아가 발견되지 않는다는 점과 콩의 씨앗에 알문이 있다는 점을 주된 이유로 후자의 가능성이 더 크다고 생각했다. 그러나 이러한 사실들이 첫 번째 견해도 뒷받침할 수 있다는 점을 그는 몰랐던 것 같다.

몰랜드와 조프루아가 식물의 성별을 입증하거나 꽃가루가 어떻게 밑씨에 수정하는지를 밝히는 데 아무런 기여도 하지 않았다는 것을 이제 충분히 알 수 있을 것이다. 그럼에도 불구하고 나는 이 두 사람을 성 이론을 실제로 발전시킨 사람들 바로 다음에 언급했는데, 그 이유는 적어도 이들이 경험에 근거했고, 수정 과정을 설명할 수 있는 구조적 조건을 입증하려고 노력했기 때문이다. 이제 성 이론을 확립하는 데 기여했다고 알려진 라이프니츠, 부르크하르트, 바이양, 린네에 대해 다룰 것이다. 그러나 이들이 이 이론의 과학적 입증에 아무런 기여도 하지 않았다는 것도 증명할 수 있다. 먼저 철학자 라이프니츠에 대해 살펴보면, 그는 1701년 편지에서 예센(Jessen)이 『현재와 과거의 식물학(*Botanik der Gegenwart und Vorzeit*)』(1864) 287쪽에서 말했던 가장 중요한 부분을 다음과 같이 인용한다. "꽃은 식물의 번식과 밀접하게 연관되어 있으며, 번식의 원리를 발견하는 것은 매우 유용하다." 다시 말해, "두 가지 성에 관한 새로운 연구는 앞으로 매우 중요한 비교점을 제공할 것이다." 예센에 따르면, 이는 카메라리우스와 부르크하르트의 연구를 언급한 것이다. 우리는 라이프니츠가 직접 실험을 했으리라고는 기대하지 않으며, 이 말을 인용한 것도 식물학자들이 꽃의 부위가 번식의 도구라고 하니까 분류 목적으로 사용되는 꽃의 부위들을 알고 싶다는 의도를 나타냈을 뿐이다. 이 말은 부르크하르트에게 더욱 맞는데, 그가 83쪽에서 인용한 1702년 라이프니츠에게 보낸 편지에서 라이프니츠가 암시한 생각을 더욱 발전시켰기 때문이다. 그 역시 식물의 성을 자명한 진리로 받아들였다. 1717년 파리 왕립정원에서 강의를 시작할 때 바이양이 한 연설을 식물학 역사학자들은 자주 언급한다. 바이양이 성 이론을 발전시키는 데 중요한 역할을 했던 드캉돌은 이 연설에서 바이양이 식물의 성을 가장 명확히 주장했으며, 수술이 암술을 수정하는 방식을 매우 생생하게 묘사했다고 말했다.[20] 이 설명에는 아마도 정확한 내용이 거의 포함되지 않았을 것이다. 왜냐하면 나중에 쾰로이터, 슈프렝겔 등 현대 식물학자들이 이 점을 더 명확히 밝혔기 때문이다. 따라서 바이양은 당시 받아들여진 내용을 웅변적으로 설명한 공로만 인정받을 수 있다. 그러나 드캉돌은 바이양이 발견한 내용을 계속해서 설명했는데, 그 다음 쪽에서는 린네가 1736년 『식물학의 기초(*Fundamenta Botanica*)』에서 이 발견을 확인했고, 1735년에 그의 성적 분류체계를 구축하는 데 능숙하게 사용했다고 쓰고 있다.

이미 우리 책 1권 2장에서 이와 비슷한 여러 언급의 근저에 자리 잡은 개념의 혼란을 설명했으며, 같은 장에서 성 이론을 확립하는 데 있어서 린네의 역할을 충분히 논의했다. 린네의 사고방식의 특징은 성과 같은 사실은 실험에 의해서만 증명할 수 있음에도 이를 중시하지 않았다는 것이다. 스콜라 철학적 관점에서 그에게 중요한 것은, 식물의 이데아 또는 이성에서 성의 존재를 철학적 방식으로 연역하고, 동물로부터 다양한 유추를 가져오는 것이었다. 그래서 린네는 카메라리우스가 한 공로를 인정했지만, 문제를 해결할 실험에는 거의 신경을 쓰지 않았다. 반면에 그는 자신의 독특한 방식으로 이성 등의 근거를 바탕으로 식물에 성이 존재함을 증명하려고 했다. 그가 『식물학의 기초』와 『식물학의 철학』에서 어떻게 이를 증명했는지는 이

20 『식물생리학(*Physiologie végétale*)』 2권 502쪽 참조.

미 살펴봤다. 여기에서는 자주 인용되는 논문인 〈식물의 결혼(Sponsalia Plantarum)〉을 간략히 살펴보겠다. 이 논문은 『학문의 즐거움(*Amoenitates Academicae*)』(1749) 1권에 실려 있다. 그는 먼저 밀링턴, 그루, 카메라리우스 등의 견해를 제시한다. 그다음 63쪽에서 발붐(Gustav Wahlboom)의 진술을 받아들이며, 자신이 1735년에 『식물학의 기초』에서 이 문제에 무한한 노력을 기울였고, 여기서(132-150절) 식물의 성을 매우 확실하게 증명하여 모두 다 이에 기초해서 식물의 상세한 분류를 했다고 말한다. 여기서 우리는 다시 한 번 린네의 소위 성적 체계(sexual system)의 구성이 성 문제에 개입하는 것을 보게 된다. 마치 그 체계가 식물에서 성의 존재를 확립하는 것과 무슨 관련이 있는 것처럼. 린네가 그 문제에 무한한 노력을 기울였다는 진술에 대해서는 『식물학의 기초』에서 인용한 단락들이 1권 2장에서 인용한 스콜라 철학적 미묘함을 포함하고 있지만, 정말 새로운 증거는 단 하나도 없다. 우리가 지금 언급하고 있는 논쟁들은 정확히 같은 종류이며 그 자체가 린네의 『식물학의 기초』에 나오는 명제들의 장황한 부연에 불과하며, 다른 사람들이 한 실험들이 동원되고 몇 가지 중요하지 않은 관찰이 추가된 것이 전부다. 일부는 잘못 해석되기도 했다. 예를 들어 101쪽에 이렇게 쓰여 있다. "꽃꿀(nectar)은 거의 모든 꽃에서 발견되며, 폰테데라는 씨앗이 꽃꿀을 흡수하면 오래 보존될 수 있다고 생각한다. 그리고 꿀벌이 꽃꿀과 꽃가루를 가져가기 때문에 꽃에 해로울지도 모른다." 하지만 린네는 폰테데라와 달리 "꿀벌이 꽃가루를 암술에 흩뿌리기 때문에 해보다 이익이 더 크다."라고 말하며, 꽃꿀이 꽃의 생리학에서 어떤 중요성이 있는지는 아직 확립되지 않았다고 말한다. 잠시 뒤 살펴보겠지만, 빌러가 설명했던 곤충의 도움에 대해서 린네는 여기서 언급조차 하지 않았다. 린네는 호박에 대해 언급하는데, 온실 안에서는 가루받이에 필요한 바람이 막히기 때문에 열매가 온전히 맺히지 못한다고 말한다.

유일하게 하나의 실험이 등장하지만, 누구의 실험인지도 언급되지 않는다. 99쪽에서, 1723년 스텐브로홀드(Stenbrohuld)의 정원에서 조롱박의 수꽃을 매일 제거했을 때 그 결과 열매가 맺히지 않았다고 한다. 곧이어 정원사들이 튤립과 양배추에서 잡종 품종을 얻기 위해 사용한 방법들이 언급되지만, 이 문제는 다소 재미를 위한 장난으로 다루어진다. 쾰로이터의 최초의 잡종화 연구가 이미 발표된 시점인 1764년의 『학문의 즐거움』 3권에서는 1751년에 작성된 하르트만(Haartman)의 잡종에 관한 논문이 등장한다. 이 논문에서는 잡종의 형태가 존재할 수밖에 없는 근거를 철학적 원칙에 따라 제시하며, 린네가 비슷한 원칙을 갖고 성을 도출한 것과 같은 결론을 내린다. 실험은 전혀 이루어지지 않았고 특정 형태를 임의로 잡종으로 가정했다. 1750년 웁살라의 정원에서 수집된 Veronica spuria(개불알풀속)는 Veronica maritima를 모계로, Veronica officinalis를 부계로 한 잡종으로 주장되는데, 후자를 부계 식물로 선택한 유일한 이유는 그것이 근처에서 자랐기 때문이다. 비슷하게, Delphinium hybridum(제비고깔속)은 Delphinium elatum과 Aconitum napellus(투구꽃속)의 교배종으로, Saponaria hybrida(비누풀속)는 Saponaria officinalis와 Gentiana(용담속)의 교배로 만들어진 것으로 주장된다. 또한 Actaea spicata alba(노루삼속)가 Rhus toxicodendron(붉나무속)에 의해 가루받이된 Actaea spicata nigra의 후손이라는 주장이 알려져 있다. 이 모든 것에는 사실에 대한 결정적 관찰은 없고, 임의의 전제에서 도출된 단순한 결론임이 명백하다.

따라서 우리는 카메라리우스 이래 쾰로이터에 이르는 동안 린네와 그의 제자들이 식물에 성이 존재하며 다른 종 사이에 잡종이 형성됨을 입증하는 단 하나의 새로운 증거도 제공하지 않았다고 결론 내릴 수 있다. 많은 후대의 식물학자들이 성 이론에 대한 린네의 큰 공로를 언급하고 심지어 그를 가장 저명한 창시자로 간주한 것은 그들이 그의 스콜라적 추론과 그의 과학적 증거를 구분하지 못했기 때문이며, 또한 앞서 지적했듯이 성 개념을 성 기관에 근거한 식물분류와 혼동한 데서 비롯된 것이다. 이러한 개념의 혼란으로 인해 파트리지(Patrizi)를 대신해 렌지(Renzi)가 제기한 주장, 또는 마이어(Ernst Meyer)가 그의 『식물학의 역사』 4권 420쪽에서 바로 이 근거를 반박하는 주장 등이 나오게 되었다. 심지어 19세기에도 뢰머(Johann Jacob Römer)는 성 이론의 창시자로서 린네의 공로를 인정하지 않았다는 이유로 느캉돌을 비난했다.

카메라리우스의 연구 이후에도 식물의 성을 부정했던 사람들에 대해 몇 마디 덧붙인다. 이들은 이에 대한 지식이 전혀 없었거나 그 과학적 증명을 이해할 능력이 없었다. 18세기 전반기에 식물학자들 사이에 큰 권위를 누렸던 투르네포르를 첫 번째로 언급할 필요가 있다. 그의 1700년 『식물학 지침서(*Institutiones rei herbariae*)』 1권 69쪽을 보면, 그는 카메라리우스의 연구를 전혀 몰랐던 것 같고, 적어도 말피기의 견해를 따르고 있었다. 그는 꽃잎이 꽃대에서 영양분을 흡수하고 그것을 더 소화해서 자라고 있는 열매에 공급하며, 남은 수액은 수술대를 통해 꽃밥에 모여 나중에 배출된다고 했다. 투르네포르는 암컷 대추야자에 가루받이가 필요한지조차 의심했다. 실제로 그는 이런 사실들에 대해 잘 알지 못했고, 선입견에 의해 오도되었다. 이탈리아 식물학자 폰테데라도 마찬가지였다. 1720년 그의 『꽃 이론(*Anthologia*)』에서는 말피기의 잘못된 개념을 재생산하는 동시에 암술이 씨앗을 완성하기 위해 꿀을 흡수한다고까지 했다. 그리고 그는 암수딴몸 식물에서 수꽃을 쓸모없는 부속물로 여겼다.

카메라리우스가 1694년에 그의 유명한 편지 '식물의 성에 대해(De sexu plantarum)'의 수신자인 발렌틴은 이 편지를 출판하면서 심각한 오해의 소지가 있는 짧은 요약본을 게재하여 동료들에게 해악을 끼쳤다.[21] 1756년 앨스턴(Alston)은 이러한 부정확한 진술에 의존하여 카메라리우스의 결론을 반박하고, 매우 불충분한 근거로 수술의 성적 중요성을 의심했다. 독일 식물학자 묄러(Möller)는 좀 더 합리적인 의심을 제기했다. 그는 시금치와 대마의 암꽃이 수꽃 제거 후에도 씨앗을 생산하는 것을 관찰하고, 균류의 무성 번식을 언급했다. 이러한 반론은 괴팅겐의 캐스트너(Kästner)에 의해 재반박되었다. 그는 버드나무와 같은 암수딴몸 식물들이 때때로 암수한몸의 꽃을 갖는다는 사실을 지적했다. 이 식물학자들은 카메라리우스의 저작을 제대로 이해했거나 해당 주제의 문헌을 알았다면 결코 이러한 의심을 품지 않았을 것이다.

전성설과 후생설

우리는 이미 몰랜드와 조프루아의 경우에서 전성설이 식물의 수정 이론에 미친 영향을 봤다. 철학자 크리스티안 볼프의 저서 『자연의 작용에 관한 이성적인 생각들(*Vernünftige Gedanken von den Wirkungen der Natur*)』(마그데부르크, 1723)은 이에 대해 더 상세히 기술하고 있다. 여기서는 그가 언급한 말을 그대로 인용하도록 하겠다. 볼프는 4부의 2장,

---

21 미칸(Mikan)의 『식물학 주제에 관한 소논문들(*Opuscula Botanici Argumenti*)』 180쪽 참조.

식물의 생명, 죽음, 생식에 대해 다음과 같이 말한다. "보통 식물은 씨앗에서 자라나는데, 이는 씨앗이 배아뿐만 아니라 그 최초의 양분도 포함하고 있기 때문이다." 그는 (줄기의) 눈에서도 같은 사실이 발견되고, 눈의 잎에도 배아가 있으므로, 배아는 눈의 잎에서 나온다고 설명한다. "우리는 꽃 내부에서 둥글게 배열한 여러 개의 자루(수술)를 보게 되는데, 이 자루의 꼭대기에는 먼지로 가득 찬 무언가가 있어서 씨앗을 담고 있는 부위의 상단에 그 먼지를 떨어뜨린다. 일부 사람들은 이 기관을 동물의 생식기와 비교하여, 그 먼지를 남성의 씨앗(male seed)에 비유한다. 그들은 또한 씨앗이 이 먼지로 인해 비옥해진다고 생각하며, 따라서 배아는 먼지를 통해 씨방에 전달되어 씨앗으로 형성된다고 여긴다. 나는 이 문제를 탐구해 보려고 했지만 항상 실패했다." 그는 양파에서 자란 꽃에서도 같은 현상이 나타나며, 양파의 잎에 배아가 들어 있으므로 배아는 양파의 잎에서 나온다고 말한다. "그리고 이 배아는 양분이 되는 수액을 통해 씨앗 알갱이에 전달될 수 있을 뿐만 아니라, 꽃의 상단에서 생성되는 먼지에도 있을 수 있기 때문에, 나는 이것이 사실이라고 생각하며, 관찰을 통해 확인될 것이라고 믿는다. 그러나 이제 중요한 질문은 배아가 수액에 어떻게 들어가는가의 문제다. 배아는 외형뿐만 아니라 내부 구조도 가지고 있고, 순전히 수액의 내부 움직임으로 또는 특정 부분이 떨어져 나와서 형성될 수 없기 때문에 이 점은 명확하지 않다. 따라서 배아가 씨앗과 눈에서 보이기 전에 이미 수액과 식물에 작은 형태로 존재하는 것이 더 신빙성이 있다. 그러나 배아가 이전에는 어디에 있었는가 하는 추가 질문이 남는다. 배아는 말브랑슈(Malebranche)가 주장한 것처럼 작은 형태로 들어 있거나, 또는 파브리(Honoratus Fabri)가 주장한 바와 같이 공기와 땅으로부터 영양분이 되는 수액과 함께 식물로 들어가야 한다. 첫째 의견에 따르면, 최초의 씨앗은 지금까지 자란 모든 것을 그 자체에 포함하고 있었어야 한다." 그러나 이 요구는 볼프의 상상력을 넘어선다. 그는 "상자 속 상자처럼 배아가 계속 포장되어 있다는 것은 상상하기 어렵다."라고 말한다. 이런 생각들은 18세기에 매우 유행했으며, 동물의 정자세포도 이와 같다고 생각했다. 1760년 이후에도 할러(Albert Haller) 같은 사람은 이런 전성설을 지지했다. 볼프가 논리적 혼란을 겪었을지라도, 전성설을 받아들이면 수술의 성적 중요성이 사라진다는 사실을 그가 인지하고 있었다는 점에 주목해야 한다.

쾰로이터의 경우 성적 번식에 대해 매우 다른 개념을 갖고 있었음을 곧 보게 될 것이다. 그의 전임자들과 동시대인들의 추측성 견해와 비교해 보면 성 이론 역사에서 쾰로이터가 얼마나 중요했는지를 잘 알 수 있다. 따라서 연대기는 잠시 무시하고, 여기서 바론 폰 글라이헨-루스워름(Baron von Gleichen-Russworm)의 견해와 전성설에 반대하는 카스파르 프리드리히 볼프의 다소 미약한 논거를 주목할 필요가 있다.

글라이헨은 1764년에 출간한 그의 저서 『식물계의 최신 소식(*Das Neueste aus dem Reich der Pflanzen*)』에서 주로 꽃가루 알갱이의 내용물을 현미경으로 관찰한 것을 바탕으로 꽃가루 알갱이 안의 과립이 동물의 정자와 같으며, 이들이 밑씨로 들어가 배아로 발달한다고 주장했다. 성 이론의 열렬한 지지자였던 글라이헨은 시금치 수컷 식물에서 암꽃이 발생한다는 사실을 지적하며 성 이론의 반대에 맞섰다. 그는 또한 성 이론을 뒷받침하기 위해 옥수수와 대마를 대상으로 몇 가지 실험을 했다. 그는 한편, 잡종 현상이 전성설을 반증한다는 사실을 인식하지는 못했지만, 성 이론에는 강력한 논거를 제공한다고 제대로 주장했다. 잡종에 관한 그의 지식은 부분적으로 린네의 유명한 진술에 영향을 받아, 그는 염소와 소의 잡종 및 기타 유사한 잡종을 설명하기도 했으며, 잡종 생성을 너무 좁게만 본다고 쾰로이터에게 화를 내기도 했다. 이렇게 식물에서 체계적으로 잡종을 생산한 최초의 사람도 동시대인에게 상상 속 잡종을 받아들이지 않는다고 비난을 받아야 했다. 글라이헨의 책과 1777년에 출간된 그의 현미경 발견물 모음집은 훌륭한 단편 관찰들로 가득 차 있다. 그는 박주가리류(Asclepias)의 꽃가루관을 처음으로 보고 그림을 그렸지만, 그 실제 특성과 중요성을 생각하지는 못했다.

카스파르 프리드리히 볼프는 전성설을 반박한 사람으로 알려져 있다. 유명한 1759년 박사학위 논문 〈발생 이론(Theoria generationis)〉에서 그는 전성설의 결정적인 반대자로 등장했지만, 그의 논거는 큰 무게를 갖지 못했다. 쾰로이터가 대략 같은 시기에 발견한 식물의 잡종화가 모든 형태의 전성설을 반박하는 데 있어서 훨씬 더 설득력 있는 증거를 제공했기 때문이다. 볼프는 수정 행위를 단순히 또 다른 형태의 영양 섭취로 이해했다. 그는 영양이 부족한 식물이 가장 먼저 꽃을 피운다는 관찰에 근거하여 '꽃 형성'을 일반적으로 '영양이 부족한 상태(vegetatio languescens)의 표현'으로 간주했다. 한편 꽃에서의 열매 형성은 암술이 꽃가루에서 더 완벽한 영양분을 찾았기 때문이라고 보았다. 여기서 볼프는 아리스토텔레스가 지지했던 개념으로 돌아가고 있는데, 이는 세상에서 가장 쓸모없는 개념으로 성과 관련된 현상, 특히 잡종화의 결과를 설명할 수 없었다. 볼프는 이러한 이유로 전성설을 거부했을 수 있지만, 그는 성적 행위에서 본질적이고 유일한 것이 무엇인지는 인식하지 못했다.

쾰로이터와 슈프렝겔에 의한 성 이론의 발전(1761-1793)

카메라리우스는 실험을 통해 꽃가루가 배아를 가진 씨앗을 생산하는 데 필수적이라는 것을 보여 주었고, 이후 관찰자들은 다양한 추가 실험을 통해 식물에 성이 존재함을 확인했다. 엄밀한 과학적 연구를 위한 다음 단계는, 성행위로 새로운 식물이 형성될 때 수컷과 암컷 각각의 본질(principle)이 어떤 역할을 하는지를 같은 실험 방법으로 규명하는 것이었다. 꽃가루와 밑씨가 같은 개체의 식물에 속할 때, 후손은 같은 형태를 갖게 되므로 질문은 해결되지 않는다. 서로 다른 식물의 꽃가루와 밑씨를 결합시켜야, 그 후손이 어떤 특성을 꽃가루로부터, 어떤 특성을 밑씨로부터 물려받는지, 그리고 이러한 결합이 가능한지 여부를 보여 주게 된다. 이러한 질문에 대한 답은 오직 인위적인 잡종 교배 실험으로만 얻을 수 있다. 야생 상태에서는 교차 가루받이를 확신할 수 없기 때문이다.

카메라리우스는 그의 편지에서 이미 식물에서 교차 가루받이가 가능한지, 그리고 후손이 부모와 얼마나 다른지[22]에 대한 질문을 제기했다. 브래들리는 1719년에 런던의 한 정원사가 인위적인 방법으로 카네이션(Dianthus caryophyllus)과 수염패랭이꽃(Dianthus barbatus) 사이에서 잡종을 얻었다고 전한다. 하지만 **쾰로이터**[23]가 이 질문을 과학적

---

22 (라틴 원문) An et quam mutatus inde prodeat foetus

23 Joseph Gottlieb Köelreuter. 1733년 네카르 강을 낀 도시 줄츠에서 태어나 1806년 칼스루에서 사망했으며, 그곳에서 자연사 교수였다. 또한 1768년부터 1786년까지 식물원 및 대공작 정원의 원장을 지냈다. 후에 이 직책을 포기한 후 1790년까지 자신의 작은 정원에서 실험을 계속했다. 게르트너는 그의 저서 『잡종 발생에 관하여(*Ueber Bastardzeugung*)』(1849) 5쪽에서 말년의 쾰로이터가 연금술 실험에 몰두했다고 말하는데 이는 틀린 말이다. 게르트너의 이 문헌과 1839년의 『식물상』 245쪽은 이 저명한 인물의 알려진 생애에 대한 모든 것을 제공한다. 『세

으로 철저히 조사한 최초의 인물이었다. 그는 이 질문의 중요성을 처음으로 인식했으며 놀라운 인내와 판단력으로 이 문제에 매진했다. 쾰로이터 이후 수천 건의 유사한 실험이 이루어졌음에도 그가 얻은 결과는 여전히 가장 훌륭하고 유익한 결과로 남아 있다. 또한 그는 꽃 내부의 다양한 배열구조를 성관계와 연관지어 처음으로 신중하게 연구했으며, 꽃꿀의 목적과 곤충의 가루받이 도움을 발견하고, 성행위에 대한 견해를 제안했다. 이 견해는 몇 가지 상당한 수정이 있었지만, 여전히 기본적으로 참이라고 여겨지는 '성행위는 두 가지 다른 물질이 섞이는 것'이라는 견해다.

요제프 쾰로이터

쾰로이터의 저술들은 소량의 자료임에도 불구하고 매우 풍부한 내용을 담고 있으며, 카메라리우스 이후에 나온 모든 것과 비교해 보면 새로운 생각이 풍부할 뿐만 아니라 그 놀라운 명확성과 투명성, 그리고 관찰과 실험에 기초한 견고한 기반에 더욱 놀라게 된다. 린네, 글라이헨, 볼프의 성 이론을 읽으면 낯설고 거의 이해할 수 없는 사상 세계로 들어서는 것 같아서 오늘날 이들은 단지 역사적 관심사로만 남아 있다. 반면, 쾰로이터의 작품은 마치 우리 현시대의 것 같다. 그의 서술은 성에 관한 질문에 대해 우리가 가진 최고의 지식을 담고 있으며, 100년 넘게 지난 지금도 구식이 아니다. 우리는 평범한 관찰

계 전기(*Biographie Universelle*)』에는 그에 관한 기록이 없다. 1766년 이전에 상트페테르부르크에 있었던 것으로 보인다.

자들이 오랜 세월에 걸쳐 이룬 것을 진정한 재능과 인내심이 있는 한 명의 사색가가 불과 몇 년 안에 더 많은 것을 성취할 수 있다는 예를 쾰로이터를 통해 알 수 있다. 지금도 종종 이와 비슷한 예가 있으며, 카메라리우스도 그런 사례다. 그러나 다른 사람들이 쾰로이터 연구의 의미와 중요성을 이해하는 데 걸린 시간은 그가 이를 발견하는 데 걸린 시간보다 훨씬 더 길었다.

쾰로이터의 가장 중요하고 잘 알려진 작업은 『식물의 성에 관한 몇 가지 실험과 관찰에 대한 임시 보고서』[24]라는 제목으로 1761년, 1763년, 1764년, 1766년에 걸쳐 네 부분으로 나뉘어 출판되었다. 여기서는 이 작업의 중요한 결과를 간단히 요약하고자 한다.

이 작업의 여러 부분에서, 그때까지 거의 관찰되지 않았던 가루받이를 위한 (꽃 기관의) 배열에 관한 언급과 실험이 제시된다. 꽃가루관이 아직 발견되지 않았고, 쾰로이터 자신도 꽃가루 알갱이가 암술머리에 놓이면 액체가 꽃가루 알갱이에서 밑씨로 이동한다고 생각했기 때문에, 씨방의 완전한 수정을 위해 필요한 꽃가루의 양을 먼저 결정하는 것이 중요했다. 이를 위해 쾰로이터는 특정 꽃에서 형성된 꽃가루 수와 수정이 성사되기 위해 암술머리에 적용되는 꽃가루 수를 비교했을 때, 후자가 훨씬 적다는 것을 발견했다. 예를 들어, Hibiscus venetianus(무궁화속) 꽃 하나에 4,863개의 꽃가루가 있었지만, 50-60개의 꽃가루만으로 30개 이상의 수정된 씨앗을 씨방에서 생산하는 데 충분했다. 분꽃(Mirabilis jalapa)과 달콤한 4시(Mirabilis

24 [원제] *Vorläufige Nachricht von einigen das Geschlecht der Pflanzen betreffenden Versuchen und Beobachtungen*

longiflora)[25]의 수술들에서는 약 300개의 꽃가루가 있었으나, 밑씨 하나만 있는 씨방에서 수정에 필요한 꽃가루는 2-3개 또는 1개만으로도 충분했다. 그는 또한 암술대가 나뉘어 깊게 갈라진 꽃에서 하나의 암술대 가닥을 통해서도 씨방에 있는 모든 나뉘어 있는 방들에 대해 수정이 효과적으로 일어날 수 있는지 시험했으며, 이것이 가능하다는 것을 발견했다.

쾰로이터는 꽃가루가 자연스러운 경로로 수술에서 암술머리로 이동하는 과정에 특별한 관심을 기울였다. 그는 아마도 이런 가루받이에 있어서 바람과 꽃의 진동에 너무 큰 중요성을 부여했을 것이다. 동시에 그는 꽃가루받이에 있어 곤충이 얼마나 중요한지를 처음으로 인식했다. "직접 접촉으로 가루받이가 이루어지지 않는 꽃에서는 곤충이 대체로 가루받이하는 주체이며, 결과적으로 수정도 성공적으로 이루어진다(나중에 관찰한 바에 따르면 실제 접촉이 가능한 경우에도 일반적으로 곤충이 수행한다). 그리고 아마도 다수의 식물에서 이 중요한 서비스를 제공하는 것은 곤충일 것이다. 모든 꽃에는 곤충에게 매력적인 무언가가 있어서 어떤 꽃이든 항상 곤충이 그 주위에서 바쁘게 일하는 모습을 볼 수 있다." 그는 바늘꽃속(Epilobium)의 꽃에서 암수이숙(異熟)[26] 구조를 관찰했지만, 더 이상의 관찰을 진행하지는 않았다. 그는 곤충을 유혹하는 꽃 속의 물질을 조사했다. 그는 많은 종류의 꽃에서 꽃꿀을 모아 물을 증발시킨 후 단맛의 꿀 같은 물질을 얻었는데, Fritillaria imperialis(패모속)의 꿀에서만 불쾌한 맛이 나서 호박벌이 피하는 것을

25 [역주] sweet four-o'clock

26 [역주] 또는 자웅이숙(雌雄異熟). 자가수정(분)을 막기 위해 암술과 수술이 서로 다른 시기에 성숙하는 꽃 구조를 말한다. 암꽃이 먼저 성숙하는 자성선숙, 숫꽃이 먼저 성숙하는 웅성선숙이 있다.

관찰했다. 따라서 그는 벌이 꽃꿀에서 꿀을 얻는다는 것을 확신했다. 다윈이 최근 다시 주목하기 전까지는 무시되어 왔던 특정 식물과 특정 동물의 관계에 대해서도 쾰로이터는 겨우살이의 번식에 관한 연구(1763)를 통해 잘 보여 주고 있다. 그는 이 식물의 가루받이는 곤충에 의해 이루어져야 하며, 씨앗의 전파는 새들에 의해서만 이루어지므로 이 식물의 존재는 두 종류의 서로 다른 생명체에 의존한다는 사실에 특별히 주목했다.

또한 그는 수술과 암술머리의 움직임, 특히 접촉으로 야기된 움직임도 관찰했다. 달 코볼로(Giambattista dal Covolo) 백작은 1764년에 엉겅퀴 수술의 민감성을 최초로 관찰하고 그 메커니즘을 설명하려 했다. 쾰로이터는 수술의 민감성 자체보다는 수술의 민감성과 가루받이와의 관계에 더 관심을 가졌다. 그는 뒤아멜이 이미 주목한 바 있었던 부채선인장(Opuntia), 매자나무속(Berberis), 물푸레나무류(Cistus)의 민감한 수술에 관심을 가졌으며, Martynia proboscidea와 Bignonia radicans(미국 능소화) 암술머리 돌출부의 민감성을 손수 발견했다. 그는 암술머리의 돌출부가 만지면 닫혔다가 곧 다시 열리는 것을 관찰했다. 그러나 그 위에 꽃가루가 놓이면, 수정이 완료될 때까지 닫힌 상태를 유지한다는 것을 발견했다.

곤충이 꽃의 가루받이를 얼마나 완벽하게 수행하는지를 그는 비교 실험을 통해 보여 주었는데, 자신이 붓을 사용하여 310개의 꽃에 직접 꽃가루를 묻힌 경우와 같은 수의 꽃을 곤충들에게 맡긴 경우를 비교한 결과, 생성된 씨앗의 수는 두 경우 모두 거의 비슷했다. 비록 곤충들이 불리한 날씨를 극복해야 했는데도 말이다.

그는 또한 수정에 충분한 양만큼의 '종자 물질'이 가루받이 후에 씨방에 도달하는 데 걸리는 시간을 확인하려고 했다. 그는 가루받이가 수정으로 이어지기 위해 빛이 필요 없다는 것을 보여 주었는데, 후대의 식물학자들은 반대로 잘못된 주장을 했다.

쾰로이터는 꽃가루의 구조에 대한 관찰에서는 별로 성공적이지 못했다. 여기서 현미경은 필수적이었지만 여전히 그 성능은 매우 부족했다. 그래도 그는 꽃가루의 외피가 두 껍질로 구성되어 있다는 것을 알아냈고, 외피의 가시와 조각 패턴 그리고 그 탄성을 관찰했다. 그는 시계꽃(Passiflora coerulea) 꽃가루 외피에 있는 구멍의 뚜껑을 관찰했으며, 수분을 머금은 꽃가루에서 내부 껍질이 원뿔 형태로 튀어나온 뒤 돌출부가 터져 내용물이 밖으로 흘러나오는 것을 관찰했다. 여기서 그는 이 돌출부를 수분을 머금은 꽃가루의 터짐을 방지하기 위한 것이라고 잘못 설명했다. 이 문제는 60-70년 후에야 완전히 이해되었다. 쾰로이터는 꽃가루의 내용물을 '세포-조직'이라고 생각했으며, 진정한 수정 물질은 꽃가루 외부에 묻어 있는 기름이라고 보았는데, 이 기름은 내부에서 형성되어 외피의 미세한 통로를 통해 밖으로 나온다고 했다. 그의 반대자 글라이헨이 정자세포가 탈출할 수 있도록 꽃가루가 터져야 한다고 생각한 것과는 달리, 쾰로이터는 꽃가루의 터짐을 정상 과정으로 여기지 않았다.

꽃가루에 묻어 있는 기름이 수정 물질이라는 가설에서 출발하여, 쾰로이터는 당시의 화학적 개념을 이용해 수정 과정을 설명했다. 그는 먼저 꽃가루 알갱이 자체가 난소에 도달할 수 있다는 생각을 거부하고 말한다. "수정이 일어나기 위해 남성 씨앗과 암술이 여성 수액은 모두 기름 성질을 띠고 있으며, 따라서 서로 만나면 매우 신밀히 결합하여 하나의 물질을 형성하고, 이 물질이 암술머리에 의해 흡수되어 암술대를 통해 소위 밑씨 또는 수정되지 않은 배종(胚種)으로 전달되어야 한다." 따라서 쾰로이터는 실제로 수정이 암술머리에서 일어나고, 혼합된 남성과 여성 물질이 씨방으로 들어가 그곳에서 씨앗의 배를 생성한다고 보았다. 그는 1761년에 이미 이 견해를 밝혔으며, 1763년에도 반복해서 산과 알칼리가 결합해 중성염을 형성하는 것처럼 남성과 여성 수액이 결합한다고 주장했다. 그는 1775년에 Asclepiadeae(협죽도과)의 가루받이 조건에 관한 연구에서도 이 개념을 유지하면서, 식물과 동물 모두에서 수정 행위가 두 액체의 혼합이라는 점을 강조했다. 그러나 나중에 그는 더 이상 암술머리의 수액을 여성 본질로 간주하지 않은 것 같다. 실험을 통해 한 암술머리의 수액을 다른 식물의 암술머리 수액과 교환한 후 자신의 꽃가루로 가루받이를 했을 때 잡종 형태가 생기지 않는다는 사실을 알게 되었기 때문이다.[27] 어떤 경우에서든 쾰로이터는 그의 선배들보다 수정의 본질에 대해 더 정확히 이해했으며, 이는 교잡 실험의 결과를 동시대 사람들에게 이해시키는 데 특히 적합했다. 잡종 그 자체가 당시 유행하던 전성설에 대해 가장 설득력 있는 반박 논거를 제공했다.

이제 쾰로이터의 가장 중요한 업적인 잡종 형성을 살펴보자. 이 연구는 현미경 관찰이 아닌 숙련된 실험을 요구했는데, 그는 결국 완벽한 결과를 얻었으며, 나중에 관찰 결과와 함께 잡종 형성의 일반 법칙을 정립했다. Nicotiana paniculata(담배속)의 꽃가루를 N. rustica의 암술머리에 가루받이해서 얻은 첫 번째 잡종은 불임 꽃가루를 생성했다. 그러나 그는 곧 두 종에서 발아 가능한 씨앗을 생산하는 잡종을 얻었으며, 1763년에 Nicotiana, Kedmia,[28] Dianthus(패랭이꽃속),

---

27 게르트너(Gärtner)의 『잡종생성에 관하여(*Ueber Bastardzeugung*)』(1849) 62쪽을 참조하시오. 유감스럽게도 쾰로이터 작업에서 두 번째 관련된 부분을 찾지 못했다.

28 [역주] 정체불명의 식물 속.

Matthiola(스토크속), Hyoscyamus(사리풀속) 및 기타 여러 속에서 상당수의 잡종을 기술했다. 그의 위대한 저서(1766) 마지막 부분에서는 다섯 종의 토종 Verbascum(현삼과의 속)의 잡종을 얻기 위해 18번에 걸쳐 시도한 교배 실험이 언급되고, 우리가 이미 설명한 린네의 잡종 식물에 대한 견해를 통렬하게 비판한다. 그는 실험을 통해 만약 한 식물의 암술머리가 동시에 자신의 꽃가루와 다른 식물종의 꽃가루를 받으면 전자만이 효과가 있으며, 이는 잡종이 자연에서 발견되지 않는 한 가지 이유라는 것을 보여 준다. 우리는 그의 유명한 세 번째, 네 번째 및 다섯 번째 등급의 잡종이나, 원래 형태로 되돌아가는 잡종에 대한 그의 다른 실험에 관한 자세한 설명을 여기서 하지 않도록 한다. 이러한 실험의 이론적 가치는 나중에 네겔리가 완벽하게 밝혔기 때문이다.

쾰로이터의 인위 잡종화의 이론적 가치는 아무리 높이 평가해도 지나치지 않다. 부모의 특성이 혼합된다는 것은 전성설에 대한 최고의 반박이었으며, 동시에 성적 결합의 진정한 본질에 대한 깊은 통찰을 제공했다. 그가 행한 수많은 실험을 통해 오직 가까운 친척 식물들만, 그것도 항상 가능한 것은 아니지만 성적 결합이 가능하다는 것이 밝혀졌다. 유능한 사람들은 모두 린네의 모호한 생각을 바로 폐기했지만, 과학이 쾰로이터의 결과를 진솔하게 받아들이기까지는 오랜 시간이 걸렸다. 린네 학파의 식물 채집가들뿐만 아니라 18세기 말의 진정한 계통학자들도 쾰로이터의 작업을 잘 이해하지 못했고, 잡종과 잡종 유지력에 대한 잘못된 생각이 식물학 문헌에 만연해 있었다. 잡종은 종의 불변성을 믿는 사람들에게는 불편한 존재였으며, 그들 체계의 완전성을 방해하고 모든 종이 '이데아(idea)'를 나타낸다는 개념과도 맞지 않았다.

그러나 쾰로이터 이론의 씨앗이 항상 불모지에 떨어지지는 않았다. 적어도 두 명의 독일 식물학자가 이를 채택했는데, 후에 25년 동안 수정과 잡종 실험을 수행한 카를 게르트너(Karl Friedrich Gärtner)의 아버지이자 유명한 『과실학(*Carpology*)』의 저자인 요제프 게르트너(Joseph Gärtner), 그리고 가루받이에서 곤충의 역할을 밝힌 쾰로이터의 발견을 받아들여 새롭고 놀라운 결과를 얻은 슈프렝겔(Konrad Sprengel)이 그 두 사람이다.

요셉 게르트너는 성에 관해 새롭게 관찰한 것은 없지만, 그의 『식물의 열매와 씨앗에 관하여(*De fructibus et seminibus plantarum*)』(1788) 서문에서 쾰로이터의 결과를 이용하여 다양한 종류의 번식을 더 명확하게 구별하고 전성설을 더 세차게 공격했다. 당시 민꽃식물의 포자는 종종 충분한 근거도 없이 진정한 씨앗으로 간주되었다. 발아해서 새로운 식물을 만드는 것은 씨앗과 마찬가지이지만, 포자는 수정 없이 만들어지고, 씨앗은 꽃가루의 영향이 있을 때만 밑씨로부터 만들어지기 때문에 게르트너는 포자를 씨앗과 구별했다. 따라서 그는 민꽃식물의 성을 확실히 부정했다. 이 분야에서 막연한 추측이 엄밀한 과학적 증거로 대체된 것은 50년 후의 일이었기에, 게르트너 시대에는 민꽃식물의 성을 완전히 부정하는 것이 과학에 더 부합했다. 양치류의 기공을 말한 글라이헨이나 버섯의 균포(volva)를 수컷 수정 기관으로 여긴 쾰로이터보다도 말이다. 게르트너는 쾰로이터의 잡종을 전성설 옹호자들에 대한 반박으로 제대로 사용했다. 그리고 씨앗을 단순히 식물 눈의 또 다른 형태로 보는 사람들에게 그는, 눈은 수정 없이도 새로운 식물을 생성할 수 있지만 씨앗은 그렇지 않다고 말했다. 우리는 이미 계통식물학에 대한 장에서 미성숙 또는 성숙한 상태의 씨앗 연구에 대한 게르트너의 공헌을 설명했다. 그는 수정 과정에 관해서는 주로 쾰로이터의 관점을 채택했는데, 이는 수정이 남성과 여성의 액체가 결합한 결과이며, 이를 통해 밑씨에 있는 생식 소체가 일종의 결정화를 통해 형성된다는 것이다. 슈프렝겔도 이 견해에 완전히 동의함으로써 Asclepiadeae의 수정 과정을 이해하지 못하게 되었다.

콘라드 슈프렝겔[29]은 카메라리우스와 쾰로이터에 비견할 천새직인 관찰자였지만, 그는 그들보다 더 대담한 구상을 했기 때문에 그의 동시대인과 후대 사람들에게 더욱 이해받지 못했다. 그의 연구가 이끌어 낸 결론은 너무 획기적이어서 린네 학파의 건조한 계통주의나 후대의 식물에 대한 견해와 너무나 맞지 않아, 다윈이 이들을 다시 세상에 알리고 그것들이 계통이론(진화론)에 중요한 영향을 미친다는 것을 보여 줄 때까지 완전히 잊혔다. 카메라리우스가 식물이 성을 가진다는 것을 처음으로 증명했고, 쾰로이터가 다른 종의 식물이 성적으로 결합하여 번식력 있는 잡종을 생산할 수 있음을 보여 준 것처럼, 슈프렝겔은 식물에서 특정 형태의 잡종화가 일반적이라는 것을 보여 주었는데, 이 잡종화는 동일 종의 서로 다른 꽃이나 서로 다른 개체 사이의 교배를 말한다. 그의 저서 『꽃의 구조와 수정에 대해 새로 발견한 자연의 비밀(*Das neu entdeckte Geheimniss der Natur in Bau und Befruchtung der*

---

29 Christian Konrad Sprengel. 1750년에 태어나 한때 슈판다우에서 교장을 역임했다. 그곳에서 식물학에 관심을 가지기 시작했고, 직무와 심지어 일요일 설교까지 소홀히 할 정도로 많은 시간을 식물학에 바쳤으며, 결국 그 자리에서 해임되었다. 이후 그는 베를린에서 외로운 삶을 살았으며, 과학자들로부터 기이하고 괴짜 같은 사람으로 외면받았다. 그는 언어와 식물학을 가르치며 생계를 유지했으며, 일요일에는 2-3그로셴을 내면 누구나 참여할 수 있는 소풍을 다녔다. 그의 유명한 저서 두 번째 부분을 출판하지 못했을 정도로 지지와 격려를 거의 받지 못했으며, 출판사는 첫 번째 부분의 사본조차 그에게 주지 않았다. 자신의 작업이 무시당하는 것에 대한 자연스러운 혐오감으로 식물학을 버리고 언어에 전념하게 되었다. 1816년에 사망했다. 한 제자가 1819년 『식물상』 541쪽에서 그에 대한 매우 열렬한 찬사를 썼으며, 위 사실들은 이 찬사에서 인용한 것이다.

콘라드 슈프렝겔

Blumen)』(베를린, 1793) 43쪽에서 이렇게 말한다. "매우 많은 꽃들이 암수딴몸이고, 꽤 많은 양성화(암수한꽃)가 암수이숙이기 때문에, 자연은 어느 꽃도 자신의 꽃가루에 의해 수정되게 방치하지 않는 것 같다." 그러나 이것은 그의 놀라운 결론 중 하나일 뿐이다. 아마도 더 중요한 것은 꽃의 구조와 모든 고유의 특성은 그 꽃을 찾아와 가루받이를 돕는 곤충들과의 관계를 통해서만 이해할 수 있다는 견해일 것이다. 여기에 생물체 형태의 기원을 환경과의 명확한 관계에서 설명하려는 최초의 시도가 있다. 다윈이 선택이론을 통해 이러한 아이디어에 새로운 생명을 불어넣은 이후, 슈프렝겔은 그 이론의 주요 지지자 중 한 명으로 인정받았다.

이런 추론 능력의 소유자가 겉보기에 사소하고 누구나 볼 수 있는 꽃의 구조적 관계를 연구해 몇 년 만에 이런 엄청난 결과를 이끌어 내는 과정을 살펴보는 것은 매우 흥미로운 일이다. 그는 이렇게 말한다. "1787년 여름에 나는 숲이질풀(Geranium sylvaticum) 꽃을 주의 깊게 관찰하고 있었는데, 꽃잎 아랫부분의 안쪽과 양쪽 가장자리에 가늘고 거친 털이 있는 것을 발견했다. 자연의 현명한 창조자가 단 하나의 털도 목적 없이 만들어 내지 않았다고 확신하고, 나는 이 털들의 존재 목적을 생각해 보았다. 그리고 곧 나는 분비샘 다섯 개가 분비하는 즙 방울이 특정 곤충의 먹이로 사용되도록 의도되었다고 가정했을 때, 이 즙이 비에 의해 씻겨나가지 않게 보호하는 장치가 있을 수 있으며, 이 털들이 이 목적을 위해 그 자리에 배치되었을 것이라고 생각했다. 꽃이 직립해 있고 상당히 크기 때문에 빗방울이 그 안으로 떨어질 수 있으나, 이 즙 방울들 위에 있는 털들이 막아 주기 때문에 빗방울이 즙에 닿아 섞일 수 없게 된다는 결론에 이르렀다. 이는 마치 사람의 이마에서 흘러내리는 땀방울이 눈으로 흘러 들어가는 것을 눈썹과 속눈썹이 막는 것과 같다. 하지만 이러한 털들은 곤충이 즙 방울에 접근하는 것을 방해하지는 않는다. 나는 다른 꽃들도 조사했는데, 이 중 여러 꽃들이 정확히 이 목적에 부합하는 구조로 되어 있는 것을 발견했다. 이 조사를 거듭할수록 이러한 종류의 즙을 포함하는 꽃들의 구조가 곤충은 쉽게 접근할 수 있도록 고안되었지만, 비로 인한 피해를 막게 되어 있다는 것을 알게 되었다. 나는 이로부터 이 꽃들이 곤충들을 위해 즙을 분비하며, 곤충들이 그 즙을 온전한 상태로 즐길 수 있게 비로부터 보호한다는 결론을 얻었다." 다음 해에 물망초(Myosotis palustris) 꽃을 관찰하면서, 그는 꽃잎에 있는 다양한 색깔의 반점 위치가 즙이 분비되는 장소와 어떤 관련이 있다는 것을 발견했고, 이전과 같은 기민한 추론을 통해 다음 결론에 도달했다. "만약 꽃잎이 특정한 부분에 특정한 색깔이 있다면, 그것은 곤충과 관련이 있을 것이다. 꽃잎 특정 부분의 색깔이 꽃에 착륙한 곤충이 즙을 향해 가는 직진 경로를 보여 주는 용도로 사용된다면, 곤충들이 먹이를 찾기 위해 날아다닐 때 이러한 꽃잎을 가진 꽃들을 멀리서 보고도 즙이 있는 꽃들로 인식할 수 있을 것이다."

슈프렝겔은 이후에 특정 붓꽃의 암술머리가 곤충에 의해서만 수정될 수 있다는 것을 알고, 추가 관찰을 통해 점점 더 다음과 같이 확신했다. "이런 즙을 가진 많은 꽃들이 그 즙을 먹는 곤충들에 의해 수정된다. 따라서 곤충의 먹이인 꽃 즙은 곤충에게는 목적이지만, 꽃에게는 단지 수단, 즉 꽃의 가루받이를 위한 유일한 수단이다. 그리고 이러한 꽃들의 전체 구조는 다음의 점들을 갖고 설명할 수 있다. 첫째, 꽃들은 보통 한두 종류의 곤충이 가루받이한다. 둘째, 곤충들이 꽃의 즙을 찾을 때, 꽃에 아무렇게나 착륙해도 일정한 방식으로 그 안으로 기어들어 가거나 꽃 주변을 돌아다니면서 털투성이 몸으로 꽃밥에서 꽃가루를 털어 낸 다음, 암술머리의 돌출된 털이나 끈적한 액체로 꽃가루를 운반하도록 의도되어 있다."

1790년 여름에 슈프렝겔은 분홍바늘꽃(Epilobium angustifolium)에서 처음으로 암수(자웅)이숙 현상을 발견했다. 그는 "이 양성화들은 호박벌과 다른 벌들에 의해 수정되며, 개별꽃은 자신의 꽃가루에 의해 수정되지 않고, 곤충들이 젊은 꽃에서 가져온 꽃가루를 오래된 꽃에 수정시킨다."라고 말했다. Nigella arvensis(미나리아재비과의 종)에서도 같은 현상을 관찰하고 나서, 그는 대극속(Euphorbia)의 한 종에서 정확히 반대의 배치를 발견했는데, 이 경우 암술머리는 곤충의 도움이 있어야만 더 오래된 꽃에서 꽃가루를 받을 수 있었다.

이어서 그는 5년에 걸쳐 이룬 여섯 가지 주요 발견에 기초하여 자신의 꽃 이론을 세웠다고 말한다. 슈프렝겔은 먼저 즙 분비선(꿀샘)의 특성과 꽃꿀을 받거나 덮는 기관, 그리고 곤충들이 쉽게 즙을 찾을 수 있도록 하는 장치에 관해 설명한다. 그는 꽃꿀이 있는 꽃들이 곤충에 의해 가루받이된다는 쾰로이터의 뛰어난 관찰에 주목하면서, 이러한 꽃들의 구조에 이런 목적이 있으며 이를 통해 완벽하게 설명할 수 있다는 것을 지금까지 아무도 보여 준 적이 없다고 말한다. 그는 이 중요한 결론의 주요 증거를 암수이숙 꽃에서 찾는다.

그는 말한다. "암수이숙 식물에서는 꽃이 피고 나면 수술대가 한 번에 또는 차례로 특정 위치까지만 자라는데, 이 위치에서 꽃밥이 열리고 수정에 필요한 꽃가루를 제공한다. 그러나 이때 암술머리는 꽃밥 아래 일정 거리에 있으며 여전히 크기가 작고 닫혀 있다. 따라서 기계적 수단이나 곤충에 의해 꽃가루가 암술머리로 전달될 수 없다. 왜냐하면 아직 암술머리가 제대로 숙성하지 않았기 때문이다. 이러한 상태는 일정 시간 지속된다. 그 시간이 지나면 꽃밥에는 더 이상 꽃가루가 남아 있지 않으며, 수술대에 변화가 일어나 꽃밥이 더 이상 이전의 위치에 있지 않게 된다. 그 사이에 암술은 변화하여 이제 암술머리가 꽃밥이 있던 정확한 위치에 도달하여 열리거나 확장하면서 이전에 꽃밥이 차지했던 공간을 채운다. 처음에 익은 꽃밥이 차지했던 위치이자 나중에 익은 암술머리가 있던 지점은 곤충이 꽃꿀을 얻기 위해 꽃에 닿을 때마다 각각 젊은 꽃의 꽃밥과 나이 든 꽃의 암술머리에 몸의 일부가 닿지 않을 수 없게 고안되어 있다. 이렇게 해서 곤충은 꽃밥에서 꽃가루를 털어 내어 암술머리로 전달하고, 이로써 젊은 꽃의 꽃가루가 나이 든 꽃을 수정시킨다." 슈프렝겔이 암수이숙의 반대 형태도 알고 있었다는 사실은 이미 언급했다. 이러한 암수이숙 꽃에서 그가 얻은 결론은 이들이 수정을 위해 반드시 곤충이 필요하다는 것이며, 이런 꽃의 특별한 구조 때문에 곤충이 가루받이 봉사를 하다가 부상을 입거나 심지어 죽음에 이르기도 한다고 그는 덧붙인다. 그는 계속해서 모든 꽃들이 "꽃부리가 없고 이를 대신할 꽃받침도 없는 경우에는 꽃꿀이 없으며, 곤충이 아닌 바람 등의 기계적 수단에 의해 수정된다. 바람은 꽃밥에서 꽃가루를 암술머리로 날려 보내거나, 식물이나 꽃을 흔들어 꽃가루가 꽃밥에서 암술머리로 떨어지게 한다."라고 설명한다. 슈프렝겔은 이러한 꽃들은 항상 대량의 가벼운 꽃가루를 생성하지만, 꿀을 가진 꽃들의 꽃가루는 무겁다는 점을 지적한다. 그런 다음, 자신의 원리가 꽃의 모든 생리학적 특성, 위치, 크기, 색깔, 냄새, 형태, 개화 시기 등을 어떻게 설명하는지 보여준다.

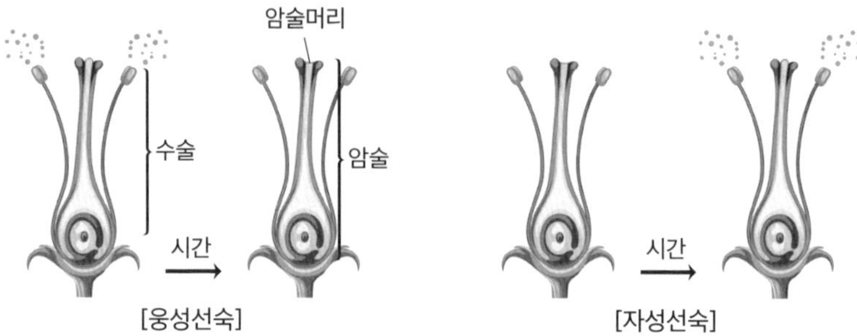

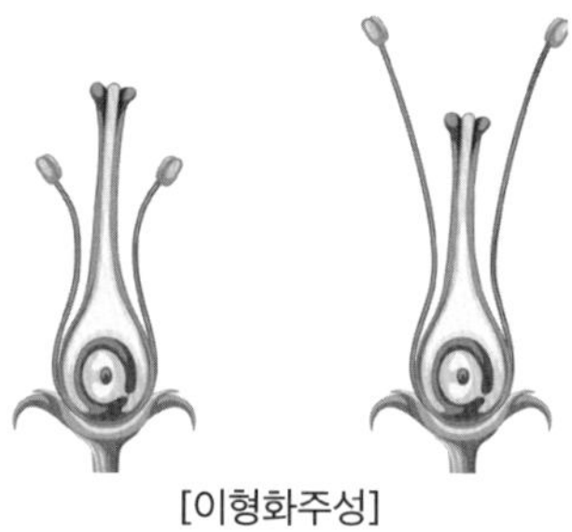

자가수분을 막기 위한 꽃 기관의 발달 및 구조적 변이.

① 웅성선숙: 수술이 먼저 성숙(꽃가루 방출)하는 꽃. ② 자성선숙: 암술이 먼저 성숙(암술머리의 상태 변화)하는 꽃. ③ 이형화주성: 암술의 길이가 꽃마다 다른 경우

슈프렝겔은 꽃꿀과 꽃의 특정 배열이 곤충을 위해 특별히 고안된 것이라는 생각에서 출발했지만, 그의 연구는 결국 곤충이 단순히 식물의 수정을 돕는 역할뿐만 아니라, 대체로 같은 식물의 다른 꽃이나 같은 종의 다른 식물의 꽃을 교차 수정하는 역할을 한다는 결론에 도달했다. 슈프렝겔의 엄격한 목적론적 관점이 꼭 답해야 할 질문이 하나 있었는데, 그것은 꽃이나 개별 식물의 교차 수정의 목적이 무엇인가 하는 것이었다. 슈프렝겔은 단순히 그 사실만을 진술하고, 자연은 어떤 꽃도 자신의 꽃가루에 의해 수정되도록 선택하지 않은 것처럼 보인다고 말하는 것에 만족했다. 이 질문에 답하지 않고 자신의 이론체계를 마무리하지 않았다고 해서 이렇게 놀랍고 보편적인 자연 현상을 발견한 사람을 비난할 수는 없을 것이다. 이 이론체계는 많은

실험과 오랜 노력의 산물이기 때문이다. 그의 세속적인 여건이나 그의 천재적 업적에 대한 응대 그 어느 것도 그가 이 마지막 난제를 해결하는 데 호의적이지 않았으며, 그가 하고 싶었어도 그렇게 할 수 없었을 것이다. 당시 식물학자들은 식물의 생활사에서 이런 생리학적 사실을 무시하는 경향에 매몰되어 있었고, 슈프렝겔의 결과는 종불변론에 전혀 우호적이지도 않았다. 그런 관점에서 보면 꽃의 구조와 곤충의 구조의 놀라운 관계는 불합리하고 혐오스러워 보였을 것이다. 이럴 때 재능이 낮은 사람들이 보이는 특징은 자신들의 관점을 포기하기보다 사실을 부정하거나 무시하는 것이다. 이것이 바로 슈프렝겔의 책이 곳곳에서 무시된 한 가지 이유였다.

그 이후 카메라리우스와 쾰로이터의 노력에도 불구하고 19세기 초까지도 여전히 식물의 성을 의심하는 사람들이 많았다. 나이트(Knight)와 허버트(William Herbert)가 슈프렝겔이 남긴 질문에 관한 답을 얻었음에도, 새로운 이론은 널리 퍼지지 못했다. 생리학적 질문에 대해 점차 모든 목적론적 설명이 거부되어 가면서, 목적론적 설명만 가득한 슈프렝겔의 결과는 불편하게 느껴졌다. 1860년 이전의 식물학자들은 이런 꽃의 수정 현상과 관련하여 결론을 내릴 수 있는 수단이 없는 상태였다. 그들은 목적론적 관점을 회피했기 때문에 모든, 심지어 가장 분명하지 않은 생명체의 배열구조도 창조주의 직접적인 작품이라는 슈프렝겔의 생각을 믿을 수 없었다. 그렇다고 슈프렝겔의 이론을 대체할 더 나은 것도 없었기 때문에 슈프렝겔의 발견은 이해되지 않은 채 무시되어 버렸다. 하지만 마침내 다윈이 이 모든 중요성을 인식하고, 설계의 원리에 반대하여 계통과 선택의 이론을 제시함으로써 슈프렝겔의 발견에 과학적 의미가 있음을 증명했을 뿐만 아니라, 이를 선택이론의 강력한 증거로 사용할 수 있게 되었다. 이때가 되어서야 슈프렝겔 이론을 추가로 완성한 나이트, 허버트, 그리고 K. F. 게르트너의 공로도 제대로 평가할 수 있게 되었는데, 이들의 발견 또한 한동안 무시되었기 때문이다. 슈프렝겔의 책이 출간된 지 몇 년 후, 나이트는 완두속(Pisum)에서 자가수분과 교차수분를 비교하기 위해 실시한 실험 결과를 바탕으로, 어떤 식물도 무한정 자가수분하지 않는다는 원칙을 세웠다.[30] 1837년에 허버트는 자신이 수행한 다수의 수정 실험 결과를 요약하며, 꽃에서 씨앗을 얻고자 할 때 자신의 꽃가루보다는 같은 품종의 다른 개체나 적어도 다른 꽃의 꽃가루로 수정했을 때 더 나은 결과가 나오는 경향이 있다고 말했다. K. F. 게르트너는 1844년 시계꽃속(Passiflora), 숫잔대속(Lobelia) 및 푹시아(Fuchsia, 바늘꽃과의 속) 종에서 수정 실험을 한 후 같은 결론에 도달했다. 이러한 관찰에는 슈프렝겔이 미해결 상태로 남긴 질문, 즉 왜 대부분의 꽃이 다른 꽃이나 같은 종의 다른 식물과의 교배에 의해서만 완전한 수정이 되도록 구성되어 있는지에 대한 첫 번째 답이 포함되어 있었다. 나이트, 허버트, 그리고 게르트너는 인위적인 교배 실험을 통해 교차수분이 자가수분보다 더 완전한 수정을 가져온다는 것을 보여 주었다. 슈프렝겔이 이 사실에서 발견한 꽃의 배열구조와 곤충의 도움은 가능한 한 건강하고 많은 자손을 확보하기 위한 것이라는 개념으로 나아가는 작은 과정이었다는 것을 알 수 있다. 다윈은 이 개념에 주목하고, 1857년 이후 여러 실험을 수행하여 자신의 선택이론을 뒷받침하는 증거를 찾았다.

---

30 뮐러(Hermann Müller)의 『곤충에 의한 꽃의 수정(*Befruchtung der Blumen durch Insecten*)』(라이프치히, 1873) 5쪽 참조.

성 이론에 대한 새로운 반대자들(1785-1849)

카메라리우스와 쾰로이터의 저작들이 발표된 이후에도 수정 과정 방식에 대한 의문보다도 식물에서 성의 존재 자체에 대한 의문이 여전히 제기되었다는 것은 믿기 어렵다. 안타깝게도 이런 의문은 그 후 60년 동안 여러 방면에서 강력하고 반복적으로 제기되었다. 이는 성 이론 창시자들의 주장에 모순이 있어서가 아니라, 그후 여러 관찰자들이 서툰 실험을 수행하여 모순된 결과를 얻거나, 단순히 부정확한 관찰을 했거나, 대체로 경험과 신중함이 부족했기 때문이다. 이런 사람 중에는 스팔란차니(Spallanzani)와 후에 베른하르디(Bernhardi), 지롱 드 뷔자렝그(Giron de Buzareingues)와 라미쉬(Ramisch)가 있었다. 쉘버(Schelver)와 그의 제자 헨셸(Henschel)이 있었고, 이들의 지지자들은 더욱 심각한 오류를 범했다. 그들은 자연철학에 근거한 선입견과 결론을 갖고 실험으로 확립된 사실들을 부인할 수 있다고 생각했다. 19세기 초 자연철학이 여러 식물학자들의 이해력을 무력화시킨 결과, 그들은 더 이상 단순한 실험 결과를 평가하고 자연 현상을 원인과 결과의 도식으로 추적할 능력을 상실했다. 한때 린네가 식물의 성을 철학적 근거로 증명할 수 있다고 생각함으로써 식물의 행동에 관한 실험 결과에 무관심했듯이, 쉘버는 철학적 근거로 식물에서 성의 불가능성을 증명하려고 했다. 린네가 식물의 본성이나 이데아에서 성을 유추한 것처럼, 쉘버는 똑같은 본성과 이데아에서 성을 부인했다. 논리적으로 보면 둘 다 옳다고 할 수 있지만, 이 문제는 이렇게 결정된 수 있는 것이 아니며 오직 실험에 의해서만 결정될 수 있다. 흥미롭게도 이 자연철학자들은 자신들의 이론에 대한 경험적 근거가 필요하다고 생각했고, 스팔란차니[31]가 그것을 실행했다. 그는 1786년 제네바에서 『동물과 식물의 생식 과정을 위한 실험(*Expériences pour servir à l'histoire de la génération des animaux et des plantes)*』이라는 제목으로 동물과 식물의 수정을 조사한 내용을 발표했다. 여기서 식물과 관련된 그의 설명을 보면 그가 식물학 문헌에 대한 지식이 매우 부족했음을 알 수 있는데, 그는 체살피노를 식물에서 성을 인정한 사람 중 하나로 꼽고 있다. 그의 실험 자체는 식물 실험을 위한 생물학적 고려 사항에 대한 지식이 매우 빈약했음을 보여 주며, 대개 식물생리학에 갑자기 관심을 갖게 된 아마추어들이 흔히 그러듯이 식물학적 통찰력이 부족했다. 그의 주제 처리는 피상적이고, 다른 사람들에 대한 비판은 독단적이며 신뢰감이 없다. 실험은 종종 성급하고 숙고 없이 수행되었으며, 실험에 가장 적합하지 않은 식물들, 예를 들어 양골담초속(Genista), 콩, 완두, 무, 바질(Basilicum), 제비고깔속(Delphinium) 같은 식물들에 대해 이루어졌다. 따라서 산쪽풀속, 바질 같은 일부 식물의 경우, 그는 꽃가루가 생식능력이 있는 씨앗 생산에 필요하다는 결론을 내렸지만, 호박, 수박, 대마, 시금치 같은 다른 식물들은 수정 없이 그러한 씨앗을 생산한다고 결론지었다. 하지만 스팔란차니보다 더 뛰어났던 볼타(Volta)는 그의 실험을 반복하고 나서 결과에 반론을 제기했다.

하이델베르크의 의학 교수 프란츠 요셉 쉘버가 1812년에 발표한『식물의 성 이론에 대한 비판(*Kritik der Lehre von dem Geschlecht der Pflanzen)*』에서 호소한 실험들의 특징도 이런 것이었다. 이 이상한 저술을 자세히 설명할 필요는 없다. 이 저술은 미혹된 정신의 산물이었지

---

31 Lazaro Spallanzani. 모데나의 스칸디아노에서 태어나 1799년 파비아에서 사망했으며, 그곳에서 오랫동안 자연사 교수로 재직했다. 그는 자연과학의 매우 다양한 문제들, 특히 동물생리학에 관한 연구를 수행했지만, 식물의 성에 관한 그의 실험에서 나타난 것과 같이 신중함과 심사숙고 없이 연구를 진행한 것으로 보인다.『세계의 전기』에 그의 과학적 연구에 대한 상세한 설명이 있다.

만, 1820년까지도 상당수의 독일 식물학자들이 그 말도 안 되는 내용을 심오한 지혜로 착각했다. 쉘버는 카메라리우스의 실험을 네 줄로 무시했으며, 쾰로이터를 경멸하면서도 스팔란차니를 이 주제와 관련된 가장 권위 있는 저자로 칭송했다. 쉘버는 카메라리우스와 쾰로이터의 주장이 진실이라고 말하면서도, 그것들이 수정의 증거가 되지는 않는다고 주장했다. 그는 식물 생활사의 특성에서 이 문제를 해결하고자 했으며, 자신이 구성한 그 특성으로부터 식물의 (생식) 기관이 전혀 쓸모가 없다고 결론 내렸다. 즉 이 기관들은 동시에 함께 존재해야만 생명 유지에 기여할 수 있기 때문에 꽃가루가 수정에 필수적이지 않다는 것이다. 이에 따라 그는 식물에서 수정이 일어나는 이유는 수컷 식물이 가까운 암컷 식물에 꽃가루를 전달해서가 아니라, 암수 식물 사이의 근접성 자체라고 보았다. 그러나 이런 것들은 논리가 매우 빈약한 예들일 뿐이다.

그의 제자 헨셸[32]의 저술은 스승의 것보다도 더 형편없었으며, 그의 가장 나쁜 저서는 1820년에 나온 『식물의 성에 대하여(*Von der Sexualität der Pflanzen*)』라는 자신의 역작이다. 그는 무수한 실험을 통해 자연철학의 교리를 증명해야 한다고 생각했다. 그러나 이 실험들을 고안하고, 관리하고, 기술하는 방식을 보면 그가 극도로 둔감했고, 올바른 판단 능력이 없었음을 알게 된다. 독자들이 그 정확성에 대해 의문을 제기하기도 했고, 트레비라누스와 게르트너가 이 점에 대해 언급한 것을 보면 너무 부정적이라서 헨셸의 과학적 작업에 대해 혐오감을 느낄 정도다.

헨셸의 책 내용은 설명할 필요도 없는데, 이는 병리학적 관점

---

32 August Henschel. 의학을 공부하고 브레슬라우에서 대학의 강사가 되었다.

에서 흥미로울 뿐 역사적 관점에서는 그렇지 않다. 1820년 이후에도 자연철학의 영향으로 더 괜찮은 사람들조차도 이런 문제들에 대한 판단력을 상실한 사례가 있다. 심지어 뛰어난 관찰자들조차 쉘버와 헨셀의 저술을 존중하고 가치 있게 여겼다. 이러한 사례로는 니스 폰 에젠베크(Nees von Esenbeck)가 1821년에 『레겐스베르크 식물상(*Regensberg Flora*)』의 두 번째 보충판으로 출판한 편지 모음과, 괴테가 그의 40권짜리 작품집(36권 134페이지)에서 '분무, 증발, 물방울(Verstäubung, Verdunstung, Vertropfung)'이라는 제목으로 식물의 변태에 대해 언급한 내용을 들 수 있다. 그러나 이러한 유해한 생각들에 명확히 반대하는 사람들도 있었다. 예를 들어 폴라 슈랑크(Paula Schrank)(『식물상』, 1822, 49쪽)와 1822년에 헨셀을 전면 반박하는 『식물의 성에 대한 이론과 최신 공격에 대한 고찰(*Lehre von dem Geschlecht der Pflanzen in Bezug auf die neuesten Angriffe erwogen*)』을 출판한 C. L. 트레비라누스가 있다. 사멸해 가는 자연철학의 지지자들은 나중에도 몇 명 더 있었다. 이중 기센의 교수 빌브란트(Wilbrand)는 1830년 『식물상』에서 식물에는 동물의 성과 유사한 것이 있지만 진정한 성은 없다는 매우 애매모호한 차별을 두었다. 인간의 단순히 제대로 된 이해력으로 실험을 평가하지 못하는 무능력을 자연철학의 문헌 전체에서 볼 수 있다. 그리고 실험 결과와는 아무런 관련이 없는 상상의 무언가가 항상 실험 결과에 도입되었다.

1811년 베른하르디, 1828-1830년 지루(Girou), 1837년 라미쉬(Ramisch)가 제기한 의문은 다른 것이었다. 이들은 실험을 수행했고 과학적인 방식으로 판단했으나, 선행 연구에 대한 충분한 지식이 부족했고, 문제의 조건에 대한 지식 없이 실험을 설계했거나 주의를 충분히 기울이지 않고 실험을 수행했다. 카메라리우스와 레이는 이전 세기에 시금치, 대마, 산쪽풀속 식물의 암컷 식물에 수꽃이 가끔 발생하는 것을 관찰했지만, 위의 관찰자들은 이러한 예외적 상황이나 다른 가루받이 방법의 가능성을 고려하지 않고 이러한 식물을 실험 대상으로 선택했다.

1830년 이후에도 모든 식물의 성에 대해, 또는 꽃식물의 성에 대해 의문이 제기되었다. 민꽃식물은 언급조차 되지 않았는데, 이는 많은 귀중한 관찰에도 불구하고 성이 없다고 여겼기 때문이다. 그러나 대부분의 식물학자들은 꽃 기관의 성적 의미는 인정했다. 이들 대부분은 린네의 권위에 전적으로 의존한 반면, 일부만이 카메라리우스, 브래들리, 로건, 글레디치 및 쾰로이터의 실험적 증거를 인정하고 있었다. 그러나 1820년에서 1840년 사이 이 주제에 진지하게 접근한 사람들은 모두 당연히 이 문제를 한 번 더 철저히 조사하고자 했다. 1819년 베를린 과학 아카데미는 링크(Link)의 제안에 따라 식물에서 잡종 교배가 있는지 여부에 대한 에세이에 상을 내걸고 성 이론의 결정적 요소에 관한 새로운 연구를 자극했다. 이 제안에 대한 유일한 응답은 1828년에 제출된 비그만(Wiegmann)의 에세이였으나, 아카데미의 요구를 충족시키지 못해 반액의 상금만 받았다. 하를렘의 네덜란드 아카데미는 1830년 라인바르트(Reinwardt)의 제안에 따라 실용적인 원예와 관련하여 이 질문을 다소 바꿔 제시하면서 더 성공을 거두게 되었다. 이 상에는 **K. F. 게르트너**[33]가 도전하였으며, 그의 에세이는

---

33 Karl Friedrich Gartner. 요셉 게르트너의 아들로 1772년 칼브에서 태어나 1850년 그곳에서 사망했다. 그는 슈투트가르트의 칼스 아카데미에서 자연과학 강의를 듣고, 처음에는 예나로 가서 의학 교육을 받았으며, 1795년에는 괴팅겐으로 가서 리히텐베르크의 제자가 되었다. 1796년에 학위를 취득하고 고향에서 의사로 정착했다. 여기서 처음에는 인간 생리학 문제에 몰두하다가 나중에는 아버지의 『과실학(*Carpologia*)』의 보충 작업에 착수했다. 식물생리학에 대한 완전한 작업을 위해 공지와 발췌문을 수집했다. 이 계획은 완수되지 못했지만, 그

칼 프리드리히 게르트너

사정으로 인해 1837년에야 제출되었지만 명예상과 특별 보상을 받았다. 그러나 그의 25년간의 실험 연구에서 도출된 전체 결과는 1849년에 이르러서야 대규모 저서 『잡종 생성에 관한 실험과 관찰』[34]로 출판되었으며, 서론격인 동등한 분량의 저서 『완전한 식물의 수정 기관과 자연 및 인공 수정에 관한 실험과 관찰』[35]이 그에 앞서 출판되었다. 이 두 저서는 지금까지 있었던 식물의 성적 관계에 관한 실험 연구 중 가장 철저하고 완전한 설명을 제공한다. 이 저서들은 쾰로이터 시대까지 이어졌던 식물의 성에 대한 의문을 화려하게 종식시켰다. 이 의문이 종식되던 시기는, 한편으로는 슐라이덴과 샤흐트에 의해 현미경적 조사의 강점에 대한 논쟁이, 다른 한편으로는 호프마이스터에 의해 배아 형성 과정에 대한 논쟁이 격렬하게 벌어지던 시기와 일치한다.

게르트너의 저술은 새롭고 놀라운 발견이나 뛰어난 아이디어와 기발한 통합보다는 꽃식물의 성적 번식에서 고려할 수 있는 모든 상황과 관계에 대한 매우 철저한 연구 때문에 그 중요성을 인정받는다. 그는 9천 건이 넘는 잡종 형성 실험을 정확하게 기록했으며, 이러한

를 식물의 성 문제에 몰두하게 했고, 그는 이 주제에 25년을 바쳤다(『뷔르템베르크의 아버지 자연과학 협회의 연보(*Jahresheft des Vereins für vaterl. Naturkunde in Würtemberg*)』, 1852, 8권 16쪽).

34 [원제] *Versuche und Beobachtungen über die Bastardzeugung*(슈투트가르트, 1849)

35 [원제] *Versuche und Beobachtungen über die Befruchtungsorgane der vollkommeneren Gewächse und über die natürliche und künstliche Befruchtung durch den eigenen Pollen*

실험과 정상적인 가루받이 사례에서 자신의 실험에 영향을 미칠 수 있는 모든 오류의 원인을 조사하고, 식물 자체의 발달과 수정에 미치는 환경적 요건을 신중하게 고려했다. 동시에 그는 이 주제와 관련된 모든 문헌을 비판적으로 검토하고, 이전 관찰사들이 보고한 모든 실험을 자신의 광범위한 경험을 바탕으로 검증했다. 자가수정에 대해 기술한 부분은 꽃의 생물학과 생리학을 완전하게 설명하고 있다. 꽃의 개화와 수정과 관련된 현상은 저자의 새로운 관찰을 포함하여 자세히 설명되어 있으며, 특히 꽃받침, 꽃잎, 꽃꿀의 분비와 꽃밥의 열림, 꽃의 온도 및 씨방, 암술대, 암술머리의 생리적 과정을 조사했다. 꽃과 열매 형성 기관의 민감성과 운동 현상에 대해 당시 알려진 모든 것을 수집했고 이를 새로운 관찰에 근거하여 설명함으로써, 현재까지 다른 어떤 식물기관에서도 볼 수 없었던 꽃의 생애를 작은 세부까지 완벽하게 그려 냈다. 이러한 풍부한 관찰을 간결하게 설명해 낸다는 것은 불가능에 가깝다.

그러나 이 모든 것이 주요 논점을 제기하기 위한 예비 단계였는데, 그것은 바로 카메라리우스가 옳았다는 증명이다. 백 년에 걸친 반대에도 불구하고, 꽃가루의 협력이 씨앗에서 배아 형성에 필수적이며, 따라서 식물도 동물과 마찬가지로 성적 생식을 한다는 것이 그것이다. 게르트너는 단순히 새로운 수정 실험을 수행하는 것에 만족하지 않았다. 그는 참신한 실험과 다른 정보 출처를 통해 스팔란차니, 쉘버, 헨셸, 지루 등과 같은 반대자들의 반론을 상세히 반박했으며, 고려할 수 있는 모든 상황을 신중하게 검토했다. 그는 성적 생식을 반대하는 사람들의 관찰이 부정확함을 하나하나 폭로하고, 수정 이전에 씨방에서 관찰되는 여러 주목할 만한 현상과 보통의 가루받이가 막혔을 때 꽃가루가 씨방에 도달할 수 있는 여러에 관심을 가졌다. 이러한 관찰로 식물에서의 성적 생식의 존재를 다시 한 번 확인시켰으며, 다시는 이 사실을 반박할 수 없게 만들었다. 특정 식물 개체의 암술이 수컷의 도움 없이 발달 가능한 배아를 생산할 수 있다는 무성생식의 가능성이 1860년에 관찰되었을 때에도 성적 생식의 일반 규칙을 반박하려는 시도는 없었다. 사람들은 먼저 그와 같은 현상을 재확인하고, 그다음 동물의 해당 사례와 나란히 놓고 그것을 어떻게 이해할 수 있을지를 고민했다.

게르트너의 교배 연구에 앞서 금세기 초 나이트의 연구와 1837년 수선화과(Amaryllideae)에 관한 저서를 발표한 허버트의 보다 광범위한 연구가 있었다. 게르트너는 자신의 관찰 결과를 이전 연구자들, 특히 쾰로이터의 결과와 비교했고, 방대한 자료를 통해 교배가 가능한 조건, 교배의 결과, 실패의 원인 등에 대한 여러 일반적인 명제를 도출해 냈다. 그는 혼합 교배와 복합 교배, 외래 꽃가루가 여성 기관의 행동에 미치는 다양한 영향에 대한 실험, 이와 관련된 품종 형성에 관한 연구에 특히 관심을 가졌다. 게르트너의 결과를 더 구체적으로 설명하는 것은 역사적 개관의 범주를 넘는 것이다. 1865년 네겔리가 쾰로이터, 허버트, 게르트너가 제공한 풍부한 자료로부터 중요한 결과들을 요약하여 제공했기 때문에 여기서는 더욱 그럴 필요가 없다.

게르트너의 교배 실험은 1762년과 1763년 쾰로이터가 실험했던 뷔르템베르크의 칼브에서 진행되었다. 이렇게 뷔르템베르크의 작은 도시 두 곳에서 가장 뛰어난 관찰자 세 명이 성 이론의 기초를 닦고 실험을 통해 이론을 완성했다. 튀빙겐의 카메라리우스, 칼브의 쾰로이터와 K. F. 게르트너는 성 이론의 실험적 확립에 크게 기여했는데, 인위적 교배만을 놓고 보면 다른 사람들이 한 일은 중요하지 않다고 할 수 있을 정도였다. 그러나 쾰로이터는 자연상태에서 일어나는 일반적인 가루받이 방법을 충분히 이해하지 못했다. 슈프렝겔이 처음으로 핵심 과정을 모두 파악했으나, 게르트너는 슈프렝겔의 관찰을 진지하게 고려할 가치가 없다고 여겨, 가장 풍부한 새로운 결과의 원천을 무시하는 결과를 낳았다. 게르트너가 수행한 꽃꿀 분비와 가루받이 기관의 감수성에 관한 면밀한 연구, 그리고 꽃의 다른 생물학적 관계에 대한 그의 여러 관찰이 슈프렝겔의 꽃 구조와 곤충 세계와의 관계에 대한 발견과 모든 점에서 연결되었더라면 자연스러운 결론이 도출되었을 것이다. 게르트너는 여기서 완전히 실패했지만, 다윈은 이 경우에도 놀라운 조합 재능을 발휘해 백 년간의 조사 결과를 종합하고, 쾰로이터, 나이트, 허버트, 게르트너의 결과를 슈프렝겔의 꽃 이론과 결합시켜 하나의 생생한 종합적 설명을 제시함으로써, 인간의 도움 없이 자연조건에서 가루받이가 이루어질 때 꽃의 생리학적 배열구조를 이해할 수 있게 했다. 형태학과 계통식물학에서처럼 여기서도 다윈은 기존의 연구와 관찰들을 탐구하여 그로부터 결론을 도출했다. 다윈 이론의 확실성은 가장 뛰어난 관찰자들의 결과에 기반하며, 또한 반드시 논리적·역사적으로 완성된 이론을 추구하는 연구에 근거한다.

꽃식물에서 수정 과정에 관한 현미경 연구: 꽃가루관과 난세포[36](1830-1850)

식물의 성을 확신한 사람들은 이미 이전 세기부터 현미경을 이용하여 꽃가루가 밑씨에서 배아의 형성에 어떤 영향을 미치는지를 밝히려고 했다. 몰랜드와 조프루아의 매우 조잡한 시도는 생략하도록 하겠다. 니담(Needham, 1750), 쥐시외, 린네, 글라이헨, 헤드비히는 꽃가루가 암술머리에서 터지면 그 안의 과립이 암술대를 따라 아래로 내려가 밑씨에 도달하여 거기서 배아로 부화하거나 배아의 형성에 기여한다고 상상했다. 이런 식의 생각은 그 당시 유행하던 전성설과 밀접히 연결되어 있었고, 동물의 씨앗 소체를 통해 어느 정도 뒷받침되는 것처럼 보였다. 물속에서 꽃가루가 터져 과립 모양의 점액을 방출하는 현미경 관찰도 이 이론을 뒷받침했다. 하지만 쾰로이터가 이 견해를 거부했다고 이미 언급한 바 있다. 그는 꽃가루가 터지는 것이 자연스럽지 못하다고 생각했고, 꽃가루에서 나오는 기름을 수정 물질로 간주했다. J. 게르트너와 슈프렝겔은 쾰로이터의 견해를 채택했으나 결국은 인기를 잃고, 니담과 글라이헨의 견해가 몇 년간 더 지지를 받았다. 다음 질문은 꽃가루의 과립 내용물이 어떻게 밑씨에 도달하는가였다. 우연한 계기로 이에 대한 고찰이 시작되었다. 아미치는

36 이 절에서 언급된 더 중요한 작품들로 다음 문헌들을 꼽을 수 있다. 베넷(Bennett)이 편집한 브라운(Robert Brown)의 『잡고문집(*Miscellaneous Writings*)』, 1866-67; 『식물학 저널』 1863년 부록 7쪽에 실린 폰 몰의 아미치에 관한 논문; 『레오폴디나 아카데미의 새로운 논문집(*Nova Acta Academiae Leopoldinensis*)』 1839년 11권, 1부에 실린 슐라이덴의 〈지의류의 형성과 배의 형성에 관하여(Ueber die Bildung des Lichens und Entstehung des Embryos)〉; 『식물상』 1867년 119쪽에 실린 호프마이스터의 〈식물 수정 이론 역사의 개요(Zur Uebersicht der Geschichte von der Lehre der Pflanzenbefruchtung)〉.

다른 목적에서 쇠비름속(Portulaca)의 암술머리 털을 조사하던 중(1823) 꽃가루에서 꽃가루관이 나오는 것을 보았고, 그 내부의 과립 내용물인 미세과립(fovilla)이 쇠뜨기말속(Chara)에서 잘 알려진 (세포질) 운동처럼 흘러 움직이는 것을 관찰했다. 이 놀라운 사실을 재확인하고 수정물질이 암술머리에 흡수되는 방법을 발견하고자 브롱냐르(Brongniart)는 1826년에 많은 수의 수정된 암술머리를 조사한 결과 꽃가루관 형성이 매우 자주 발생한다는 사실을 확립하게 되었다. 하지만 브롱냐르는 끈기가 부족했고 니담의 오래된 이론에 사로잡혀서 꽃가루관이 밑씨로 가는 경로를 발견하지는 못했다. 그는 실제로 꽃가루관이 암술머리에 침투한 후 바로 열려서 과립 내용물을 방출한다고 생각했다. 그리고 그는 이 내용물이 동물의 정자와 비슷하며 꽃가루의 활성 부분이라고 확신했다. 아미치는 이 질문에 더 열정적으로 접근하여 1830년에 꽃가루관이 씨방으로 들어가는 것뿐만 아니라, 각 밑씨의 알문(micropyle)으로 들어가는 것을 관찰했다.

갑자기 문제의 해결이 가까워지자, 관찰자들은 올바른 경로에서 벗어나 서로 다른 방향을 헤매기 시작했다. 로버트 브라운은 1831년과 1833년에 난초류와 박주가리속 식물의 꽃가루 덩어리에서 다른 식물에서처럼 꽃가루관이 나오는 것을 보여 주었고, 수정이 일어난 난초의 씨방에서 미세한 관이 발견된다는 것을 밝혔다. 그러나 그는 이러한 관들이 꽃가루 알갱이와 연결되어 있는지 확신하지 못했으며, 암술머리에서 일어난 꽃가루받이의 결과일 가능성을 염두에 두면서도 이 관들이 씨방에서 형성되었다고 생각하는 경향이 있었다. 슐라이덴 또한 전혀 다른 방식으로 잘못된 길을 갔고, 그로 인해 이 문제는 세포의 기원에 관한 문제만큼이나 식물학 연구에서 중요한 문제가 되었다. 슐라이덴은 1837년에 수정 전 밑씨의 기원과 발달에 관한 뛰어나고 철저한 연구를 발표했다. 그는 또한 브롱냐르와 브라운의 의심이 근거가 없음을 보여 주었고, 아미치의 주장을 확인하여 꽃가루관이 암술머리에서 알문을 통해 밑씨에 도달한다는 것을 입증했다. 그러나 그는 여기서 너무 멀리 나가게 된다. 그는 "꽃가루관이 배주머니의 막을 밀어내어 안쪽에 홈을 만들면서 그 끝이 배주머니 속에 들어오게 된다. 관의 끝은 둥글거나 타원형으로 부풀어 오르고, 그 내용물에서 세포-조직이 형성된다. 곁기관인 떡잎 한두 개가 생성되고, 원래의 끝점은 어느 정도 자유롭게 남아 어린싹(plumule)을 형성한다. 배아의 밑에 있던 꽃가루관 부위와 그것을 둘러싼 배주머니의 주름은 얼마 있다 쪼개져서 사라지고, 배아가 이제 정말로 배주머니 안에 있게 된다."라고 단언했다. 이 관점은 직접 관찰에 기초한 것으로 보이며 설명에 부합하는 도해가 포함되어 있다. 이는 오래된 전성설과 일치하며 몰랜드와 조프루아의 생각과도 매우 비슷하다. 그리고 이것이 맞는다면, 수정이 배아를 포함하는 씨앗 형성에 필요함을 의미하지만, 동시에 식물의 성적 생식에서 본질적인 점을 상실하게 된다. 즉 밑씨는 단지 꽃가루에서 형성된 배아가 부화할 수 있는 적절한 장소가 될 뿐이다. 슐라이덴의 아이디어는 와이들러(Wydler), 겔레스노프(Gelesnow) 등 다양한 식물학자들, 특히 샤흐트(Schacht)에 의해 즉각 채택되었다. 그러나 가장 저명한 현미경학자들은 동의하지 않았다. 아미치는 이 새로운 학설에 공개적으로 반대한 첫 번째 인물이었다. 그는 1842년 파두아에서 열린 이탈리아 학자 회의에서 발표했듯이, 배아가 꽃가루 관의 끝에서 형성되는 것이 아니라, 수정 전에 이미 존재했던 밑씨의 일부분에서 형성되며 이 부분이 꽃가루관에 포함된 액체에 의해 수정된다는 것을 입증하려고 시도했다. 그러나 조롱박이라는 매우 부적절한 식물을 선택한 탓에, 아미치는 이 과정의 정확한 세부사항을 발견하지 못했고, 슐라이덴은 1845년에 그의 주장을 매우 신랄하게 비난했다. 그러나 다음 해(1846)에 아미치는 결정적인 증거를 제시했다. 그는 이런 연구에 적합한 난초과 식물에서 꽃가루관이 암술머리에 도달하기 전 밑씨 안에 난세포가 존재하며, 이 세포가 꽃가루관에 의해 자극받아 발달하여 배아가 형성된다는 것을 보여 주었다. 아미치는 암술머리에서 가루받이가 이루어진 후 배아가 완성될 때까지의 전체 과정을 처음으로 연결하여 설명했다.

아미치가 제시한 설명의 정확성은 이듬해 폰 몰과 호프마이스터가 확인했으며, 호프마이스터는 다양한 식물에서 결정적인 사항들을 상세히 기술하고 매우 아름다운 그림으로 이를 설명한 더 방대한 작업 『꽃식물의 배아 형성(*Die Enstehung des Embryo der Phanerogamen*)(라이프치히, 1849)에서 다루었다. 툴라네(Tulasne) 역시 슐라이덴의 이론에 반대하여, 수정 전에 꽃가루관과 난세포와의 실제 접촉이 없음을 확신하면서 수정 전 난세포의 존재를 부정했다. 이로 인해 격렬한 논쟁이 일어났고, 네덜란드 암스테르담 학회가 제시한 상은 1850년에 샤흐트의 논문에 수여되었다. 이 논문은 슐라이덴의 이론을 방어했고 결정적인 부분을 많은 잘못된 도해로 설명했다. 폰 몰은 이를 매우 훌륭하게 설명했다(『식물학 저널(*Botanische Zeitung*)』(바일라게, 1863, 7쪽). "이제 슐라이덴의 학설이 착각이었다는 것을 알게 되었으니, 사람들이 얼마나 쉽게 거짓을 진실로 받아들이는지를 보는 것은 교훈적이지만, 동시에 슬픔이 밀려온다. 일부는 관찰을 포기하고 이론적 원칙들을 갖고 환상을 만들어 냈고, 다른 이들은 현미경을 갖고 있으면서도 선입견에 미혹되었으며, 수백 개의 그림을 통해 슐라이덴의 생각이 모든 의심을 초월한 진리임을 보여 주려 노력했으나, 그 그림들은 진실을 뺀 모든 것을 보여 주는 것이었다. 그리고 한 학회가 그러한 작업에 상을 주면서 오랜 세월 동안 특히 이 주제와 관련해서 반복적으로 입증된 경험을 다시 확인시켜 주었다. 즉 상을 받는 논문이 과학적 문제 해결에 거의 기여하지 않는다는 것이다." 이 상을 받은 논문은 발표되기도 전에 폰 몰, 호프마이스터, 툴라네가 반박했다. 한편, 샤흐트는 슐라이덴의 이론을 더욱 확고히 고수했다. 이후 이런저런 연구자들이 논쟁을 이어가다 라들코퍼(Radlkofer)가 1856년에 이 논란을 완전히 정리하여 발표했는데, 이는 호프마이스터의 관찰을 철저히 확인하고, 그 당시 이미 수정된 슐라이덴의 주장을 재검토해 제공했다. 이 설명은 사실 슐라이덴 자신이 이전 의견을 완전히 철회했음을 보여 주었고, 샤흐트 역시 곧 글라디올러스의 밑씨에서 관찰된 사실들을 알게 되면서 어쩔 수 없이 그를 따르게 되었다. 이 사실들은 슐라이덴의 이론과 명백히 양립할 수 없는 것이었기 때문이었다.

호프마이스터는 처음부터 다음 질문들에 각별히 주의를 기울였다. 꽃가루관 안에 정자와 같은 역할을 하는 물질이 있는지, 그리고 관 끝에 어떤 구멍이 보이는지. 그는 1851년에 구과식물에서 정자가 있는 고등 민꽃식물의 수컷 생식기관을 연상시키는 기관을 발견했다. 그러나 이들과 다른 꽃식물에서도 꽃가루관은 닫혀 있었으며, 더구나 그 외피는 상당히 두꺼웠다. 따라서 단 하나의 가설만 남게 되었는데, 이는 꽃가루관과 배주머니의 벽을 통해 액체 물질이 통과하여 난세포를 수정시키는가 하는 것이다. 이는 브롱냐르가 여전히 고수하고 있던 구세기의 전성설이 아닌, 결국 진실에 더 가까운 것으로 판명된 쾰로이터의 견해였다. 하지만 꽃식물의 수정 물질이 액체이냐는 문제는 여전히 남아 있었다. 정자로 여겨졌던 꽃가루 속의 과립형 내용물은 이후 부분적으로는 단순한 전분 알갱이와 기름방울에 불과한 것으로 밝혀졌다.

민꽃식물에서 성의 발견(1837-1860)

1845년에 이르러서는 꽃식물에서 서로 다른 성의 존재를 의심하는 사람은 더는 없었다. 그러나 민꽃식물의 경우는 달랐다. 이 시기에 이들의 발달과정 어느 순간에 성행위가 이루어진다는 것을 암시하는 여러 사실이 인정되고 있었지만, 이 문제는 아직 체계적으로 연구되지 않았다. 실험적 연구도 없었고, 성적 결합의 필요성을 입증할 수 있는 관찰도 이루어지지 않았다.

18세기 후반에 식물학자들 대부분은 수술이 생식기관이라는 것을 더 이상 의심하지 않게 되었으며, 민꽃식물에도 유사한 기관이 존재하는지를 증명하고 싶어 했다. 이 문제에 대해 그들은 형태적 유사성과 비유에 의존했으며, 문제 해석에 임의성이 다분했다. 슈미델(Schmidel)과 헤드비히는 그 명백한 외적 유사성 때문에 이끼의 장정기(수컷 생식기)와 장란기(암컷 생식기)를 수술과 씨방으로 간주했다. 하지만 이 추측이 옳긴 했으나, 이끼 열매(포자낭)의 진정한 본질은 다른 방법으로 배워야 했다. 미켈리(Micheli), 린네, 그리고 딜렌(Dillen)은 이러한 식물들에 관한 지식이 거의 없었기에 외형에 더욱 의존하여 열매를 수꽃으로 간주했다. 나머지 민꽃식물의 경우, 최고의 식물학자들도 제대로 된 경험 없이 어둠 속을 헤매고 있었다. 이런 방식으로 얻은 견해들을 특별히 설명할 필요는 없으나, 한두 가지의 예를 들어 보겠다. 쾰로이터는 버섯의 균포를, 글레디치와 헤드비히는 그들의 관상구소에서 특성 관 모양의 세포들을 수컷 생식기관으로 간주했다. 글라이헨은 기공을, 쾰로이터는 포막을, 헤드비히는 심지어 고사리의 분비선 털을 수술로 보았다. 민꽃식물의 발달과정과 전체 형태가 꽃식물과 이런 식으로 비교될 수 없다는 것을 아직 의심하지 않았다. 민꽃식물의 생식기관에 관한 정확하거나 부정확한 추측은 모두 과학적 가치를 갖지 못한 채 단순하고 막연한 추측에 머물렀다. 19세기 초반에도 상황은 크게 나아지지 않았다. 이 시점까지 과학적으로 활용할 수 있는 산발적 관찰이 좀 있었지만, 이들은 아직 과학적 연관성이 없는 고립된 사실들이었고, 누구나 자신의 재량에 따라 민꽃식물에서 생식기관을 인정하거나 거부할 수 있었다. 그러는 동안 관찰이 점차 축적되어 갔고, 1845년쯤에는 식물학에서 이 분야의 주제를 명확히 이해하게 되었다. 식물학자들 대부분은 이끼에 대한 슈미델과 헤드비히의 의견을 쉽게 받아들였다. 이미 1803년에 보셰(Vaucher)는 오랫동안 알려진 해캄(Spirogyra)의 접합이 성행위임을 주장했다. 에렌베르크(Ehrenberg)는 1820년에 곰팡이 Syzygites의 접합을 관찰했다. 비쇼프(Bischoff)와 미르벨(Mirbel)은 1845년에 우산이끼류에서 장정기의 구조를 설명했으며, 니스 폰 에젠베크(Nees von Esenbeck)는 1822년에 물이끼속(Sphagnum)의 정자를, 비쇼프는 1828년에 쇠뜨기말의 정자를 발견했지만, 처음에는 그것들이 적충류[37]로 여겨졌다. 1834년까지도 웅거는 이 견해를 유지했다. 그러나 웅거는 1837년에 이끼의 정자를 신중히 연구한 후 그것들을 수컷 생식기관으로 선언했다. 1844년 네겔리는 당시까지 떡잎으로 불렸던 고사리의 전엽체[38]에서 정자를 발견했고, 1846년에는 Pilularia(네가래과의 속)의 정자를 발견했는데, 이것은 슐라이덴이 이 식물의 꽃가루 입자라고 표현했던 작은 포자의 산물이다.

이러한 사실들은 매우 중요한 것이었지만, 이끼를 제외한 문제의 식물들에서 암컷 기관이 밝혀지지 않은 한 큰 도움이 되지 않았

37 [역주] 滴蟲類, infusoria. 원생동물 섬모충강의 다른 말.

38 [역주] 前葉體, prothallus.

다. 이에 따라 식물과 동물에 성적 공통성은 정자의 유사성만이라고 생각하게 되었다.

1848년 레슈치츠-수민스키(Lesczyc-Suminsky) 백작이 고사리 떡잎(전엽체)에서 장정기와 함께 배아(또는 어린 고사리)가 형성되는 독득한 기관을 발견하면서 이 주제에 갑자기 서광이 비치었다. 이 여성 기관의 구조와 발달, 배아에 관한 진술이 몇몇 중요한 점들에서는 부정확했지만, 이제 장정기에 의해 수정이 일어날 가능성이 있는 장소가 지목되었다. 그리고 보셰와 비쇼프의 초기 연구를 통해 다른 관다발 민꽃식물의 발아 과정이 어느 정도 알려져 있었기 때문에, 이제 이러한 식물들의 생식기관을 실제 위치에서 찾을 수 있게 되었다. 그러나 슐라이덴이 제안한 뿌리포자낭류(Rhizocarps)의 소포자에 대한 잘못된 생각을 먼저 제거해야 했는데, 이는 위에서 언급한 네겔리의 발견과 메테니우스(Mettenius)의 연구를 통해 이루어졌다. 그리고서 1849년 호프마이스터는 Pilularia와 생이가래속(Salvinia)의 발아 과정에서 이와 관련된 설명을 제공했는데, 이 설명에서 성적 행위와 관련된 결정적인 점들이 명확히 기술되었고, 정자와 난세포의 수정이 장란기 안에서 이루어짐을 확립했다. 그는 뿌리포자낭류나 고사리류와는 매우 다른 부처손속(Selaginella)에서도 같은 연구를 했는데, 이 식물에서는 작은 포자에서 발달한 정자가 큰 포자의 장란기에서 형성된 난세포를 수정한다. 이러한 식물들의 발아 과정을 이끼류와 고사리류의 발아 과정과 비교함으로써 그는 이러한 식물군 전체의 상대적에 완전히 새로운 빛을 비추었고, 처음으로 이들을 서로, 그리고 꽃식물과 비교할 수 있게 했으며, 이 식물들의 발달과정과 관련하여 이끼류와 관다발 민꽃식물의 성행위를 올바르게 평가할 수 있게 했다. 호프마이스터는 1849년에 자신의 관찰에서 다음과 같은 결론을 도출했다. "관다발 민꽃식물의 전엽체는 잎을 가진 이끼 식물과 형태학적으로 동등하며, 고사리류, 부처손류, 뿌리포자낭류에서 잎을 형성하고 있는 식물체는 이끼의 캡슐에 해당한다. 고사리류에서처럼 이끼류에서도 영양 발달 과정 중에 성적 생식과정이 끼어들게 되는데, 이것은 바로 세대교번(alteration of generation)이다. 이는 고사리 같은 관다발 민꽃식물에서는 (포자의) 발아 후 매우 빨리 일어나지만, 이끼에서는 훨씬 나중에 일어난다." 이 발견이 계통식물학에 미친 엄청난 중요성은 이미 언급했다. 호프마이스터가 고안한 이러한 관계의 개념은 식물의 성에 관한 원리에 있어서도 중요했다. 이는 꽃식물과 민꽃식물의 유사성에 대한 오랜 잘못된 인식을 한 번에 제거하고 이들의 실질적인 일치를 밝혀냈다. 호프마이스터는 꽃식물 밑씨에서처럼 민꽃식물 장란기에서 수정 후 배아로 발달하는 부분, 즉 난세포를 발견했다. 이제 여기서부터가 민꽃식물과 꽃식물의 성적 번식에 대한 모든 체계적 비교의 출발점이 되었다. 나머지의 중요성은 부차적일 뿐인데, 심지어 민꽃식물에서 난세포의 수정이 꽃가루관이 아니라 정자에 의해 이루어진다는 사실도 그렇다. 호프마이스터가 아직 관찰하지 않은 다른 경우에서도 세대교번의 대응 관계를 보여 주기는 이제 쉬워졌다.

호프마이스터가 부처손속과 물부추속(Isoetes)에서 얻은 사실과 결론을 1850년 메테니우스가 재확인하고 몇 가지 사항을 추가했다. 1851년 호프마이스터의 포괄적인 저서 『비교 연구(*Vergleichende Untersuchungen*)』가 출판되었는데, 이 책에서는 구과식물에서의 배아 형성 방식을 꽃식물과 민꽃식물의 중간 형태로 표현하고 있다. 그리고 추가 연구들이 이어졌다. 헨프리(Henfrey)는 고사리류에서 호프마이스터의 결과를 확인했다. 호프마이스터 자신과 밀데(Milde)는 1852년에 속새과의 수정 과정을 관찰했고, 호프마이스터는 동시에 물부추속의 발달에 대해 더 완전한 설명을 제공했다. 1855년 호프마이스터는 고사리삼속(Botrychium)에서 결정적인 과정을 설명했고, 메테니우스는 1856년에 나도고사리삼속(Ophioglossum)에서 결정적인 점을 설명했다.

이 모든 발견으로 인해 이제 수정 전후의 발달과정은 밝혀졌지만, 수정 행위 자체에 대한 직접적인 관찰은 여전히 부족했다. 호프마이스터는 당시 상황을 다음과 같이 설명했다(『식물상』, 1857, 122쪽). "수많은 연구가 남성과 여성 기관의 특성과 수정 전 존재하는 난세포의 반복적인 분열에 의해 배아가 형성되는 방식을 명확히 밝혔지만, 우리는 여전히 수정의 특정 본질에 대해 전혀 알지 못한다. 관찰과 실험은 장란기가 배아를 형성하는 데 정자의 영향이 필요하다는 사실을 확립했다. 수컷에서 분리된 암컷 이끼 식물,[39] 그리고 소포자에서 분리된 관다발 민꽃식물의 대포자는 모두 불임임이 증명되었다. 그러나 정자가 여성 기관의 어느 지점까지 들어가는지는 확실히 알려지지 않았다. 레슈치츠(Lesczyc)와 그 후 메르클린(Mercklin)이 고사리류에서 운동성 정자가 장란기의 입구로 들어가는 것을 본 것은 사실이지만, 그 후 정자가 그곳에서 하는 역할에 대한 그의 설명은 허황된 것으로 판명되었다. 나 역시 속새 장란기의 목 부분에서 운동성이 없는 정자를 관찰했지만, 정자가 난세포에 어떻게 영향을 미치는지는 알 수 없었다. 그러다 1851년 봄 고사리류에서 기관의 발달을 관찰하던 중 여러 차례 장란기의 난세포를 둘러싼 기저 세포에서 움직이는 정자를

39 쉼퍼(W. P. Schimper)는 그의 저서 『이끼에 대한 해부학적 및 형태학적 연구(*Recherches anatomiques et morphologiques sur les Mousses*)』(1850)에서 수컷 이끼 식물과 멀리 떨어져 자라는 암컷 이끼 식물의 불임에 관한 중요한 진술을 했으며, 수컷 식물이 이들 암컷 식물 사이에 존재하면 다시 번식이 가능해진다는 것을 증명했다.

보았고, 그들 중 대부분이 난세포 주위에서 움직이고 있었다. 정자의 움직임은 관찰을 위해 물속에 장시간 방치된 잘라 낸 어린 식물 세포의 내용물에 변화가 시작되면서 도중에 멈추었다." 이후의 관찰 결과와 함께, 이끼류와 고사리류에서 단일 정자가 장란기 안의 노출된 난세포로 들어간다는 것은 이제 의심할 여지가 없게 되었다.

사실 이 문제는 식물체에 파괴적 영향을 주지 않고도 직접 수정을 관찰할 수 있는 조류에서 먼저 해결되었다. 1845년 데케네(Decaisne)와 튀레(Thuret)가 Fucus(갈조류) 종에서, 그리고 1846년 네겔리가 Florideae(홍조류)에서 발견한 기관들 덕분에 조류에서도 성적 번식이 일어날 가능성이 높아 보였다. 알렉산더 브라운은 또한 많은 담수 조류에서 두 종류의 포자가 형성되는 것에 주목했다. 하지만 여전히 이는 추측에 불과했다. 그런 후 튀레는 1854년 Fucus 속에서 큰 난자가 아주 작은 유영 정자에 의해 수정되어야 발아가 시작된다는 것을 실험으로 증명했다. 이 조류에서는 두 기관을 각각 많은 양으로 수집하여 원하는 대로 결합시킬 수 있었고, 튀레는 심지어 잡종을 얻는 데에도 성공했다. 프링스하임은 1855년 Vaucheria(황녹조류)의 작은 뿔에서 정자 형성을 처음으로 관찰하고, 정자가 난자에 접근하지 않으면 발아 가능한 포자가 형성되지 않는다는 사실을 확립했다. 튀레의 진술에 더해, 그는 수정된 Fucus 난자 세포의 내용물 표면에서 이미 막으로 둘러싸여 있는 정자의 흔적을 볼 수 있다는 매우 중요한 진술을 추가했다. 같은 시기 콘(Cohn)은 Sphaeroplea annulina(녹조류)에 대한 관찰을 발표하여, 정자가 난자 세포에 접근한다는 사실을 확인했다. 이는 Fucus와 Vaucheria에서처럼 난자 세포가 세포벽을 형성하고 발달을 진행할 수 있다는 것을 보여 줬다.

그러나 결정적인 관찰은 아직 이루어지지 않았다. 아무도 두 수정 요소가 수정 순간에 어떻게 행동하는지 보지 못했다. 흔히 볼 수 있는 담수 조류인 붓뚜껑말속(Oedogonium)에서 프링스하임이 이 관찰을 할 수 있는 행운이 찾아왔다. 그는 움직이는 정자가 먼저 난자 세포의 원형질 물질과 접촉한 다음, 그 안으로 강제로 들어가 혼합되어 용해되는 것을 보았다. 이로써 남성과 여성의 수정 요소가 실제로 섞인다는 것을 증명하는 첫 번째 관찰이 이루어졌다. 이 중요한 사실은 같은 해에 드 바리가 확인했다.

이제 민꽃식물의 수정이 정자와 난자라는 원형질체 두 개가 서로 섞이는 것이라는 사실이 확립되었으므로, 해캄과 같은 접합조류에서의 접합이 수정 행위라고 결론 내리는 것은 합리적이었다. 단, 이 경우에 두 수정 요소는 크기와 모양이 다르지 않고 외형상 유사하다. 이 결론에 도달한 것은 1858년 접합조류에 대한 드 바리의 모노그래프에서였다. 결합하는 세포가 외형상 동일한 경우에까지 수정의 개념을 확장한 것은 성 이론에 매우 가치가 있었으며, 이는 후속 연구에서 다른 형태의 수정을 관찰할 때 유용했다. 1858년 프링스하임은 다른 조류 그룹인 물곰팡이속(Saprolegnieae)[40]에서 수정을 위한 구조가 있음을 발견했는데, 이는 적어도 외형상으로는 하등식물에서 알려진 것과 크게 달랐다.

따라서 1850년에서 1860년 사이에 많은 근본적인 사실들이 발견되었고, 이후 몇 년 동안 새로운 관찰을 통해 확인되고 확장되었다. 1860년 이후 이 분야의 식물학에서 이루어진 많은 발견을 언급하는 것은 이 역사책의 범위를 벗어나지만, 1860년과 1870년 사이에 튀레와 보르네(Bornet)가 Florideae에서, 특히 드 바리와 그의 제자들이 균

40 [역주] 쌍편모생물(SAR)의 난균류(Oomycete).

류에서 관찰한 수정 과정을 언급할 것이다. 이들 중 일부에서는 매우 특이한 형태들이 발견되었다. 가장 간단하고 작은 종류 중 일부에서는 성 구별이 없을 수도 있다는 의문이 아직 열려 있지만, 엽상식물(Thallophytes)에서 성 구별이 의심스러운 경우는 더 이상 없다.

이러한 연구의 가장 중요한 결과 중 하나는 분명히 하등동물과 민꽃식물에서 수정 과정의 유사성이다. 여기에는 현대 동물학 및 식물학 연구에서 서로 다른 방식으로 보여 준 또 다른 사실이 있다. 식물과 동물의 유사점은 두 생물계에서 가장 단순한 형태를 비교할 때 가장 명확하게 나타나며, 이는 진화 이론이 암시하는 것처럼 두 생물계가 공통 조상으로부터 진화해 왔다는 명확한 증거다. 동물과 식물에서 기본적으로 유사한 과정인 수정의 진정한 본질에 관해서는, 현재로서는 두 세포의 내용물이 물질적으로 혼합되는 것을 의미한다는 것까지만 말할 수 있다. 이 두 세포 중 어느 것도 자신만으로는 발달을 진행할 수 없지만, 결합된 생성물은 그러한 발달이 가능할 뿐만 아니라 두 부모 형태의 특성을 결합하여 자손에게 전달한다. 수정은 명확한 형태를 가진 몸체 두 개가 긴밀히 결합하는 것이 아니라, 적어도 남성 수정 물질은 단순한 액체일 수 있다는 것이 꽃식물의 과정에서 분명히 나타난다. 또한 민꽃식물에서도 수정 요소의 형태에 의해 성행위가 영향을 받지 않지만, 수정 물질을 수정될 대상으로 운반하기 위해서는 특정 형태와 운동력이 필요하다고 가정할 수 있다.

2장
식물영양 이론의 역사
(1583-1860)

식물이 자신의 구조를 형성하기 위해 환경에서 특정 물질을 흡수한다는 것은 고대에도 의심의 여지가 없었다. 또한 영양물질의 이동이 이 과정과 연관되어야 한다는 것도 분명했다. 그러나 식물의 영양분이 어떤 종류인지, 그것이 식물에 어떻게 들어오고 어떻게 분포하는지, 그리고 어떤 힘이 영양분의 흡수에 작용하는지는 알 수 없었다. 심지어 외부에서 흡수된 영양소가 생장 목적에 사용되기 전에 식물 내부에서 변화를 겪는지 여부도 오랫동안 밝혀지지 않았다. 이러한 질문들이 아리스토텔레스의 관심을 끌었고, 체살피노의 생리학적 사색의 주요 주제가 되었다.

식물의 영양에 관한 질문은 17세기 후반에 더 명확한 형태를 띠기 시작했다. 이 시기에 다양한 식물 생장 현상을 더 면밀히 관찰하기 시작했고, 이런 현상과 외부 환경과의 관계를 이해하려는 시도가 이루어졌다. 식물해부학의 창시자인 말피기는 식물의 영양 과정에서 각 기관의 역할을 최초로 설명하려 했다. 그는 유추를 통해 녹색 잎이 식물의 영양을 준비하는 기관이며, 그렇게 준비된 물질이 식물의 모든 부분으로 전달되어 저장되거나 생장 목적으로 사용된다고 생각했다. 그러나 이는 식물이 어떤 물질에서 영양을 만드는지에 대한 통찰력을 제공하지는 못했다. 이 점에 대해 마리오트(Mariotte)는 당시의 화학적 지식에서 얻을 수 있는 정보를 활용하려고 노력했다. 그는 흙과 물이 완전히 다른 종류의 식물에게도 동일한 영양 요소를 공급하는 한편, 식물이 땅에서 얻은 영양물질을 새로운 화학적 결합으로 변환시킨다는 것을 보여 줌으로써, 오래된 아리스토텔레스의 개념을 반박한 공로를 인정받고 있다. 당시에도 생리학자들은 식물이 땅에서 물에 용해된 물질의 아주 적은 양만 흡수한다는 점을 놓치지 않았다. 17세기 전반에 반 헬몬트(Van Helmont)는 실험으로 이를 보여 주었지만, 그 결과로부터 그는 식물의 몸체에서 가연성(탄소화합물)과 불연성(무기물) 부분 모두가 물에서 생성된다고 생각했다. 18세기 초에 헤일즈(Hales)는 식물의 건조 증류 과정에서 발생하는 기체를 통해 식물의 상당 부분이 대기에서 기체형태로 흡수된다는 결론을 내렸다.

말피기, 마리오트, 헤일즈가 제시한 견해는 식물영양 이론의 가장 중요한 요소들을 포함하고 있다. 이러한 견해들을 잘 살펴보면, 식물영양분의 일부는 땅과 물에서 오고, 또 다른 일부는 공기에서 온다는 것을 알 수 있다. 그리고 잎이 이렇게 얻은 재료들을 변화시켜 식물의 물질로 만들어 생장에 활용한다는 것도 알 수 있다. 그러나 그들의 아이디어는 이러한 방식으로 연결되지 않았는데, 그 이유는 그들 이후 한동안 식물학자들이 주로 식물 내 수액의 이동에 대한 관찰에만 몰두했기 때문이다. 이들은 말피기가 이미 인식한 잎의 기능을 간과했기 때문에 이와 관련해서 매우 모호하고 심지어 모순된 결과에 도달했다. 식물영양의 화학적 과정뿐만 아니라 수액 이동의 기계적 법칙과 식물체 전체의 내부 경제에 관한 모든 통찰력을 얻기 위해서는 엽록소를 가진 세포만이 공기로부터 공급되는 기체 영양분을 흡수하고 이를 식물의 물질로 전환할 수 있다는 사실을 주지해야 한다. 고등식물에서는 이런 세포로 구성된 잎이 주로 그러한 역할을 한다. 이 사실은 식물영양 이론 전체에 있어 가장 근본적인 중요성을 갖는다. 이 사실을 알면 영양과 생상에 관련된 물질 이동, 빛에 대한 식물의 의존성, 그리고 뿌리의 기능까지도 설명할 수 있다.

그러나 이 원칙은 라부아지에(Lavoisier)가 새로이 창시한 화학 체계가 오래된 플로지스톤 화학[1]을 대체하고 나서야 발견할 수 있었다. 그리고 1760년에서 1780년 사이에 근대 화학의 기초를 마련한 발견들이 동시에 근대 식물영양 이론의 확립에 근원적으로 기여했다는 것 또한 주목할 만하다. 라부아지에의 공기, 물, 무기산의 조성에 관한 반플로지스톤적 견해를 추종한 잉엔하우스(Ingenhousz)는 식물의 모든 부분이 지속적으로 산소를 흡수하고 이산화탄소를 생성하지만, 녹색 기관은 빛의 영향을 받아 이산화탄소를 흡수하고 산소를 배출한다는 것을 성공적으로 증명했다. 그리고 그는 이미 1796년에 식물이 대기의 이산화탄소에서 그들의 탄소 전부를 얻는다고 생각했다. 곧이어 소쉬르(Saussure)는 1804년에 식물이 이산화탄소를 분해하는 동안에도 그들이 흡수하는 탄소의 양보다 더 많은 무게로 증가하는데, 이는 그들이 동시에 물의 요소들을 고정하기 때문이라는 것을 증명했다. 그는 또한 식물이 토양에서 소량의 염류 화합물을 흡수하는 것이 그들의 영양에 필수적임을 보여 주었고, 대기의 질소가 식물의 질소 함유 물질의 형성에 기여하지 않을 가능성을 시사했다. 이에

1 [역주] 17세기 후반부터 18세기 사이에 통용되었던 연소와 산화/환원에 관한 이론으로, 이 과정에서 플로지스톤(phlogiston)이라는 가상의 물질이 방출, 흡수된다고 주장했다.

앞서 세네비에(Senebier)는 오직 녹색 기관만이 빛의 영향을 받아 이산화탄소를 분해한다는 사실을 강조한 바 있다.

이렇게 식물영양의 가장 중요한 요소들은 잉엔하우스, 세네비에, 소쉬르가 발견했다. 그러나 이러한 대규모의 발견에서 흔히 일어나듯이, 그들의 아이디어는 오랫동안 큰 오해를 받았다. 이 아이디어들은 다른 어떤 나라보다도 프랑스에서 더 잘 수용되었다. 뒤트로셰(Dutrochet)와 드캉돌은 녹색 기관에서의 기체 교환이 일반적인 영양과 호흡에 중요하다는 것을 이해했다. 그러나 다른 연구자들, 특히 독일의 식물학자들은 전체 영양 체계의 기초로서의 이러한 단순한 화학적 과정을 받아들이는 것에 만족하지 않았다. 철학자, 생리학자, 화학자, 물리학자들은 19세기 초 자연철학과 연계되어 발전한 생기론을 보편적으로 받아들였으며, 생명 자체에서 기원하는 신비한 물질이 식물의 영양원으로 공급된다고 생각했다. 이 물질을 '부식토(humus)'[2] 라고 불렀다. 이 부식토 이론이 터무니없다는 것을 바로 증명할 수 있는 가장 명백한 고려 사항들은 독일에서 완전히 무시되었다. 그래서 소쉬르의 결과가 발표되었음도 불구하고, 다시 고대와 마찬가지로 식물의 영양이 완전히 토양과 뿌리에 의존한다고 생각했다. 생기와 결합한 부식토 이론의 결과 중 하나는 식물의 재 성분이 단순히 우연히 섞인 불순물이거나 자극제, 혹은 생기에 의해 직접 생성된 것이라는 것이었다.

1820-1840년 사이에 여러 곳에서 생기론에 대한 반작용이 일어났다. 화학자들은 그 생기의 산물로 여겨졌던 특정 유기 화합물

2 [역주] 당시 생기론자들이 식물의 생명력이 '흙, 부식토(humus)'에서 나온다고 믿은 데서 제시되었다.

을 인공적으로 생산하는 데 성공했다. 뒤트로셰는 다양한 생명현상을 물리적·기계적 원리로 설명하는 내삼투(endosmosis) 과정을 발견했다. 소쉬르와 다른 이들은 식물의 열이 호흡의 산물임을 보여 줌으로써, 1840년쯤에 생기론은 시대에 뒤떨어진 것으로 생각하게 되었다. 단지 생기론과 부식토 개념의 영향으로 인해 심하게 왜곡되어 버린 잉엔하우스와 소쉬르의 관찰을 복원하는 일이 남아 있었다. 리비히(Liebig)는 1840년에 부식토 이론을 폐기하고, 식물의 탄소는 대기 중의 이산화탄소에서, 질소 함유 성분은 암모니아 및 그 유도체에서 유래한다고 설명했다. 그는 재의 성분을 영양의 필수 요소로 주장했고, 화학의 일반 법칙에 근거하여 주로 연역적인 방법으로 동화와 대사의 화학적 과정을 이해하려고 노력했다. 잉엔하우스, 세네비에, 소쉬르가 발견한 사실들의 이론적 가치는 리비히가 영양 현상들 사이의 연관성을 성공적으로 확립함으로써 비로소 분명해졌다. 영양 이론은 갑자기 새로운 생명력을 얻었으며, 식물학자들은 더는 생기론에 방해받지 않고 물리적·화학적 원리에 의존하여 연구를 재개할 수 있게 되었다. 리비히가 부정했던 산소 호흡은 폰 몰 등 다른 학자들이 재확립했다. 식물 내 질소의 출처와 재 성분의 중요성에 대한 리비히의 견해는 주로 일반적인 고려 사항과 관찰, 계산에 기초했는데, 이제는 개별 식물에서의 체계적인 조사 특히 실험을 통해 검증해야 했다. 여기서 리비히의 연역적 방법과 대조적으로 순수 귀납의 길을 따른 부싱고(Boussingault)에게 명예의 자리를 내줘야 한다. 부싱고는 식물 연구방법을 점진적으로 개선하고, 결국 순수한 무기 토양에서 부식토 없이 식물을 재배하는 데 성공함으로써 탄소가 대기에서 유래한다는 사실과 질소의 출처에 대한 문제를 최종적으로 해결했다. 그는 인위적 영양 공급 실험, 그리고 이 문제에 수반되는 여러 오류의 원인을 충분히 고려하여, 대기의 자유 질소가 식물영양에 기여하지 않으며, 뿌리가 질산염과 재 성분을 흡수할 때 식물 내 질소 함유물질이 정상적으로 증가함을 보여 주었다.

나트륨, 염소, 규산 등 특정 재 성분의 필요성과 관련해 남아 있던 일부 의문을 제외하고, 식물영양의 화학적 구성 물질의 유래는 1860년 이전에 모두 알려졌다. 그러나 동화과정에서 유기물질의 기원과 이들이 겪는 추가적인 변화과정에 대한 지식은 여전히 단편적이고 불확실했으며, 일반적이고 결정적인 결과를 이끌어 내지 못했다.

체살피노

아리스토텔레스는 식물이 영양분으로 흡수하는 물질의 성질을 규명하려고 했으며, 모든 생물의 양분은 단순하지 않고 다양한 물질로 구성된다는 명제를 제시했다. 이 견해는 옳지만, 그는 식물의 양분이 마치 위장에서처럼 흙에서 미리 가공되어 생장에 필요한 형태로 만들어지며, 따라서 식물 내부에서 배설물의 분리가 필요 없다고 잘못 생각했다. 이 오류는 우리가 살펴볼 것이지만, 융(Jung)이 반박했음에도 불구하고 18세기까지 계속 살아남아 결국 뒤아멜의 영양 이론을 완전히 무력화시켰다.

아리스토텔레스의 충실하고 재능 있는 제자인 체살피노는 화학적 측면보다는 기계적 측면에 자신의 추측을 집중시켜, 주로 식물 내 영양 수액의 움직임을 설명하려고 노력했다. 체살피노는 스승보다 더 풍부한 경험적 자료를 갖고 있었기에 그의 견해를 더 자세히 살필 필요가 있다. 이는 아리스토텔레스보다 더 나은 경험 지식을 고대 철학이 얼마나 만족스럽게 사용할 수 있었는지를 보여 준다. 또한 체살피노의 초기 에세이들은 더 이상 엄밀한 의미에서 아리스토텔레스적 견해라고 할 수 없을 정도로 관점이 바뀌었음을 드러내고 있다.

우리가 이미 인용한 작업인 『식물에 관한 16권의 책(*De plantis libri XVI*)』(1583) 첫 번째 책의 2장에서 체살피노는 식물의 양분이 어떤 방식으로 흡수되고 영양이 어떻게 이루어지는지를 묻는다. 동물에서는 양분이 정맥에서 몸의 온기의 실험실인 심장으로 전달되고, 거기서 최종적으로 완성된 후 동맥을 통해 몸의 모든 부분으로 퍼져나가는데, 이는 양분으로부터 심장에서 생성된 활력(spiritus)의 작용으로 이루어진다. 반면 식물에서는 정맥이나 다른 통로가 없고, 온기도 느껴지지 않으므로, 동물보다 체온이 훨씬 낮은 나무들이 어떻게 그렇게 크게 자라는지 이해하기 어렵다. 체살피노는 이 수수께끼를 다음과 같이 설명한다. "동물은 감각 활동과 기관의 움직임을 유지하기 위해 많은 양분이 필요하다. 동물에서 많은 양의 양분은 정맥이라는 더 큰 저장소를 필요로 한다. 반면 식물은 양분이 주로 영양을 위해 사용되며, 내열 발생에도 매우 적은 양만 사용되기 때문에 적은 양의 양분이 필요하고, 따라서 동물보다 더 활발하게 생장하고 더 많은 열매를 맺는다. 한편, 식물에 내부 열이 아주 없는 건 아니지만, 우리 촉각 기관보다 덜 따뜻한 모든 물체를 우리는 차갑게 느끼기 때문에 이를 감지할 수 없다. 또한 식물에는 정맥이 있지만, 음식의 양이 적기 때문에 좁은 정맥만 있다는 것은 대극속(Euphorbia)과 무화과나무속(Ficus) 같이 유액을 내는 식물들에서 확인할 수 있다. 이 식물들은 절단되면 동물의 살처럼 피를 흘린다." 체살피노는 "포도나무에서도 흔히 볼 수 있다."라고 덧붙이며, 유액과 포도나무에서 흘러나오는 수액을 구분하지 않았음을 드러냈다. 이 좁은 정맥은 너무 가늘어서 보이지 않지만, 모든 줄기와 뿌리에는 동물의 신경처럼 길이 방향으로 갈라져서 식물의 신경이라고 불리는 것들과 잎이 잎맥들처럼 더 두꺼운 것들이 구분된다고 말한다. 이러한 것들은 양분의 통로로 간주되어야 하며, 동물의 정맥에 해당한다고 본다. 그러나 식물에는 동물의 대정맥(vena cava) 같은 주요 정맥이 없고, 많은 가느다란 정맥들이 뿌리에서부터 식물의 심장(cor, 뿌리목, 이 책 1권 2장 참조)을 지나 줄기로 올라간다. 활력을 만드는 동물의 심장과는 달리 식물에서는 영양액이 공통 저장소에 모일 필요가 없고, 수질(medulla cordis, 뿌리목 부위)과의 접촉을 통해 변화되는 것으로 충분하다. 이는 동물의 영양액이 뇌 또는 간의 수질에서 변화되는 것과 마찬가지다. 이런 동물 기관에서는 정맥이 식물에서처럼 매우 가늘다.

식물은 감각이 없기 때문에 동물처럼 음식을 찾을 수 없고, 그 대신 그들만의 방식으로 땅에서 수분을 흡수한다. 그러나 이것이 어떻게 일어나는지 이해하기는 쉽지 않다. 체살피노는 이를 설명하기 위해 당시의 물리학에 눈을 돌려, 우리가 놀랄 정도로 생명현상을 물리적 법칙으로 설명하려고 시도한다. 이것은 아리스토텔레스적 사고방식의 한계를 넘어서서 올바른 방향으로 나아가는 한 걸음이다. 체살피노는 뿌리가 액체를 흡수하는 힘을 자석이 철을 끌어당기는 것과 비슷한 원리로는 설명할 수 없다고 말한다. 작은 것이 큰 것에 끌려야 하기 때문이다. 만약 땅의 수분이 뿌리에 의해 끌어당겨지는 것이 자석이 철을 끌어당기는 것과 같다면 식물의 수액은 땅의 수분에 의해 끌려 나와야 하는데, 실제로는 그렇지 않다. 또한 진공의 원리도 해당하지 않는다. 왜냐하면 땅에는 수분뿐만 아니라 공기도 포함되어 있기 때문에 식물은 수액이 아닌 공기로 채워지게 될 것이기 때문이다. 그러나 체살피노는 액체가 식물로 흡수될 수 있는 세 번째 원인을 발견한다. 많은 건조한 물질이 본성에 따라 수분을 끌어당기는데, 린넨, 스펀지, 가루 등이 물을 끌어당기는 반면, 새의 깃털이나 공작고

사리(Adiantum) 잎은 물에 담가도 젖지 않고 물을 물리친다. 앞의 예가 수분을 많이 흡수하는 이유는 공기보다 물과 더 많은 공통점을 갖기 때문이라고 설명한다. 체살피노는 식물에서 영양물질을 흡수하는 것도 이와 같아야 한다고 생각한다. 그러므로 이 기관들은 동물의 정맥과 같은 연속된 관으로 이루어져 있지 않고, 섬유질의 신경처럼 형성되어 있다. 이렇게 흡수력(물기를 빨아들이는 성질)이 내부 발열의 중심이 있는 곳으로 계속해서 수분을 운반하는 것이다. 이는 램프의 불꽃에서 심지가 기름을 계속해서 운반하는 것과 같다고 체살피노는 말한다. 외부의 열이 흡수를 증가시키므로 식물은 봄과 여름에 더 활발하게 생장한다.

체살피노가 식물의 영양에 잎이 관여할 수 있다는 생각을 전혀 하지 않았다는 것은 그가 아리스토텔레스의 생각을 반복한 데서 명백히 드러난다. 그는 잎이 단지 어린싹과 열매를 공기와 햇빛으로부터 보호하기 위한 것이라고 말한다. 이 생각은 단순히 더운 나라의 포도밭을 관찰한 결과에서 나온 것이다.

식물영양 이론을 위한 첫 번째 귀납적 실험과 새로운 관점의 출발

아리스토텔레스와 체살피노 학파가 식물의 생리 현상에 대해 말하는 것은 일상적인 관찰의 결과였다. 이 관찰들은 실제 정확성을 확인하기 위해 비판적이고 정확하게 검토되지 않았고, 그들의 생리학적 격언의 대부분은 식물에 대한 관찰에서 나온 것이 아니라 철학적 원리에서, 특히 동물과의 유사성에서 유래했다.

영양 이론을 과학적으로 다루는 첫 번째 단계는 경험적 자료를 확대하고 비판적으로 검토하는 것이었다. 자연의 진리와 고대 철학

사이의 모순을 발견하기 위해 어려운 관찰이나 실험이 필요하지는 않았다. 필요한 것은 단지 사물을 더 면밀히 살펴보고 편견을 덜 가지고 판단하는 것이었다.

융은 이러한 방식으로 아리스토텔레스의 영양 이론 중 중요한 점을 반박하게 되었다. 그의 저서 『식물의 물리적 관찰에 관한 소고(*De plantis doxoscopiae physicae minores*)』의 두 번째 단편에는 식물이 이미 땅에서 완전히 준비된 양분을 받아들이기 때문에 배설물을 배출하지 않는다는 생각에 명백히 반대하고 있다.[3] 융은 아리스토텔레스처럼 식물이 유익한 양분과 유해한 양분을 구별할 수 있는 지적 영혼(anima intelligente)을 필요로 하지 않는다고 말하며, 아리스토텔레스에 따르면 땅에서 이미 완벽하게 준비된 양분이 식물에게 제공된다고 말한다. 그러나 융은 실제 관찰에 근거해서 다른 견해를 제시한다. 그는 액체 물질을 흡수하는 뿌리의 구멍들이 특별하게 조직화하여 모든 종류의 액체를 다 받아들이지 않을 가능성이 매우 높지만, 식물이 그들 자신에게 유익한 것만을 흡수한다고 할 수 없는데, 그 이유는 모든 다른 생명체처럼 식물도 잎, 꽃, 과일을 통해 배설물을 배출하기 때문이라고 말한다. 그러나 그는 이러한 배설물 중에 수지 및 기타 분비액을 포함시키며, 결국 식물 수액의 많은 부분이 동물에서와 마찬가지로 미세한 증발에 의해 탈출할 가능성이 있다고 말한다.

아리스토텔레스의 관점에 따르면, 식물은 영양 활동에 있어서 완전히 수동적이다. 양분이 이미 땅에서 준비된 상태로 제공되기 때문에 생장 과정은 화학적 변화가 수반되지 않는 결정화 과정에 불과하다. 융은 배설물의 형성을 지적함으로써 식물에 화학적 활동을 부

3 마이어의 『식물학의 역사』 1권 20쪽 아리스토텔레스 식물학 편 참조.

요한 반 헬몬트

여했고, 뿌리의 구조가 특정 물질의 진입을 방지하고 다른 물질의 진입을 촉진하도록 되어 있다고 가정함으로써, 식물이 능동적으로 영양 과정에 관여한다고 주장했으며, 이를 위해 생각하는 영혼이 필요하지는 않다고 결론지었다.

반 헬몬트[4]는 의사이자 화학자로 융과 동시대인이다. 그는 아리스토텔레스의 교리를 더 단호히 반대했다. 그는 아리스토텔레스 철학의 네 요소를 거부하고, 물을 모든 것의 주요 성분으로 간주하여 식물의 전체 물질, 즉 가연성 부분뿐만 아니라 무기질 부분(재)도 물에서 형성된다고 생각했다. 따라서 아리스토텔레스가 식물의 구성요소가 이미 준비된 상태로 물을 통해 식물에 도입된다고 설명한 반면, 반 헬몬트는 식물 자체가 물로부터 모든 종류의 물질을 얻어 낼 능력이 있다고 주장했다. 그의 이러한 반박은 연금술사들의 개념에서 비롯되었다면 굳이 언급할 필요가 없을 테지만, 반 헬몬트는 실험을 통해 자신의 견해를 입증하려고 했기 때문에 다르다. 이 실험은 과학적 목적으로 수행된 최초의 식물 실험으로 알려져 있으며, 후에 많은 생리학자들이 반복적으로 인용하고 그들의 이론을 뒷받침하는 데 사용했다. 그는 화분에 200파운드의 매우 건조한 흙을 넣고, 무게가 5파운드인 버드나무 가지를 이 화분에 심었으며, 먼지가 들어가지 않도록 덮개로 보호

---

4 Johan Baptist van Helmont. 1577년 브뤼셀에서 태어나 1644년 브뤼셀 근처 빌보르드에서 사망했다. 그는 당시 화학의 주요 대표자 중 한 사람이었다. 코프(Kopp)는 『화학의 역사(*Geschichte der Chemie*)』, 1843, 1권 117쪽에서 그의 생애와 업적을 자세히 설명했다.

하고 매일 빗물을 주었다. 5년 뒤, 버드나무는 크고 튼튼하게 자라 무게가 164파운드나 증가했지만, 화분의 흙은 다시 건조시켰을 때 단지 2온스만 감소했다.[5] 반 헬몬트는 이 실험에서 식물의 상당한 무게 증가가 전적으로 물의 비용으로 이루어졌다고 결론지었으며, 따라서 물이 아닌 모든 물질이 결국 물에서 나온다고 보았다.

아리스토텔레스 교리에 대한 융과 반 헬몬트의 이러한 반박은 널리 확산하지 못하고, 새로이 시작한 다른 방향의 식물생리학 연구가 18세기 후반까지 영향력을 끼쳤다. 이는 뿌리가 흡수한 영양액이 식물의 잎과 열매로 상승할 뿐 아니라, 같은 수액이 껍질부에서 반대 방향으로 이동한다는 제안이었다. 그러나 이 아이디어는 처음부터 두 가지 다른 형태를 취했다. 일부 식물학자들은 동물의 혈액 순환에 대한 유추에 근거하여 식물에서도 실제 순환이 있다고 생각했다. 그러나 다른 이들은 뿌리에서 흡수한 수분이 목질부를 통해 상승하는 반면, 생장에 기여하는 정제된 수액은 껍질, 유액관, 수지관을 통해 이동한다고 생각했다. 후에 두 견해는 반복적으로 혼동되어, 첫 번째를 반박했던 사람들 스스로가 두 번째를 반박했다고 믿는 일이 벌어지기도 했다. 브레슬라우 출신의 의사이자 킬 대학의 교수 요한 다니엘 메이어[6]가 처음으로 식물에서 영양물질이 동물에서처럼 순환한다는

---

5 [역주] 이 실험 내용은 반 헬몬트 사후 1648년에 출판된 『의학의 기원(*Ortus Medicinae*)』에 기술되어 있다.

6 Johann Daniel Major. 1639년 브레슬라우에서 태어나 1693년 스톡홀름에서 사망했다. 크리스티안 볼프와 라이헬(『식물의 도관에 관하여(*De vasis plantarum*)』, 1758, 4쪽) 및 다른 이들이 그를 1665년 그의 저서 『괴이한 고토르프 식물에 관한 식물학 논문(*Dissertatio Botanica de planta monstrosa Gottorpiensi*)』 등에서 순환 이론을 제창한 창시자로 인용한다. 스프렝겔(『식물학의 역사(*Geschichte der Botanik*)』 2권 7쪽) 또한 그를 죽은 자의 부활을 증명하기 위해 사용된 재에서 식물과 동물

의견을 표명한 것으로 보인다. 이때부터 18세기 말까지 식물 수액의 순환은 인기 있는 논의 주제였는데, 주로 이 이론을 반박하는 사람들이 이 주제를 더 많이 선택했다.

물질이 뿌리를 향해 다시 이동하는 회귀 운동이 있으며, 외부에서 얻은 거친 원료로부터 생장에 필요한 물질을 생성하는 기관이 잎이라는 견해는 좀 더 진보한 개념으로서, 1671년 말피기가 잘 정리하여 이론의 형태로 발표했다. 그는 그 해에 출판된 『식물 해부학 개요(*Anatomes plantarum idea*)』 마지막 쪽에서 자신의 영양 이론을 간략히 설명했다. 그는 목질부의 섬유 성분을 뿌리가 흡수한 수액을 전달하는 기관으로, 그리고 목질부의 도관들을 공기 통로로 보았는데, 이들이 곤충의 기관지와 비슷하다는 이유로 기관지(tracheae)라고 명명했다. 그는 공기가 뿌리를 통해 땅에서 오는지 아니면 잎을 통해 대기에서 오는지 확신하지는 못했지만, 공기가 상승하려는 경향이 있기 때문에 공기가 뿌리에서 흡수되리라고 생각했다. 또한 그는 목질부의 액체 전달 섬유와 공기 전달 기관 외에도, 많은 식물에서 특수한 액체를 전달하는 유액관, 수지 통로와 같은 특별한 관들의 존재에 주목했다.

액체의 이동과 관련하여, 그는 그 방향이 반전될 수 있다는 점을 언급한다. 즉, 거꾸로 심어진 싹이 원래 윗부분인 곳(지금 아랫부분)에서 땅속으로 뿌리를 내리고 나무로 자라는데, 비록 활발히 자라지는 않음에도 불구하고 이 실험은 그 안에서 수액의 이동이 반대 방향임을 증명한다.[7]

이 재생된다는 미신적 믿음인 팔링게네시아(palingenesia) 교리를 옹호한 사람으로 취급했다.

7 [역주] 이 설명과 달리, 현대의 연구 결과에 따르면 싹(자른 줄기)을 거꾸로 심어도 원래의 아랫부분(즉, 지금의 윗부분)에서 뿌리가 발생하고, 원래의 윗부분

그는 이러한 예비 설명 후, 영양 원액이 생장 유지에 적합한 형태로 변하는데 이것이 잎에서 일어난다는 것을 증명하려 한다. 말피기가 이 견해에 도달한 방식은 단순하면서도 독창적이다. 그는 어린 식물의 떡잎이 진정한 잎이라고 생각했다. 이는 호박의 떡잎이 큰 녹색 잎으로 자라는 것을 봐도 알 수 있다. 액체는 어린 뿌리를 통해 떡잎으로 전달되며, 그들이 포함하고 있는 물질 일부는 떡잎에서 새싹으로 이동하여 싹을 자라게 한다. 떡잎이 제거되면 새싹은 자라지 않는다. 따라서 그는 모든 다른 잎도 목질부 섬유를 통해 그들에게 전달한 영양 수액을 세포 내에서 변화시킨다고 결론짓는다. 섬유 연결망을 통해 긴 여정을 거치면서 섞인 액체는 태양광의 힘으로 잎에서 변화하고, 세포에 이미 포함된 수액과 혼합되어 새로운 조합의 구성요소들이 만들어지며 동시에 증발이 진행된다. 그는 이 과정을 동물의 혈액에서 일어나는 과정과 비교한다.

잎의 기능에 대한 말피기의 관점이 진실에 매우 가깝다는 것을 알 수 있는데, 이는 당시의 화학 지식과도 일치한다. 그는 해부학적 연구를 통해 이 관점을 더 발전시키고 심지어 정확하게 이해했다. 그는 껍질부의 유조직이 잎과 같은 방식으로 작용한다고 추정했지만, 동화된 물질을 저장하는 것만을 목적으로 하는 무색 유조직에 잎의 기능을 부여하면서 한 걸음 더 벗어났다. 그는 잎 세포와 유사한 특성을 껍질부의 해당 세포와 목질 부분에 가로로 놓인 세포(수질과 피질부 방사조직)에도 부여해야 하며, 식물의 양분이 이러한 세포에서 가공되고 저장된다고 결론 내리는 것이 합리적이라고 말한다. 그는 가공과

(지금의 아랫부분)에서 새로운 가지 싹이 발생한다. 이는 줄기 또는 싹은 중력 방향과 무관하게 생리적으로 아래와 위가 결정되어 있다는 것을 말한다.

단순한 저장 사이에 명확한 구분을 하지 않았기 때문에 육질 과일의 유조직과 비늘줄기(bulb)의 비늘에도 잎의 기능을 부여했다. 그는 나무의 그루터기에서 나오는 분비물과 식물의 다른 절단면에서 나오는 분비물을 통해 이들 부분이 저장된 물질로 가득 차 있다고 결론 내린다.

따라서 1671년 말피기가 제시한 영양 이론의 요점은 목질부의 도관이 주로 공기 수송 기관이며, 잎이 생장 목적을 위해 원료 수액을 가공하고, 이렇게 가공된 수액이 식물의 여러 부분에 저장되며, 목질부의 섬유 요소가 뿌리가 흡수한 영양 원료를 잎을 향해 위로 전달한다는 것이다. 그는 혈액 순환과 비교할 수 있는 수액의 순환에 대해서는 언급하지 않았는데, 이는 나중에 종종 그에게 잘못 귀속된 개념이다. 그가 나중에 언급한 바에 따르면, 그는 상승하는 수액을 전달하는 기본 기관에 대해서는 의심하지 않았지만, 잎, 껍질부 및 일반적인 유조직의 세포-조직에서 가공된 수액이 어떻게 추가로 이동하는지에 대해서는 추측에 그쳤다. 그러나 그는 그 과정의 방향에 대해서는 의심하지 않았다. 그는 이 수액이 줄기를 통해 뿌리로 흘러가고, 잎 위쪽에 있는 가지에서는 위로 이동하여 열매에 이른다고 믿었다. 따라서 그의 후계자 중 다수가 도입한 '내려가는 수액'이라는 매우 부적절한 표현보다 말피기는 '동화된 물질의 이동'[8]에 대해 더 정확한 개념을 가지고 있었다. 그는 또한 가공된 수액이 지속적인 흐름과 역류 없이도 인피 다발[9]을 통해 이동할 가능성이 높다고 생각했으며, 이 수액이 유액관에 어느 정도 머물러 있기도 하지만 때로는 증산과 외

---

8 [역주] 현대적 개념으로, 체관(phloem)을 통한 광합성 산물의 이동을 말한다.

9 그는 '그물 모양의 중간 도관들 안에서'라고 말하는데, 그의 일반적인 조직학적 관점에서 보면 이는 인피 다발을 말한다(역주: 인피 다발은 체관을 포함한다).

부 원인에 의해 식물의 상부로 수송되어 생장과 영양을 유지시킨다고 생각했다. 말피기의 이러한 언급 역시 수액의 이동에 관한 18세기 심지어 19세기의 견해들보다 훨씬 낫다. 이런 사실들을 봤을 때, 후대에 그리고 마요르(Major)가 그랬듯이 말피기를 수액 순환의 옹호자로 간주하는 것은 그의 견해를 완전히 오도하는 것이다.

말피기는 1671년에 그의 이론을 간결하면서도 연결된 형태로 발표했다. 그리고 1674년에는 더 많은 세부사항이 추가된 『식물해부학(*Phytotomy*)』 완전판에서 그 이론을 다시 제시했다. 그는 동물처럼 식물도 공기를 호흡할 필요가 있다는 자신의 발견에 특별한 가치를 부여했다. 목질부의 도관이 곤충의 기관지가 아닌 동물의 폐와 같은 기능을 한다고 주장했다. 그는 잎이 양분을 가공하는 기관으로서의 중요성도 반복해서 언급했다.

말피기의 식물영양 이론을 그의 선구자들의 견해와 비교해 보면, 그것이 아리스토텔레스 교리와는 전혀 무관한 완전히 새로운 창조물이었다는 것을 알 수 있다. 말피기의 후계자들이 그의 이론의 중요하고 본질적인 요점을 제대로 이해하고 살아 있는 식물에 대한 실험을 통해 새로운 사실로 그것을 뒷받침하고 설명하려고 노력했다면, 많은 잘못된 개념과 엄청난 혼란을 일으킨 수많은 오류를 피할 수 있었을 것이다. 우리가 이미 여러 번 언급했던 그 오해, 즉 말피기를 따랐던 마요르와 페로(Perrault)처럼 말피기가 식물 수액의 연속적인 순환을 가정했다는 오해는 필연적으로 잎의 기능에 대한 잘못된 개념을 내포하고 있다. 많은 후대 연구자들은 잎의 기능에서 그 화학적 활동은 간과한 채 주로 증산작용에만 관심을 가졌다.

말피기의 이론은 식물 양분의 화학적 성질을 다루지는 않는다. 이 이론은 주로 영양 과정의 주요 지점들과 기관의 관계에 초점을 맞

에듬 마리오트

추고 있으며, 그 기초는 대부분 식물의 해부학에 있다. 한편, 그루는 말피기의 견해를 모든 중요한 점에서 채택했으면서도 그 견해를 크게 발전시키지 못했지만, 이 주세의 화학적 지식을 확장하려고 시도했다. 하지만 그의 개념은 전적으로 데카르트의 입자설(corpúscular thèory)[10]을 차용한 것이며, 그는 자신만의 주관적인 화학 과정을 구성했다고 할 수 있다. 결국 그루는 근본적으로 중요한 점을 간과했고 영양 이론을 발전시키지는 못했다. 그러나 식물생리학의 역사에서 거의 알려지지 않은 또 다른 연구자가 있는데, 그의 식물 화학에 대한 아이디어는 매우 흥미롭다. 이 연구자는 잘 알려진 기체 법칙의 발견자이자 17세기 후반의 가장 위대한 물리학자 중 한 명으로, 인체생리학에도 몇 가지 소중한 발견을 성취한 **에듬 마리오트**[11]다. 마리오트의 많은 논문이 1679년 란틴(M. Lantin)에게 보낸 편지 형식으로 『마리오트의 작품(*OEuvres de Mariotte*)』에 '식물에 관한 주제(Sur le sujet des plantes)'라는 제목으로 1717년 라이든에서 출판되었다. 이 편지에서 우리는 말피기의 위대한 저서가 출판된 지 몇 년 후, 그리고 그루의 『식물해부학』이 출판되고 있던 시기에 당대 가장 유명하고 능력 있는 자연철학자가 식물영양의 화학적 과

---

10 [역주] 만물은 작은 입자로 이루어져 있으며, 이들은 물리적·기계적으로 상호작용한다는 학설.

11 Edme Mariotte. 1620년 출생으로 추정된다. 부르고뉴 출신으로, 초기 과학 연구 활동 당시 디종에 거주했다. 성직자이기도 했던 그는 디종 근처의 생 마르탱 수 보네의 수도원장이 되었다. 1666년 파리에서 설립된 과학 아카데미의 회원이었으며, 물리학 실험을 수행하고 수학을 적용한 최초의 프랑스인 중 한 명이었다. 1684년 파리에서 사망했다(『세계의 전기(*Biographie Universelle*)』).

정과 조건에 대해 가졌던 생각을 알 수 있다. 식물의 세부 구조에 관한 마리오트의 지식은 피상적일 것으로 추측되지만, 그는 당시 식물의 영양 화학에 대해 말할 수 있는 모든 근본적으로 중요하고 새로운 것들을 제시했다. '식물의 요소들' 또는 '원소들'에 대해 말하면서 마리오트는 세 가설을 제시한다.

첫 번째로 식물에는 물, 황 또는 기름, 일반 염분, 질산염, 휘발성 염분 또는 암모니아, 특정 토양(무기물) 등 많은 일차 요소들이 있다는 것이다. 그리고 이러한 각 일차 구성요소는 세 가지 또는 네 가지 더 단순한 요소들의 결합체이며, 이들은 하나의 몸체로 결합한다. 예를 들어 질산염은 자신의 점액질(phlegma) 또는 순수한 물, 활력(spiritus), 일정한 염 및 기타 것들을 지니며, 같은 방식으로 일반 염분도 이와 유사한 구성요소들을 갖는다. 또한 이러한 더 단순한 요소들도 형상이나 다른 특성에 있어서 서로 다르지만, 인위적인 방법으로는 구별할 수 없을 정도로 작은 부분들로 이루어졌다고 가정할 수 있다. 특정 요소들이 어떻게 서로 결합하는지를 보여 준 후, 그는 이들이 일종의 의식을 갖고 결합하지는 않지만 서로 접촉하는 순간 밀접하게 결합하려는 자연스러운 성향이 있다고 생각한다. 이러한 성향의 본질을 정의하기는 매우 어렵지만, 자연에서 이러한 움직임의 사례가 많다는 것을 아는 것으로 충분하다. 예를 들어 무거운 물체는 지구의 중심으로 움직이고 철은 자석에 이끌린다. 이러한 움직임은 행성의 궤도나 태양의 자전축 주위의 움직임, 또는 살아 있는 동물의 심장의 움직임을 이해하는 것만큼이나 어렵지 않다. 이 첫 번째 가설과 함께 마리오트는 그 당시 식물학자와 생리학자들 사이에서 지배적이었던 활기(entelechy)와 궁극적 원인 개념의 아리스토텔레스 교리를 부정하며, 원자들의 필연적이고 능동적 인력을 전제로 한 현대 과학의 확고한 기반 위에 서게 되었다.

마리오트의 두 번째 가설은 특히 식물의 화학적 성질에 관한 것이다. 그는 '주요 요소들(principes grossiers)'이 모든 식물에 포함되어 있다고 가정하며, 우선 그것들의 출처를 설명한다. 번개에 티서 유황 냄새가 나는 공기 중의 미립자들이 비에 의해 땅으로 운반되고, 그 일부가 식물에 흡수된다고 한다. 또한 모든 식물을 증류하면 화학자들이 '점액질(phlegma)'이라고 부르는 액체, 그리고 산과 암모니아가 생성되며, 그 잔여물을 태우면 무미의 물에 녹지 않는 재와 염분이 남는다. 이 염들은 불에 의해 휘발되지 않는 어느 정도의 산과 암모니아성 물질 또는 다른 알려지지 않은 요소들과 혼합됨에 따라 서로 다른 종류가 형성된다. 식물들은 자신이 뿌리박고 있는 흙에서 양분을 얻기 때문에 이러한 요소들이 식물에서 발견되는 것은 놀라운 일이 아니다. 반 헬몬트가 실험을 통해 모든 식물의 물질이 순수한 물에서 온다고 믿었던 때를 생각하면 얼마나 큰 진전이 있었는지를 이런 설명들에서 알 수 있다.

하지만 식물에 포함된 물질의 근원에 대한 또 다른 견해와 여전히 맞서야 했다. 이 견해는 아리스토텔레스의 보물창고에서 나온 것이며, 그 당시 여전히 유행하고 있었다. 식물을 구성하는 물질 자체가 흙 속에 그대로 포함되어 있으며, 뿌리에서 그냥 흡수만 하면 된다는 것이 그것이다. 아리스토텔레스는 스스로 다음과 같이 말했다. "모든 것은 자신을 구성하는 것을 먹고, 모든 것은 하나 이상의 것을 먹는다. 식물이 물만 먹는 것처럼 보일지라도, 식물의 경우 땅이 물과 섞여 있기 때문에 하나 이상의 것을 먹는다. 그래서 농부들은 다양한 혼합물을 물과 함께 식물에 준다." 아리스토텔레스의 이 말은 다음 구절에서 의미가 명확해진다. "과일 껍질에 여러 맛이 있는 것처럼 흙도 그렇다. 그래서 많은 옛 철학자들은 물 자신이 흘러 지나가는 땅 종류만큼이나 여러 종류의 물이 있다고 말했다."[12] 이러한 구절들과 앞서 인용한 구절들을 보면, 아리스토텔레스가 식물의 생장을 위해 필요한 물질들이 이미 흙에서 준비된 상태로 식물에 도달한다고 믿었음을 알 수 있다. 이러한 견해는 마리오트의 시대에도 여전히 유지되었으며, 생리학을 모르는 사람들 사이에서도 여전히 찾을 수 있었다. 마리오트가 새로운 발견을 하지도 않고 이 개념의 부정확성과 불합리함을 강력히 폭로했다는 건 흥미로운 일이다.

그의 세 번째 가설에서 마리오트는 서로 다른 식물일지라도 그 정제과정을 통해 나오는 염분, 흙(재), 기름 및 기타 물질들은 항상 동일하며, 차이점이 있다면 이러한 '주요 요소들'과 이들을 구성하는 더욱 근원적인 요소들이 서로 결합하거나 분리되는 방식이라고 주장한다. 그는 이것을 이렇게 증명한다. "만약 서양배(bonchretien pear) 가지를 야생 배나무에 접붙이면, 야생 배나무에서 맛없는 배를 생산하는 동일한 수액이 접붙인 가지에서는 좋은 맛과 향이 나는 배를 생산한다. 그리고 이 접붙인 나무에 다시 야생 배의 가지를 접붙이면, 그 가지는 맛없는 열매를 맺는다. 이것은 동일한 수액이 각 접붙인 나무에서 다른 특성을 띠게 된다는 것을 보여 준다." 그러나 더 강력한 증거는 식물들이 그들의 물질을 직접 땅에서 얻지 않고 화학적 과정을 통해 스스로 만들어 낸다는 사실이다. 그는 다음과 같은 증거를 제시한다. "78파운드의 흙이 든 화분에 어떤 식물이든 심어 보라. 그 식물은 이 흙과 빗물만으로 성숙했을 때 자신을 구성하는 모든 요소를 얻을

12 마이어(Meyer)『식물학의 역사』1권 119, 125쪽의 아리스토텔레스 식물학 부분을 참조하시오.

것이다. 당신은 이 똑같은 흙에서 3, 4천 가지의 서로 다른 식물들이 자라날 수 있다는 것을 안다. 만약 염분, 기름, 흙(재)이 각 식물종마다 다르다면, 모든 이러한 요소들은 3, 4개월 동안 내린 빗물, 그리고 작은 양의 흙(재)에 포함되어 있어야 한다. 이는 불가능하다. 왜냐하면 각 식물은 성숙한 상태에서 적어도 1드람[13]의 염분과 2드람의 흙(재)을 남기고, 이 모든 요소들이 물과 혼합되어 23온스의 무게가 되는데, 4천 종의 식물 수로 곱하면 500파운드에 가까운 무게가 되어야 하기 때문이다."

융이나 말피기의 주장과 비슷한 이 주장은 대체로 고대부터 17세기까지 잘 알려진 사실에 기초하고 있다. 그러나 이전에는 식물의 영양에 관한 아리스토텔레스의 가르침에서 벗어날 수 있을 정도로 이러한 사항들을 곰곰이 생각한 사람이 없었다.

마리오트는 편지의 두 번째 부분에서 영양이 식물 생장에 미치는 현상에 대해 논의한다. 그는 씨앗의 배젖을 동물의 달걀 노른자와 비교하고, 물이 뿌리에 들어가는 것을 모세관 현상을 통한 물의 상승과 비교한다. 그는 유액을 영양 수액으로 보고 동맥혈에 비교했으며, 다른 수분은 정맥혈에 해당한다고 봤다. 그는 수액의 압력에 대해 완전히 새로운 사실을 말했다. 그는 식물체의 수액이 높은 압력 아래에 있다는 점을 주목하고, 물의 유입은 허용하지만 유출은 허용하지 않는 장치가 식물에 있어야 한다고 결론지었다. 식물이 상처를 입었을 때 유액이 나온다는 것은 식물체 내에 압력이 존재한다는 것을 잘 증명하며, 이는 정맥 내 혈압과 비교된다.

그는 수액의 압력이 뿌리, 가지, 잎을 팽창시켜 생장을 돕는다는

13 [역주] 1드람(dram)은 약 1.7718그램(g)에 해당한다.

결론에 이른다. 그는 이 압력이 유지되려면 수액이 일방통행만이 가능한 구멍을 통해 식물체로 유입되어야 한다고 덧붙인다. 이러한 발언은 식물 생장 메커니즘을 추론하는 최초의 싹이 되었으며, 이는 이후 헤일즈의 견해에서 다소 다른 형태로 나타난다. 그러나 당시에는 식물해부학이 발달하지 못해 이 생장 이론은 더 이상 발전할 수 없었다. 우리는 다른 맥락에서 다시 이 문제를 다룰 것이다.

마리오트는 나무에서 가지를 잘라 내고, 이 잘라 낸 가지의 더 작은 가지 한 쪽을 물에 담그면 다른 가지도 며칠 동안 신선하게 유지된다는 사실에서 기본 수액이 뿌리뿐 아니라 잎을 통해서도 식물에 들어간다고 결론지었다. 그러나 이는 후에 완전히 입증되지 못했다. 햇빛이 영양에 필요하다는 언급, 열매의 성숙에 대한 언급 등은 매우 불완전한 경험에 근거하고 있기에 주목할 필요는 없다.

마리오트의 영양 이론의 특징이자 중요한 점은 그의 자연과학적 관점이 당시에 여전히 우세했던 아리스토텔레스 및 스콜라 철학과 현저히 대비된다는 것이다. 따라서 그는 아리스토텔레스의 식물 '영혼'에 대해서도 전쟁을 선포하게 된다. 그는 모든 식물종이 자신의 특성을 매우 정확하게 재생산한다는 사실을 들어 이를 반박한다. 그는 식물에 영혼이 있다고 가정해도 아무도 그것이 무엇인지 알지 못하기 때문에 그에 대한 어떤 설명도 얻을 수 없다고 말한다. 그는 당시 유행했던 전성설에 대해서도 단호히 반대했다. 모든 미래 세대가 식물의 씨앗 안에 겹겹이 감춰져 있다는 생각에 반대하여, 그는 씨앗이 단지 필수적인 기본 물질만을 포함하며 이것들이 초기 수액에 영향을 미쳐 식물의 나머지 성분이 연속적으로 형성된다고 생각했다. 이는 지금도 올바른 견해로 받아들일 수 있다. 그는 식물에서의 모든 영양과 생명 과정을 물리적 힘의 작용, 즉 단순한 물질의 결합과 분리로 간주했다. 하지만 그는 동시에 이 견해로부터 자연발생 교리가 필연적임을 증명할 수 있다고 믿었다. 신중한 경험의 부족으로 그는 이 점에 있어서 잘못된 결론에 이르게 되었다. 그는 물을 퍼낸 배수로나 습지의 말라 버린 흙에서 수많은 식물이 자라는 것을 자연발생의 증거로 보았다. 그는 "따라서 우리는 공기, 물, 흙에 무수히 많은 미세한 입자가 있어서, 두세 개가 결합하면 식물의 씨앗이 되고, 그것들이 생장하기에 유리한 토양을 찾으면 식물이 자라난다고 추정할 수 있다. 그러나 이 작은 복합체가 이미 식물의 모든 가지, 잎, 열매, 씨앗을 포함하고 있다고 추정하는 것은 그다지 타당하지 않으며, 이 씨앗이 발아한 이후 (반복되는 세대에 걸쳐) 무한히 만들어지는 모든 가지, 잎, 꽃 등을 포함하고 있다고 추정하는 것은 더더욱 타당하지 않다."라고 말한다. 그는 이를 뒷받침하는 몇 가지 예를 제시한다. 겨울에 잎을 떨군 장미나무가 다음 해에 눈에서 먼저 잎만 나오는 것은 꽃이 미리 그 눈에 형성되지 않았음을 보여 준다는 것이다. 또 다른 예는 한 그루의 과일나무나 멜론에서 나온 씨앗들임에도 이들은 서로 다른 변이를 보인다는 사실이다. 이는 쾰로이터가 잡종을 얻기 전까지 제기되었던 어떤 주장들보다 훨씬 더 핵심을 찌르는 전성설 반대 주장이다.

마리오트는 당시의 다른 편견들도 타당한 이유를 들어 반박했다. 당시 식물학뿐 아니라 특히 의학과 화학에서 식물의 '약효'를 중요시했다. 그는 식물의 물질을 열과 냉, 습기와 건조와 같은 내재적 성질로 구분하고 이들의 약효를 설명하는 고대 이론을 거부하고, 같은 토양에서 독성이 있는 식물과 무해한 식물이 나란히 자란다는 사실을 지적하며, 앞서 말했던 것처럼 서로 다른 식물들이 그들의 고유 성분을 곧바로 토양에서 얻는 것이 아니라, 보편적인 요소들이 분리와 결합을 통해 각 고유 성분들을 스스로 형성한다고 결론지었다. 마지막으로 그는 이전 세기에서 전해 내려온 가장 거친 오류 중 하나인 '식물 형태 약효론(signatura plantarum)'을 반대하는데, 이 개념은 식물의 약효를 외부 특징, 특히 그들의 기관과 인간 신체 기관의 유사성에서 유추할 수 있다고 가정했다. 마리오트는 식물의 약효를 병자에게 시험해 확인해야 한다고 주장했다.

마리오트 편지의 가장 중요한 부분에서 17세기 후반 식물의 생명현상에 대한 견해가 생생하게 드러난다. 동시에 현대적 철학의 원칙을 채택하고 자신이 아는 사실을 능숙하게 활용할 줄 아는 저명한 자연 연구자가 선입견과 숙고의 부족으로 인한 오류들을 어떻게 반박하게 되었는지도 보여 준다. 주로 해부학에 근거해서 식물 내부 경제를 설명하는 말피기의 견해를 마리오트의 화학, 물리학 연구와 결합시키면, 우리는 아리스토텔레스의 교리를 반박할 수 있을 뿐만 아니라 훨씬 더 풍부한 아이디어와 더 현명한 종합을 갖춘 완전히 새로운 식물영양 이론을 갖게 된다.

이 두 사람은 실제로 식물의 생명현상과 영양에 관한 모든 원칙을 발견했다. 이는 당시의 식물해부학과 화학으로 발견할 수 있는 것이었다. 특히 마리오트는 당시 불확실한 화학 지식에서 얻을 수 있는 최고의 것을 식물 생명현상의 설명에 적용하는 데 성공했다. 당시의 화학은 이전 시대의 의학 과학, 즉 '의학 화학(iatro-chemistry)'[14]의 개념에서 벗어나려다가 플로지스톤 이론의 손아귀에 빠졌다. 1676년과 1679년에 출판된 소책자 『식물 연구를 위한 메모(*Mémoires pour servir à l'histoire des plantes*)』에서 당시의 방법이 식물의 영양 과정을 설명하거나

---

14 [역주] 16세기와 17세기에 발전한 의학의 한 분야로, 화학적 원리를 적용하여 신체의 생리적 과정과 질병을 설명하고 치료하는 접근법.

조직체계를 갖춘 생물체를 연구하는 데 얼마나 부적합했는지를 알 수 있다. 이 책은 도다르의 이름으로 출판되었지만, 파리 학회의 회원들이 편집하고 승인한 것이었다. 이 책에는 실제 연구 결과가 없는데도, 식물학 특히 화학적 연구를 위한 상세한 계획이 포함되어 있다. 여기에 (식물의 화학적 연구에서) 식물을 천천히 태워야 한다는 언급이 있는데, 이는 불이 갖는 파괴력 또는 변형력을 줄이기 위함이다. 그리고 '식물의 효능'은 식물의 화학적 조사에서 중요한 부분인데, 이런 성질을 찾기 위해 식물의 액즙에 피를 섞었다. 슈프렝겔에 따르면, 데두(Dedu)라는 이름의 작가는 『식물의 영혼에 대하여(*De l'âme des plantes*)』(1685)에서 식물의 번식과 생장이 산과 알칼리의 발효와 거품 발생에서 유래한다고 설명한다. 이런 종류의 개념들과 비교해 보면, 식물영양에 관한 말피기와 마리오트의 발언이 얼마나 탁월한지 알게 되며, 명확히 입증되지 않았다고 여겨서 발표하지 않은 사실에서조차 그들의 현명함이 더욱 드러난다.

말피기와 마리오트의 식물영양에 관한 견해는 동시대 및 직계 후계자들도 존중하고 자주 인용했다. 하지만 다른 경우에서도 그렇듯이 불행히도, 가장 중요하고 의미 있는 많은 부분이 덜 중요한 문제로 인해 처음부터 간과되었고, 이 현명한 사람들의 견해는 애매한 생각과 오해에 뒤섞여 진정한 진전이 이루어지지 않았다. 새로운 사실들이 가끔 밝혀지긴 했지만 말이다. 말피기가 잎과 식물영양 사이를 연결한 올바른 개념은 나중에 마요르의 순환 이론과 동일한 것으로 간주되었는데, 마요르의 이론이 여러 이유로 잘못된 것으로 여겨지면서 말피기의 견해도 덩달아 무시되었다. 그러나 마요르의 이론조차 오직 목질부에서 수액 상승만을 가정한 사람들의 견해보다는 우위에 있었다. 왜냐하면 마요르는 적어도 생장의 특정 현상을 설명하려고 시도했기 때문이다. 1680년에 페로(Claude Perrault)는 이 이론의 새로운 지지자로 등장했지만, 그는 말피기의 순환 수액에 대한 결정적 논쟁에 본질적으로 새로이 추가한 것은 없는 것 같다.[15] 그의 반대자 마뇰(Magnole)은 1709년에 발표한 매우 빈약한 논문에서 순환 이론을 반대하는 결과들은 무엇이든 언급했고, 그 역시 이 이론을 말피기에게 귀속시켰다.

목본식물에서 가장 눈에 띄는 생리 현상 중 하나는 봄철에 상처 입은 포도나무와 일부 나무줄기에서 보이는 수액 유출 현상이다. 이 현상은 유액, 껌, 수지 등의 유출과 마찬가지로 17세기에 식물생리학에 종사하는 사람들에게 필연적으로 큰 관심을 불러일으켰다. 물의 이동과 유액 및 기타 수액의 이동이 식물영양의 필수 요소가 아니라고 가정해도, 17세기 생리학자들이 이러한 영양과 관련된 수액의 이동을 분명히 보여 주는 현상을 관찰하고 이를 연구 대상으로 삼는 것은 자연스러운 일이었다. 이 문제는 쉽게 해결될 것처럼 보였지만, 훨씬 후에 이 이동이 실제로 식물생리학에서 가장 어려운 문제 중 하나라는 것을 알게 된다. 우리는 1670년의 『철학회 논문집(*Philosophical Transactions*)』[16]에 나오는 통(Dr. Tonge), 윌러비(Francis Willoughby), 특히 리스터(Dr. Martin Lister)의 일련의 교신에서 이 문제에 대한 관심을 발견할 수 있다. 이들이 주로 주목한 현상은 겨울철 나무의 출혈로, 이는

15 그의 견해는 1709년 『왕립 과학원의 역사(*Histoire de l'Académie Royale des Sciences*)』에 실린 마뇰(Magnol)의 논문과 슈프렝겔의 『식물학의 역사(*Geschichte der Botanik*)』 2권 20쪽에서만 알려져 있다. 프리첼(Pritzel)의 『테사우루스(*Thesaurus*)』에 따르면, 페로의 논문은 1680년에 작성된 것으로 되어 있으나, 1721년 『페로의 다양한 작품(*OEuvres divers de Perrault*)』에 실려 있다.

16 특히 1165, 1201, 2067, 2119쪽.

봄철 포도나무나 그 외 목본식물의 출혈과는 전혀 다른 원인에 의한 것이다. 그러나 이 두 현상이 동일한 것으로 여겨지면서 안타깝게도 혼란이 발생했다. 리스터는 겨울철 나무에서 잘라 낸 가지의 목질부를 인위적으로 가열하여 물을 강제로 제거한 뒤 다시 냉각하여 물을 재흡수하게 할 수 있다는 것을 보여 주었다. 하지만 이 현상이 뿌리 압력으로 인한 절단 줄기의 출혈과 관련이 없으며, 이를 설명하는 데 적용할 수 없음을 현대의 생리학자가 증명했다.

존 레이(John Ray)는 자신의 저서 『식물의 탐구(*Historia plantarum*)』(1693) 1권에서 식물의 영양에 관해 알려진 모든 내용을 명확하고 이해하기 쉽게 요약하였으며, 목질부에서 물의 이동에 관한 자신의 실험 결과도 공유했다. 그는 그루의 명명법을 따랐으며, 그루는 목질부에서 상승하는 수액을 림프액이라고 부르고 목질부 섬유를 림프관이라고 불렀다. 그는 특히 봄에 림프액이 맛이나 농도 면에서 보통의 물과 구별되지 않는다는 점에 주목했다. 그는 봄에는 림프액이 목질부의 진정한 도관을 채운 다음 횡단면을 통해 스며나오지만, 여름에는 이 관들이 공기로 채워져서 목본식물에서 강한 증산이 있을 때 림프액은 오직 림프관, 즉 목질부와 인피의 섬유 요소에서만 상승한다는 그루의 견해에 동의했다. 절개 실험을 통해 레이는 림프액이 나무에서 측면으로도 이동할 수 있다는 것을 증명했으며, 양쪽 끝을 자른 가지 조각에서 물이 반대 방향으로도 이동할 수 있다는 것을 보여 줌으로써 림프액의 반환을 방지하기 위해 목질부의 공동, 특히 도관에 밸브가 장착되어 있다는 주장을 반박했다. 그러나 그는 목질부에서 물의 이동을 유발하는 기계적 원인에 대해서 아는 바가 많지 않았다.

몇 년 뒤 헤일즈가 이러한 연구를 실질적으로 진전시켰다. 식물생리학에 대한 그의 중요한 기여는 한 시대를 마무리 짓기 때문에,

그의 연구를 살펴보기에 앞서 몇몇 덜 중요한 작가들을 언급할 필요가 있다. 우드워드(Woodward)와 비일(Beale)의 증산 및 물 흡수에 관한 저술은 영양 이론에 대한 매우 가치 있는 기여는 아니다. 물에서 자라는 Mentha(박하속)가 자신이 보유한 물의 양보다 잎을 통해 방출한 물의 양이 46배나 많다는 사실은 우드워드의 발견 중 가장 중요한 것일 수 있으나, 그의 결론은 아무런 가치가 없었다.

말피기의 학설 중에서 식물의 호흡에 필요한 공기가 목질부의 나선형 도관을 통해 순환한다는 주장은 처음부터 많은 관심을 끌었다. 이후 그루와 레이는 이 주장의 핵심에 동의했지만, 말피기와 같은 고향 출신 스바랄리아(Sbaraglia)는 1704년에 그러한 도관의 존재를 부정하기까지 했다. 그리고 얼마 지나지 않아 식물해부학은 쇠퇴하여 도관, 또는 당시에는 나선형 도관이라고 불리는 것의 존재에 대해 긍정과 부정이 거듭되다가, 궁극적으로 생리학적 해결을 위해 현미경보다는 실험의 조언을 받는 것이 낫겠다는 생각에 이르렀다. 따라서 1715년에 니우엔타이트(Nieuwentyt)는 공기 펌프를 사용하여 액체 속에서 도관에 포함된 공기를 배출시켜 보여 주려고 시도했다.

여기서 다시 우리는 독일 식물생리학의 열성적인 대표자이자 철학자인 **크리스티안 볼프**를 만난다. 그의 저서 『여러 가지 유용한 실험(*Allerhand nützliche Versuche*)』(1721)의 세 번째 부분에서 그는 여러 실험을 언급하며 식물에 공기가 존재함을 확인했다. 당시의 물리적·화학적 지식수준에서, 이 질문은 공기를 수송하는 기관의 해부학적 특성보다 더 흥미로웠다. 볼프는 물속에 있는 잎을 진공 상태에 놓았을 때 공기 방울이 특히 잎의 아래쪽에서 나오는 것을 보았다. 그러나 대기압을 회복시키자 잎은 물로 가득 찼다. 비슷한 방식으로 처리된 전나무 조각은 물이 침투한 뒤 가라앉았다. 살구 열매로 실험을 했을 때는

크리스티안 볼프

공기가 껍질과 특히 열매 자루에서 나왔다. 볼프의 제자인 튀미히(Thümmig)는 그의 『자연에서 가장 주목할 만한 사건들에 대한 철저한 설명(*Gründliche Erläuterung der merkwürdigsten Begebenheiten in der Natur*)』(1723)에서 비슷한 실험을 보여 주었다. 두 사람 모두 이 문제에 있어서, 그리고 그들의 모든 생리학적·식물해부학적 관점에서 말피기의 충실한 지지자였다. 당시에는 말피기를 따르는 것이 가장 현명했다. 볼프에 대해 더 살펴볼 필요가 있는데, 그가 몇 년 뒤 식물영양의 전반적인 견해를 대중적인 형태로 출판했기 때문이다. 독일에서 볼프가 자연과학의 보급에 끼친 공헌은 현재까지도 저평가되고 있는 것 같다. 그의 자연과학에 관한 다양한 저서 중 일부는 그 자신의 관찰에 기초한 것이었는데, 내용이 풍부해서 당시에 큰 도움이 되었다. 또한 독일 과학 아카데미(레오폴디나 학회의 *Acta*)에 논문을 발표한 사람들 사이에서도 '재생(Palingenesia)'과 같은 미신이 유행하던 시기에 그의 저술들은 자유로운 사고방식을 도입하는 데 기여했다. 볼프 자신의 과학적 연구에서는 좋은 기술보다는 좋은 의도를 더 많이 볼 수 있는데, 그는 다른 사람들보다 정말로 철학적 훈련과 추상적 사고 습관이 뛰어났기 때문에, 다른 사람들의 관찰에서 근본적으로 중요한 것을 확실하게 결정지을 수 있었고, 그리하여 당시의 과학 지식을 더 높은 관점에서 설명할 수 있었다. 이런 이유로 1723년에 출판된 그의 『자연의 작용에 대한 합리적 생각(*Vernünftige Gedanken von den Wirkungen der Natur*)』은 인정받을 만하다. 이 책은 현재 '코스모스'[17]라고 불릴 만한 종류의 책으로, 일반적으로 물체의 물리적 특성, 천체와 특히 우리 행성, 기상학, 물리적 지리학, 마지막으로 광물, 식물, 동물 및 인간을 다루고 있다. 그 주요 목적인 일반 교육에 맞추어 독일어로 쉽고 훌륭한 문체로 쓰였고, 당시 과학 주제에 대해 얻을 수 있었던 최고의 정보를 포함하고 있다. 여기서 그는 식물의 영양 과정에 관해 설명하며, 말피기, 그루, 레이우엔훅, 반 헬몬트, 마리오트 등의 글에서 얻을 수 있는 모든 유용한 자료를 신중하고 지능적으로 사용하여 연결된 체계를 구성했다. 또한 관련 비평도 간혹 소개했다. 18세기 초 독일의 과학 문학 상황을 고려해 봤을 때, 우리는 이러한 대중적인 성격의 포괄적인 교과서의 저술에도 새로운 연구나 작은 발견만큼의 공로를 인정해야 한다.

특히 볼프의 영양에 관한 장은 특별한 관심을 끄는데, 그의 시대 이후로 잊힌 몇 가지 중요한 관찰을 포함하고 있기 때문이다. 그 내용은 주로 영양의 화학에 관한 것으로 우리 시대 이전에 해결되지 않은 많은 문제를 다루고 있다. 예를 들어 땅에 많은 작물을 재배하면 땅이 비옥함을 잃는다는 것은 잘 알려진 사실이며, 땅을 비옥하게 하려면 많은 영양소가 필요하고 똥이나 재를 비료를 주어야 한다는 점이다. 이 몇 마디 말 속에 볼프는 이미 이른 시기에 토양 고갈과 작물에 의해 빼앗긴 물질의 보충 문제를 지적하고 있다. "질산염이 토양을 얼마나 비옥하게 만드는지를 특히 주목해야 한다."라고 말하면서 볼프는 계속해서 "발레몽(Vallemont)은 질산염의 유용성을 칭찬하며, 동물의 뿔과 발굽에서 나온 뿔과 같은 다른 물질들이 그들의 염류 및 기름 입자 때문에 비슷한 작용을 한다고 말했다. 똥 역시 염류 및 기름 입자를 포함하고 있으며, 재에도 이러한 입자가 포함되어 있음을 우

17 [역주] 알렉산더 폰 훔볼트의 저서 『코스모스(*Kosmos*)』(1845-1848)가 볼프의 저서처럼 여러 자연과학 분야를 포괄한 데서 유래한 듯하다.

리는 보게 된다. 따라서 식물이 물에서 영양을 얻을 때 이러한 입자가 부족해서는 안 된다는 것을 알 수 있다. 식물에서 첫 번째로 영양을 공급하는 씨앗 역시 이를 보여 주는데, 기름과 염을 포함하지 않은 씨앗은 없으며, 따라서 많은 씨앗에서 기름을 짜낼 수 있다. 화학적으로 분석해 보면 모든 식물에서 기름과 염을 찾을 수 있다."라고 주장한다. 그는 말피기와 마리오트가 제시한, 식물 내에서 영양소의 성분이 화학적으로 변해야 한다는 견해가 옳다고 강조한다. 그는 "식물마다 고유의 염과 고유의 기름 성분이 있으므로 이것들이 식물 내에서 생성된 것으로 봐야지 외부에서 유입된 것이 아님을 인정해야 한다."라고 말한다. 그러나 동시에 토양이 염류, 특히 질산염 입자를 공급하지 않으면 식물들이 자랄 수 없기 때문에, 식물 내의 염과 기름은 이들로부터 생성되어야 하며, 물도 영양 수액으로 변해야 한다고 말한다. 그는 또한 공기 중에 떠다니는 염류, 질산염 및 기름 입자에 대해 언급하며, 일상적인 경험에서 봤을 때 대부분의 물질은 부패해서 기체로 변하는데, 좁은 틈을 통해 어두운 곳으로 빛을 비출 때 보이는 많은 작은 먼지 입자들이 이를 말해 준다고 한다. 물도 쉽게 염분과 흙을 흡수하며, 광천수는 금속 입자가 섞여 있음을 보여 준다. 따라서 비도 다양한 물질을 포함하고 있으며 그것을 식물에 전달한다는 것을 의심할 이유가 없다.

영양소의 성분이 식물 내에서 화학적으로 변해야 한다는 주제로 돌아가서, 그는 말피기를 긴밀히 따르며 식물 기관에 관한 몇 가지 언급을 이 주제와 연결시킨다. 그는 이러한 변화가 도관에서 일어날 수 없다고 말하는데, 왜냐하면 도관은 단지 수액의 이동 통로 역할만 하기 때문이다. 따라서 우리는 영양 수액이 해면질 물질(세포-조직)에서 가공된다고 가정할 수밖에 없으며, 소포나 세포들은 일종의 (소화)

위장이라고 할 수 있다. 그러나 물에서의 변화란 비에 포함된 다양한 물질의 입자가 빗물에서 분리되어 특별한 방식으로 결합되는 것일 수밖에 없으며, 이는 특별한 운동 없이는 이루어질 수 없다. 그러나 수액의 운동에 대한 그의 개념은 다소 모호하다. 그는 공기의 팽창과 목질부 관들의 모세관 현상을 수액 운동의 원동력으로 간주했다. 그는 원료 수액이 상승하는 것뿐만 아니라 돌아오는 수액도 있다고 단언했지만, 이 문제에서는 말피기가 아니라 마요르, 페로, 마리오트에게 호소했다. 그러나 말피기가 그랬던 것처럼 볼프는 나무를 거꾸로 심는 실험을 언급하며, 이 실험은 수액이 도관에서 반대 방향으로 이동할 수 있다는 증거라고 한다. 그리고 마리오트의 주장을 따라 그는 수액이 팽창하여 기관을 확장시키고, 그 안으로 들어가는 수액의 팽창력으로 인해 생장이 유지된다고 말한다.

그러나 볼프의 이런 선의의 노력과 말피기에서 마리오트에 이르기까지 식물의 영양에 관한 모든 연구 노력은 **스티븐 헤일즈**[18]가 이룬 찬란한 결과의 그늘에 가리게 되었다. 우리는 뉴턴 시대의 위대한 자연 탐구자들의 천재성과 건전한 원초적 추론 능력을 다시 한 번 헤일즈에서 볼 수 있다. 그의 『정역학 에세이(*Statical Essays*)』는 1727년에 처

---

18 Stephen Hales. 1677년 켄트주에서 태어났고, 집에서 교육을 받았는데 특별한 재능을 보이지는 않았다. 19세에 케임브리지의 Christ's College의 회원이 되어 물리학, 수학, 화학, 자연사에 대한 취향을 보였다. 그럼에도 불구하고 그는 성직자가 되어 여러 주에서 교회 직위를 맡았다. 1718년 왕립 학회 회원이 되었고, 이 학회에서 그의 『정역학 에세이』를 발표했다. 그의 『혈역학(*Hæmostatics*)』은 1733년에 출판되었다. 그는 1761년 사망하기 전까지 매우 다양한 종류의 연구와 발견 결과를 발표했다. 그는 자신이 비용을 들여 재건한 리딩턴의 교회에 묻혔으며, 웨일스 공주가 웨스트민스터 사원에 그를 기리는 비문을 세우게 했다. 그에 대한 찬사가 『왕립 과학원의 역사(*Histoire de l'Académie Royale des Sciences*)』(1762)에 실려 있다.

음 출판되었고, 이후 영어로 두 차례의 새로운 판이 출간되었으며, 나중에는 프랑스어, 이탈리아어, 독일어 번역판으로 재출간되었다. 독일어판에는 볼프의 서문이 포함되어 있었다. 이 책은 식물의 영양과 수액의 움직임에 대한 더 완전한 설명을 담은 첫 번째 저작으로, 기존에 쓰인 내용을 언급하면서도 주로 저자 자신의 연구 결과로 구성되어 있다. 새로운 실험과 관찰, 측정과 계산이 풍부하게 결합하여 전체 주제에 대한 생생한 그림을 보여 준다. 말피기는 식물 구조를 참고하고 유추를 통해 기관의 생리적 기능을 발견하려 했고, 마리오트는 물리적·화학적 사실들을 결합하여 식물과 환경 간의 주요 연결점을 인식했다. 반면, 헤일즈는 식물 스스로가 말하게 만들었다고 할 수 있다. 그는 영리하게 고안되고 능숙하게 관리된 실험을 통해 식물이 작동하는 힘을 눈에 보이는 효과로 나타내도록 강제하여, 조용하고 겉으로는 수동적인 식물 기관 안에서 매우 독특한 종류의 힘이 지속적으로 활동하고 있음을 보여 주었다. 뉴턴 시대의 정신에 충만하여, 모든 생명현상을 물질 입자의 인력과 반발력을 갖고 기계적으로 설명하려 했던 그는, 단순히 식물생리 현상에 대한 명확한 이해를 제공하는 데 그치지 않고, 그러한 현상을 당시의 기계-물리적 법칙으로 추적하려 했다. 그는 수집한 경험적 자료에 생명을 불어넣어 개별 사실들을 더 일반적인 고려 사항과 연결시키는 기발한 방법으로 이를 수행했다. 이 책은 당연히 큰 주목을 끌었으며, 우리에게는 다양한 세부사항에 대한 귀중한 지식의 원천이 되었다. 비록 지금은 식물생리 현상들을 다수 다른 연결성을 갖는 체계로 구성하고 있지만 말이다.

스티븐 헤일즈

증산작용과 물의 이동에 관한 헤일즈의 연구는 열렬한 찬사를 받았다. 그는 뿌리가 흡수하는 물의 양과 잎에서 증산되는 양을 측정하고, 이를 땅에 포함된 수분 공급량과 비교하여, 물이 줄기에서 상승하는 속도를 계산하고 뿌리로의 진입 속도와 잎에서의 배출 속도를 비교했다. 목질부와 뿌리의 흡수력, 그리고 출혈을 통해 포도나무의 뿌리압을 보여 준 실험은 특히 인상적이고 유용했다. 그의 측정과 계산된 숫자들은 종종 후에 생각했던 것만큼 정확하지는 않았지만, 그는 대략적인 숫자를 얻는 것에 만족했다. 이는 새로운 견해를 제안하기에 충분한 기반을 제공했고, 어느 정도 식물 경제에 대한 통찰력을 제공했다. 이런 접근 방식은 그의 이해력을 잘 보여 주는 것이다. 왜냐하면 생명체는 금속이나 기체에서처럼 일반 공식에 삽입하거나 높은 정밀도가 적용될 상수를 찾을 수 없기 때문이다. 식물의 경우에는 개별 사례를 다루어야 하며, 또한 이들로부터 측정한 바를 옳게 해석해야만 식물 생장의 일반 법칙을 찾을 수 있다.

식물에서 작용하는 흡인력과 압력이 식물 특이적이 아니라 죽은 물질에서도 존재한다는, 다시 말해 이것이 물질이 갖는 일반적인 인력의 한 예라는 것을 보여 주기 위해 헤일즈는 미세한 구멍이 있는 물질이 물을 흡수하는 것을 관찰하고 그 힘을 측정했다. 이 과정을 자라고 있는 완두콩 싹이 맞닥뜨리는 장애물에 가하는 힘과 비교하여, 식물 내에서 물의 이동에 작용하는 힘에 대한 더 정확한 개념을 얻었는데, 이는 마리오트와 레이가 유리관의 모세관 현상으로 설명한 것보다 더 정확했다.

헤일즈는 잎의 기능에 대한 말피기의 관찰 가치를 제대로 파악하지 못하고, 잎의 표면에서 증발하는 물의 양이 많다는 이유만으로 그 과정의 생리학적 중요성을 과대평가했다. 따라서 그는 잎을 주요 증산 기관으로 보고, 뿌리에서 줄기를 통해 수액을 흡수하는 역할을 한다고 생각했다. 이러한 관점에 따라 그는 껍질부에서 수액이 하강한다는 것을 부정했다. 단지 목질부의 상승 수액이 밤에는 온도 저하로 인해 온도계의 수은처럼 내려올 수 있는데, 이 경우 수액의 회귀 이동으로 보일 수 있다고 생각했다. 이 점이 헤일즈 체계의 약점이었다.

헤일즈의 가장 중요한 발견 중 하나는 18세기에 그의 후계자들이 완전히 무시함으로써 지금까지도 간과되고 있는 것으로 보인다. 그는 최초로 공기가 식물체의 물질적 형성에 기여하며, 기체 성분이 식물의 영양에 큰 역할을 한다는 것을 입증했다. 즉, 일반적으로 생각하듯이 물이나 흙에서 흡수하는 물질만으로는 식물의 구성 물질을 모두 공급할 수 없다고 반박했다. 그는 또한 공기 펌프를 이용한 실험으로 공기가 잎뿐만 아니라 껍질부의 기공을 통해 식물 내부로 들어가서 목질부의 공동에서 순환한다는 것을 니우엔타이트와 볼프보다 더 잘 보여 주었다. 그는 이 사실을 수많은 실험에서 확인된 발효와 건식 증류로 식물 물질에서 다량의 '공기'가 얻어진다는 사실과도 연관지었다. 또한 발효와 열에 의해 방출된 공기는 식물의 생장 기간 동안 응축되어 고체 상태로 변해야 한다고 말한다. 그는 7장에서 화학 분석(건식 증류)을 통해 식물의 물질이 황, 휘발성 염, 물, 그리고 흙(재)으로 구성되어 있다고 말한다. 이 원소들은 모두 상호 인력의 힘을 지니고 있다. 그러나 공기도 식물의 구성요소에 들어가며, 이것이 고체 상태일 때는 강한 인력의 힘을 가지지만, 탄력 있는 상태일 때는 가장 강한 반발력을 가진다. 동물과 식물체의 모든 활동은 이 원소들의 무한히 다양한 결합, 작용 및 반작용에 의존한다. 영양에서는 인력의 합이 반발력의 합보다 크며, 이로 인해 끈적끈적하고 유연한 부분이 먼저 생성되고, 그 후 물이 증발하면서 더 단단한 부분이 형성된다. 그러나 이 단단한 부분이 다시 물을 흡수하여 반발력이 우세해지면 식물 부위들의 일관성이 와해되고, 이러한 분해는 새로운 식물 생성물을 형성할 수 있는 능력을 회복시킨다. 따라서 자연에 있는 영양물질은 결코 고갈되지 않는다. 동물과 식물에서 영양물질의 원료는 같고 단지 약간의 질감 차이가 있을 뿐이다.

실험을 통해 그는 잎이 흙에서 영양분을 빨아들이는 데 도움을 주기 때문에 식물의 영양에 매우 유용하다고 말한다. 그리고 잎은 다른 고귀하고 중요한 역할도 한다고 생각한다. 즉, 잎은 증산을 통해 과도한 물을 제거하면서 영양분이 있는 부분을 취하고, 염분, 질산염이나 그와 유사한 물질과 이슬, 비 등을 흡수한다. 또한 뉴턴처럼 빛을 물질로 간주했기 때문에, 그는 "잎과 꽃의 외부 표면에 빛이 들어가면서 식물의 물질을 정제하는 데 많은 기여를 할 수 있지 않을까?"라고 묻는다.

이 표현들을 보면 헤일즈가 공기 중에 떠다니는 물질만을 영양에 중요시한 것처럼 보이지만 사실 그렇지 않다. 우리는 6장에서 발효와 분해(건조 증류)를 통해 식물과 동물체로부터 영구적 탄성을 갖는 많은 양의 공기가 생성된다는 것을 그가 실험으로 증명했음을 봤다. 공기는 이러한 생물체의 물질과 즉시 단단히 결합하므로, 많은 양의 탄성 공기가 끊임없이 그들을 형성하는 데 사용되어야 한다는 결론이 나온다.

그러나 헤일즈는 공기를 영양물질로 간주했을 뿐만 아니라, 다른 물질의 인력을 상쇄하는 공기의 탄성을 식물 내부의 움직임을 유지하는 힘의 근원으로 봤다. 그는 모든 물질이 인력만을 가지고 있다면, 모든 자연은 즉시 비활성 덩어리로 수축할 것이라고 말한다. 따라서 이 거대한 인력 물질 덩어리를 움직이고 활성화하기 위해서는 강력하게 반발하는 탄성 물질이 충분히 혼합되어야 한다. 이 탄성 입자들 대부분이 인력을 갖는 물체와 결합하여 고체 상태로 항상 변하고 있기 때문에, 다시 탄력 있는 상태로 돌아갈 수 있는 능력을 갖추고 있어야만 이들이 이런 인력체에서 자유로워질 수 있다. 따라서 동물과 식물체의 형성과 분해가 끊임없이 계속된다. 공기는 동물과 식물의 생성과 생장에 두 방법으로 매우 중요하게 작용한다. 즉, 탄성 상태에서 체액에 활기를 불어넣고, 고정된 상태에서는 구성요소들을 단단히 결합시킨다.

우리는 헤일즈가 물리학과 화학에서 사용하는 작은 개념들을 어떻게 잘 활용했는지, 또한 그 도움으로 가장 중요한 자연과의 관계 그리고 그 내적 과정과 연결 속에 있는 식물의 생명현상에 대한 개념들을 형성할 수 있었다는 것을 알 수 있다. 그러나 그의 후계자들은 이러한 사항들의 근본적인 중요성을 이해하지 못했고, 식물 물질의 대부분이 물이나 흙이 아닌 공기에서 나온다는 의미심장한 개념을 활용하지도 않았다. 이들은 반 헬몬트가 보여 준 것처럼 식물이 흙에서 얻는 것이 너무 적다는 사실에 계속 의아해하면서도, 막상 그가 추정했던 물이 식물의 구성 물질로 변할 가능성을 인정하지는 않았다. 이렇게 해서 생리학자들은 잉엔하우스 시대 훨씬 이전에 식물과 외부 환경과의 가장 중요한 관계를 설명할 수 있는 원칙, 즉 식물이 대기 성분에서 영양을 얻는다는 것을 간과했고, 이 문제에 대한 추가 실험 연구를 소홀히 했다. 그들은 헤일즈의 실험과 관찰을 계속해서 인용하고 반복했지만, 모든 개별 사실들을 연결하는 헤일즈의 정신은 잊었다.

헤일즈는 식물생리학의 기초를 놓은 위대한 자연학자들 중 마지막 인물이다. 일부 개념이 우리에게 이상하게 보일 수도 있지만, 이 관찰자들은 식물 생명현상의 숨겨진 메커니즘을 깊이 이해하고자 한 최초의 사람들이었고, 개별 사실과 이들의 중요한 관계에 대한 지식을 우리에게 전해 주었다. 말피기 시대 이전에 알려진 것과 헤일즈의 책 내용을 비교해 보면, 60년이 채 되지 않은 이 기간 동안 이루어진 빠른 발전에 놀랄 것이다. 반면 아리스토텔레스와 말피기 사이의 오랜 기간에는 거의 아무런 일도 일어나지 않았다.

수액의 이동을 설명하려는 결실 없는 시도들(1730-1780)

헤일즈와 잉엔하우스 사이의 시기에 식물의 영양 섭취와 특히 수액의 이동을 연구한 사람들이 말피기의 "영양물질은 잎에서 가공된다."라는 관점을 확고히 유지하고, "식물은 자신의 물질 대부분을 공기에서 얻는다."라는 헤일즈의 개념을 결합시켰더라면, 그들은 수액 이동에 관한 연구의 원칙을 제대로 세웠을 것이다. 또한 살아 있는 식물로 실험했더라면 이러한 개념에 더욱 구체적인 표현을 부여할 수 있었을 것이다. 비록 그 당시 화학과 물리학이 새로운 도구를 제공하지 않았더라도 말이다. 하지만 이미 언급했듯이 그렇게 되지는 않았다. 생리학자들은 식물의 명백한 현상에만 관심을 가졌고, 그렇게 해서 더 확고한 기반을 얻고 싶어 했지만, 관찰에 목표가 없었고 결론에 원칙이 없었기 때문에 평범하고 무비판적인 경험주의를 넘어서지 못했다. 항상 그렇듯이, 관찰을 신중히 고려한 가설의 안내를 받지 않은 그들은 옳은 방향에서 벗어났다. 그리고 수액의 이동을 이해하는 데 중요한 요소인 식물의 섬세한 구조를 제대로 알지 못했기 때문에 그들의 개념은 명확하지 못했다. 말피기와 그루의 시대 이후로 (해부학) 지식이 발전하지 않았기 때문이다. 대부분은 스스로 식물해부학 연구를 하지 않았을뿐더러, 이 선배들의 설명을 부분적으로만 이해했기 때문에, 목질부와 껍질부의 내부 구조에 관한 흐릿하고 때론 부정확한 개념에 만족했다. 그러면서도 그들은 수액의 이동을 이해하고 싶어 했다. 말피기, 그루, 마리오트, 헤일즈 심지어 볼프의 저작을 읽어 보면, 세부사항에서 많은 실수가 있음에도 불구하고, 연결된 추론에서 그리고 중요한 것과 그렇지 않은 것을 구별할 줄 아는 지혜에서 즐거움을 찾을 수 있다. 그러나 이제 언급할 관찰자들은 고립된 진술만을 제공하며, 이해력이 뛰어난 사람들과 대화하고 있다는 만족감을 주지 않는다.

발터(Friedrich Walther, 1740), 플라츠(Anton Wilhelm Platz, 1751) 및 뵈머(Rudolph Böhmer, 1753)의 저작들은 단순히 무의미한 실습 정도에 지나지 않기에 생략하도록 하겠다. 그러나 드 라 베스(De la Baisse)와 라이헬(Reichel)의 저작들은 어느 정도 주목할 필요가 있다. 이들은 적어도 새로운 것을 밝히려고 노력했기 때문이다. 그러나 살아 있는 식물에 염색 용액을 흡수시키는 방법을 사용하여 심각한 오류를 초래했다. 1709년에 마뇰(Magnol)이 이런 실험을 언급했으며, 예수회 신부인 사라바(Sarrabat), 즉 드 라 베스로 알려진 인물이 이 실험에 몰두하여 1733년에 〈식물 수액의 순환에 관하여(Sur la circulation de la sêve des plantes)〉라는 논문에서 이를 기술했으며, 이 논문은 보르도 아카데미로부터 상을 받았다.[19] 그는 다양한 식물의 뿌리를 Phytolacca(자리공속)의 붉은 즙에 2-3일 동안 담갔을 때 뒤 뿌리의 껍질 전체, 특히 가는 뿌리 끝의 내부가 붉게 물드는 것을 발견했다. 당시에는 주로 이 부위가 붉은 색소를 흡수한다고 결론짓는 것이 자연스러웠고, 실제로 이 의견은 최근까지도 유지되어 드캉돌이 뿌리의 '스펀지

19 슈프렝겔의 『식물학의 역사(*Geshcichte der Botanik*)』 1권 229쪽과 아래 언급한 라이헬과 보네(Bonnet)를 참조하시오.

(spongioles) 이론'[20]을 세우는 근거가 되었다. 현재는 뿌리 껍질 부위와 특히 가는 뿌리의 가장 어린 끝이 이 색소의 독성으로 죽기 전까지 색이 유지된다는 것이 밝혀진 상태다. 따라서 드 라 베스의 시대 이후 여러 번 반복된 이러한 실험들은 살아 있는 뿌리의 작용을 보여 주지 못하며, 처음부터 식물생리학에 오류의 씨앗이 되었고, 이는 또 다른 오류들을 초래했다.

그러나 드 라 바세의 실험 중 그래도 수긍이 가는 것이 하나 있었다. 그는 목본식물의 가지 끝을 절단하여 색소가 든 액체에 담갔고, 이 액체가 일반적인 목질부뿐만 아니라 잎과 꽃의 일부로 들어가는 목질부 관다발도 붉게 물들이는 것을 발견했다. 반면에 줄기 껍질부와 잎의 다육질 조직은 물들지 않았다. 따라서 붉은 즙은 목질부를 통해서만 이동한다는 결론을 내릴 수 있었고, 영양소가 녹아 있는 수액도 마찬가지라고 유추할 수 있었다. 그러나 이러한 견해는 현재 정확하지 않다고 생각되며, 뿌리에서 잎으로 올라가는 수액 특히 물은 목질부를 통해서만 수송되고 껍질부를 통해서 수송되지 않는다는 것은 헤일즈와 다른 사람들의 실험으로 이미 충분히 증명되었다.

라이헬[21]이 이러한 종류의 실험을 비판 없이 다룬 결과 새로운 오류가 생겼다. 그러나 그의 논문 〈식물의 나선형 도관에 관하여(De vasis plantarum spiralibus)〉는 당시의 유사한 저작들에 비해 문헌에 대한 세심한 주의와 저자의 독창적인 식물해부학 연구 덕분에 돋보인다. 라이헬은 목질부의 도관이 공기를 포함한다는 말피기, 니우엔타이트,

20 [역주] 뿌리가 스펀지처럼 액체를 빨아들인다는 이론.

21 Georg Christian Reichel. 1727년에 태어나 1771년 사망했다. 라이프치히 대학의 교수였다.

볼프, 튀미히, 헤일즈의 주장에 만족하지 않았다. 그는 나무와 초본식물의 가지를 잘라 붉은 브라질나무 즙에 담그면 붉은 색소가 모든 관다발, 심지어 꽃과 열매의 관다발까지 퍼진다는 것을 정확히 관찰했다. 그러나 현미경으로 검사한 결과, 일부 도관에도 붉은 액체가 들어 있는 것을 발견하고, 이 도관들이 자연 상태에서 수액을 운반하지 공기를 운반하지 않는다고 성급히 결론지었다. 그의 설명과 그림은 붉은 액체가 일부 도관에만 포함됐고, 이 중 어느 것도 가득 차지 않았음을 보여 준다. 라이헬을 비롯해 이 주장을 반복한 많은 사람들은 실험 전 도관에 공기나 액체가 있었는지, 뿌리가 손상되지 않은 살아 있는 식물이 염색액을 흡수했을 때도 결과가 같은지 확인하지 않았다. 이들은 실험에서 잘린 가지의 도관이 공기로 채워졌다면 가지를 액체에 담갔을 때 좁은 유리관에서처럼 모세관 현상을 보여야 하며, 헤일즈의 실험에서 알 수 있듯이 잎의 증산작용이 도관을 통해 붉은 즙이 올라가는 것을 촉진한다는 것을 모르고 있었다. 그러나 이에 대한 제대로 된 반성은 없었으며, 이러한 실험 결과를 신중하지 않게 받아들였고, 도관이 자연적인 수액 운반 기관이라는 근거 없는 생각이 말피기와 그루의 신뢰할 수 있는 언급, 즉 도관이 공기를 운반한다는 견해를 반박하는 데 사용되었다.

따라서 잘못 해석된 실험으로 가장 중요한 생리학적 발견 중 하나가 의심받게 되었고, 백 년 후에도 라이헬이 수행했던 동일한 실험을 바탕으로 목질부의 도관이 수액을 상승 운반한다고 생각하는 사람들이 있었다. 이러한 견해는 증산 기관이 있는 식물에서 수액의 움직임을 제대로 이해할 수 없게 만들었다.[22] 그러나 말피기에게 빚진

---

22 [역주] 이 책에서 저자는 말피기의 연구 결과를 신뢰하여 도관이 물이 아닌 공

또 다른 위대한 발견, 즉 잎이 영양소를 가공하는 기관이라는 사실도 보네(Bonnet)에 의해 부정되었는데, 그는 대신 잎이 주로 빗물과 이슬을 흡수한다는 잘못된 견해를 제시했다.

보네[23]는 앞서 곤충학에 큰 기여를 했고, 진딧물의 무성생식을 발견한 인물로, 이 연구에서 눈을 다친 뒤 식물에 대한 다양한 실험으로 행복한 시간을 보냈다. 그가 한 대부분의 식물학 연구는 중요하다고 할 수는 없지만, 이후 더 유능한 사람들이 활용할 수 있었던 몇 가지 결과를 얻었다. 식물의 굽음 생장에 대한 관찰을 보면 그가 판단력이 부족했다는 걸 알 수 있다. 그는 잎이 식물의 영양에 어떤 역할을 하는지에 대한 관찰에서도 같은 결점을 드러냈다. 보네의 『식물 잎의 기능에 관한 연구(*Recherches sur l'usage des feuilles des plantes*)』와 같은 책이 중요한 저작으로 여겨졌다는 사실은 당시의 시대적 특징을 보여 준다. 그는 칼란드리니(Calandrini)가 "잎의 구조는 지면에서 올라오는 이슬을 흡수하여 식물에 전달하는 것을 목적으로 한다."라고 지적한 사실에 주목했다고 말한다. 이를 출발점으로 삼아 그는 기름이나 다른 해로운 물질로 덮은 잎을 물에 놓고, 잎이 죽는 시간을 관찰하는 다양한 실험을 했다. 식물학 실험으로는 상상할 수 없을 정도로 나쁜 실

기를 수송한다는 학설을 지지하고 있다. 하지만 이후 1894년에 딕슨과 졸리의 '증산-장력' 이론이 발표되면서, 도관에 공기가 채워질 경우 물기둥이 끊어짐으로써 물의 상승 수송이 불가능하다는 것이 증명되었다(Dixon and Joly, 1894, Proc. Roy. Soc.).

23 Charles Bonnet. 1720년 제네바에서 태어났으며, 부유한 가문 출신으로 법률가가 목표였으나, 어린 시절부터 과학 연구, 특히 동물학에 몰두했다. 그는 이후 제네바 대의회의 일원이 되었고, 과학, 심리학, 신학에 관한 다양한 논문을 작성했다. 1793년 제네바 근처 겐토드에서 사망했다. 자세한 내용은 『세계의 전기』와 카루스의 『동물학의 역사(*Geschichter der Zoologie*)』 526쪽을 참조하시오.

험이었으며, 만약 보네가 칼란드리니의 '합리적' 추측을 테스트하려 했다면, 그는 분명히 살아 있는 식물체에 잎이 붙은 채로 이슬 흡수가 식물에 미치는 영향을 관찰했어야 했다. 그는 이슬이 '올라온다'고 하며 이를 수증기라고 분명히 말했지만, 실제 이슬은 주로 잎의 윗면에 '내린다'. 그리고 잘린 잎을 물에 놓고 무엇을 알아낼 수 있었을까? 이를 통해 잎이 이슬을 흡수한다는 것을 어떻게 증명할 수 있었을까? 그럼에도 보네는 잎의 가장 중요한 기능이 이슬을 흡수하는 것이라고 결론지었고, 이를 헤일즈의 증산 연구와 일치시키기 위해 그는 낮 동안 뿌리에서 줄기로 상승하는 수액이 목질부 섬유와 통기관의 도움을 받아 잎의 아랫면으로 전달된다는 이론[24]을 제안했다. "밤이 다가와 잎과 통기관의 공기가 더 이상 열의 영향을 받지 않을 때 수액이 뿌리로 돌아온다. 그때 잎의 아랫면은 다른 기능을 시작한다. 지면에서 천천히 올라오는 이슬이 그것에 부딪혀 응결되고, 가는 털과 다른 장치에 의해 유지된다(이는 실제로 잎의 윗면에서 훨씬 더 많이 일어난다). 잎의 가는 관들은 즉시 이를 흡수하고(이는 명백히 사실이 아니며, 이슬은 일출까지 양이 증가한다), 가지로 전달되어 줄기로 들어간다." 그는 이 이상한 이론을 높이 평가하여 잎과 줄기가 빛과 중력에 의해 굽어 자라는 것(그는 이 둘을 구별하지 못했다)과 줄기에서 잎의 위치에 대한 목적론적 설명을 찾았다고 믿었다. 잎의 기능에 대한 보네의 견해는 어리석지만 역사적으로 중요하기 때문에 언급할 필요가 있다. 보네의 주장은 더 오래되고 더 나은 개념보다 한동안 선호되었는데, 이러한 사실이 말피기 시대 이후 이러한 문제를 판단하는 능력이 얼마나 떨어졌는지를 보여 주기 때문이다.

---

24 아몰드(Arnold)의 독일어판(1762) 35쪽 참조.

보네에 대한 당대의 칭찬이 그를 식물영양의 권위자로 만들었음에 틀림없다. 그의 실험이 쓸모없다는 것을 알게 된 후대의 생리학자들조차도 그를 권위자로 받아들였다. 그는 토양 이외의 재료로도 식물 생장 실험을 했는데, 이는 자른 잎을 이용한 실험보다 더 쓸모가 없었다. 게다가 여기서 사용한 아이디어도 그의 것이 아니었다. 흙이 아닌 이끼에서 키운 식물들이 베를린에 있다는 소식을 듣고, 그도 이를 따라 많은 식물이 이러한 방식으로 잘 자라서 꽃을 피우고 씨를 맺는다는 것을 발견했다. 그러나 이러한 실험들은 영양 이론에 아무런 기여도 하지 못했고, 그저 유치한 놀이에 불과했다. 식물영양에 관해 말피기가 쓴 몇 쪽 분량이 보네가 쓴 잎의 용도에 관한 책 전체보다 더 가치가 있다. 말피기는 몇 가지 간단한 고려 사항과 유추를 통해 잎의 용도를 실제로 발견했지만, 보네는 의미 없는 많은 실험을 통해 잎에 실제와 다른 기능을 부여했다.

또 다른 연구자가 제시한 식물영양에 관한 견해에 대해서도 아주 좋은 평가를 내리기는 어렵다. 하지만 이 사람은 식물생리학에 긍정적으로 기여한 점이 있는데, 마지막 장에서 다시 언급할 것이다. 그는 뒤아멜[25]로 말피기, 마리오트, 헤일즈 같은 자연 탐구자는 아니었다. 위대한 사상가들과 비교했을 때 그는 단지 편집자였다고 할 수 있으며, 그것도 다소 비판적이지 못한 편집자였다. 그러나 그는 보네처럼 과학에서 아마추어는 아니었다. 그는 식물 세계를 진지하고 성실

25 Henri Louis du Hamel du Monceau. 1700년에 파리에서 태어나 1781년에 사망했다. 그는 가티네에 영지를 가지고 있었고, 물리학, 화학, 동물학, 식물학 연구를 농업, 숲과 산림 관리, 해양 업무, 어업에 관한 여러 논문 집필에 활용했다. 그는 당시 사프란 재배지에서 발생한 곰팡이 질병에 관한 에세이를 아카데미에 제출해 1728년에 회원으로 선출되었다(『세계의 전기』).

하게 연구 대상으로 삼았고, 그 연구 결과를 실용적으로 활용하려고 노력했다. 그는 오랜 세월 식물에 대한 친숙함을 유지했는데, 이는 그가 식물에 관한 진리를 다룰 때 일종의 본능이 되어 그의 관찰과 실험에서 유익하게 작용했음이 드러난다. 그러나 그는 생리학 실험과 관찰에서 의미를 도출해 낼 수 있는 종합 능력도, 근본적 중요성과 부차적 중요성을 구분할 능력도 없었다고 전기 작가 뒤 프티-투아르(Du Petit-Thouars)는 기술하고 있다.

여기 언급된 장점과 단점은 1758년에 두 권으로 출판된 뒤아멜의 가장 유명한 저서인 『나무의 물리학』에서 특히 두드러진다. 이 책은 다수의 도판이 포함된 식물해부학 및 생리학 교과서다. 이 책의 식물영양과 수액 이동에 관한 내용은 주로 말피기, 마리오트, 헤일즈에서 비롯된 것을 장황하게 편집한 것들로서, 이론적으로 중요한 부분을 정확히 파악하거나 가장 중요한 관점을 제시하지는 못했다. 그는 자신의 실험 결과를 설명에 포함했는데, 이는 그 자체로 유익할 수도 있지만, 이로부터 영양 과정 간의 연관성을 확립하지 않았다. 그는 평이하고 분명한 문제를 다룰 때만 올바른 견해에 도달했다. 예를 들어 그는 목질부의 도관에 다시 옛 권리를 복원시켜 놓고는 자신의 실험 결과로부터 (하지만 17세기에 이미 이루어진 것처럼) 정제된 수액이 껍질에서는 반대 방향으로 이동한다고 결론 내린다. 또한 비늘줄기, 덩이줄기, 뿌리가 물을 흡수하지 않아도 싹을 틔우고 심지어 꽃을 피울 수 있기에, 그는 이것이 저장된 물질을 사용한 결과임을 인식했지만, 이 사실을 더 이상 설명하지 않았다. 오히려 그는 주제의 핵심 부분을 훼손했다. 그는 잎을 뿌리에서 수액을 빨아들이는 펌프로만 여겼다. 그는 말피기의 더 나은 견해를 흥미를 갖고 인용해 놓고 다시는 언급하지 않는다. 그리고 보네의 한심한 이론은 수용하면서도, 자신이 제시한 많은 사실이 말피기의 잎에 대한 해석을 뒷받침함에도 불구하고 이를 받아들이지 않았다. 그는 영양의 화학적 측면에서는 더 실패했다고 봐야 한다. 그는 식물 내에서 영양물질이 화학적으로 변화할 필요가 있다는 마리오트의 진술을 반복하고 심지어 추가 증거까지 제공했지만, 흙이 동물의 위처럼 식물을 위한 양분을 가공하고 뿌리가 동물의 암죽관(chyle vessels)처럼 이 가공된 물질을 흡수한다는 아리스토텔레스의 교리를 벗어나지 못했다(『나무의 물리학』 2권 189, 230쪽). 그는 토양 없이 매우 소량의 용해 물질만 있는 보통의 물에서 육상 식물을 재배하는 실험에서, 식물의 물질적 형성에서 공기의 역할을 고려한 헤일즈의 결과를 활용하지 않고, 단지 가장 순수하고 단순한 물이 식물에 양분을 공급할 수 있음을 증명하고자 했을 뿐이라고 말하는데(『나무의 물리학』 2권 204쪽), 이는 이런 실험으로 증명할 수 있는 것이 아니다. 따라서 뒤아멜이 식물의 영양에 대해 말한 모든 것은, 올바른 세부 관찰과 잘못된 결론 그리고 개별 사실 그 이상을 넘지 못하는 고찰의 혼합물일 뿐이다. 이러한 결점은 이후 더 포괄적인 저작, 무스텔(Mustel)의 『식물에 관한 이론적·실용적 논문(*Traité théorique et pratique de la végétation*)』(1781)에서 더 두드러진다. 식물생리학의 창시자들로부터 세월이 더 흐를수록 생리학책은 더 두꺼워졌지만, 사실들을 연결하는 실은 점점 더 얇아져 결국 끊어져 버렸다. 영양 이론은 촉성재배[26] 식물처럼 기력을 회복시킬 빛이 필요했다. 이 빛은 잉엔하우스의 발견과 1760년 이후 라부아지에의 손에서 크게 발전한 화학에서 찾아왔다.

26 [역주] 온실 등을 이용하여 자연 상태에서보다 식물을 빨리 자라게 하는 방법.

잉엔하우스와 소쉬르가 창시한 현대 영양 이론(1779-1804)

식물영양의 원리에 있어 두 가지 주요 요점, 즉 잎이 식물의 양분을 가공하는 기관이라는 것과 식물체의 상당 부분이 대기에서 유래한다는 것은 말피기와 헤일즈가 확립했고 이들의 이론을 구성했다. 이제 남은 것은 녹색 잎이 대기의 구성요소를 흡수하여 영양에 활용한다는 사실을 직접적이고 명확하게 증명하는 것이었다. 이러한 직접적인 증거가 없었기 때문에 이 위대한 최초의 생리학자의 후계자들은 선배들이 발견한 사실들의 중요성을 간과했고, 원칙 없이 어둠 속을 헤매게 되었다.

1774년부터 1804년 사이에 프리스틀리(Priestley), 잉엔하우스, 세네비에(Senebier)의 발견과 소쉬르의 정량적 연구 결과는 식물의 녹색 부분, 특히 잎이 공기의 구성요소를 흡수하고 분해하며, 동시에 물의 구성요소를 동화하고 그에 상응하여 체중이 증가한다는 증거를 제공했다. 그러나 이 과정은 소량의 무기물이 뿌리를 통해 식물에 제공될 때에만 활발하고 정상적으로 진행된다는 것을 밝혀냈다. 이 원리를 탄생시킨 발견과 사실들은 플로지스톤 이론을 전복시켰으며, 라부아지에가 현대 화학의 원리를 세운 근거가 되었다. 새로운 식물영양 이론은 실제로 라부아지에의 원리에서 곧바로 나온 것이기 때문에 1770년부터 1790년 사이에 일어난 화학 혁명을 대략적으로라도 살펴볼 필요가 있다. 이 혁명은 1774년 프리스틀리가 산소 기체를 발견한 것에서 시작되었다.[27] 프리스틀리 자신은 플로지스톤 이론의 고집스러운 신봉자였지만, 그의 발견은 라부아지에게 완전히 새로운 화

27 코프의 『화학의 역사(*Geschichte der Chemie*)』(1843) 1권 306쪽 및 『근대 화학의 발전(*Entwicklung der Chemie in der neueren Zeit*)』(1873) 138쪽을 참조하시오.

학을 세우는 데 기초가 되었다. 라부아지에는 1776년에 숯과 다이아몬드의 연소를 통해 '고정 공기(fixed air)'가 탄소와 '생명 공기(vital air)'의 화합물이라는 것을 증명했다. 같은 방식으로 인산, 황산, 그리고 (캐번디쉬(Cavendish)의 예비 발견 후) 질산 또한 인, 황, 질소와 생명 공기의 화합물로 밝혀졌다. 1777년 라부아지에는 유기물이 연소하면 고정 공기와 물이 생성된다는 것을 보여 주었고, 고정 공기의 정량적 구성을 일정 범위 내에서 확립한 후 이를 '탄산'이라고 명명했으며, 그때까지 생명 공기로 알려진 기체를 '산소'라고 불렀다. 1783년 캐번디쉬는 수소 기체의 연소로 물을 얻었고, 그 후 라부아지에는 물이 수소와 산소의 화합물이라는 것을 증명했다. 이 발견들은 단계적으로 오래된 플로지스톤 이론을 제거했을 뿐만 아니라 현대 화학의 원리를 제공했으며, 식물영양에서 가장 중요한 역할을 하는 물질들을 이해하는 데 직접적인 영향을 미쳤다. 이 화학적 발견들은 모두 즉시 생리학에 활용될 수 있었다. 1779년 프리스틀리는 식물의 녹색 부분이 때때로 산소를 배출한다는 것을 발견했고, 같은 해 잉엔하우스는 이러한 현상이 빛의 영향 아래서만 일어나며, 녹색이 아닌 식물 부분은 빛과 어둠 모두에서 이산화탄소를 방출한다는 더 자세한 연구 결과를 발표했다. 그러나 이러한 사실에 대한 정확한 해석은 1779년에는 가능하지 않았으며, 1785년이 되어서야 라부아지에는 옛 개념을 완전히 벗어던지고 그의 반-플로지스톤 체계를 하나의 통합된 이론으로 발전시켰다. 여기서 그가 1777년 동물의 호흡이 산화를 통해 내부열을 생성하는 과정이라는 것을 발견했음을 언급할 필요가 있다. 이 사실은 식물생리학에도 똑같이 중요했지만, 식물의 생명현상을 설명하는 데 적용되기까지는 시간이 걸렸다.

식물체 일부가 특정 조건에서 산소를 방출한다는 사실은 식물영양 이론을 발전시키는 데 거의 도움이 되지 않았는데,[28] 이로 인해 식물생리학이 프리스틀리에게 모든 빚을 지게 되었다. 반면에 잉엔하우스는 산소가 방출되는 조건을 찾아냈고, 아울러 모든 식물 부분이 지속적으로 이산화탄소를 생성한다는 것도 보여 주었다. 이러한 사실들에 근거하여 현대 식물영양 및 호흡 이론이 성립되었으며, 따라서 잉엔하우스가 그 이론의 창시자라고 할 수 있다. 그러나 우리는 여기서 평범 그 이상의 중요한 발견을 다루고 있기 때문에 세부사항을 더 면밀히 살펴볼 필요가 있다.

프리스틀리의 저서는 1779년에 출판되었으며, 다음 해에 『자연학의 다양한 부분에 대한 실험과 관찰(*Versuche und Beobachtungen über verschiedene Theile der Naturlehre*)』이라는 제목의 독일어판으로 번역되었고, 그 안에는 저자의 식물 실험도 포함되어 있다. 그의 실험 방식은 매우 부적절했으며 명확하고 중요한 결론에 도달하지 못했지만, 실험 아이디어는 명확하게 표현되었다. 그는 "식물이 내뿜는 공기가 대기 공기보다 더 좋은 성질(산소가 더 풍부함)을 가지고 있다면, 대기의 플로지스톤이 식물에 흡수되어 그곳에서 영양분으로 사용되며, 플로지스톤이 제거된 부분은 필연적으로 더 높은 순도의 상태에 도달한다."라고 말했다. 1778년에 식물 실험을 중단한 후, 그는 실험에 사용했던 일부 용기에서 침전물을 관찰했으며, 그 물질이 매우 '순수한 공기'를 내뿜는 것을 발견했다. 여러 추가 관찰을 통해 이 공기가 햇빛의 영향 아래에서만 방출된다는 것을 알게 되었다. 프리스틀리 물질로 알려지

---

28 보네의 관찰에서 얻은 것은 훨씬 더 적었다. 그는 공기가 포함된 물속에서 햇빛에 노출된 잎의 윗면에 기포가 생기는 현상을 관찰했다. 보네는 죽은 잎도 공기가 포함된 물속에서 같은 현상을 보이기 때문에, 이 현상에 잎이 관여하지 않는다고 명확히 부정했다

얀 잉엔하우스

기까지 한 이 침전물이 조류로 구성된 일종의 식물 물질이라는 것을 프리스틀리 자신은 몰랐다.

같은 해(1779) **잉엔하우스**[29]의 첫 번째 책이 출판되었으며, 여기서 이 주제를 자세히 다루었다. 이 책은 『햇빛에서 공기를 정화하고 그늘과 어둠 속에서는 공기를 해롭게 하는 식물의 강력한 능력을 발견한 실험』이라는 제목이었으며, 곧 독일어, 네덜란드어, 프랑스어로 번역되었다. 제목 자체만 봐도 저자가 프리스틀리보다 더 정확하게 관찰했음을 알 수 있다. 그러나 그는 라부아지에가 그의 새로운 반-플로지스톤 이론을 완성할 때까지 그 사실들의 내적 연관성을 이해하지 못했다. 1796년에 발표되었으며 1798년에는 A. 폰 훔볼트의 서문과 함께 독일어로 번역된 자신의 논문 〈식물의 영양과 땅의 비옥함에 관한 논문〉에서, 그는 1779년에 자신의 발견을 발표했을 때 새로운 화학 체계가 아직 완전히 확립되지 않았으며, 그 도움 없이 사실들로부터 올바른 이론을 도출할 수 없었다고 말했다. 그러나 물과 공기의 구성이 발견된 이후로 식물의 생명현상을 설명하기가 훨씬 쉬워졌다. 그는 자신의 우선권을 확립하기 위해 56쪽에서 그가 특정 시간대에 식물이 주변 공기를 해치는 진정한 원인, 즉 프리스틀리와 셸레(Scheele)도 생각하지 못한 원인을 운 좋게 발견했다고 말한다. 그는 이

29 Jan Ingenhousz. 오스트리아 황제의 주치의였으며, 처음에는 브레다에서, 그 후에는 런던에서 활동했다. 1730년 네덜란드 브레다에서 태어나 1799년 런던 근처에서 사망했다.

것을 1779년 여름에 발견했다고 하는데, 모든 식물 부위는 항상 이산화탄소를 배출하지만, 녹색 잎과 새싹은 햇빛 아래나 밝은 낮 동안에는 산소를 방출한다는 것을 발견했다고 말했다. 따라서 잉엔하우스는 탄소의 동화작용과 식물의 진정한 호흡을 발견했을 뿐만 아니라, 두 현상의 조건과 의미를 서로 구분했다. 따라서 그는 발아하는 식물과 다 자란 녹색 식물의 영양 사이의 큰 차이점, 하나는 빛에 독립적이고 다른 하나는 빛에 의존한다는 명확한 개념을 가지고 있었으며, 대기의 이산화탄소가 식물 내 탄소의 주요 혹은 유일한 공급원이라고 생각했음을 보여 준다. 그는 하센프라츠(Hassenfratz)의 어리석은 주장, 즉 탄소가 뿌리를 통해 땅에서 흡수된다는 주장에 대해, 만약 그렇다면 큰 나무가 같은 장소에서 수백 년 동안에 걸쳐 양분을 얻을 수 없다고 반박했다. 이 잉엔하우스의 발언에는 어느 정도의 대담함과 자신의 신념에 대한 상당한 자신감이 있다. 당시 대기의 이산화탄소의 절대량은 밝혀지지 않았으며, 공기의 다른 구성요소에 비해 그 양이 적었기 때문에 일부 사람들은 식물이 축적하는 엄청난 양의 탄소 공급원이 대기임을 인정하기에 주저했을 것이다.

잉엔하우스가 1779년의 관찰 결과를 새로운 화학적 관점으로 설명하면서 식물영양 원리의 기초를 세우기 이전에, 제네바의 세네비에[30]는 빛이 식물에 미치는 영향을 1782년부터 1788년까지 장기간

30 Jean Senebier. 1742년 제네바에서 상인의 아들로 태어나 1765년에 복음교회 목사가 되었다. 파리를 방문한 후 그는 『도덕 이야기(*Moral Tales*)』를 출판했고, 친구 보네(Bonnet)의 제안으로 하를렘에서 관찰 기술에 관한 에세이 경연대회에 참가해 2등을 수상했다. 1769년 그는 찬시(Chancy)의 목사가 되었고, 1773년 제네바의 사서가 되었다. 이 시기에 그는 다른 문학 작업 중에서도 스팔란차니(Spallanzani)의 중요한 저서들을 번역했으며, 팅그리(Tingry) 밑에서 화학을 공부하고 빛의 영향에 관한 연구를 수행했다. 1791년 그는 『방법 백과사전

연구했고, 그 결과를 바탕으로 영양 이론을 세워 1800년에 다섯 권의 장황한 저서 『식물생리학(*Physiologie végétale*)』에 발표했다. 이 저서에는 중요하지 않은 많은 세부사항과 지루한 수사적 표현들 속에 몇 가지 귀중한 내용이 숨겨져 있다. 하지만 세네비에의 화학 지식은 잉엔하우스보다 더 나았으며, 당시의 화학 문헌에서 제공하는 모든 흩어진 사실들을 모아 영양 과정을 더 완전한 형태로 구성하려 했다는 점은 인정해야 한다. 그 당시에는 식물 내부의 영양 과정을 일반적인 화학 법칙에 따라 판단해야 한다는 원칙이 특히 중요했다. 세네비에는 유기 생명체는 흙, 물, 공기의 구성요소들이 서로 영향을 미치는 무대라고 말했다. 한편, 분해는 일반적으로 빛의 영향으로 발생하는데, 빛은 식물의 녹색 부분에서 이산화탄소에서 산소를 분리한다. 그는 모든 식물의 기본 구성요소는 동일하며, 차이는 단지 그 양뿐이라고 주장한다(『식물생리학』 2권 304쪽). 그는 식물의 기본 구성요소와 복합적 구성요소를 차례로 설명하며, 당시의 관점에 따라 빛과 열을 물질적인 요소로 다룬다. 그는 식물 내 염류의 의미에 관한 오래된 질문을 매우 길게 다뤘는데, 식물의 수액에서 발견되는 질산염, 황산염, 암모니아가 외부에서 유입된 것인지, 아니면 구성요소들에서 형성된 것인지 결정하려는 그의 시도는 쓸모 있다고 할 수 있다. 그는 결국 전자의 가능성이 더 크다고 결론지었다. 식물의 탄소 대부분이 대기에서 유래한다는 것은 잉엔하우스의 저서를 읽은 사람들에게는 거의 의심

(*Encyclopaedie méthodique*)』에 식물생리학에 관한 기사를 썼다. 제네바에서의 혁명으로 그는 보(Vaud) 주로 이주했고, 그곳에서 그는 다섯 권으로 된 『식물생리학(*Physiologie végétale*)』을 집필했다. 그는 1799년 제네바로 돌아와 성경의 새로운 번역 작업에 참여했다. 1809년 제네바에서 사망했다(『세계 전기(*Biographie Universelle*)』).

의 여지가 없었다. 그러나 세네비에는 이 질문에 특별한 관심을 기울인다. 그는 모든 협력 요소들을 고려했는데, 특히 빛에 의해 방출되는 산소가 식물이 흡수한 이산화탄소에서 나온다는 것, 녹색 부분만이 이 분해를 수행할 수 있다는 것, 그리고 자연에는 식물의 양분으로 공급할 충분한 이산화탄소가 있다는 것을 다시 한 번 증명하려고 노력했다. 그러나 그는 녹색 잎이 주변에 있는 기체 상태의 이산화탄소를 분해한다고 확신했음에도 불구하고, 이 물질이 주로 뿌리에서 상승하는 수액과 함께 잎으로 들어간다고 생각했으며 이 견해는 후에 연구자들에게 종종 더 큰 오류를 초래했다.

세네비에의 책은 지루하고 장황해서 당연히 받아야 할 평가와 영향을 누리지 못했다. 게다가 그의 연구는 중요한 내용, 간결한 문체, 명확한 사고를 갖춘 더 우수한 작품의 등장으로 인해 짙은 그늘에 가리게 된다. 이 작품은 1804년 **테오도르 드 소쉬르**[31]의 『식물에 관한 화학적 연구(*Recherches chimiques sur la végétation*)』로, 새로운 관찰과 새로운 결과를 포함하고 있으며, 더 중요한 것은 새로운 방법론을 제시했다는 것이다. 소쉬르는 주로 정량적 방식으로 영양 문제를 다뤘다. 따라서 그가 제기한 질문들이 더 명확하게 드러났고, 그의 실험 또한

---

31 Nicolas Théodore de Saussure. 1767년 제네바에서 태어나 1845년 그곳에서 사망했다. 그는 유명한 알프스 탐험가의 아들로, 몽블랑과 콜 뒤 자앙에서 관찰을 수행할 때 그의 아버지가 도움을 주었다. 그의 『화학적 연구(*Recherches chimiques*)』의 서막에 해당하는 식물과 관련해서 탄산에 관한 논문을 1797년에 썼으며, 전자의 저서는 과학계의 큰 주목을 받아 프랑스 학술원의 회원으로 선출되었다. 그는 문학적 취향을 가진 사람이었으며, 공공 업무에도 참여하여 제네바 의회에 여러 차례 선출되었다. 그는 은둔 생활을 선호했기 때문에 교수직을 맡지 않았다고 한다. 자세한 내용은 『세계 전기』의 보충편과 포겐도르프(Poggendorf)의 『문학적 전기 사전(*Biographisch-litterarisches Handwörterbuch*)』을 참조하시오.

테오도르 드 소쉬르

매우 능숙하게 수행되어 분명한 답을 성공적으로 얻을 수 있었다. 그는 실험 결과가 명확하게 드러날 수 있도록 실험을 관리할 줄 알았는데, 그의 결과들은 덜 숙련된 실험자들이 자신의 불확실성을 감추기 위해 사용하는, 이른바 세밀한 데이터 같은 것들에서 복잡하게 계산해 낼 필요가 없었다. 정확한 정량적 결과로 표현되는 소쉬르 작품의 직접성, 간결성, 논리적 추론과 명확한 사고를 보면, 헤일즈에서 우리 시대까지 식물영양을 연구해 온 어떤 사람보다 큰 자신감과 확신이 드러난다.

소쉬르의 『식물에 관한 화학적 연구』에는 헤일즈의 『정역학 에세이』와 마찬가지로 후대 연구자들이 이론을 구성할 목적으로 거듭 인용해 온 사실들이 포함되어 있지만, 이 두 저서 모두 공통으로 자신의 이론적 연결은 항상 간과되었다. 이 주제와 관련된 중요한 질문들에 관한 일련의 실험 결과들이 포함되어 있지만, 이 결과들이 일관된 이론으로 서로 연결되어 있지 않아서 이런 작품은 이해하기가 쉽지 않다. 그럼에도 이론적 연결이 서론과 요약에 짧게나마 제시되어 있기에, 그 모든 세부 내용을 주의 깊게 공부해서 깨닫는 것은 독자의 몫으로 남는다. 소쉬르의 의도는 과학을 가르치는 것이 아니라 기초를 마련하는 것이며, 사실을 전달하는 것이 아니라 그것들을 확립하는 것이었다. 따라서 문체는 예상할 수 있듯이 건조하고 매력적이지 않다. 그는 제한된 경험 때문에 지나치게 조심스러워 보이는데, 만약 그의 원리를 뒷받침하는 귀납적 증거가 좀 더 교육적인 성격의 연역적 설명과 함께 제시되었다면 나중에 많은 오류를 확실히 피할 수 있었을 것이다.

소쉬르가 조사한 식물의 과정들은 대부분 잉엔하우스와 세네비에가 오랜 시간 연구하고 설명한 것들과 다르지 않다. 그러나 소쉬르는 이를 넘어 정량적 결정을 통해 식물이 흡수하고 배출하는 물질의 양을 비교하여 무엇이 남는지를 보여 주었다. 이런 식으로 그는 두 가지 중요한 발견을 했다. 물의 요소들이 탄소와 동시에 식물에 고정된다는 것과 질산염과 무기물이 도입되지 않으면 정상적인 식물영양이 이루어지지 않는다는 것이다. 그러나 소쉬르의 생리학적 공헌을 제대로 이해하려면 그의 세부 실험들을 더 깊이 살펴봐야 한다.

우선 그의 식물 내 탄소 동화에 관한 연구를 생각해 보자. 여기서 중요한 결과는, 식물을 둘러싼 대기 중에 이산화탄소의 양이 많아도 식물이 이를 충분히 분해할 수 있는 상태, 즉 충분히 강한 빛에 노출될 때에만 생장에 이용할 수 있다는 것이다. 그늘이나 어두운 곳에서 대기의 이산화탄소량이 증가하면 오히려 식물에 불리하며, 그 양이 8%를 초과하면 절대적으로 해롭다. 한편, 그는 빛 조건에서 녹색 부분이 이산화탄소를 분해하는 것이 식물에 꼭 필요한 활동이라는 것을 발견했는데, 식물이 이를 하지 못하면 죽는다는 것을 알게 되었다. 그는 식물 내부에서 이산화탄소 분해와 함께 일어나는 화학적 과정에 대한 명확한 통찰을 갖는다. 그것은 식물이 탄소 동화를 할 때 흡수한 탄소량보다 증가한 건조량이 더 많은데, 이는 물의 구성요소들이 동시에 고정되기 때문이라는 것이다. 이 사실의 완전한 의미는 탄소의 화합물에 관한 이론, 즉 유기 화학이 더 발전한 후에야 이해할 수 있었다. 소쉬르는 잉엔하우스보다 더 명확한 증거 제시를 통해 물에 용해된 토양 성분에서 유래하는 식물의 구성 물질은 극히 일부분에 불과하고, 식물체 대부분이 대기의 이산화탄소와 물의 성분으로 구성된다는 결론에 도달했다. 그는 식물의 생육을 유지할 수 있는 토양에는 물에 용해되는 물질의 양이 적다는 사실을 통해 그리고 생장 실험과 일반적 고찰을 통해 이를 확신했다.

식물의 산소 호흡에 관한 소쉬르의 연구도 중요하다. 이는 앞서 잉엔하우스가 발견해서 엄연한 사실로 받아들여지고 있었다. 그러나 소쉬르는 이 호흡 과정 없이는 식물의 발아조차 불가능하다는 것을 보여 주었다. 발아하는 식물에는 동화된 물질이 풍부함에도 불구하고 말이다. 그는 또한 녹색 잎과 막 피어나는 꽃, 그리고 보통 생명 활동이 더 활발한 식물 부분이 덜 활동적이고 휴식 상태에 있는 부분보다 호흡을 위해 더 많은 산소를 필요로 한다는 것을 보여 주었다. 그는 발아 중인 식물의 유기 물질이 호흡으로 인해 잃는 무게를 측정했으며, 이는 배출된 탄소의 무게보다 더 크다는 것을 발견했다. 그러나 당대의 화학은 이 사실을 확실히 설명할 수 없었다. 마지막으로, 소쉬르는 나중에 (1822년) 꽃의 내부 열과 산소 소비 간의 주요 관계를 발견했다. 이렇게 소쉬르는 비록 그 상호 연관성을 완전히 설명하지는 못했지만, 현대 식물 호흡 이론의 가장 중요한 요소들을 제공했다.

잉엔하우스 이전의 시대에는 헤일즈의 견해에도 불구하고 식물이 대부분의 양분을 흙과 물에서 얻는다고 생각하는 것이 일반적이었다. 그러나 식물 구성 물질의 주요 요소인 탄소가 대기에서 온다는 것이 알려지고, 그 물질 대부분이 가연성이라는 점이 밝혀지면서, 재를 형성하는 비가연성 성분들이 식물영양의 일부인지에 대한 의문이 자연스럽게 제기되었다. 이 질문에 대해 많은 생리학자들은 부정적인 답을 내렸지만, 소쉬르는 반대 견해를 고수했다. 그는 모든 식물의 재에서 발견되는 특정 성분들이 우연한 혼합물로 간주되어서는 안 되며, 그들이 적은 양으로 존재한다는 사실이 곧 그들이 필수적이지 않다는 증거가 되는 것은 아니라고 주장했다. 그는 누구도 따라 할 수 없을 만큼 많은 식물의 재를 분석해서, 재에 특정 물질이 존재한다는 것과 그것이 식물기관의 발달 상태에 특정한 관계가 있음을 보여 주었다. 예를 들어 그는 발달 중인 어린 식물 부분에 알칼리와 인산이 풍부한 반면 오래되고 비활성인 부분은 석회와 규산이 가장 풍부하다는 것을 발견했다. 더 중요한 것은, 흙이 아닌 증류수에서 물에 떨어진 먼지 입자만큼 소량의 재 성분만을 주면서 식물을 키우는 실험을 통해 이렇게 자란 식물에서 가연성 유기물질의 증가는 매우 미미하다는 것, 따라서 식물이 충분한 양의 재 성분을 흡수하지 못하면 정상적인 식물로 자라지 못한다는 것을 보여 주었다. 이는 중요한 문제에 대한 매우 중요한 결과였다. 불행히도 소쉬르는 이러한 결과를 적절히 강조만 하고 근본적인 중요성을 지적하는 데는 소홀하여, 1830년 이후까지도 재 성분이 식물에 필요하다는 점에 대해 의문이 제기되었다.

소쉬르의 시대에는 질소가 살아 있는 식물의 구성 물질에 포함된다는 것이 알려져 있었다. 문제는 그것이 어디서 유래하느냐는 것이었다. 대기의 4/5가 질소로 구성되어 있다는 것이 알려져 있었기 때문에, 식물이 질소 함유물질을 형성하는 데 질소를 사용할 것이라고 생각하는 것이 자연스러웠다. 소쉬르는 부피 측정법으로 이 질문을 해결하려고 노력했지만, 나중에 밝혀졌듯이 이 방법은 신뢰할 수 없었다. 그런데도 그는 식물이 대기의 질소를 동화하지 않는다는 옳은 결론에 도달했다. 따라서 이 기체는 화학적 결합 형태로 뿌리에 의해 흡수되어야 한다. 그는 식물 생장 실험을 통해 그 형태가 무엇인지 결정하지 않았지만, 흙에 있는 식물이나 동물의 잔해 또는 거기서 나오는 암모니아 증기가 식물의 질소원일 것으로 추측하는 데 만족했다. 이 질문은 분명히 소쉬르가 최초로 제기했고, 이후 오랜 논의의 주제가 되었으며, 결국 50년 후 부싱고(Boussingault)의 실험에 의해 최종적으로 해결되었다.

소쉬르는 재의 구성 성분의 중요성에 관한 연구에서 뿌리가 염분 및 기타 물질의 용액을 정확히 어떤 형태로 흡수하는지에 대한 질문을 제기했다. 그는 심지어 뿌리가 독성 물질도 포함된 다양한 물질을 흡수한다는 것을 발견했으며, 따라서 융이 한때 가정했던 선택 능력은 존재하지 않는다고 결론지었다. 한편, 용액이 뿌리에 들어갈 때는 항상 (그 구성이) 변하는 것처럼 보였다. 왜냐하면 그의 실험에서는 언제나 뿌리가 흡수한 염분에 대한 물의 비율이 용액에서의 비율보다 크며, 동일한 조건에서 비교했을 때 어떤 염류는 더 많은 양이 식물에 들어가고, 어떤 것은 더 적은 양이 들어가는 것을 발견했다. 그러나 이 당시와 그 이후로도 오랜 시간 동안 이러한 사실을 이해하고 제대로 설명할 수 없었다. 확산 이론이 아직 알려지지 않았고, 소쉬르가 제기한 이 질문에 대한 해답이 밝혀지기까지 50년에서 60년이 걸렸다.

이러한 것들이 1804년 소쉬르의 저작에서 가장 중요한 내용이었다. 식물생리학의 중요한 몇 가지 질문에 대한 그의 후속 기여는 나중에 언급할 것이다. 『화학적 연구』의 내용과 1780년 이전에 알려진 식물영양 화학을 비교하면, 24년 동안 이루어진 엄청난 진보에 경이로움을 느낀다. 18세기 후반에는 17세기 후반보다 영양 이론에 있어서 더 풍부한 성과를 낳았다. 두 시기는 모두 식물학의 모든 분야에서 새로운 관점을 엄청나게 발전시켰다는 공통점이 있다. 또한 두 시기 모두 더 긴 비활동 기간이 뒤따랐다는 점에서 비슷하다. 헤일즈와 잉엔하우스 사이의 시간은 매우 비생산적이었으며, 소쉬르의 위대한 저서가 출판된 후 30년 동안도 마찬가지였다. 그러나 그 기간 동안에도 프랑스에서는 일부 좋은 연구가 이루어졌음을 인정해야 하며, 반면 독일에서는 주요 식물학자들이 새로운 이론을 크게 오해했다. 이는 다음 절에서 볼 수 있다. 이러한 오해 중 하나는 소쉬르 자신이 야기한 것이었으며, 1860년 이후에야 해소되었다. 그는 빨간 잎을 가진 Atriplex hortensis[32]가 일반적인 녹색 잎만큼 이산화탄소에서 산소를 잘 분리하는 것을 관찰했다고 말했다. 이 단일 관찰만으로 그는 식물의 녹색 부분이 탄산을 분해하는 데 필수적이지 않다는 성급한 결론을 내렸다. 하지만 만약 그가 빨간 잎의 표피를 제거했더라면 내부 조직이 일반 녹색 잎만큼 짙은 녹색으로 색칠되어 있다는 것을 발견했을 것이다. 보통 매우 신중한 관찰자였던 그가 이 한 번만은 부주의했다. 후속 연구자들은 흔히 그렇듯이 바로 정확히 이를 약점의 근거로, 식물생리학에서 가장 중요한 사실 중 하나인 엽록소를 포함한 세포만이 산소를 방출한다는 사실에 반복적으로 의문을 제기했다.

생기, 호흡과 발열, 내삼투(1804-1840)

소쉬르가 화학적 영양 연구를 발표한 뒤 20년 동안 식물영양 이론은 가야 할 방향도 정하지 못했으며, 이미 관찰된 많은 것들도 제대로 이해하지 못했다. 다양한 상황이 식물 영양학 분야에서 오해를 불러일으켰다. 특히 이 시기에 생명체에 특수한 생명 원리나 힘, 즉 생기(生氣)가 있다고 여기는 경향이 더욱 강하게 나타났다. 다양하고 놀라운 능력을 지닌 생기는 원소 물질, 열 등을 무(無)에서 만들어 낼 수 있다고 여겼다 어떤 생명현상이 물리적 또는 화학적 법칙으로 설

32 붉은 오크라, garden orache.

명하기 어려울 때, 그 문제의 현상을 설명할 수 없는 방식으로 일으키는 것이 생기라고 생각했다. 하지만 후에 더 심오한 사상가들의 관심을 끌게 된, 물질세계를 지배하는 보편적 힘 외에 유기체 내에서 작용하는 특수한 힘이 있는지에 대한 질문이 이때 제기된 것은 아니었다. 왜냐하면 이런 질문이 있었다면 분명히 모든 생명현상을 물리적 또는 화학적 법칙으로 설명하려는 진지한 노력이 먼저 있어야 했기 때문이다. 실상은 이와 반대로 이 시기의 사람들은 생기의 존재를 입증된 것으로 가정하고, 이를 다양한 현상의 원인으로 삼음으로써 그 결과가 어떻게 생성되는지를 설명할 필요가 없어지는 편리함을 취했다. 한마디로 생기의 설정은 탐구를 자극하는 가설이 아니라, 모든 지적 노력을 불필요하게 만드는 환영이었다.

생리학의 발전을 방해한 또 다른 장애물은, 특히 수액의 이동과 관련된 영양 문제에서, 우리의 두 번째 책에서 설명한 것처럼 식물 내부 구조에 관한 연구의 미비 상태였다. 예를 들어, 하강 수액의 문제는 뒤 프티-투아르의 싹뿌리(bud roots) 이론, 즉 싹뿌리가 줄기의 껍질부와 목질부 사이로 내려간다는 이론으로 인해 매우 복잡해졌다.[33] 목질부의 관에서 수액이 상승한다는 라이헬(Reichel)의 근거 없는 생각은 널리 받아들여졌고, 어떤 이들은 유조직의 세포 간 공간이 실제로 수액을 운반하는 기관이라고 주장하는 더 큰 오류를 범했다. 1812년 몰덴하버는 목질부의 관이 공기를 포함한다고 주장했지만, 일반적인 확신을 불러일으키지는 못했다. 그리고 1821년 트레비라누스는 기공이 공기의 출입구 역할을 한다고 주장했다. 자연철학자

---

33 [역주] 여기서 싹뿌리는 식물의 지상부에서 발생하는 뿌리인 부정근이 아니라, 수액수송의 역할을 하는 가상의 기관을 의미하는 것으로 보인다.

들, 예를 들어 키저(Kieser) 같은 사람들이 식물영양과 수액의 이동에 대해 말한 것을 여기서 언급할 필요는 없지만, 이 학파의 과장된 주장을 거부했던 사람들조차도 잉엔하우스, 세네비에, 소쉬르의 연구를 활용하거나 이어가지 못했다. 이를 보여 주는 예로, 링크가 그의 저서 『해부학과 생리학의 기초(*Grundlehren der Anatomie und Physiologie*)』(1807)에서 잎의 기능에 관해 언급한 것을 들 수 있다. 그는 202쪽에서 잎의 기능이, 헤일즈에 따르면 증산, 보네에 따르면 흡수, 비에르칸더(Bjerkander)에 따르면 다양한 액체의 배출과 분비, 헤드비히에 따르면 즙의 저장이며, 잎이 식물의 녹색 표면을 증가시키고 기공과 털을 지니며 풍부한 유조직에 다량의 즙을 보유하고 있기 때문에 이러한 모든 기능을 잎에 부여할 수 있지만, 그중 어느 것도 독점적이지 않다고 말한다. 잎의 중요한 역할인 이산화탄소의 분해에 대해서는 언급하지도 않는다. 잉엔하우스, 세네비에, 소쉬르의 학설이 무시되는 일은 일반적이었으며, 특히 독일에서 그랬다. 이는 껍질부에서 하강 수액의 존재를 2세기 전에 증명했던 것처럼, 줄기에서 껍질부 테두리를 벗겨 내는 비슷한 실험을 통해 다시 입증하려는 노력에서 볼 수 있다. 반면, 탄소를 포함한 식물 물질이 오직 녹색 잎에서만 형성된다는 단순한 사실을 고려하면, 소위 하강 수액은 당연할 것이기 때문에 이 문제에 대한 훨씬 명확한 이해로 이어졌을 것이다. 그러나 하강 수액의 이동에 관한 실험에 참여한 사람들은 이 고려를 완전히 간과하거나 부수적으로만 언급했다. 이는 코타(Heinrich Cotta)의 『식물에서 수액의 이동과 기능에 대한 자연 관찰(*Naturbeobachtungen uber die Bewegung und Function des Saftes in den Gewächsen*)』(1806) 그리고 나이트(Knight)의 나무의 두께 생장을 다룬 유용한 실험에서도 마찬가지다. 드캉돌과 뒤트로셰(Dutrochet)가 녹색 잎이 동화 기관이라는 사실이 줄기에서 수액 이동 문제의 결정적 요소여야 한다고 인식한 것은 1830년 이후였다.

1820년에서 1840년 사이에 식물영양에 관한 이론은 한 가지를 제외하고는 거의 진전이 없었다. 그 한 가지는 식물의 모든 부분에서 산소를 흡수한다는 것이었는데, 이 현상과 관련된 이론은 꽤 탄탄해졌고 새로운 사실들이 많이 제시되었다. 사실 이는 당시의 상황에 적합한 주제였는데, 동물의 호흡과 여러 면에서 유사점이 많았기 때문이다. 1819년 그리쇼(Grischow)는 균류가 이산화탄소를 분해하지 않으며, 산소를 흡수하고 이산화탄소를 배출한다는 것을 보여 주었다. 마르셋(Marcet)은 1834년에 이 주제를 더 발전시켰다. 소쉬르가 1822년에 꽃의 산소 흡수에 관한 훌륭한 연구를 발표했는데, 이 연구에서 우리는 식물 발열(heat) 이론의 기초를 마련했고, 이에 대해서는 다시 언급할 것이다. 뒤트로셰는 1837년에 처음으로 식물과 동물의 호흡을 정교하게 비교했고, 소쉬르가 이미 인식한 것처럼 생장뿐만 아니라 식물의 감각도 산소, 즉 호흡에 의존한다는 것을 보여 주었다. 산소 흡입이 식물에서 동물과 동일한 역할을 한다는 사실을 알게 됨으로써 식물의 발열이 동물과 마찬가지로 단순히 호흡의 결과라고 생각하게 되었다. 1822년 이전 식물 발열에 대해 수행된 실험들을 길게 설명할 필요는 없다. 이 실험들은 질문이 명확하지 않아 모두 실패할 수밖에 없었다. 이 실험들에서는 열이 식물의 온도를 올려 주변에서 느껴질 것이라고 가정했는데, 가장 찾기 어려운 곳인 목재, 과일, 덩이줄기, 그리고 일반적으로 휴지 상태의 비활성 부위에서 이를 찾으려고 했다. 게다가, 괴페르트(Göppert)가 1830년에 출간한 책 『식물의 발열에 관하여(*Ueber die Wärmeentwicklung der Pflanzen*)』에 소개된 이전의 실험들 역시 매우 어설프게 수행되어 어떤 결과도 얻을 수 없었다. 또한 식물이 동물처럼 내부 열을 실제로 발생시키는지의 여부는 꽃에서 열이 활발하게 발생하는 몇 가지 사례로는 결정할 수 없었는데, 이는 당시 생기론과 관련하여 꽃이 생식기관으로서 단독으로 열을 발생시키는 능력이 있다는 생각이 널리 퍼져 있었기 때문이다.

라부아지에는 1777년에 흡입한 산소에 의해 탄소를 포함한 물질이 연소되는 것이 동물의 열원이라는 것을 명확히 인식하고 실험으로 이를 증명했다. 세네비에는 온도계로 Arum(아룸속)[34]의 꽃차례에서 온도가 상승하는 것을 처음으로 관찰한 사람으로, 1800년에 출간한 그의 생리학 저서(『식물생리학』 3권 315쪽)에서 산소의 활발한 흡수가 이 현상의 원인일 수 있다는 것을 암시했다. 1804년 보리 드 생뱅상(Bory de St. Vincent)은 마다가스카르의 대농장 소유자인 위베르(Hubert)가 한 천남성과(Aroideae) 식물 꽃차례에서 열이 발생할 때 수변 공기가 동물의 호흡이나 연소에 도움이 되지 않는다는 것을 관찰했다고 보고했다. 그러나 소쉬르가 1822년에 산소 흡수와 꽃의 온도 상승 간의 연관성을 직접 증명할 때까지 이러한 징후들은 무시되었다. 이렇게 식물의 발열이 그들의 호흡과 직접 연관된 보편적 사실이라는 것을 인식하기까지는 오랜 시간이 걸렸다. 이런 개념이 확실히 자리 잡았더라면, 괴페르트가 1830년 저서에서(『식물의 발열에 관하여』 228쪽) 식물은 생애 어느 시점에서도 열을 생성하는 능력이 없다고 주장하면서 소개한 사실들 모두가 깨끗이 폐기되었을 것이다. 그러나 1832년에 괴페르트는 발아하는 식물, 비늘줄기, 덩이줄기, 그리고 식물체의 더미에서 온도가 상승하는 것을 관찰한 후 이 견해를 철회했다. '생기' 개념의 지배하에서 생리학자들이 자연 발열이 단순한 원리를 굳게 고수하고, 독단적 관찰들에 휩쓸리지 않기가 얼마나 어려웠

34 [역주] 천남성과의 속.

는지는 1835년 드캉돌의 표현과 1838년에 트레비라누스의 표현에서 잘 드러난다. 따라서 마이엔이 그의 『새로운 체계』(1838) 2권에서 이 원리를 열렬히 지지하면서, 식물의 발열이 식물체의 호흡 등 화학적 과정의 필연적인 결과라고 주장하는 것을 보면 신선한 느낌이 든다. 마이엔 자신은 새로운 관찰을 제시하지 않았지만, 브롤리크(Vrolik)와 드 브리제(De Vriese)는 1836년과 1839년에 걸쳐 천남성과 식물의 꽃에서 열 생성이 산소 흡수에 의존한다는 것을 실험으로 증명했다. 이 원리의 일반화와 관련하여 더 중요한 것은 1840년 뒤트로셰가 온전기 장치를 사용하여 심지어 자라는 새싹도 소량의 열을 생성한다는 것을 증명하려는 시도였다. 이러한 관찰 중 일부 세부 사항에는 이의가 있을 수 있다. 예를 들어, 열 발생과 동시에 작동하는 냉각 요인이 더 큰 효과를 발휘할 수 있기 때문에 식물에서 열 생성이 반드시 온도 상승으로 이어지지 않는다는 점이 무시되었다. 그럼에도 이 실험들은 보편적 원리에 대한 명확한 인식에 기초하고 있다는 것을 부정할 수 없다. 하지만 식물의 자연 발열에 관한 이론은 소쉬르, 브롤리크, 드 브리제, 뒤트로셰가 관찰한 결과들뿐 아니라 라부아지에의 원리를 마이엔과 뒤트로셰가 강력히 주장함으로써 확립되었는데, 이 이론이 식물생리학의 진리로 자리 잡기까지는 30년이 걸렸다.

생명체에서 자연 발생하는 열이 호흡에 의해 유도된 화학적 과정의 산물이라는 것이 인식되면서 생기라는 조잡한 개념은 주요 지지 요소 중 하나를 잃었다. 생명체의 발열은 아리스토텔레스 시절부터 생명 원리의 결과로 간주되었던 것이다. 그리고 이제 또 다른 발견이 이루어졌는데, 이 발견은 지금까지 생기의 작용에 맡겨 왔던 일반적이고 중요한 생명현상을 기계적 원리로 설명하는 계기가 되었다. 브레슬라우의 피셔(Fischer) 교수가 1822년 내삼투(endosmosis) 현상

앙리 뒤트로셰

을 최초로 발견했는지 여부는 중요하지 않다. 왜냐하면 이 주제를 처음으로 정확하게 연구한 사람은 **뒤트로셰**[35]였으며, 특히 살아 있는 유기체에서 발생하는 특정 현상을 설명하는 데 있어 내삼투의 엄청난 가치를 최초로 인식한 사람도 그였기 때문이다. 그는 1826년부터 1837년까지 여러 차례 이 의미를 강조하며, 식물에서 나타나는 다양한 현상을 이 작용과 연결시키려고 노력했다. 그는 살아 있는 생물체에서 내삼투의 기계적 효과를 처음으로 관찰했다. 수생 곰팡이의 유주자 탈출과 달팽이의 정액 저장소에서 정자의 방출을 관찰한 그는 생명체의 막 안쪽에 포함된 더 농축된 용액이 주변 물을 끌어당겨 내부 공간으로 물을 밀어 넣고 그곳에서 상당한 압력을 가할 수 있다는 가설을 이끌어 냈다. 내삼투의 이러한 기계적 효과에 주목하고 다양한 생명현상을 설명했던 공로는 항상 뒤트로셰에게 돌려야 한다. 그 이전에는 기계적 설명을 생각조차 하지 못했던 많은 것들이 이제 기계적 원리로 추적될 수 있었으며, 이 원리의 효과는 인공

---

35 Henri Joachim Dutrochet. 1776년에 태어났으며, 앵드르 지방에 속한 귀족 가문 출신으로, 혁명 중에 재산을 잃었다. 그래서 의학을 직업으로 삼았고, 1806년에 파리 의과대학에서 학위를 취득했다. 1808년과 1809년에 군의관으로 스페인에 있는 군대에 배속되었으나, 가능한 한 빨리 실무를 은퇴하고 투렌에서 몇 년 동안 지내면서 생리학 연구에 전념했다. 1819년에 프랑스 아카데미의 교신 회원이 되어 자신의 발견을 그곳에 보냈다. 1831년에 정회원이 된 그는 그 이후 겨울을 파리에서 보냈다. 그는 머리 부상으로 인해 2년간 고통받은 후 1847년에 사망했다. 뒤트로셰는 1820년 이후 동물 및 식물생리학에서 구 생기론 학파를 대체한 현대 사상의 가장 성공적인 옹호자 중 한 사람이었다. 1847년 자 『종합 소식(*Allgemeine Zeitung*)』 780쪽을 참조하시오.

장치를 이용해 보여 주어 더 정확히 연구할 수 있게 되었다. 뒤트로셰는 식물 조직의 모든 긴장 상태(즉, 팽팽한 정도)는 내삼투와 외삼투[36] 원리로 곧바로 설명할 수 있다는 사실에 특별한 의미를 두었지만, 그는 이 새로운 원리를 적용할 수 없는 경우에까지 확장했을 수 있으며, 이는 아래에서 다룰 것이다. 내삼투 자체의 본질에 대한 그의 설명이 현재로서는 구식으로 간주되어야 하지만, 수학자 포아송(Poisson)이나 물리학자 마그누스(Magnus)도 1830년경에 이 주제에 대한 만족스러운 이론을 세우지 못했다. 이후 20-30년 동안 뒤트로셰가 관찰한 현상들, 즉 그가 내삼투와 외삼투라고 부른 것들이 수분 확산의 복잡한 사례에 불과하다는 것이 밝혀졌으며, 이는 기체 확산과 함께 분자 물리학의 중요한 부분을 형성했다.

뒤트로셰와 그의 후계자들은 동물과 식물의 막을 이용하여 삼투에 관한 연구를 수행했는데, 식물의 막 구조는 복잡했다. 이들은 항상 더 농축된 용액으로 물이 내삼투되는 흐름 외에도 용액 자체가 빠져나가는 것을 관찰했으며, 이로부터 그는 두 액체를 분리하는 막을 통해 항상 반대 방향의 두 흐름이 있어야 한다고 결론지었다. 즉, 그의 표현에 따르면 내삼투는 항상 외삼투를 동반한다. 이 오류는 후에 내삼투 등가 이론으로 발전하여, 최근까지도 식물의 특정 현상을 수분 확산 과정으로 설명하는 것을 불가능하거나 어렵게 만드는 악영향을 미쳤다. 하나의 사례만 들자면, 슐라이덴은 만약 내삼투가 뒤트로셰가 이해한 대로 뿌리가 물을 흡수하는 유일한 원인이라면, 뿌리에는 이에 상응하는 외삼투가 있어야 한다고 판단했다. 그리고 프린

36 [역주] 내삼투(endosmosis)는 물이 세포 '안'으로 들어오는 현상을, 외삼투(exosmosis)는 물이 세포 '밖'으로 나가는 현상을 말한다.

셉(Macaire Prinsep)은 이를 '뿌리 배출'이라고 부르며 실제로 그것을 발견했다고 생각했고, 리비히도 최근까지 그 존재를 확고히 믿었다. 그러나 비그만(Wiegman)과 폴스토르프(Polstorff)의 연구(1842)와 이후의 더 신중한 소사에서는, 용해된 물질을 포함해 뿌리에서 흡수하는 많은 양의 물에 상응하는 눈에 띄는 외삼투에 의한 배출이 없다는 것을 보여 주었다. 뒤트로셰의 내삼투 이론은 식물영양을 위한 여러 물질이 식물 내부로 들어가고 퍼지는 방식을 만족스럽게 설명하지 못했다. 그러나 이러한 결함에도 불구하고, 이 이론은 확산 이론의 발전에 첫 번째 자극을 주었기 때문에 가장 큰 공을 인정받을 만했으며, 또한 식물에서 아직 설명되지 않은 다양한 현상을 설명할 수 있는 기계적 원리를 포함하고 있었다.

뒤트로셰는 가능한 모든 경우에 곧바로 이 원리를 적용하고 싶어 했는데, 주로 그의 상승 수액과 하강 수액에 관한 논문(『논문집(*Mémoires*)』, 1837) 1권 365쪽에서 이를 적용했다. 이 논문은 식물에서 수액 이동 문제를 명확히 이해하고 명쾌하게 처리했다는 점에서 이 주제에 관한 최고의 논문이라 할 수 있다. 특히 뒤트로셰가 잎의 기능을 상승 수액과 하강 수액 모두와 관련하여 정확하게 평가하고, 초기 염색액 실험의 근본적인 결함을 어느 정도 지적했다는 점은 특히 언급할 만하다. 상승 수액과 하강 수액의 경로에 대한 여러 좋은 관찰을 제시했는데, 특히 포도나무가 액체를 방출하는 봄에는 목질부의 도관이 수액의 이동에만 사용되지만, 증산으로 나무에 물이 가장 많이 흐르는 여름에는 도관이 공기 통로의 역할을 한다고 설명한 뒤, 그는 봄과 여름 모두에서 나무의 상승 수액을 가능하게 하는 힘을 상정했다. 그는 우선 항상 혼동했던 두 가지, 즉 잘린 뿌리줄기(rootstock)에서의 액체방출 현상과 증산하는 식물의 목질부에서 수액 상승 현상을 신중하게 구분했다. 그는 첫 번째는 추진력(압력)에 의해, 두 번째는 흡인력(장력)에 의해 발생한다고 생각했다. 현시점에서 우리는 이것을 액체방출이 일어나는 뿌리줄기에서는 물이 위로 '밀려' 올라가고, 증산하는 식물에서는 물이 '끌어' 올려진다고 말한다. 그런 다음 그는 이 추진 현상이 뿌리에서의 내삼투에 기인한다고 설명하며, 해부학적 조건에 대해서는 상세히 설명하지 않은 채, 뿌리줄기를 내삼투에 의해 빨려 들어온 액체가 관을 따라 흘러 올라가 넘치는 자신의 내삼투계 장치(endosmometer)와 비교한다. 이러한 방식으로는 문제를 매우 철저히 이해할 수 없지만, 적어도 이를 설명할 원리를 제시했다. 그러고 나서 그는 증산하는 식물의 목질부에서 상승하는 물의 이동을 세포에서 세포로의 내삼투 작용으로 설명하려고 시도했다. 이후에 밝혀진 바와 같이, 이 시도는 완전히 실패했지만, 그는 이전에 시도했던 모든 기계적 설명이 잘못되었음을 보여 주는 데는 성공했다. 그 주된 결과는 만족스럽지 않지만, 이 논문은 매우 많은 독창적인 실험과 예리한 주석을 포함하고 있다.

소쉬르를 제외하고, 1820-1840년의 식물생리학자 중 중요한 문제들을 철저하게 그리고 실험적으로 연구한 사람은 뒤트로셰뿐이었다. 앞서 언급한 그의 식물 호흡에 관한 논문은 그 자체로 훌륭했으며, 그 당시 매우 중요한 의미를 지녔다. 이 논문은 호흡에서의 화학적 과정, 기체의 출입을 처음으로 식물 내 공기 통로, 기공, 도관, 세포 간 공간과 올바로 연결시켰으며, 식물 내부의 공동에 포함된 공기의 성분을 신중히 조사했다. 이 논문은 1837년에 발표된 식물 호흡에 관한 가장 훌륭한 연구 결과였고, 오랫동안 그 지위를 유지했다. 뒤트로셰는 빛 조건에서 식물체가 방출하는 산소를 호흡의 주요 요소로 보고 대기 중에서 직접 흡수한 산소를 보조적인 것으로 여기는 실수를 했지만, 그가 엽록소가 있는 세포만이 이산화탄소를 분해한다는 사실의 중요성을 인식한 것만으로도 그 실수를 충분히 보상했다. 또한 산소의 흡수를 통한 호흡과 빛 조건에서의 이산화탄소 분해를 올바로 구분하는 더 큰 공헌을 했다. 이 두 과정은 당시와 그 이후에 식물의 주간 호흡과 야간 호흡으로 부적절하게 구분되었다. 1851년 가로(Garreau)가 이에 항의했음에도 적절치 못한 표현은 계속 사용되다가, 1860년 이후에야 한 현대 독일 생리학자가 식물의 호흡과 동화를 명확히 구분하는 데 성공했다. 또 다른 혼란은 1830년경 '수액의 순환'이라는 표현과 관련하여 발생했다. 코르티(Corti)가 발견하고 아미치가 더 정확히 설명한 녹조류 차축조과 세포에서의 '수액(원형질)의 순환' 현상이 고등식물에서도 발견된다는 주장이 그것이다. 뒤트로셰는 이 개념적 혼동을 지적하고, 동시에 슐츠-슐첸슈타인(Schultz-Schultzenstein)이 파리 아카데미에서 상을 받은 '생명 수액의 순환'이라는 터무니없는 이론을 반박한 공로가 있다(『논문집』 1권 431쪽).

다음 장에서는 뒤트로셰가 식물의 민감성 운동에 관해 자세히 수행한 연구를 살펴볼 것이다. 그는 이러한 움직임을 조직의 팽압에서 발생하는 내삼투 변화로 설명하려 했으나, 문제의 해부학적 조건을 충분히 고려하지 않았다. 여기서 우리는 뒤트로셰의 연구가 특히 독일에서 과소평가되어 식물생리학이 큰 피해를 보았다는 점을 언급해야 한다. 젊었을 때 뒤트로셰의 동시대 독일인 폰 몰과 슐라이덴, 그리고 후에 호프마이스터가 식물의 다양한 움직임에 대한 그의 기계적 설명에서 잘못된 점과 때로는 자의적인 점을 지적한 것은 옳았으며, 그가 때때로 모호하고 의심스러운 견해를 보였다는 것 역시 부정할 수 없다. 예를 들어, 그가 산소 흡입을 수액의 상승과 굴광성 생장의 기계적 조건으로 간주한 데는 명백한 증거가 없었으며, 그의 설명은 억지스러울 때가 잦았고 불가능한 것들도 있었다. 그럼에도 그의 생리학 저술은 여전히 많은 교훈을 주며 독자가 스스로 탐구하도록 한다. 뒤트로셰는 분명히 능력 있는 사람이자 독자적인 이론가였으며, 종종 편견 때문에 오도되기도 했지만, 동시에 낡은 생리학적 개념을 따르는 전통 방식에 용감하게 항의하고, 당시 유행하던 독단적 관찰과 설익은 발표 대신 자신의 연구와 다른 사람들의 연구를 신중하게 조사하는 방식을 취했다. 소쉬르의 『화학적 연구(*Recherches chimiques*)』 이후, 뒤트로셰의 『식물과 동물의 해부학적 및 생리학적 역사에 기여하는 논문집(*Mémoires pour servir à l'histoire anatomique et physiologique des végétaux et des animaux*)』(1837)은 1804-1840년까지의 긴 세월에 걸쳐 생리학 문헌에서 보여 줄 수 있는 최고의 작품임이 틀림없다. 후대 식물학자들이 그의 결점에 집착하는 대신, 식물생리학에 대한 그의 보편적 견해에서 진정으로 좋은 점들을 신중하게 발전시켰더라면, 이 식물학 분야는 1840-1860년의 쇠퇴를 겪지 않았을 것이다. 우리는 동시대 최고의 교과서인 드캉돌, 트레비라누스, 마이엔의 저서들과 비교함으로써 뒤트로셰의 위대함을 발견할 수 있다. 이들 중 어느 것도 예리함이나 깊이 면에서 뒤트로셰의 『논문집』에 필적하지 못한다.

방금 언급한 세 권의 교과서에는 식물영양 주제에 관한 새로운 사실이나 개념은 거의 없다. 세 권 모두 이미 알려진 것들을 편집한 것이며, 자료의 선택과 일반 이론을 제시하는 형식에서만 차이가 있었다. 그러나 오히려 이러한 이유 때문에 우리는 그들을 더 자세히 살펴봐야 한다. 이를 통해 당시의 시대정신과 경향이 식물생리학에 어떻게 반영되었고, 특히 영양 이론에 어떤 영향을 미쳤는지 배울 수 있을 것이다.

드캉돌의 두 권짜리 저서는 1832년에 프랑스어로 출판되었으며,

1권은 식물영양만 다루고 있다. 1833년에는 번역자인 뢰퍼가 많은 귀중한 주석을 추가하여 독일어판으로 『식물생리학 또는 식물의 생명력과 생명 활동에 대한 설명(*Pflanzenphysiologie oder Darstellung der Lebenskräfte und Lebensverrichtungen der Gewächse*)』을 출판했다. 이 책은 앞서 언급한 이 주제의 다른 두 책 그리고 뒤아멜, 무스텔(Mustel) 및 다른 작가들의 초기 저서들과 마찬가지로 지나치게 산만한 방식으로 다루어져, 많은 연구자들의 방대한 사실과 진술 속에 근본적으로 중요한 점들이 묻혀 버리는 경향이 있다. 이 책에는 시대에 뒤떨어져서 생략해도 되는 내용과 당시에는 생리학에 적용할 수 없었던 순수한 화학적 성질의 경험 자료가 많이 포함되어 있다. 그래도 이 책은 오랜 시간 동안 큰 관심을 받을 만했는데, 특히 독일에서 그랬다. 저자는 식물생리학을 독립적이고 독특한 지식의 분야로 다루면서 동시에 물리학, 화학, 식물해부학 및 생물학과의 연관성과 의존성을 무시하지 않고 식물의 생명현상을 완전하게 묘사하려 했다. 반면, 뒤아멜 이후 작성된 최고의 작품들은 특히 식물영양에 대해, 화학자와 물리학자 또는 나이트와 코타와 같은 식물 재배자들에 의해 작성되었으나, 이들은 주제를 주관적으로 다뤘으며 식물의 모든 현상에 대한 연관된 설명을 시도하지 않았다. 이 때문에 드캉돌의 『식물생리학(*Physiologie végétale*)』은 뒤아멜의 『나무의 물리학』 이후 가장 중요한 작품으로 평가받는다. 우리가 1758년부터 1832년의 기간 동안 식물생리학 전반과 특히 영양이론에서 어떤 진전이 있었는지 알고 싶다면, 이 두 책의 내용을 비교만 하면 된다. 이러한 진전이 상당하다는 것은 1권 끝부분에 요약된 드캉돌 자신의 영양 이론을 읽어 보면 분명히 드러난다. 이 요약은 그가 원동력, 원인 및 결과를 탐구하기보다는 식물 내부 경제 전체에 대한 명확한 설명을 제공하는 것이 목표였다는 것이 동시에 드러난다.

이것은 당연히 그가 생기 개념을 받아들였기 때문이다. 그는 네 종류의 힘을 구별했는데, 물리적 현상을 일으키는 인력과 화학적 현상을 일으키는 선택적 친화력, 그리고 모든 생리학적 현상의 근원인 생명력(생기), 모든 정신적 현상의 원인이 되는 영혼의 힘이 그것이다. 이 중 앞의 세 힘만이 식물에서 작용하며, 비록 식물의 어떤 현상이 물리적 또는 화학적 원인에 의한 것인지 밝혀내는 것이 필요하더라도, 식물생리학자의 주요 임무는 생기에서 비롯된 현상을 식별하는 것이며, 이러한 현상의 주요 특징은 식물이 죽으면 멈춘다는 것이다(『식물생리학』 6쪽). 따라서 모든 독특한 영양 현상, 즉 살아 있는 식물에서만 나타나는 현상은 생기의 영역에 속하게 된다. 그러나 드캉돌이 생기를 매우 절제된 방식으로 사용했고, 가능한 한 물리적 및 화학적 설명에만 의존하려 했음을 인정해야 한다. 그가 생기에 의지할 때는 그의 철학적 관점 때문이기보다는 그의 설명이 (본인의 연구보다는) 간접 정보와 전통에 의존했기 때문이다. 드캉돌은 아마도 당대의 어떤 식물학자보다 당시의 물리학과 화학에 더 통달했던 것 같고, 그가 뛰어난 계통학자이자 형태학자로서 연구에 몰두하면서도 이 주제들에 대해 많은 지식을 쌓았다는 점은 큰 공로로 인정해야 한다. 그러나 적어도 그의 말년에는 물리학적 연구가 부족해 관련된 사고방식에 결함이 드러났는데, 이는 생리학자에게 있어서 단순히 사실을 많이 아는 것보다 더 중요한 요소다. 이런 결함은 이 위대한 계통학자의 생리학 저서 바로 뒤에 출판된 트레비라누스와 마이엔의 생리학 저서들에서 훨씬 더 명확히 드러난다.

드캉돌은 먼저 식물 물질에 대한 현대 화학적 연구를 포함해 생리학에서 발견한 모든 사실을 종합한 다음, 식물에서 영양 과정을 묘사했다. "뿌리의 스펀지 조직[37]은 조직의 모세관 흡습 특성에 의해 주변의 물을 그 안에 포함된 염류, 유기물 또는 기체 물질과 함께 빨아들인다. 주로 세포 그리고 아마도 도관의 수축성에 의한 효과와 식물 조직의 흡습성과 모세관 현상에 의해, 그리고 공기의 배출 등으로 인해 생성된 간극의 영향에 의해, 뿌리가 빨아들인 물은 목질부 특히 세포 간 통로를 통해 잎으로 전달되는데, 잎에 의해 수직 방향으로, 피층세포(피질 유조직)에 의해 가로 방향으로 끌어당겨진다. 이 물의 상당 부분은 낮 동안 기공을 통해 순수한 물의 형태로 외부 대기로 증발하는데, 증발이 일어나는 기관에는 염류, 특히 모든 광물 입자를 남겨 둔다. 잎에 도달한 원수액은 그곳에서 햇빛과 만나며, 뿌리가 빨아들인 물에서 유래했든 대기 중 공기에서 유래했든, 또는 식물의 잉여 탄소와 함께 산소가 생성한 것이든, 원수액에 용해된 이산화탄소는 낮 동안 분해되어, 탄소는 식물에 고정되고 산소는 기체로 공기 중에 방출된다. 이 작용의 직접적인 결과로, 가장 단순하고 일반적인 상태에서 봤을 때 물 분자 한 개와 탄소 원자 한 개로 이루어진 일종의 고무 같은 물질을 형성하는 것으로 보이며, 이 물질은 약간의 변형으로 녹말, 설탕, 리그닌으로 쉽게 바뀔 수 있으며, 구성은 거의 동일하다. 이렇게 생성된 영양 수액은 야간에 잎에서 뿌리로 내려가며, 쌍떡잎식물에서는 껍질부와 변재(alburnum)의 목질부을 통해, 외떡잎식물에서는 목질부를 통해 내려간다. 내려가는 도중에 주로 껍질부나 영양 수액이 형성된 곳 근처에 있는 샘조직 또는 샘세포와 만나면, 수액이 이들을 채워 내부에서 특수한 물질을 생성한다. 이런 물질 대부분은 식물의 영양에 필요하지 않으며, 대기로 방출되거나 조직의 다

37 Spongioles. 프랑스 책에서는 여전히 사용하고 있으며, 리비히의 최신 작업에서 주요 역할을 한 스퐁졸의 불운한 발명품.

른 부분으로 수송된다. 영양 수액은 이동하는 동안 양분을 침전시키며, 이 양분은 목질부에서 상승하는 원수액과 혼합되거나 1기 방사조직(medullary rays)을 통해 껍질부의 유조직이 끌어당기는 물과 함께 흡수되어, 주로 둥글거나 약간 길쭉한 세포에 흡수되고, 그곳에서 더 세밀하게 처리된다. 주로 고무, 녹말, 설탕, 아마도 리그닌, 때로는 지질로 이루어진 양분의 저장은 이러한 목적을 위해 지정된 기관에서 활발하게 이루어지며, 이런 물질은 다른 기관의 영양을 위해 다시 이동한다. 뿌리에서 잎으로 상승하는 물은 목질부를 빠르게 통과할 경우 거의 순수한 상태로 잎에 도달한다. 반면, 물이 양분이 가득 찬 둥근 세포-조직 부분을 통해 흐르면 더 천천히 이동하고 이곳의 물질들을 용해해 섞인다. 생장 부위의 활발한 생명 활동이 이러한 장소로부터 물을 끌어당길 때, 그 물은 순수한 물이 아닌 영양물질을 포함한 상태로 도달한다. 식물의 즙은 주로 세포간 통로를 통해 전달되는 것으로 보인다. 도관은 특정 경우에 이런 기능을 공유할 수 있지만, 일반적으로는 공기 통로로 작용한다. 세포는 영양과 관련해서는 매우 활발한 기관으로 보이는데, 즙의 분해와 동화가 그 안에서 일어난다. 슐체(Schultze)의 생명 수액(vital sap)의 순환(cyclosis)은 유즙 생성과 밀접히 관련된 현상으로 보이며, 세포벽이나 관의 활발한 수축성에 의해 발생하는 것으로 보인다. 목질 및 기타 물질은 모든 세포에 각기 다른 양으로 침전되어 그 벽을 덮는다. 폰 몰에 따르면, 이렇게 침전된 층의 두께가 일정치 않다는 것은 세포에 구멍들이 있음을 의미하는데, 즉 세포벽에서 투명하게 남아 있는 부분은 현미경에서 구멍으로 나타난다는 것이다. 각 세포는 내부에서 즙을 준비하는 신체로 간주할 수 있다. 그러나 관다발식물에서는 세포들의 활동이 기관들의 체계와 연계되어 있기 때문에 단일 세포가 전체 생명체를 대표하지는 않는다. 세포들이 서로 비슷한 '세포성 식물'과는 다르다. 식물에는 동물에서의 순환과 같은 현상은 없으나, 원수액과 혼합된 형성 수액이 교대로 상승과 하강하는 흐름은 있다. 이 두 현상은 아마도 어린 세포의 수축력에 의존할 것 같은데, 그렇다면 이 힘이야말로 식물에서 진정한 생명 에너지일 것이다."

드캉돌의 영양 이론이 이상하게 느껴지는 것은 주로 생기를 강조했기 때문이다. 그럼에도 그는 사실들의 연관성을 제시했으며, 가장 뛰어난 점은 잎의 참된 기능인 빛에 의한 이산화탄소의 분해와 유기물질의 생산을 전체 영양 과정의 중심에 놓았다는 것이다. 이 점과 관련해서 독일의 저명한 식물생리학자인 트레비라누스와 마이엔의 견해는 매우 달랐다. 이 주제에 대한 개념도 서로 일치하지는 않았지만 말이다. 19세기 첫 30년 동안 생기론을 기반으로 한 모든 편견과 오류가 트레비라누스에게서 절정을 이루었다고 말할 수 있다. 다른 이들이 식물 현상의 기계적 설명을 하나의 목표로 설정하고 있을 때, 트레비라누스는 생기론의 모든 장치를 다시 제시했는데, 이 효과가 너무 대단해서 그의 『식물생리학(*Physiologie der Gewächse*)』은 1835년에 발표되자마자 이미 구식이 되어 버렸다. 마이엔의 『새로운 식물생리학 체계(*Neues System der Pflanzenphysiologie*)』 2권은 트레비라누스의 저서와 현저한 대조를 이루었다. 마이엔은 가능한 한 식물 현상을 기계적·화학적 원인으로 소급하려고 노력했지만, 새롭거나 확고한 발견에는 그다지 성공적이지 못했다. 그는 트레비라누스와 마찬가지로 화학과 물리학에 대한 탄탄한 훈련이 부족했으며, 이 점에서 헤일스나 말피기처럼 당대 지식의 최고점에 있지는 않았다. 또한 두 사람이 전임자의 저작을 다루는 방식에는 큰 차이가 있었다. 트레비라누스는 이전에는 식물해부학에서 좋은 연구성과를 거두었으나, 지금 진행 중인 과제에서는 그렇지 못하다. 그의 생리학적 설명에는 사고력의 부족과 사실 간의 연관성을 통찰하는 능력의 부족이 드러난다. 그는 지난 30년 동안 이루어진 모든 것을 불신하고, 거의 모든 곳에서 18세기 출판물에 의존했다. 그는 과거의 개념 속에 살고 있었으며, 말피기, 마리오트 또는 헤일즈 같은 이들의 강력한 논리와 신선한 생각에서 활력을 얻지 못했다. 반면 마이엔의 주제 처리 방식은 신선하고 활기차다. 그는 과거를 무시하지 않지만, 주로 과학의 현대적 접근법에 무게를 뒀다. 트레비라누스는 가치 있고 중요한 것을 계속 간과하는 반면, 마이엔은 대체로 자기 앞에 있는 책들에서 최고의 것들을 골라냈다. 트레비라누스는 명확히 견해를 표현하거나 그것을 유지하길 소심하게 회피하려 했고, 마이엔은 너무 다양한 연구들 속에서 자신의 생각을 정리할 시간을 갖지 못하고, 성급히 판단하다 종종 스스로 모순에 빠졌다. 그러나 이러한 결함에도 불구하고, 마이엔이 새로운 경향을 옹호한 반면, 트레비라누스는 완전히 과거에 머물러 있었으며, 곧 자연과학의 모든 분야에서 강력하게 폭발할 능동적이고 창조적인 정신의 흔적조차 보여 주지 않았다.

이 두 연구자가 식물영양에 대해 말한 내용을 살펴보면, 이들의 생리학적 견해 차이가 뿌리에서의 흡수 작용과 수액 상승의 수단을 다루는 방식에 있다는 것을 바로 알 수 있다. 여기서 트레비라누스는 생기가 모든 것이라고 주장하며, 목질부의 도관이 뿌리에서 잎으로 수액을 운반한다는 등 다른 오래된 개념들을 유지했다. 반면, 마이엔은 뒤트로셰의 입장을 채택했고 드캉돌의 스펀지 이론조차도 거부했다. 트레비라누스는 호흡에 대해 어떻게 설명할지 몰랐지만, 마이엔은 이를 동물의 호흡에 해당하는 기능으로 주저 없이 설명하고, 호흡을 자연 발열의 주 원인으로 봤다. 반면, 트레비라누스는 낡은 신비주의 방식대로 자연 발열의 주요 원인을 생기에서 찾았다. 그러나 이들이 한 가지 점에서는 서로 일치하는데, 이는 잎에서의 이산화탄소 분해와 식물의 영양 사이의 연결에 대한 완전한 오해다. 당시 영양 이론에 침투한 개념의 혼란을 이해하고, 이 점에서 리비히와 부싱고의 공로를 올바로 평가하기 위해, 우리는 트레비라누스와 마이엔의 영양 이론에서 화학적 부분을 좀 더 자세히 살펴볼 필요가 있다.

트레비라누스는 그의 책 서문에서 물질과 분리될 수 있는 생기의 개념을 거부했지만, 사실 그는 그 개념 안에 갇혀 있었으며 드캉돌보다 생기를 훨씬 더 자유롭게 사용했다. 그는 더 나아가 화학적 경험의 부족으로 인해 '생명 물질(vital matter)'이라는 매우 물질적인 개념까지 생각해 냈다(『식물생리학』 1권 6쪽). 이 생명 물질은 모든 생명체를 끓이거나 부패시키면 얻을 수 있는 반유동성 물질로, 다른 원소들에서 형성되지만 그 자체로는 생리학이 다룰 유일하고 진정한 기본 물질이라고 한다. 이것은 동물과 식물에 공통적이며, 점액, 알부민, 젤라틴의 형태일 때 가장 순수하다. 동물과 식물이 모두 이 생명 물질로 구성된다는 사실은 식물이 동물에게 먹이가 되고 동물이 식물에게 먹이가 되는 상황을 설명해 준다. 그는 화학자들이 흙의 추출물이라고 부르고, 많은 사람들이 식물영양에 중요한 성분으로 여기는 기름진 물질 같은 것이 진정한 영양분이라고 설명한다. 따라서 이 흙의 추출물이 식물이 흡수하는 생명 물질이기에, 트레비라누스는 자연스럽게 잎에서의 이산화탄소 분해에 더 이상 중요성을 부여하지 않게 되었다. 특히 그는 잉엔하우스, 세네비에, 소쉬르가 제시했던 모든 화학적 연관성을 이해하지 못했다. 그는 빛이 식물의 영양에 미치는 것을 단지 '형식적 조건'으로 설명했고, 토양수에 용해된 염류는 뿌리 끝의 '생기 팽창(vital turgescence)' 상태를 유도하는 자극제로 여겼다. 그리고 트레비라누스에게는 말피기, 헤일즈, 잉엔하우스, 세네비에, 소쉬르가 증명한 잎의 기능이 존재하지 않았기에, 그는 토양 수액의 동화가 식물이 상하로 흐르는 동안 발생한다고 보았다. 이런 영양 이론보다 더 비참한 것은 상상할 수도 없다. 17세기 말에도 나쁜 이론은 있었을 테지만, 소쉬르의 연구가 발표된 지 30년이 지나서도 이런 이론서가 출판될 수 있었다는 것은 믿기 어려울 정도다.

마이엔의 식물영양 이론에서 화학적 과정에 관한 그의 세부 견해 중에는 트레비라누스보다 나은 점이 많다. 특히 그는 이전 실험에서 얻은 결론을 통해 물과 함께 뿌리에 도달하는 염류가 단지 '자극제'일 뿐만 아니라 양분 물질이라는 점을 인정했으며, 앞서 말했듯이 그는 소쉬르의 관찰에 따라 식물의 산소 호흡을 정확히 설명했다. 그러나 그 역시 탄소 동화에서 걸림돌에 부딪혔다. 그 전후의 많은 사람들이 그랬던 것처럼, 그 역시 기체 물질이 식물의 영양과 호흡 모두에 관여한다는 단순한 사실에 혼란을 겪었다. 그는 두 경우 모두 호흡 과정으로 간주했고, 산소 흡수가 유일하게 중요하고 이해 가능한 식물의 기능이라고 생각한 반면, 빛에 의한 이산화탄소 분해는 식물의 내부 경제와 무관한 것으로 여겼다. 그는 겉보기에 적은 양의 대기 중 이산화탄소가 식물에게 탄소를 공급하기에 충분한지 여부를 계산도 해보지 않고 단순히 불충분하다고 선언했다. 또한 식물이 이산화탄소를 함유한 물만으로는 불모의 토양에서 잘 자랄 수 없기 때문에 이 기체의 중요성을 완전히 무시했다. 그 역시 화학자들이 만들어 낸 부식토 이론이 자신의 목적에 더 맞는다고 여겼으며, 트레비라누스처럼 식물의 모든 탄소가 토양의 '추출물'에서 유래한다고 보았다. 그는 토양이 그 위에서 자라는 식물들로 인해 더 빈약해지기보다 오히려 부식토가 더 풍부해진다는 것을 믿지 않았다. 따라서 트레비라누스와 마이엔이 제시한 식물영양의 화학적 과정에 관한 설명은 몇몇 세부사항에서는 정확했지만, 이론 전체에서 중요한 부분, 즉 탄소의 원천과 빛 및 대기의 협력을 완전히 오해함으로써 영양 과정에 대한 진정한 보편적 견해를 제공할 수 없었다. 이로 인해 잉엔하우스, 세네비에, 소쉬르의 관찰에서 얻은 최고의 결과가 독일 식물생리학자들에게는 전달되지 못했다.

식물 영양물질 문제의 해결(1840-1860)

이전 절에서 1830-1840년에 새로 등장한 견해들로 인해 적어도 식물의 주요한 특정 현상을 설명하는 데 생기론이 불필요해졌다는 것을 살펴봤다. 예를 들어 식물의 자연 발열을 화학적 과정으로, 수액의 이동을 삼투 작용으로 설명하게 되었다. 1827년 베르젤리우스(Berzelius)가 유기물이 무기물과 다른 점은 생기의 영향으로 생성되는 데 있다고 했지만, 당시 그가 활동하던 화학 분야에서는 생기의 개입을 허용할 수 없다는 의견이 공개적으로 표명되고 있었다. 유기 화합물이 인공적인 방법으로 무기물로부터 여러 차례 만들어졌기 때문에 생기의 도움이 없이도 유기물 생성이 가능하다는 것이 그 이유였다. 이제 과학적 사고의 보편적인 경향이 사실상 이전의 자연철학에 불리한 방향으로 흐르게 되었으며, 불확실한 생기 개념에서 벗어나고자 했고, 화학과 물리학적 법칙이 모든 유기체의 내부와 외부에서 동일하게 작용된다고 주장하게 됐다. 이 생각은 1840년 이후 자연과학의 주요 대표자들 사이에서 하나의 공리가 되었으며, 항상 명시되지는 않았더라도 모든 생리학적 현상을 설명하려는 시도의 기초가 되었다.

따라서 1840년 이전에 이미 자유로운 지적 유동의 길이 열리기 시작했으며, 엄격한 귀납적 연구와 사실의 확립, 그리고 더 철저한 추론이 식물영양 문제와 형태학 및 식물해부학 분야에서 요구되었다. 그러나 영양 이론을 다룰 때, 첫 번째로 필요한 것은 잉엔하우스, 세네비에, 소쉬르의 발견에 대한 올바른 평가와 그 주위에 쌓인 오해를 제거하는 것이었다. 드캉돌, 트레비라누스, 마이엔과 같은 현대 식물생리학의 주요 대표자들은 화학적 문제와 기계적 문제를 충분히 구분하지 못해 이 과제의 어려움을 가중했다. 식물의 영양물질을 구성하는 원료가 무엇인지에 관한 문제는 가장 중요하고 즉각적인 문제 중 하나였지만, 지엽적인 문제들이 혼란스럽게 개입하는 바람에 연구가 불완전하게 진행되었으며, 그 문제에 대한 해결은 화학자들과 농업가들이 만든 부식토 이론 때문에 당시로써는 해결의 기미가 보이지 않았다. 리비히의 공로는 이러한 어려움과 주제 주변에 점차 쌓여 온 불필요한 문제를 제거하고, 고려해야 할 점들을 명확히 제시한 데 있었다. 이는 문제를 만족스럽게 해결하는 데 절대적으로 필요한 것이었으며, 이전의 관찰들은 풍부한 경험적 자료를 제공했다. 그러나 그의 연구 과정을 들여다보면 새롭고 포괄적인 실험이 요구되는 세부사항들이 있는데, 이를 가장 유능하고 성공적으로 해결한 관찰자가 1840-1850년의 부싱고였다.

리비히와 부싱고의 연구를 구체적으로 설명하기에 앞서, 1840년 전후 과학적 주장에 있어서 혁명적 사례를 한 가지 언급할 만하다. '과학의 친구'라는 한 익명의 인사가 괴팅겐 아카데미에 상금을 기부하면서 다음 질문에 대한 답변을 구했다. "식물의 재에서 발견되는 무기 원소들이 외부에서 공급되지 않았을 때도 식물 자체에서 발견되는지, 그리고 이 원소들이 식물 유기체의 완전한 발달을 위해 필수적인 구성요소인지의 여부." 첫 번째 질문은 현재로써는 황당하게 보이는데, 이는 기본 물질과 어떤 특이 원소들이 식물 자체에서 발생할 가능성을 암시하기 때문이다. 이는 자연철학과 생기론 학파에게 낯설지 않은 생각이었다. 하지만 새로운 학파의 사람들인 비그만(Wiegman)과 폴스토르프(Polstorff)의 논문이 이 상을 받았다(1842). 첫 번째 질문에 대한 이들의 답은 부정적이었으며, 두 번째 질문에 대한 답변은 첫 번째 질문에 대한 부정적인 답변을 포함하고 있었다. 비그만과 폴스토르프가 두 번째 질문과 관련하여 수행한 조사는 매우 지능적이었는데, 이들은 이른바 부식산(humic acid) 화합물이 일정량 식물의 영양 혼합물에 있어야 한다는 가설에서 출발했다. 그들의 실험은 이전의 어느 실험보다 목적에 맞게 수행되었으며, 식물의 정상적인 영양에는 재의 구성요소를 흡수할 필요가 있다는 것을 설득력 있게 보여주었다. 관찰자들은 또한 영양과 관련된 다른 여러 문제들을 고려했으며, 그사이 나온 리비히의 책이 그들의 연구에 영향을 미쳤다는 것을 알 수 있다.

이 **리비히**[38]의 책은 1840년 초판 이후 여러 번 재판되고 확대된 『농업과 생리학적 응용을 위한 유기 화학(*Die organische chemie in ihrer Anwendung auf Agricultur und Physiologie*)』이라는 제목의 책이었다. 독일 최고의 화학자인 저자의 이름 때문에 영양에 관한 질문들이 이전과 다르게 다뤄질 것이라는 기대를 불러일으켰으며, 이 기대는 리비히가 이론의 가장 중요한 점들을 새롭고 대담하게 정리하고, 본질적이고 근본적인 모든 것을 포착했으며, 핵심 문제에 혼란을 줬던 사소한 문제

38 [역주] Justus von Liebig(1803-1873). 독일의 과학자. 화학 이론, 실험, 교육 그리고 농업과 생물 화학에 주로 공헌했다. 유기화학의 주요 창시자 중 한 명이다. 또한 비료산업의 아버지로 불린다. 기센 대학의 교수였다.

유스투스 폰 리비히

들을 무시함으로써 그 이상으로 충족되었다. 또한 그는 가장 중요한 논점을 뒷받침하는 오랫동안 축적된 공고한 사실들을 활용할 수 있었기에, 자신의 화학 지식을 이들에 비추어 이전의 어둠을 걷어 내기만 하면 되었다. 그의 주요 목적은 유기화학과 식물생리학을 농업에 적용하는 것이었으므로, 우선 리비히는 화학자와 농업가들이 만들고 여러 생리학자들이 무심코 채택한 부식토 이론을 비판했다. 식물의 영양분이 어떤 물질로 구성되어 있는지를 밝히려면, 가장 먼저 부식토 이론을 제거해야 했다. 이는 이 이론이 부정확할 뿐만 아니라 눈앞에 놓인 사실을 간과하고 있기 때문이다. 리비히는 이른바 부식토가 식물의 생장에 의해 감소하지 않고 끊임없이 증가한다는 것, 그리고 존재하는 부식토의 양이 활발한 생장을 오랫동안 지탱하기에는 충분하지 않으며, 부식토가 (직접) 식물에 의해 흡수되지 않는다는 것을 보여 주었다. 이런 사실들이 일단 확립되고 이에 대한 명확한 리비히의 정량적 계산이 나오자, 식물이 지닌 탄소의 유일한 원천은 대기 중의 이산화탄소만 남게 되었다. 그리고 대기 중 이산화탄소의 양이 지구 전체의 식물 생장을 무한 세대 동안 공급하기에 충분하다는 사실이 기체분석 결과를 바탕으로 한 매우 간단한 계산을 통해 밝혀졌다. 식물에서 측정한 호흡에는 (광합성에 의한) 이산화탄소의 제거도 포함되어 있기 때문에 리비히는 이와 상반되는 식물에서의 진정한 호흡을 부정했는데, 이는 그의 열정이 너무 지나쳤음을 보여 준다. 반면에 소쉬르가 확립한 물의 성분이 탄소와 동시에 동화된다는 사실의 이론적 의미가 처음으로 명확히 설명되었다. 리비히는 이 사실이 영양 이론에 미치는 중요성을 소쉬르보다 더 잘 이해했다. 그러나 이 중요한 점들은 리비히의 지지자와 반대자들이 가장 주목한 것들이 아니었다. 그의 책의 실용적 성향 때문에 특히 화학자들과 농업가들 사이에서 논쟁이 발생했으며, 식물의 구성물질 중 질소의 원천 문제에 초점이 맞춰졌다. 부식토 이론은 질소가 탄소와 마찬가지로 유기 화합물의 형태로 식물에 들어간다고 설명했다. 소쉬르는 1804년에 출판한 그의 위대한 저서에서 암모니아가 식물 질소의 원천이 되는 질소 화합물 중 하나일 수 있다고 언급했으나, 명확한 결론에 도달하지는 못했다. 리비히는 다양한 관점에서 자신의 질소와 그 화합물의 본질에 관한 연구를 기반으로, 결국 암모니아가 식물 내 질소의 유일한 원천이 되어야 하며, 대기와 토양에 있는 암모니아가 식물 생장에 필요한 질소를 공급하기에 충분하다는 결론에 도달했다. 이는 마치 대기 중의 이산화탄소가 식물의 탄소의 유일한 원천인 것과 같은 이치다. 따라서 그는 "동물과 식물을 구성하는 모든 물질을 생성하는 데 필요한 요소들은 모두 이산화탄소, 암모니아, 물의 성분에 포함되어 있다. 이산화탄소, 암모니아, 물은 생물의 부패와 분해의 화학적 과정이 도달하는 최종 산물이다."라고 결론지었다.

리비히는 식물영양에 있어서 적어도 재 성분의 필요성과 특정 중요성에 관한 주제를 다루는 방식에서는 그다지 성공적이지 못했다. 식물의 건강에 절대적으로 필요한 재의 성분이 무엇인지를 실험으로 보여 주는 대신, 리비히는 교묘한 화학 이론에 빠져 식물의 산을 고정시키는 데 있어서 서로 다른 염기들이 서로를 어느 정도까지 대체할 수 있는지와 같은 것을 탐구했다.

어기서 우리는 리비히가 자신의 이론을 농업에 적용한 것을 따를 필요는 없으며, 그의 연구 결과가 농업인과 농업 화학자들 사이에서 불러일으킨 감정과 논쟁에 대해 신경 쓸 필요도 없다. 리비히의 식물영양에 관한 과학적 가치는 식물생리학자들에게 더 순수하고 명확한 형태로 나타났으며, 이들은 주로 위에서 언급한 점들에 주의를 기울였다. 사실 리비히의 견해는 이들로부터도 상당한 반대에 직면했으며, 당시 식물생리학의 두 주요 대표자인 슐라이덴과 폰 몰도 리비히를 가차 없이 비판했다. 이는 부분적으로 리비히가 채택한 연역적 방법 때문이었는데, 생리학적 문제에서 식물학자들은 이런 방법에 익숙하지 않았다. 또한 리비히가 특히 터무니없는 부식토 이론에 대한 식물학자들의 책임을 비난한 경멸적인 표현도 원인이었다. 폰 몰은 부식토 이론의 진정한 창시자인 소쉬르, 데이비(Davy), 슈프렝겔, 베르젤리우스, 그리고 멀더(Mulder)가 정통 식물학자인지를 물었다. 그러나 생리학자들에 대한 리비히의 비난에 폰 몰, 슐라이덴 등이 특별히 반발할 필요는 없었다. 왜냐하면 자신들도 생리학자가 아니긴 마찬가지였기 때문이다.

당시에는 식물생리학의 공인된 대표자가 없었고, 지금과 마찬가지로 이러한 질문들에 때때로 관심을 가진 모든 사람이 식물생리학자로 불렸다. 이런 식으로 논쟁은 말싸움이 되었고, 리비히, 폰 몰, 슐라이덴 모두는 이 중요한 과학 분야에 전적으로 헌신할 공식 대표자들을 구성할 적기라는 생각을 갖고 공공 여론을 이끌 좋은 기회를 잃었다. 계통식물학, 식물해부학, 약용식물학을 발전시키기 위해 정부와 공공이 요구하는, 그리고 이러한 주제의 교육을 제공하고 식물원 관리에 많은 시간을 할애해야 하는 식물학 교수들이 물리학과 화학도 잘 알아야 하는 식물생리학 연구를 활성화할 수 있을 거라는 기대는 요원했다. 그리고 이 과학 분야를 진지하게 연구하기 위한 실험실과 장비는 어떤가? 그러나 이러한 질문들은 제기되지 않았고, 당분간은 기존의 상황이 이어졌다.

리비히와 폰 몰, 슐라이덴, 다양한 농업 화학자들 사이의 과학적 논쟁은 주로 부차적인 문제들에 관한 것이었으며, 이 중에는 리비히가 식물해부학을 거의 알지 못했다는 이의제기도 포함되어 있었다. 하지만 중요한 점은 리비히가 식물영양에 대한 잘못된 견해를 수정하고 심각한 오류를 반박했으며, 무엇이 근본적이고 본질적인지, 그리고 무엇이 중요하지 않은지를 명확히 했다는 것이다. 식물영양과 관련해 1840년 이후에 쓰인 글들을 보면 그가 이 모든 것을 완벽하게 해냈다는 것을 알 수 있다. 그의 책에 대한 논쟁으로 촉발된 출판물들은 주로 리비히가 정리한 내용을 다루고 있다. 이제 모든 사람이 식물의 녹색 부분에서 일어나는 이산화탄소의 분해가 무엇을 의미하는지, 재의 성분이 단순히 식물의 '양념'이 아니라는 것 등을 한 번에 이해하게 되었다. 모두가 확고한 토대 뒤에 서게 되었고, 여러 과학적 진리가 영원한 공통 자산이 되었다. 물론 그렇다고 다른 사람들이 리비히의 나머지 이론을 검증하거나, 폰 몰이 했던 것처럼 리비히의 식물호흡에 대한 큰 실수를 바로잡아 준 공로가 의미 없는 것은 아니다.

리비히의 책이 등장하면서 촉발된 모든 세부 논쟁, 예를 들어 식물에서 동화작용의 첫 번째 산물과 그들의 추가 대사 과정 등에 대한 질문은 우리 역사서의 목적을 넘어서기 때문에 취급하지 않겠다. 기본 무기 성분이 주요 용도가 단지 식물 산을 고정시키기 위한 것인지, 이러한 산들이 동화작용의 첫 번째 산물인지, 아니면 탄수화물이 그 과정의 직접적인 결과인지 등의 질문들은 상당 기간 추측, 연역, 조합을 통해 나온 문제이지 적절한 방법으로 수행된 확실한 관찰에 의한 것이 아니었다. 이 주제들에 대한 새로운 접근 방식이 1860년 이후에야 나타났고 중요한 결과를 얻게 되었다. 당시 과학의 진보를 위해 더 중요한 것은 식물이 동화하는 질소의 출처를 추가로 조사하는 것이었다. 이는 리비히의 연역이 여전히 많은 의심의 여지를 남겼고, 최고의 식물생리학자인 소쉬르가 말년에 리비히와 대립하여 부식토 이론의 옹호자로 나섬으로써, 암모니아나 질산염이 그 자체로는 식물의 영양소가 아니며 단지 부식토를 용해시키는 역할만 한다고 주장하는 실수를 했기 때문이다. 다른 사람들 역시 오랜 부식토 이론을 완전히 포기하는 건 어려웠다. 비록 폰 몰과 다른 사람들이 식물의 탄소가 주로 대기에서 비롯된다는 걸 인정했지만, 그들은 부식토에 포함된 질소 때문에 부식토가 식물 생장에 매우 중요한 역할을 한다고 생각했다.

이러한 상황에서 부싱고가 이 문제의 해결을 맡은 것은 식물생리학으로선 매우 운이 좋은 일이었다. 그는 리비히의 책이 나오기 전에 발아와 생장, 특히 식물에서 질소의 출처에 대한 실험적 및 분석적 조사를 수행했다. 그의 1837년과 1838년 실험은 매우 결정적인 결과를 내지는 못했지만, 몇 년에 걸쳐 실험을 계속하면서 관찰 방법을 개선해 나갔다. 그리고 1851-1855년 사이에 그는 식물이 대기의 자유 질소를 동화할 수 없으며, 질산염에서 질소를 공급받을 때 식물이 정상으로 활기차게 자란다는 것을 여러 번의 반복 실험을 통해 확실히 입증했다. 또한 열을 가해 모든 유기물질을 제거한 토양에 질산염을 첨가하면 식물이 잘 자랄 수 있다는 것도 밝혔다. 이는 식물의 모든 탄소가 부식토의 도움 없이 대기의 이산화탄소에서 유래함을 증명하며, 따라서 부식토가 풍부한 토양이 식물 생장에 미치는 유리한 효과는 부식토 이론이 가정한 것과는 다른 원인 때문이라는 것을 의미한다. 부싱고가 영양 이론에 기여한 추가적인 공로를 설명하려면 기술적 세부사항에 너무 깊이 들어가야 하기 때문에 여기서는 생략하도록 하겠다. 그리고 가장 중요한 그의 연구 결과는 1860년 이후에 처음 세상에 공개되었기에 이 역사책의 범위에 포함되지 않는다. 그러나 부싱고가 현대적인 식물 실험 방법의 창시자로 간주되어야 한다는 점은 짚고 넘어갈 필요가 있다. 리비히는 소쉬르 이후 1830년대까지 식물영양에 관한 실험이 형편없이 관리되었다고 강도 높게 비판했지만, 그 자신도 더 나은 방법을 도입하지 않았다. 이것이 부싱고에게 남겨진 과제였다. 한 예를 들자면, 하르티히(Hartig), 리비히 등이 함께 실험을 통해 부식토 문제를 결정하고자 했을 때, 일반적으로 식물에 부식산 화합물을 공급하고 결과를 관찰하는 계획을 채택했다. 콜럼버스의 달걀처럼, 부싱고는 부식토가 전혀 없으나 영양소 혼합물이 포함된 배양토에서 식물이 스스로 양분을 공급하도록 하여, 부식토가 필요하지 않음을 깨끗이 입증했다.

독일에서도 살름-호스트마르 공작(Prince Salm-Horstmar)이 부싱고와 비슷한 실험을 수행했다. 그는 주로 식물영양에서 재에 포함된 산과 염기의 상대적인 중요성, 그리고 그중 어느 것이 필수적인지 여부를 결정하는 데 주력했다. 이러한 질문들은 1860년 이후에야 해결에 접근했고, 일부는 아직도 결론이 나지 않았다.

엽록소를 가진 식물이 모든 탄소를 대기의 이산화탄소에서 얻고, 또한 엽록소가 없는 식물과 동물의 탄소 역시 대기의 이산화탄소에서 유래한다는 사실, 그리고 식물이 동화하는 질소가 암모니아염이나 질산염에서 유래하며, 알칼리, 알칼리 토금속이 황산염과 인산염 형태로 식물의 영양소에 필수적인 성분이라는 사실이 정립된 것은 1840-1860년 영양 이론 연구의 큰 성과로 간주해야 한다. 이후에 매우 중요한 연구들이 진행될 수 있는 기반이 이 기간에 마련되었다.

반면에 뒤드로셰 이후 1860년경까지 수액 이동 이론은 거의 발전하지 않았으며, 언급할 가치가 거의 없을 정도였다. 그렇다고 발전이 전혀 없었던 것은 아니다. 내삼투 이론의 생리학적 가치가 점점 더 높이 평가되었는데, 이 이론 자체에 대한 더 확실한 증거들이 나오고, 삼투 과정을 더 정확히 이해하게 되면서 물질 이동의 더 많은 세부사항을 설명할 수 있게 되었다. 비록 문제가 전체적으로 완전히 해결되지는 않았지만 말이다. 특별히 언급할 만한 발견 한 가지는 호프마이스터가 1857년에 발견한 사실로, 포도나무 등의 나무들에서 수 세기 동안 알려져 왔고, 최근에 용설란(Agave)과 열대 덩굴식물들에서 관찰된 출혈 또는 울음(bleeding 또는 weeping)으로 알려진 수액 분출 현상이 이들의 특정 식물 생장 기간에만 제한된 것으로 여겨졌지만, 실제로는 이 현상이 진정한 목질 세포를 가진 모든 식물에서 발생하며, 적절한 방법으로 언제든지 발생시킬 수 있다는 것이다. 이는 울음 현상의 원인을 밝히는 데 기여했다.

이 기간 동안 하강 수액 이론은 가장 뒤처진 상태에 있었다. 말피기, 뒤아멜, 코타 등이 했던 비슷한 실험이 여전히 수행되었으며, 실제로 이 실험들은 쌍떡잎 목본식물의 잎에서 만들어진 영양분이 피층을 통해 하향 운반된다는 것 이외에는 아무것도 보여 주지 못했다. 모든 유기물질이 잎에서 생성된다는 사실이 1840년 이후에는 누구도 의심할 수 없는 사실이 되었기 때문에, 뿌리, 눈, 열매의 생장을 위해 필요한 형성 물질이 잎에서 해당 부위로 운반되어야 한다는 것을 입증하는 실험은 더 이상 필요하지 않았다. 이러한 동화된 물질의 이동이 발생하는지 아닌지도 더 이상 문제가 되지 않았고, 이제 고려해야 할 점은 어떤 조직에서 운반이 일어나는지, 그리고 잎에서 생성된 유기물은 어떤 물질 형태로 다른 기관으로 운반되는지였다. 식물의 조직 구성에 따라 두 질문 모두 미세화학적 방법으로만 제대로 답변할 수 있었는데, 이러한 방법은 1857년 이후에야 채택되어 이후 더욱 발전했다. 우리는 1860년까지도 잎에서 동화작용으로 형성된 화학적 결합물이 무엇인지 확실히 알려지지 않았다고 이미 언급했다. 드캉돌은 기본 형성 수액이 고무 같은 물질이라고 생각했으며, 나머지 다양한 식물 물질들이 다양한 조직에서 분비된다고 여겼다. 1850-1860년에 나무의 목질부에 있는 녹말과 씨앗의 단백질에 관한 연구, 체관의 발견, 그리고 일 년 중 목재 속 수분량 변화에 대한 관찰 등 식물학에 기여한 하르티히 역시 하강 수액을 다뤘으며, 그는 이를 드캉돌의 고무와 같이 식물의 다양한 물질들이 이동하면서 침착되는 무형의 원시 점액질로 생각했다. 그는 1858년 『식물학 저널』에서 "원수액이 잎에서 원시 형성 수액(primitive formative sap)으로 변환되며, 이로부터 다량의 물이 제거되면서 고형 저장물질이 만들어진다."라고 말했다. 1840-1860년 식물생리학자들의 간헐적인 언급들을 보면, 잎에서 이러한 원시 점액질이 형성된다는 생각이 일반적이었던 것 같다.

3장

식물 운동에 관한 연구(식물동역학)의 역사

오늘날에는 생장의 기계적 법칙, 굴중성 및 굴광성, 다양한 종류의 주기적 운동, 덩굴손과 덩굴식물의 감김, 그리고 자극에 의한 운동이 공통 원칙에 기인할 수 있으며, 이러한 운동들에서는 세포벽의 탄성 외에도 여전히 알려지지 않은 원형실의 성질이 가장 중요한 역할을 한다는 점이 거의 확실시되고 있다. 따라서 원형질의 '흐름', 유주자의 운동 및 유사한 사건들이 이러한 식물동역학적 현상에 포함되어야 한다. 이러한 관점에서 식물동역학은 식물생리학의 가장 중요한 주제 중 하나로 여겨질 것이다. 그러나 이 사실을 인식한 것은 매우 최근의 일이며, 초기 생리학자들의 마음에 이러한 식물의 운동에 대한 개념은 전혀 없었던 것 같다. 이러한 운동들은 이전 시대에는 심지어 호기심의 대상으로도 거의 주목받지 않았으며, 17세기 말에 이르러서야 일부 관심이 생기기 시작했다. 하지만 그 후에도 이러한 운동이 외부 영향에 의존하는지 여부를 결정하거나, 그 기계적 조건을 어느 정도 설명하기까지는 진전이 매우 느렸다.

식물의 특정 부분의 운동에 대해 초기 연구자들이 간략하게 언급한 기록들이 있다. 로마의 바로[1]는 꽃자루의 굴광성 운동을 처음 언급한 사람으로, 이러한 꽃들을 굴광성(heliotropic) 꽃이라고 불렀다고 한다. 그다음 세기에 플리니우스[2]는 클로버의 잎이 흐린 날씨에 닫힌다고 말했다. 13세기에는 마그누스(Albertus Magnus), 16세기에는 코르두스(Valerius Cordus)와 델 후에르토(Garcias del Huerto)가 몇몇 콩과 식물에서 깃털 모양 잎의 일주기 운동을 기록할 가치가 있다고 생각했다. 체살피노는 덩굴손과 덩굴식물의 운동을 관찰하고 후자가 지지체를 찾아가는 것을 경이롭게 생각했다. 이러한 현상들은 일상적인 것이었지만, 미대륙에서 유래한 미모사(Mimosa pudica) 잎의 민감성은 주목받지 않을 수 없었는데, 1667년 로버트 훅(Robert Hooke)은 『현미경 관찰기(*Micrographia*)』에 그 원인에 대한 논문을 수록했다. 1653년 보렐리(Borelli)는 이미 Centaurea(수레국화속) 수술의 자극 반응을 언급한 바 있다.

레이의 관찰과 실험, 헤일즈의 역학적 설명(17세기 말-18세기 초)

17세기 말에 이 주제에 대한 최초의 추측이 등장한다. 레이는 그의 저서 『식물의 탐구』(1693)에서 식물의 본성에 대한 고찰을 식물동역학적 현상에 관한 간결한 설명으로 시작하면서, 융의 문구 "식물은 감각 없이 살아 있는 유기체다."라는 문장으로 전체를 소개한다. 레이는 체살피노처럼 아리스토텔레스의 식물 영혼을 믿는 것처럼 보였지만, 자신이 관찰한 식물 운동을 물리적·기계적 법칙으로 설명하려고 노력했다. 그는 특히 미모사의 자극 감응성이 감각 때문이 아니

---

1 [역주] Marcus Terentius Varro(BC 116-BC 27). 로마의 학자, 군인. 굴광성에 대한 언급은 그의 농업에 관한 백과사전 『농업에 관해(*De Re Rustica*)』에서 보인다.

2 [역주] Gaius Plinius Secundus(AD 23-79, Pliny the Elder). 로마의 자연학자, 정치인, 군인. 클로버 잎의 운동은 그의 『박물지(*Naturalis Historia*)』에 언급되어 있다.

라 알려진 물리적 원인에 기인한다고 생각했다. 접촉했을 때 잎의 움직임은 그 부분의 시듦이나 이완에 의한 수축으로 인해 발생한다고 했다. 레이는 당시의 지식을 동원해 기계적 과정을 설명하려고 시도했다. 그의 말에 따르면 잎은 증발로 손실된 물을 줄기에서 유입되는 물로 지속적으로 보충하기 때문에 팽팽한 상태를 유지하지만, 접촉으로 인해 잎의 수액 통로가 눌리면 물 공급이 충분하지 않아 이완된다고 했다. 레이는 자극에 의한 운동과 일주기 운동을 섞어서 설명했는데, 이러한 혼동은 최근까지도 이어졌다. 그는 콩과식물뿐만 아니라 유사한 거의 모든 깃털 모양의 잎에서도 일주기 운동이 발생한다고 말하며, 이러한 잎의 주기적 운동과 함께 Calendula(금잔화속), Cichorium(치커리속), Convolvulus(서양메꽃속) 등의 꽃이 주기적으로 열리고 닫히는 현상도 (식물동역학에) 포함시켰다. 이러한 꽃의 운동이 온도 변화에 기인한다는 것은 코르누투스(Jacob Cornutus)의 아네모네(Anemone) 꽃 실험에서 입증된 것으로 보인다. 이 실험에서 꽃을 잘라 밀폐된 상자에 놓을 때 꽃자루만 따뜻한 물에 담그면 비정상적인 시간에 꽃이 피었다. 이 사실은 잊혔다가 몇 년 전 재발견되었는데, 이는 꽃의 운동이 온도 변화에 따라 달라진다는 것을 증명하는 것이다. 레이는 이러한 사실을 잎의 주기적 운동을 설명하는 데 적용했으며, 자신의 표현을 빌리자면, 밤이 되면서 기온이 떨어지면 잎이 스스로 접히고, 낮이 되면 다시 펼쳐진다고 했다. 그리고 그는 이러한 운동이 미모사에서 나타나는 자극성 운동과 같은 종류라고 생각했으며, 저온이 접촉과 같은 효과를 보이는 이유를 설명하려고 했다. 당시의 과학 수준에서는 온도 변화가 다양한 운동의 주된 원인이라고 가정하는 것이 자연스러웠다. 왜냐하면 당시에는 '미는 행위(thrust)'가 거의 유일한 운동의 원인으로 인정되었기 때문이다. 따라서 레이는 현재 굴광성이라고 불리는 줄기의 생장운동을 반대쪽의 온도 차이로 설명했다. 샤록(Sharroc)이라는 의사는 실험을 통해 식물의 줄기가 공기가 들어오는 창문 쪽을 향해 굽어 자라는 것을 관찰했다. 이 현상 그리고 (식물이 무언가로) 덮인 상태에서 식물의 줄기가 더 빨리 자라는 현상으로부터 그는 높은 온도가 줄기 생장을 촉진한다고 해석했다. 레이는 차가운 공기가 맞닿는 줄기 부분의 생장이 억제되어 그 측면이 오목해져야 한다고 결론지었다. 한편, 레이는 덮인 (어두운) 상태에서 자라는 식물의 황화현상(etiolation)[3]을 갖고 굴광성을 설명했으며, 드캉돌도 140년 후에 비슷한 실험을 통해 줄기의 굴광성이 빛의 부족으로 인한 현상이라고 설명했다. 또한 레이는 잎의 녹색이 공기의 접촉이 아니라 빛에 의해 생성된다는 것을 잘 알고 있었다. 그의 말에 따르면, 식물은 유리 아래에서는 초록색이 되지만 불투명한 덮개 아래에서는 그렇지 않으며, 만약 유리 아래에서도 초록색을 덜 띤다면 유리가 특정 빛의 광선을 흡수하고 다른 빛을 통과시키기 때문이라고 했다. 그러나 레이는 거의 모든 후속 관찰자들처럼 덮여서 (어둡게) 자란 식물 줄기의 빠른 신장과 황화현상을 제대로 구별하지 못했다. 그의 설명은 많은 내용이 모호했기 때문에 다소 명확성을 잃었다.

가장 두드러진 식물의 생명현상 중 하나인 식물의 운동성에 주목하지 않는 이유는 그것이 매일 일어나는 당연한 자연의 일로 받아들였기 때문이다. 식물의 주 줄기가 위로 수직으로 자라고 주 뿌리가 아래로 자라는 것과 같은 현상은 단순히 일상적으로 일어나는 일로 간주되어 주목받지 못했다. 이미 영양 이론의 역사에서 언급한 바 있는 프랑스 아카데미 회원 도다르는 겉보기에 단순한 이 현상이 실제

3 [역주] 빛의 부족으로 식물 조직이 탈색되어 보이는 현상.

로 매우 놀랍다는 것을 처음 발견한 공로가 있다. 그는 발아하는 어린 식물로 한 실험을 통해 이러한 식물 기관들이 수직 위치를 취하는 것은 굽음에 의해 발생한다고 확신했다. 그리고 그는 뿌리나 줄기가 비정상적인 방향으로 놓였을 때 뿌리는 아래쪽으로, 줄기는 위쪽으로 수직 방향이 될 때까지 굽어 자라게 하는 물리적 원인을 찾으려고 노력했다. 그는 뿌리가 더 습한 쪽에서 수축하고, 줄기는 외려 습한 쪽에서 길어진다고 가정했는데, 그의 이런 기계적 설명이 부족했다는 것은 덜 중요한 문제였다. 중요한 것은 이러한 주목할 만한 현상들이 과학적 탐구의 주제가 되었다는 점이다. 그리고 다양한 관찰자들이 곧 이러한 현상에 주목하고, 이를 설명하려는 시도로 날카로운 관찰력을 발휘했다는 것을 알 수 있다. 이러한 시도들에 대해서는 이후에 다시 다룰 것이다.

줄기와 뿌리의 수직 생장보다 더 보편적인 현상은 식물의 일반적인 생장이다. 이 생장을 기계적 법칙으로 설명할 수 있는지, 그 설명이 무엇인지를 질문하는 것은 매우 중요한 탐구 정신을 요구하는 일이었다. 마리오트는 1679년에 이 질문을 다뤘지만, 단지 부수적으로만 언급하며 당시 모든 유조직을 의미하던 속(pith)의 신장이 식물 부위의 생장을 초래한다고 가정했다. 이 생각은 아리스토텔레스적 개념에서 기인한 것일 수 있으며, 속이 식물에서 영혼이 있는 자리라고 여겼기 때문이다. 그러나 마리오트는 이를 물리적 이유로 설명하려고 했다. 헤일즈는 1727년 그의 저서 『정역학 에세이』에서 식물 생장 문제들 훨씬 더 자세히 다뤘다. 그는 식물영양에 대한 자신의 이론의 논리적 흐름을 따라, 식물은 황, 휘발성 염, 흙, 물, 공기로 구성되며, 이 중 첫 네 요소는 서로를 끌어당기고, 따라서 식물 물질의 불활성 고체 부분을 형성한다고 언급했다. 공기는 다른 물질들에 의해 고체 상태로 유지되는 동안 유사한 방식으로 행동하지만, 일단 해방되면 팽창할 수 있는 능력을 갖추게 된다. 식물의 수액을 활성화하고 강화시키는 이 공기의 팽창 능력을 기초로 그는 생장의 기계적 이론을 세웠다. 이에 따르면, 가소성(plastic)이 있는 식물의 부분은 장력 상태를 유지하며, 공기가 다른 물질과 결합하여 고정되면 열과 움직임이 발생하고, 이로 인해 수액의 입자들이 점차 형태와 모양을 취하게 된다. 이러한 원칙들이 그의 출발점이었다. 식물 부위 생장이 진행되는 방식을 더 명확히 이해하기 위해, 헤일즈는 어린줄기와 잎에 같은 간격으로 구멍들을 뚫고, 생장 과정에서 이들 간의 간격이 오래된 부위보다 어린 부위에서 더 많이 증가하는 것을 발견했다. 이 관찰 과정에서 그는 엄청나게 큰 길이 생장에 특히 놀랐다. 유리관을 최대한 늘렸을 때의 그 긴 관처럼 식물의 긴 도관을 발견했기 때문이다. 헤일즈는 스펀지 같은 속(pith) 안의 습기가 신장함에 따라 어린싹이 생장한다는 보렐리의 생각을 확인했다. 그는 또한 생장하는 싹이 세로뿐 아니라 가로 방향으로도 균등하게 확장하여 사과처럼 둥글어지지 않는 이유를 세포 조직의 구조적 특성에서 찾으려고 했다. 그는 조직에 갇힌 공기와 주위의 수액이 싹으로 충분한 힘으로 밀려 들어가서 큰 확장을 일으킨다는 사실이 자신의 실험으로 증명된다고 생각했다. 이 실험에서 그는 출혈하는 포도나무에서 물이 상승하는 큰 힘과 부풀어 오르는 완두콩에 물이 밀려 들어가는 힘을 명확히 보여 주었기 때문이다. 그는 물이 용기 안에서 가열될 때 큰 힘으로 작용한다는 것이 알려져 있기에, 열에 의해 물이 공기 쪽으로 밀릴 수 있다고 설명했다. 식물의 수액은 물, 공기 및 다른 활성 성분들로 구성되어 있으므로 태양에 의해 가열될 때 관과 세포에 강한 힘으로 침투한다고 그는 말했다.

린네와 뒤아멜의 식물동역학 연구(18세기 중반)

18세기 동안 관찰된 식물의 동역학적 현상의 수가 점차 증가하면서 생리학자들은 이들에 더 많은 관심을 기울였고, 이를 기계적 원리로 설명하려는 시도가 지속했다. 그러나 이러한 시도 대부분은 만족스럽지 못했다. 서로 다른 종류의 식물 운동이 혼재해 있었고, 외부 영향에 대한 의존성이 명확히 인식되지 않았으며, 식물해부학의 쇠퇴로 인해 운동이 일어나는 부분의 해부학적 구조에 대한 지식이 매우 부족했다. 이러한 운동을 설명하는 데는 습기와 온도가 주요 역할을 했지만, 이들의 작용 방식은 매우 일반적인 용어로 표현되었다. 식물에서 발생하는 기계적 과정들에 관한 설명은 증기의 본질과 증기기관의 내부 구조를 잘 모르는 사람이 그 운동을 이야기하는 것과 비슷했다. 대부분의 연구자들은 당시의 경향에 따라, 식물의 생명현상을 영혼이라는 알려지지 않은 원리로 설명하기보다는 기계적이고 물리적인 원인으로 돌리고자 했다. 그러나 그들은 이 현상을 완전하고 만족스럽게 설명할 수 있을 정도로 진지하게 연구하지 않았다.

린네는 1751년에 꽃의 주기적 운동을, 1755년에 잎의 주기적 운동을 연구했지만, 그에 대한 기계적 설명은 시도조차 하지 않았다. 그는 많은 종에서 이러한 현상의 외적 조건을 지적하고, 그것들을 분류하며, 밤에 취하는 위치를 식물의 '수면'이라 부르며 주기적 운동에 새로운 이름을 붙이는 것으로 만족했다. 그는 수면이라는 용어를 비유적으로 사용하지 않았다. 그는 식물의 수면에서 동물의 수면과 매우 유사한 현상을 보았다. 식물의 수면과 관련된 운동이 변덕스럽지 않고 외부 영향에 의한 것이라는 것은, 식물이 감각이 없고 살아 있으며 생장하는 존재라는 그가 갖고 있던 식물의 본질적 개념에서 나온 필연적 결과였다. 그러나 식물의 수면 운동이 온도 변화가 아니라 빛의 변화에 의해 발생한다고 한 린네의 지적은 옳았다. 이는 그가 온도가 일정한 온실에서도 식물의 수면 운동이 발생한다는 것을 관찰한 결과였다.

이러한 종류의 식물 운동에 대한 린네의 설명은 단지 형식적인 것이었지만 잘 정리되었고 명확했다. 그러나 그의 동시대 인물이었던 보네의 식물 운동에 대한 해석은 완전히 반대였다. 보네는 1754년에 출판한 잎의 기능에 관한 저서에서 다양한 잎과 줄기의 운동에 관한 실험과 고찰을 소개했다. 하지만 이 책의 내용은 완전히 이질적인 것들이 혼란스럽게 섞여 있어서, 그의 실험에서 얻은 결과를 전혀 이해할 수 없을 정도다. 굴중성, 굴광성, 회전성 및 주기적 운동이 모두 하나로 뒤섞여 있다. 이 주제를 어느 정도 이해하는 사람이라면 그의 실험 여기저기서 유용하게 사용할 수 있는 단일 항목을 찾을 수 있을 것이다. 하지만 보네는 그것들을 스스로 사용할 줄 몰랐다. 그는 실험에서 드러난 것을 이해하기 어렵게 만든 잘못된 가설로 연구를 시작했는데, 여기서 그의 실험 목표는 줄기와 잎이 항상 땅을 향해 아래쪽으로 구부러져서 이슬을 빨아들일 수 있다는 가설 아래 이를 다양한 사례를 통해 증명하는 것이었다. 보네에 따르면 이슬은 식물의 주요 영양분이며 땅에서 상승한다고 한다. 이 모든 혼란 속에 정확한 관찰 사례가 좀 있다고 해서 그가 뛰어났다고 평가할 수는 없다. 예를 들어, 주로 어린 기관들이 자연스러운 위치에서 벗어나면 굽거나 비틀려서 원래 위치를 회복하려고 한다는 관찰이다. 이러한 운동의 기계적 원인에 대한 그의 결론은 완전히 무의미하다. 실험 결과를 판단할 최소한의 능력만 있었더라도 매우 다른 아이디어를 가졌을 것이다. 보네가 말하길, 온기와 습기가 자연적인 운동의 원인으로 보이지만, 온기가 습기보다 더 효과적이며, 태양의 온기가 공기의 온기보다 더

앙리 뒤아멜

효과적이라고 한다. 이 설명은 그가 주로 연구했던 굴중성이나 굴광성 같은 경우에는 부적절했다. 그는 한 가지만 옳게 판단했는데, 그것은 바로 실내에서 자란 식물의 줄기가 매우 길어지고, 잎이 작아지며, 색소 결핍이 일어나는 것은 부분 또는 전반적인 빛의 부재 때문이라는 것이다. 그러나 이 점도 레이가 색소에 관해 이전에 이미 보여 준 것이다.

뒤아멜도 후대의 연구자들처럼 보네의 무비판적이고 체계 없는 연구에 큰 존경을 표했지만, 그는 그래도 식물의 다양한 운동을 훨씬 더 잘 설명했다. 1758년 출판된 그의 저서 『나무의 물리학』 4권 6장에서, 그는 '줄기와 뿌리의 방향, 그리고 식물 부위의 회전에 관하여'라는 제목 아래 그가 알고 있는 모든 종류의 현상들을 논의했다. 직립하거나 비스듬한 줄기와 뿌리의 방향성에 대해 언급하며, 그는 굴중성, 굴광성, 그리고 다른 몇 가지 굽는 생장을 다룬다. 그다음 황화현상에 관한 장에서, '동물의 자발적인 운동과 어느 정도 비슷한 식물의 운동'이라는 제목 아래 미모사 잎의 주기적 및 민감성 운동을 탐구한다. 그리고 린네의 꽃 시계와 마른 열매껍질의 흡습 운동에 대한 짧은 설명으로 마무리한다. 뒤아멜은 덩굴손과 덩굴줄기의 움직임에 대해 잘 알지 못했기 때문에 이와 관련된 내용은 언급하지 않았다. 그러나 그는 앞의 장에서 털, 가시 등과 함께 이를 언급했다. 체살피노도 같은 방식을 취했다. 식물 운동의 이러한 다양성을 이들의 분류에 적용하면, 그 결과는 매우 불만족스러울 것이다. 왜냐하면 이는 비슷한 것들을 나누고, 서로 다른 것들은 함께 묶게 된 것이기 때문이다. 그럼에도 불구하고 이것은 보네의 분류 방식보다는 개선된 것이었다. 뒤아멜은 또한 몇 가지 새로운 가치 있는 관찰을 제공했다. 그는 굴광성 생장이 빛에 의존한다는 것을 최초로 발견한 사람이었다. 그가 보네의 실험에서 이 결론을 얻었다는 점에서 시사하는 바가 크다. 그는 헤일즈와 마찬가지로 싹의 생장 속도 분포를 조사한 후, 목질화가 시작되면 생장이 멈춘다는 것을 발견했다. 그는 또한 뿌리의 길이가 증가하는 위치를 알아내기 위해, 적절한 실험을 통해 뿌리는 그 끝부분에서만 자란다는 것을 발견했다. 이 부분은 길이가 몇 밀리미터에 불과하며, 그 외의 다른 부분은 길이가 증가하지 않는다. 식물 부위의 방향성에 대한 장에서 그는 굴광성에 대한 설명들을 고찰한다. 아스트룩(Astruc)과 드 라 히르(de la Hire)는 줄기 조직에서 내려오는 수액의 무게가 뿌리의 하향 굽어자람의 원인이며, 줄기에서는 상승하는 가벼운 증기가 줄기의 상향 굽어자람의 원인이라고 생각했다. 반면 바진(Bazin)은 뿌리의 굴중성이 토양의 습기에서 기인한다고 보았다. 뒤아멜은 습기, 낮은 온도 또는 흙 속에서의 빛 부족이 뿌리를 아래로 굽게 만드는지를 판단하기 위한 실험을 수행했고, 그 결과 이를 부인할 수밖에 없었다. 그리고 그는 현재 우리가 굴중성, 굴광성 및 주기적 운동이라고 부르는 식물 운동을 성공적으로 설명하지 못했는데, 그는 식물 내부의 도관과 식물 주변의 '증기의 방향'이 이러한 운동을 유발하는 가장 중요한 원인이라고 결론지었다. 또한 온기와 빛이 이러한 운동에 영향을 미친다면, 이는 아마도 증기를 생성하거나 증기에 특정한 움직임을 전달하기 때문일 것이라고 생각했다. 미모사 잎의 움직임과 관련해, 뒤아멜은 1729년 마이랑(Mairan)이 수행한 실험을 반복했으며, 그 실험에서 주기적 운동이 지속적인 어둠 속에서도 계속된다는 결과를 얻었다. 그는 이것이 사실임을 발견하고, 미모사의 주기적 운동은 본질적으로 온도와 빛의 변화에 의존하지 않는다고 결론지었다. 힐(Hill)은 1757년에 낮 동안임에도 인위적인 어둠 속에서 식물이 야간 위치를 취하게 함으로써 낮과 밤의 교대가 식물의 수면과 관련된 운동의 원인이라고 결론 내렸다. 1759년 진(Zinn)도 마이랑이나 뒤아멜과 같은 결론을 얻었으나, 훨씬 뒤 뒤트로셰가 어느 정도 이 문제를 제대로 해결했다. 뒤아멜은 식물의 움직임이 근육에 의해 발생한다는 투르네포르의 의견을 정식으로 반박하고, 투르네포르의 식물 근육이 실제로는 흡습성 섬유일 것이라고 생각했다.

마지막으로 언급해야 할 것은, 뒤아멜이 포도 덩굴의 두 가지가 그 사이에 있는 지지대를 서로 반대 방향으로 감아 올라가는 것을 처음으로 관찰한 사람이라는 점이다. 그는 또한 Opuntia(선인장속)와 Berberis(매자나무속) 수술의 민감성을 미모사 잎의 민감성과 비교한 최초의 인물로 보인다. 매자나무의 수술은 이후 1764년에 코볼로(Covolo), 1788년에 쾰로이터, 1790년에 스미스(Smith) 등이 연구했지만, 민감성의 본질에 관한 어떠한 발견도 이루어지지 않았다. 1764년의 Cynareae(엉겅퀴류)의 수술에 관한 코볼로의 유명한 논문은 결정적인 결과를 내지 못했으나, 이러한 민감성 운동의 기계적 법칙에 대해 약간의 설명을 제공했다. 1766년에 이러한 대상들을 연구한 쾰로이터는 기계적 설명을 찾기보다는 곤충이 가루받이하는 데 필요하다는 주장을 하기 위해 수술의 민감성을 연구했다. 1772년 코르티는 완전히 새로운 종류의 운동을 Chara(쇠뜨기말속) 세포에서 발견했는데, 이는 현재 원형질 순환으로 알려진 것으로, 당시에는 식물역학적 과정과 전혀 유사하지 않다고 보았고, 오랫동안 그와 연관 짓지도 않았다. 이와 상반되게도, 이것이 초기 생리학자들이 이해한 진정한 수액 순환이라는 잘못된 개념이 곧 유포되기 시작하여 19세기 후반까지도 유지되었고, 유액의 움직임에 관한 잘못된 개념과 결합하여, 슐츠-슐첸슈타인이 생명 수액 순환 이론으로 발전시켰다. 사실 코르티의 발견은 한동안 잊혔다가 1811년에 트레비라누스가 재발견했다. 이와 유사하게 1767년에 아당송(Adanson)이 발견한 Oscillatorieae[4]의 움직임을 나중에 보셰(Vaucher)가 관찰하고 이것이 동물이라고 잘못 판단했다.

기계적 설명의 부활(19세기 초)

18세기에는 이 분야에 대한 이론이 불완전했음에도 불구하고, 다양한 운동을 물리적 힘의 작용으로 소급하려고 노력했다. 그러나 세기 말에 이르러, 생물학 전반에 걸쳐 과학의 건강한 발전에 해를 끼치는 또 다른 종류의 사상이 나타났다. 심지어 자연철학과 그 용어에 동의하지 않는 다수의 사람들조차도 조직화된 생명체에는 특별하고 독특한 성질이 있다고 믿었다. 생명현상을 기계적 법칙으로 설명하려는 시도가 전반적으로 만족스럽지 않게 되자, 모든 기계적 설명은 불가능할 뿐 아니라 심지어 터무니없는 것으로 생각한 한편, 생기라는 개념이 설명할 수 없는 모든 생명현상을 설명하려는 단순한 용어에 불과하다는 사실을 망각하고 말았다. 급기야 이 생기는 의인화되어, 식물의 운동에서 실제로 만질 수 있는 형태를 가진 것으로 취급되었다. 가장 큰 문제는 어떤 현상을 생기로 설명하고 나면 추가적인 연구가 거기서 중단되었다는 것이다. 특히 식물의 역학적 현상에 관한 생각은 기관차가 움직이는 원리가 그 안에 말이 들어 있기 때문

---

4 [역주] 섬유상 남세균인 Oscillatoria를 말하는 것으로 보임. 섬유상 세포가 진동 운동해서 붙여진 이름.

이라고 여기는 농부의 생각과 같았다.

18세기 말에 이르러 식물의 내부 구조에 관한 지식은 최저점에 도달했다. 나선형 도관이 유일하게 그 형태를 어느 정도 이해한 구조였는데, 이는 도관의 습윤운동이 생기의 맥동과 식물의 나선 경향이 결합한 결과라고 생각했다. 동시에 전체 도관 다발이 나선형 섬유 그 자체거나 그들로 구성된다고 생각했으며, 이들이 식물의 근육으로 작용함으로써 다양한 종류의 자극에 반응하여 수축하고 식물 기관의 움직임을 유발한다고 생각했다. 그러나 민감성 잎이나 주기적 운동을 하는 잎과 같이 가장 두드러진 움직임을 보이는 기관에서 이러한 '근육'이 기관의 중심에 위치하기 때문에, 이들이 맡은 기능에 부적합하다는 점은 생각하지도 않았다. 이와 비슷한 더 많은 사례가 있으나 여기서 제시할 정도로 흥미롭지도 필요하지도 않다. 여기서는 링크의 『해부학 및 생리학의 기본 원리(*Grundlehren der Anatomie und Physiologie*)』(1807)에서 몇 문장만 인용해도 충분할 것이다. 링크는 자연철학에 반대하며 귀납적 과학의 편에 서 있음을 선언했기 때문에 이 문장들은 특히 교훈적이다. 식물의 움직임에 관한 항목에서 그는 굴중성과 기타 운동을 당시의 피상적인 방식으로 논의하고는 "모든 식물에서 특정한 종류의 극성에 의해 줄기와 뿌리의 생장 방향이 결정된다."라고 결론지으면서, 이를 통해 "우리 행성이 우주에서 더 높은 차원의 연결로 이어진다."[5]라고 덧붙였다. 그는 또한 "빛이 식물 수면 운동의 원인이라고 추측하는 것이 자연스럽다."라고 말하면서, 모든 합리적 기준을 무시한 채, 드장돌, 힐, 그리고 진의 모순된 진술들을 모두 엉망으로

5 [역주] 자연철학적 사고를 반영한 해석으로, 식물기관의 생장 방향성(극성)을 통해 생명현상이 우주 전체와 연결되어 있다는 관점을 표현한 것이다.

엮어 제시한다. 그는 그 후, 식물들이 어둡고 낮은 온도에서도 규칙적인 수면 시간을 지키기 때문에 모든 기계적 설명 시도를 배제하면서, 이 명백한 습관성은 생기의 가장 중요한 표시 중 하나라고 언급한다. 그는 데퐁텐(Desfontaine)이 관찰한 흔들리는 마차 안에 있는 미모사 잎이 처음에는 닫혔다가 다시 열리는 것과 비슷한 결과를 얻기도 했다. 그는 Hedysarum gyrans[6]의 잎의 빠른 진동운동을 논의할 때, 식물에 의지가 있다는 퍼시벌(Percival)[7]의 생각을 거부하면서도, 이러한 식물의 운동을 기계적 또는 화학적 원인으로 도출하려는 시도가 오직 엄숙한 장난에 불과하다고 말한다.

이러한 주장을 한 사람들은 이 식물학 영역에서 어떤 성과도 이루지 못했다. 얄팍하지만 이런 의견들은 넓은 흐름을 유지하며 1830년 이후에도 계속되었으나, 새로운 발견들이 이루어지면서 그 공급이 끊겨 고갈되었고, 마침내 과학적 탐구가 다시 우위를 점하게 되었다. 한편, 공허한 말에 만족하지 못한 몇몇 이론가들은 레이, 도다르, 헤일즈, 뒤아멜이 밟아 온 길을 따르며 실험과 진지한 고찰로 새로운 사실들을 밝혀냈고, 이는 최소한 식물동역학적 현상에 대한 기계적 설명의 길을 닦는 데 기여했다. 세네비에는 그의 『식물생리학(*Physiologic végétale*)』(1700)에서 황화현상에 관한 신중한 연구 결과를 기술했다. 여기서 그는 어두운 곳에서는 이산화탄소의 분해가 일어나지 않아 잎의 색이 없어지고 줄기가 지나치게 길어진다고 잘못 설명했지만, 진정한 과학적 조사를 수행함으로써 그 진정한 정신을 다시 보

6 [역주] 콩과에 속한 Codariocalyx motorius의 다른 이름. Desmodium(도둑놈의갈고리속)에 포함하기도 한다.

7 [역주] Thomas Percival(1740-1804). 영국의 의사, 철학자.

여 주었다. 예를 들어 그는 '식물의 수면'이라는 린네의 표현이 부적절하다고 말했는데, 이는 잠자는 잎이 이완되는 것이 아니라 낮 동안처럼 여전히 빳빳하게 유지된다는 점을 지적했다. 또한 세네비에와 마찬가지로 드캉돌도 1806년에 빛이 식물에 미치는 영향을 실험했는데, 인공조명으로 잎 수면운동의 일주기를 반대로 만들 수 있음을 입증했다. 그는 앞서 언급했듯이 생기론의 지지자였으나, 물리적 설명이 실패할 때만 이를 제한적으로 사용했다.

1806년은 골수 자연철학과 생기론 지지자들이 매우 불편해할 만한 또 다른 놀라운 발견이 있었던 해다. **앤드류 나이트**[8]는 실험을 통해 줄기와 주 뿌리의 수직 생장이 중력 때문이란 것을 보여 주었다. 그는 발아 중인 식물을 바퀴에 태워 빠르게 회전시킴으로써 원심력만 또는 원심력과 중력이 동시에 작용하도록 했다. 원래 중력 방향으로 자라는 뿌리는 여기서 원심력 방향으로 자란 반면, 줄기는 이와 반대 방향으로 자랐다. 다음 질문은 중력이 왜 뿌리와 줄기의 생장을 정반대 방향으로 유도하는가, 즉 수평 방향에 놓인 식물에서 왜 뿌리 끝은 아래로 굽고 줄기는 위로 굽는가 하는 것이었다. 나이트는 식물이 수평으로 놓일 때, 뿌리는 반액체 상태이기 때문에 자신의 무게로 인해 아래로 굽으며, 누운 줄기에서는 영양 수액이 아래쪽으로 이동하여 그곳에서 더 강한 생장이 일어나 줄기가 위로 굽어 수직 위치를 취하게 된다고 가정했다. 여기서도 도다르의 경우와 마찬가지로 설명이 불충분하다는 것이 나중에 밝혀졌지만, 당시로서는 최선을 다했다는 점에서 아주 나쁘지는 않았다. 과학적 연구의 진정한 정신이 담

8 Thomas Andrew Knight. 원슬리 그레인지에서 1758년에 태어났으며, 1838년에 런던에서 사망했다. 원예 학회 회장을 역임했다.

앤드류 나이트

긴 나이트의 굴중성 설명은 그가 식물생리학에 기여한 많은 다른 연구에서도 나타났다. 여기서는 두 가지 예만 언급하겠다. 그는 1811년에 뿌리가 흙의 수분에 이끌려 수직 방향을 벗어나 자랄 수 있음을 보여 주었으며, 이 관찰은 1828년 존슨(Johnson)에 의해 확인되었으나 이후 잊혔다. 1812년에는 Vitis(포도속)와 Ampelopsis(개머루속)의 덩굴손이 음성 굴광성을 보인다는, 즉 빛의 원천에서 멀어지는 현상을 발견했으며, 이는 큰 주목을 받았다. 이후로 이러한 종류의 굴광성의 몇 가지 다른 사례가 발견되었으며, 이는 식물이 빛에 대해서도 중력에 대한 것과 같은 반응을 보인다는 것을 의미하기 때문에 매우 흥미롭다. 나이트는 같은 영국인인 헤일즈처럼 직접적이고 대담한 추론 능력을 갖췄으며, 가능한 한 항상 기계적 설명을 제시하려고 했다. 이에 따라 그는 덩굴손의 꼬임을 지지대의 압력으로 인해 수액이 반대쪽으로 이동하고, 그로 인해 그 부분이 더 활발하게 자라면서 곡선을 만들어 덩굴손이 지지대를 감싸게 된다고 설명했다. 이 이론은 적어도 1827년 폰 몰이 이를 대체하려고 제시한 이론보다 나았으며, 최근까지도 이보다 더 나은 이론이 제시되지 않았다. 나이트의 굴중성에 관한 설명도 마찬가지다. 존슨은 1828년에 뿌리가 단순히 (중력 방향으로 액체처럼) 가라앉아 아래로 굽어 자라는 것이 아니라 굽으면서 자신보다 무거운 물체도 움직인다는 것을 보여 주었으며, 피노(Pinot)는 1829년에 뿌리가 심지어 수은 속에서도 길을 찾을 수 있다고 밝혀 나이트의 이론이 적어도 뿌리와 관련해서는 만족스럽지 않음을 입증했지만, 그보다 더 나은 이론이 아직 제시되지 않았고 줄기의 상향 굽음 생장에 대한 그의 견해도 여전히 대체되지 않았다.

1820년 이후에도 식물기관들의 운동이 나선형 도관 또는 (당시에 같은 의미였던) 관다발에 의해 발생한다는 것이 일반적인 의견이었다. 그러다 뒤트로셰가 1822년에 미모사 잎의 움직임이 잎사루 관절 부위의 엽침(pulvinus) 또는 다육질 조직 쿠션에 있는 대립적인 유조직 덩어리가 번갈아 팽창하면서 발생하며, 그 중심에 있는 관다발은 그 휨 운동을 수동적으로 따라간다는 것을 증명하는 중요한 사건이 일어났다. 사실 린지(Lindsay) 역시 1790년에 비슷한 실험에서 같은 결론에 도달했으나, 그의 미발표 논문은 1827년에야 버네트(Burnett)와 메이오(Mayo)에 의해 처음 공개되었다. 그사이 뒤트로셰는 빛이 다른 방식으로 잎의 운동에 영향을 미친다는 것을 발견했다. 즉, 빛과 어둠의 교차가 잎의 운동을 유발하는 한편, 계속된 암조건에서 움직이지 않던 잎은 빛을 쪼일 경우 정상적인 민감성을 회복한다는 것이다.

1820-1830년에는 식물기관의 움직임과 관련된 다양한 질문들에 많은 관심이 집중되었다. 1826년 튀빙겐 의과대학은 덩굴손과 덩굴식물의 독특한 성질에 관한 에세이를 공모하여, 이 주제 전체를 더 철저히 이해하기 위해 규명해야 할 모든 점을 토론하고자 했다. 수상작으로 선정된 두 편의 에세이는 1827년에 출판되었다. 하나는 팔름(Palm)이 다른 하나는 폰 몰이 썼는데, 두 논문의 가치는 매우 달랐다. 팔름의 에세이는 신중하면서 능력이 괜찮은 학부생 수준의 연습작이었다. 그러나 폰 몰의 에세이는 전혀 달랐다. 구성의 솜씨, 주제에 대한 문헌의 정확한 지식, 풍부한 개인적 경험, 철저한 비판, 기본적이고 중요한 모든 것을 두드러지게 다룬 점, 이 책이 숙련되고 전문적인 자연학자가 아닌 스물두 살 학생의 작품이라는 사실을 잊게 만드는 확신과 우월감은 모두 독자에게 감동을 준다. 덩굴손과 덩굴식물

의 구조와 감는 운동에 관한 이 학문적 수상작은 폰 몰의 가장 뛰어난 작품 중 하나였으며, 다윈이 1865년에 이 주제에 대해 저술하기 전까지 이 분야 최고의 작품이었다. 폰 몰이 조직들에서 일어나는 정확한 기계적 과정을 설명하지는 않았는데, 이는 그가 덩굴손과 덩굴줄기 모두에서 지지대를 감아 올라가게 하는 원인으로 민감성을 가정했고, 이 민감성은 '기계적'이 아닌 '역동적'인 것으로 이해되어야 한다고 생각했기 때문이다. 그럼에도 폰 몰은 그의 연구를 귀납적 과학의 엄격한 규칙에 따라 이 지점까지 수행했으며, 관찰과 실험으로 확립할 수 있는 사실들을 정확히 연구했다. 그것은 저자의 진정한 작품으로, 귀납적 접근으로 출발하여 연역적 설명이 필요할 때까지 엄격하게 진행되었다. 폰 몰은 덩굴손과 덩굴식물의 행동에서 중요한 차이를 지적했고, 각 경우에 기관들 사이에 상응하는 구분을 명확히 했으며, 접촉이 덩굴손에 자극으로 작용한다는 중요한 발견을 했다. 그는 덩굴줄기도 비슷한 영향을 받는다는 추정이 틀렸음을 깨달았다. 그는 뒤트로셰의 새로운 관점, 즉 움직임을 일으키는 것은 관다발이 아니라 유조직의 층이라는 견해를 즉각 받아들였다. 그는 체살피노 이후 망설이면서도 반복되었던 덩굴손과 덩굴식물들이 지지대를 '찾으려는 것처럼 보인다'는 개념을 명확히 거부했고, 그루 이래 성찰 없이 많은 사람들이 믿었던 생각, 즉 덩굴줄기의 감는 방향이 가끔 반대로 바뀌는 것이 태양과 달의 경로가 바뀌는 영향 때문이라는 개념도 반박했다. 그는 줄기가 왔다갔다 하는 진동운동만으로도 지지대를 찾으려는 듯한 모습을 설명하기에 충분하다고 밝혔으며, 덩굴손에 대한 해당 현상을 충분히 설명하지는 않았지만, 오래된 관념을 뒤엎을 수 있는 정도로 많은 관찰을 했다. 여기서 그의 수많은 관찰에 대해 더 깊이 들어갈 필요는 없으며, 대부분은 뛰어났지만, 일부는 나중에 수정해야 했다. 중요한 점은 우리가 이러한 현상을 엄밀하게 기계적으로 설명하려면 이런 현상을 어떻게 연구해야 하는지를 그의 철저한 연구가 보여 주었다는 것이다.

폰 몰이 감는 기관의 조직 내에서 일어나는 과정들을 기계적으로 설명하려 했더라도, 확산 작용의 역할을 알지 못했기 때문에 실패했을 것이다. 확산 작용은 폰 몰이 연구를 시작한 해인 1826년에 뒤트로셰가 발견했으며, 이 작용을 식물의 생명현상을 설명하는 데 성공적으로 적용하기까지는 시간이 걸렸다. 뒤트로셰는 1828년에 자신의 이론을 적용하여, 조직의 팽창 변화가 내삼투와 외삼투에 의해 발생하는 것을 알게 됨으로써, 생기가 그 작동 원리라고 생각했던 과정들을 기계적으로 설명할 수 있게 되었다고 주장했다. 그러나 1837년에 출판된 『논문집』에 모은 그의 굴중성, 굴광성, 주기적 운동 및 민감성 운동에 관한 후속 연구들에서 그는 두 가지 다른 오류에 빠졌다. 그는 다양한 종류의 굴성 생장을 삼투현상으로 설명하기 위해 유조직에서의 삼투현상만으로 만족하지 않고, 실제로 존재하지 않는 세포 크기와 세포의 층화 조건을 고려했다. 그는 산소의 영향을 받아 변화가 생긴다는 가정도 덧붙였으나, 이 과정을 명확히 설명하지는 않았다. 따라서 개별 과정들에 대한 그의 설명에는 결점이 있었고, 그의 기계적 이론은 만족스럽지 못했다. 그러나 모든 식물의 운동을 기계적 법칙으로 설명하려는 그의 진지한 목적은 인정받아야 마땅하며, 식물역학의 발전에 매우 중요했다. 이러한 설명을 반대하는 사람들조차도 그를 반박하기 위해 기계적 관계를 깊이 파고들어야 했으며, 더 이상 모든 것이 생기에 의존한다고 단순히 주장할 수 없게 되었다. 생기의 열렬한 지지자였던 트레비라누스조차도 삼투를 확립된 원칙으로 인정해야 했다. 또한 뒤트로셰의 풍부한 연구들은 흥미로운 관찰,

정교한 종합, 그리고 건설적인 고찰을 풍부하게 제공하였기에, 그러한 연구에 몰두하는 사람들에게 여전히 교훈적인 필수 자료로 남아 있다. 1837년의 『논문집』에 포함된 논문들과 이전에 알려진 식물 운동의 기계적 법칙들을 비교해 보면, 옛날의 무사안일한 사고방식 대신 활발한 정신적 노력이 출현했다는 데 의심의 여지가 없다.

기계적 원리에 따라 완벽하게 설명된 운동은 여전히 없었지만, 1840년경에는 전반적으로 더 명확한 이론이 형성되었다. 외부 요인의 작용이 실질적으로 인식되었고, 다양한 운동 형태가 더 잘 구분되었으며, 운동 부위의 조직에서 일어나는 기계적 변화의 원인으로 삼투현상이 고려해야 할 요인으로 제시되었지만, 그것을 적용하는 데 있어 다른 방식을 모색해야 했다.

새로운 식물 운동의 발견과 식물동역학의 범주

1840-1860년의 식물동역학 연구들을 설명하기에 앞서, 식물의 새로운 운동 사례들이 발견되었음을 언급할 필요가 있다. 뒤트로셰는 겨우살이 배아의 줄기가 음성 굴광성이라는 사실을 관찰하고 행동을 면밀히 연구했다. 그는 주 뿌리가 (줄기의) 반대 '극성'을 갖고 있어서 굴중성 하향 생장을 한다는 오래된 생각에 반대했는데, Sagittaria(보풀속), Sparganium(흑삼릉속), Typha(부들속) 등 여러 식물이 적어도 어린 시기에는 이들의 땅속줄기에서 나오는 싹들이 (줄기의 극성을 갖고 있음에도) 어느 정도 아래로 굽기 때문이었다. 나이트의 회전 바퀴 실험을 확장하여, 그는 잎도 독특한 굴중성을 나타낸다는 것을 발견했다. 이러한 관찰들과 몇 가지 새로운 주기성 운동과 민감성 운동의 사례들은 식물에서 오랫동안 알려진 운동 형태들과 쉽게 연결되었고, 기존의 관점을 수정하는 데 기여했다.

그러나 역시 식물동역학의 범주에 속하는 정상적인 생장과 원형질의 운동과 같은 현상은 한동안 위의 사례들과 별개로 취급했다. 사실 이 두 현상은 식물 운동과 관련된 사실에서 양극단을 보여 준다. 19세기 초부터 식물의 생장을 측정하는 다양한 시도가 있었는데, 특히 생장이 빛이나 열과 연관 있는지 확인하려 했으나 큰 성공을 거두지는 못했다. 트레비라누스는 1811년 Nitella(갈래말속)에서 원형질 운동을 재발견했다. 아미치, 마이엔, 슐라이덴 등은 고등식물 세포에서 유사한 운동을 여러 번 지적했으나, 이를 세포액의 흐름으로 오인했다. 이러한 운동이 모두 물속에서 유주자처럼 독립적으로 움직이는 조직화된 물질의 운동이라는 것은 여전히 알려지지 않았다. 이러한 현상들 특히 유주자의 운동은 1830-1840년에 개별적으로 관찰되고 연구되었지만, 이 운동들과 식물에서 흔히 다루던 운동 현상들을 연결하려는 생각은 없었다. 드캉돌과 마이엔은 1835년과 1839년에 발표한 『개요서(*Compendia*)』에서 이러한 운동들을 언급하지 않았다. 마이엔은 오히려 '세포액의 순환'을 영양과 관련지었고, 유주자의 운동은 조류의 번식과 관련지어 논의했다.

드캉돌과 마이엔은 뒤아멜과 마찬가지로 오랫동안 알려진 식물의 운동들을 두 가지 주요 그룹으로 나누어 다루었고, 굴중성 및 굴광성과 덩굴손 및 덩굴식물의 운동을 '식물의 방향'이라는 제목 아래, 주기적 운동과 민감성 관련 운동을 '운동'이라는 제목 아래 다루었다. 그들은 이 분류에 대한 이유를 명확히 설명하지 않아서, 이 분류가 명확한 인식보다는 막연한 느낌에 기반한 것이었음을 알 수 있다. 뒤트로셰는 이러한 구분을 하지 않았으나, 1830-1840년 식물생리학의 주요 대표자 중에서 식물동역학적 현상을 철저히 기계적 관점에서 수용한 유일한 인물이었다. 트레비라누스는 생기론의 열렬한 지지자였다는 사실을 이미 언급한 바 있다. 드캉돌과 마이엔은 가능한 한 개별 운동을 기계적 법칙으로 설명하려고 노력했지만, 추론할 때는 쉽사리 오래된 관점으로 돌아갔다. 따라서 드캉돌은 미모사의 민감성을 극도의 '흥분성' 사례로 언급했으며, 뢰퍼는 이에 따라 드캉돌의 표현인 자율적 운동을 '자발적' 운동이라는 용어로 번역했다. 마이엔 또한 이를 '자발적' 운동이라고 부르고, 이러한 운동을 Oscillatoria의 운동과 동일시했다. 마이엔이 이러한 표현을 사용한 것은 오래된 식물 영혼 이론에 대한 희미한 기억에서 비롯된 것임을 보여 주며, 그의 저서의 해당 절에 '식물의 운동과 감각에 관하여'라는 제목을 붙였다. 그리고 이 절의 마지막 장에서 그는 식물의 운동에 분명한 설계의 흔적이 있다는 이유로 식물에 어떤 종류의 감각이 있다고 주장했지만, 그 의미를 모호하고 복잡한 표현으로 감추었다.

식물동역학에 대한 기계적 설명의 정착(19세기 중반)

1840년 이후 식물동역학 분야에서 자연철학과 생기론의 안개가 마침내 사라졌다. 그때까지 싸워야만 했던 귀납적 과학의 체계적 연구가 다시 최고의 지도자이자 통치자로 인정받았다. 몇몇 소수 의견이 여전히 존재했지만, 일반적인 의견은 이들에 동조하지 않았다. 이론을 더욱 확고한 기반 위에 올려놓기 위해 정확한 사실적 연구를 열망했다. 그러나 식물해부학, 형태학, 계통식물학이 1860년 이전까지 확립해 온 것처럼 완전히 새로운 관점이나 결정적인 결과를 얻지는 못했다. 이들 분야에서는 가장 뛰어난 연구자들이 최고의 능력을 거의 모두 쏟아부었던 반면, 식물동역학은 식물학자들의 시야에서 사라졌고, 아무도 이 주제를 뒤트로셰가 이전에 헌신했던 것처럼 포괄적이고 강렬하며 효과적인 연구의 대상으로 삼지 않았다. 하지만 그의 연구 사례가 영향력을 완전히 잃은 것은 아니었다. 삼투 작용은 분자물리학의 한 분야로 취급되어 더 많이 연구되었다. 그럼으로써 식물동역학적 질문을 기계적으로 취급하기가 더 자유로워졌고, 동시에 식물해부학이 발전하면서 더 견고한 기초가 마련되었다. 그러나 브뤼케(Ernst Brücke)가 1848년에 발표한 미모사에 관한 논문을 제외하고, 이 기간에 이루어진 작업은 주로 이전 관찰자들의 저술을 비판적으로 검토하는 데 중점을 두었고, 새롭고 긍정적인 것으로 보이는 연구들은 1860년 이후까지도 완성되지 않았다. 이러한 상황에서 우리는 이 시기에 이룬 더 새롭고 중요한 발견들과 식물동역학 이론을 발전시키기 위한 노력들을 간략하게 언급하는 것에 만족해야 한다.

여러 관찰자들이 1840년 이후부터 식물의 생장 부위에 미치는 빛의 영향을 집중적으로 연구했다. 페예(Payer)는 1843년에 여러 꽃식물의 뿌리가 빛으로부터 멀어지는 현상을 주장했고, 이 점에 대해 뒤트로셰와 논쟁했으며, 1845년에 뒤랑(Durand)이 이에 참여했지만 명확한 결론이 나지 않았다. 1843년에 슈미츠(Schmitz)는 균사다발(Rhizomorphs)[9]이 빛이 있을 때보다 어둠 속에서 더 느리게 자라며, 동시에 음성 굴광성을 보인다는 훌륭하고 매우 중요한 발견을 했다. 그러나 사람들은 이 사실의 이론적 가치를 최근까지도 완전히 오해했다. 포지올리(Sebastian Poggioli)는 1817년에 굴절률이 큰 (단파장) 광선이 굴광성에 더 효과가 크다는 것을 발견했고, 이 사실을 1842년에 페예가 확인했다. 그러나 뒤트로셰는 1843년에 굴광성의 결정 요인은 빛의 밝기이지 굴절률이 아니라고 주장했는데, 이는 잘못된 것이다. 잔테데스키(Zantedeschi)는 1843년에 빨강, 오렌지, 노란색 빛이 굴광성을

9 [역주] 담자균류의 특징적인 뿌리 모양 구조체

일으키지 못한다는 것을 발견한 반면, 가드너(Gardner)는 1844년에, 기예멩(Guillemain)은 1857년에 스펙트럼의 도움으로 모든 광선이 굴광성을 일으킨다고 결론을 내림으로써, 이 문제는 오랫동안 미해결 상태로 있다가 1864년에야 다시 다루어졌다.

이 문제는 산소 방출과 엽록소 형성에 미치는 다양한 빛의 효과에 대한 질문과 유사한 경우였다. 이와 관련해서 다우베니(Daubeny)는 1836년에 빛의 굴절률보다 밝기가 중요하다는 견해를 취했다. 그리고 1844년에 스펙트럼을 사용하여 산소 방출이 노란색 빛에서 최대에 도달하고 그 양쪽에서 감소한다고 한 드레이퍼(Draper)의 관찰은 대체로 빛의 밝기의 문제인 것으로 이해되었다. 이 견해는 최근에야 폐기되었으며, 앞서 언급한 모든 연구도 1860년 이후까지 해결되지 않았으며 이론적으로도 거의 활용되지 않았다.

1848년에 브뤼케가 발표한 미모사 잎의 운동에 관한 논문은 매우 중요한 결과를 포함하고 있을 뿐만 아니라, 이런 연구의 모범이 된 정확한 방법 덕분에 식물동역학에 공헌한 바가 크다. 그는 먼저 미모사 잎의 주기적인 야간 위치와 자극받았을 때 취하는 위치의 본질적인 차이를 밝혀, 전자는 팽압의 증가, 후자는 이완과 관련 있음을 증명했다. 또한 기관의 윗부분 절반이 제거되더라도 주기적인 운동과 민감성이 모두 계속된다는 것을 보여 주었다. 이론적으로 중요한 것은 관다발과 팽창성 유조직 층 사이에 발생하는 장력을 명확히 설명하고, 주기적 운동과 자극에 의한 운동이 반대되는 유조직의 수분 이동에서 기인함을 밝힌 점이다. 세부사항은 여전히 완전하지 못했지만, 적어도 폰 몰조차 완전히 벗어나지 못했던 민감성이라는 신비주의적 개념을 제거했다는 큰 진보가 있었다.

비간트(Wigand)가 1854년에 발표한 뿌리의 굴중성에 관한 본격적인 연구는 그동안 소홀히 다뤄졌던 이 주제에 엄밀한 기계적 설명을 부여했다는 점에서 주목할 만하다. 또한 이 연구는 다른 유익한 내용도 포함하고 있을 뿐만 아니라, 단세포로 구성된 기관에서도 굴중성이 나타난다는 것을 보여 줌으로써 뒤트로셰와 폰 몰이 채택한 조직 구조와 관련된 삼투압 이론을 반박했다. 모든 다양한 식물동역학적 현상이 (민감성 운동을 제외하고) 단세포 기관에서도 나타난다는 사실의 중요성은 1860년 이후에야 완전히 이해되었다.

1772년 코르티가 발견하고 1811년 트레비라누스가 재발견한 세포 내 순환에서는 이론적 결과가 도출되지 않았다고 이미 언급했다. 아미치, 마이엔, 슐라이덴의 후기 관찰도 마찬가지다. 이들은 이러한 운동이 식물세포에서 매우 일반적으로 발생한다는 것을 보여 주었지만, 그 결과는 과학적 고려보다는 놀라움의 대상이 되었다. 사실 이러한 운동은 네겔리와 폰 몰이 1846년에 원형질에서 소위 세포액의 운동이 일어난다는 것을 발견하고, 1848년 알렉산더 브라운이 유주자가 원형질의 벌거벗은 덩어리이자 참된 식물세포라는 것을 알리기 전까지는 일반적인 식물생리학 체계에 포함할 수 없었다. 이렇게 해서 식물의 운동에 대해 가장 단순한 종류의 새로운 기초가 얻어졌다. 네겔리는 1849년에 유주자의 운동에 대한 기계적 설명을 시도했고, 1859년에 드 바리는 점균류에서 매우 적절한 그런 운동의 사례를 제시했다. 네겔리의 시도가 실패했더라도 원형질이 모든 식물동역학적 현상의 생성에 중요한 역할을 할 수 있으며, 1855년 웅거가 식물 원형질과 동물 원형질 사이의 유사성을 지적했을 때 이 개념은 매우 널리 적용될 수 있을 것처럼 보였다. 이러한 후기 관찰 중 어느 것도 1860년 이후까지는 결론을 얻지 못했지만, 1850년까지도 식물동역학 전체가 상당한 진전을 이루었음을 1851년에 출간된 폰 몰의 『식물세포(*Vegetabilische Zelle*)』와 1855년 웅거의 『식물 해부생리학 교과서(*Lehrbuch der Anatomie und Physiologie der Pflanzen*)』에서 확인할 수 있다. 폰 몰은 주로 현상에 대한 설명이 부족했던 반면, 웅거는 본질적으로 중요한 많은 것을 이미 확립했음을 보여 준다.

생장의 역학은 이전 연구자들뿐 아니라 웅거나 폰 몰 또한 식물 동역학 현상에 포함시키지 않았다. 보통의 생장과 식물의 다른 운동에 근본적인 차이가 있다고 여겼으며, 이러한 생각은 가장 최근까지도 유지되었다. 마리오트와 헤일즈 이후 아무도 생장의 기계적 법칙을 특별히 조사하거나 이론적으로 고찰하지 않았으나, 생장의 형식적 관계와 외부 영향 의존성에 대한 몇 가지 관찰은 이루어졌다. 올레르트(Ohlert)는 1837년 뒤아멜 이후 처음으로 뿌리에서의 생장 분포를 연구한 사람이다. 코타는 1806년에, 마이어(Chr. F. Meyer)는 1808년에, 카시니(Cassini)는 1821년에, 슈타인하일(Steinheil) 및 다른 연구자들은 줄기를 갖고 같은 연구를 수행했지만, 마디 사이의 생장 분포가 매우 크게 변할 수 있다는 결과만 보여 주었다. 1841년과 1843년에 생장하는 마디 사이를 측정한 뮌터(Münter)와 1843년에 그리제바흐(Grisebach)의 연구도 측정치에서 어떤 이론도 도출해 내지 않았기 때문에 별다른 성과를 거두지 못했다. 일반적으로 단순히 측정치를 기록하기만 하면 이론적인 결과가 저절로 생겨난다고 생각하는 경향이 있었다. 반대로 진정한 과학적 작업은 측정치를 얻은 후에 시작된다. 같은 이유로 인해 앞으로 언급할 관찰들 역시 실질적인 성과를 내지 못했다. 싹의 상태에서 벗어난 식물의 마디 사이와 잎의 길이 생장에 대한 대기 온도의 변동성[10]과 밤낮의 교대가 미치는 영향을 조사한 사례가

---

10 『뷔르츠부르크 식물학 연구소 논문집(*Arbeiten des botanischen Institutes in*

많았다. 트레브(Christian Jacob Trew)는 1727년에 온도와 날씨에 대한 관찰과 함께 용설란(Agave americana)의 꽃대를 오랜 기간 매일 측정한 결과를 발표했다. 100년 뒤인 1827년 마이어(Ernst Meyer), 1829년 멀더, 1847년과 1848년에 판 더 홉(Van der Hopp)과 드 브리서(De Vriese)가 비슷한 관찰을 했다. 그러나 하르팅(Pieter Harting)은 1842년에, 카스파리(Caspary)는 1856년에야 관련 문제를 깊이 파고들었다. 세심하게 수행된 것도 있었지만, 이러한 관찰들은 사실의 발견 이상의 결과를 이끌어 내지는 못했다. 이 사실은 생장 속도가 외부 원인과 상관없이 증가하다가 최대치에 도달한 후 감소하여 결국 끝난다는 것인데, 이는 뮌터가 지적했고 하르팅이 이론을 세우는 데 사용했지만, 아무도 관심을 보이지 않았다. 이들은 심지어 실제 관찰 방법도 확립하지 않았다. 서로 다른 두 관찰자가 같은 결과에 도달한 경우가 거의 없었는데, 이는 길이 생장과 온도 및 빛의 관계에 대한 문제가 명확하게 제시되지 않았기 때문이다. 학술지에 실린 보고서들은 단순히 식물 부위의 길이 생장에 대한 오랜 측정치를 표로 작성했을 뿐, 생장의 불규칙성이 지속적으로 나타나는 것에 대한 원인을 설명하지 못했다. 1850년 이후에도 이러한 주제에 대한 관찰자의 생각이 너무 불분명해서 대다수가 낮과 밤 동안의 생장 차이가 무엇인지에 대한 질문을 던지고 있었다. 그들은 낮과 밤이 단순한 자연의 힘이 아니라 온도, 빛, 습기와 같은 외부 생장 조건의 다양한 변화를 포함한다는 사실을 인식하지 못했으며, 이를 모르고 질문을 제기하는 한 관계의 법칙성을 발견할 수 없었을 것이다.

하르팅이 1842년 발표한 논문은 앞서 언급한 것들보다 뛰어난

Würzburg)』 1권 99페이지를 참조하시오.

데, 그가 측정값으로부터 이론에 적용할 수 있는 명확한 명제를 도출하려고 노력했고, 특히 생장과 온도 간의 관계에 대한 수학적 표현을 제공하려고 했기 때문이다. 그러나 이 시도는 그다지 성공적이지 못했다. 생장과 온도에 단순한 산술적 관계가 있어야 한다는 생각은 이전 세기에 이미 아당송이 제기했으며, 1840-1860년에 많은 지지를 얻었다. 그러나 이 당시 '생장'이라는 용어가 식물학의 모든 현상을 하나의 표현으로 요약하는 느슨하고 대중적인 의미로 사용되었음을 주목해야 한다. 아당송은 새싹이 발아하는 데 걸리는 시간이 연초부터 계산된 일일 평균 온도의 합으로 결정된다고 생각했다. 세네비에와 드캉돌은 이러한 관계의 존재에 반대했지만, 유사한 생각은 1840년 이후 매우 일반적으로 받아들여졌고, 심지어 그것이 자연법칙일 수도 있다고 여겨졌다. 부싱고는 유럽과 미 대륙에서 재배된 식물의 경우, 일수로 표현된 전체 생장 기간에 그 기간 동안의 평균 온도를 곱하면 같은 종에서 결과값의 편차는 크지 않다고 지적했다. 이러한 편차는 단지 부정확한 관찰로 인한 것이라고 가정했을 때, 이에 따라 모든 종에서 생장 기간과 평균 온도의 이러한 일정한 곱이 발견될 것이라고 생각했다. 그러한 곱은 결국 '온도의 합'이라는 무의미한 명칭을 받게 되었다. 만약 식물의 생장과 온도에 정말로 그런 관계가 존재한다면, 다른 것들, 예를 들어 빛, 습도, 토양 등은 생장 기간에 전혀 영향을 미치지 않아야 하며, 단순한 생장 과정마저 복잡하게 만드는 내부 원인에 대해서는 말할 것도 없다. 여기서 온도의 합이라는 개념이 내포하는 터무니없는 점을 폭로할 필요는 없고, 그 비평은 1860년 『식물 과학 연보(*Jahrbücher für wissenschaftliche Botanik*)』 1권 370쪽에서 찾을 수 있을 것이다. 그러나 이런 터무니없는 추론이 1860년 이후에도 과학에 여러 해를 끼쳤다는 사실은 주목할 필요가 있다. 새로운 과학이 실제로 발명되었고 이를 생물계절학(Phaenology)이라고 불렀으며, 모든 식물에 대한 온도의 합을 찾기 위해 수천, 수만 개의 데이터를 축적했다. 그리고 이러한 조잡한 경험주의는 생장 기간과 온도의 단순한 곱셈이 일정한 결과를 내주지 않는다는 것을 보여 주었기 때문에, 온도의 제곱이 시도되었고 다른 산술적 요령들이 채택되었다. A. 드캉돌(Alphonse de Candolle)은 이미 1850년에 평균 온도에 너무 심한 가중치가 부여 되었다고 지적하며 이 방법 전체에 체계적인 반대 의견을 표현했지만, 그 당시 만연했던 사고에서 벗어날 수가 없어서, 그는 빛의 효과를 온도의 등가 값으로 표현할 수 있다고 생각했고, 그렇게 해서 식물의 생장에 관한 온도의 가상 법칙을 유지할 수 있다고 생각했다. 이러한 생각은 1855년에 출판된 식물 지리에 관한 그의 저서에 기술되어 있으며, 이 저서는 개인적인 경험과 다른 저자들의 작업에 대한 풍부한 보고를 담고 있다. 결론적으로 이 역사책을 마치는 시기 이전에는 식물동역학에서 근본적으로 중요한 점은 명확히 밝혀지지 않은 것으로 보인다. 이 질문들이 새로운 관점에서 연구되기 시작한 것은 그 이후의 일이며, 현재까지도 여전히 논의되고 있다.

찾아보기